中 国 国 家 标 准 汇 编

2008 年修订-67

中国标准出版社 编

中 国 标 准 出 版 社

北 京

图书在版编目（CIP）数据

中国国家标准汇编：2008 年修订 . 67/中国标准出版社编 . —北京：中国标准出版社，2009

ISBN 978-7-5066-5495-1

Ⅰ. 中… Ⅱ. 中… Ⅲ. 国家标准-汇编-中国-2008
Ⅳ. T-652. 1

中国版本图书馆 CIP 数据核字（2009）第 183737 号

中国标准出版社出版发行
北京复兴门外三里河北街 16 号
邮政编码：100045
网址 www. spc. net. cn
电话：68523946 68517548
中国标准出版社秦皇岛印刷厂印刷
各地新华书店经销
*
开本 880×1230 1/16 印张 35.75 字数 1 074 千字
2009 年 11 月第一版 2009 年 11 月第一次印刷
*
定价 200.00 元

ISBN 978-7-5066-5495-1

出 版 说 明

1.《中国国家标准汇编》是一部大型综合性国家标准全集。自1983年起，按国家标准顺序号以精装本、平装本两种装帧形式陆续分册汇编出版。它在一定程度上反映了我国建国以来标准化事业发展的基本情况和主要成就，是各级标准化管理机构，工矿企事业单位，农林牧副渔系统，科研、设计、教学等部门必不可少的工具书。

2.《中国国家标准汇编》收入我国每年正式发布的全部国家标准，分为"制定"卷和"修订"卷两种编辑版本。

"制定"卷收入上年度我国发布的、新制定的国家标准，顺延前年度标准编号分成若干分册，封面和书脊上注明"20××年制定"字样及分册号，分册号一直连续。各分册中的标准是按照标准编号顺序连续排列的，如有标准顺序号缺号的，除特殊情况注明外，暂为空号。

"修订"卷收入上年度我国发布的、被修订的国家标准，视篇幅分设若干分册，但与"制定"卷分册号无关联，仅在封面和书脊上注明"20××年修订-1,-2,-3,……"字样。"修订"卷各分册中的标准，仍按标准编号顺序排列(但不连续)；如有遗漏的，均在当年最后一分册中补齐。需提请读者注意的是，个别非顺延前年度标准编号的新制定的国家标准没有收入在"制定"卷中，而是收入在"修订"卷中。

读者配套购买《中国国家标准汇编》"制定"卷和"修订"卷则可收齐上一年度我国制定和修订的全部国家标准。

3. 由于读者需求的变化，自1996年起，《中国国家标准汇编》仅出版精装本。

4. 2008年制修订国家标准共5946项。本分册为"2008年修订-67"，收入新制修订的国家标准31项。

中国标准出版社

2009年10月

目　　录

ICS 21.060.10
J 13

中华人民共和国国家标准

GB/T 13807.3—2008
代替 GB/T 13807.3—1992

腰状杆螺柱连接副 螺母、受力套管

Connections with waisted stud—Nuts, extension sleeves

(DIN 2510-5/6/7:1971,MOD)

2008-08-25 发布　　　　2009-02-01 实施

中华人民共和国国家质量监督检验检疫总局
中国国家标准化管理委员会　发布

前　言

本部分是 GB/T 13807《腰状杆螺柱连接副》产品系列标准之一。该系列包括：

——GB/T 13807.1—2008　腰状杆螺柱连接副　型式分类；

——GB/T 13807.2—2008　腰状杆螺柱连接副　螺柱；

——GB/T 13807.3—2008　腰状杆螺柱连接副　螺母、受力套管。

本部分是 GB/T 13807 的第 3 部分。

本部分修改采用 DIN 2510-5：1971《腰状杆螺柱连接　六角螺母》、DIN 2510-6：1971《腰状杆螺柱连接　盲螺母》和 DIN 2510-7：1971《腰状杆螺柱连接　受力套管》（德文版），主要修改如下：

——在引用文件中，用我国标准代替 DIN 标准（第 2 章）；

——DIN 2510 未规定包装技术要求，本标准予以规定（见表 3）；

——DIN 2510 未规定简化标记，本标准按 GB/T 1237 给出简化的标记（见 5.2）。

本部分代替 GB/T 13807.3—1992《腰状杆螺柱连接副　螺母、受力套管》。

本部分由中国机械工业联合会提出。

本部分由全国紧固件标准化技术委员会（SAC/TC 85）归口。

本部分负责起草单位：中机生产力促进中心。

本部分参加起草单位：浙江高强度紧固件厂、山东美陵化工设备股份有限公司、宁波中斌紧固件制造有限公司和浙江泽恩标准件有限公司。

本部分由全国紧固件标准化技术委员会秘书处负责解释。

本部分所代替标准的历次版本发布情况为：

——GB/T 13807.3—1992。

腰状杆螺柱连接副
螺母、受力套管

1 范围

本部分规定了螺纹规格为 M12～M180×6 的六角螺母、M12～M120×6 的罩螺母和 d_w=21 mm～270 mm 的受力套管。

本部分适用于既能承受高温、交变载荷，又要在相当大的程度上保持预紧力和耐疲劳强度的工况条件下使用的紧固件。

2 规范性引用文件

下列文件中的条款通过本部分的引用而成为本部分的条款。凡是注日期的引用文件，其随后所有的修改单(不包括勘误的内容)或修订版均不适用于本部分，然而，鼓励根据本部分达成协议的各方研究是否可使用这些文件的最新版本。凡是不注日期的引用文件，其最新版本适用于本部分。

GB/T 90.1 紧固件 验收检查(GB/T 90.1—2002,idt ISO 3269:2000)

GB/T 90.2 紧固件 标志与包装

GB/T 1237 紧固件标记方法(GB/T 1237—2000,eqv ISO 8991:1986)

GB/T 3098.8 紧固件机械性能 耐热用螺纹连接副

GB/T 3103.4 紧固件公差 耐热用螺纹连接副

3 尺寸

3.1 六角螺母

六角螺母的型式尺寸见图 1 和表 1。

3.2 罩螺母

罩螺母的型式尺寸见图 2 和表 2。

3.3 受力套管

受力套管的型式尺寸见图 3 和表 3。

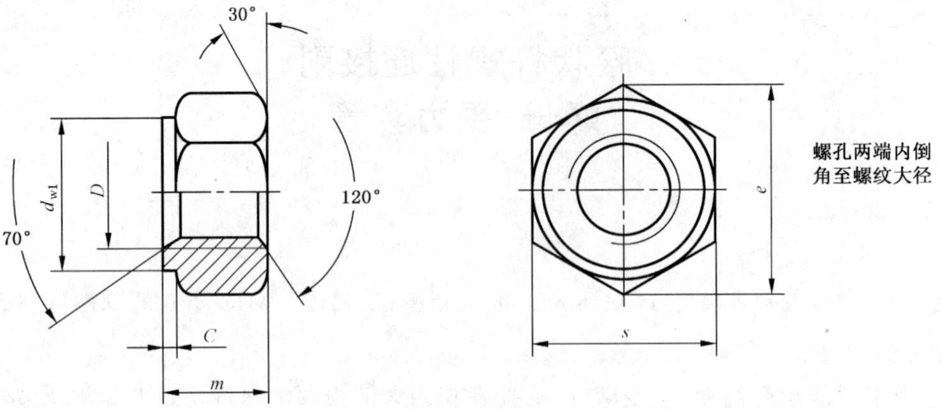

a）G 型　一般型式

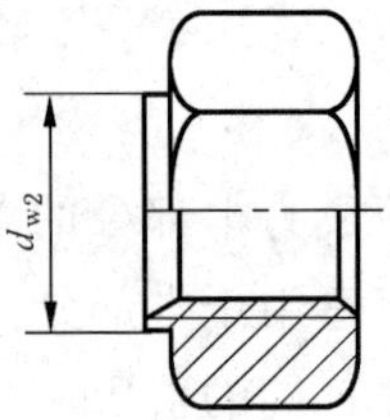

其余尺寸同 G 型

b）P 型　适用于采用 N 型受力套管的内定心

图 1

表 1

单位为毫米

螺纹规格 D		M12	M16	M20	M24	(M27)	M30	(M33)	M36	(M39)
d_{w1}		20	26	29	35	40	45	49	53.5	58.5
d_{w2}		14.5	18.5	22.5	26.5	30.5	33.5	36.5	39.5	42.5
e min	TC	23.35	29.56	32.95	39.55	45.20	50.85	55.37	60.79	66.44
	TB	23.83	30.14	33.64	39.98	45.63	51.28	55.80	61.31	66.96
m		12	16	20	24	27	30	33	36	39
s		21	27	30	36	41	46	50	55	60
C		2	2	2	3	3	3	3	3	3

螺纹规格 D		M42	(M45)	M48	(M52)	M56	M64	M72×6	M80×6	M90×6
d_{w1}		63.5	68.5	73.5	78.5	83.5	93.5	103.5	113.5	128
d_{w2}		45.5	49.5	53.5	57.5	63	71	79	87	97
e min	TC	72.09	77.74	83.39	89.04	94.47	105.77	117.07	128.37	145.09
	TB	72.61	78.26	83.91	89.56	95.07	106.37	117.67	129.34	145.77
m		42	45	48	52	56	64	72	80	90
s		65	70	75	80	85	95	105	115	130
C		3	3	4	4	4	4	4	4	4

表 1(续)

单位为毫米

螺纹规格 D		M100×6	M110×6	(M120×6)	M125×6	M140×6	(M150×6)	M160×6	(M170×6)	M180×6
d_{w1}		143	153	168	178	198	208	218	228	253
d_{w2}		107	119	129	134	149	159	174	180	196
e min	TC	162.04	173.34	190.30	202.27	223.91	235.21	—	—	—
	TB	162.74	174.02	191.49	201.59	224.70	236.00	247.30	258.60	286.68
m		100	110	120	125	140	150	160	170	180
s		145	155	170	180	200	210	220	230	255
C		5	5	5	5	5	5	5	5	5
注：尽可能不采用括号内的规格。										

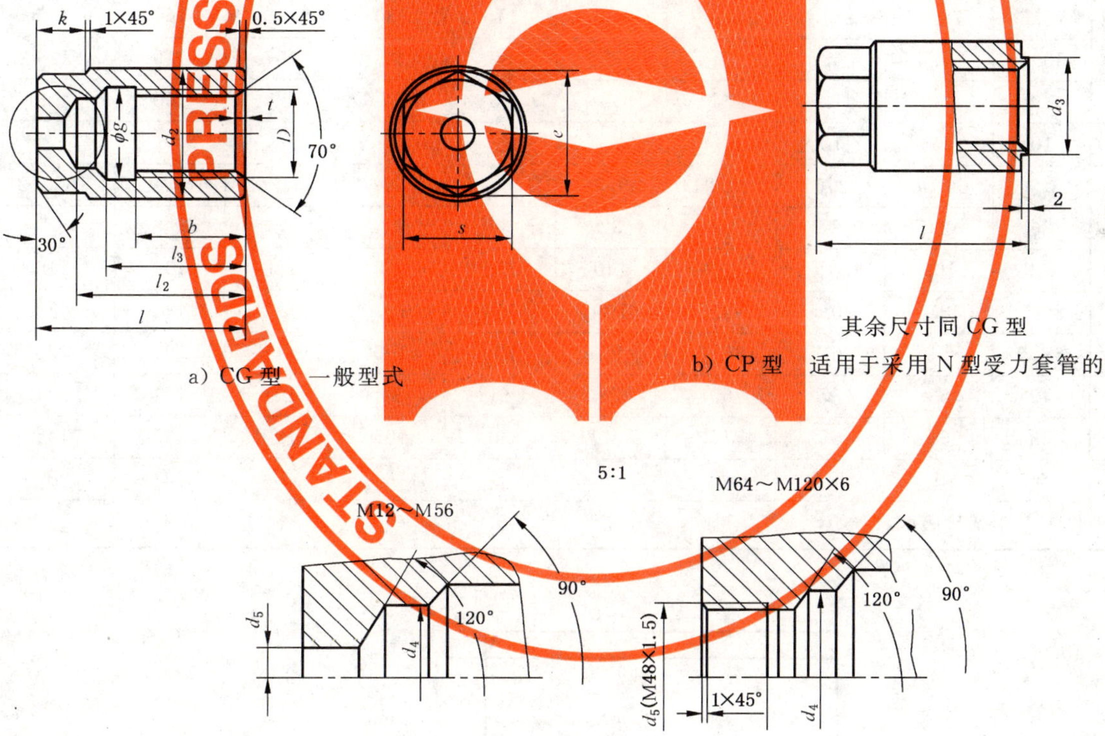

a) CG 型　一般型式

b) CP 型　适用于采用 N 型受力套管的内定心

图 2

表 2

单位为毫米

螺纹规格 D	M12	M16	M20	M24	(M27)	M30	(M33)	M36	(M39)	M42	(M45)
b	18	20.5	24	27.5	30.5	35	38	40.5	43	46	48.5
d_2	20	26	29	35	40	45	49	53.5	58.5	63.5	68.5
d_3	14.5	18.5	22.5	26.5	30.5	33.5	36.5	39.5	42.5	45.5	49.5
d_4	9	13	15	17.5	20	23	26	28	31.5	33.5	36
d_5	4	6	6	10	10	10	10	10	10	10	10
e min	17.77	20.03	26.75	30.14	32.95	39.98	45.63	45.63	51.28	55.80	55.80
k	7	10	13	14	16	17	22	22	23	23	26
l	33	40	49	56	62	68	77	82	86	92	98
l_2	29.5	34.5	40	45.5	50.5	55	60	64.5	67	72	74.5
l_3	23	27.5	32	37.5	40.5	45	48	52.5	55	60	62.5
g	13	17	21	25	28	31	34	37	40	43	46
s	16	18	24	27	30	36	41	41	46	50	50
t	2	2	2.5	3	3	3.5	3.5	4	4	4.5	4.5

螺纹规格 D	M48	(M52)	M56	M64	M72×6	M80×6	M90×6	M100×6	M110×6	(M120×6)
b	53.5	57	60.5	69.5	77	84	93	102	111	120
d_2	73.5	78.5	83.5	93.5	105	115	130	146	160	176
d_3	53.5	57.5	63	71	79	87	97	107	119	129
d_4	39	42	47.5	54	58	65	77	89	100	108
d_5	10	10	10	M48×1.5						
e min	61.31	66.96	72.61	83.91	89.56	100.72	117.67	134.62	151.42	162.72
k	26	27	27	32	32	36	41	45	50	54
l	103	109	115	130	140	152	168	183	199	214
l_2	81.5	85	90.5	99.5	107	114	123	132	141	152
l_3	67.5	71	76.5	85.5	93	100	109	118	127	136
g	49	53	57	65	73	81	91	101	111	121
s	55	60	65	75	80	90	105	120	135	145
t	5	5	5.5	6	6	6	6	6	6	6

注：尽可能不采用括号内的规格。

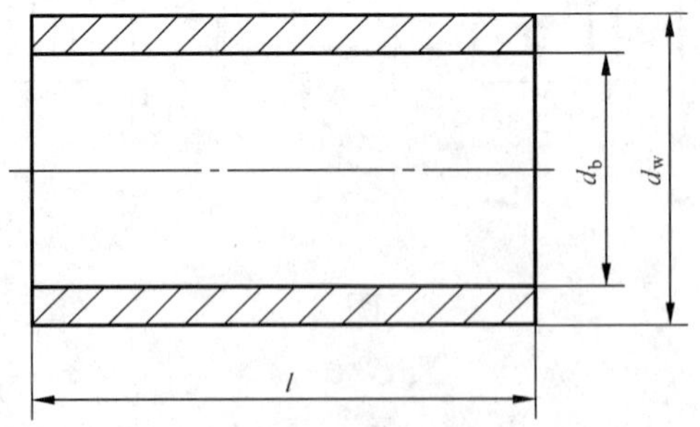

图 3

表 3

单位为毫米

d_w		20	26	29	35	(40)	45	(49)	53.5	(58.5)	63.5	(68.5)	73.5	(78.5)	83.5
d_b	N 型	15	19	23	27	31	34	37	40	43	46	50	54	58	64
	S 型	13	17	21	25	28	31	34	37	40	43	46	49	53	57
适用的螺纹规格		M12	M16	M20	M24	(M27)	M30	(M33)	M36	(M39)	M42	(M45)	M48	(M52)	M56

d_w		93.5	105	115	130	146	160	(176)	184	204	(220)	238	(250)	270
d_b	N 型	72	80	88	98	108	120	130	135	150	160	175	181	197
	S 型	65	73	81	91	101	111	121	126	141	151	161	171	181
适用的螺纹规格		M64	M72×6	M80×6	M90×6	M100×6	M110×6	(M120×6)	M125×6	M140×6	M(150×6)	M160×6	(M170×6)	M180×6

注 1：尽可能不采用括号内的规格。

注 2：长度规格 l 的设计选用按 GB/T 13807.1 的规定。

4 技术条件

技术条件和引用标准见表 4。

表 4 技术条件和引用标准

螺 纹		GB/T 3103.4
机械性能		参照 GB/T 3098.8 由双方协议
公 差	产品等级	TA、TB
	标 准	GB/T 3103.4
表面处理		氧化
验收及包装		GB/T 90.1、GB/T 90.2

5 标记

5.1 标记方法

标记方法按 GB/T 1237 规定。

5.2 标记示例

螺纹规格 D=M30、G 型、材料为 35 钢、TB 级、表面氧化的六角螺母的标记：

螺母 GB/T 13807.3 G M30-TB-35-氧化

螺纹规格 D=M30、CG 型、材料为 35 钢、TB 级、表面氧化的罩螺母的标记：

螺母 GB/T 13807.3 CG M30-TB-35-氧化

外径 d_w=45 mm、公称长度 l=80 mm、N 型、材料为 35CrMoA、TB 级、表面氧化的受力套管的标记：

套管 GB/T 13807.3 N M30×80-TB-35CrMoA-氧化

注：上述示例中，仅允许省略“TB”、“35(螺母)或 35CrMoA(套管)”和“氧化”的标记。

ICS 13.220.40
D 15

中华人民共和国国家标准

GB/T 13813—2008
代替 GB/T 13813—2001

煤矿用金属材料摩擦火花安全性试验方法和判定规则

Testing method and judging rule of safety to friction spark of metallic material for coal mine

2008-05-26 发布 2008-11-01 实施

中华人民共和国国家质量监督检验检疫总局
中国国家标准化管理委员会 发布

前　言

本标准代替 GB/T 13813—2001《煤矿用金属材料摩擦火花安全性试验方法和判定规则》。

本标准与 GB/T 13813—2001 的主要技术差异如下：

a) 增加了摆锤冲击试验的原理、装置、试件、试验步骤、结果表述、判定规则等内容。

b) 修改了煤矿用通风机叶轮与保护圈配对金属材料高速冲击的试验要求。

c) 将原标准中第 9、10、11、12 章合并为本标准的第 8 章，并在第 8 章中增加摆锤冲击试验的相关内容。

d) 对同一厂家的同一类产品检验结果代替性进行了修改。由“主要参数相差≤±5%”改为“主要参数相差小于或等于±10%”。

e) 附录中增加摆锤冲击试验试件的图样及要求，并规定了送检试件的数量。

本标准的附录 A 是规范性附录。

本标准由煤炭行业煤矿安全标准化技术委员会通风技术及设备分会提出并归口。

本标准起草单位：煤炭科学研究总院重庆研究院、国家煤矿防尘通风安全产品质量监督检验中心。

本标准主要起草人：巨广刚、徐三民、孔令刚、周植鹏、杨亮、邓鹏、杨森。

本标准所代替标准历次版本发布情况为：

——GB/T 13813—1992；GB/T 13813—2001。

煤矿用金属材料摩擦火花安全性试验方法和判定规则

1 范围

本标准规定了煤矿用金属材料摩擦火花安全性试验的试验条件、试验步骤、结果表述、判定规则及送检要求。

本标准适用于煤矿用金属材料的摩擦火花安全性试验，其他类似爆炸性危险环境中的金属材料摩擦火花安全性试验可参照本标准执行。

2 规范性引用文件

下列文件中的条款通过本标准的引用而成为本标准的条款。凡是注日期的引用文件，其随后所有的修改单(不包括勘误的内容)或修订版均不适用于本标准，然而，鼓励根据本标准达成协议的各方研究是否可使用这些文件的最新版本。凡是不注日期的引用文件，其最新版本适用于本标准。

GB/T 700　碳素结构钢

GB/T 1591　低合金高强度结构钢

3 术语和定义

下列术语和定义适合于本标准。

3.1

轻合金　light alloy

以密度小于 $4.5\times10^3\ kg/m^3$ 的铝、镁、钛等轻金属为基的合金。

3.2

撞击凸缘　impact flange

旋转试件上产生碰撞的凸缘。

3.3

旋转摩擦速度　friction velocity in rotation

单位时间内，旋转试件外缘滑过固定试件的圆弧长度。按式(1)计算。

$$V=\frac{\pi\cdot D\cdot n}{60} \qquad (1)$$

式中：

V——旋转摩擦速度，单位为米每秒(m/s)；

D——旋转试件外缘直径，单位为米(m)；

n——旋转试件转速，单位为转每分(r/min)。

3.4

旋转撞击次数　impact number of times in rotation

旋转试件与固定试件相互撞击或摩擦的次数。旋转试件有撞击凸缘时，按式(2)计算；旋转试件无撞击凸缘时，旋转试件与固定试件相互连续摩擦，每滑过 0.5 m 弧长作为一次撞击，按式(3)计算。

$$N=\frac{K\cdot n\cdot t}{60} \qquad (2)$$

$$N=\frac{2\pi\cdot D\cdot n\cdot t}{60} \qquad (3)$$

式中：

N——撞击次数，次；

K——旋转试件上撞击凸缘的数量，个；

n——旋转试件转速，单位为转每分(r/min)；

t——旋转撞击或摩擦的总时间，单位为秒(s)；

D——旋转试件外缘直径，单位为米(m)。

4 试验用可燃性气体

4.1 甲烷空气混合气体：甲烷浓度(6.3～7.0)%(体积分数)；

4.2 甲烷富氧空气混合气体：甲烷浓度(6.3～7.0)%(体积分数)；氧气浓度(24.5～25.5)%(体积分数)。

4.3 气体材料应符合表1的规定。

4.4 其他可燃性气体应根据其气体成分及最易引起爆炸的浓度配制。

表1 气体材料

序 号	材料名称	纯 度
1	甲烷	≥99%
2	氧气	≥98%

5 试验仪器

试验仪器应符合表2的规定。

表2 试验仪器

序号	名 称	测量范围	准确度	数量
1	甲烷分析仪	(0～10)%	2.5 级	1
2	氧气分析仪	(0～30)%	2.5 级	1
3	时间测定仪	(0～9 999) μs	±1 μs	1
4	干湿温度计	(−26～+51)℃	±0.2℃	1
5	转速表	(50～11 999) r/min	±1 r/min	1
6	秒表	(0～1 000) s	±0.1 s	1
7	天平	(0.1～200) g	±0.1 g	1

6 试验环境条件

6.1 试验室环境温度：(0～40)℃；相对湿度 RH：小于 90%；仪器供电电源：电压：(220±22) V；频率：(50±1) Hz。

6.2 仪器不应直接受到太阳照射或雨淋，周围应避免强烈电磁场的干扰，试验仪器的安装地点应有良好的接地，无腐蚀性介质。

6.3 进入试验仪器的气样应无液滴、灰尘等杂质。

7 试验方法

7.1 高速冲击试验

7.1.1 试验原理

将受试金属材料按规定制作成试验弹丸和高速冲击试验板，在高速冲击试验装置上，使试验弹丸以规定的冲击速度(等于或接近实际工况条件下可能发生危险的最大值)撞击具有最容易产生摩擦火花的危险角度的高速冲击试验板,来模拟高速冲击工况下受试金属材料摩擦火花产生的过程,在规定的试验次数内,按引燃试验气体的次数来判定受试金属材料摩擦火花安全性是否合格。

7.1.2 试验装置

高速冲击试验装置如图1所示。其中爆炸槽容积为0.5 m^3。

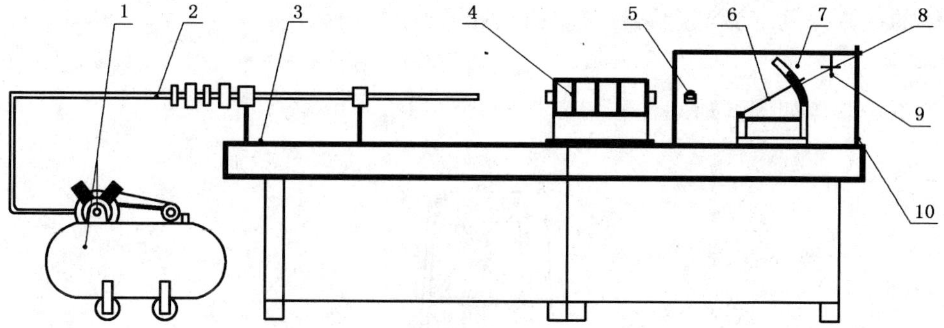

1——空气压缩机;
2——弹丸发射装置;
3——工作台;
4——挡风器;
5——试验弹丸;
6——高速冲击试验板;
7——爆炸槽;
8——倾斜支撑架;
9——搅拌风扇;
10——火焰逸出口。

图1 高速冲击试验装置示意图

7.1.3 试件

7.1.3.1 试件的形状和尺寸应符合附录A的要求。

7.1.3.2 弹丸尾部结构尺寸应满足试验装置的要求。

7.1.3.3 高速冲击试验板应能方便地安装在试验装置上。

7.1.4 试验步骤

7.1.4.1 检查试验装置各部件及系统工作是否正常,校准试验仪器。

7.1.4.2 将高速冲击试验板倾角调节至规定的试验角度。

7.1.4.3 密封爆炸槽火焰逸出口,启动搅拌风扇,向爆炸槽内充入试验气体直至爆炸槽内气体浓度符合试验规定。

7.1.4.4 调节弹丸发射装置,使弹丸以规定的速度撞击高速冲击试验板,试验中应移动高速冲击试验板,避免弹丸在高速冲击试验板上的冲击点重合。

7.1.4.5 按以上试验步骤,共进行40次试验。

7.1.5 结果表述

应记录和计算下列试验结果:

a) 弹丸和高速冲击试验板的材料、数量,高速冲击试验板倾角;

b) 弹丸高速冲击试验板前后爆炸槽内试验气体的浓度;

c) 弹丸飞行时间和飞行距离,依此计算弹丸冲击速度,并判别其是否在规定的试验速度范围内;

d) 试验是否产生火花,是否引燃爆炸槽内的试验气体。

7.2 自由落锤试验方法

7.2.1 试验原理

将受试金属材料制成试验试件，在自由落锤试验装置上，根据受试材料所代表的仪器或设备的实际工况参数，将安装有落锤试件的重锤，在规定的高度自由下落，冲击在具有最容易产生摩擦火花的危险角度的落锤试验板上，来模拟自由下落工况下受试材料摩擦火花发生的过程，在规定的试验次数内，按引燃试验气体的次数来判定受试金属材料摩擦火花安全性是否合格。

7.2.2 试验装置

自由落锤试验装置如图 2 所示。其中爆炸槽容积为 1.0 m^3。

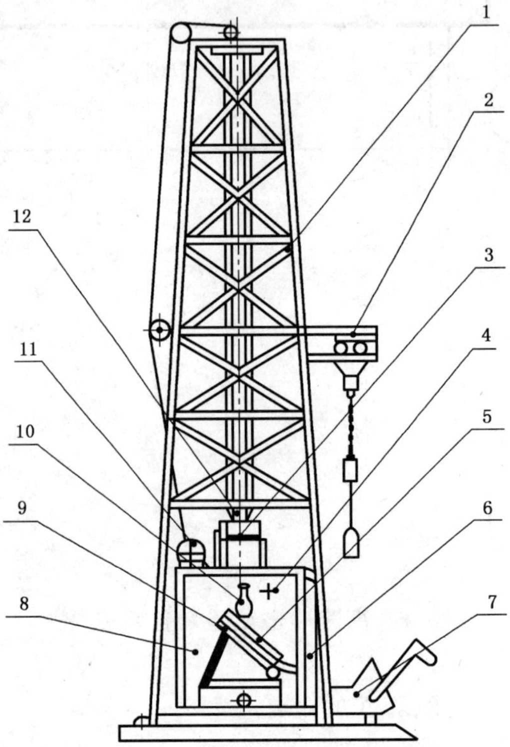

1——桁架；
2——链式起重机；
3——小车；
4——搅拌风扇；
5——落锤试验板；
6——火焰逸出口；
7——重锤小车；
8——爆炸槽；
9——倾斜支撑台；
10——重锤和试件；
11——重锤提升装置；
12——重锤释放机构。

图 2 自由落锤冲击试验装置示意图

7.2.3 重锤和试件

7.2.3.1 重锤：重锤表面应使用不产生撞击摩擦火花的材料制造，形状为纺锤体，如图 3 所示。重锤质量应符合试验要求。

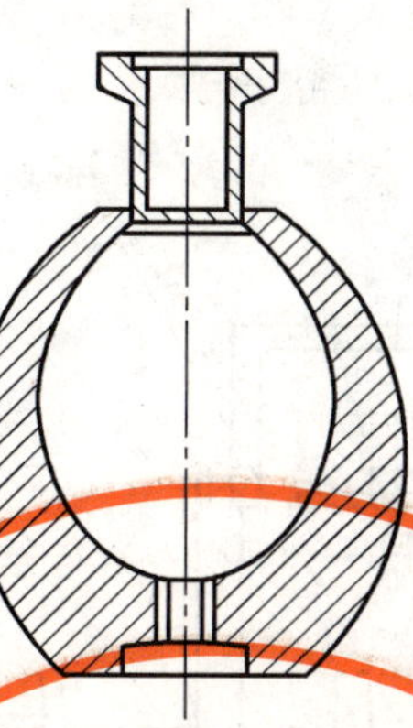

图 3 重锤示意图

7.2.3.2 试件

7.2.3.2.1 试件的形状和尺寸应符合附录 A 的要求。

7.2.3.2.2 落锤试件允许采用紧固、粘结等方法将受试部分连接在与锈钢不产生摩擦火花的材料制成的母体上。此时，母体外缘直径应比受试部分直径小(5～10)mm，并且能方便地安装在重锤下端。母体的形状和尺寸应符合附录 A 中图 A.3 的要求。

7.2.3.2.3 落锤试验板应能方便地安装在试验装置上。

7.2.4 试验步骤

7.2.4.1 检查试验装置各部件及系统工作是否正常，校准试验仪器。

7.2.4.2 确定试验用重锤质量、重锤下落高度，将落锤试验板倾角调节至规定的试验角度。

7.2.4.3 密封爆炸槽火焰逸出口，启动搅拌风扇，向爆炸槽内充入试验气体直至爆炸槽内气体浓度符合试验规定。

7.2.4.4 将重锤提升至试验规定高度，通过释放系统使装有落锤试件的重锤自由落下，冲击在爆炸槽内的落锤试验板上。

7.2.4.5 落锤试件每冲击一次落锤试验板，应移动落锤试验板，避免冲击点重合。

7.2.4.6 按以上试验步骤，共进行 32 次试验。

7.2.5 结果表述

应记录下列试验结果：

a) 重锤质量、提升高度，落锤试件材料、编号和落锤试验板的材料、倾角；

b) 落锤试件冲击落锤试验板时爆炸槽内试验气体浓度；

c) 试验是否产生火花，是否引燃爆炸槽内试验气体。

7.3 旋转摩擦试验方法

7.3.1 试验原理

将受试金属材料制作成固定试件和旋转试件，在旋转摩擦试验装置上，使固定试件以规定的压紧力与具有规定旋转速度的旋转试件产生摩擦，模拟旋转摩擦工况下受试金属材料摩擦火花发生的过程，在规定的旋转撞击次数内，按引燃试验气体的次数来判定受试金属材料摩擦火花安全性是否合格。

7.3.2 试验装置

旋转摩擦试验装置如图 4 所示。其中爆炸槽容积为 1.0 m^3。

7.3.3 试件

7.3.3.1 试件的形状和尺寸应符合附录 A 的要求。

7.3.3.2 试件的受试面为外缘，受试面的形状和尺寸应等于或接近受试材料制成的零部件实际状态，允许采用多层材料铆固制成，应能方便地安装在旋转圆盘上。

7.3.3.3 固定试件应能方便地安装在试验装置上。

7.3.4 试验步骤

7.3.4.1 检查试验装置各部件、系统工作是否正常、灵活，校准试验仪器。

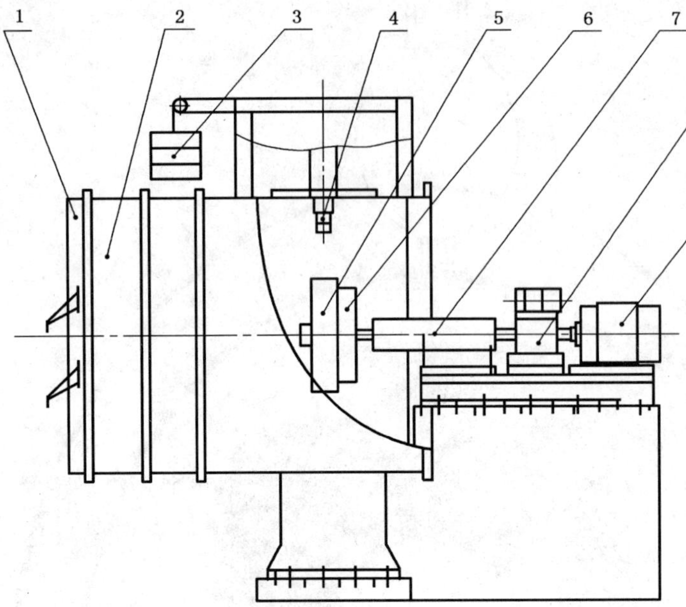

1——火焰逸出口；
2——爆炸槽；
3——重锤加载机构；
4——固定试件；
5——旋转试件；
6——旋转圆盘；
7——主轴；
8——转速转矩传感器；
9——电动机。

图4 旋转摩擦试验装置示意图

7.3.4.2 密封试验爆炸槽火焰逸出口，启动搅拌风扇，向爆炸槽内充入试验气体直至爆炸槽内气体浓度符合试验的规定。

7.3.4.3 调节旋转试件的旋转速度至试验规定值，通过重锤加载机构使固定试件以规定的压紧力压紧在旋转试件上。

7.3.4.4 旋转撞击总次数应大于或等于16 000次。若旋转撞击次数未达到试验规定值时，已点燃试验气体，则按上述试验步骤，继续进行试验。直至达到旋转撞击次数或摩擦火花引燃爆炸槽内试验气体的次数超过规定值时为止。

7.3.5 结果表述

应记录和计算下列试验结果：

a) 固定试件和旋转试件的材料、数量、厚度，机械压紧力大小；
b) 试验前后爆炸槽内试验气体的浓度；
c) 旋转试件的转速范围、平均转速；
d) 旋转摩擦撞击时间、有效撞击次数、旋转撞击总次数；
e) 试验是否产生火花，是否引燃爆炸槽内试验气体，累计引燃次数。

7.4 摆锤冲击试验方法

7.4.1 试验原理

将受试金属材料按规定制作成摆擦弹丸和摆锤冲击试验板，在摆锤冲击试验装置上，使摆擦弹丸以规定的冲击速度(等于或接近实际工况条件下可能发生危险的最大值)冲击固定在移动平台上的摆锤冲击试验板,来模拟、再现冲击式机械(如钻机、凿岩机、风镐等)冲击锤打击钎尾冲击工况的火花发生过程,在规定的试验次数内,按引燃试验气体的次数来判定受试金属材料摩擦火花安全性是否合格。

7.4.2 试验装置

摆锤冲击试验装置如图5所示。其中爆炸槽容积为1.0 m^3。

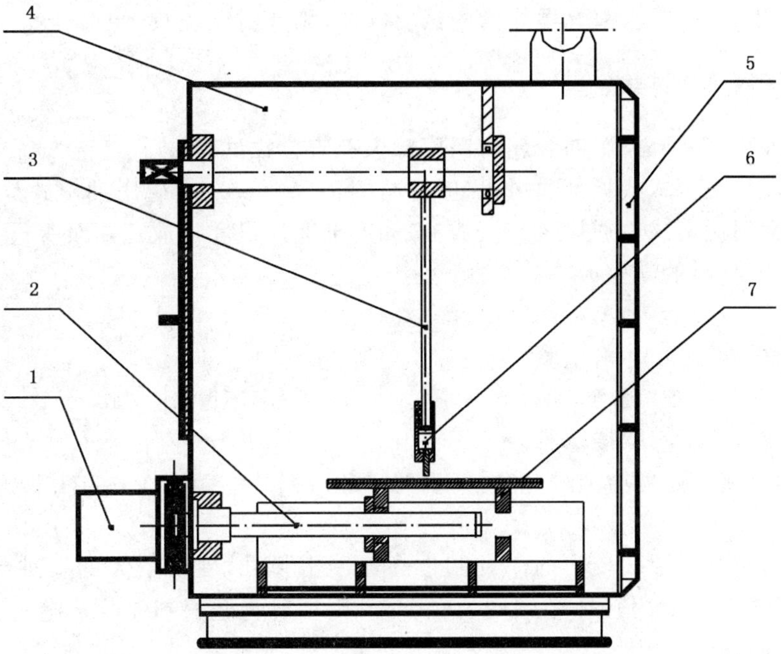

1——电动机;

2——传动机构;

3——摆杆;

4——爆炸槽;

5——火焰逸出口;

6——摆锤加载机构;

7——移动平台。

图5 摆锤冲击试验装置示意图

7.4.3 试件

7.4.3.1 试件的形状和尺寸应符合附录A的要求。

7.4.3.2 摆擦弹丸允许采用紧固、粘结等方法将受试部分连接在摆锤上。

7.4.3.3 摆锤冲击试验板应能方便地安装在试验装置的移动平台上。

7.4.4 试验步骤

7.4.4.1 检查试验装置各部件及系统工作是否正常,校准试验仪器。

7.4.4.2 确定试验用摆锤旋转高度。

7.4.4.3 密封爆炸槽火焰逸出口,启动搅拌风扇,向爆炸槽内充入试验气体直至爆炸槽内气体浓度符合试验规定。

7.4.4.4 将装有摆擦弹丸的摆锤旋转至试验规定高度,通过释放系统使摆锤自由摆动,冲击在爆炸槽内的摆锤冲击试验板上。

7.4.4.5 摆擦弹丸每冲击一次摆锤冲击试验板,应移动摆锤冲击试验板,避免冲击点重合。

7.4.4.6 按以上试验步骤,共进行32次试验。

7.4.5 结果表述

应记录和计算下列试验结果：

a） 固定试件和摆动试件的材料、数量、厚度；

b） 摆锤旋转高度；

c） 试验前后爆炸槽内试验气体的浓度；

d） 摆动撞击总次数；

e） 试验是否产生火花，是否引燃爆炸槽内试验气体，累计引燃次数。

8 金属材料摩擦火花安全性试验

8.1 叶轮（转子）和外壳（保护圈）配对金属材料摩擦火花安全性试验

8.1.1 本章适用于煤矿用压入式局部通风机（叶片材料为轻合金）、煤矿用抽出式局部通风机、煤矿用辅助通风机、煤矿地面用抽出式主通风机、气（或液）动局部通风机和排放瓦斯泵等设备的叶轮（转子）和外壳（保护圈）配对金属材料的摩擦火花安全性试验。

8.1.2 试验内容

8.1.2.1 配对金属材料的高速冲击试验。

注：机号大于№16 的煤矿用辅助通风机和煤矿地面用抽出式主通风机不做此项试验。

8.1.2.2 配对金属材料的旋转摩擦试验。

8.1.2.3 若外壳为轻合金，还应增加轻合金材料与锈蚀的 Q235A 钢试件的自由落锤冲击试验。

8.1.3 试验条件

8.1.3.1 用配对金属材料中硬度较小的一种制作高速冲击弹丸，硬度较大的一种制作高速冲击试验板。若配对金属材料中有一种为轻合金或均为轻合金，则用轻合金材料制作高速冲击弹丸，用 Q235A 钢板制作高速冲击试验板。

8.1.3.2 弹丸冲击速度为叶轮（转子）外缘最大线速度的二倍，允许偏差±5 m/s；高速冲击试验板的倾角为（40±2）°。

8.1.3.3 用配对金属材料中硬度较小的一种制作旋转摩擦试验的固定试件，硬度较大的一种制作旋转试件。

8.1.3.4 旋转摩擦试验中，固定试件对旋转试件的压紧力应为（50±5）N；旋转速度应等于叶轮（转子）外缘最大线速度，允许偏差±5%。

8.1.3.5 用受试轻合金材料制作落锤试件，用 Q235A 钢板制作落锤试验板。

8.1.3.6 落锤试验板倾角为（55±2）°；试验重锤质量为（20±1）kg；重锤下落高度为（2.0±0.1）m。

8.1.3.7 钢试件应在室外放置 42 d 以上，使其受试面在自然条件下生锈。

8.1.3.8 Q235A 钢的材质应符合 GB/T 700 的规定，表面粗糙度应为$\overset{50}{\underset{25}{\bigtriangledown}}$。

8.1.3.9 试验用可燃性气体应符合 4.2 的规定。

8.1.4 试验步骤

8.1.4.1 高速冲击试验按 7.1.4 的规定进行。

8.1.4.2 自由落锤冲击试验按 7.2.4 的规定进行。

8.1.4.3 旋转摩擦试验按 7.3.4 的规定进行。

8.1.5 判定规则

规定的试验内容按第 9 章判定均合格，则判定受试金属材料摩擦火花安全性合格，否则为不合格。

8.2 轻合金支柱材料摩擦火花安全性试验

8.2.1 本章适用于煤矿用轻合金支柱材料的摩擦火花安全性试验。

8.2.2 试验内容

8.2.2.1 第一组自由落锤冲击试验：以轻合金支柱质量的 1/2 为重锤质量（允许偏差±1.0 kg），以轻合金支柱最大工作高度为重锤下落高度（允许偏差±0.1 m）；

8.2.2.2 第二组自由落锤冲击试验：以轻合金支柱的质量为重锤质量（允许偏差±1.0 kg），重锤下落高度为（2.0±0.1）m。

8.2.3 试验条件

8.2.3.1 按 7.2.3 的规定，用受试的轻合金材料按附录 A 图 A.3 制成落锤试件。用 Q345 钢板制成落锤试验板。

8.2.3.2 Q345 钢板的材质应符合 GB/T 1591 的规定，表面粗糙度应为 $\overset{\frac{50}{25}}{\bigtriangledown}$，并符合 8.1.3.7 的要求。

8.2.3.3 落锤试验板水平倾角为（45±2）°。

8.2.3.4 试验用可燃性气体应符合 4.1 的规定。

8.2.4 试验步骤

按 7.2.4 的规定进行。

8.2.5 判定规则

若两组自由落锤冲击试验按 9.2 判定均合格，则判定受试的轻合金材料摩擦火花安全性合格，否则为不合格。

8.3 轻合金提升容器材料摩擦火花安全性试验

8.3.1 本章适用于煤矿用轻合金箕斗、轻合金罐笼、轻合金人车等提升容器用材料的摩擦火花安全性试验。

8.3.2 试验内容

8.3.2.1 受试轻合金材料的高速冲击试验。

8.3.2.2 受试轻合金材料的旋转摩擦试验。

8.3.3 试验条件

8.3.3.1 试验条件应符合表 3 和表 4 的规定。

8.3.3.2 试验用的 Q235A 钢板应符合 8.1.3.7 的规定。

8.3.4 试验步骤

8.3.4.1 高速冲击试验按 7.1.4 的规定进行。

8.3.4.2 旋转摩擦试验按 7.3.4 的规定进行。

8.3.5 判定规则

按 9.1 和 9.3 判定均合格，则判定受试轻合金材料摩擦火花安全性试验合格，否则为不合格。

表 3 轻合金提升容器材料的高速冲击试验条件

项目	试验弹丸		高速冲击试验板	高速冲击试验板倾角/(°)	弹丸冲击速度/(m/s)	弹丸质量/g	试验气体类型
	材料	形状及尺寸					
要求	Q235A	见附录 A	受试轻合金材料	20±2	200±10	5.20±0.25	按 4.1

表 4 轻合金提升容器材料的旋转摩擦试验条件

项目	旋转试件		固定试件	旋转速度	机械压紧力/N	试验气体类型
	材料	形状及尺寸				
要求	Q235A	见附录 A	受试轻合金材料	受试提升容器最大运行速度（允许偏差±5%）	50±5	按 4.2

8.4 轻合金外壳材料摩擦火花安全性试验

8.4.1 本章适用于煤矿用携带或移动式设备、仪器、工具、器具等轻合金外壳材料的摩擦火花安全性试验。

8.4.2 试验内容

受试轻合金材料的自由落锤冲击试验。

8.4.3 试验条件

8.4.3.1 按 7.2.3 和 8.1.3.5 的要求制作试件。

8.4.3.2 用 Q235A 钢板制成落锤试验板，Q235A 钢板应符合 8.1.3.7 和 8.1.3.8 的规定。

8.4.3.3 根据设备、仪器、工具、器具本身的质量(m)按表 5 选择试验重锤和试件的质量(M)。

表 5 重锤质量的选取

m/kg	<7.5	$7.5 \leqslant m < 12.5$	$12.5 \leqslant m < 22.5$	$22.5 \leqslant m < 27.5$	$m \geqslant 27.5$
M/kg	10	30	40	50	60

8.4.3.4 重锤下落高度为(2.0±0.1)m。

8.4.3.5 落锤试验板倾角为(55±2)°。

8.4.3.6 试验用可燃性气体应符合 4.1 的规定。

8.4.4 试验步骤

按 7.2.4 的规定进行。

8.4.5 判定规则

按 9.2 判定。

8.5 冲击式机械摩擦火花安全性试验

8.5.1 本章适用于煤矿用冲击式机械的摩擦火花安全性试验。

8.5.2 试验内容

配对金属材料的摆锤冲击试验。

8.5.3 试验条件

8.5.3.1 用配对金属材料中硬度较小的一种制作摆擦弹丸，硬度较大的一种制作摆锤冲击试验板。但是，若配对金属材料中有一种为轻合金或均为轻合金，则用轻合金材料制作摆擦弹丸，用 Q235A 钢板制作摆锤冲击试验板。

8.5.3.2 摆擦弹丸旋转至最低点的冲击速度为冲击式机械转子外缘最大线速度，允许偏差±5 m/s。

8.5.3.3 试验用可燃性气体应符合 4.2 的规定。

8.5.4 试验步骤

按 7.4.4 的规定进行。

8.5.5 判定规则

按 9.4 判定。

9 判定规则

9.1 高速冲击试验摩擦火花安全性判定规则

40 次试验中，若未引燃试验气体，则判定受试金属材料高速冲击试验摩擦火花安全性合格，否则为不合格。

9.2 自由落锤试验摩擦火花安全性判定规则

32 次试验中，若未引燃试验气体，则判定受试金属材料自由落锤冲击试验摩擦火花安全性合格，否则为不合格。

9.3 旋转摩擦试验摩擦火花安全性判定规则

不小于 16 000 次试验中，引燃试验气体次数小于或等于 8 次，则判定受试金属材料旋转摩擦试验摩擦火花安全性合格，否则为不合格。

9.4 摆锤冲击试验摩擦火花安全性判定规则

32次试验中，若未引燃试验气体，则判定受试金属材料摆锤冲击试验摩擦火花安全性合格，否则为不合格。

10 送检要求

10.1 凡在煤矿使用的、涉及金属材料摩擦火花安全性的新产品或批量产品，均须由国家授权的金属材料摩擦火花安全性检验单位（以下简称"检验单位"）进行检验。对已取得金属材料摩擦火花安全性合格证的产品，转厂时应重新送检。

10.2 送检单位送检时，应提供产品技术文件、产品总图及与试验有关的部件图样、试件材料化学成分分析单。上述资料一式两份，检验单位审查合格后盖章，一份留检验单位存档，一份返还送检单位。同时，试件的化学成分分析结果应符合相关标准的规定，试件的图样及数量应符合附录A的要求。

10.3 样品检验合格后，由检验单位发给"金属材料摩擦火花安全性检验合格证"，有效期为五年。

10.4 对取得"金属材料摩擦火花安全性试验合格证"的产品，当产品图样改变时，应将修改的图样和有关说明一式两份送原检验单位，重新审查。

10.5 同一生产厂家，使用相同配对材料或轻合金的同系列产品，凡符合下列条件者，产品的摩擦火花安全性检验结果具有替代性：

10.5.1 通风机和排放瓦斯泵的转子外缘线速度相差小于或等于10%。

10.5.2 轻合金支柱的最大工作高度和质量相差小于或等于±10%。

10.5.3 轻合金提升容器的最大运行速度相差小于或等于±10%。

10.5.4 使用轻合金外壳的设备、仪器、仪表、工具及器具的总质量相差小于或等于±10%。

10.6 被替代的产品在取证时，应提供产品技术条件、产品总图及与试验有关的部件图样，一式两份。

10.7 检验单位有权对已发给"金属材料摩擦火花安全性试验合格证"的产品进行复查，若发现产品与原检验产品质量不符且影响安全性能时，应向制造单位提出意见，必要时撤销原发给的"金属材料摩擦火花安全性试验合格证"。

附 录 A
（规范性附录）
试件图样及数量

A.1 试件图样

试件的形状和尺寸应符合下列要求。

A.1.1 高速冲击试验试件图样

A.1.1.1 图 A.1、图 A.2 所示分别为高速冲击试验弹丸和冲击试验板的图样。

A.1.1.2 试验弹丸的结构可为组合式，弹丸球面为受试面，可用尾部钻孔、镶嵌、粘结等结构形式控制弹丸质量，也可将受试部分连接到不产生摩擦火花材料制成的弹壳上。

A.1.1.3 高速冲击试验板的表面不准涂漆、抹油脂，表面粗糙度应为 $\frac{50}{25}\bigtriangledown$。其厚度为受试材料的实际厚度。

单位为毫米

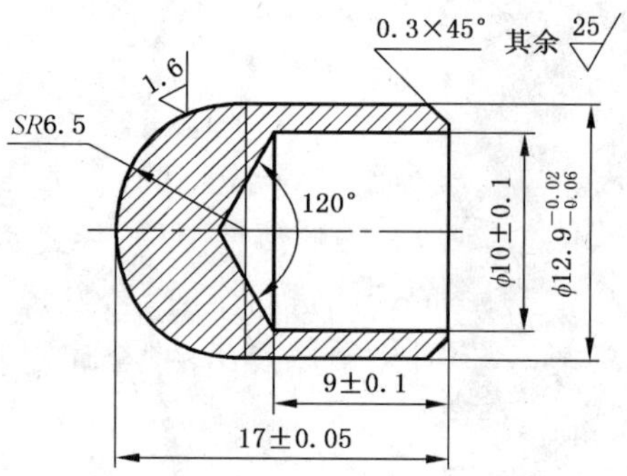

图 A.1 试验弹丸

单位为毫米

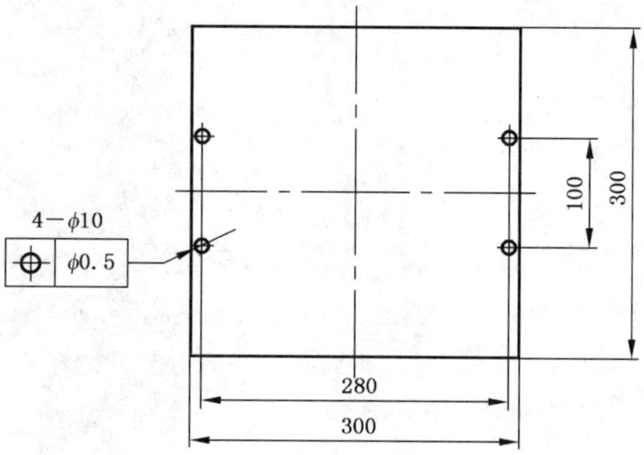

图 A.2 高速冲击试验板

A.1.2 自由落锤冲击试验试件图样

图 A.3、图 A.4 所示分别为自由落锤冲击试验的落锤试件和落锤试验板的图样。

单位为毫米

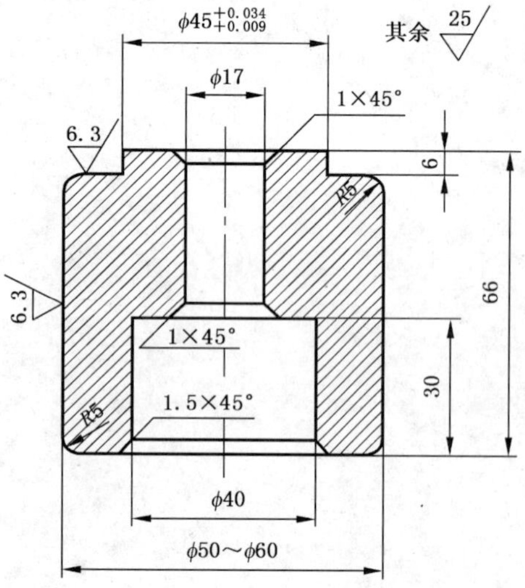

图 A.3 落锤试件

单位为毫米

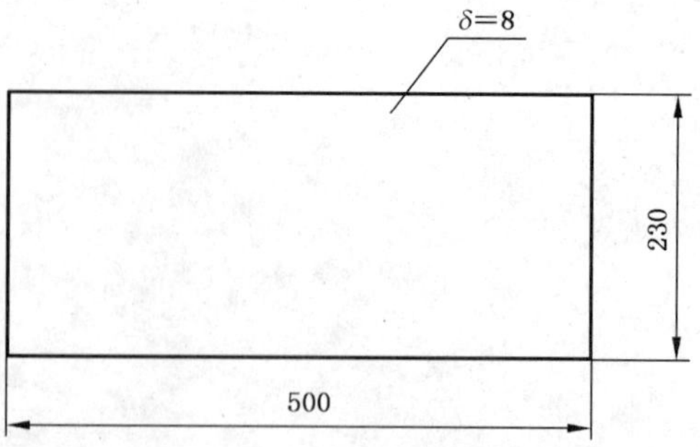

图 A.4 落锤试验板

A.1.3 旋转摩擦试验试件图样

A.1.3.1 图 A.5 所示为固定试件的图样，图 A.6、图 A.7 所示分别为无撞击凸缘和有撞击凸缘的旋转试件图样。

单位为毫米

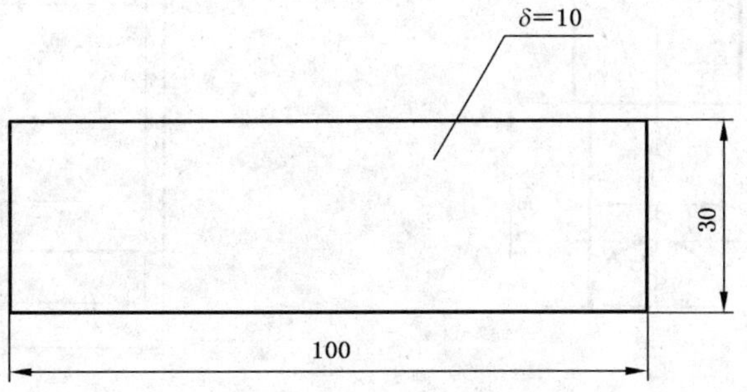

图 A.5 固定试件

单位为毫米

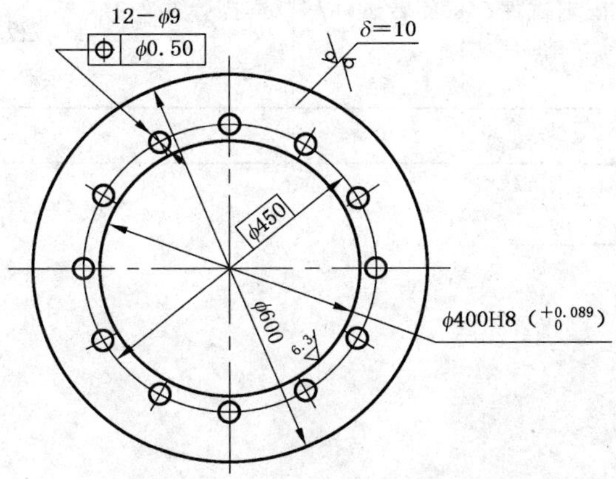

图 A.6 无撞击凸缘的旋转试件图

单位为毫米

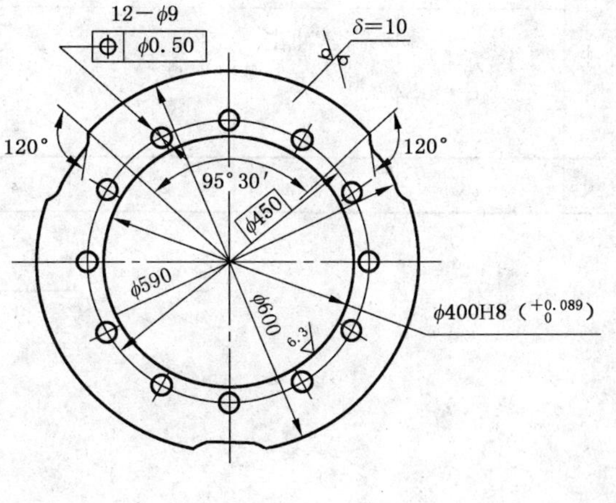

图 A.7 有撞击凸缘的旋转试件

A.1.3.2 图 A.5 的固定试件允许用受试材料数块铆接，铆接层厚度为 10 mm。铆接后试件表面应平整、光滑，无突出部分，铆钉应在四周，距试件边缘 10 mm 以上。试件表面不准涂漆、抹油脂，表面粗糙度为$\overset{50}{\underset{25}{\bigtriangledown}}$。

A.1.3.3 旋转试件的厚度为 10 mm。

A.1.4 摆锤冲击试验试件图样

A.1.4.1 图 A.8、图 A.9 所示分别为高速冲击试验弹丸和冲击试验板的图样。

A.1.4.2 摆锤冲击试验板的表面不准涂漆、抹油脂，表面粗糙度应为$\overset{50}{\underset{25}{\bigtriangledown}}$。其厚度为 10 mm。

单位为毫米

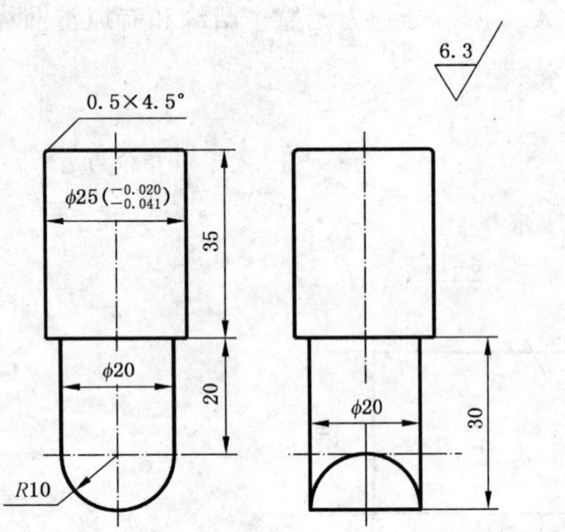

图 A.8 摆擦弹丸

单位为毫米

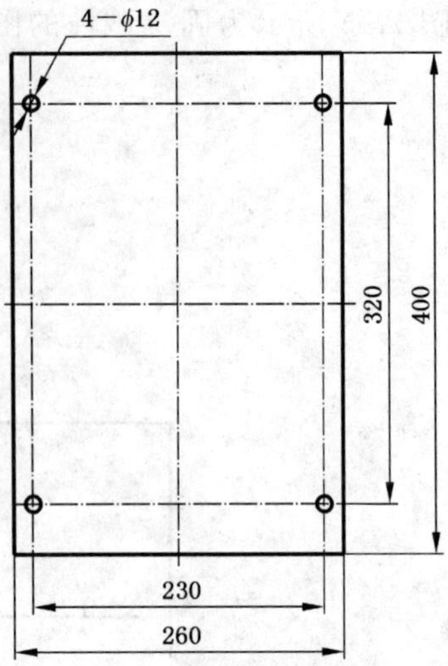

图 A.9 摆锤冲击试验板

A.2 试件数量

试件的送检数量应符合表 A.1 的规定。

表 A.1 试件数量

试件	高速冲击试验		自由落锤试验		旋转摩擦试验		摆锤冲击试验	
	弹丸/粒	高速冲击试验板/块	落锤试件/个	落锤试验板/块	固定试件/块	旋转试件/个	摆擦弹丸/粒	摆锤冲击试验板/块
数量	≥60	1	≥8	—	≥3	1	32	4

ICS 25.160.20
J 33

GB

中华人民共和国国家标准

GB/T 13814—2008
代替 GB/T 13814—1992

镍及镍合金焊条

Nickel and nickel alloy covered welding electrodes

(ISO 14172:2003,Welding consumables—Covered electrodes for manual metal arc welding of nickel and nickel alloys—Classification,MOD)

2008-04-16 发布　　　　2008-10-01 实施

中华人民共和国国家质量监督检验检疫总局
中国国家标准化管理委员会　发布

前　言

本标准修改采用 ISO 14172:2003《焊接材料　手工电弧焊用镍及镍合金焊条　分类》(英文版)。本标准根据 ISO 14172:2003 重新起草。

考虑我国镍及镍合金焊条的实际情况,对 ISO 14172:2003 做如下技术内容修改:

——删除了规范性引用文件 ISO 544、ISO 31-0:1992、ISO 6847、ISO 14344 和 ISO 15792-1:2000;

——增加了表 1、表 2、图 1、图 2、图 3 和图 4,将 ISO 14172:2003 中表 1 改为表 3,表 2 改为表 4。

为便于使用,本标准还做如下编辑性修改:

——标准名称改为“镍及镍合金焊条”;

——标准结构方面,增加了检验规则、标志和品质证明书内容;

——将“本国际标准”改为“本标准”;

——用小数点“.”代替作为小数点的逗号“,”;

——删除了国际标准的前言;

——删除了附录 A ,将附录 B 改为附录 A,附录 C 改为附录 B。

本标准是对 GB/T 13814—1992《镍及镍合金焊条》的修订。与 GB/T 13814—1992 相比,主要修改内容如下:

——焊条分类、型号划分采用 ISO 14172:2003 标准中的方法,焊条型号增加了 26 个;

——焊条药皮类型不做规定;

——取消了焊接接头弯曲试验,熔敷金属试件制备的焊接位置为平焊位置。

本标准从实施之日起,代替 GB/T 13814—1992。

本标准的附录 A、附录 B 为资料性附录。

本标准由全国焊接标准化技术委员会提出并归口。

本标准起草单位:哈尔滨焊接研究所、锦州市锅炉压力容器检验研究所、天津大桥焊材集团有限公司、锦州特种焊条有限公司、常州华通焊丝有限公司、四川大西洋焊接材料股份有限公司。

本标准主要起草人:何少卿、储继君、李春范、高盛平、吴国权、李振华、陈义岗。

本标准所代替标准的历次版本发布情况为:

——GB/T 13814—1992。

镍及镍合金焊条

1 范围

本标准规定了镍及镍合金焊条的分类和型号、技术要求、试验方法、检验规则、包装、标志和品质证明书。

本标准适用于焊条电弧焊用镍及镍合金焊条。

2 规范性引用文件

下列文件中的条款通过本标准的引用而构成为本标准的条款。凡是注日期的引用文件，其随后所有的修改单(不包括勘误的内容)或修订版均不适用于本标准，然而，鼓励根据本标准达成协议的各方研究是否可使用这些文件的最新版本。凡是不注日期的引用文件，其最新版本适用于本标准。

GB/T 228 金属材料 室温拉伸试验方法(GB/T 228—2002，eqv ISO 6892:1998)

GB/T 3323—2005 金属熔化焊焊接接头射线照相(EN 1435:1997，MOD)

GB/T 8647(所有部分) 镍化学分析方法

3 分类和型号

3.1 焊条分类

焊条按熔敷金属合金体系分为镍、镍铜、镍铬、镍铬铁、镍钼、镍铬钼和镍铬钴钼等7类。

3.2 型号划分

焊条按照熔敷金属化学成分进行型号划分(参见表3)。

3.3 型号编制方法

焊条型号由三部分组成。第1部分为字母“ENi”，表示镍及镍合金焊条；第2部分为四位数字，表示焊条型号；第3部分为可选部分，表示化学成分代号。焊条的简要说明和国际上主要标准型号的对应关系参见附录A和附录B。

本标准完整焊条型号示例如下：

ENi 6022 (NiCr21Mo13W3)

(NiCr21Mo13W3)——表示化学成分代号

6022——表示焊条型号

ENi——表示镍及镍合金焊条

第2部分四位数字中第一位数字表示熔敷金属的类别。其中2表示非合金系列；4表示镍铜合金；6表示含铬，且铁含量不大于25%的NiCrFe和NiCrMo合金；8表示含铬，且铁含量大于25%的NiFeCr合金；10表示不含铬，含钼的NiMo合金。

4 技术要求

4.1 焊条直径和长度

4.1.1 焊条直径和长度应符合表1规定。

4.1.2 根据需方要求，允许通过协议制造和使用其他尺寸的焊条。

4.2　**焊条夹持端**

焊条夹持端长度应符合表2规定。

表1　焊条直径和长度

单位为毫米

焊条直径		焊条长度	
基本尺寸	允许偏差	基本尺寸	允许偏差
2.0	±0.05	230～300	±2
2.5			
3.2		250～350	
4.0			
5.0			

表2　焊条夹持端

单位为毫米

焊　条　直　径	夹　持　端　长　度
≤3.2	10～20
≥4.0	15～25

4.3　**焊条药皮**

4.3.1　焊条药皮应均匀、紧密地包覆在焊芯周围，焊条药皮上不应有影响焊接质量的裂纹、气泡、杂质及脱落等缺陷。

4.3.2　焊条引弧端药皮应倒角，焊芯端面应露出。焊条长度方向上露芯长度不应大于焊芯直径的2/3或2.0 mm两者的较小值。焊条沿圆周的露芯不应大于圆周的1/2。

4.3.3　焊条药皮应具有足够的强度，不应在正常搬运或使用过程中损坏。

4.3.4　焊条药皮应具有一定的耐吸潮性，不应在开启包装后很快吸潮而影响使用。

4.3.5　焊条偏心度应符合如下规定：

a)　直径为2.0 mm和2.5 mm的焊条，偏心度不应大于7%；

b)　直径为3.2 mm和4.0 mm的焊条，偏心度不应大于5%；

c)　直径为5.0 mm的焊条，偏心度不应大于4%。

偏心度计算方法如下(见图1)：

$$P = \frac{T_1 - T_2}{(T_1 + T_2)/2} \times 100$$

式中：

P——焊条偏心度(%)；

T_1——焊条断面药皮最大厚度＋焊芯直径；

T_2——焊条同一断面药皮最小厚度＋焊芯直径。

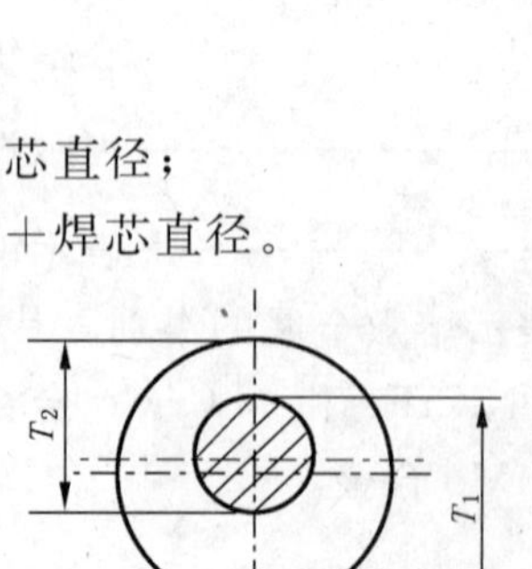

图1　焊条偏心度测量示意图

4.4　**熔敷金属化学成分**

熔敷金属化学成分应符合表3规定。

表 3 熔敷金属化学成分

焊条型号	化学成分代号	化学成分(质量分数)/%															
		C	Mn	Fe	Si	Cu	Ni[a]	Co	Al	Ti	Cr	Nb[b]	Mo	V	W	S	P	其他[c]
镍																		
ENi2061	NiTi3	0.10	0.7	0.7	1.2	0.2	≥92.0	—	1.0	1.0～4.0	—	—	—	—	—	0.015	0.020	
ENi2061A	NiNbTi	0.06	2.5	4.5	1.5				0.5	1.5		2.5					0.015	
镍铜																		
ENi4060	NiCu30Mn3Ti	0.15	4.0	2.5	1.5	27.0～34.0	≥62.0	—	1.0	1.0	—	—	—	—	—	0.015	0.020	
ENi4061	NiCu27Mn3NbTi				1.3	24.0～31.0				1.5		3.0						
镍铬																		
ENi6082	NiCr20Mn3Nb	0.10	2.0～6.0	4.0	0.8	0.5	≥63.0	—	—	0.5	18.0～22.0	1.5～3.0	2.0	—	—	0.015	0.020	
ENi6231	NiCr22W14Mo	0.05～0.10	0.3～1.0	3.0	0.3～0.7		≥45.0	5.0	0.5	0.1	20.0～24.0	—	1.0～3.0		13.0～15.0			
镍铬铁																		
ENi6025	NiCr25Fe10AlY	0.10～0.25	0.5	8.0～11.0	0.8	—	≥55.0	—	1.5～2.2	0.3	24.0～26.0	—	—	—	—	0.015	0.020	Y:0.15
ENi6062	NiCr15Fe8Nb	0.08	3.5	11.0			≥62.0		—	—	13.0～17.0	0.5～4.0						
ENi6093	NiCr15Fe8NbMo	0.20	1.0～5.0	12.0	1.0	0.5	≥60.0					1.0～3.5	1.0～3.5					
ENi6094	NiCr14Fe4NbMo	0.15	1.0～4.5		0.8		≥55.0				12.0～17.0	0.5～3.0	2.5～5.5		1.5			
ENi6095	NiCr15Fe8NbMoW	0.20	1.0～3.5								13.0～17.0	1.0～3.5	1.0～3.5		1.5～3.5			
ENi6133	NiCr16Fe12NbMo	0.10	1.0～3.5				≥62.0				13.0～17.0	0.5～3.0	0.5～2.5		—			
ENi6152	NiCr30Fe9Nb	0.05	5.0	7.0～12.0			≥50.0		0.5	0.5	28.0～31.5	1.0～2.5	0.5					

表 3(续)

焊条型号	化学成分代号	化学成分(质量分数)/%															
		C	Mn	Fe	Si	Cu	Ni[a]	Co	Al	Ti	Cr	Nb[b]	Mo	V	W	S	P	其他[c]
镍铬铁																		
ENi6182	NiCr15Fe6Mn	0.10	5.0～10.0	10.0	1.0	0.5	≥60.0	—	—	1.0	13.0～17.0	1.0～3.5	—	—	—	0.015	0.020	Ta:0.3
ENi6333	NiCr25Fe16CoNbW	0.10	1.2～2.0	≥16.0	0.8～1.2	0.5	44.0～47.0	2.5～3.5	—	—	24.0～26.0	—	2.5～3.5	—	2.5～3.5	0.015	0.020	
ENi6701	NiCr36Fe7Nb	0.35～0.50	0.5～2.0	7.0	0.5～2.0	—	42.0～48.0	—	—	—	33.0～39.0	0.8～1.8	—	—	—	0.015	0.020	—
ENi6702	NiCr28Fe6W	0.35～0.50	0.5～1.5	6.0	0.5～2.0	—	47.0～50.0	—	—	—	27.0～30.0	—	—	—	4.0～5.5	0.015	0.020	—
ENi6704	NiCr25Fe10Al3YC	0.15～0.30	0.5	8.0～11.0	0.8	—	≥55.0	—	1.8～2.8	0.3	24.0～26.0	—	—	—	—	0.015	0.020	Y:0.15
ENi8025	NiCr29Fe30Mo	0.06	1.0～3.0	30.0	0.7	1.5～3.0	35.0～40.0	—	0.1	1.0	27.0～31.0	1.0	2.5～4.5	—	—	0.015	0.020	
ENi8165	NiCr25Fe30Mo	0.03	1.0～3.0	30.0	0.7	1.5～3.0	37.0～42.0	—	0.1	1.0	23.0～27.0	—	3.5～7.5	—	—	0.015	0.020	—
镍钼																		
ENi1001	NiMo28Fe5	0.07	1.0	4.0～7.0	1.0	0.5	≥55.0	2.5	—	—	1.0	—	26.0～30.0	0.6	1.0	0.015	0.020	
ENi1004	NiMo25Cr5Fe5	0.12	1.0	4.0～7.0	1.0	0.5	≥60.0	—	—	—	2.5～5.5	—	23.0～27.0	0.6	1.0	0.015	0.020	
ENi1008	NiMo19WCr	0.10	1.5	10.0	0.8	0.5	≥60.0	—	—	—	0.5～3.5	—	17.0～20.0	—	2.0～4.0	0.015	0.020	
ENi1009	NiMo20WCu	0.10	1.5	7.0	0.8	0.3～1.3	≥62.0	—	—	—	—	—	18.0～22.0	—	2.0～4.0	0.015	0.020	
ENi1062	NiMo24Cr8Fe6	0.02	1.0	4.0～7.0	0.7	—	≥60.0	—	—	—	6.0～9.0	—	22.0～26.0	—	—	0.015	0.020	
ENi1066	NiMo28	0.02	2.0	2.2	0.2	0.5	≥64.5	—	—	—	1.0	—	26.0～30.0	—	1.0	0.015	0.020	
ENi1067	NiMo30Cr	0.02	2.0	1.0～3.0	0.2	0.5	≥62.0	3.0	—	—	1.0～3.0	—	27.0～32.0	—	3.0	0.015	0.020	

表 3(续)

焊条型号	化学成分代号	化学成分(质量分数)/%																
		C	Mn	Fe	Si	Cu	Ni[a]	Co	Al	Ti	Cr	Nb[b]	Mo	V	W	S	P	其他[c]
镍钼																		
ENi1069	NiMo28Fe4Cr	0.02	1.0	2.0～5.0	0.7	—	≥65.0	1.0	0.5	—	0.5～1.5	—	26.0～30.0	—	—	0.015	0.020	
镍铬钼																		
ENi6002	NiCr22Fe18Mo	0.05～0.15		17.0～20.0	1.0		≥45.0	0.5～2.5	—	—	20.0～23.0	—	8.0～10.0	—	0.2～1.0			
ENi6012	NiCr22Mo9	0.03	1.0	3.5	0.7	0.5	≥58.0	—	0.4	0.4		1.5	8.5～10.5		—			
ENi6022	NiCr21Mo13W3	0.02		2.0～6.0	0.2		≥49.0	2.5			20.0～22.5	—	12.5～14.5	0.4	2.5～3.5			
ENi6024	NiCr26Mo14		0.5	1.5			≥55.0	—			25.0～27.0		13.5～15.0		—			
ENi6030	NiCr29Mo5Fe15W2	0.03	1.5	13.0～17.0	1.0	1.0～2.4	≥36.0	5.0	—		28.0～31.5	0.3～1.5	4.0～6.0	—	1.5～4.0			
ENi6059	NiCr23Mo16		1.0	1.5		—	≥56.0	—			22.0～24.0		15.0～16.5					
ENi6200	NiCr23Mo16Cu2	0.02		3.0	0.2	1.3～1.9	≥45.0	2.0		—	20.0～24.0		15.0～17.0		—			
ENi6205	NiCr25Mo16		0.5	5.0		2.0		—	0.4		22.0～27.0	—	13.5～16.5					
ENi6275	NiCr15Mo16Fe5W3	0.10	1.0	4.0～7.0	1.0		≥50.0	2.5			14.5～16.5		15.0～18.0		3.0～4.5			
ENi6276	NiCr15Mo15Fe6W4	0.02			0.2								15.0～17.0	0.4				
ENi6452	NiCr19Mo15	0.025	2.0	1.5	0.4	0.5	≥56.0	—	—		18.0～20.0	0.4	14.0～16.0		—			
ENi6455	NiCr16Mo15Ti	0.02	1.5	3.0	0.2			2.0		0.7	14.0～18.0	—	14.0～17.0	—	0.5			
ENi6620	NiCr14Mo7Fe	0.10	2.0～4.0	10.0	1.0		≥55.0	—		—	12.0～17.0	0.5～2.0	5.0～9.0		1.0～2.0			

表 3(续)

焊条型号	化学成分代号	化学成分(质量分数)/%																
		C	Mn	Fe	Si	Cu	Ni[a]	Co	Al	Ti	Cr	Nb[b]	Mo	V	W	S	P	其他[c]
镍铬钼																		
ENi6625	NiCr22Mo9Nb	0.10	2.0	7.0	0.8		≥55.0	—	—		20.0~23.0	3.0~4.2	8.0~10.0		—	0.015		
ENi6627	NiCr21MoFeNb	0.03	2.2	5.0	0.7		≥57.0			—	20.5~22.5	1.0~2.8	8.8~10.0		0.5			
ENi6650	NiCr 20Fe14Mo11WN		0.7	12.0~15.0	0.6	0.5	≥44.0	1.0	0.5		19.0~22.0	0.3	10.0~13.0	—	1.0~2.0	0.02	0.020	N:0.15
ENi6686	NiCr21Mo16W4	0.02	1.0	5.0	0.3		≥49.0	—	—	0.3	19.0~23.0	—	15.0~17.0		3.0~4.4	0.015		
ENi6985	NiCr22Mo7Fe19			18.0~21.0	1.0	1.5~2.5	≥45.0	5.0		—	21.0~23.5	1.0	6.0~8.0		1.5			
镍铬钴钼																		
ENi6117	NiCr22Co12Mo	0.05~0.15	3.0	5.0	1.0	0.5	≥45.0	9.0~15.0	1.5	0.6	20.0~26.0	1.0	8.0~10.0	—	—	0.015	0.020	

注：除 Ni 外所有单值元素均为最大值。

a 除非另有规定，Co 含量应低于该含量的 1%。也可供需双方协商，要求较低的 Co 含量。

b Ta 含量应低于该含量的 20%。

c 未规定数值的元素总量不应超过 0.5%。

4.5 熔敷金属力学性能

熔敷金属力学性能应符合表4规定。

4.6 焊缝金属射线探伤

焊缝金属射线探伤应符合GB/T 3323中Ⅱ级。

表4 熔敷金属力学性能

焊条型号	化学成分代号	屈服强度[a] R_{eL}/MPa	抗拉强度 R_m/MPa	伸长率 A/%
		不小于		
镍				
ENi2061	NiTi3	200	410	18
ENi2061A	NiNbTi			
镍铜				
ENi4060	NiCu30Mn3Ti	200	480	27
ENi4061	NiCu27Mn3NbTi			
镍铬				
ENi6082	NiCr20Mn3Nb	360	600	22
ENi6231	NiCr22W14Mo	350	620	18
镍铬铁				
ENi6025	NiCr25Fe10AlY	400	690	12
ENi6062	NiCr15Fe8Nb	360	550	27
ENi6093	NiCr15Fe8NbMo	360	650	18
ENi6094	NiCr14Fe4NbMo			
ENi6095	NiCr15Fe8NbMoW			
ENi6133	NiCr16Fe12NbMo	360	550	27
ENi6152	NiCr30Fe9Nb			
ENi6182	NiCr15Fe6Mn			
ENi6333	NiCr25Fe16CoNbW	360	550	18
ENi6701	NiCr36Fe7Nb	450	650	8
ENi6702	NiCr28Fe6W			
ENi6704	NiCr25Fe10Al3YC	400	690	12
ENi8025	NiCr29Fe30Mo	240	550	22
ENi8165	NiCr25Fe30Mo			
镍钼				
ENi1001	NiMo28Fe5	400	690	22
ENi1004	NiMo25Cr5Fe5			
ENi1008	NiMo19WCr	360	650	22
ENi1009	NiMo20WCu			
ENi1062	NiMo24Cr8Fe6	360	550	18

表 4（续）

焊条型号	化学成分代号	屈服强度[a] R_{eL}/MPa	抗拉强度 R_m/MPa	伸长率 A/%
		不小于		
ENi1066	NiMo28	400	690	22
ENi1067	NiMo30Cr	350	690	22
ENi1069	NiMo28Fe4Cr	360	550	20
镍铬钼				
ENi6002	NiCr22Fe18Mo	380	650	18
ENi6012	NiCr22Mo9	410	650	22
ENi6022 ENi6024	NiCr21Mo13W3 NiCr26Mo14	350	690	22
ENi6030	NiCr29Mo5Fe15W2	350	585	22
ENi6059	NiCr23Mo16	350	690	22
ENi6200 ENi6275 ENi6276	NiCr23Mo16Cu2 NiCr15Mo16Fe5W3 NiCr15Mo15Fe6W4	400	690	22
ENi6205 ENi6452	NiCr25Mo16 NiCr19Mo15	350	690	22
ENi6455	NiCr16Mo15Ti	300	690	22
ENi6620	NiCr14Mo7Fe	350	620	32
ENi6625	NiCr22Mo9Nb	420	760	27
ENi6627	NiCr21MoFeNb	400	650	32
ENi6650	NiCr20Fe14Mo11WN	420	660	30
ENi6686	NiCr21Mo16W4	350	690	27
ENi6985	NiCr22Mo7Fe19	350	620	22
镍铬钴钼				
ENi6117	NiCr22Co12Mo	400	620	22

[a] 屈服发生不明显时，应采用 0.2%的屈服强度（$R_{p0.2}$）。

5 试验方法

5.1 试验用母材

5.1.1 化学分析和熔敷金属力学性能试验用母材采用与试验焊条熔敷金属化学成分相当的镍及镍合金，也可采用其他材料，但坡口面和垫板应焊接隔离层，隔离层至少应焊接 3 层，加工后的厚度不小于 3 mm。在确保熔敷金属不受母材影响的情况下，可采用其他方法。

5.1.2 仲裁试验时，应采用母材化学成分与试验焊条熔敷金属化学成分相当的镍及镍合金或坡口及垫板面有隔离层的其他材料试板。

5.2 熔敷金属化学成分分析

5.2.1 熔敷金属化学成分分析试样应以平焊位置施焊。堆焊试样尺寸及取样位置应符合图2规定。

5.2.2 化学成分分析试样可从5.2.1中规定的堆焊金属上制取，也可从其他熔敷金属上制取，但分析结果应与从堆焊金属上取样所得到的结果一致。仲裁试验的试样应从堆焊金属上制取。

5.2.3 化学分析试验可采用任何适宜的方法。仲裁试验应按GB/T 8647进行。

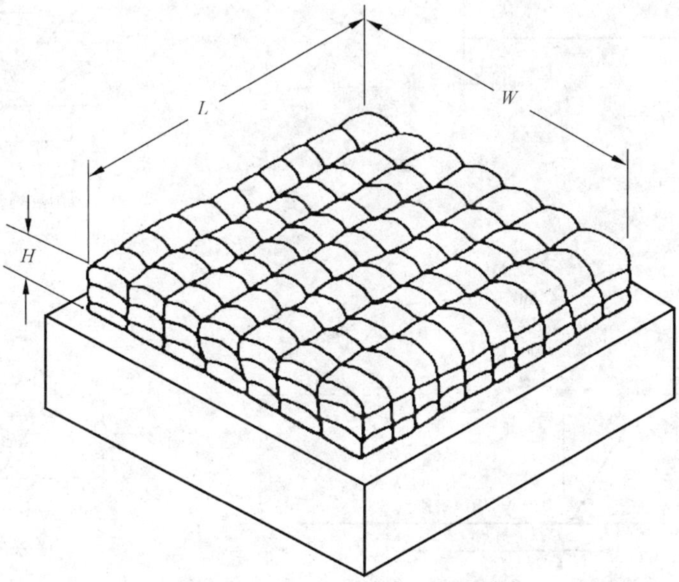

单位为毫米

焊条直径	堆焊试样最小尺寸			取样部位距试板表面最小距离[b]
	L	*W*	*H*[a]	
<4.0	38	38	13	9.5
≥4.0	50	50	22	19

a 当母材采用与试验焊条熔敷金属化学成分不相当的其他材料时，对于直径小于4.0 mm的焊条，*H*应不小于19 mm，对于直径不小于4.0 mm的焊条，*H*应不小于25 mm。

b 当母材采用与试验焊条熔敷金属化学成分不相当的其他材料时，对于直径小于4.0 mm的焊条，取样部位距试板表面最小距离应不小于16 mm，对于直径不小于4.0 mm的焊条，取样部位距试板表面最小距离应不小于22 mm。

图2 化学分析试件制备

5.3 力学性能试验

5.3.1 力学性能试件制备

5.3.1.1 低氢型药皮焊条试验前应在(250℃～300℃)×(1 h～2 h)条件下或按制造厂推荐的规范进行烘干。其他药皮类型焊条可在供货状态或按制造厂推荐的规范进行烘干。

5.3.1.2 试件应按图3要求在平焊位置制备。试板长度应能满足截取拉伸试样的需要。

5.3.1.3 试件焊前予以反变形或拘束，以防止角变形。试件焊后不允许矫正，角变形超过5°的试件应予报废。

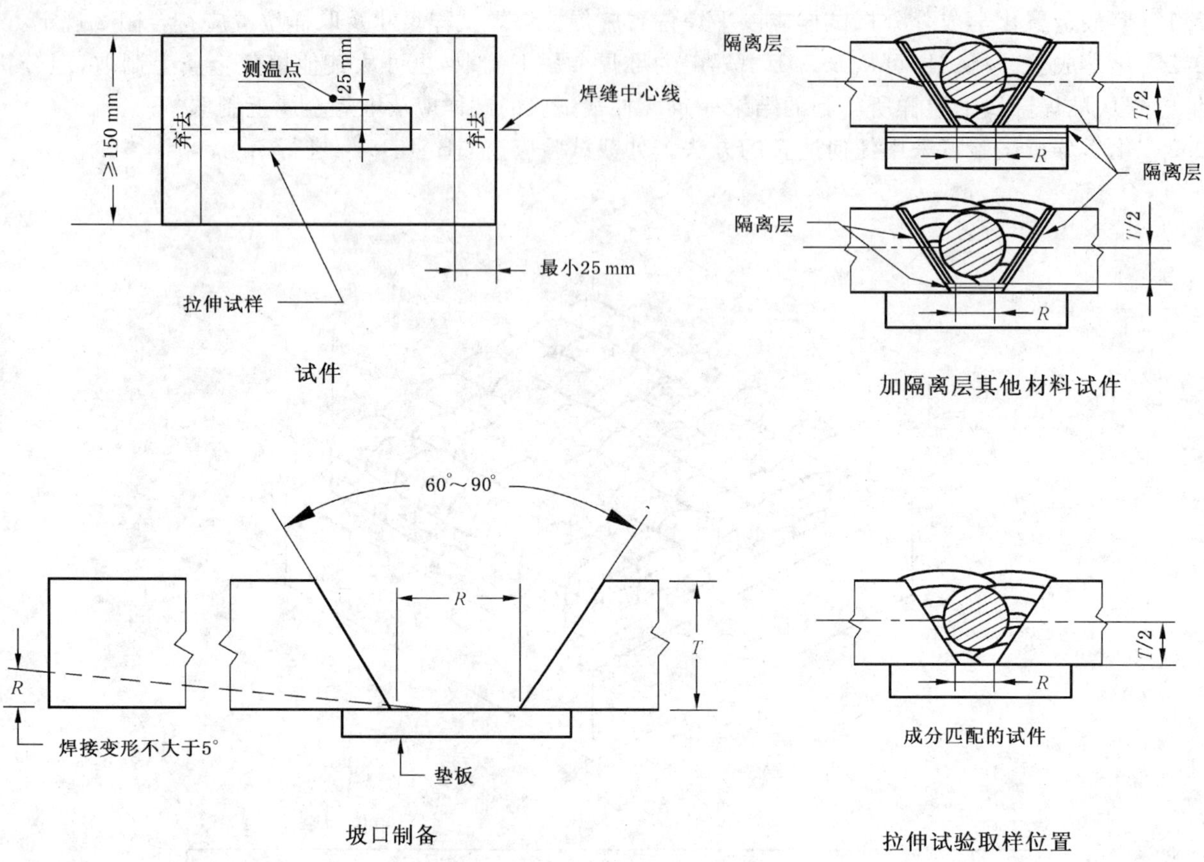

焊条直径/mm	试件最小厚度 T/mm	最小根部间隙 R/mm	最少焊接层数
2.0	14	5	不规定[a]
2.5		7	
3.2			
4.0	20	13	6
5.0			

[a] 不规定焊接层数，但应记录焊接层数。

图 3 力学性能和射线探伤试验的试件制备

5.3.1.4 启焊时试件温度应高于 15℃。道间温度超过 150℃时，应在静态大气中冷却。在试件纵向中部距焊缝中心 25 mm 处的表面为测温点，用测温笔或表面温度计测量温度。

5.3.1.5 每一道在射线探伤区内至少有一个熄弧点和引弧点。同一焊道的焊接方向不应改变，不同焊道的焊接方向可以交替进行。焊接时应采用窄焊道或摆动焊，但焊道宽度不得大于焊芯直径的四倍。

5.3.1.6 表面焊层至少应与母材表面齐平。试样应在焊后状态截取和检验。

5.3.2 熔敷金属拉伸试验

5.3.2.1 按图 4 要求从射线探伤后的试件(见图 3)上加工一个熔敷金属拉伸试样。

5.3.2.2 熔敷金属拉伸试验应按 GB/T 228 中规定进行。

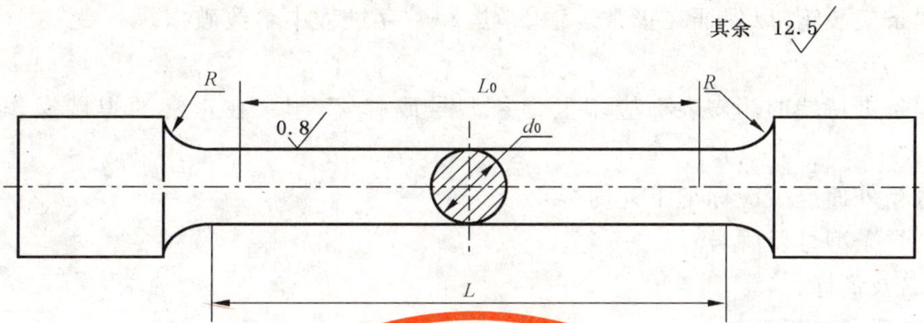

单位为毫米

试板厚度	d_0	R	L_0	L
14	6±0.1	≥2.5	$5d_0$	L_0+d_0
20	10±0.2	≥3		
注：试样夹持端尺寸根据试验机夹具结构确定。				

图 4　熔敷金属拉伸试样

5.4　焊缝射线探伤试验

5.4.1　焊缝射线探伤试验在试件截取拉伸试样之前进行。焊缝射线探伤前应去掉垫板。若试件需作焊后热处理时，射线探伤在热处理前后均可进行。

5.4.2　焊缝射线探伤试验按 GB/T 3323—2005 进行。

5.4.3　评定焊缝射线探伤底片时，试件两端 25 mm 应不予考虑。

6　检验规则

成品焊条由制造厂质量检验部门按批检验。

6.1　批量划分

每批焊条由同一批号焊芯、同一批号主要药皮原料、以同样配方和制造工艺制成。每批最大质量为 5 t。

6.2　取样方法

每批焊条检验时，按照需要数量至少在 3 个部位取有代表性的样品。

6.3　验收

每批焊条应按 6.3.1～6.3.4 验收。

6.3.1　每批焊条熔敷金属化学成分检验结果应符合表 3 规定。

6.3.2　每批焊条力学性能检验结果应符合表 4 规定。

6.3.3　每批焊条焊缝射线探伤检验结果应符合 4.6 规定。

6.3.4　每批焊条也可按供需双方协商的验收项目进行验收。

6.4　复验

任何一项检验不合格时，该项检验应加倍复验。当复验拉伸试验时，抗拉强度及伸长率同时作为复验项目。其试样可在原试件上截取，也可在新焊制的试件上截取。加倍复验结果均应符合该项检验的规定。

7　包装、标志和品质证明书

7.1　包装

7.1.1　焊条按批号每 1 kg、2 kg、2.5 kg、5 kg 净质量或按相应根数进行包装。包装应封口，保证焊条在正常的贮存条件下不致变质损坏。

7.1.2　若干包焊条应装箱，以保证在正常运输、搬运和贮存过程中不致破损。

7.2　标志

7.2.1　在靠近焊条夹持端的药皮表面应印上焊条型号或牌号，印字在正常的焊接操作前后都应清晰可辨。

7.2.2　每包及每箱外面至少应标记下列内容：

——标准号、焊条型号及牌号；

——制造厂名及商标；

——规格及净质量或根数；

——批号及生产日期。

7.3　品质证明书

制造厂对每一批焊条，根据实际检验结果出具品质证明书。当用户提出要求时，制造厂应提供检验报告的副本。

附　录　A
（资料性附录）
焊条简要说明

本附录提供了各类焊条使用的简要说明，为了正确地应用这些焊条，还可参阅有关的技术资料。

A.1　镍类焊条

A.1.1　ENi2061(NiTi3)、ENi2061A(NiNbTi)焊条

该种焊条用于焊接纯镍(UNS N02200 或 N02201)锻造及铸铁构件，用于复合镍钢的焊接和钢表面堆焊以及异种金属的焊接。

A.2　镍铜焊条

A.2.1　ENi4060(NiCu30Mn3Ti)、ENi4061(NiCu27Mn3NbTi)焊条

该分类焊条用于焊接镍铜等合金(UNS N04400)的焊接，用于镍铜复合钢焊接和钢表面堆焊。ENi4060 主要用于含铌耐腐蚀环境的焊接。

A.3　镍铬类焊条

A.3.1　ENi6082(NiCr20Mn3Nb)焊条

该种焊条用于镍铬合金(UNS N06075，N07080)和镍铬铁合金(UNS N06600，N06601)的焊接，焊缝金属不同于含铬高的其他合金。这种焊条也用于复合钢和异种金属的焊接。也用于低温条件下的镍钢焊接。

A.3.2　ENi6231(NiCr22W14Mo)焊条

该种焊条用于 UNS N06230 镍铬钨钼合金的焊接。

A.4　镍铬铁类焊条

A.4.1　ENi6025(NiCr25Fe10AlY)焊条

这种焊条用于同类镍基合金的焊接，如 UNS N06025 和 UNS N06603 合金。焊缝金属具有抗氧化、抗渗碳、抗硫化的特点，也可用于 1 200℃高温条件下的焊接。

A.4.2　ENi6062(NiCr15Fe8Nb)焊条

该种焊条用于镍铬铁合金(UNS N06600，UNS N06601)的焊接，用于镍铬铁复合合金焊接以及钢的堆焊。具有良好的异种金属焊接性能。这种焊条也可以在工作温度 980℃时应用，但温度高于 820℃时，抗氧化性和强度下降。

A.4.3　ENi6093(NiCr15Fe8NbMo)、ENi6094(NiCr14Fe4NbMo)、ENi6095(NiCr15Fe8NbMoW)焊条

这些焊条用于 Ni9%(UNS K81340)钢焊接，焊缝强度比 ENi6133 焊条的高。

A.4.4　ENi6133(NiCr16Fe12NbMo)焊条

该种焊条用于镍铁铬合金(UNS N08800)和镍铬铁合金(UNS N06600)的焊接，特别适用于异种金属的焊接。这种焊条也可以在工作温度 980℃时应用，但温度高于 820℃时，抗氧化性和强度下降。

A.4.5　ENi6152(NiCr30Fe9Nb)焊条

该种焊条熔敷金属铬含量比本标准规定的其他镍铬铁焊条的高。用于高铬镍基合金如 UNS N06690 的焊接。也可以用于低合金抗腐蚀层和不锈钢以及异种金属的焊接。

A.4.6　ENi6182(NiCr15Fe6Mn)焊条

该种焊条用于镍铬铁合金(UNS N06600)的焊接，用于镍铬铁复合合金焊接以及钢的堆焊。也可

以用于钢与镍基合金的焊接。在最近的应用中，工作温度提高到480℃，另外根据上述的类别条件下，可以在高温时使用该焊条，其抗热裂性能优于本组的其他焊缝金属。

A.4.7 ENi6333(NiCr25Fe16CoNbW)焊条

该种焊条用于同类镍基合金(特别是UNS N06333)的焊接。焊缝金属具有抗氧化、抗渗碳、抗硫化的特点，用于1 000℃高温条件下的焊接。

A.4.8 ENi6701(NiCr36Fe7Nb)、ENi6702(NiCr28Fe6W)焊条

这两种焊条用于同类铸造镍基合金的焊接。焊缝金属具有抗氧化的特点，用于1 200℃高温条件下的焊接。

A.4.9 ENi6704(NiCr25Fe10Al3YC)焊条

该种焊条用于同类镍基合金如UNS N06025和UNS N06603的焊接。焊缝金属具有抗氧化、抗渗碳、抗硫化的特点，用于1 200℃高温条件下的焊接。

A.4.10 ENi8025(NiCr29Fe30Mo)、ENi8165(NiCr25Fe30Mo)焊条

这两种焊条用于铜合金、奥氏体不锈钢铬镍钼合金(UNS N08904)和镍铬钼合金(UNS N08825)的焊接。也可以在钢上堆焊，提供镍铬铁合金层。

A.5 镍钼类焊条

A.5.1 ENi1001(NiMo28Fe5)焊条

该种焊条用于同类镍钼合金的焊接，特别是UNS N10001，用于镍钼复合合金的焊接，以及镍钼合金与钢和其他镍基合金的焊接。

A.5.2 ENi1004(NiMo25Cr5Fe5)焊条

该种焊条用于异种镍基、钴基和铁基合金的焊接。

A.5.3 ENi1008(NiMo19WCu)、ENi1009(NiMo20WCu)焊条

这两种焊条用于Ni9%(UNS K81340)钢焊接，焊缝强度比ENi6133焊条的高。

A.5.4 ENi1062(NiMo24Cr8Fe6)焊条

该种焊条用于镍钼合金的焊接，特别是UNS N10629，用于镍钼复合合金的焊接，以及镍钼合金与钢和其他镍基合金的焊接。

A.5.5 ENi1066(NiMo28)焊条

该种焊条用于镍钼合金的焊接，特别是UNS N10665，用于镍钼复合合金的焊接，以及镍钼合金与钢和其他镍基合金的焊接。

A.5.6 ENi1067(NiMo30Cr)焊条

该种焊条用于镍钼合金的焊接，特别是UNS N10665和UNS N10675，以及镍钼合金与钢和其他镍基合金的焊接。

A.5.7 ENi1069(NiMo28Fe4Cr)焊条

该种焊条用于镍基、钴基和铁基合金与异种金属结合的焊接。

A.6 镍铬钼类焊条

A.6.1 ENi6002(NiCr22Fe18Mo)焊条

该种焊条用于镍铬钼合金的焊接，特别是UNS N06002，用于镍铬钼复合合金的焊接，以及镍铬钼合金与钢和其他镍基合金的焊接。

A.6.2 ENi6012(NiCr22Mo9)焊条

该种焊条用于6-Mo型高奥氏体不锈钢的焊接。焊缝金属具有优良的抗氯化物介质点蚀和晶间腐蚀能力。铌含量低时可改善可焊性。

A.6.3 ENi6022(NiCr21Mo13W3)焊条

该种焊条用于低碳镍铬钼合金的焊接，尤其是UNS N06022合金。用于低碳镍铬钼复合合金的焊接，以及低碳镍铬钼合金与钢和其他镍基合金的焊接。

A.6.4 ENi6024(NiCr26Mo14)焊条

该种焊条用于奥氏体-铁素体双向不锈钢的焊接，焊缝金属具有较高的强度和耐蚀性能，所以特别适用于双向不锈钢的焊接，如UNS S32750。

A.6.5 ENi6030(NiCr29Mo5Fe15W2)焊条

该种焊条用于低碳镍铬钼合金的焊接，特别是UNS N06059合金，用于低碳镍铬钼复合合金的焊接，以及低碳镍铬钼合金与钢和其他镍基合金的焊接。

A.6.6 ENi6059(NiCr23Mo16)焊条

该种焊条用于低碳镍铬钼合金的焊接，尤其是适用于UNS N06059合金和铬镍钼奥氏体不锈钢的焊接，用于低碳镍铬钼复合合金的焊接，以及低碳镍铬钼合金与钢和其他镍基合金的焊接。

A.6.7 ENi6200(NiCr23Mo16Cu2)、ENi6205(NiCr25Mo16)焊条

这两种焊条用于UNS N06200类镍铬钼铜合金的焊接。

A.6.8 ENi6275(NiCr15Mo16Fe5W3)焊条

该种焊条用于镍铬钼合金的焊接，特别是UNS N10002等类合金与钢的焊接以及镍铬钼合金复合钢的表面堆焊。

A.6.9 ENi6276(NiCr15Mo15Fe6W4)焊条

该种焊条用于镍铬钼合金的焊接，特别是UNS N10276合金，用于低碳镍铬钼复合合金的焊接，以及低碳镍铬钼合金与钢和其他镍基合金的焊接。

A.6.10 ENi6452(NiCr19Mo15)、ENi6455(NiCr16Mo15Ti)焊条

这两种焊条用于低碳镍铬钼合金的焊接，特别是UNS N06455合金，用于低碳镍铬钼复合合金的焊接，以及低碳镍铬钼合金与钢和其他镍基合金的焊接。

A.6.11 ENi6620(NiCr14Mo7Fe)焊条

这种焊条用于Ni9%(UNS K81340)钢的焊接，焊缝金属具有与钢相同的线膨胀系数。交流焊接时，短弧操作。

A.6.12 ENi6625(NiCr22Mo9Nb)焊条

该种焊条用于镍铬钼合金的焊接，特别是UNS N06625类合金与其他钢种以及镍铬钼合金复合钢的焊接和堆焊，也用于低温条件下的Ni9%钢焊接。焊缝金属与UNS N06625合金比较，具有抗腐蚀性能，焊缝金属可以在540℃条件下使用。

A.6.13 ENi6627(NiCr21MoFeNb)焊条

该种焊条用于铬镍钼奥氏体不锈钢、双相不锈钢、镍铬钼合金及其他钢材。焊缝金属通过降低不利于耐蚀的母材熔合比来平衡成分。

A.6.14 ENi6650(NiCr20Fe14Mo11WN)焊条

该种焊条用于低碳镍铬钼合金和海洋及化学工业使用的铬镍钼奥氏体不锈钢的焊接，如UNS N08926合金。也用于异种金属和复合钢，如低碳镍铬钼合金与碳钢或镍基合金的焊接。也可焊接镍9%钢。

A.6.15 ENi6686(NiCr21Mo16W4)焊条

该种焊条用于低碳镍铬钼合金的焊接，特别是UNS N06686合金，也用于低碳镍铬钼复合钢的焊接，以及低碳镍铬钼合金与碳钢或镍基合金的焊接。

A.6.16 ENi6985(NiCr22Mo7Fe19)焊条

该种焊条用于低碳镍铬钼合金的焊接，特别是UNS N06985合金，也用于低碳镍铬钼复合钢的焊接，以及低碳镍铬钼合金与碳钢或镍基合金的焊接。

A.7　镍铬钴钼类焊条

A.7.1　ENi6117(NiCr22Co12Mo)焊条

该种焊条用于镍铬钴钼合金的焊接,特别是UNS N06617合金与其他钢种的焊接和堆焊。也可以用于1 150℃条件下要求具有高温强度和抗氧化性能的不同的高温合金,如UNS N08800,UNS N08811。也可以焊接铸造的高镍合金。

附 录 B
(资料性附录)
焊条型号对照

表 B.1 焊条型号对照表

焊条型号	AWS A5.11:2005	ISO 14172:2003	GB/T 13814—1992
镍			
ENi2061	ENi-1	ENi2061	ENi-1
ENi2061A			ENi-0
镍铜			
ENi4060	ENiCu-7	ENi4060	ENiCu-7
ENi4061		ENi4061	
镍铬			
ENi6082		ENi6082	
ENi6231	ENiCrWMo-1	ENi6231	
镍铬铁			
ENi6025	ENiCrFe-12	ENi6025	
ENi6062	ENiCrFe-1	ENi6062	ENiCrFe-1
ENi6093	ENiCrFe-4	ENi6093	ENiCrFe-4
ENi6094	ENiCrFe-9	ENi6094	
ENi6095	ENiCrFe-10	ENi6095	
ENi6133	ENiCrFe-2	ENi6133	ENiCrFe-2
ENi6152	ENiCrFe-7	ENi6152	
ENi6182	ENiCrFe-3	ENi6182	ENiCrFe-3
ENi6333		ENi6333	
ENi6701		ENi6701	
ENi6702		ENi6702	
ENi6704		ENi6704	
ENi8025		ENi8025	
ENi8165		ENi8165	
镍钼			
ENi1001	ENiMo-1	ENi1001	ENiMo-1
ENi1004	ENiMo-3	ENi1004	ENiMo-3
ENi1008	ENiMo-8	ENi1008	
ENi1009	ENiMo-9	ENi1009	
ENi1062		ENi1062	

表 B.1（续）

焊条型号	AWS A5.11:2005	ISO 14172:2003	GB/T 13814—1992
ENi1066	ENiMo-7	ENi1066	ENiMo-7
ENi1067	ENiMo-10	ENi1067	
ENi1069	ENiMo-11	ENi1069	
镍铬钼			
ENi6002	ENiCrMo-2	ENi6002	ENiCrMo-2
ENi6012		ENi6012	
ENi6022	ENiCrMo-10	ENi6022	
ENi6024		ENi6024	
ENi6030	ENiCrMo-11	ENi6030	
镍铬钼			
ENi6059	ENiCrMo-13	ENi6059	
ENi6200	ENiCrMo-17	ENi6200	
ENi6205		ENi6205	
ENi6275	ENiCrMo-5	ENi6275	ENiCrMo-5
ENi6276	ENiCrMo-4	ENi6276	ENiCrMo-4
ENi6452		ENi6452	
ENi6455	ENiCrMo-7	ENi6455	ENiCrMo-7
ENi6620	ENiCrMo-6	ENi6620	ENiCrMo-6
ENi6625	ENiCrMo-3	ENi6625	ENiCrMo-3
ENi6627	ENiCrMo-12	ENi6627	
ENi6650	ENiCrMo-18	ENi6650	
ENi6686	ENiCrMo-14	ENi6686	
ENi6985	ENiCrMo-9	ENi6985	ENiCrMo-9
镍铬钴钼			
ENi6117	ENiCrCoMo-1	ENi6117	

ICS 25.160.50
J 33

中华人民共和国国家标准

GB/T 13815—2008
代替 GB/T 13815—1992

铝基钎料

Aluminium base brazing filler metals

2008-06-26 发布

2009-01-01 实施

中华人民共和国国家质量监督检验检疫总局
中国国家标准化管理委员会 发布

前　言

本标准代替 GB/T 13815—1992《铝基钎料》,与 GB/T 13815—1992 相比主要变化如下：

——在适用范围中将原标准的"火焰钎焊、炉中钎焊、盐浴钎焊和真空钎焊等工艺方法"一并改为"硬钎焊"；

——将"引用标准"改为"规范性引用文件"；

——将原标准中的分类"铝硅、铝硅铜、铝硅镁"等三大类修改为"铝硅、铝硅铜、铝硅镁、铝硅锌"等四大类,同时引用了 7 种国外广泛使用的钎料；

——增加了钎料型号表示方法和钎料标记的要求(本标准中第 3 章)；

——将原标准"规格和极限偏差、技术要求"合并为第 5 章"技术条件"；

——对第 5 章带状钎料、棒状钎料及丝状钎料的公差作了调整和加严；

——增加了"产品质量证明书"一章(本标准中 7.3)；

——将原标准附录 A"铝基钎料熔化温度"中的内容对应列入表 2 中；

——增加了附录 A(资料性附录)"钎料型号对照表"。

本标准中附录 A 为资料性附录。

本标准由全国焊接标准化技术委员会(SAC/TC 55)提出并归口。

本标准起草单位：上海斯米克焊材有限公司、哈尔滨工业大学、郑州机械研究所、深圳宝安联华实业有限公司、金华信和焊材制造有限公司。

本标准主要起草人：吴斌、何鹏、龙伟民、麦汉辉、张理成。

本标准所代替标准的历次版本发布情况为：

——GB/T 13815—1992。

铝　基　钎　料

1　范围

本标准规定了铝基钎料的分类和型号、化学成分、技术条件、检验、包装、标志、质量证明书等要求。

本标准适用于硬钎焊使用的铝基钎料。

2　规范性引用文件

下列文件中的条款通过本标准的引用而成为本标准的条款。凡是注日期的引用文件，其随后所有的修改单(不包括勘误的内容)或修订版均不适用于本标准，然而，鼓励根据本标准达成协议的各方研究是否可使用这些文件的最新版本。凡是不注日期的引用文件，其最新版本适用于本标准。

GB/T 6987(所有部分)　铝及铝合金化学分析方法

GB/T 8170　数值修约规则

GB/T 13393　抽样检查导则

3　分类和型号

3.1　钎料的分类和型号见表1及附录A。

表1　钎料的分类和型号

分　类	型　号	分　类	型　号
铝硅	BAl95Si	铝硅镁	BAl89SiMg(Bi)
	BAl92Si		BAl89Si(Mg)
	BAl90Si		BAl88Si(Mg)
	BAl88Si		BAl87SiMg
铝硅铜	BAl86SiCu	铝硅锌	BAl87SiZn
铝硅镁	BAl89SiMg		BAl85SiZn

3.2　钎料型号由两部分组成，第一部分用“B”表示硬钎焊，第二部分由主要合金组分的化学元素符号组成。在第二部分中，第一个化学元素符号表示钎料的基本组分，第一个化学元素后标出其公称质量百分数(公称质量百分数取整数误差±1%，若其元素公称质量百分数仅规定最低值时应将其取整)，其他元素符号按其质量百分数由大到小顺序列出，当几种元素具有相同的质量百分数时，按其原子序数顺序排列。公称质量百分数小于1%的元素在型号中不必列出，如某元素是钎料的关键组分一定要列出时，可在括号中列出其化学元素符号。

3.3　钎料标记中应有标准号“GB/T 13815”和“钎料型号”的描述。一种铝基钎料含硅9.0%～10.5%、镁1.0%～2.0%、铋0.02%～0.20%、铝为余量，钎料标记如图1所示。

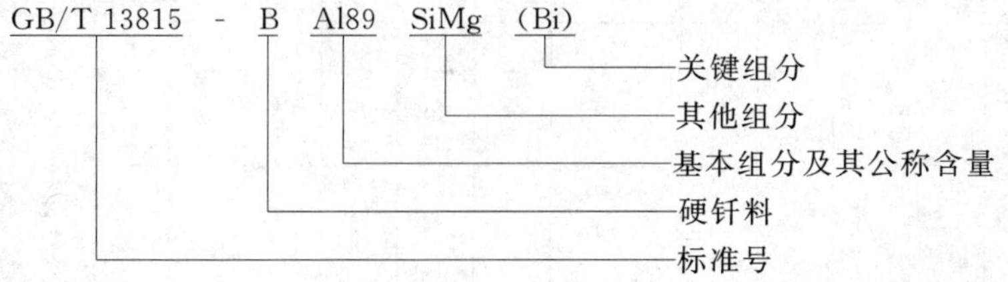

图1　钎料标记示例

4　化学成分

4.1　钎料的化学成分应符合表2的规定。

4.2　化学分析所得数值保留位数与表2中要求一致，数值修约规则按GB/T 8170的规定进行。

表 2 铝基钎料的化学成分

型号	化学成分(质量分数)/%								熔化温度范围/℃(参考值)	
	Al	Si	Fe	Cu	Mn	Mg	Zn	其他元素	固相线	液相线
Al-Si										
BAl95Si	余量	4.5～6.0	≤0.6	≤0.30	≤0.15	≤0.20	≤0.10	Ti≤0.15	575	630
BAl92Si	余量	6.8～8.2	≤0.8	≤0.25	≤0.10	—	≤0.20	—	575	615
BAl90Si	余量	9.0～11.0	≤0.8	≤0.30	≤0.05	≤0.05	≤0.10	Ti≤0.20	575	590
BAl88Si	余量	11.0～13.0	≤0.8	≤0.30	≤0.05	≤0.10	≤0.20	—	575	585
Al-Si-Cu										
BAl86SiCu	余量	9.3～10.7	≤0.8	3.3～4.7	≤0.15	≤0.10	≤0.20	Cr≤0.15	520	585
Al-Si-Mg										
BAl89SiMg	余量	9.5～10.5	≤0.8	≤0.25	≤0.10	1.0～2.0	≤0.20	—	555	590
BAl89SiMg(Bi)	余量	9.5～10.5	≤0.8	≤0.25	≤0.10	1.0～2.0	≤0.20	Bi 0.02～0.20	555	590
BAl89Si(Mg)	余量	9.50～11.0	≤0.8	≤0.25	≤0.10	0.20～1.0	≤0.20	—	559	591
BAl88Si(Mg)	余量	11.0～13.0	≤0.8	≤0.25	≤0.10	0.10～0.50	≤0.20	—	562	582
BAl87SiMg	余量	10.5～13.0	≤0.8	≤0.25	≤0.10	1.0～2.0	≤0.20	—	559	579
Al-Si-Zn										
BAl87SiZn	余量	9.0～11.0	≤0.8	≤0.30	≤0.05	≤0.05	0.50～3.0	—	576	588
BAl85SiZn	余量	10.5～13.0	≤0.8	≤0.25	≤0.10	—	0.50～3.0	—	576	609

注 1：所有型号钎料中，Cd 元素的最大含量(质量分数)为 0.01，Pb 元素的最大含量(质量分数)为 0.025。

注 2：其他每个未定义元素的最大含量(质量分数)为 0.05，未定义元素总含量(质量分数)不应高于 0.15。

5 技术条件

5.1 产品类型

钎料产品类型由供需双方协商。

5.2 产品尺寸规格及公差

5.2.1 带状钎料的厚度公差、宽度公差和反挠度公差分别应符合表3、表4和表5的规定。

表3 带状钎料的厚度公差

单位为毫米

厚度(公称尺寸)	厚度公差(公称尺寸)
	钎料宽度>1~≤200
≥0.05~≤0.1	±0.005
>0.1~≤0.2	±0.010
>0.2~≤0.3	±0.015
>0.3~≤0.4	±0.018
>0.4~≤0.5	±0.020
>0.5~≤0.8	±0.025
>0.8~≤1.2	±0.030
>1.2~≤2.0	±0.035

表4 带状钎料的宽度公差

单位为毫米

厚度(公称尺寸)	宽度公差(公称尺寸)		
	钎料宽度≤50	>50~≤100	>100~≤200
≥0.05~≤0.1	$^{+0.2}_{0}$	$^{+0.3}_{0}$	$^{+0.4}_{0}$
>0.1~≤1.0	$^{+0.2}_{0}$	$^{+0.3}_{0}$	$^{+0.4}_{0}$
>1.0~≤2.0	$^{+0.3}_{0}$	$^{+0.4}_{0}$	$^{+0.5}_{0}$

表5 带状钎料的反挠度公差

单位为毫米

厚度(公称尺寸)	最大反挠度(mm/m)(公称尺寸)				
	钎料宽度				
	3~10	>10~≤15	>15~≤30	>30~≤50	>50
≥0.05~≤0.5	10	7	4	3	3
>0.5~≤2.0	15	10	6	4	4

5.2.2 棒状钎料首选的直径是1 mm、1.5 mm、2 mm、2.5 mm、3 mm、4 mm和5 mm，首选的长度是450 mm、500 mm、750 mm和1 000 mm。对于采用拉拔技术制造的棒状钎料径向公差为±3%，其他方法制造的棒状钎料径向公差为±0.2 mm。棒状钎料的长度公差为±5 mm。

5.2.3 丝状钎料没有首选的直径，钎料径向公差为±3%。

5.2.4 粉状钎料的规格及公差应符合表6的规定。

表 6　粉状钎料的规格

粒度区间	允许粒度区间外的质量百分数	
40 目(350 μm)～200 目(74 μm)	＜74 μm	≤4%
	＞350 μm	≤1%

5.2.5　其他类型钎料的尺寸规格及公差由供需双方协商。

5.3　**状态**

钎料表面不应附有影响钎焊的污染物。带状钎料边缘及端部应整齐。

6　试验方法和检验规则

6.1　钎料中化学元素的分析方法按 GB/T 6987 的规定进行，也可由供需双方协商。

6.2　每批钎料采用的取样方法、取样位置以及化学分析方法应做记录，其化学成分应符合表 2 的规定。在化学分析中如发现有其他元素存在时，须作进一步分析，以便确定杂质总量是否符合表 2 中的规定。生产厂家可以不对杂质元素逐一分析，但应保证杂质总量满足表 2 中的规定。

6.3　钎料应按 5.2.1、5.2.2、5.2.3、5.2.4、5.3 的规定进行尺寸规格测量和外观检查。抽样检验方案按照 GB/T 13393 中的相应规定进行。

6.4　钎料按 6.1、6.2、6.3 进行检验，如不合格应加倍取样，对不合格项目进行复验，如复验结果仍不合格，则该批钎料不能作为符合本标准的成品交货。

7　包装、标志、产品质量证明书

7.1　**包装**

7.1.1　应采用适当形式的内包装，以防止钎料的污染和损伤。

7.1.2　为防止钎料在运输和存放过程中损坏，必须采用适当形式的外包装。

7.2　**标志**

每件钎料的最小单元包装上应清楚地标示如下信息：

a)　与第 3 章一致的钎料标记；

b)　制造商名称；

c)　商品名称、商标；

d)　钎料尺寸规格、净重；

e)　钎料批号、生产日期；

f)　健康和安全警告(按照国家规范的要求)。

7.3　**产品质量证明书**

制造厂对每一批钎料，根据实际检验结果出具产品质量证明书。当用户提出要求时，制造厂应提供检验结果的副本。

附　录　A
（资料性附录）
钎料型号对照

表 A.1　国家标准与 ISO 钎料型号对照表

分　　类	GB/T 13815—2008	GB/T 13815—1992	ISO
铝硅	BAl95Si		Al 105
	BAl92Si	BAl92Si	Al 107
	BAl90Si	BAl90Si	Al 110
	BAl88Si	BAl88Si	Al 112
铝硅铜	BAl86SiCu	BAl86SiCu	Al 210
铝硅镁	BAl89SiMg		Al 310
	BAl89SiMg(Bi)		Al 311
	BAl89Si(Mg)	BAl89Si(Mg)	Al 315
	BAl88Si(Mg)		Al 317
	BAl87SiMg		Al 319
铝硅锌	BAl87SiZn		Al 410
	BAl85SiZn		Al 415

ICS 17.160
J 04

GB

中华人民共和国国家标准

GB/T 13823.19—2008/ISO 5347-5:1993

振动与冲击传感器的校准方法 地球重力法校准

Methods for the calibration of vibration and shock pick-ups—Calibration by Earth's gravitation

(ISO 5347-5:1993, Methods for the calibration of vibration and shock pick-ups—Part 5: Calibration by Earth's gravitation, IDT)

2008-09-27 发布　　　　2009-05-01 实施

中华人民共和国国家质量监督检验检疫总局
中国国家标准化管理委员会 发布

前　言

GB/T 13823《振动与冲击传感器的校准方法》包括以下部分：

——第 4 部分：磁灵敏度测试；

——第 5 部分：安装力矩灵敏度测试；

——第 6 部分：基座应变灵敏度测试；

——第 8 部分：横向振动灵敏度测试；

——第 9 部分：横向冲击灵敏度测试；

——第 12 部分：安装在钢块上的无阻尼加速度计共振频率测试；

——第 14 部分：离心机法一次校准；

——第 15 部分：瞬变温度灵敏度测试法；

——第 16 部分：温度响应比较测试法；

——第 17 部分：声灵敏度测试；

——第 19 部分：地球重力法校准；

——第 20 部分：加速度计谐振测试　通用方法。

本部分是 GB/T 13823 的第 19 部分。

本部分等同采用 ISO 5347-5:1993《振动与冲击传感器校准方法　第 5 部分：利用地球重力的校准》(英文版)。

本部分等同翻译 ISO 5347-5:1993。为便于使用，本部分做了以下编辑性修改：

——用“本部分”代替“本国际标准”；

——用小数点“.”代替作为小数点的逗号“,”；

——删去国际标准中有关 ISO 介绍的资料性概述要素；

——规范性引用文件中增加了基本概念和术语标准；

——对正文和附录的公式进行了编号；

——增加了附录 NA(资料性附录)。

本部分的附录 A 为规范性附录，附录 NA 为资料性附录。

本部分由全国机械振动、冲击与状态监测标准化技术委员会(SAC/TC 53)提出并归口。

本部分起草单位：中国航空工业第一集团公司北京长城计量测试技术研究所、中国测试技术研究院广州分院(广州市计量检测技术研究院)。

本部分主要起草人：曾吾、周伦彬、熊磊。

振动与冲击传感器的校准方法 地球重力法校准

1 范围

GB/T 13823 的本部分规定了利用地球重力对加速度计进行绝对校准所需的仪器设备和操作程序。

本部分适用于具有零频响应的直线加速度计(主要是应变式或压阻式)、伺服加速度计，包括标准传感器和工作传感器。

本部分利用当地的 0 Hz 的正负重力加速度作标准值。

本部分允许的不确定度限是±0.01 m/s^2。

2 规范性引用文件

下列文件中的条款通过 GB/T 13823 的本部分的引用而成为本部分的条款。凡是注日期的引用文件，其随后所有的修改单(不包括勘误的内容)或修订版均不适用于本部分，然而，鼓励根据本部分达成协议的各方研究是否可使用这些文件的最新版本。凡是不注日期的引用文件，其最新版本适用于本部分。

GB/T 20485.1—2008 振动与冲击传感器校准方法 第1部分:基本概念(ISO 16063-1:1998,IDT)

ISO 2041:1990 机械振动与冲击 术语

3 仪器设备要求

3.1 调温装置

能够将室温维持在 23 ℃±3 ℃的装置。

3.2 工作平台

该平台的设计能使加速度计在包含它的灵敏轴的一个垂直平面内旋转 180°。

在各个测量位置，工作平台相对上述垂直平面的夹角应保持在±0.5°以内。

3.3 测量加速度计输出的仪器

用于测量加速度计输出的仪器设备，其最大不确定度应优于读数的±0.01%。

4 优先选用的值

在校准过程中，应使用因地球重力引起的当地重力加速度的正负值(以 m/s^2 表示)。

注：通常难以把因地球重力分量引起的输出和因横向灵敏度引起的输出区分开，故在因地球重力分量引起的重力加速度正负值之间的加速度值进行校准是不可行的。

5 校准方法

5.1 测试步骤

因所处位置与海拔高度不同，当地地球重力所致的加速度值可能会在 9.78 m/s^2～9.83 m/s^2 之间变化，故重力加速度值应取四位有效数字。

将有敏感轴向的被校加速度计分别放置在相对于垂直平面的 0°和 180°的位置，并测出在这两个位置时的加速度计的输出电压值。

5.2 **结果表达**

按下式计算得参考校准因子 S[V/(m·s^{-2})]：

$$S=\frac{V_a-V_b}{2g_1} \quad \cdots\cdots(1)$$

式中：

V_a、V_b——加速度计在0°与180°时的输出电压值，单位为伏(V)；

g_1——当地的重力加速度值，单位为米每二次方秒(m/s^2)。

同时应给出$|V_a|$与$|V_b|$。

在给出校准结果时，应给出按附录A计算得到的合成不确定度与相对应的置信水平。

附录A给出的置信水平是99%。

附 录 A
（规范性附录）
不确定度的计算

A.1 合成不确定度的计算

指定置信水平（对本标准的这部分，CL＝99％）的校准合成不确定度 X_{99} 应该按下式计算：

$$X_{99}=\pm\sqrt{X_r^2+X_s^2} \qquad \cdots\cdots(\text{A.1})$$

式中：

X_r——随机不确定度；

X_s——系统不确定度。

对于给定了置信水平的随机不确定度 $X_{r(99)}$ 根据如下公式计算：

$$X_{r(99)}=\pm t\left[\frac{e_{r1}^2+e_{r2}^2+e_{r3}^2+\cdots+e_{rn}^2}{n(n-1)}\right]^{1/2} \qquad \cdots\cdots(\text{A.2})$$

式中：

$e_{r1},e_{r2},\cdots$——单次测量值与算术平均值的偏差序列；

n——测量次数；

t——规定了置信水平和测量次数的 t 分布值。

对于系统误差，首先应进行消除或修正，其剩余的不确定度 $X_{s(99)}$，应该按照如下公式计算：

$$X_{s(99)}=\frac{K}{\sqrt{3}}\times e_S \qquad \cdots\cdots(\text{A.3})$$

式中：

K——置信水平为 99％时等于 2.6；

e_S——参考校准因子的绝对不确定度，单位为伏每米负二次方秒[V/(m·s^{-2})]（见 A.2）。

A.2 参考校准因子的绝对不确定度 e_S 的计算

参考校准因子（例如在地球重力所致的加速度的正负值条件下）的绝对不确定度 e_S[V/(m·s^{-2})]，依据误差合成法则按下式进行计算：

$$\frac{e_S}{S}=\pm\left[\left(\frac{e_{V_d}}{V_d}\right)^2+\left(\frac{2e_{g_1}}{g_1}\right)^2+(1-\cos e_0)^2+(1-\cos e_{180})^2\right]^{1/2} \qquad \cdots\cdots(\text{A.4})$$

式中：

S——参考校准因子（见 5.2）；

V_d——当从 0°旋转到 180°时加速度计输出的差（即 V_a-V_b，见 5.2），单位为伏（V）；

e_{V_d}——加速度计输出差 V_d 的绝对误差，单位为伏（V）；

g_1——当地的地球重力加速度值，单位为米每二次方秒（m/s^2）；

e_{g_1}——当地地球重力加速度估计值的绝对不确定度，单位为米每二次方秒（m/s^2）；

e_0——对应 0°线的绝对不确定度，单位为度（°）；

e_{180}——对应 180°线的绝对不确定度，单位为度（°）。

A.3 对±g_1 外的参考校准因子的合成绝对不确定度 e_{S_1} 的计算

对±g_1 外的参考校准因子的合成绝对不确定度 e_{S_1}，单位 V/(m·s^{-2})，根据如下公式计算：

注：如果不使用放大器，需删除带下标“A”的项。

$$\frac{e_{S_1}}{S}=\pm\left[\left(\frac{e_S}{S}\right)^2+\left(\frac{L_{fA}}{100}\right)^2+\left(\frac{L_{fP}}{100}\right)^2+\left(\frac{L_{aA}}{100}\right)^2+\left(\frac{L_{aP}}{100}\right)^2+\left(\frac{I_A}{100}\right)^2+\left(\frac{I_P}{100}\right)^2+\left(\frac{R}{100}\right)^2+\left(\frac{E_A}{100}\right)^2+\left(\frac{E_P}{100}\right)^2\right]^{1/2} \quad \cdots\cdots(A.5)$$

式中：

e_S——参考校准因子的绝对不确定度，单位为伏每米负二次方秒[V/(m·s^{-2})]；

S——参考校准因子，单位为伏每米负二次方秒[V/(m·s^{-2})]；

L_{fA}——放大器的频率线性偏差，用相对于该放大器的参考校准因子的百分数表示；

L_{fP}——加速度计的频率线性偏差，用相对于该加速度计的参考校准因子的百分数表示；

L_{aA}——放大器的幅值线性偏差，用相对于该放大器的参考校准因子的百分数表示；

L_{aP}——加速度计的幅值线性偏差，用相对于该加速度计的参考校准因子的百分数表示；

I_A——放大器增益的不稳定性误差和所有的电源阻抗误差，用参考校准因子的百分数表示；

I_P——标准加速度计的不稳定性误差，用参考校准因子的百分数表示；

R——参考放大范围的跟踪误差(即不同放大设置的增益误差)，用参考校准因子的百分数表示；

E_A——由于环境对放大器的影响引起的误差，用参考校准因子的百分数表示；

E_P——由于环境对传感器的影响引起的误差，用参考校准因子的百分数表示。

附　录　NA
（资料性附录）
测量不确定度的计算

根据GB/T 20485.1—2008，按照以下公式进行参考校准因子测量的相对扩展不确定度 $U_{rel}(S)$ 的计算：

$$U_{rel}(S)=ku_{c,rel}(S) \qquad \text{(NA.1)}$$

$$u_{c,rel}(S)=\frac{u_c(S)}{S}=\frac{1}{S}\sqrt{\sum_i u_{rel,i}{}^2(S)} \qquad \text{(NA.2)}$$

式中包含因子 $k=2$。

不确定度分量见表NA.1。

表 NA.1　确定 S 的不确定度分量

i	标准不确定度分量 $u(x_i)$	不确定度来源	概率分布模型	包含因子	相对不确定度的贡献 $u_{rel,i}(y)$
1	$u(V_d)$	从0°旋转到180°时加速度计输出差（即 V_a-V_b）	矩形分布	$1/\sqrt{3}$	$u_{rel,1}(S)$
2	$u(g_1)$	当地的地球重力加速度估计值	矩形分布	$1/\sqrt{3}$	$u_{rel,2}(S)$
3	$u(g_{1,0°})$	0°位置偏差对加速度值	矩形分布	$1/\sqrt{3}$	$u_{rel,3}(S)$
4	$u(g_{1,180°})$	180°位置偏差对加速度值	矩形分布	$1/\sqrt{3}$	$u_{rel,4}(S)$
5	$u(L_{fA})$	放大器的频率线性偏差	矩形分布	$1/\sqrt{3}$	$u_{rel,5}(S)$
6	$u(L_{fP})$	加速度计的频率线性偏差	矩形分布	$1/\sqrt{3}$	$u_{rel,6}(S)$
7	$u(L_{aA})$	放大器的幅值线性偏差	矩形分布	$1/\sqrt{3}$	$u_{rel,7}(S)$
8	$u(L_{aP})$	加速度计的幅值线性偏差	矩形分布	$1/\sqrt{3}$	$u_{rel,8}(S)$
9	$u(I_A)$	放大器增益的不稳定性和电源阻抗误差	矩形分布	$1/\sqrt{3}$	$u_{rel,9}(S)$
10	$u(I_P)$	加速度计的不稳定性	矩形分布	$1/\sqrt{3}$	$u_{rel,10}(S)$
11	$u(R)$	参考放大范围的跟踪误差（即不同放大设置的增益误差）	矩形分布	$1/\sqrt{3}$	$u_{rel,11}(S)$
12	$u(E_A)$	由于环境对放大器的影响引起的误差	矩形分布	$1/\sqrt{3}$	$u_{rel,12}(S)$
13	$u(E_P)$	由于环境对传感器的影响引起的误差	矩形分布	$1/\sqrt{3}$	$u_{rel,13}(S)$
14	$u(S_{RE})$	对参考校准因子测量的其他影响（如：重复测量中的随机效应；算术平均值的实验标准偏差等）	矩形分布	$1/\sqrt{3}$	$u_{rel,14}(S)$

注：如果不使用放大器，需删除带下标“A”的项。

ICS 17.160
J 04

中华人民共和国国家标准

GB/T 13823.20—2008/ISO 5347-22:1997

振动与冲击传感器的校准方法 加速度计谐振测试 通用方法

Methods for the calibration of vibration and shock pick-ups—Accelerometer resonance testing—General methods

(ISO 5347-22:1997, Methods for the calibration of vibration and shock pick-ups—Part 22: Accelerometer resonance testing—General methods, IDT)

2008-09-27 发布 2009-05-01 实施

中华人民共和国国家质量监督检验检疫总局
中国国家标准化管理委员会 发布

前　言

GB/T 13823《振动与冲击传感器的校准方法》包括以下部分：

——第 4 部分:磁灵敏度测试；

——第 5 部分:安装力矩灵敏度测试；

——第 6 部分:基座应变灵敏度测试；

——第 8 部分:横向振动灵敏度测试；

——第 9 部分:横向冲击灵敏度测试；

——第 12 部分:安装在钢块上的无阻尼加速度计共振频率测试；

——第 14 部分:离心机法一次校准；

——第 15 部分:瞬变温度灵敏度测试法；

——第 16 部分:温度响应比较测试法；

——第 17 部分:声灵敏度测试；

——第 19 部分:地球重力法校准；

——第 20 部分:加速度计谐振测试　通用方法。

本部分是 GB/T 13823 的第 20 部分。

本部分等同采用 ISO 5347-22:1997《振动与冲击传感器校准方法　第 22 部分:加速度计谐振测试通用方法》(英文版)。

本部分等同翻译 ISO 5347-22:1997。为使用方便,本部分作了如下编辑性修改：

——"国际标准的本部分"一词改为"本部分"；

——删除国际标准的前言；

——用小数点"."代替作为小数点的逗号","；

——引用文件中增加了基本概念和术语标准；

——对引用的 ISO 5348,用等同采用为我国的标准代替。

本部分由全国机械振动、冲击与状态监测标准化技术委员会提出并归口。

本部分起草单位:中国航天科技集团公司第一计量测试技术研究所、中国计量科学研究院。

本部分主要起草人:杨晓伟、朱刚、刘爱东、闫磊。

振动与冲击传感器的校准方法
加速度计谐振测试　通用方法

1　范围

GB/T 13823 是由振动和冲击传感器校准方法的系列标准组成。

本部分规定了加速度计谐振测试所需的设备和操作程序。它可以应用于直线式加速度计，例如压阻式、压电式、可变电容式加速度计，适用频率范围 50 Hz～200 kHz。

操作程序通常与 ISO 5347-14 相对，后者适用于无阻尼加速度计。当压电式加速度计安装在被测结构上时，它的频率响应通常取决于装置的(最低)谐振频率。对于给定的加速度计，很难规定一个适用于所有的安装条件的安装谐振频率的测试方法。本操作程序只适用于在一系列标准的可重复的条件下测试加速度计的谐振频率，而在实际应用条件下的谐振频率很可能会略有不同(由于被测结构的质量、刚度以及安装方法的影响，谐振频率通常会偏低)。本方法并不适用于现场条件下的安装谐振频率的评估，相应的测试方法已在 GB/T 14412—2005 中给出。

2　规范性引用文件

下列文件中的条款通过 GB/T 13823 的本部分的引用而成为本部分的条款。凡是注日期的引用文件，其随后所有的修改单(不包括勘误的内容)或修订版均不适用于本部分，然而，鼓励根据本部分达成协议的各方研究是否可使用这些文件的最新版本。凡是不注日期的引用文件，其最新版本适用于本部分。

GB/T 20485.1—2008　振动与冲击传感器校准方法　第 1 部分：基本概念(ISO 16063-1：1998，IDT)

GB/T 14412—2005　机械振动与冲击　加速度计的机械安装(ISO 5348：1998，IDT)

ISO 2041：1990　机械振动与冲击　术语

3　仪器设备要求

3.1　恒温设备

保持室温 23 ℃±3 ℃。

3.2　频率发生器与指示器

频率范围 50 Hz～200 kHz。

3.3　功率放大器与振动激励器的组合

频率范围 50 Hz～200 kHz。

3.4　示波器

频率范围 50 Hz～200 kHz。

3.5　振动激励器与参考加速度计

谐振频率大于 50 kHz。

3.6　分析设备

频率范围不小于 10 MHz。

3.7　参考质量块

尺寸为 28 mm×28 mm×28 mm，质量约 180 g 的钢质量块，可用于谐振频率达 50 kHz 的测试。

相同尺寸的铍质量块，用于谐振频率达 100 kHz 的测试。对于谐振频率在 100 kHz 以上的测试，采用直径为 14 mm、长度为 400 mm 的铍棒。质量块的基准面和棒的一个端面用来安装加速度计，其表面粗糙度(用算术平均值的标准偏差表示)Ra 小于 1 μm。

基准面的平面度不大于 5 μm。

安装传感器的螺纹孔与其表面垂直度公差不大于 0.5°。

3.8 横向测试质量块

尺寸为 28 mm×28 mm×28 mm 的铍质量块，具有 4 个基准面，每个面的表面粗糙度(用算术平均值的标准偏差表示)Ra 小于 1 μm。

基准面的平面度不大于 5 μm。

安装传感器的螺纹孔与端面的垂直度公差不大于 0.5°。

被测加速度计应安装在质量块的一个面上，在其对称面上安装一个与加速度计质量相等的质量块作为平衡(见图 1)。

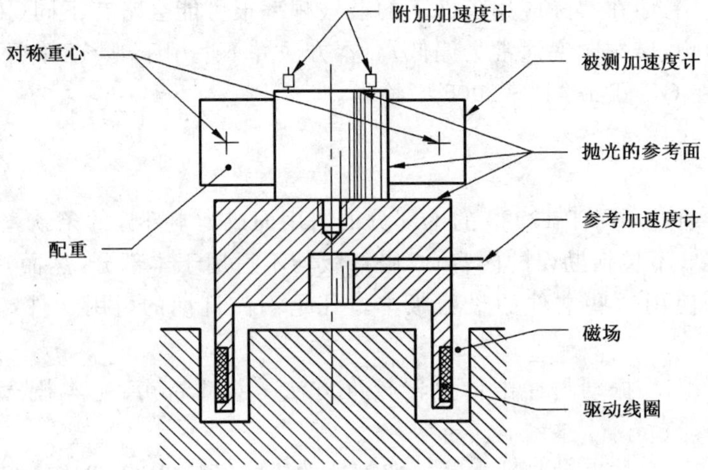

图 1 加速度计横向谐振频率测试

4 操作程序

4.1 安装

测试应在 GB/T 14412—2005 所规定的环境条件下进行。

加速度计及其附件的安装应按厂家推荐的条件进行。

4.2 安装谐振频率，正弦激励器法

在包含和高于加速度计谐振频率的范围内，用比较法测量加速度计的输出，加速度计的谐振频率就是最大灵敏度对应的频率。在加速度计的谐振频率的附近，其相位相对于参考加速度计变化 180°左右。也可能产生次谐振或局部谐振，在这一谐振点上相位角变为 90°，当频率稍高时恢复为 0°。灵敏度产生微小增加的这些频率称为局部谐振频率。

已知谐振频率的参考加速度计内置于激励器动圈内(见图 2)。激励器的谐振频率可以通过测量驱动线圈的电流与参考加速度计的输出之间的传递函数得到。激励器的使用频率至其运动部分(含加速度计)谐振频率的 95%。

注：低频悬挂与刚体引起的幅值增加和相位变化可忽略。

激励器动圈的谐振频率也可用加速度计确定，加速度计的阻尼固有频率用冲击方法确定，并高于激

励器的谐振频率。

加速度计的阻尼固有频率可通过相位角的比较得到。产生 90°相移的频率称为阻尼固有频率。该方法尤其适用于阻尼比不小于 0.7 的加速度计谐振频率测试。

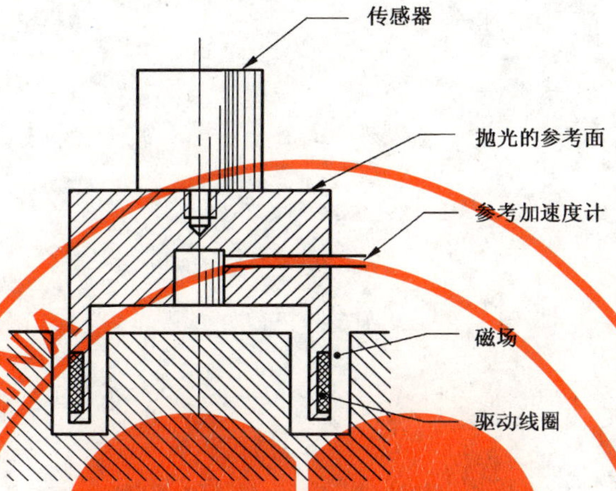

图 2　加速度计谐振频率测试

4.3　安装横向谐振频率

安装横向谐振频率可以采用 4.2 中所使用的激励器。加速度计安装在 3.8 中所述横向测试质量块上，将质量块安装在激励器上，加速度计的灵敏轴与激励器的振动方向垂直。为确保激励器、质量块、加速度计组成的结构同轴运动，需要在横向测试质量块安装两个附加加速度计。组件装配之间旋转会导致虚假的横向谐振频率，为了确保装配之间没有转动，两个加速度计应为同相位输出。

注：可选择激光干涉测振仪测量扭转或差分速度分量，该方法的优点是能够进行空载下的非接触式测量。真正的差分激光测振仪在光学系统内产生差分信号，从而避免了两个传感器的匹配问题。

被测加速度计应以 30°的间隔旋转，旋转角度大于 90°，以确定最大响应及最低谐振频率（见图 1）。

4.4　安装阻尼固有频率，冲击法

加速度计安装在 3.7 中所描述的质量块或棒上。这个组合应用软弹性悬挂支撑。

加速度计的阻尼固有频率可通过瞬时冲击窄脉冲引起的机械激励确定，脉冲持续时间约为加速度计固有周期的三倍。若瞬时冲击脉冲由敲击产生，冲击上升时间会随着冲击工具或力锤的冲击接触面积的减小而减小。对高于300 kHz的频率，短上升时间冲击脉冲可通过使玻璃棒或石墨棒在棒的一端断裂产生。

加速度计的输出可通过 A/D 转换器或用具有存储功能的示波器来捕捉，它们的采样频率应不小于加速度计谐振频率的二倍。所有电子设备应有足够的频响以保证传感器高频输出的真实性。

传感器输出最大的频率就是其阻尼固有频率。在其他频率点上，加速度计输出也可能明显增加，若此时输出量级小于阻尼固有频率下的输出量级的 50%，这些频率点称为局部或次谐振频率。

ICS 25.220.40
A 29

中华人民共和国国家标准

GB/T 13825—2008/ISO 1460:1992
代替 GB/T 13825—1992

金属覆盖层　黑色金属材料热镀锌层单位面积质量称量法

Metallic coatings—Hot dip galvanized coatings on ferrous materials—Gravimetric determination of the mass per unit area

(ISO 1460:1992,IDT)

2008-06-19 发布　　　　2009-01-01 实施

中华人民共和国国家质量监督检验检疫总局
中国国家标准化管理委员会　发布

前　言

本标准等同采用ISO 1460:1992《金属覆盖层　黑色金属材料热镀锌层　单位面积质量称量法》(英文版)。

本标准根据ISO 1460:1992翻译起草,本标准对应ISO 1460:1992作了如下编辑性修改:

——按国内现有的覆盖层系列标准习惯,标准名称前加上"金属覆盖层";

——取消了国际标准的前言,增加了我国标准前言;

——用"本标准"代替"本国际标准"。

本标准代替GB/T 13825—1992《金属覆盖层　黑色金属材料热镀锌层的质量测定　称量法》。

本标准与GB/T 13825—1992相比,主要变化如下:

——按照ISO 1460的说明,修改了测量程序说明;

——本标准中采用了ISO 1460:1992使用的计量符号;

——按照ISO 1460:1992的规定,第6章采用了国际通用的单位质量计算公式;

——按照ISO 1460:1992的规定,修改了第7章的试验报告并增加了脚注1);

——按照ISO 1460:1992的规定,补充了6.2条重现率的要求。

本标准由中国机械工业联合会提出。

本标准由全国金属与非金属覆盖层标准化技术委员会(SAC/TC 57)归口。

本标准起草单位:北京永泰和金属防腐技术有限公司、马鞍山鼎泰稀土新材料股份有限公司、武汉材料保护研究所。

本标准的主要起草人:吉静、张宏伟、史志民、刘冀鲁、贾建新。

本标准所代替标准的历次版本发布情况为:

——GB/T 13825—1992。

金属覆盖层　黑色金属材料热镀锌层单位面积质量称量法

1　范围

本标准规定了测定黑色金属材料上热镀锌层单位面积质量的方法。

本标准要求精确计算试样的表面积。因此,本标准适用于表面积易于确定的试样。如果试样很重而无法按本标准第5章的要求实施,则应采用其他的方法测定热镀锌层的质量。

2　原理

将已知表面积的试样浸于缓蚀性酸性溶液中,通过称量镀层溶解前后试样的质量,确定试样的质量损失,按试样的质量损失计算试样单位面积上热镀锌层的质量。

3　退镀溶液

将3.5 g六次甲基四胺溶于500 mL浓盐酸(ρ=1.19 g/mL)中,并用蒸馏水将此溶液稀释到1 000 mL。

4　取样

取样方法应由供需双方协商。

5　测量程序

当需要时,试样应采用不侵蚀热镀锌层的有机溶剂脱脂,再进行干燥。

在退镀之前,称量试样,精度准确到预测镀层质量值1%的范围。

退镀溶液的用量为试样表面每平方厘米不少于10 mL。试样应完全浸入室温下的退镀溶液中,镀层完全溶解后取出。以氢气析出平缓无变化时即为镀层溶解过程的终点。取出试样置于流动水中漂洗,必要时,可用软刷刷去表面附着的任何松散物质。然后浸于无水乙醇中,迅速取出干燥,再称量到前述镀层质量的测量精度。

称量后,应测量暴露出的表面积A,测量精度准确到1%范围。

6　镀层质量及厚度的计算

6.1　计算公式

热浸镀锌单位面积质量ρ_A的单位以g/m^{2}表示,按式(1)计算:

$$\rho_A = \frac{m_1 - m_2}{A} \times 10^6 \qquad \cdots\cdots(1)$$

式中:

m_1——试样退镀前的质量,单位为克(g);

m_2——试样退镀后的质量,单位为克(g);

A——试样的曝露面积,单位为平方毫米(mm^2)。

注:钢丝热镀锌层的单位面积质量ρ_A的单位以g/m^{2}表示,宜采用下式计算:

$$\rho_A = \frac{7.84 \times 10^3}{4} \times D \times \frac{m_1 - m_2}{m_2}$$

式中：

D——退镀后钢丝的直径，单位为毫米(mm)，钢丝的密度值为 7.84 g/cm^3。

按此公式计算，不需知道钢丝长度。

6.2 重现率

不同的操作者、不同的仪器、不同的操作环境下，重现率约为平均值的 5%。

7 试验报告

试验报告应包括下述项目：

a) 本标准号；

b) 试样的类型和形状；

c) 计算试样表面积的方法；

d) 热镀锌层的单位面积质量以 g/m^2 计，如果供需双方协商一致，镀层厚度可以用 μm 表示[1)]。

1) 以 μm 表示的热浸锌层厚度近似值(d)可以用下式计算：

$$d = \frac{\rho_A}{7.2}$$

式中：镀层的密度设为 7.2 g/cm^3。

ICS 25.100.70
A 43

中华人民共和国国家标准

GB/T 13826—2008
代替 GB/T 13826—1992

湿式(非金属类)摩擦材料

Wet type(non-metallic) friction materials

2008-06-19 发布　　　　2009-01-01 实施

中华人民共和国国家质量监督检验检疫总局
中国国家标准化管理委员会　发布

前　言

本标准代替 GB/T 13826—1992《湿式(非金属类)摩擦材料》,主要技术内容与 GB/T 13826—1992 相比有如下改变:

——增加了前言部分;

——修改了原标准中的静摩擦系数和动摩擦系数;

——修改了原标准中湿式摩擦材料的磨损率、对偶磨损率。

本标准中附录 A、附录 B 为规范性附录。

本标准由中国机械工业联合会提出。

本标准由全国金属与非金属覆盖层标准化技术委员会(SAC/TC 57)归口。

本标准起草单位:武汉材料保护研究所、重庆意华科技开发有限公司、安徽奔马集团有限公司、杭州长命摩擦材料有限公司。

本标准主要起草人:姚华军、何千、邵新安、任长明。

本标准所代替标准的历次版本发布情况为:

——GB/T 13826—1992。

湿式(非金属类)摩擦材料

1 范围

本标准规定了湿式(非金属类)摩擦材料(以下简称湿式摩擦材料)的技术要求。

本标准适用于树脂作粘结剂的湿式纸基摩擦材料和其他湿式非金属基摩擦材料，不适用于粉末冶金摩擦材料。

2 规范性引用文件

下列文件中的条款通过本标准的引用而成为本标准的条款。凡是注日期的引用文件，其随后所有的修改单(不包括勘误的内容)或修订版均不适用于本标准，然而，鼓励根据本标准达成协议的各方研究是否可使用这些文件的最新版本。凡是不注日期的引用文件，其最新版本适用于本标准。

GB/T 5766 摩擦材料洛氏硬度测定方法

GB/T 3141 工业液体润滑剂 ISO粘度分类 (GB/T 3141—1994,eqv ISO 3448:1992)

3 分类

湿式摩擦材料的分类见表1。

表1 湿式摩擦材料的分类

种类	材料类别	用途
A	纸基	汽车、拖拉机、工程机械等各种离合器片
B	其他非金属基(模压树脂基、橡胶基等摩擦材料)	摩托车等离合器片

4 技术要求

4.1 物理性能

湿式摩擦材料的物理性能见表2，其指定数值由供需双方在下述范围内确定。

表2 湿式摩擦材料的物理性能

种类	密度/(g/cm^3)	气孔率/%	硬度/HRM
A	0.6～3.0	25～50	—
B	1.0～1.3	—	50～80

4.2 摩擦磨损性能

4.2.1 摩擦系数

4.2.1.1 静摩擦系数A类不小于0.15；B类不小于0.24。

4.2.1.2 在相应的比压下动摩擦系数值应在表3所规定的范围之内。

表3 动摩擦系数值

种类	比压/MPa				
	0.2	0.3	0.5	1.0	2.0
A	—	—	0.15～0.19	0.15～0.19	0.15～0.19
B	0.15～0.22	0.15～0.22	0.15～0.22	—	—
注：表中摩擦系数值为在1 000、2 000、3 000 r/min条件下的动摩擦系数值。					

4.2.2 磨损率

表4规定了湿式摩擦材料和对偶材料的磨损率范围。

表4 湿式摩擦材料和对偶材料的磨损率

种　类	磨损率值（$\times10^{-5}\ cm^3/J$）	
	摩　擦　材　料	对　偶　材　料
A	≤6	≤1.2
B	≤5	≤2.0

5 试验方法

5.1 湿式摩擦材料密度试验方法按附录B进行。

5.2 湿式摩擦材料气孔率试验方法按附录B进行。

5.3 湿式摩擦材料洛氏硬度试验方法按GB/T 5766进行。

5.4 湿式摩擦材料摩擦磨损试验方法按附录A进行。

附 录 A
(规范性附录)
湿式摩擦材料摩擦磨损性能试验方法

A.1 试验条件

A.1.1 试验机:摩擦试验机和湿式试验箱,附加试样夹具装置见图 A.1。

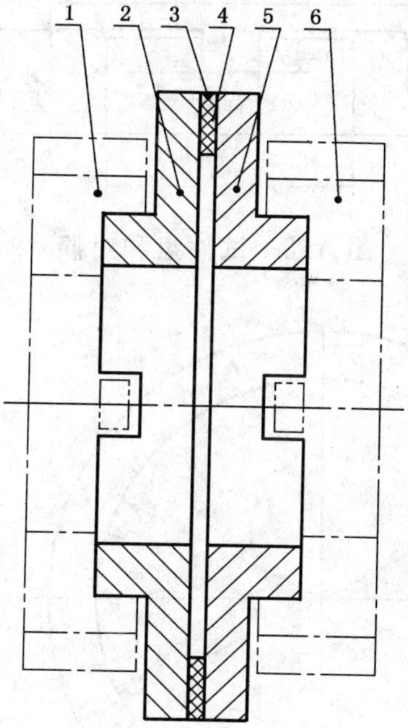

1——固定夹头(原试验机夹头);
2——试件盘;
3——粘接层;
4——摩擦材料试件;
5——对偶盘;
6——旋转夹头(原试验机夹头)。

图 A.1 试验装置配置图

A.1.2 转速(r/min):1 000、2 000、3 000。

A.1.3 配置转动惯量($kg \cdot m^2$):A 类:0.1;B 类:0.01、0.05。

A.1.4 试验用油牌号:A 类:N32(GB/T 3141);B 类:N32(GB/T 3141)。

A.1.5 试验用油流量($mL/min \cdot cm^2$):3～5。

A.1.6 试验用油温度(℃):80～95(油箱内)。

A.1.7 对偶材料:A 类为 45 钢[(25～35)HRC];B 类为 20 钢。表面粗糙度数值 Ra 为 1.6 μm。

A.1.8 试样尺寸(mm):外径 125、内径 100、厚 3 或按产品厚度(允许拼接成此环)。

A.1.9 试样数量:一对摩擦副。

A.1.10 磨损率测定:200 次。

A.2 试验程序

A.2.1 试样准备

A.2.1.1 按图 A.3 准备试样，也可用拼接法制成外径 125 mm、内径 100 mm 的圆片试样，按粘接技术要求将试样粘结在试件盘上（试件盘尺寸和试样尺寸分别见图 A.2、图 A.3）。试样浸泡在试验油中 12 h 后装在试验机上。

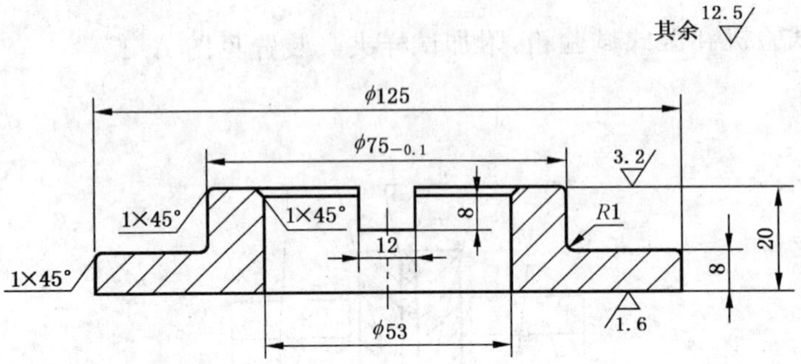

图 A.2 试件盘和对偶

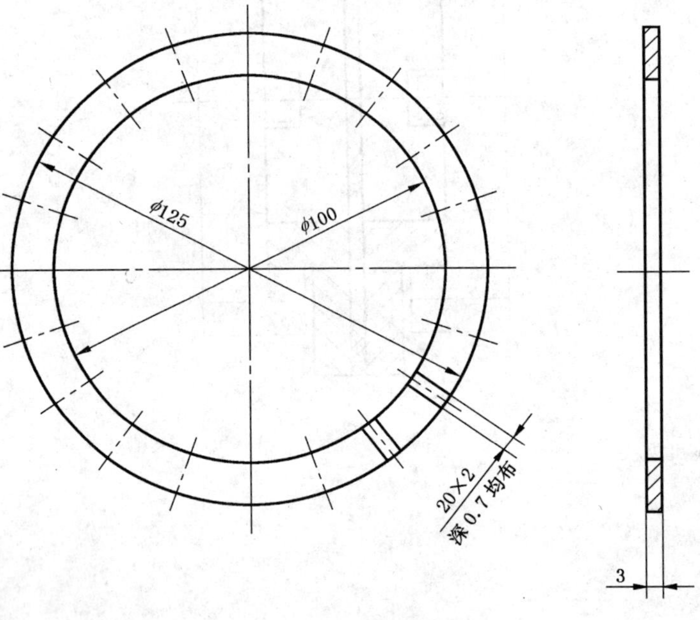

图 A.3 摩擦材料试件

A.2.1.2 在 1 000 r/min 转速以下，比压 A 类为 1.0 MPa、B 类为 0.3 MPa 以下，油温 95 ℃以下磨合，试样磨合面积达表观接触面积 80%以上，即为磨合完毕。

A.2.2 静摩擦系数的测定

启动试验机，使主轴转速达(150±5) r/min，运转 30 s 后停机，加载荷，使 A 类所受压力 1.0 MPa、B 类所受压力0.3 MPa，5 s 后对主轴连续缓慢增加驱动力矩至打滑，试验重复 5 次，按式(A.1)计算静摩擦系数。计算中，载荷 F 和摩擦力矩 M_j 分别取 3 次试验的算术取平均值(去掉最高值和最低值)。

$$\mu_j = \frac{M_j}{F \cdot R_{cp}} \qquad \text{(A.1)}$$

式中：

μ_j——静摩擦系数；

M_j——摩擦副打滑时的最大摩擦力矩，单位为牛厘米(N·cm)；

F——作用于摩擦副端面的载荷，单位为牛(N)；

R_{cp}——试样摩擦面的有效半径，单位为厘米(cm)。

$$R_{cp} = \frac{2}{3} \times \frac{R_1^3 - R_2^3}{R_1^2 - R_2^2} \qquad \text{(A.2)}$$

式中：

R_1——试样摩擦面外圆半径，单位为厘米(cm)；

R_2——试样摩擦面内圆半径，单位为厘米(cm)。

A.2.3 动摩擦系数的测定

A.2.3.1 μ-p 试验(变比压试验)

在 2 000 r/min 转速下进行变比压(此比压为按去除沟槽后净面积的比压，以下同)试验。

A 类材料：比压 p 分别为 0.5、1.0、2.0 MPa；

B 类材料：比压 p 分别为 0.2、0.3、0.5 MPa。

在设定比压基础上，缓慢增加至制动离合。每级比压重复 3 次制动离合试验，对 3 次试验载荷 F 和摩擦力矩 M_d 计算的动摩擦系数取算术平均值。

A.2.3.2 μ-n 试验(变转速试验)

在 A 类材料 p=1.0 MPa，B 类材料 p=0.3 MPa 条件下进行变速试验，速度变化分别为 1 000 r/min、2 000 r/min、3 000 r/min。

在设定比压基础上，缓慢增加载荷至制动离合。每级转速重复 3 次制动离合试验，对 3 次试验载荷 F 和摩擦力矩 M_d 计算的动摩擦系数取算术平均值。

A.2.3.3 动摩擦系数按式(A.3)计算：

$$\mu_d = \frac{M_d}{F \cdot R_{cp}} \qquad \text{(A.3)}$$

式中：

μ_d——动摩擦系数；

M_d——平均动摩擦力矩，单位为牛厘米(N·cm)；

F——作用于摩擦副端面的载荷，单位为牛(N)；

R_{cp}——试样摩擦面的有效半径，单位为厘米(cm)。

A.2.4 磨损率的测定

磨合好的摩擦副在转速 n=2 000 r/min，比压 A 类材料 P=1.0 MPa、B 类材料 P=0.3 MPa 的试验条件下，进行 200 次制动离合试验，按式(A.4)测定试验前、后试样的 3 点(均匀分布、应作记号)的厚度差(精确到 0.001 mm)。

$$V = A \cdot \Delta h / n \times \frac{1}{2} I_0 \omega^2 \qquad \text{(A.4)}$$

式中：

V——磨损率，单位为三次方厘米每焦(cm^3/J)；

A——试样表观接触面积，单位为平方厘米(cm^2)；

Δh——磨损试验前、后厚度差，单位为厘米(cm)；

n——制动离合次数；

I_0——试验机总惯量，单位为千克平方米($kg \cdot m^2$)，I_0 按式(A.5)计算：

$$I_0 = I_1 + I_2 \qquad \text{(A.5)}$$

式中：

I_1——试验机主轴惯量，I_1=0.029 4；

I_2——试验机配置惯量；

ω——制动初角速度，单位为弧度每秒(rad/s)。

A.2.5 对偶材料磨损率的测定

对偶材料的磨损率测定同湿式摩擦材料磨损率的测定。

A.2.6 试验记录

湿式摩擦材料摩擦磨损性能试验记录按表 A.1 格式进行。

表 A.1 试验记录

试样名称			来源		编号			试验者		
试样	试前厚度/cm				每次制动磨损量/cm					
	试后厚度/cm				磨损率/(cm³/J)					
对偶	试前厚度/cm				每次制动磨损量(厚度差)					
	试后厚度/cm				磨损率(厚度差)					
	材质		硬度/HRM		试验日期		年	月	日	
油液牌号			油温/℃		交压试验时转速/(r/min)					
油液流量/(mL/min·cm²)					变速试验时压力/MPa					
设定压力/MPa	比压/MPa		制动时间/s		制动温度/℃		制动力矩/(N·cm)		μ_j 或 μ_d	备注
	每次	平均	每次	平均	每次	平均	每次	平均		
										此栏记录静摩擦系数 μ_j
										此栏记录动摩擦系数 μ_d
										此栏记录动摩擦系数 μ_d
										此栏记录动摩擦系数 μ_d
设定转速	载荷/N		制动时间/s		制动温度/℃		制动力矩/(N·cm)		μ_d	
	每次	平均	每次	平均	每次	平均	每次	平均		
										此栏记录动摩擦系数 μ_d
										此栏记录动摩擦系数 μ_d
										此栏记录动摩擦系数 μ_d

附 录 B
（规范性附录）
湿式摩擦材料密度和气孔率测定方法

B.1 仪器设备

B.1.1 电热恒温干燥箱。

B.1.2 天平：感量 0.1 mg。

B.1.3 容器：烧杯或其他大口容器。

B.1.4 金属丝：直径小于 0.125 mm，长度适当。

B.2 试样

把试样材料截成长 80 mm、宽 60 mm 作为试样，试样数量为 5 个。

B.3 试验步骤

B.3.1 将试样放入电热恒温干燥箱中，间距不小于 10 mm，温度保持 80 ℃±5 ℃干燥至恒重（间隔不小于 2 h 测定 1 次，直至前后两次称量差小于 0.1%）或干燥 24 h。

B.3.2 取出冷却至室温；用金属丝拴住试样，称量试样（G_1），准确到 0.1 mg。

B.3.3 在室温下，将干燥试样全部浸入 20# 机油中 24 h。

B.3.4 将饱油试样置于油中称量（G_2），准确到 0.1 mg，称量时试件不能接触容器壁。

B.3.5 从油中取出试样，用纸小心地擦去试样表面附着油（不得将开口气孔中的油吸出）后，立即称量（G_3），准确到 0.1 mg。

B.4 试验结果计算

B.4.1 密度按式（B.1）计算：

$$d=\frac{G_1 \cdot d_0}{G_3-G_2} \qquad \text{（B.1）}$$

B.4.2 气孔率按式（B.2）计算：

$$p=\frac{G_3-G_1}{G_3-G_2}\times 100 \qquad \text{（B.2）}$$

式中：

d——试样的密度，单位为克每三次方厘米（g/cm^3）；

G_1——干燥试样的质量，单位为克（g）；

G_2——饱油试样在油中的质量，单位为克（g）；

d_0——油的密度，单位为克每三次方厘米（g/cm^3）；

p——气孔率，单位为百分数（%）。

ICS 59.060.10
W 30

中华人民共和国国家标准

GB/T 13834—2008
代替 GB/T 13834—1992

纤维用亚麻雨露干茎

Dried-stem of dew retting flax for fibre type

2008-08-07 发布　　　　2008-12-01 实施

中华人民共和国国家质量监督检验检疫总局
中国国家标准化管理委员会　发布

前言

本标准代替 GB/T 13834—1992《纤维用亚麻雨露干茎》。

本标准与 GB/T 13834—1992 相比，主要变化如下：

a) 删除标志、包装、运输、保管等内容。

b) 增加条款“3.5 工艺长度”、“3.6 细度”、“3.7 长麻率”、“3.8 全麻率”、“3.9 含草率”等定义。

c) 原条款 4 由“技术要求”更改为“分等规定”。

d) 原工艺长度指标各等均提高 100 mm。

e) 三等雨露干茎中色泽指标：由银灰、深灰、黑灰，更改为：银灰、深灰、灰褐。

f) 评定等时，在条款 4.3 中增加“按最低指标定等”。

g) 原 4.4 条款回潮率名称更改为公定回潮率，原条款取消，并入表 1。公定回潮率指标由 13%降至 12%。回潮率指标、含杂率指标数值修约由保留两位小数，更改为保留一位小数。

h) 原 4.5 条款取消，合并到 4.1 条款；原 4.2 条款、原 4.3 条款合并为 4.4 条款；原 6.2 条款取消，合并到 4.1 条款，变更为 4.3 条款。

i) 原 5.4 条款细度试验、原 5.5 条款长度试验，合并为 5.4 条款工艺长度和细度试验。

j) 将原 5.8 条款中“回潮率 13%的试样墩齐、捋好”去掉，长麻率指标在附录 A 中，以公定回潮率条件下计算。

k) 取消原 6.1 条款；取消原 7.2 条款，原 7.1 条款、原 7.3 条款合并为条款 7；取消原第 8 章。

本标准的附录 A 为规范性附录。

本标准由中国纤维检验局提出并归口。

本标准起草单位：黑龙江省纤维检验局、黑龙江省科学院亚麻综合利用研究所、北安垦区世通麻业有限责任公司。

本标准主要起草人：时凤芹、綦建春、李学勤、张文泰、王孝春。

本标准于 1992 年首次发布，本次为第一次修订。

纤维用亚麻雨露干茎

1 范围

本标准规定了纤维用亚麻雨露干茎的有关术语和定义、质量分等规定、试验方法、检验规则及实物标准。

本标准适用于纤维用亚麻雨露干茎。

2 规范性引用文件

下列文件中的条款通过本标准的引用而成为本标准的条款。凡是注日期的引用文件，其随后所有的修改单(不包括勘误的内容)或修订版均不适用于本标准，然而，鼓励根据本标准达成协议的各方研究是否可使用这些文件的最新版本。凡是不注日期的引用文件，其最新版本适用于本标准。

GB/T 5707 纺织名词术语(麻部分)

GB/T 8170 数值修约规则

GB/T 9995 纺织材料含水率和回潮率的测定 烘箱干燥法

3 术语和定义

GB/T 5707 中确立的以及下列术语和定义适用于本标准。

3.1

雨露干茎 dried-stem of dew retting flax

亚麻原茎经雨露脱胶、干燥后的亚麻干茎。

3.2

杂质 impurity

雨露干茎中的夹杂物和没有加工价值的干茎。

3.3

生茎 incomplete unglued flax stem

脱胶不足未达到技术要求的亚麻干茎。

3.4

标准色率 percentage of standard colour stem

在某等的干茎内，符合该等规定色泽的干茎株数占总株数的百分数。

3.5

工艺长度 techincal length

干茎子叶痕到第一个分枝间的距离。

3.6

细度 fineness

干茎工艺长度二分之一处的直径。

3.7

长麻率 percentage of long flax fibres

干茎中长纤维质量占干茎质量的百分数。

3.8

全麻率 percentage of fibres in flax stem

干茎中韧皮纤维质量占干茎质量的百分数。

3.9

含草率 grass content

干茎中草的质量占干茎质量的百分数。

4 分等规定

4.1 雨露干茎质量分为一等、二等、三等、四等、五等。

4.2 各等技术要求见表1。

表1 技术要求

等别	色泽		标准色率/%	工艺长度/mm	细度/mm	长麻率/%	全麻率/%	含草率/%	公定回潮率/%
	颜色	光泽	≥	≥		≥	≥	≤	
一	银灰、深灰	好	90	800	1.5～2.0	14.0	23.0	2.0	12.0
二	银灰、深灰	好	80	700	1.3～2.0	13.0	23.0		
三	银灰、深灰、灰褐	较好	80	600	1.2～2.0	12.0	22.0		
四	深灰、黑灰、灰黄	较好	70	500	0.9～2.2	10.0	20.0		
五	混合杂色	差	—	400	—	8.0	18.0		

4.3 评定等时，色泽、标准色率、细度、工艺长度四项为考核指标，按最低指标定等。以长麻率、全麻率为参考指标。

4.4 三等及以上干茎不得有生茎，低于五等为等外。

5 试验方法

5.1 取样

抽样采取随机取样法，从一批待测干茎中，随机抽取有代表性的样品10捆，每捆不少于5 kg。5捆用于色泽、标准色率、工艺长度、细度及全麻率的试验；3捆用于长麻率试验；剩余2捆，从每捆随机抽取不少于50 g的回潮率试样密封或现场称重，其余样品用于含杂率、含草率试验。

5.2 仪器及工具

a) 天平：量程1 000 g，分度值0.1 g；

b) 烘箱：温度控制范围50℃～150℃，温控偏差±1℃；

c) 台秤：量程10 kg，分度值5 g；

d) 钢卷尺：分度值1 mm；

e) 游标卡尺：分度值0.01 mm。

5.3 色泽、标准色率试验

从5捆样品中，每捆随机抽取100株，共500株干茎。依据实物标准，确定干茎的色泽等级，依此等级逐株鉴定干茎的颜色和光泽，选出符合该等级色泽的干茎，并计数。按式(1)计算标准色率。

$$B = \frac{n}{N} \times 100 \quad \cdots\cdots (1)$$

式中：

B——标准色率，%；

n——符合标准色株数，单位为株；

N——取样总株数，单位为株。

试验结果按GB/T 8170修约至整数。

5.4 工艺长度和细度试验

5.4.1 从抽取的5捆样品中,每捆随机抽取10株干茎,共50株。

5.4.2 用钢卷尺逐株测量试样的工艺长度,精确到毫米,求其平均值,试验结果按GB/T 8170修约至整数。

5.4.3 用游标卡尺逐株测量干茎细度,精确到0.01 mm,求其平均值,试验结果按GB/T 8170修约至1位小数。

5.5 回潮率试验

按GB/T 9995规定进行。

5.6 含杂率和含草率试验

5.6.1 含杂率试验

5.6.1.1 粗检:用台秤称量样品的质量,记作M_1,解开麻捆,将干茎中的杂质抖落,作为粗检杂质,称量,记作m_1。

5.6.1.2 细检:在粗检后的样品中,随机抽取干茎约5 kg,记作M_2,逐一捡出剩余杂质,称量,记作m_2。

5.6.1.3 含杂率按式(2)计算。

$$P=\left[\frac{m_1}{M_1}+\frac{m_2}{M_2}\times\left(1-\frac{m_1}{M_1}\right)\right]\times 100 \qquad\cdots\cdots(2)$$

式中:

P——含杂率,%;

m_1——粗检杂质质量,单位为克(g);

M_1——粗检样品质量,单位为克(g);

m_2——细检杂质质量,单位为克(g);

M_2——细检样品质量,单位为克(g)。

试验结果按GB/T 8170修约至一位小数。

5.6.2 含草率检验

从细检试样捡出的杂质中,挑出草,称量,记作m_3,按式(3)计算。

$$P_1=\frac{m_3}{M_2}\times 100 \qquad\cdots\cdots(3)$$

式中:

P_1——含草率,%;

m_3——草的质量,单位为克(g);

M_2——细检样品的质量,单位为克(g)。

试验结果按GB/T 8170修约至一位小数。

5.7 全麻率试验

从取出的5捆样品中,每捆随机取100株,共500株,用天平称量,记作M_3。人工剥麻,称出全部纤维的质量,记作m_4,按式(4)计算。

$$P_2=\frac{m_4}{M_3}\times 100 \qquad\cdots\cdots(4)$$

式中:

P_2——全麻率,%;

m_4——全部纤维的质量,单位为克(g);

M_3——干茎质量,单位为克(g)。

试验结果按GB/T 8170修约至一位小数。

5.8 长麻率试验

按附录A进行。

6 检验规则

6.1 对照实物标准，感观鉴定，现场定等。

6.2 杂质按实际重量扣减。

6.3 按公定回潮率计算公量。

6.4 交易双方发生质量争议时，由专业纤维检验机构按照本标准检验、仲裁。

7 实物标准

制作实物标准要选用当年或上年有代表性的干茎，按标准规定的等级下限(见表1)制作。实物标准与文字标准具有同等效力。

附 录 A
（规范性附录）
长麻率试验方法

A.1 取样

从取出的3捆样品中，随机抽取2 500 g干茎，精确到5 g，作为试样，记作m_5。试样公定质量按式（A.1）计算。

$$M_5 = \frac{m_5(100+12)}{100+R_1} \quad \cdots\cdots\cdots\cdots(A.1)$$

式中：

M_5——折合公定回潮率的试样质量，单位为克（g）；

m_5——试样质量，单位为克（g）；

R_1——实测回潮率，%。

A.2 仪器及工具

台秤：量程10 kg，分度值5 g；

碎茎机：普及型碎茎机；

打麻轮：转数180 r/min～200 r/min，打麻板长700 mm 、宽115 mm、厚5 mm～6.7 mm，共12板；

梳麻器：针式梳麻器。

A.3 操作步骤

A.3.1 碎茎

将试样墩齐、捋好，放入碎茎机进行碎茎，使木质部和韧皮部分离。

A.3.2 打麻

经过碎茎的干茎先粗略弹打，再将打完头遍的麻3把到4把合在一起弹打，最后对打麻不净的麻把重点弹打。

A.3.4 梳麻

在针式梳麻器上轻轻梳去两端短麻，把梳下的长麻理直并入麻把，制成打成麻。

A.3.5 称重

将打成麻在台秤上称重，记作m_6。

A.4 计算打成麻的公定质量

打成麻的公定质量按式（A.2）计算。

$$M_6 = \frac{m_6(100+12)}{100+R_2} \quad \cdots\cdots\cdots\cdots(A.2)$$

式中：

M_6——折合公定回潮率的打成麻质量，单位为克（g）；

m_6——打成麻质量，单位为克（g）；

R_2——打成麻的实测回潮率，%。

A.5 计算长麻率

长麻率按式（A.3）计算。

$$P_3 = \frac{M_6}{M_5} \times 100 \qquad \cdots\cdots\cdots\cdots\cdots\cdots(\text{A.3})$$

式中：

P_3——长麻率，%。

试验结果按 GB/T 8170 修约至一位小数。

ICS 03.220.40
R 22

中华人民共和国国家标准

GB 13851—2008

代替 GB 13851.1～13851.2—1992,GB/T 13851.3—1992

内河交通安全标志

Traffic safety signs on inland waterways

2008-04-07 发布　　　　2008-10-01 实施

中华人民共和国国家质量监督检验检疫总局
中国国家标准化管理委员会　发布

前言

本标准的全部技术内容为强制性。

本标准代替 GB 13851.1—1992《内河交通安全标志　总则》、GB 13851.2—1992《内河交通安全标志　标志》和 GB/T 13851.3—1992《内河交通安全标志　配备与安装》。合并修订。本标准与 GB 13851.1—1992、GB 13851.2—1992、GB/T 13851.3—1992 相比，主要变化如下：

——突出了标志边框外缘的衬边：衬边的颜色由白色改为与该标志的底色相同，尺寸缩小（1992 年版 GB 13851.1 的 4.3、GB 13851.3 的附录 A；本版的 4.4）；

——主标志由 4 类调整为 5 类，增加了警示标志（1992 年版 GB 13851.1 和 GB 13851.2 的 5.1；本版的 5.1 和第 9 章）；

——放大了主标志的尺寸（1992 年版 GB 13851.1 的 8.2、GB 13851.2 的 4.3，本版的 6.1 和表 1）；

——增加了告示性标志的文字尺寸和书写规格的规定（见 6.2 和表 2）；

——增加了 4 个警告标志：排水口（见图 15），注意落石或滑坡（见图 18），雷电高发区（见图 19），事故易发区（见图 20）；

——将禁令标志中的“顶推和旁拖”析分为“顶推”和“旁拖”2 个标志（1992 年版 GB 13851.2 的图 27、图 42、图 52，本版的图 31、图 32、图 43、图 44、图 54、图 55）；

——修改了 5 个图形符号：“锚”、“明火”、“游泳”、“驶帆”和“划艇”（1992 年版 GB 13851.2 的图 30、图 34、图 71、图 74、图 76 和图 78，本版的 图 35、图 39、图 75、图 77、图 79 和图 81）；

——删除了 5 个禁令标志：禁止滑水 、禁止驶帆 、禁止驶帆板、禁止划艇和限制拖带排筏尺度（1992 年版的图 35、图 36、图 37、图 38 和图 53）；

——增加了 1 个禁令标志：限制船舶吨位或尺度（见图 57）；

——指令标志和提示标志增加了边框（见第 10 章、第 11 章）；

——删除了 1 个指令标志：右舷会船（1992 年版的图 63，本版的图 68）；

——删除了 1 个提示标志：测速、校罗经区（1992 年版 GB 13851.2 的图 73）；

——增加了 6 个提示标志：摩托艇活动区（见图 82）、地名（见图 89）、场所距离（见图 91）、桥名（见 11.2.11）、通航孔编号（见 11.2.12）、闸门槛水深标尺（见 11.2.13，图 93）；

——将辅助标志分别附加在主标志上、下、左、右的做法，改变为一概附加在主标志的下方（1992 年版 GB 13851.2 的第 10 章；本版的第 12 章）；

——提高了标志板下缘的离地高度（1992 年版 GB 13851.3 的 5.1，本版的 14.6）；

——增加了对标志颜色范围的规定（见附录 A）；

——增加了标志用文字字样的规范性附录（见附录 C、附录 D）；

——增加了推荐使用的 5 个告示性提示标志：丁字交叉河口、丫字交叉河口、十字交叉河口、岸线使用范围、航线起讫（见附录 F）；

——充实了标志的制作图示例（见附录 G）。

本标准的附录 A、附录 B、附录 C、附录 D、附录 E、附录 G 为规范性附录，附录 F、附录 H 为资料性附录。

本标准由中华人民共和国交通部提出。

本标准由交通部航测标准化技术委员会归口。

本标准起草单位：上海河口海岸科学研究中心、上海市地方海事局、浙江省地方海事局、江苏省地方海事局、江苏省航道管理局。

本标准主要起草人：袁顺才、张宝晨、陆东飞、朱建新、赵能文、袁志杰、毛红华、韩兵权。

本标准所代替标准的历次版本修订情况为：

——GB 13851.1—1992；

——GB 13851.2—1992；

——GB/T 13851.3—1992。

引　言

水运工具的载体——江河、湖泊、水库、港湾和海洋，大都处于自然状态。在茫茫的水面上，不知深浅和障碍，焉能行船。这就需要人们建造一种设施——相对稳定在水面上或构筑在水中、岛礁和岸上，以标示航道、水深、障碍物或危险区域，从而引导船舶通过一条安全而又经济的航路从甲地（港口）顺利地到达乙地（港口）。这种设施就是助航标志。随着水运的发展，为了维护交通秩序，必须用交通规则予以制约；随着水运工具的发展，交通规则又变得十分繁复，造成记忆上的困难。于是人们又创造了一种简洁、形象、直观、通俗易懂、醒目清晰，并且不受人们在民族、年龄、性别、语言和文化程度上的限制，起到标示交通规章的作用和作为船舶服务的设施，而这就是交通安全标志。

助航标志和交通安全标志都是为水运服务的交通设施。前者标示航道的方向、界限与碍航物，揭示有关航道信息，为船舶航行指出安全、经济的航道。后者从交通管理的角度，用图形符号、颜色和文字，标示交通管理内容，传递与交通有关的信息，以管理交通和为船舶服务。两者的关系是相辅相成、互为补充、缺一不可。尤其是在水网地区，多为限制性航道，除少数湖、荡以外，设置浮标反而是碍航的情况下，交通安全标志的作用尤为显著，而且是不可替代的。

GB 13851.1—1992、GB 13851.2—1992、GB/T 13851.3—1992 已经实施了 16 年，它在规范内河交通行为、促进内河交通安全管理现代化和降低内河交通事故等方面发挥了极为重要的作用。本次修订保留了原版本中经实践证明适用的部分，针对实施过程中发现的不足，并博采道路交通标志和国外水上交通标志之长，结合我国内河水域的特点，在广泛听取意见的基础上进行调整、补充，使之更趋完善。

内河交通安全标志

1 范围

本标准规定了内河交通安全标志的分类、形状和尺寸、字体、颜色和图案、设置原则、安装方式、构造等要求。

本标准适用于内河通航水域设置的交通安全标志。海港设置交通安全标志,可参照本标准的规定。我国与其他国家订有协议的国境河流设置交通安全标志时,经协商一致,也可参照本标准的规定。

2 规范性引用文件

下列文件中的条款,通过本标准的引用而成为本标准的条款。凡是注日期的引用文件,其随后所有的修改单(不包括勘误的内容)或修订版均不适用于本标准,然而,鼓励根据本标准达成协议的各方研究是否可使用这些文件的最新版本。凡是不注日期的引用文件,其最新版本适用于本标准。

GB 2893 安全色(GB 2893—2001,neq ISO 3864:1984)

GB 5768—1999 道路交通标志和标线

GB/T 8416 视觉信号表面色

GB 50139 内河通航标准

JT 376 内河通航水域桥梁警示标志

3 术语和定义

下列术语和定义适用于本标准:

3.1

告示性标志 notice signs

以文字为主,辅以或不辅以图形符号,作告示性表述并以告示内容确定类别归属的主标志。如:告示警告性内容的属警告类;告示禁止、限制性内容的属禁令类;余类推。

4 一般规定

4.1 内河交通安全标志是用图形符号、颜色和文字向交通参与者传递与交通有关的信息,用于管理交通的设施。

4.2 内河交通安全标志的形状、尺寸、图案、反光和照明以及制作、设置和安装,应按本标准的规定执行。

4.3 内河交通安全标志的颜色范围,按 GB/T 8416 的有关规定执行,见附录 A。

4.4 内河交通安全标志(警示标志除外)的边框外缘应有与该标志底色相同颜色的衬边。

4.5 内河交通安全标志的文字应书写规范、正确、工整,字样见附录 B 、附录 C 、附录 D。根据需要,可并用汉字、少数民族文字或其他文字。当采用中英两种文字时,地名用汉语拼音,专用名词用英文。

4.6 内河交通安全标志构成图案的文字,除表示航速(km/h)、时间、频道、频率的以外,均应标明其计量单位。计量单位采用国际单位制(SI)单位的国际代号表示;时间采用 24 小时制用 4 位数表示,前 2 位为"时",后 2 位为"分",中间不加":";船舶的吨位系指《船舶检验证书》上的"参考载重吨"。

4.7 本标准所称"前方"、"左侧"、"右侧",均对面向标志者而言,其前面为前方,左手一侧为左侧,右手一侧为右侧。

4.8 内河交通安全标志的配布设计使用的图例和主标志代码见附录 E。

5 内河交通安全标志分类

内河交通安全标志分为主标志和辅助标志。

5.1 主标志

5.1.1 警告标志

警告注意危险区域或地点的标志。

5.1.2 禁令标志

禁止或限制交通行为的标志。

5.1.3 警示标志

标明设施位置起警示作用的标志。

5.1.4 指令标志

指令实施交通行为的标志。

5.1.5 提示标志

传递与交通有关信息的标志。

5.2 辅助标志

5.2.1 辅助标志是附设在主标志下，对主标志作用的时间、距离、区域或范围、原由、船舶种类等作补充说明的标志。

5.2.2 辅助标志是不能单独使用的标志。

6 主标志的形状和尺寸

6.1 主标志的形状为正方形和长方形，其型号和尺寸应根据航道等级按表1的规定选取(警示标志除外)。

表1 主标志的形状和尺寸

单位为毫米

类别		尺寸(下限值)		
		Ⅲ级航道	Ⅳ、Ⅴ级航道	Ⅵ级及以下航道
		A型	B型	C型
正方形 边长 $a\times a$		1 500	1 200	1 000
长方形 长×宽 $a\times b$		1 500×2 220	1 200×1 775	1 000×1 480
警告、禁令标志边框宽度 c		144	115	96
指令、提示标志边框宽度 d		30	25	20
禁令标志斜杠宽 e		108	86	72
衬边宽度 f		30	25	20
图案制作网格 g		72×72	57.5×57.5	48×48
解禁标志细斜杠	单杠宽 i	15	12	10
	杠间隔 j	30	25	20
	全宽 k	105	86	70

6.2 告示性标志的尺寸由字高、字数和书写规格确定。字高和书写规格应符合表2的规定。

表 2 告示性标志的文字尺寸和书写规格

单位为毫米

项目		尺寸(下限值)		
汉字 高度=宽度 h		A 型	B 型	C 型
		360	300	240
阿拉伯数字	字高	h		
	字宽	$3h/5$		
	笔划粗	$h/6$		
计量单位字符高	m	$h/3$		
	k t	$h/2$		
拉丁字高	大写	$h/2$		
	小写	$h/4$		
汉字笔画粗		$h/10$		
汉字间隔		$h/10$		
汉字行距		$h/3$		
文字与边框内边的最小距离		$2h/5$		
边框和衬边宽度	警告、禁令、指令、提示类	$h/10$		
	辖区分界、场所距离等标志	$h/20$		

6.3 需要时可放大标志;制作时应按照表 1 和表 2 规定的各部位尺寸,按比例放大。

7 警告标志

7.1 颜色

警告标志的颜色为黄底、黑边框、黑图案(文字)。

7.2 种类和设置地点

7.2.1 交叉河口标志

标示前方为交叉河口,警告船舶谨慎慢行,注意观察并避让交叉河口驶出的船舶,见图 1~图 5。设在交叉河口驶入河段的适当位置。

图 1 左侧丁字交叉(代码 101)

图 2 前方丁字交叉(代码 102)

图 3 右侧丁字交叉(代码 103)

图 4 十字交叉(代码 104)

图 5 丫字交叉(交汇)(代码 105)

7.2.2 急弯航道标志

标示前方为急弯航道,警告船舶谨慎驾驶,注意观察并避让来船,见图 6~图 9。设在Ⅲ级以下急弯航段的两端。

图 6　向左急弯(代码 106)

图 7　向右急弯(代码 107)

图 8　反向急弯(代码 108)

图 9　连续急弯(代码 109)

7.2.3　窄航道标志

标示前方航道变窄,警告船舶谨慎驾驶,注意避让来船,见图 10～图 12。设在变窄航段的两端。

图 10　左侧变窄(代码 110)

图 11　两侧变窄(代码 111)

图 12　右侧变窄(代码 112)

7.2.4　紊流(急流、涡流)标志

标示前方水域水流紊乱,警告船舶谨慎驾驶,注意紊流对船舶操纵的影响,见图 13。设在水流紊乱航段的两端。

图 13　紊流(急流、涡流)(代码 113)

7.2.5　取水口标志

标示前方有取水口,警告船舶在规定的距离外通过,且不应在附近逗留或停泊,见图 14。设在取水口保护架上,或其上、下游的适当位置。

图 14　取水口(代码 114)

7.2.6　排水口标志

标示前方有排水口,警告船舶谨慎驾驶,注意排出流对操纵的影响,见图 15。设在排水口上、下游的适当位置。

图 15　排水口(代码 115)

7.2.7　渡口标志

标示前方有渡口,警告船舶注意渡船动向,主动避让,见图 16。设在渡口上、下游的适当位置。

图 16　渡口(代码 116)

7.2.8　高度受限标志

标示前方水上过河建筑物的通航净空高度受限，警告船舶应在掌控自身高度的前提下，根据当时水位安全通过，见图 17。设在通航净空高度未达到 GB 50139 规定的水上过河建筑物上，或其上、下游的适当位置。在高度受限标志附近，应附设“通航净高标尺”。

图 17　高度受限(代码 117)

7.2.9　注意落石或滑坡标志

标示前方水域有落石或滑坡的危险，警告船舶注意掌握通过时机，见图 18。设在有落石或滑坡危险的航段的两端。

图 18　注意落石或滑坡(代码 118)

7.2.10　雷电高发区标志

标示前方水域为雷电高发区，警告船舶注意预防雷击，见图 19。设在雷电高发区域的两端。

图 19　雷电高发区(代码 119)

7.2.11　事故易发区标志

标示前方为事故易发区，警告船舶加强瞭望、谨慎驾驶、注意避让，见图 20。设在事故易发区域的两端。

图 20　事故易发区(代码 120)

7.2.12　注意危险标志

标示以上标志未能包括而需引起船舶警觉的区域，见图 21。设置在所要标示区域的两端。设置时应附加辅助标志补充说明标示区域的性质。如“交通管制区”、“施工区域”或岸边的“残桩”、“沉石”、“围堰”等。

图 21　注意危险(代码 121)

8　禁令标志

8.1　颜色

禁令标志的颜色除个别标志外,为白底、红边框、红斜杠、黑图案(文字),图案压杠;其解除禁止标志为白底、黑边框、黑细斜杠、黑图案,图案压杠;限制标志无斜杠。

8.2　种类和设置地点

8.2.1　禁止通行标志

禁止船舶通行(双向),见图 22。设在禁止通行航道的两端。

图 22　禁止通行(代码 201)

8.2.2　禁止驶入标志

禁止船舶驶入(单向)见图 23。设在禁止驶入航道的入口处或单向通行航道的出口处。

图 23　禁止驶入(代码 202)

8.2.3　禁止转弯标志

禁止船舶向左或向右转弯,见图 24、图 25。设在禁止转弯的交叉河口驶入河段的适当位置。

图 24　禁止向左转弯(代码 203)

图 25　禁止向右转弯(代码 204)

8.2.4　禁止掉头标志

禁止船舶掉头,见图 26。设在禁止掉头区域的两端。

图 26　禁止掉头(代码 205)

8.2.5　禁止追越标志

禁止船舶追越和并列行驶,见图 27、图 28。设在禁止追越和并列行驶航段的两端。

图 27　禁止一切船舶追越(代码 206)

图 28　禁止船队相互间追越(代码 207)

8.2.6　禁止会船标志

禁止船舶交会,实行单行交通,见图 29。设在禁止会船航段的两端。

图 29　禁止会船(代码 208)

8.2.7　禁止并列行驶标志

禁止船舶并列行驶,见图 30。设在禁止并列行驶航段的两端。

图 30　禁止并列行驶(代码 209)

8.2.8　禁止顶推标志

禁止拖轮船队采用顶推的拖带方式,见图 31。设在禁止顶推航段的两端。

图 31　禁止顶推(代码 210)

8.2.9　禁止旁拖标志

禁止拖轮船队采用旁拖的拖带方式,见图 32。设在禁止旁拖航段的两端。

图 32　禁止旁拖(代码 211)

8.2.10　**禁止偏拖标志**

禁止吊拖船队采用偏缆(左或右)拖带,见图 33。设在禁止偏缆拖带航段的两端。

图 33　禁止偏拖(代码 212)

8.2.11　**禁止停泊标志**

禁止船舶锚泊或系泊,见图 34。顺航道设在禁止停泊区域的中间、一端或两端。

图 34　禁止停泊(代码 213)

8.2.12　**禁止用锚标志**

禁止船舶锚泊、抛锚掉头、放倒锚、送流锚(水中或岸上)等一切用锚方式,见图 35。设在禁止用锚区域的两端。

图 35　禁止用锚(代码 214)

8.2.13　**禁止系带标志**

禁止船舶系缆、系链,见图 36。顺航道设在禁止系带的设施上。

图 36　禁止系带(代码 215)

8.2.14　**禁止鸣笛标志**

禁止机动船鸣放声号,见图 37。设在禁止鸣笛区域的两端。

图 37　禁止鸣笛(代码 216)

8.2.15　**禁用高音喇叭标志**

禁止使用高音喇叭,见图 38。设在禁用高音喇叭区域的两端。

图 38 禁用高音喇叭(代码 217)

8.2.16 禁止明火标志

以标志为中心、50 m 为半径的范围内,禁止使用明火,见图 39。顺航道设在禁止明火的地方。

图 39 禁止明火(代码 218)

8.2.17 解除禁止掉头标志

禁止船舶掉头的区域结束,见图 40。设在禁止掉头区域的终点。

图 40 解除禁止调头(代码 301)

8.2.18 解除禁止追越标志

禁止船舶追越的航段结束,见图 41。设在禁止追越航段的终点。

图 41 解除禁止追越(代码 302)

8.2.19 解除禁止会船标志

禁止船舶会船的航段结束,见图 42。设在禁止会船航段的终点。

图 42 解除禁止会船(代码 303)

8.2.20 解除禁止顶推或旁拖标志

禁止拖轮船队采用顶推或旁拖的航段结束,见图 43、图 44。设在禁止顶推或旁拖航段的终点。图 43 为解除禁止顶推;图 44 为解除禁止旁拖。

图 43 解除禁止顶推(代码 304)

图 44 解除禁止旁拖(代码 305)

8.2.21 解除禁止偏拖标志

禁止吊拖船队偏缆拖带(左或右)的航段结束,见图 45。设在禁止偏拖航段的终点。

图 45 解除禁止偏拖(代码 306)

8.2.22 解除禁止鸣笛标志

禁止机动船鸣笛的区域结束,见图 46。设在禁止鸣笛区域的终点。

图 46 解除禁止鸣笛(代码 307)

8.2.23 解除禁用高音喇叭

禁用高音喇叭的区域结束,见图 47。设在禁用高音喇叭区域的终点。

图 47 解除禁用高音喇叭(代码 308)

8.2.24 限制宽度标志

航道上与通航有关设施的通航净空宽度受限,禁止宽度超过标志所示数值的船舶通行,见图 48。设在通航净空宽度受限航道的两端。图 48 为示例,标示限制宽度为 6.5 m。

图 48 限制宽度(代码 401)

8.2.25 航道一侧受限标志

航道一侧(左或右)受长期或临时因素影响,船舶通过时应与岸侧保持一定的距离,见图 49、图 50。设在航道一侧受限区域的两端。图 49、图 50 为示例:图 49 标示应距左侧河岸 40 m 外通过;图 50 标示应距右侧河岸 40 m 外通过。

图 49　航道左侧受限(代码 402)

图 50　航道右侧受限(代码 403)

8.2.26　限制航速标志

禁止船舶以高于(限制高速)或低于(限制低速)标示数值的航速行驶,见图 51、图 52。设在限速区域的两端。图 51、图 52 为示例:图 51 标示船舶的实际航速,逆水时不得超过 6 km/h、顺水时不得超过 8 km/h;图 52 标示船舶的实际航速不得低于 6 km/h。

图 51　限制高速(代码 404)

图 52　限制低速(代码 405)

8.2.27　限制拖带尺度标志

禁止拖轮船队的拖带尺度超过标示数值,见图 53～图 55。设在限制拖带尺度区域的两端。以图 53～图 55 为示例:图 53 标示吊拖船队的拖带长度(L)不得超过 180 m、宽度(B)不得超过 6 m;图 54 标示顶推船队的拖带长度(L)不得超过 90 m、宽度(B)不得超过 16 m;图 55 标示旁拖船队的拖带长度(L)不得超过 50 m、宽度(B)不得超过 15 m。

图 53　限制吊拖尺度
(代码 406)

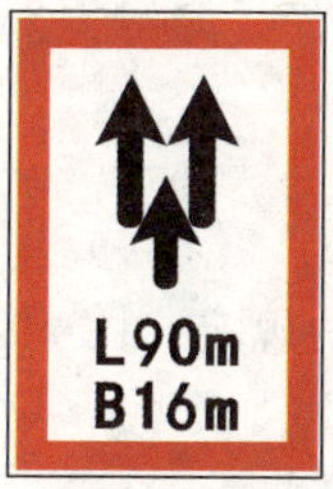

图 54　限制顶推尺度
(代码 407)

图 55　限制旁拖尺度
(代码 408)

8.2.28　限制靠泊范围标志

禁止船舶靠泊超过标示范围,见图 56。顺航道设在限制靠泊范围的地方。限量可以是靠泊的宽度(B),也可以是船舶的并靠艘数,以附加辅助标志标示。

图 56　限制靠泊范围(代码 409)

8.2.29　限制船舶尺度或吨位标志

禁令类告示性标志,禁止超过标示数值的船舶进入本港或本航道,见图 57。设在需要限制船舶最大尺度或吨位的港口或航道的入口处。图 57 为示例。

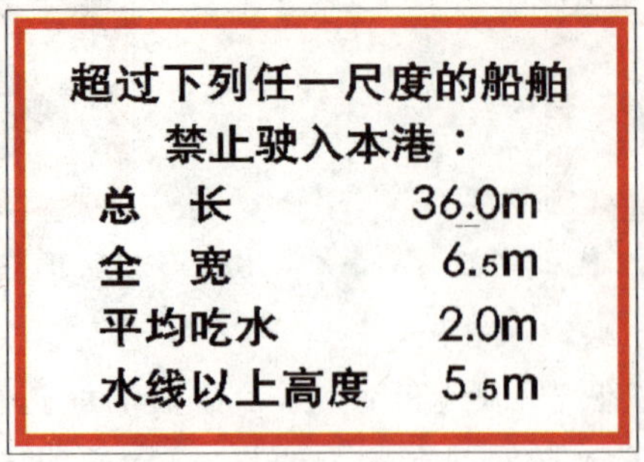

图 57　限制船舶尺度或吨位标志(代码 410)

9　警示标志

9.1　颜色

警示标志的颜色为红白相间的斜纹。

9.2　种类和设置地点

9.2.1　桥梁警示标志

设置于桥墩或桥梁上部结构,显示桥墩或通航净空,标明桥下可航行通道或船舶通过的最佳位置;分甲、乙两类(代码 501、502)。甲类警示标志适用于水中有墩的桥梁,乙类警示标志适用于水中无墩的桥梁;跨度较大、水中有墩的拱形桥梁,可以同时设置甲、乙两类标志。其设计、制作、设置和安装应符合 JT 376 的规定。

9.2.2　导向标

用于引导船舶的行驶方向,见图 58、图 59。可以设置在:

——弯曲航道的大弯面;

——弯曲航道上桥梁的通航孔内侧;

——丁字交叉河口对应叉河口的岸上。

导向标的基本单元应符合图 58 和表 3 的规定。图 59 为组合使用示例。

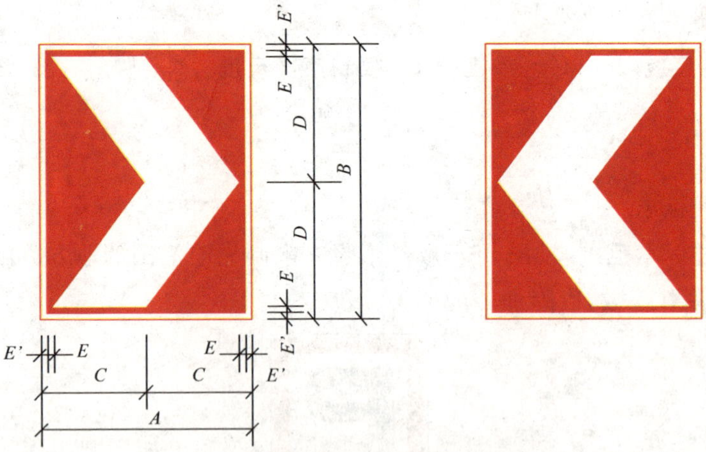

图 58　导向标基本单元(代码 503)

表 3　导向标基本单元尺寸　　单位为毫米

尺寸					
A	B	C	D	E	E'
600	800	300	400	20	20

图 59 导向标组合使用

10 指令标志

10.1 颜色

指令标志的颜色为蓝底、白边框、白图案。

10.2 种类和设置地点

10.2.1 行驶方向标志

指令船舶按照标示方向行进，见图 60～图 62。设在需要控制船舶流向或实行分流的河口驶入河段的适当位置。

图 60 向左转弯（代码 601）

图 61 直行（代码 602）

图 62 向右转弯（代码 603）

10.2.2 靠一侧行驶标志

指令船舶、排筏按照标示的一侧行驶，见图 63、图 64。设在需要靠一侧行驶区域的两端或分孔通航桥梁的中墩上方。

图 63 靠左侧行驶（代码 604）

图 64 靠右侧行驶（代码 605）

10.2.3 回航标志

指令船舶航经该处时，应绕一居间物（天然或人工）逆时针方向行驶，见图 65。设在需要回航的交叉、汇合河口的适当位置，或居间物上。

图 65 回航（代码 606）

10.2.4 分道通航标志

标示实行船舶分道通航制，指令船舶在规定的分道内行驶，见图 66。设在实行分道通航水域两端的岸上或通航分隔物上。

图 66 分道通航（代码 607）

10.2.5 停航让行标志

指令船舶在标志处停航，等候通行信号或现场指挥，见图67。设在禁止会船或控制、管制河段规定让行的一端或两端。

图67 停航让行（代码608）

10.2.6 鸣笛标志

指令船舶按有关规定鸣放声号，见图68。设在规定鸣放声号的地点。

图68 鸣笛（代码609）

10.2.7 右舷会船标志

指令船舶对驶相遇时，互以右舷会船，见图69。设在应以右舷会船区域的两端。

图69 右舷会船（代码610）

10.2.8 绕行标志

指令船舶从一指定物（危险品码头、浮动设施、船舶等）左侧或右侧保持一定横距行驶，见图70、图71。设在需要过往船舶绕开行驶的指定物的两端或其上、下游的适当位置。应保持的横距数值，以附加辅助标志标示。

图70 左侧绕行（代码611）

图71 右侧绕行（代码612）

10.2.9 停航受检标志

指令船舶停航接受检查，见图72。设在经批准设置的长期或临时检查站的适当位置。

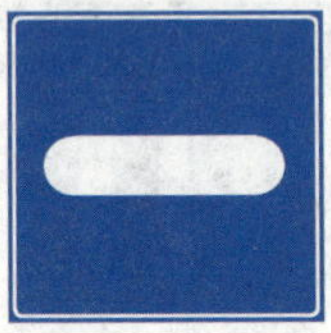

图72 停航受检（代码613）

10.2.10 横越区标志

指定为船舶横越航道的区域，越江船舶应在此处横越航道，见图73。设在横越区的两岸。

图73 横越区(代码614)

11 提示标志

11.1 颜色

提示标志的颜色为绿底、白边框、白图案(文字)。

11.2 种类和设置地点

11.2.1 靠泊区标志

标示港内允许船舶靠泊的区域，见图74。顺航道设在靠泊区的中间、一端或两端。

图74 靠泊区(代码701)

11.2.2 锚地标志

标示允许船舶锚泊的区域，见图75。顺航道设在锚地的中间、一端或两端，或安装在锚地专用浮标的灯架上。

图75 锚地(代码702)

11.2.3 掉头区标志

标示港内允许船舶掉头的区域，见图76。顺航道设在掉头区的中间、一端或两端。

图76 掉头区(代码703)

11.2.4 水上运动区域标志

标示准予进行某项水上运动的区域，见图77～图82。设在运动区域两端的岸上和标示该项运动水域界限的专用浮标的灯架上。

图77 游泳区(代码704)

图78 滑水区(代码705)

图 79　驶帆区(代码 706)

图 80　驶帆板区(代码 707)

图 81　划艇区(代码 708)

图 82　摩托艇活动区(代码 709)

11.2.5　航道尽头标志

标示该段水域为航道尽头,见图 83。设在该水域的入口处。

图 83　航道尽头(代码 710)

11.2.6　通讯联络标志

提示船舶按标示的频道(频率)与海事机构联系或收听交通信息广播,见图 84～图 87。设在用无线电指挥交通或发布交通信息的地方。各图为示例:图 84 表示使用超高频 16 频道联络;图 85 表示使用甚高频 16 频道联络;图 86 表示调频 95 MHz 广播交通信息;图 87 表示中波 648 kHz 广播交通信息。

图 84　超高频联络(代码 711)

图 85　甚高频联络(代码 712)

图 86　调频广播(代码 713)

图 87　中波广播(代码 714)

11.2.7　应急电话标志

告示性提示标志,标示管辖该水域的海事机构、应急站或当地统一的值班应急电话号码,见图 88。顺航道设在适当地点。

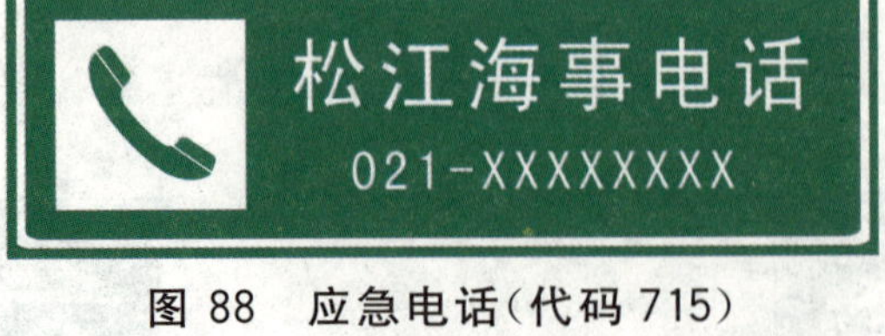

图 88　应急电话(代码 715)

11.2.8　地名标志

告示性提示标志,标示航道沿线经过的市、县、镇、港口(区)、名胜古迹等著名地点,见图 89。设在标示对象的边界处。

a) 市镇

b) 港口(区)

c) 名胜古迹

图 89 地名标志(代码 716)

11.2.9 分界标志

告示性提示标志,标示行政区划或专职管理机构辖区的分界处,见图 90。顺航道设在两个辖区分界处的岸上。图 89 为示例:a)重庆市和湖北省的行政区划分界;b)浙江省湖州市和江苏省吴江市两个地方海事机构的辖区分界。

a) 行政区划分界

b) 管理机构辖区分界

图 90 分界(代码 717)

11.2.10 场所距离标志

告示性提示标志,标示某个与内河交通有关的场所(如:船舶加油站、航修站、应急站以及船舶污染物接收站等)的方向和距离,见图 91。顺航道设置在该场所上、下游的适当位置。

a)

b)

图 91 场所距离标志(代码 718)

11.2.11 桥名标志

告示性提示标志,标示桥名(代码 719)。设在桥梁通航孔栏杆或其他上部结构的两个迎船面上。其制作与安装应符合 JT 376 的规定。

11.2.12 通航孔编号标志

标示桥梁通航孔编号(代码 720)。设在有三个及以上通航孔的桥梁的各个通航孔迎船面的正上方。其制作与安装应符合 JT 376 的规定。

11.2.13 通航净高标尺和闸门槛水深标尺

均由铭牌和标尺组成,见图 92、图 93。通航净高标尺用以显示当时水位水上过河建筑物的实际通航净空高度,设置在水上过河建筑物上或其上、下游显而易见的适当位置。闸门槛水深标尺用以显示当时水位闸门槛上的实际水深,设置在闸门槛上、下游显而易见的适当位置。铭牌和标尺可一体也可分体制作,但在安装时应连成一体。

铭牌不设边框线,其尺寸应根据字数按表 4 规定的文字和书写规格确定。

标尺的尺寸和制作要求:

——宽度不论航道等级均为 500 mm,不设边框线,各部位尺寸应符合表 4 的规定;

——高度(标示的范围)应大于或等于该等级航道设计最低通航水位至设计最高通航水位;

——刻度为米(m)制;在刻度纵线上每隔 1 分米(dm)交替设置长、短横刻度线一道;在长横线处标

示 0 和分米(dm)的双数,不标计量单位;每一数值的基准均在刻度线和阿拉伯数字的下缘;

——标示数值的原点(0 位):通航净高标尺为该过河建筑物经核定的通航净空上底标高,数字序列由上而下、上小下大排列。闸门槛水深标尺为该闸门槛的顶标高(倘该闸门槛外设有消能槛,且消能槛的顶标高高于闸门槛的,则为消能槛的顶标高),数字序列由下而上、下小上大排列。

表 4　铭牌和标尺的尺寸

单位为毫米

刻度纵线宽	长刻度线(标 0 和双数)		短刻度线(不标数)		阿拉伯数字			小数点	阿拉伯数字与长横线的间隔	图形文字与标志边缘的距离	汉字			
	长度	宽度	长度	宽度	高度	宽度	间隔	直径			高度	宽度	间隔	行距
60	120	20	80	20	100	60	60	20	20	60	160	160	16	53

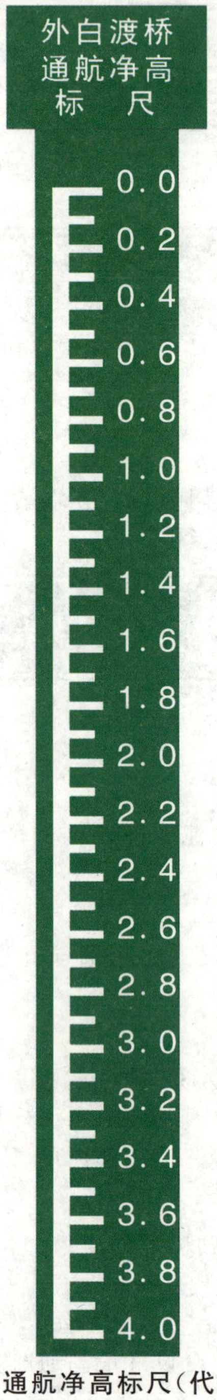

图 92　通航净高标尺(代码 721)

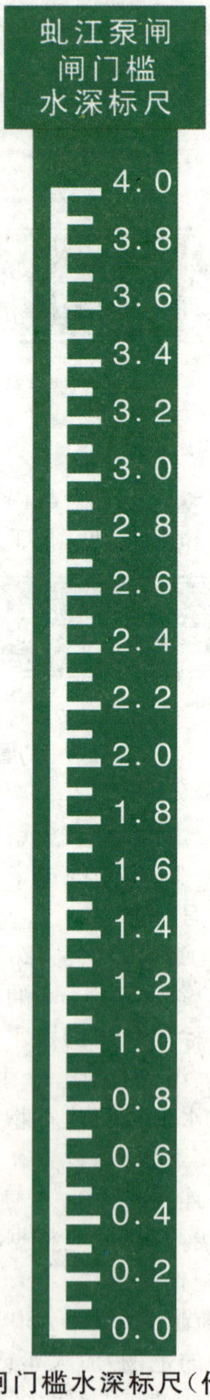

图 93　闸门槛水深标尺(代码 722)

11.2.14 其他告示性提示标志

交叉河口、航线(道)起讫、岸线使用范围等交通信息,都可以告示性提示标志标示,参见附录F。

12 辅助标志

12.1 凡主标志无法完整表达其规定时,应附加辅助标志。

12.2 辅助标志的颜色为白底、黑字、黑边框。

12.3 辅助标志的形状为长方形,长度应与其所附主标志的宽度相等,高度根据内容按表5规定的文字尺寸和书写规格确定;当内容较多一行排列不下,或因表达内容需要时,可相应增加高度作二行排列。

12.4 辅助标志所表述的文字应当简洁、明了、准确、无歧义,需要时可以使用“箭头”等图形符号。

12.5 辅助标志附加在主标志的下部,其上部边框线应紧靠所附主标志边框的下边,边框左、右和下部的衬边应与所附主标志的衬边等宽。

表5 辅助标志文字尺寸及书写规格

单位为毫米

项目		尺寸		
汉字高度	h	A型	B型	C型
		240	190	160
拉丁字高	大写	h		
	小写	$h/2$		
阿拉伯数字	字高	h		
	字宽	$3h/5$		
	笔划粗	$h/6$		
计量单位字符高	t	$4h/5$		
	m	$h/2$		
汉字笔划粗		$h/10$		
汉字间隔		$h/10$		
汉字最小行距		$h/3$		
文字与边框线的最小距离		$2h/5$		
边框线宽		20	15	10

12.6 辅助标志的种类和使用方法

a) 标示时间,见图94;

图94 标示时间

b) 标示方向、距离,见图95;

图95 标示方向、距离

c) 标示区域、范围,见图96;

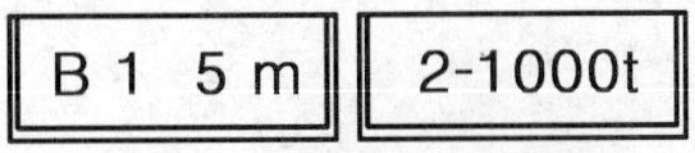

图96 标示区域、范围

d) 标示原由，见图 97；

图 97 标示原由

e) 标示船舶种类，见图 98；

图 98 标示船舶种类

f) 组合标示，见图 99。

需要同时标示上述二种及以上内容时，使用组合标示的方法只使用一块辅助标志。

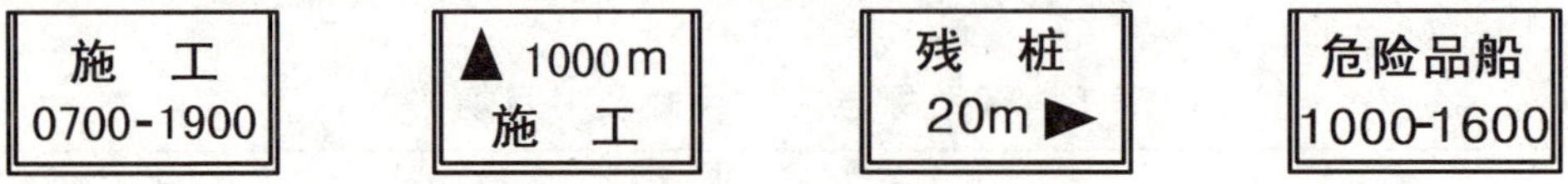

图 99 组合标示

12.7 主标志附加辅助标志示例，见图 100。

图 100 主标志附加辅助标志示例

13 可变信息标志

13.1 可变信息标志是一种可以改变显示内容的标志。

13.2 可变信息标志可显示因航道、船闸、船舶流、交通事故、水上水下施工和气象等情况的变化而改变的管理内容，用于发布航行通（警）告、气象预报、交通信息，以控制船舶航速、流向和流量，更有效地管理交通；结合水位仪，还可以显示水上过河建筑物随时变化着的实际通航净空高度。

13.3 可变信息标志的显示方式有高亮度发光二极管、灯光矩阵、磁翻版、字幕式、光纤式等。

13.4 可变信息标志一般用于干线航道、干支流交汇水域和通航密集区、交通管制航段以及船闸、港区等重要水域。

13.5 可变信息标志的版面大小、显示方式，可根据水域的实际状况、标志功能、显示内容、控制方式等因素确定，其字幕颜色应根据所显示内容的性质遵循下列原则：警告为黄色，禁止、限制为红色，指令为蓝色，提示为绿色。

14 内河交通安全标志的设置原则

14.1 本标准对每一种标志都规定了一定的设置条件。设置时应以保障航道畅通和交通安全为目的，与助航标志相协调，总体布局，避免出现互相矛盾、彼此重复、信息不足或过载的现象。传递等同的信息量，以标志量少的为优；但对于特别重要的信息，可予以重复显示。

14.2　除本标准规定设置在一定地点的以外，标志的设置应充分考虑船舶尤其是拖轮船队在动态的情况下发现、认读标志及采取行动的时间和距离，因此警告类标志应设置在距离其表达对象 300 m～500 m 的范围内。

14.3　同一地点设置二个(种)及以上标志时，可绘制在一块标志板或安装在一根标志杆上，但最多不应超过四个(种)，并按禁令、指令、警告、提示的顺序，先上后下、先左后右地排列。解除禁止标志和警示标志应单独设置。用多根标志杆时，不应互相遮挡。

14.4　除本标准规定"顺航道设置"的以外，标志板面应与航道中心线成一定夹角：宽阔航道 45°～60°，见图 101a)；窄航道 75°～90°，见图 101b)。

14.5　解除禁止标志因故不能设置时，应在禁令标志下附加说明其作用距离的辅助标志。

14.6　设置于岸上、使用标志杆或附着于其他杆、架上的标志，其标志板下缘的离地高度应不小于 2.4 m，悬臂伸入航道的，还不应低于 GB 50139 规定该等级航道水上过河建筑物的通航净空高度；标志板面及侧边应当铅垂，板前不得有遮挡物。

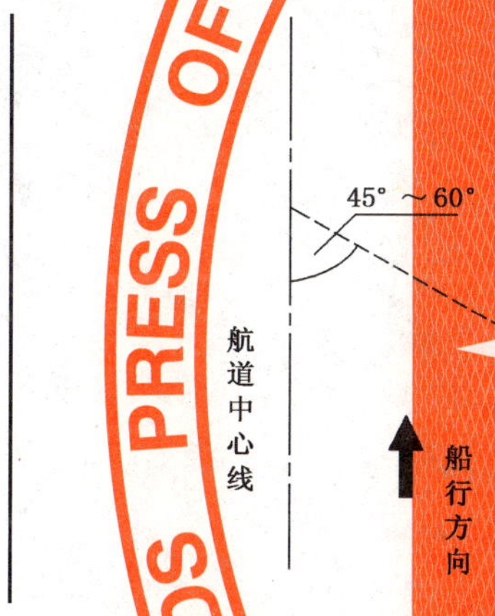

a) 宽阔航道

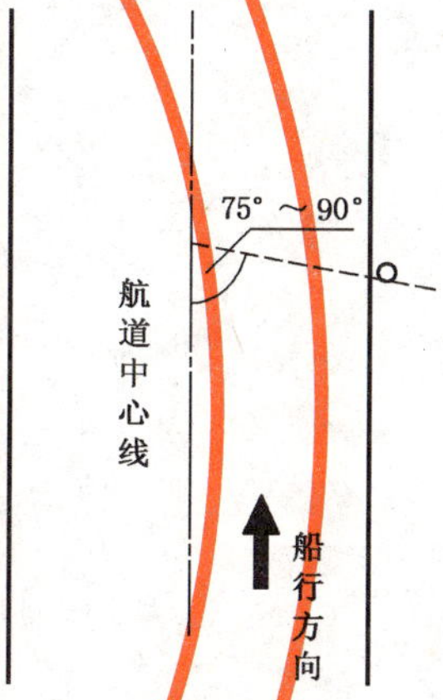

b) 狭窄航道

图 101　标志安装角度

15　内河交通安全标志的构造

15.1　标志板

标志板可采用铝合金板、浅色合成树脂板(如高强度的塑料、聚氯乙烯、玻璃钢板材)制作。铝合金板的厚度应不小于 2 mm，合成树脂板的厚度应不小于铝合金板的 2 倍。

标志板背面应用滑槽(型材)加固且用以与标志杆连接。滑槽间距应不大于 600 mm，其与铝板铆接的铆钉间距应不大于 100 mm。铁质标志板背面为防锈的涂料应避免使用红、黄、蓝、绿 4 种颜色。

标志板可折边以提高强度，但不应以此缩减标志的外形尺寸。

为保证质量、便于运输和安装，大型标志板可在安装现场拼接。

15.2　标志面

标志底色宜采用三级或以上反光材料，参见 GB 5768—1999 附录 A 中 A1.2。

标志底色反光材料的拼接，用机械压贴的可以平(对)接，手工压贴的应当叠接。

标志的边框、图形符号、文字可与底色使用不同级别的反光材料。

标志的形状、尺寸、文字应符合本标准的规定；图案应按本标准的图样按比例放大制作，不应任意修改。标志制作图示例见附录 G。

标示重要信息的警告、禁令、指令类标志，可用发光体勾勒出标志外形和主图案，以增强夜视效果。

发光体的颜色，警告类标志用黄色，禁令类标志用红色，指令类标志用蓝色。

15.3 标志杆和砼基础

标志杆宜采用镀锌型钢、钢筋混凝土管、镀锌焊接钢管（小型标志）或热镀锌无缝钢管（大中型标志）；临时性标志可采用木杆。

标志杆的埋设深度，取决于标志板面所受的外力和地基的承载力，一般应浇筑砼基础。

标志杆及其构件和砼基础的荷载、结构强度计算和设计，参见 GB 5768—1999 附录 E 中 E.6。

15.4 标志的支持方式

标志的支持方式参见附录 H。

附　录　A
（规范性附录）
内河交通安全标志的颜色范围

表面色和逆反射材料色的颜色范围见表 A.1 和图 A.1。

表 A.1　表面色和逆反射材料色各角点的色品坐标

角点坐标			色品坐标								亮度因素
			x	y	x	y	x	y	x	y	
颜色	表面色	白	0.350	0.360	0.300	0.310	0.290	0.320	0.340	0.370	≥0.75
		黄	0.531	0.468	0.464	0.534	0.427	0.483	0.477	0.433	≥0.45
		红	0.690	0.310	0.658	0.342	0.569	0.341	0.595	0.315	≥0.07
		绿	0.230	0.754	0.013	0.486	0.209	0.383	0.291	0.440	≥0.12
		蓝	0.078	0.170	0.137	0.038	0.240	0.210	0.198	0.252	≥0.05
		黑	0.385	0.355	0.300	0.270	0.260	0.310	0.345	0.395	≥0.03
	逆反射材料色	白	0.350	0.360	0.300	0.310	0.285	0.325	0.335	0.375	≥0.27
		黄	0.545	0.454	0.464	0.534	0.427	0.483	0.487	0.423	≥0.16
		红	0.690	0.310	0.658	0.342	0.569	0.341	0.595	0.315	≥0.03
		绿	0.007	0.703	0.026	0.399	0.177	0.362	0.248	0.409	≥0.03
		蓝	0.078	0.170	0.137	0.038	0.210	0.160	0.1501	0.220	≥0.01

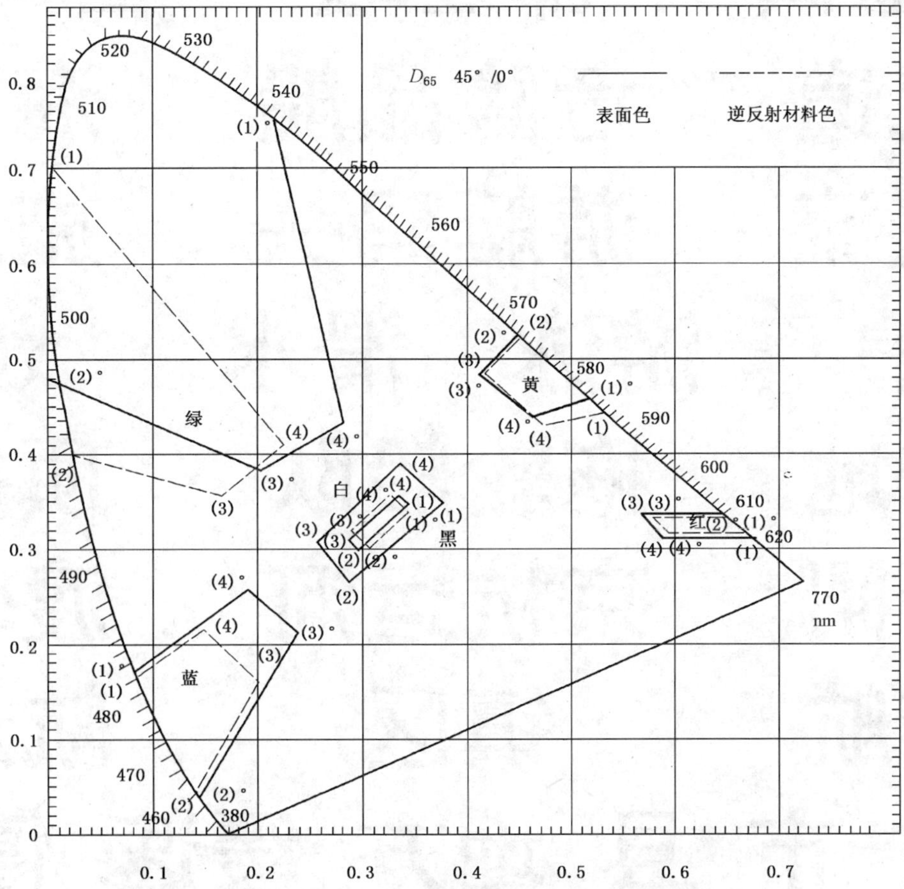

图 A.1　表面色和逆反射材料色的颜色范围

附 录 B
（规范性附录）
内河交通安全标志用汉字示例

江苏	浙江	安徽	四川

湖州	城陵矶	无锡
重庆	寒山寺	阳朔
济宁	三峡大坝	顺德
景德镇	都江堰	白洋淀
航道	危险品船	海事
支流	游艇码头	施工

靠泊	游泳	滑水	划艇

锚地	拖轮船队	顶推
船闸	京杭运河	渡轮
禁航	镇区	航道

省 市 县 地方 缓速 停

附 录 C
（规范性附录）
内河交通安全标志用阿拉伯数字示例

附 录 D
（规范性附录）
内河交通安全标志用拉丁字母大、小写示例

A B C D

E F G H

I J K L

M N O P

Q R S T

U V W X

Y Z

a b c d

e f g h

i j k l

m n o p

q r s t

u v w x

y z

附　录　E
（规范性附录）
内河交通安全标志的图例及代码

E.1　内河交通安全标志的图例

内河交通安全标志的图例如下：

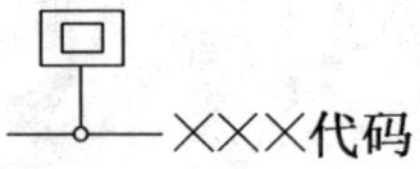

E.2　内河交通安全标志代码的结构

内河交通安全标志代码结构表示如下：

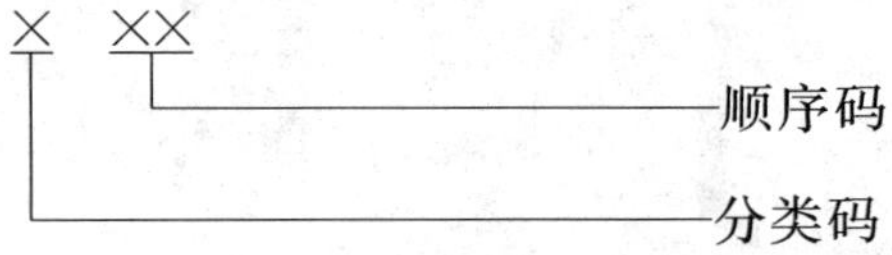

E.3　内河交通安全标志分类代码

内河交通安全标志分类码代码见表 E.1。

表 E.1　内河交通安全标志分类码代码

代　　码	名　　称
1	警告类
	禁令类
2	禁止
3	解除禁止
4	限制
5	警示类
6	指令类
7	提示类

附　录　F
（资料性附录）
其他告示性提示标志

F.1　交叉河口标志

干线航道、交通量大的交叉河口，宜使用告示性提示类交叉河口标志替代警告类交叉河口标志。提示类交叉河口标志不仅标示交叉河口的类型，而且还标示岔口通向的主要地点和里程，便于船舶选择航行方向，示例见图F.1～图F.3。

图F.1　丁字交叉（代码723）

a)

b)

图F.2　丫字交叉（代码724）

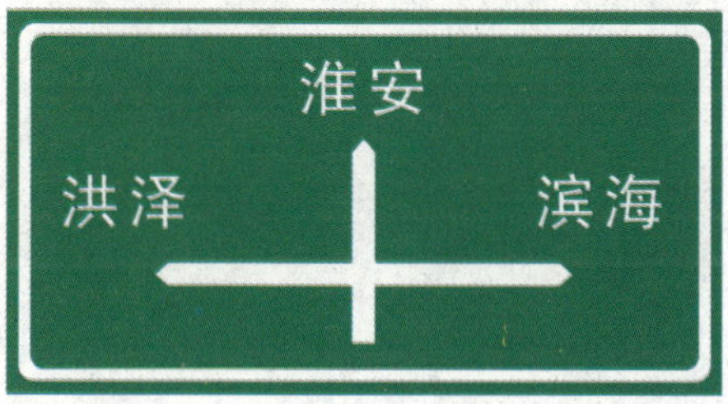

a)

b)

图F.3　十字交叉（代码725）

F.2　岸线使用范围标志

标示该段岸线经过核准的使用的范围和企事业单位，见图F.4。顺航道设置在码头、仓库、堆场等经核准使用岸线的中间、一端或两端。

图 F.4 岸线使用范围标志(726)

F.3 航线起讫标志

标示主干航道(线)在本行政辖区的起点和终点。顺航道设置在航道(线)起讫点的适当位置。图F.5为示例:京杭运河浙江省的起点——鸭子坝。

图 F.5 航线起讫标志(代码727)

附 录 G
（规范性附录）
内河交通安全标志制作图示例

G.1 标志的外型、边框、斜杠、斜线、衬边和图案制作网格

G.1.1 警告标志和限制标志

警告标志和限制标志的外型、边框、衬边和图案制作网格见图 G.1。

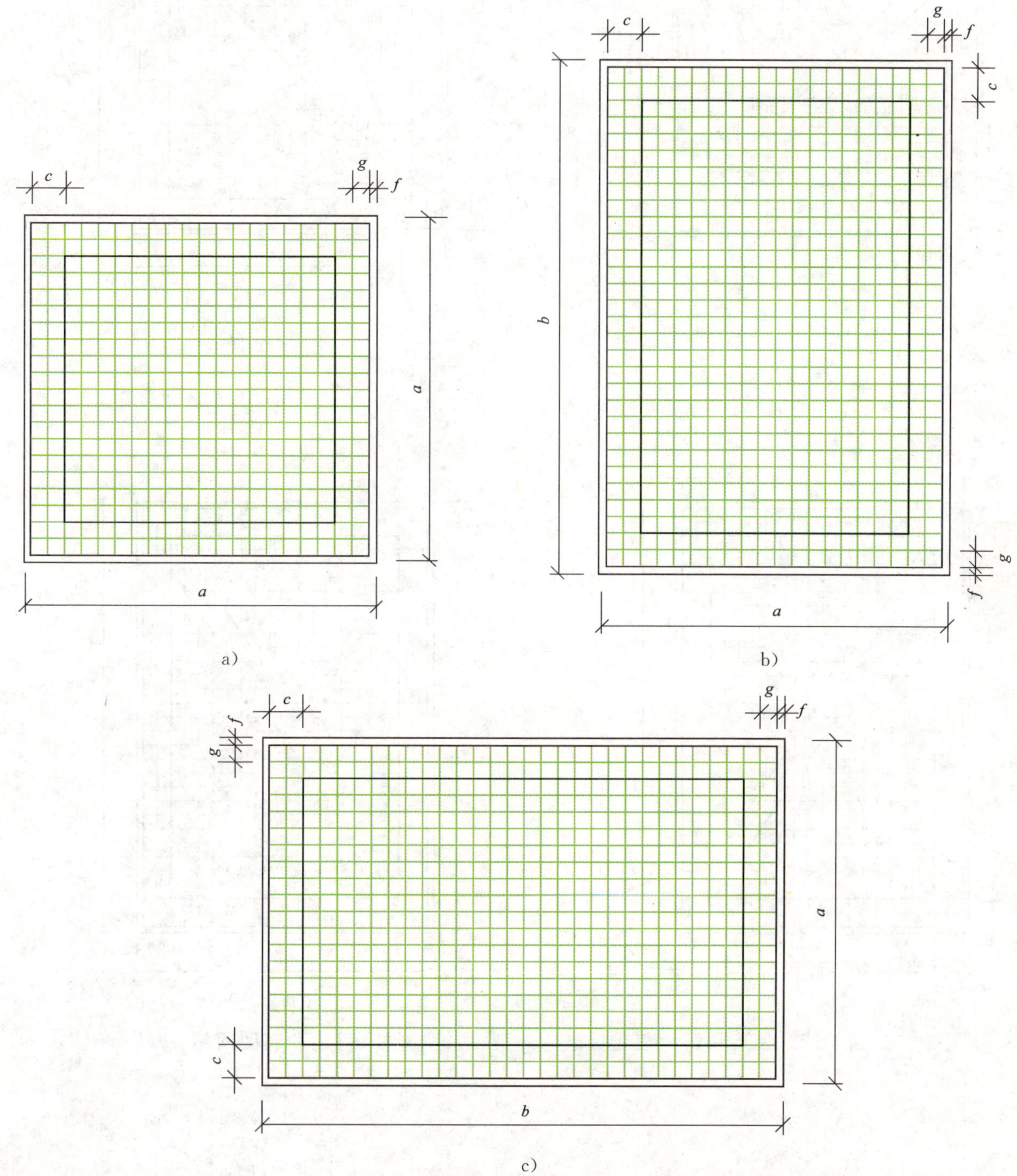

图 G.1 警告标志和限制标志的外型、边框、衬边和图案制作网格

G.1.2　禁令标志

禁令标志中禁止和解除禁止标志的外型、边框、斜杠、衬边和制图网格见图 G.2。

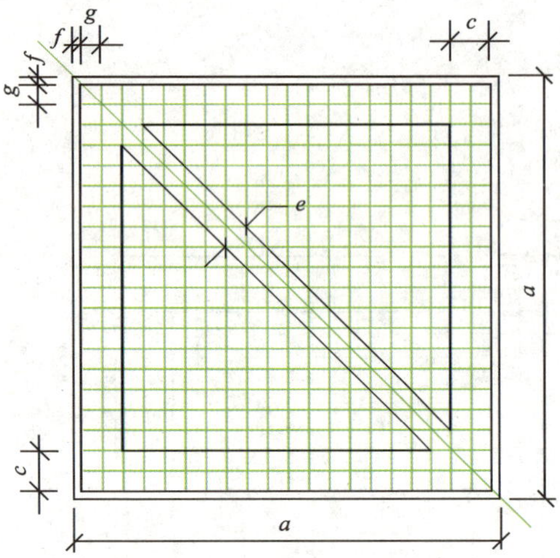

a)

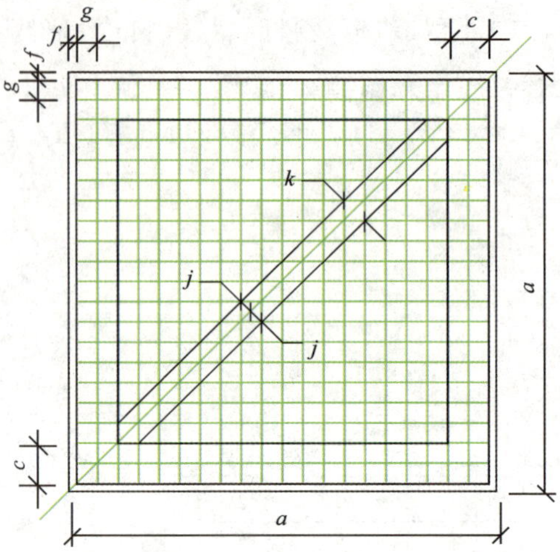

b)

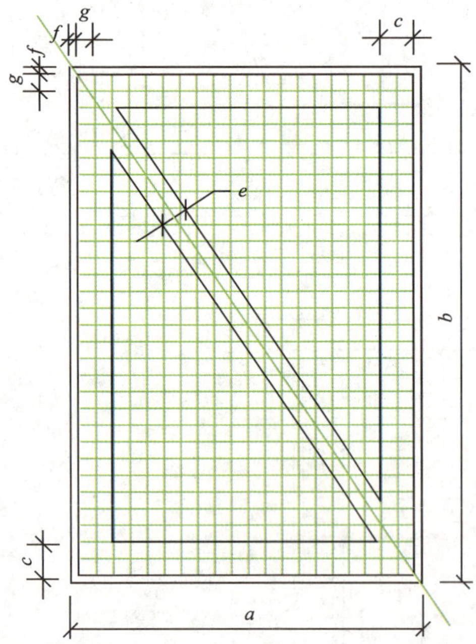

c)

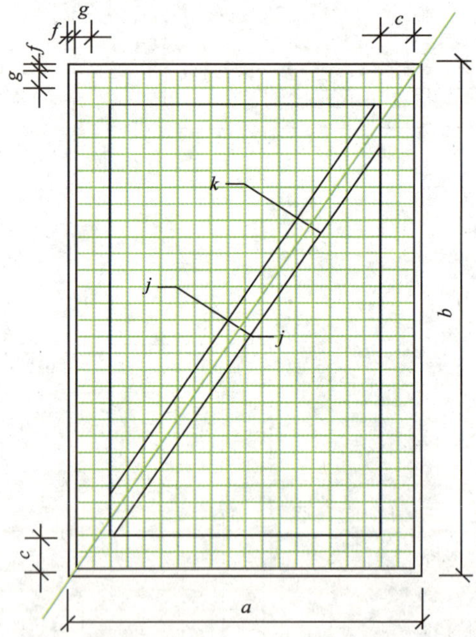

d)

图 G.2　禁止和解除禁止标志的外型、边框、斜杠、衬边和制图网格

G.1.3 指令标志和提示标志

指令标志和提示标志的外型、边框、衬边和图案制作网格见图 G.3。

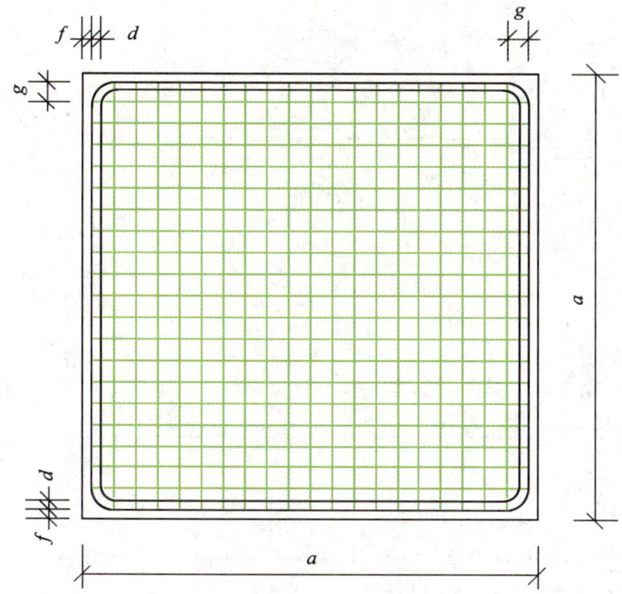

a)

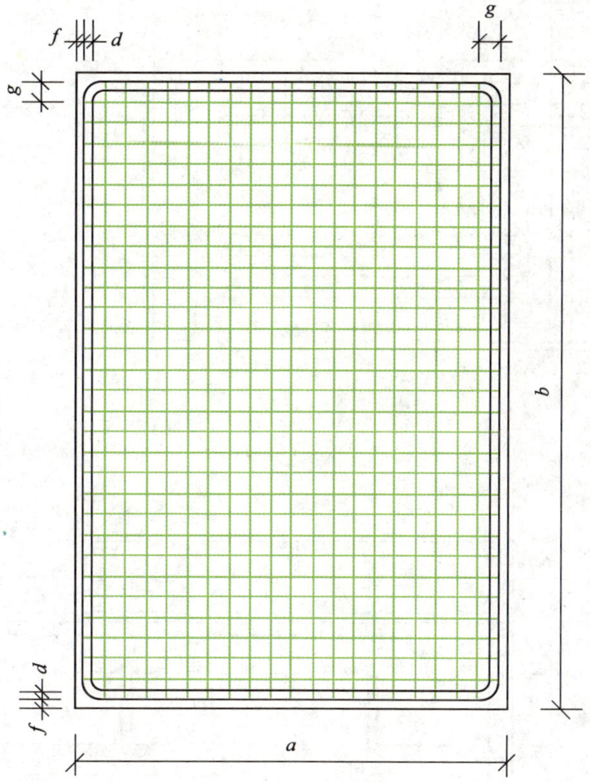

b)

图 G.3 指令标志和提示标志的外型、边框、衬边和图案制作网格

G.2 标志制作图示例

标志制作图示例见图 G.4～图 G.15。

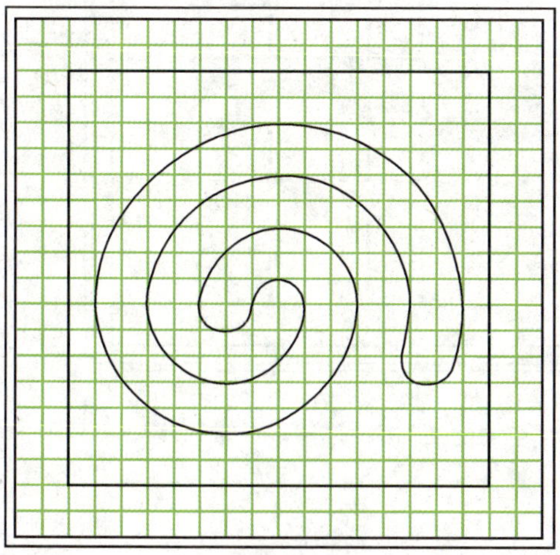

图 G.4

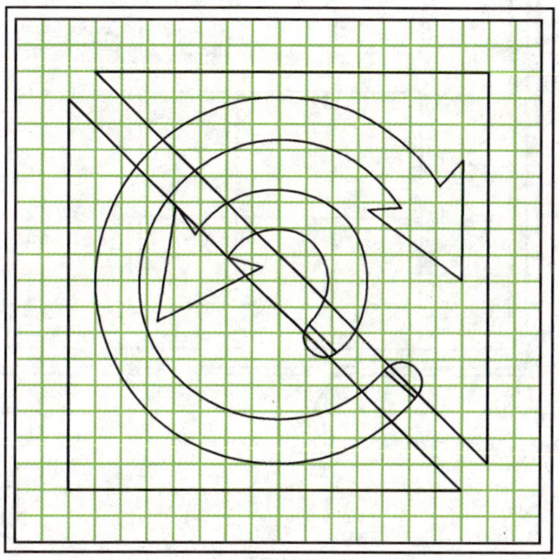

图 G.5

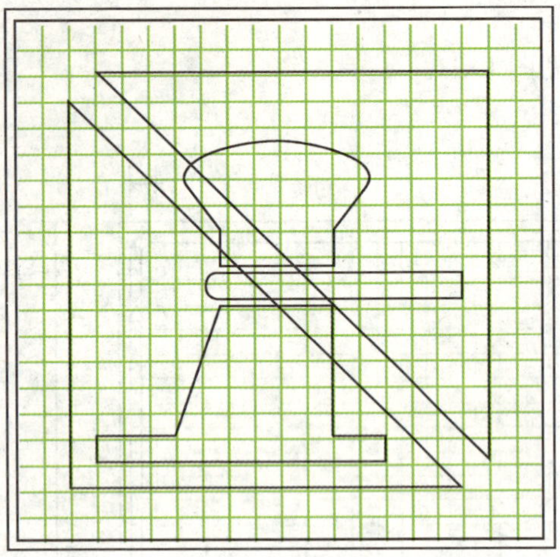

图 G.6

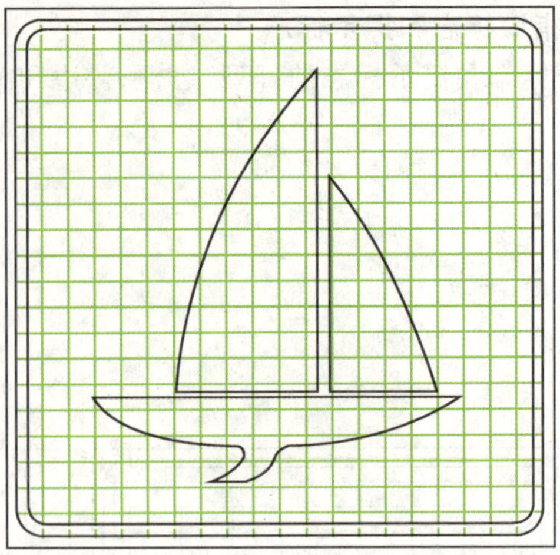

图 G.7

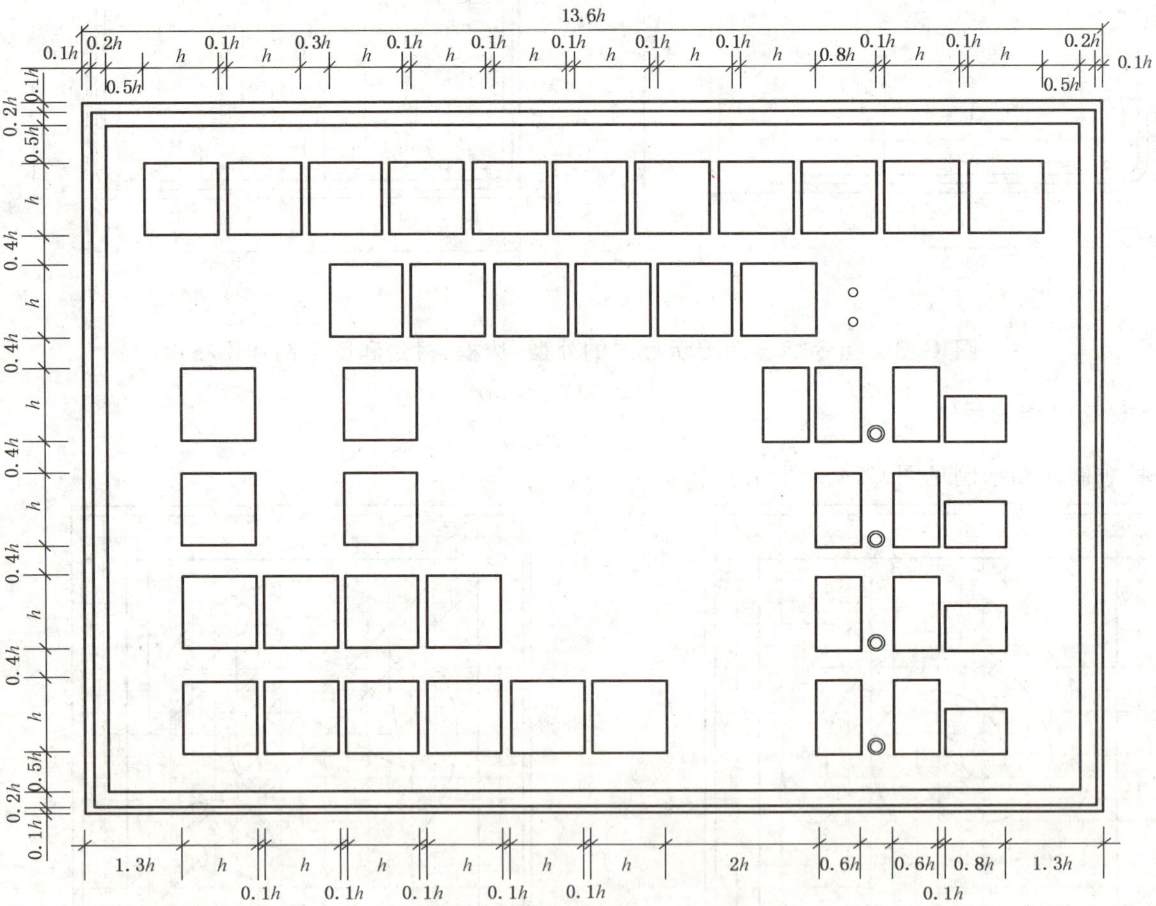
13.6h
0.1h
0.2h
h
0.1h
h
0.3h
h
0.1h
h
0.1h
h
0.1h
h
0.1h
h
0.1h
h
0.8h
0.1h
h
0.1h
h
0.2h
0.1h
0.5h
0.5h
0.2h
0.1h
0.5h
h
0.4h
h
0.4h
h
0.4h
h
0.4h
h
0.4h
h
0.5h
0.2h
0.1h
1.3h
h
h
h
h
h
h
2h
0.6h
0.6h
0.8h
1.3h
0.1h
0.1h
0.1h
0.1h
0.1h
0.1h

图 G.8

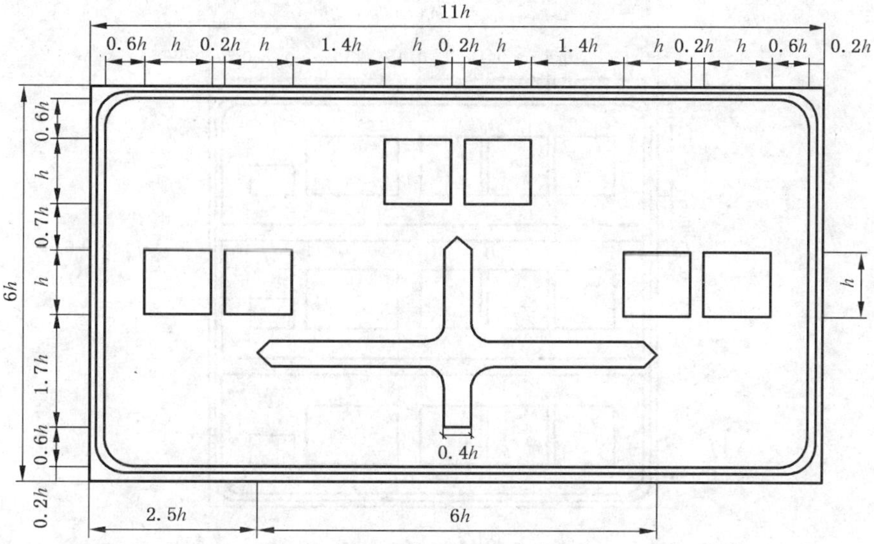

图 G.9

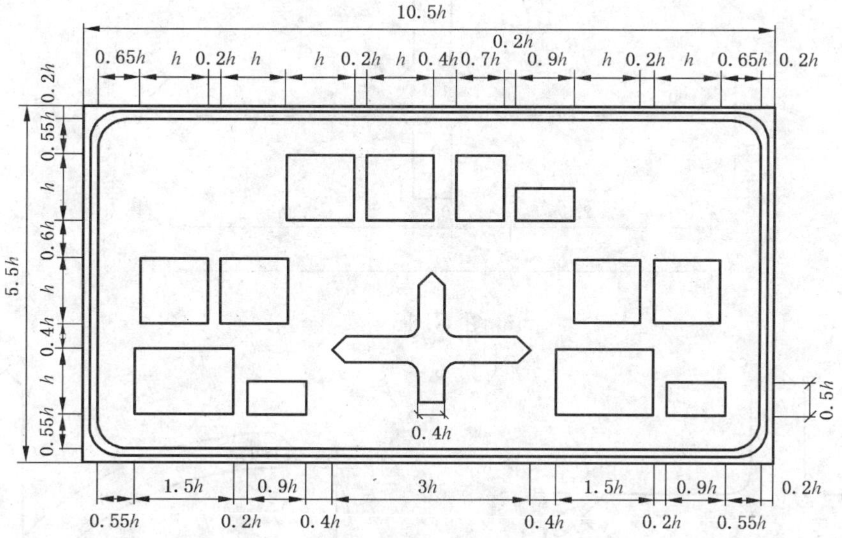

图 G.10

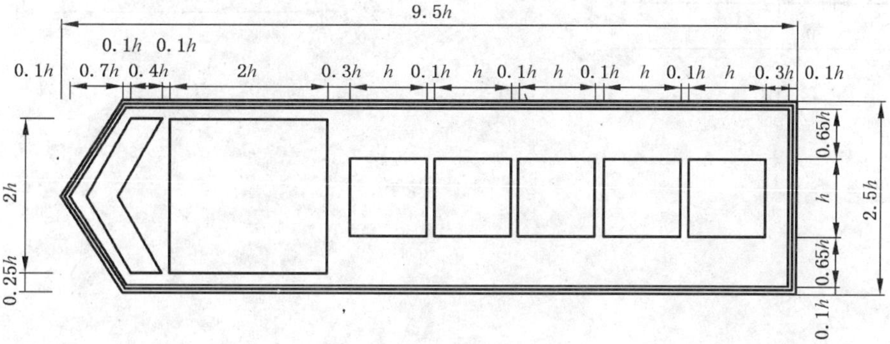

图 G.11

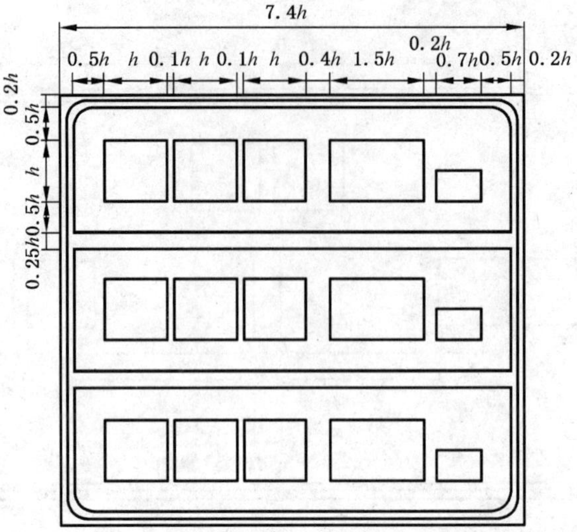

图 G.12

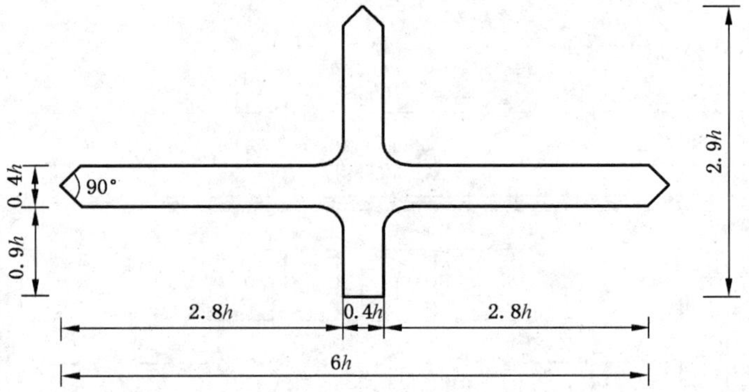

图 G.13

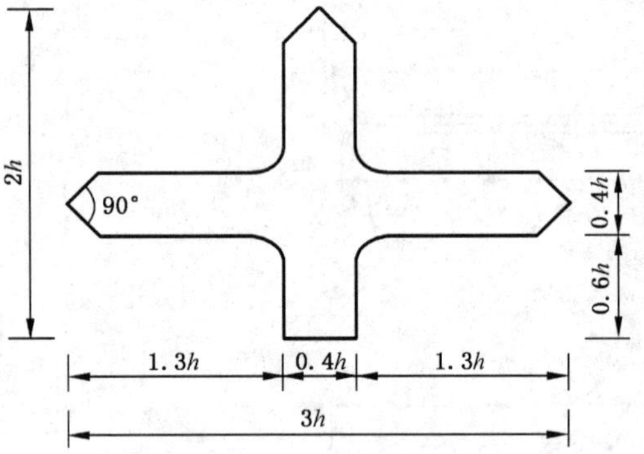

图 G.14

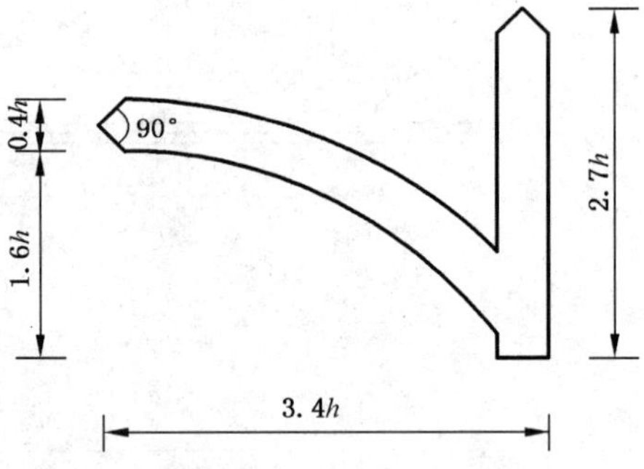

图 G.15

附　录　H
（资料性附录）
内河交通安全标志的支持（安装）方式

H.1　内河交通安全标志的支持（安装）方式

H.1.1　柱式

有单柱和双柱，见图 H.1。单柱只适用于小型标志。特大尺寸的标志可用多柱。

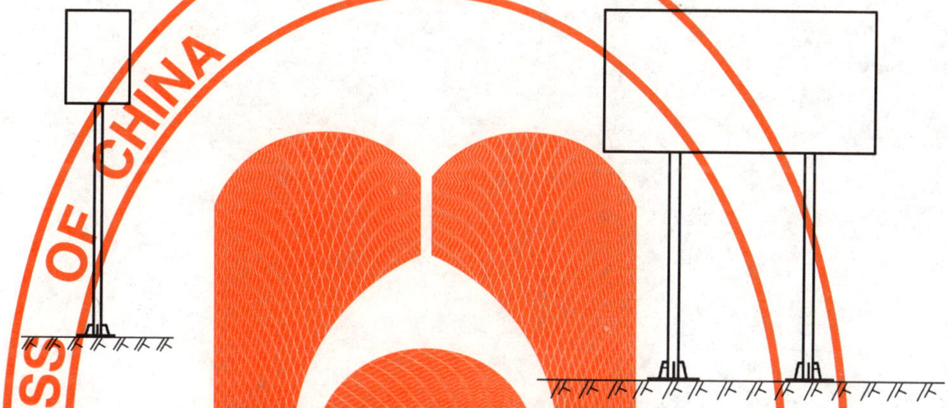

a）单柱　　b）双柱

图 H.1　柱式

H.1.2　悬臂式

有弯杆、F 杆、T 杆，见图 H.2。适用于：

——较宽阔的航道；

——岸边有树木或建筑物或停泊船，可能遮挡在航船舶视线的；

——景观上有要求的。

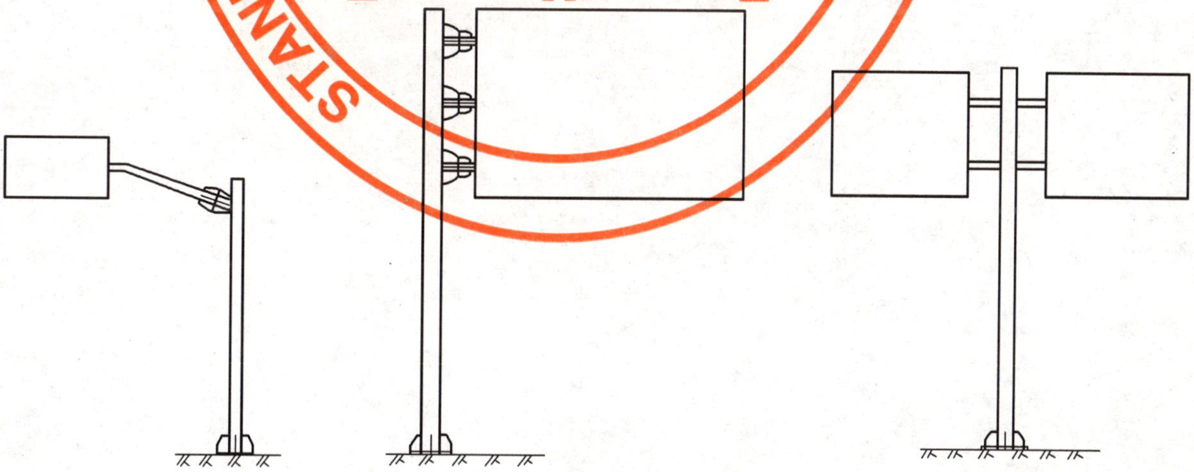

a）弯杆　　b）F 杆　　c）T 杆

图 H.2　悬臂式

H.1.3　附着式

标志安装于岸边其他设施、建筑物或水中过河建筑物上，见图 H.3。

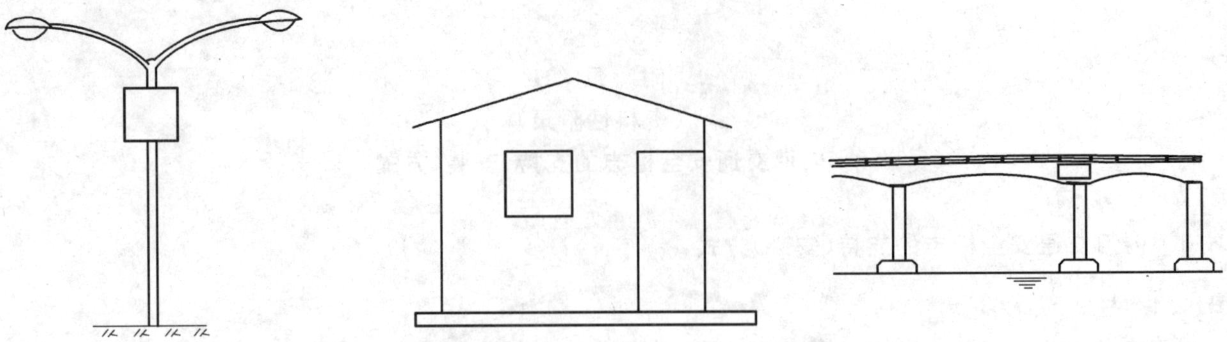

a)　　　　　　　　b)　　　　　　　　c)

图 H.3　附着式

内河交通安全标志名称、代码索引

序号	标志代码	标志名称	条号	图号
		警告类:21 个		
1	101	左侧丁字交叉	7.2.1	图 1
2	102	前方丁字交叉	7.2.1	图 2
3	103	右侧丁字交叉	7.2.1	图 3
4	104	十字交叉	7.2.1	图 4
5	105	丫字交叉(交汇)	7.2.1	图 5
6	106	向左急弯	7.2.2	图 6
7	107	向右急弯	7.2.2	图 7
8	108	反向急弯	7.2.2	图 8
9	109	连续急弯	7.2.2	图 9
10	110	左侧变窄	7.2.3	图 10
11	111	两侧变窄	7.2.3	图 11
12	112	右侧变窄	7.2.3	图 12
13	113	紊流	7.2.4	图 13
14	114	取水口	7.2.5	图 14
15	115	排水口	7.2.6	图 15
16	116	渡口	7.2.7	图 16
17	117	高度受限	7.2.8	图 17
18	118	注意落石或滑坡	7.2.9	图 18
19	119	雷电高发区	7.2.10	图 19
20	120	事故易发区	7.2.11	图 20
21	121	注意危险	7.2.12	图 21
		禁令类:36 个。其中禁止:18 个		
22	201	禁止通行	8.2.1	图 22
23	202	禁止驶入	8.2.2	图 23
24	203	禁止向左转弯	8.2.3	图 24
25	204	禁止向右转弯	8.2.3	图 25
26	205	禁止掉头	8.2.4	图 26
27	206	禁止一切船舶追越	8.2.5	图 27
28	207	禁止船队相互追越	8.2.5	图 28
29	208	禁止会船	8.2.6	图 29
30	209	禁止并列行驶	8.2.7	图 30
31	210	禁止顶推	8.2.8	图 31

序号	标志代码	标志名称	条号	图号
32	211	禁止旁拖	8.2.9	图 32
33	212	禁止偏拖	8.2.10	图 33
34	213	禁止停泊	8.2.11	图 34
35	214	禁止用锚	8.2.12	图 35
36	215	禁止系带	8.2.13	图 36
37	216	禁止鸣笛	8.2.14	图 37
38	217	禁用高音喇叭	8.2.15	图 38
39	218	禁止明火	8.2.16	图 39
		禁令类——解除禁止:8 个		
40	301	解除禁止掉头	8.2.17	图 40
41	302	解除禁止追越	8.2.18	图 41
42	303	解除禁止会船	8.2.19	图 42
43	304	解除禁止顶推	8.2.20	图 43
44	305	解除禁止旁拖	8.2.20	图 44
45	306	解除禁止偏拖	8.2.21	图 45
46	307	解除禁止鸣笛	8.2.22	图 46
47	308	解除禁用高音喇叭	8.2.23	图 47
		禁令类——限制:10 个		
48	401	限制宽度	8.2.24	图 48
49	402	航道左侧受限	8.2.25	图 49
50	403	航道右侧受限	8.2.25	图 50
51	404	限制高速	8.2.26	图 51
52	405	限制低速	8.2.26	图 52
53	406	限制吊拖尺度	8.2.27	图 53
54	407	限制顶推尺度	8.2.27	图 54
55	408	限制旁拖尺度	8.2.27	图 55
56	409	限制靠泊范围	8.2.28	图 56
57	410	限制船舶尺度或吨位标志	8.2.29	图 57
		警示类:2 个		
58	501	甲类桥梁警示标志	9.2.1	
	502	乙类桥梁警示标志	9.2.1	
59	503	导向标	9.2.2	图 58、图 59
		指令类:14 个		
60	601	向左转弯	10.2.1	图 60
61	602	直行	10.2.1	图 61

序号	标志代码	标志名称	条号	图号
62	603	向右转弯	10.2.1	图 62
63	604	靠左侧行驶	10.2.2	图 63
64	605	靠右侧行驶	10.2.2	图 64
65	606	回航	10.2.3	图 65
66	607	分道通航	10.2.4	图 66
67	608	停航让行	10.2.5	图 67
68	609	鸣笛	10.2.6	图 68
69	610	右舷会船	10.2.7	图 69
70	611	左侧绕行	10.2.8	图 70
71	612	右侧绕行	10.2.8	图 71
72	613	停航受检	10.2.9	图 72
73	614	横越区	10.2.10	图 73
		提示类:22 个		
74	701	靠泊区	11.2.1	图 74
75	702	锚地	11.2.2	图 75
76	703	掉头区	11.2.3	图 76
77	704	游泳区	11.2.4	图 77
78	705	滑水区	11.2.4	图 78
79	706	驶帆区	11.2.4	图 79
80	707	驶帆板区	11.2.4	图 80
81	708	划艇区标志	11.2.4	图 81
82	709	摩托艇活动区	11.2.4	图 82
83	710	航道尽头	11.2.5	图 83
84	711	超高频联络	11.2.6	图 84
85	712	甚高频联络	11.2.6	图 85
86	713	调频广播	11.2.6	图 86
87	714	中波广播	11.2.6	图 87
88	715	应急电话	11.2.7	图 88
89	716	地名标志	11.2.8	图 89
90	717	分界	11.2.9	图 90
91	718	场所距离标志	11.2.10	图 91
92	719	桥名	11.2.11	
93	720	通航孔编号	11.2.12	
94	721	通航净高标尺	11.2.13	图 92
95	722	闸门槛水深标尺	11.2.13	图 93

序号	标志代码	标志名称	条号	图号
		辅助标志附加标示方法:6 种		
96		a) 标示时间	12.6	图 94
97		b) 标示方向、距离	12.6	图 95
98		c) 标示区域、范围	12.6	图 96
99		d) 标示原由	12.6	图 97
100		e) 标示船舶种类	12.6	图 98
101		f) 组合标示	12.6	图 99
102		主标志附加辅助标志示例	12.7	图 100
		其他告示性提示标志:5 个		
103		丁字交叉河口	附录 F.1	图 F.1
104		丫字交叉河口	附录 F.1	图 F.2
105		十字交叉河口	附录 F.1	图 F.3
106		岸线使用范围标志	附录 F.2	图 F.4
107		航线起讫标志	附录 F.3	图 F.5

ICS 47.020.30
U 57

中华人民共和国国家标准

GB/T 13854—2008
代替 GB/T 13854—1992

射流管电液伺服阀

Jet-pipe electro-hydraulic servo valve

2008-03-03 发布　　　　2008-09-01 实施

中华人民共和国国家质量监督检验检疫总局
中国国家标准化管理委员会　发布

前 言

本标准代替 GB/T 13854—1992《射流管电液伺服阀》。

本标准与 GB/T 13854—1992 相比主要变化如下：

——增加力矩马达喷嘴参数；

——增加阀芯参数；

——增加安装面尺寸；

——增加 6.3 MPa、16.0 MPa、25.0 MPa、31.5 MPa 四档压力；

——增加线圈力矩马达线圈连接方式、接线端符号；

——油液固体颗粒污染度等级代号采用符合 GB/T 14039—2002 中规定；

——充实了技术要求及试验方法等方面的内容；

——取消了质量分等及评定的内容。

本标准由中国船舶重工集团公司提出。

本标准由全国船用机械标准化技术委员会归口。

本标准起草单位：中国船舶重工集团公司第七〇四研究所、中国船舶工业综合技术经济研究院。

本标准主要起草人：方群、王学星、汪远。

本标准所代替标准的历次版本发布情况为：

——GB/T 13854—1992。

射流管电液伺服阀

1 范围

本标准规定了射流管电液伺服阀(以下简称伺服阀)的定义、术语、分类、基本参数、要求、试验方法、检验规则及标志、包装、运输和贮存。

本标准适用于以液压油为介质的各类射流管流量控制电液伺服阀。其他类型射流管电液伺服阀亦可参照本标准。

2 规范性引用文件

下列文件中的条款通过本标准的引用而成为本标准的条款。凡是注日期的引用文件,其随后所有的修改单(不包括勘误的内容)或修订版均不适用于本标准,然而,鼓励根据本标准达成协议的各方研究是否可使用这些文件的最新版本。凡是不注日期的引用文件,其最新版本适用于本标准。

GB/T 3141—1994　工业液体润滑剂 ISO 黏度分类(eqv ISO 3448:1992)

GB/T 14039—2002　液压传动　油液　固体颗粒污染等级代号(ISO 4406:1999,MOD)

GB/T 17446—1998　流体传动系统及元件　术语(idt ISO 5598:1985)

GB/T 17487　四油口和五油口液压伺服阀　安装面(GB/T 17487—1998,idt ISO 10372:1992)

GB/T 20082—2006　液压传动　液体污染　采用光学显微镜测定颗粒污染度的方法(ISO 4407:2002,IDT)

GJB 4.6　舰船电子设备环境试验　交变湿热试验

GJB 4.7　舰船电子设备环境试验　振动试验

GJB 4.9　舰船电子设备环境试验　冲击试验

GJB 4.10　舰船电子设备环境试验　霉菌试验

GJB 4.11　舰船电子设备环境试验　盐雾试验

GJB 4000—2000　舰船通用规范

3 术语、定义、符号和单位

3.1 术语和定义

GB/T 17446—1998 确定的及下列术语和定义适用于本标准。

3.1.1

射流管电液伺服阀　jet-pipe electro-hydraulic servo-valve

前置放大级为射流管的电液伺服阀。

3.1.2

压力增益　pressure gain

控制流量为零时,负载压降对输入电流的变化率(见图 1)。

3.1.3

零位　null

负载压降为零时,使控制流量为零的输出级相对几何位置。

3.1.4

零位区域　null region

零位附近,流量增益受遮盖和内漏等参数影响的区域。

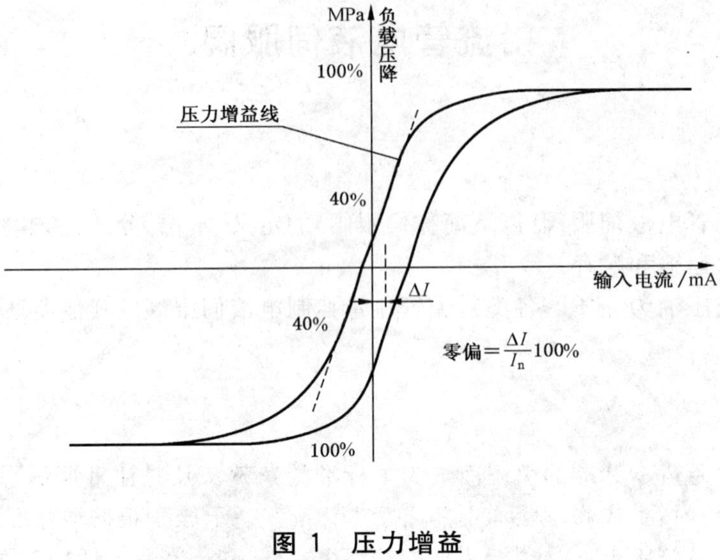

图1 压力增益

3.1.5

分辨率 threshold

使伺服阀的输出产生变化所需的最小输入电流之增量，以额定电流的百分比表示。

3.1.6

正向分辨率 resolution

沿着输入电流变化的方向，使伺服阀输出产生变化所需的最小输入电流的增量。用其与额定电流的百分比表示。

3.1.7

反向分辨率 threshold

逆着输入电流变化的方向，使伺服阀输出产生变化所需的最小输入电流的增量。用其与额定电流的百分比表示。

通常分辨率用反向分辨率来衡量。

3.1.8

零漂 null bias

因压力、温度等工作条件的变化而引起的零偏的变化，以额定电流的百分比表示。

3.1.9

内漏 internal leakage

伺服阀控制流量为零时，从进油口到回油口的内部流量，它随进油口压力和输入电流的变化而变化（见图2）。

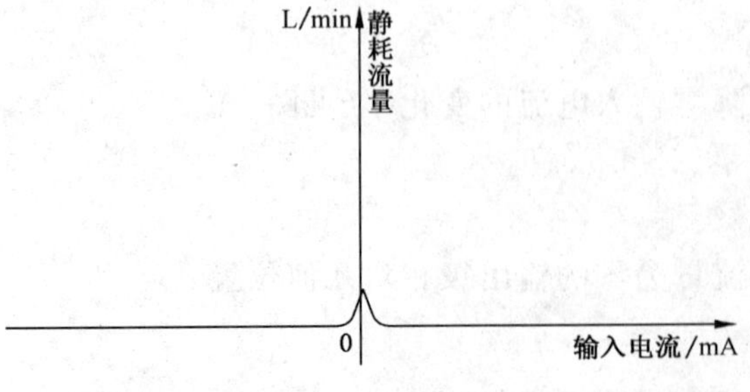

图2 内漏曲线

3.1.10

控制流量　control flow

从伺服阀的控制油口(A 或 B)流出的流量(见图 3)。负载压降为零时的控制流量称为空载流量，负载压降不为零时的控制流量称为负载流量。

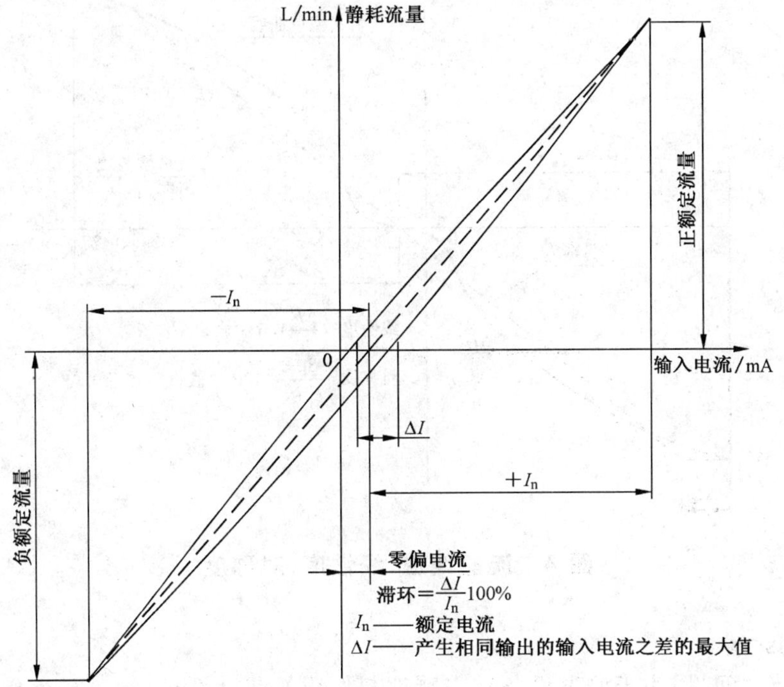

图 3　控制流量曲线

3.1.11

空载流量曲线　no load flow curve

空载控制流量随输入电流在正负额定电流之间变化时作出的一个完整循环的连续曲线。

3.1.12

额定流量　rated flow

伺服阀压降在额定供油压力情况下，对应于额定电流的空载流量。

3.1.13

名义流量曲线　normal flow curve

完整循环流量曲线中点的轨迹。

3.1.14

流量增益　flow gain

流量曲线的斜率(见图 4)。

3.1.15

名义流量增益　normal flow gain

从名义流量曲线的零流量点向两极性方向各作一条与名义流量曲线偏差最小的直线，为名义流量增益线。其斜率即为名义流量增益(见图 4)。

3.1.16

线性度　linearity

名义流量曲线的直线性。用名义流量曲线与名义流量增益线的最大偏差来衡量，并以额定电流的百分比表示(见图 4)。

3.1.17

对称度　symmetry

两个极性的名义流量增益一致的程度。用二者之差对较大者的百分比表示(见图4)。

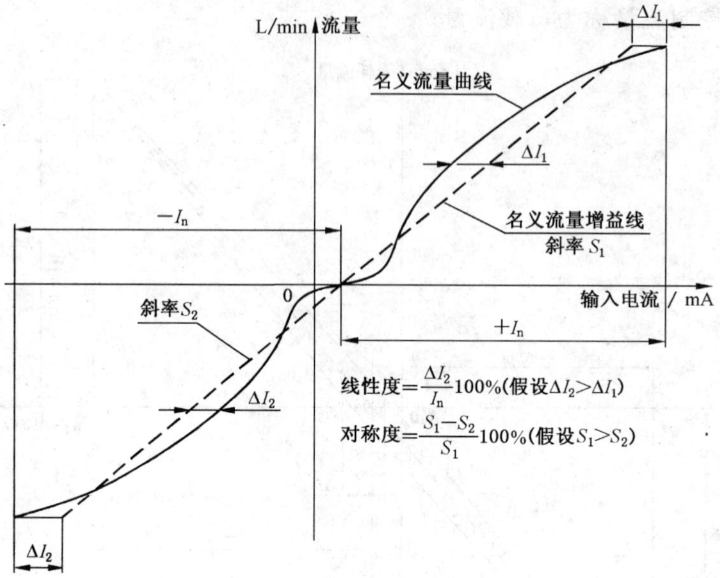

图4　流量增益、线性度、对称度

3.1.18

滞环　hysteresis

在正负额定电流之间,以小于测试设备动态特性起作用的速度循环,对于产生相同输出的往与返的输入电流之差的最大值,以其与额定电流的百分比表示为滞环。

3.1.19

遮盖　lap

滑阀位于零位时,固定节流棱边与可动节流棱边轴向位置的相对关系。

3.1.20

零遮盖　zero lap

二极名义流量曲线的延长线的零流量点之间不存在间隙遮盖[见图5a)]。

3.1.21

正遮盖　over lap

在零位区域,导致名义流量曲线斜率减小的遮盖[见图5b)]。

3.1.22

负遮盖　uncovered lap

在零位区域,导致名义流量曲线斜率增大的遮盖[见图5c)]。

3.1.23

频率响应　frequency response

当恒幅正弦输入信号在规定频率范围内变化时,控制流量对输入电流的复数比。

3.1.24

幅值比　amplitude ratio

在某频率范围内,控制流量幅值对正弦输入电流幅值比。

3.1.25

相位滞后　phase lag

在规定频率范围内,正弦输出跟踪正弦输入电流的瞬时时间差。在一个特定的频率下测量,以角度表示。

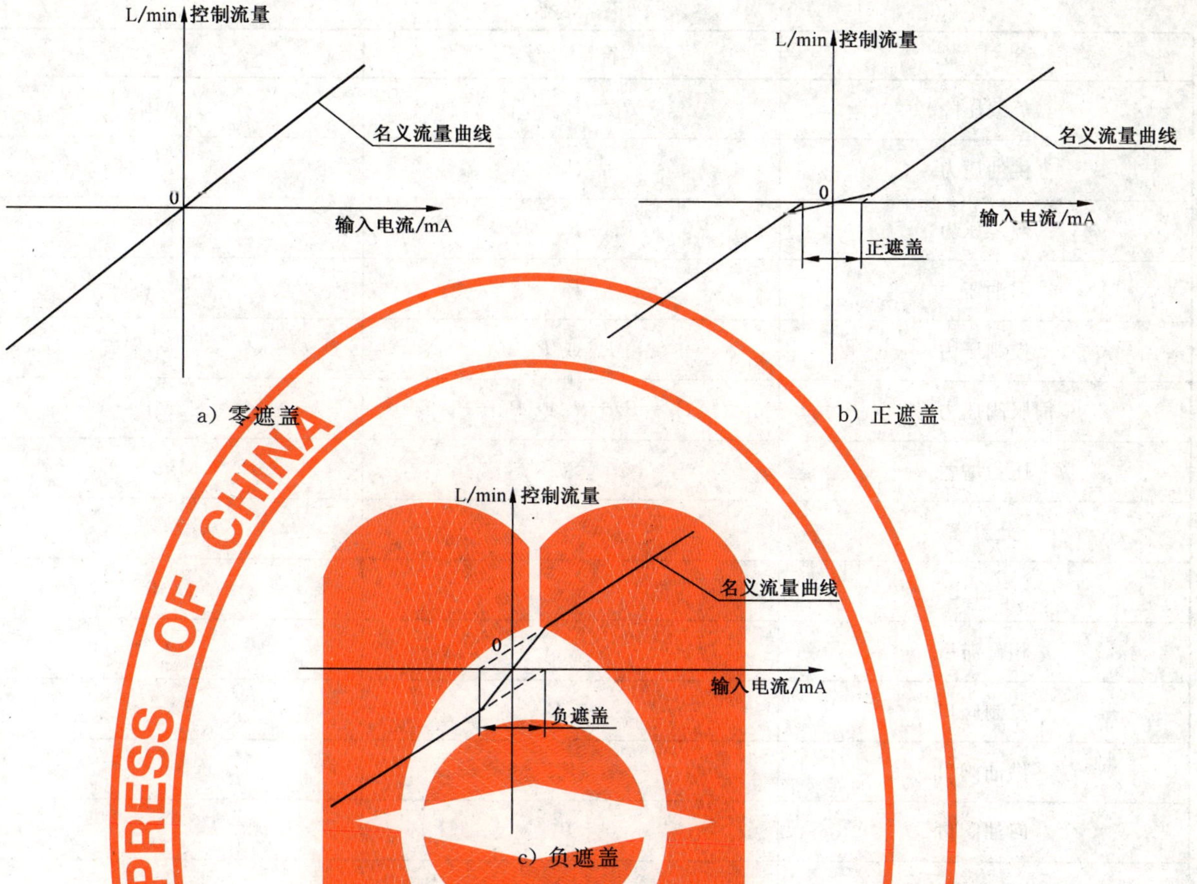

图5 遮盖

3.1.26

瞬态响应 transient response

阶跃输入时，输出的跟踪特性。

3.2 符号和单位

本标准中用的符号和单位列在表1中。

表1 符号和单位

参　　数	符　　号	单　　位
线圈阻抗	Z	Ω
线圈电感	L	H
线圈电阻	R	Ω
励振幅值	—	mA
励振频率	f	Hz
输入电流	I	mA
额定电流	I_n	mA
控制流量	q_v	L/min
流量增益	k_v	L/(min，mA)
滞环	—	%
内漏	q_{vin}	L/min

表 1(续)

参　　数	符　　号	单　　位
负载压降	$P_L=P_a-P_b$	MPa
供油压力	P_s	MPa
额定压力	$P_n=P_s-P_t$	MPa
回油压力	P_t	MPa
控制压力	P_a 或 P_b	MPa
伺服阀压力降	$P_v=P_s-P_a$ 或 P_b-P_t	MPa
压力增益	S_v	MPa/mA
分辨率	—	%
幅值比	—	dB
相位滞后	—	(°)
控制阀口	A、B	—
供油阀口	P	—
回油阀口	T	—
安装固定螺纹孔	F_1、F_2、F_3、F_4	—

4　分类

4.1　型式

伺服阀按液压放大器级数分为单级伺服阀、两级伺服阀和三级伺服阀。

4.2　主要参数

4.2.1　额定电流

伺服阀额定电流按表 2 规定。

表 2　伺服阀额定电流　　单位为毫安

8	10	16	20	25	30	40	50	63	80

4.2.2　额定压力

伺服阀额定压力按表 3 规定。

表 3　伺服阀额定压力　　单位为兆帕

6.3	16	21	25	31.5

4.2.3　额定流量

伺服阀额定流量按表 4 规定。

表 4　伺服阀额定流量　　单位为升每分

1	2	4	8	10	15	20	30	40	60	80
100	120	140	180	200	220	250	300	350	400	450

4.3 型号编制方法

4.3.1 编制方法

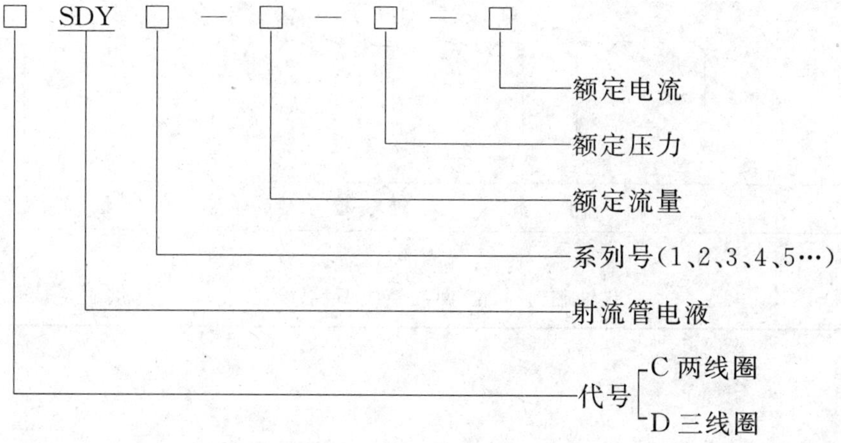

4.3.2 产品标记示例

4.3.2.1 额定压力为21 MPa,额定流量为30 L/min,额定电流为8 mA,系列号为1的通用型及船用型射流管电液伺服阀标记为:

伺服阀 GB/T 13854—2008 CSDY1-30-21-8

4.3.2.2 额定压力为16MPa,额定流量为20 L/min,额定电流为20 mA,系列号为2的三线圈射流管电液伺服阀标记为:

伺服阀 GB/T 13854—2008 DSDY2-20-16-20

4.4 接口

4.4.1 液压接口

除另有规定外,伺服阀安装面尺寸应符合GB/T 17487的要求。

4.4.2 电气接口

4.4.2.1 除另有规定外,伺服阀力矩马达线圈一般分为双线圈与三线圈两种。

4.4.2.2 双线圈伺服阀力矩马达线圈的连接方式、接线端标号、外引出线颜色及输入电流极性按表5规定。

表5 双线圈伺服阀力矩马达线圈的连接方式

线圈连接方式	单线圈	串联	并联	差动
接线端标号	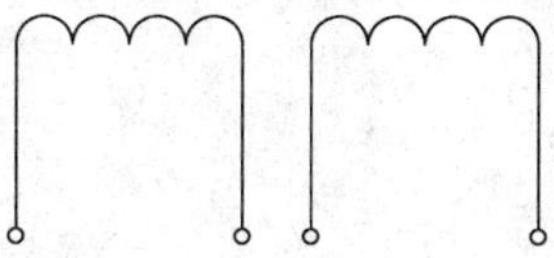 2 1 4 3	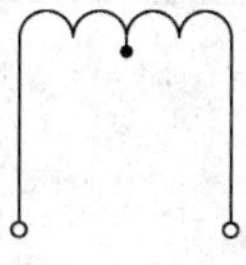 2 (1,4) 3	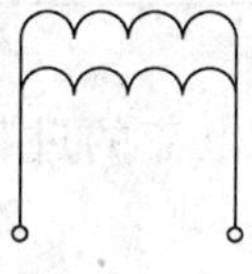 2(4) 1(3)	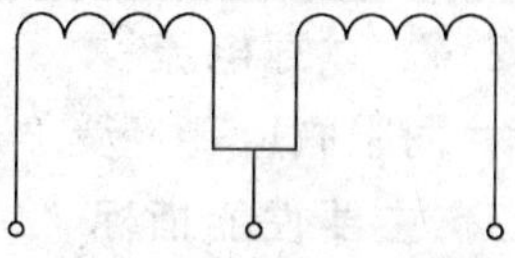 2 1(4) 3
外引出导线颜色	绿 红 黄 蓝	绿 蓝	绿 红	绿 红 蓝
控制电流的正极性	2+ 1—或4+ 3— 供油腔通A腔, 回油腔通B腔。	2+ 3— 供油腔通A腔, 回油腔通B腔。	2+ 1- 供油腔通A腔, 回油腔通B腔。	当1+时 1到2<1到3 当1—时 2到1>3到1

4.4.2.3 三线圈伺服阀力矩马达线圈的连接方式、接线端标号、外引出线颜色及输入电流极性按表6规定。

表 6　三线圈伺服阀力矩马达线圈的连接方式

	单　线　圈	并　联
线圈连接方式	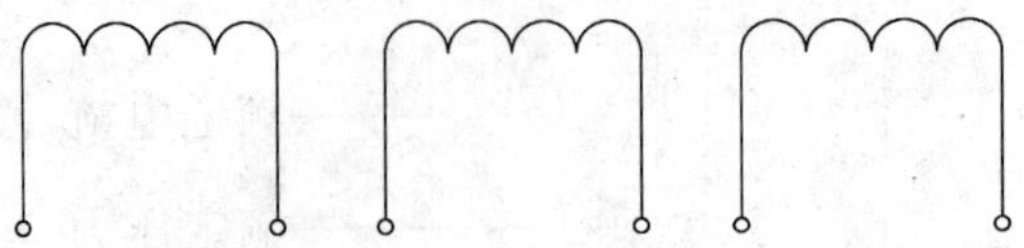	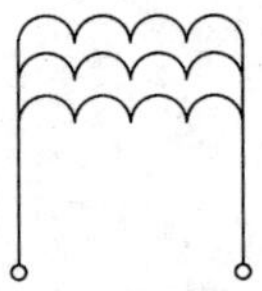
外引出导线颜色	红　白　黄　绿　橙　蓝	红(黄、橙)　白(绿、蓝)
控制电流的正　极　性	+　−　+　−　+　− 供油腔通 A 腔,回油腔通 B 腔。	+　− 供油腔通 A 腔,回油腔通 B 腔。

5　要求

5.1　一般要求

5.1.1　产品外观

产品表面不应有压伤、毛刺、裂纹、锈蚀及其他缺陷。

5.1.2　内部处理

内部金属零件不应使用任何镀层。

5.2　电气要求

5.2.1　线圈电阻

伺服阀线圈电阻偏差值,在 20℃时应为名义电阻值的±10%。同一台伺服阀配对的线圈电阻值差应不大于名义电阻值的 5%。

5.2.2　绝缘电阻

伺服阀线圈对阀体及线圈之间的绝缘电阻,在一般环境条件下,应不小于 50 MΩ。在高温、低温、温度冲击、盐雾、霉菌及湿热条件下,应不小于 5 MΩ。

5.2.3　绝缘介电强度

伺服阀线圈之间、线圈与阀体之间,在频率 50 Hz 和表 7 规定的交流电压下,历时 1 min 不应击穿。

表 7　伺服阀介电强度试验电压

项　目	60℃	相对湿度不小于 95%	10^7 次寿命试验后
电　压/V	500	375	250

5.2.4　过载电流

伺服阀应能经受 2 倍额定电流的过载电流。

5.3　主要性能指标

伺服阀的主要性能指标如表 8。

表 8　伺服阀的主要性能指标

项　目	性能指标	备　注
额定流量 q_n/(L/min)	$q_n \pm 10\% q_n$	空载(见图 3)
压力增益/(MPa/mA)	≥30	$\Delta P/1\% I_n$(见图 1)
零偏/%	≤2	寿命期内不大于 5%(见图 3)
滞环/%	≤5.0	(见图 3)
遮盖/%	+2.5～−2.5	零遮盖阀的指标[见图 5a)]

表 8（续）

项　　目		性能指标	备　　注
线性度/%		≤7.5	（见图 4）
对称度/%		≤10	（见图 4）
分辨率/%		≤0.5	不加励振信号
内漏/(L/min)		≤3%额定流量加 0.45	（见图 2）
供油压力零漂/%		≤2	供油压力在(0.8～1.1)P_n 范围(见图 9)
回油压力零漂/%		≤2	供油压力在(0～0.7)MP 范围（见图 10）
温度零漂/%		≤2	Δt=56℃(见图 11)
极性		输入正极性控制电流时，液流从控制口"A"流出，从控制口"B"流入，规定为正极性	
频率响应	−3 dB 幅频/Hz	≥120%设计值	（见图 13）
	−90°相频/Hz	≥120%设计值	（见图 13）

5.4　环境要求

5.4.1　低温启动

伺服阀在环境温度和工作液温度均为−30℃时，应能以±50%额定电流启动。外部密封不应有明显的外部泄漏（允许不成滴的湿润存在）。

5.4.2　高低温

伺服阀在−30℃～+60℃环境温度和−30℃～+90℃工作液温度范围时，其额定流量偏差应不大于±25%，分辨率应不大于 2%或滞环应不大于 6%。高温时其绝缘电阻应不小于 5 MΩ，其外部密封不应有明显的外部泄漏（允许不成滴的湿润存在）。

5.4.3　温度冲击

伺服阀经受图 6 所示的温度冲击 3 次循环后，其绝缘电阻应不小于 5 MΩ，零偏应不大于 5%。

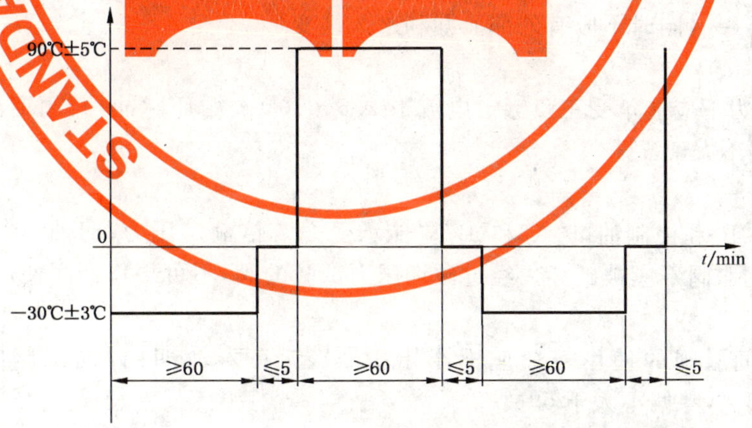

图 6　温度冲击图

5.4.4　湿热

伺服阀在 GJB 4000—2000 中表 072-8 规定的湿度 95%、温度 35℃的湿热条件下，其绝缘电阻应不小于 5 MΩ，其绝缘介电强度应符合 5.2.3 的要求，其外观质量应符合下列要求：

a)　色泽无明显变暗；

b)　镀层腐蚀面积不大于 3%；

c) 主金属无腐蚀(在通常电镀条件下不易或不能镀到的表面,一般不作腐蚀面积计算)。

5.4.5 盐雾

伺服阀在盐雾浓度为 2 mg/m³ 的条件下,其绝缘电阻应不小于 5 MΩ,其外观质量应符合下列要求:

a) 色泽无明显变暗或镀层布有均匀连续的轻度膜状腐蚀;

b) 镀层腐蚀面积不大于 6%;

c) 主金属无腐蚀(在通常电镀条件下不易或不能镀到的表面,一般不作腐蚀面积计算)。

5.4.6 霉菌

伺服阀的防霉性应不低于 GJB 4.10 中规定的 2 级,绝缘电阻应不小于 5 MΩ。

5.4.7 振动

伺服阀在 GJB 4000—2000 中图 074-1 规定的第 3 类振动条件下,不应有影响工作性能的谐振,零部件不应松动和损伤。其零偏应不大于 5%。

5.4.8 颠震

伺服阀在 GJB 4000—2000 中表 072-23 规定的颠振等级 2 的条件下,其绝缘电阻应不小于 5 MΩ,额定流量允差不大于±10%,滞环应不大于 5%,零偏应不大于 5%。

5.4.9 冲击

伺服阀在 GJB 4000—2000 中 074.4 规定的 A 级条件下,零部件应无松动和损坏,绝缘电阻应不小于 5 MΩ,额定流量允差应不大于±10%,滞环应不大于 5%,零偏应不大于 5%。

5.5 液压要求

5.5.1 抗污染度

伺服阀应在油液污染度等级不劣于 GB/T 14039—2002 中的—/18/15 级的情况下正常工作。

5.5.2 外部泄漏

伺服阀在使用条件下不应有外部泄漏。

5.5.3 耐压

伺服阀的进油口“P”和两个控制油口“A”和“B”应能承受 1.5 倍额定压力;回油口“T”应能承受额定压力。在施加正反向额定电流各保持 2.5 min 情况下,其额定流量偏差应不大于±10%,滞环应不大于 5%,零偏应不大于 5%,同时不应有外部泄漏和永久性变形。

5.5.4 压力脉冲

伺服阀在额定压力下应能承受正负额定电流下 2.5×10^5 次循环脉冲,其额定流量偏差为±25%,滞环不大于 6%,零偏不大于 5%。

5.5.5 破坏压力

伺服阀的进油口“P”和控制油口“A”和“B”应能承受 2.5 倍额定压力;回油口“T”应能承受 1.5 倍额定压力历时 30 s,伺服阀不应被破坏。经过破坏压力试验的阀,不可再作产品使用。

5.6 耐久性

在额定工况下,伺服阀的使用寿命应不小于 10^7 次。在寿命期内,伺服阀的额定流量偏差为±25%,滞环不大于 6%,零偏不大于 5%。

6 试验方法

6.1 试验条件

伺服阀的试验条件如下:

a) 环境温度:20℃±5℃;

b) 油液类型:矿物基液压油;

c) 油液温度:伺服阀进口温度 40℃±6℃;

d） 供油压力：公称供油压力和回油压力之和；

e） 回油压力：不超过5%公称供油压力；

f） 油液清洁度等级：试验用油液的固体颗粒污染等级代号应不劣于GB/T 14039—2002中的—/16/13；

g） 湿度：相对湿度10%～90%；

h） 油液黏度等级：GB/T 3141—1994中规定的ISO黏度等级32。

6.2 试验设备

6.2.1 试验设备测量等级

试验设备的测量等级应符合表9的规定。

表9 伺服阀的测量等级参数

测量参数	测量等级
输入电流/%	±2.5
流量/%	
压力/%	
温度/℃	±2.0

6.2.2 试验设备要求

伺服阀的试验设备要求如下：

a） 信号电源输出电流的信噪比应不大于0.1%；

b） 液压管路和台架应合理布置，使试验台的机械和液压振动尽量小；

c） 伺服阀的安装座应有足够的刚度，表面粗糙度 Ra 应不大于0.8 μm；

d） 压力传感器的安装部位应尽量靠近伺服阀；

e） 伺服阀进油口处应安装过滤精度不低于10 μm的滤器；工作液工作500 h后，应采样测试合格，才能继续使用；

f） 试验台流量计内漏和零位死区要小，流量计的压降应不大于2%额定供油压力；

g） 测试仪表应与测试范围相适应，仪表精度与被测参量精度之比一般应不大于1∶5。

6.3 外观检查

外观质量采用目测方法检验。结果应符合5.1.1的要求。

6.4 电气试验

6.4.1 线圈电阻

伺服阀线圈温度稳定到20℃±3℃后，用一个精度不低于2%的电阻计测量每个线圈的电阻，不必供压力油。结果应符合5.2.1的要求。

6.4.2 绝缘电阻

测试伺服阀线圈和阀体间的绝缘电阻时，将线圈出线连在一起，在接头与阀体间用500 V兆欧表测绝缘电阻。对双线圈结构的伺服阀，测试线圈间的绝缘电阻时，在线圈接头间用500 V兆欧表测绝缘电阻。若电气元件与油接触时，则应给阀注满油。结果应符合5.2.2的要求。

6.4.3 绝缘介电强度

在阀线圈和阀体间施加一个500 V直流电压和五倍于阀线圈上可能出现的最高电压中的大者，持续1 min。对双线圈结构的伺服阀，测试线圈间的介电强度时，试验电压加于线圈接头之间。结果应符合5.2.3的要求。

6.4.4 过载电流

在室温条件下，给伺服阀线圈加上规定的过载电流（推荐为额定电流的两倍），保持2 min试验后测量绝缘电阻。结果应符合5.2.4的要求。

6.5 稳态试验

6.5.1 稳态试验一般要求

伺服阀稳态试验装置典型回路如图7所示，除满足6.2外，还应满足如下要求：

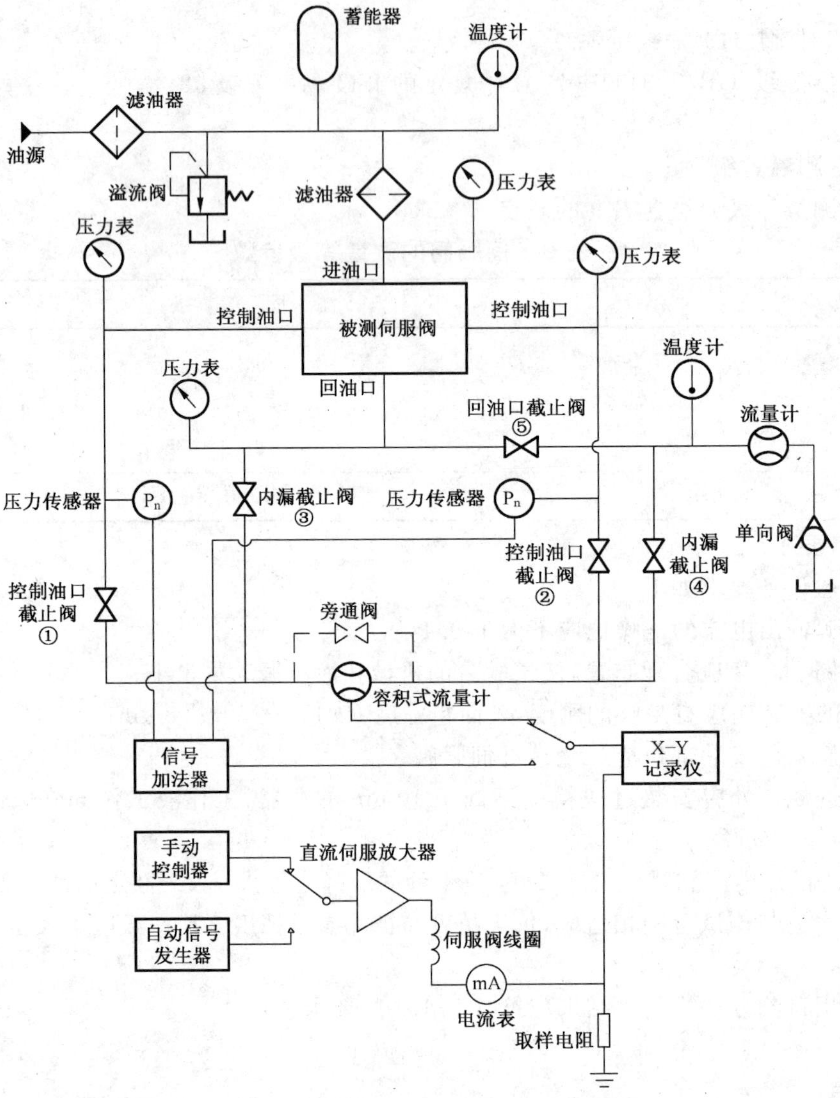

图7 稳态试验装置典型回路

a) 自动信号发生器应能发出连续的对称三角波信号，提供信号的速度应低于测试记录系统的响应速度。手动控制器应能手调信号从正到负来回变化，信号幅值应可调。

b) 伺服阀固定在安装座后，向伺服阀供压力油，空载情况下在正负额定电流之间循环10 min，排除系统中空气并使工作油液温度稳定下来。

c) 线圈连接方式：串联。

6.5.2 压力增益、极性

压力增益、极性试验步骤如下：

a) 关闭控制油口阀①、②；

b) 开启回油口阀⑤；

c) 调整供油压力到被试阀的额定压力；

d) 将输入电流慢慢循环几次；

e) “输入电流”电信号接在记录仪的 X 轴上,“负载压降”电信号接在记录仪的 Y 轴;

f) 检查记录仪两个标尺的零位及放大倍数,在记录纸上画出 X、Y 轴的零位;

g) 调整自动信号发生器,输出足够大的正负信号幅值,使之产生全部正负负载压降;

h) 连续输入频率为 0.01 Hz~0.02 Hz,幅值为 $\pm I_n$ 的三角波信号;

i) 记录如图 1 所示完整的循环曲线;

j) 取±40%最大负载压降范围内,负载压降对控制电流的平均斜率计算压力增益测试结果;

k) 对应正控制电流,负载压力 P_a 大于 P_b,即为正极性。

结果应符合 5.3 的要求。

6.5.3 空载流量特性

用下列试验步骤测出输入电流与负载压降的变化关系,从而绘制空载流量特性曲线。从曲线中测得额定流量、线性度、对称度、滞环和零遮盖。

a) 打开回油口阀⑤。

b) 打开控制油口阀①、②并关闭内部泄漏阀门③、④。

c) 调节伺服阀供油压力为额定压力 P_n。

d) 输入电流,循环 5 min~10 min。

e) “输入电流”电信号接在记录仪的 X 轴上,“空载流量”接在记录仪的 Y 轴。

f) 将输入信号调整在正负额定电流 I_n 之间。

g) 调整好记录仪的放大倍数及零位,在记录纸上画出 X、Y 轴的零位。

h) 连续输入频率为 0.01 Hz~0.02 Hz,幅值为 $\pm I_n$ 的三角波信号。

i) 记录一个完整的循环曲线,即空载流量特性曲线。按流量特性曲线可测得额定流量、线性度、对称度、滞环等性能指标的要求,其结果应符合 5.3 的要求。

j) 缩小输入信号幅值到一定值,扩大 X 及 Y 轴放大倍数,重复上述试验即可获得反映滑阀遮盖的零区流量特性曲线。

结果应符合 5.3 的要求。

6.5.4 内漏

伺服阀内漏试验步骤如下:

a) 关闭控制油口阀①、②;

b) 打开内部泄漏阀门③、④;

c) 关闭回油口阀⑤;若内泄流量计装在回油路上(见图 8),则将回油口阀⑤开启,关闭阀①、②、③、④;

d) 调节供油压力为额定压力 P_n;

e) “输入电流”电信号接在 X 轴,“回油管路流量”电信号接在 Y 轴上;

f) 校核 X 轴和 Y 轴的零位;同时在记录纸上画出 X、Y 轴的零位;

g) 使自动信号发生器产生电流幅值为正负额定电流的输出;

h) 连续循环输入信号,全部记录零位附近的内漏变化;

i) 记录半个周期的内漏特性曲线(可开始于 $+I_n$,也可开始于 $-I_n$)(见图 2)。

结果应符合 5.3 的要求。

6.5.5 分辨率

6.5.5.1 零区正反向分辨率试验步骤如下:

a) 重复 6.5.2 压力增益试验方法的 a)~d)步骤。

b) 对一个极性方向施加小输入电流,使两控制油口压力值相等。再对同一极性方向施加另一小输入电流,直到使两控制油口压力变化为止。记下两次电流值与控制油口压力的读数,此二次电流值的代数差即是零区正向分辨率的测量值。

c） 沿相反向改变输入电流，直到控制油口的压力产生反向变化，记下此电流值。最后记录的两个电流值的代数差即是零区反向分辨率。

结果应符合 5.3 的要求。

6.5.5.2 零区外正反向分辨率试验步骤如下：

a） 换上灵敏度高的流量计。同时打开回油口阀⑤，控制油口阀①、②，关闭内部泄漏阀③、④。

b） 调整供油压力到额定压力 P_n。

c） 循环输入电流。

d） 对一个极性方向施加小输入电流（约 10％额定电流），记录电流值。

e） 对同一极性方向施加更小的信号，直到流量计读数变化，记下此电流值。最后记录的两个电流值的代数差即是零区外正向分辨率的测量值。

f） 使输入信号减小，直到流量计读数变化，记下此电流值。最后记录的两个电流值的代数差即是零区外反向分辨率的测量值。

g） 在 10％额定电流之间各点重复上述试验，得到一系列正反分辨率的测量值。其中最大的值与额定电流的百分比即为分辨率的量值。

结果应符合 5.3 的要求。

6.5.6 零偏、零漂

6.5.6.1 零偏试验步骤如下：

a） 打开回油口阀⑤，关闭控制油口阀①、②，调节供油压力为额定压力 P_n。

b） 输入正额定电流 $+I_n$，然后将输入电流减小到零，继续到负的额定电流 $-I_n$。

c） 为消除滞环影响，须继续缓慢在正负电流之间循环输入电流，同时逐步减小最大电流值。当用此法将电流减为零时，记下各控制油口的压力。

d） 缓慢施加一个输入电流，将阀调到零位（即使得两控制油口的压力相等），记下输入电流值。

e） 缓慢地在同一方向增加输入电流，直到控制油口压力改变。

f） 停止和反向施加输入电流，直到两控制油口压力再次相等，记下输入电流值。

g） 零偏电流是上述两次使伺服阀置零的电流平均值。

结果应符合 5.3 的要求。

6.5.6.2 按 6.5.6.1 进行零偏试验后，按图 8 所示装置进行供油压力零漂试验，步骤如下：

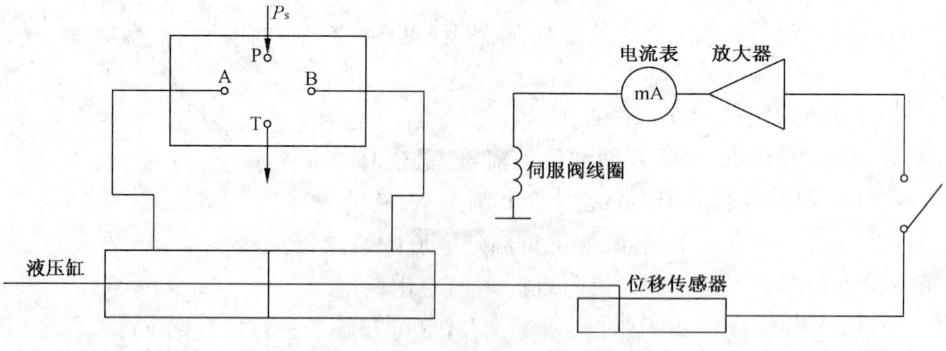

图 8 零漂试验装置示意图

a） 调整供油压力，供油压力变化范围为 0.8 P_n～1.1 P_n；

b） 在每一个供油压力值下，重复 6.5.6.1 的 e）、f）、g）步骤，记录各零偏电流，并计算各零偏变化值；

c） 画出各供油压力下的零偏变化曲线，其中最大的零偏变化值即为供油压力零漂（见图 9）。

结果应符合 5.3 的要求。

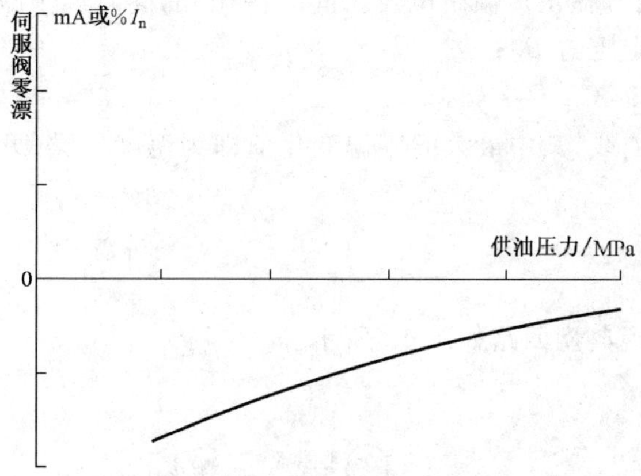

图 9　供油压力零漂

6.5.6.3　按 6.5.6.1 进行零偏试验后，按图 8 所示装置进行回油压力零漂试验，其步骤如下：

a)　缓慢关闭回油口阀⑤，以建立回油变化的压力，回油压力在 0 MPa～0.7 MPa 范围变化；

b)　在每一个回油压力值下，重复 6.5.6.1 的 e)、f)、g) 步骤，记录各相应的零偏电流，并计算各零偏变化值；

c)　画出各供油压力下的零偏变化曲线，其中最大的零偏变化值即为回油压力零漂(见图 10)。

结果应符合 5.3 的要求。

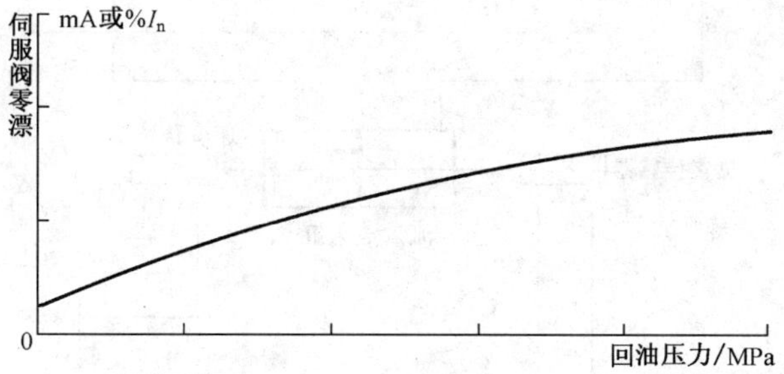

图 10　回油压力零漂

6.5.6.4　温度零漂试验步骤如下：

a)　按图 8 所示试验装置允许与高低温试验一起进行，零偏测试可用 6.5.3 空载流量特性曲线试验方法或 6.5.2 压力增益曲线试验方法进行；

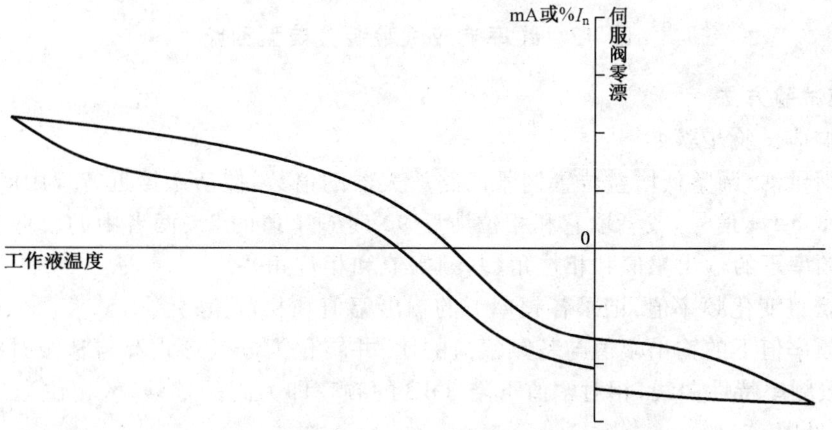

图 11　温度零漂

b) 未供油时，让输入信号在正负额定电流之间缓慢循环，同时逐步减小输入信号幅值直到零；

c) 调整供油压力到额定压力 P_n；

d) 工作液油温变化为56℃；

e) 画出零偏对温度的曲线，其中最大的零偏变化值即为温度零漂(见图11)。

结果应符合5.3的要求。

6.6 频率响应

6.6.1 频率响应试验设备

伺服阀频率响应试验装置典型回路如图12所示。

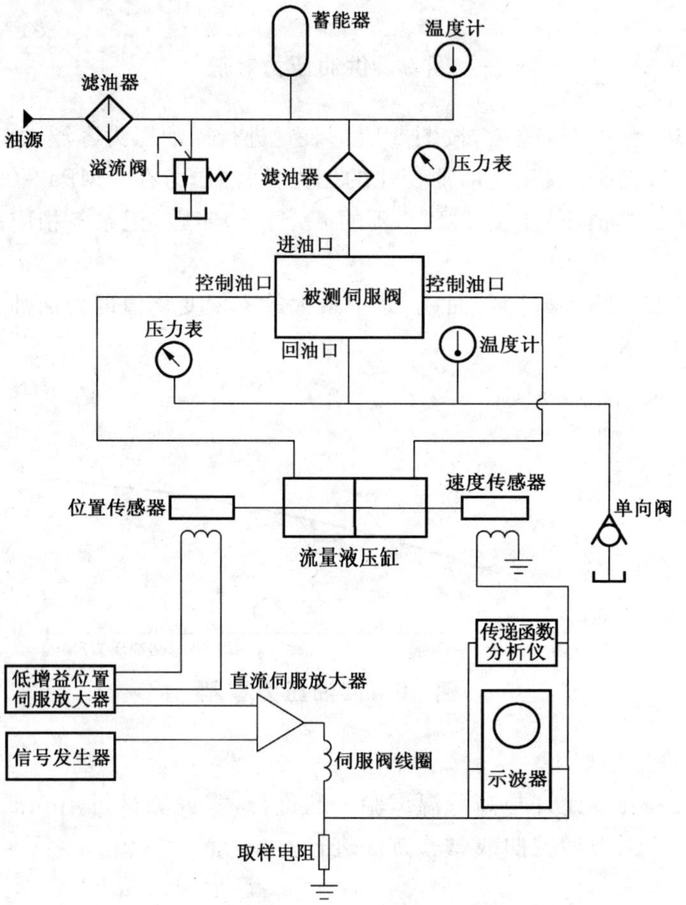

图12 频率响应试验装置典型回路

6.6.2 频率响应试验方法

伺服阀频率响应试验步骤如下：

a) 给伺服阀供油，调整低增益位置伺服回路放大器的倍数，使活塞接近行程中间；

b) 输入一个5 Hz信号，或者取它和相位滞后90°时频率值的5%两者中的较低者；

c) 记录此频率下的输出幅值和相位角(基频幅值和相位角)；

d) 以一定增量变化频率值，记录各频率下的输出幅值和相位角；

e) 计算各频率值下的输出幅值与基频幅值的比，并转化为分贝形式及与基频时的相位角差；

f) 画出对数频率特性曲线，相对幅值下降3 dB的频率即为阀的幅频宽，相位迟后90°的频率即为相频宽(见图13)。

结果应符合5.3的要求。

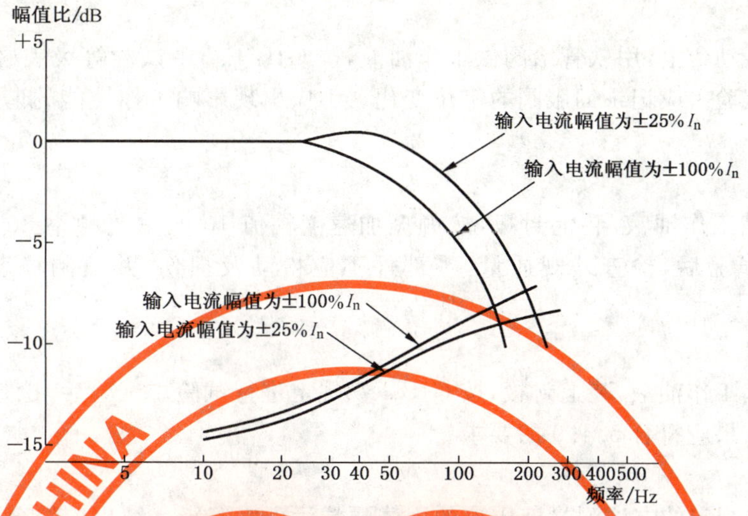

图 13　频率响应曲线

6.7　环境试验

6.7.1　低温启动及低温

伺服阀低温启动及低温试验步骤如下：

a)　把伺服阀置于低温试验台上，将环境温度降到－30℃，油液温度降到－30℃，保温时间由被试阀的大小决定，一般为 1 h。输入电信号和供给低温工作油进行试验。

b)　在最低温度下启动试验：要求在±50%额定电流下阀的 A、B 两腔有油液输出。

c)　供油压力允许在 $1P_n$～$2P_n/3$ 的压力范围内变化。

d)　按规定值作稳态特性测试，检查伺服阀的性能，并测试其绝缘电阻。

结果应符合 5.4.1、5.4.2 的要求。

6.7.2　高温

伺服阀高温试验步骤如下：

a)　阀置于将环境温度升到 60℃和油液温度升到 90℃的高温试验台上，保温时间由被试阀的大小决定，一般为 1 h。输入电信号和供给高温工作油进行试验。

b)　测试其绝缘电阻。

c)　供油压力允许在 $1P_n$～$2P_n/3$ 的额定压力范围内变化。

d)　按规定值作稳态特性测试，检查伺服阀的性能。

结果应符合 5.4.2 的要求。

6.7.3　温度冲击

试验时，伺服阀内需注满工作油液，装上封板，分别在高低温箱(室)中进行 3 个循环试验。最高温度和最低温度及保温时间按图 6 规定，检查绝缘电阻及零偏。其结果应符合 5.4.3 的要求。

6.7.4　湿热

伺服阀内需注满工作油液，装上封板，按 GJB 4.6 规定进行 4 个周期(每个周期为 24 h)的试验。试验后，进行绝缘电阻及介电强度的测试，并进行外观检查。其结果应符合 5.4.4 的要求。

6.7.5　盐雾

伺服阀内需注满工作油液，装上封板，将阀放到盐雾试验箱中，按 GJB 4.11 规定进行 96 h(4 个周期)的试验。试验后，进行绝缘电阻测试及外观检查。结果应符合 5.4.5 的要求。

6.7.6　霉菌

伺服阀内需注满工作油液，装上封板，按 GJB 4.10 规定进行 28 d 试验。试验后，进行绝缘电阻的测试及外观检查。其结果应符合 5.4.6 的要求。

6.7.7 振动

将伺服阀装在振动台上，用软管给阀供工作油液，按 GJB 4.7 中试验等级表中的 2 类的参数，按规定进行振动试验。试验中应记录伺服阀的零位变化。不应出现影响工作性能的谐振现象。其结果应符合 5.4.7 的要求。

6.7.8 颠震

伺服阀内需注满工作油液，装上封板，按颠振加速度幅值 10 g、重复频率 80 次/min、总冲击次数 3 000次进行试验。试验后，检查外观质量，零部件不应松动及损伤，并复测稳态性能。结果应符合 5.4.8的要求。

6.7.9 冲击

伺服阀内需注满工作油液，装上封板，按 GJB 4.9 规定进行试验。试验后，检查外观质量，并测绝缘电阻及稳态性能。结果应符合 5.4.9 的要求。

6.8 抗污染性

用 GB/T 20082 规定的方法测量液压液的固体颗粒污染度等级。结果应符合 5.5.1 的要求。

6.9 耐压

6.9.1 供油口耐压

伺服阀供油口耐压试验装置回路见图 7，试验步骤如下：

a) 打开回油口阀⑤；
b) 关闭控制油口阀①、②；
c) 将伺服阀供油压力调整到 1.5 倍额定压力；
d) 型式检验时在正额定电流下保压 2.5 min；在负额定电流下，再保压 2.5 min；
e) 出厂检验时，保压时间可减为各 0.5 min。

其结果应符合 5.5.3 的要求。

6.9.2 回油口耐压

伺服阀回油口耐压试验装置回路见图 7，试验步骤如下：

a) 关闭回油口阀⑤；
b) 关闭控制油口阀①、②和内部泄漏阀③、④；
c) 调整伺服阀供油压力到额定压力 P_n；
d) 鉴定检验时在正额定电流下保压 2.5 min；在负额定电流下，再保压 2.5 min；
e) 出厂检验时，保压时间可减为各 0.5 min。

结果应符合 5.5.3 的要求。

6.10 压力脉冲

伺服阀压力脉冲试验装置回路见图 7，其试验步骤如下：

a) 关闭控制口阀①、②，在阀的供油口施加压力变化的液压油（最高频率不超过 5 Hz）；
b) 让压力在回油压力（至少不得小于 0.35 MPa）和 90%～105%的公称供油压力之间周期波动，压力升降的速率不能太快，以免过调和气蚀。但每个循环中要有一半时间以上维持供油压力；
c) 施加额定电流，在正额定电流下做 250 000 次循环，在负额定电流下做 250 000 次循环；
d) 试毕，复测稳、动态性能。

结果应符合 5.5.4 的要求。

6.11 破坏压力试验

伺服阀破坏压力试验在其他试验完成后进行，试验装置回路见图 7。试验步骤如下：

a) 开启回油阀以 2.5 倍的额定压力施加于供油口 P 及控制油口 A、B（压力升高不要太快），历时 30 s；
b) 给回油口 T 施加 1.5 倍额定压力，历时 30 s。经过破坏压力试验的阀，不可再作产品使用；

结果应符合 5.5.5 的要求。

注：人、仪器和破坏试验台之间应装有保护装置。

6.12 耐久性

6.12.1 伺服阀耐久性试验装置回路图见图 7。

6.12.2 在下列两种工况条件下做试验，各做规定的循环周期数的一半。

a) 关闭控制口阀①、②；

b) 开启控制口阀①、②。

6.12.3 耐久性试验按下列步骤进行：

a) 输入信号从正额定电流到负额定电流作正弦循环；

b) 试验速度：以低于相频宽 1/5 的频率数循环；

c) 试验次数：不得少于 10^7 个周期；

d) 试验结束后，对阀再进行稳、动态性能复测。

结果应符合 5.6 的要求。

7 检验规则

7.1 检验分类

本标准规定的检验分为：

a) 型式检验；

b) 出厂检验。

7.2 型式检验

7.2.1 检验项目

型式检验的检验项目按表 10 的规定。

表 10 检验项目

序号	检验项目	型式检验	出厂检验	要求章条号	检验方法章条号
1	外观质量	●	●	5.1.1	6.3
2	线圈电阻	●	●	5.2.1	6.4.1
3	绝缘电阻	●	●	5.2.2	6.4.2
4	绝缘介电强度	●	—	5.2.3	6.4.3
5	过载电流	●	—	5.2.4	6.4.4
6	压力增益	●	●	5.3	6.5.2
7	极性	●	●	5.3	6.5.2
8	额定流量	●	●	5.3	6.5.3
9	线性度	●	●	5.3	6.5.3
10	对称度	●	●	5.3	6.5.3
11	滞环	●	●	5.3	6.5.3
12	零遮盖	●	○	5.3	6.5.3
13	内漏	●	○	5.3	6.5.4
14	分辨率	●	○	5.3	6.5.5
15	零偏	●	●	5.3	6.5.6.1
16	供油压力零漂	●	○	5.3	6.5.6.2
17	回油压力零漂	●	○	5.3	6.5.6.3
18	温度零漂	●	—	5.3	6.5.6.4

表 10(续)

序号	检验项目	型式检验	出厂检验	要求章条号	检验方法章条号
19	频率响应	●	●	5.3	6.6
20	低温	●	—	5.4.2	6.7.1
21	高温	●	—	5.4.2	6.7.2
22	温度冲击	●	—	5.4.3	6.7.3
23	湿热	●	—	5.4.4	6.7.4
24	盐雾	●	—	5.4.5	6.7.5
25	霉菌	●	—	5.4.6	6.7.6
26	振动	●	—	5.4.7	6.7.7
27	颠震	●	—	5.4.8	6.7.8
28	冲击	●	—	5.4.9	6.7.9
29	抗污染性	●	—	5.5.1	6.8
30	耐压	●	●	5.5.3	6.9
31	压力脉冲	●	—	5.5.4	6.10
32	耐久性	●	—	5.6	6.12
33	破坏压力	●	—	5.5.5	6.11
注:●必检项目;○订购方和承制方协商检验项目;—不检项目。					

7.2.2　**受检样品数**

型式检验的样品数量应不少于2台,任抽1台作型式检验。

7.2.3　**合格判据**

检验项目全部符合要求,判定伺服阀型式检验合格。若有不符合要求的项目,应加倍取样复验;如复验符合要求,则仍判定型式检验合格;若复验仍有不符合要求的项目,则判定型式检验不合格。

7.3　出厂检验

7.3.1　**检验项目**

出厂检验的检验项目按表10的规定。

7.3.2　**受检样品数**

每台出厂的产品应进行出厂检验。

7.3.3　**合格判据**

全部检验项目符合要求的伺服阀,判定出厂检验合格。若有不符合要求的项目,则应在采取措施后进行复检。如复验符合要求,则仍判该台伺服阀出厂检验合格;若复验仍有不符合要求的项目,则判定该台伺服阀不合格。

8　标志、包装、运输、贮存

8.1　标志

8.1.1　**铭牌**

每台伺服阀应有耐久、滞燃、清晰、牢固的铭牌,铭牌上的标志应包括下列内容:

a)　生产厂名称;

b)　名称、型号;

c)　公称供油压力、额定流量、额定电流;

d）产品编号、生产日期。

8.1.2 **油口标志**

在伺服阀体外应清楚标出进油口“P”、回油口“T”、控制油口“A”和“B”。

8.2 **包装**

8.2.1 所有螺纹连接零件，均应锁紧，产品上的外露螺钉应加铅封。

8.2.2 伺服阀体内应注入与使用条件相符的清洁液压油，阀口用堵塞或盖板封住。

8.2.3 随机文件

随机文件应包括：

a）产品说明书；

b）承制方提交的合格证书；

c）履历书、备件清单。

8.3 **运输**

伺服阀在运输过程中应避免破坏性损伤事故发生。

8.4 **贮存**

伺服阀应贮存在阴凉、干燥处；要定期更换防潮砂。

ICS 29.020
K 09

中华人民共和国国家标准

GB/T 13869—2008
代替 GB/T 13869—1992

用电安全导则

General guide for safety of electric user

2008-04-24 发布　　　　2008-12-01 实施

中华人民共和国国家质量监督检验检疫总局
中国国家标准化管理委员会　发布

前　言

本标准代替 GB/T 13869—1992《用电安全导则》。

本标准与 GB/T 13869—1992 相比，修订的主要内容如下：

——增加了“目次”；

——增加了“前言”；

——增加了“引言”；

——增加了第 2 章：规范性引用文件；

——增加了第 3 章：术语和定义；

——将“电气装置”均修改为“电气设备和电气装置”；

——删除了 GB/T 13869—1992 中的附录 A；

——修改、补充和增加了部分新的要求，按照用电产品的寿命周期过程归纳，形成以下篇章：第 4 章：用电安全的基本原则；第 5 章：用电产品的设计制造与选择；第 6 章：用电产品的安装与使用；第 7 章：用电产品的维修；第 8 章：特殊场所用电安全的一般原则；第 9 章：用电的电磁兼容性；第 10 章：用电安全的管理。

本标准由中华人民共和国安全生产监督管理局提出。

本标准由全国电气安全标准化技术委员会(SAC/TC 25)归口并负责解释。

本标准由上海市劳动保护科学研究所负责起草、杭州临安乾龙电器有限公司等参加起草。

本标准主要起草人：陆勤、王剑明、缪正荣、陈征、朱叶锋。

本标准所代替标准的历次版本发布情况为：

——GB/T 13869—1992。

引　言

本标准是安全用电的基础性、管理性和指导性标准。本标准规定的用电安全的基本原则、基本要求和管理要求，以及用电产品的设计制造与选用、安装与使用、维修等，其目的是规范安全用电的行为和为人身及财产提供安全保障。各类电气设备、电气装置及用电场所的安全要求和措施，应依据本标准作出具体规定。

本标准针对在用电过程中常见的电气事故的特征及原因，在相关条文中对用电安全要求作了相应的规定，从而防止或减少电击伤亡、电气火灾、电气设备和电气装置损坏等事故的发生。

鉴于各个行业的用电特征不尽相同，本标准的部分条文针对电气产品的正常使用和管理提出了原则性的安全要求，在实际操作中，应依据这些要求并结合相关行业的用电安全规程(或规范)执行。

用电安全导则

1 范围

本标准规定了用电安全的基本原则、基本要求和管理要求。针对用电产品提出的设计制造与选用、安装与使用、维修等要求也是为了安全用电的原因。

本标准适用于额定电压为交流 1 000 V 及以下、直流 1 500 V 及以下的各类电气设备和电气装置在设计、使用、维修和安全管理过程中与之相关的人员及职能部门。

2 规范性引用文件

下列文件中的条款通过本标准的引用而成为本标准的条款。凡是注日期的引用文件，其随后所有的修改单(不包括勘误的内容)或修订版均不适用于本标准，然而，鼓励根据本标准达成协议的各方研究是否可使用这些文件的最新版本。凡是不注日期的引用文件，其最新版本适用于本标准。

GB/T 4776—2008 电气安全术语

GB 4343.1 电磁兼容 家用电器、电动工具和类似器具的要求 第1部分:发射(GB 4343.1—2003,CISPR 14-1:2000,IDT)

GB 4343.2 电磁兼容 家用电器、电动工具和类似器具的要求 第2部分:抗扰度 产品类标准(GB 4343.2—1999,idt CISPR 14-2:1997)

GB 4824 工业、科学和医疗(ISM)射频设备电磁骚扰特性 限值和测量方法(GB 4824—2004,CISPR 11:2003,IDT)

GB 16895.21—2004 建筑物电气装置 第4-41部分:安全防护 电击防护(IEC 60364-4-41:2001,IDT)

GB 16895.24—2005 建筑物电气装置 第7-710部分:特殊装置或场所的要求 医疗场所(IEC 60364-7-710:2002,IDT)

GB 19517—2004 国家电气设备安全技术规范

3 术语和定义

GB/T 4776—2008、GB 16895.21—2004、GB 19517—2004 中确立的术语和定义适用于本标准。

3.1

电气设备 electrical equipment

凡按功能和结构适用于电能应用的产品或部件。例如发电、输电、配电、贮存、测量、控制、调节、转换、监督、保护和消费电能的产品，还包括通讯技术领域中的及由它们组合成的电气设备、电气装置和电气器具。

[GB 19517—2004,定义 B.1]

3.2

电气装置 electrical installation

为实现特定目的且具有互相协调特性的电气设备的组合。

[IEC 60050-826:2004,定义 826-10-01]

3.3

电击(触电) electric shock

电流通过人体或动物体而引起的病理生理效应。

[GB/T 4776—2008,定义 3.1.3]

3.4

直接接触 direct contact

人或动物与带电部分的接触。

[GB/T 4776—2008,定义 3.1.13]

3.5

间接接触 indirect contact

人或动物与故障情况下变为带电的外露导电部分的接触。

[GB/T 4776—2008,定义 3.1.14]

3.6

保护接地 protective earthing

把在故障情况下可能出现危险的对地电压的导电部分同大地紧密地连接起来的接地。

[GB/T 4776—2008,定义 3.3.2.3]

3.7

Ⅰ类设备 class Ⅰ equipment

不仅依靠基本绝缘进行电击保护,而且还包括一个附加的安全措施,即把易电击的导电部分连接到设备固定布线中的保护(接地)导体上,使易触及导电部分在基本绝缘失效时,也不会成为带电部分的设备。

[GB/T 4776—2008,定义 3.3.3.2]

4 用电安全的基本原则

4.1 在预期的环境条件下,不会因外界的非机械的影响而危及人、家畜和财产。

4.2 在满足预期的机械性能要求下,不应危及人、家畜和财产。

4.3 在可预见的过载情况下,不应危及人、家畜和财产。

4.4 在正常使用条件下,对人和家畜的直接触电或间接触电所引起的身体伤害,及其他危害应采取足够的防护。

4.5 用电产品的绝缘应符合相关标准规定。

4.6 对危及人和财产的其他危险,应采取足够的防护。

5 用电产品的设计制造与选择

5.1 用电产品的设计制造应符合规定,如需要强制性认证的,应取得认证证书或标志。非强制认证的产品应具备有效的检验报告。

5.2 用电产品应具有符合规定的铭牌或标志,以满足安装、使用和维护的要求。

5.3 用电产品应按产品标准要求提供给用户相关的信息资料。

5.4 用电产品设计应按照直接安全技术措施、间接安全技术措施和提示性安全技术措施顺序实现,相关用电产品的产品标准应规定必要的措施和实现措施的规定。

5.5 正确选用用电产品的规格型式、容量和保护方式(如过载保护等),不得擅自更改用电产品的结构、原有配置的电气线路以及保护装置的整定值和保护元件的规格等。

5.6 选择用电产品,应确认其符合产品使用说明书规定的环境要求和使用条件,并根据产品使用说明书的描述,了解使用时可能出现的危险及需采取的预防措施。

6 用电产品的安装与使用

6.1 用电产品的安装应符合相应产品标准的规定。

6.2 用电产品应该按照制造商提供的使用环境条件进行安装,如果不能满足制造商的环境要求,应该采取附加的安装措施，例如，为用电产品提供防止外来机械应力、电应力，以及热效应的防护。

6.3 用电产品应该在规定的使用寿命期内使用，超过使用寿命期限的应及时报废或更换，必要时按照相关规定延长使用寿命。

6.4 任何用电产品在运行过程中，应有必要的监控或监视措施；用电产品不允许超负荷运行。

6.5 一般环境下，用电产品以及电气线路的周围应留有足够的安全通道和工作空间，且不应堆放易燃、易爆和腐蚀性物品。

6.6 正常运行时会产生飞溅火花或外壳表面温度较高的用电产品，使用时应远离可燃物质或采取相应的密闭、隔离等措施，用完后及时切断电源。

6.7 用电产品的电气线路须具有足够的绝缘强度、机械强度和导电能力并应定期检查。

6.8 移动使用的用电产品，应采用完整的铜芯橡皮套软电缆或护套软线作电源线；移动时，应防止电源线拉断或损坏。

6.9 固定使用的用电产品，应在断电状态移动，并防止任何降低其安全性能的损坏。

6.10 建筑物内应实施总等电位联结，以及辅助强度等电位联结或局部等电位联结。

6.11 当系统接地的形式采用TT系统时，应在各级电路采用剩余电流保护器进行保护，并且各级保护应具有选择性。

6.12 禁止利用大地作为工作中性线。

6.13 保护接地线应采用焊接、压接、螺栓连接或其他可靠方法连接，严禁缠绕或钩挂。电缆(线)中的绿/黄双色线在任何情况下只能用作保护接地线。

6.14 保护接地的措施和接地电阻应符合相关产品标准。

6.15 插拔插头时，应保证电气设备和电气装置处于非工作状态，同时人体不得触及插头的导电极，并避免对电源线施加外力。

6.16 插头与插座应按规定正确接线，插座的保护接地极在任何情况下都应单独与保护接地线可靠连接，不得在插头(座)内将保护接地极与工作中性线连接在一起。

6.17 使用固定安装的灯座时，灯座的螺纹口应接至电源的工作中性线，控制开关应串接在电源的相线中。

6.18 通信线路与电力线路使用不同电线或电缆时，应与该电力线路保持足够的安全距离，并采取相应的防护措施；如需共用原有的电力线路，应征得用电管理部门认可。

6.19 0类设备只能在非导电场所中使用，在其他场所不应使用0类设备。

6.20 Ⅰ类设备使用时，应先确认其金属外壳或构架已可靠接地，或已与插头插座内接地效果良好的保护接地极可靠连接，同时应根据环境条件加装合适的电击保护装置。

6.21 用电产品因停电或故障等情况而停止运行时，均应及时切断电源。在查明原因、排除故障，并确认已恢复正常后才能重新接通电源。

6.22 自备发电装置应有措施保证与供电电网隔离，并满足用电产品的正常使用要求；不得擅自并入电网。

6.23 露天(户外)使用的用电产品应采取适用标准的防雨、防雾和防尘等措施。

7 用电产品的维修

7.1 用电产品在使用期间的检修、测试及维修应由专业的人员进行，非专业人员不得从事电气设备和电气装置的维修，但属于正常更换易损件情况除外；涉及公众安全的用电产品，其相应活动应由具有相应资格的人员按规定进行。

7.2 用电产品的维修应按照制造商提供的维修规定或定期维修要求进行。维修后需要检验的要按规定进行检验方能投入使用。

7.3 用电产品拆除时，应对原来的电源端作妥善处理，不应使任何可能带电的导电部分外露。

7.4 用电产品的测试及维修应根据情况采取全部停电、部分停电和不停电三种方式,并设置安全警示标志及采取相应的安全措施。

8 特殊场所用电安全的一般原则

8.1 在儿童活动场所,应考虑将插座安装在一定的高度,否则应采取必要的防护措施。

8.2 在浴场(室)、蒸汽房、游泳池等潮湿的公共场所,应有特殊的用电安全措施,保证在任何情况下人体不触及用电产品的带电部分,并当用电产品发生漏电、过载、短路或人员触电时能自动切断电源。

8.3 医疗场所的电气装置应符合 GB 16895.24—2005 的规定。

8.4 在可燃、助燃、易燃(爆)物体的储存、生产、使用等场所或区域内使用的用电产品,其阻燃或防爆等级要求应符合特殊场所的标准规定。

9 用电的电磁兼容性(EMC)

9.1 在用电的整个区域内,无线电干扰特性允许值应在同一频率的基础上确定,使干扰抑制保持在经济合理的水平,而且在整个频段仍能达到足够的对无线电保护。

9.2 电力系统电压的变化、谐波的抗扰性限值应符合产品标准的规定。

9.3 用电系统在运行时的辐射骚扰应符合产品标准的规定。

9.4 各种用电产品的抗扰性试验和发射试验应按照 GB 4824、GB 4343 或产品标准规定的适用方法进行试验。

10 用电安全的管理

10.1 用电单位除应遵守本标准的规定外,还应根据具体情况建立、完善并严格执行相应的用电安全规程及岗位责任制。

10.2 电气作业人员应无妨碍其正常工作的生理缺陷及疾病,并应具备与其作业活动相适应的用电安全、电击救援等专业技术知识及实践经验。

10.3 电气作业人员在进行电气作业前应熟悉作业环境,并根据作业的类型和性质采取相应的防护措施;进行电气作业时,所使用的电工个体防护用品应保证合格并与作业活动相适应。

10.4 从事电气作业中的特种作业人员应经专门的安全作业培训,在取得相应特种作业操作资格证书后,方可上岗。

10.5 当非电气作业人员有需要从事接近带电用电产品的辅助性工作时,应先主动了解或由电气作业人员介绍现场相关电气安全知识、注意事项或要求,由具有相应资格的人员带领和指导下参与工作,并对其安全负责。

10.6 临时用电应经有关主管部门审查批准,并有专人负责管理,限期拆除。

10.7 用电产品应有专人负责管理,并定期进行检修、测试和维护,检修、测试和维护的频度应取决于用电产品的规定的要求和使用情况。

10.8 经检修后的电气设备和电气装置,应证明其安全性能符合正常使用要求,并在重新使用前再次确认其符合本标准 5.6 的要求。安全性能不合格的用电产品不得投入使用。

10.9 用电产品如不能修复或修复后达不到规定的安全性能时应及时予以报废,并在明显位置予以标识。

10.10 长期放置不用的用电产品在重新使用前,应经过必要的检修和安全性能测试。

10.11 修缮建筑物或其他类似情况时,对原有电气装置应采取适当的防护措施,必要时应将其拆除,并符合本标准 7.3 的规定,修缮完毕后方可重新安装使用。

ICS 91.140.50
Q 77

中华人民共和国国家标准

GB/T 13870.1—2008/IEC/TS 60479-1:2005
代替 GB/T 13870.1—1992

电流对人和家畜的效应
第1部分:通用部分

**Effects of current on human beings and livestock—
Part 1:General aspects**

(IEC/TS 60479-1:2005,IDT)

2008-06-19 发布　　　　2009-04-01 实施

中华人民共和国国家质量监督检验检疫总局
中国国家标准化管理委员会　发布

前　言

GB/T 13870《电流对人和家畜的效应》分为以下5个部分：

第1部分：通用部分；

第2部分：特殊情况；

第3部分：电流通过家畜躯体的效应；

第4部分：雷电流通过人体和家畜躯体的效应；

第5部分：生理效应的接触电压阈值。

本部分是GB/T 13870《电流对人和家畜的效应》的第1部分。

本部分等同采用IEC 60479-1:2005(第4版)《电流对人和家畜的效应　第1部分:通用部分》。

本部分与IEC 60479-1:2005在技术内容上相同,但包含以下编辑性修改：

——用小数点符号“.”代替小数点符号“,”；

——用“本部分”代替“本技术规范”；

——删去了IEC标准的“前言”；

——将IEC标准的“引言”改写为“引言”。

本部分代替GB/T 13870.1—1992《电流对人和家畜的效应　第1部分:通用部分》。

本部分与GB/T 13870.1—1992相比有如下主要变化：

——50/60 Hz的交流接触电压U_T从25 V～200 V,干燥、水湿润如盐水湿润条件下,活人50%被测对象的人体总阻抗Z_T和大的、中等的和小的接触表面积之间的关系。

——图16中给出在干燥条件,大的接触表面积和手到手电流路径测定的交流接触电压U_T和接触电流I_T的示波图。在主要的正文中有相关的说明。

——图19中给出的纤维性颤动数据,对于狗、猪和羊是取自于实验,而人以人体阻抗Z_T(5%),交流接触电压U_T=220 V至380 V,取自电流经手到手流通方向的横向的电气事故的统计计算。在主要的正文中有相关的说明。

——图20中曲线B从10 mA～5 mA,约定的交流(15 Hz～100 Hz)电流对人效应的时间/电流区域。在主要的正文中有相关的说明。

——图23中给出的关于60 Hz正弦电流的摆脱电流,在主要正文中有相关的说明。

——关于标准人体的新的结构。

本部分的附录A、附录B、附录C为规范性附录,附录D为资料性附录。

本部分由全国建筑物电气装置标准化技术委员会(SAC/TC 205)提出并归口。

本部分负责起草单位:中机中电设计研究院。

本部分主要起草人:王增尧、贺湘琨、黄宝生。

本部分所代替标准的历次版本发布情况为：

——GB/T 13870.1—1992。

引　　言

本部分等同采用IEC 60479-1:2005(第4版)《电流对人和家畜的效应　第1部分:通用部分》,IEC是将该出版物做为技术规范出版的,在该技术规范的“引言”中,对其内容做了以下说明:

该技术规范提供关于电击电流对人和家畜效应的基本指导,以便在制定电气安全要求中使用。

为了在解释该技术规范中避免错误,必须说明所列举的数据主要是根据对动物进行的试验以及由临床观察所获得的资料。只有少数短时间电击电流的试验是在活人身上进行的。

由于对动物进行研究所获得的数据偏于保守,以至于技术规范对包括儿童在内的生理条件正常的人都适用,而与年龄和体重无关。

然而。还有其他方面要予以考虑,诸如故障的概率、与带电部分或故障部分接触的概率、接触电压与故障电压的比率、已有的经验、技术上的可行性以及经济方面的问题。在规定安全要求时,这些参数都是必须认真考虑的,例如规定对电气装置内保护电器的工作特性。

之所以采用技术规范的形式,是它汇集了迄今所获得的成果,而这些成果正被IEC第64技术委员会用作制定电击防护要求的依据。考虑到这些成果的重要性,有充分理由使之成为一份IEC出版物,以使需要这种资料的其他IEC委员会和国家,可将其作为导则使用。

该技术规范适用于主要由电流引起死亡的心室纤维性颤动阈。最近对心脏生理学和纤维性颤动阈研究工作成果的分析,得出了有可能更好地理解主要物理参数的影响,尤其是电流流过持续时间的影响。

该技术规范包含有关人体阻抗和人体电流阈对各种生理效应的资料,这种资料可以被组合,以便引用于电流通过人体的路径,接触的潮湿条件以及皮肤的接触面积等交流、直流接触电压阈的评估。有关接触电压阈生理效应的资料,包括在IEC 61201出版物中。

该技术规范更适用于电流的效应。对人和家畜的任何事件的效应进行评估时,其他的非电气现象,包括跌倒、发热、起火或其他现象都应被考虑。这些问题超出了该技术规范的范围,但就其本身而言,可能是极为重要的。

最近,还进行了关于身体的其他物理参数,特别是电流的波形与频率和人体阻抗的研究工作。该技术规范的这个第4次修订版,应被看作是第3版的合乎逻辑的发展和演变的结果。

该技术规范的(第3版)第2章对于人体阻抗几乎没有包含什么资料,而且对于阻抗与接触表面积之间的关系,而且也仅限于干燥条件。

因此,在干燥,水润湿和盐水润湿的条件下,交流50 Hz的接触电压为25 V时,电流路径为手到手,以中等的和小的接触表面积,对10个人进行了测定。从这些测定结果中计算出5%、50%和95%被测对象的阻抗数值。

鉴于不适的感觉和存在危险的可能性,在干燥、水润湿和盐水润湿的条件下,采用大的接触表面积(数量级10 000 mm^2),和在干燥的条件下采用中等的和小的接触表面积(数量级为1 000 mm^2和100 mm^2),在交流接触电压从25 V~200 V的情况下,只是对一个人进行了测定。尽管如此,借助于对偏差函数的使用,还是有可能获得关于5%、50%和95%被测定对象的人体总阻抗Z_T的数值。还用同一个人,采用更小的接触面积(10 mm^2和1 mm^2),并且在指尖之间,也进行了测定。

对于大的接触表面积,接触电压在200 V至700 V,而且甚至更高至渐进值,为了计算假设以这种条件5%、50%和95%被测对象的人体总阻抗Z_T,而要对尸体所测定的Z_T数值,则借助于考虑在测定期间的尸体的不同温度,而对于人的温度取37℃,从而改进了在该技术规范的第二版中所采用的方法。

提供了在干燥、水润湿和盐水润湿条件下的大的、中等的和小的接触表面积的人体的交流阻抗Z_T

和在干燥条件下的大的接触面积的人体直流电阻 R_T 等方面的新知识。

应予注意的是这些阈值，对所有的人（男人、女人和儿童），无论其健康状况如何都是有效的。人们往往关心的是这些阈值是否因人而异，但如果追究一下这些意见的背景，就会发现这些不同意见并无实际根据。有些检测结果说明，女人的感知阈和摆脱阈都是低于男人的，对于儿童也可能是这种情况。

此外，在第5章中，还引用了关于电流路径为一脚到一脚的心脏电流系数 F。这对于由跨步电压引起的电危险是很重要的。

电流对人和家畜的效应
第1部分:通用部分

1 范围

就通过人体的一条给定的电流通路而言,对人的危险主要取决于电流的数值和通电时间。但是在许多情况下,以下各条款规定的时间/电流区域,实际上并不直接用于电击防护设计。必须以时间为函数的接触电压(即通过人体的电流与人体阻抗的乘积)的允许极限值作为判据。由于人体的阻抗随接触电压而变化。所以电流与电压的关系不是线性的,因此需要给出其关系数据。人体的不同部分如皮肤、血液、肌肉、其他的组织和关节对电流呈现的阻性和容性分量组成了人体阻抗。

人体阻抗的数值取决于若干因素,特别是电流路径,接触电压、电流的持续时间、频率、皮肤潮湿程度、接触表面积、施加的压力和温度。

本标准中所列阻抗值主要是对尸体和少数活人身上进行测定所得的数据仔细审核而得的。

交流电流对人体的效应,基本上以电气装置中最常用的频率为50 Hz或60 Hz的交流电流效应的有关研究结果为依据,但所给出的数据被认为可适用于15 Hz至100 Hz的频率范围,在此范围起始端频率的阈值比50 Hz或60 Hz的阈值为高,主要是,本章首要考虑心室纤维性颤动的危险,因为它是致命事故的主要机制。

从直流应用的数量来看,直流发生的事故比预期的要少得多,只有在其非常不利的情况下,例如在矿井中才会发生致命事故;部分原因是被抓住的直流带电体较易于摆脱,以及当电击持续时间大于心博周期时,直流电流的心室颤动阈比交流的要高得多。

注:GB/T 13870包括关于各种生理效应的人体阻抗和人体电流阈值的资料。这种资料可以被组合,以便引用于某种人体电流通路、接触的潮湿条件以及皮肤接触面积的交流和直流的接触电压阈的评估,有关接触电压阈的生理效应的资料包括在GB/T 3805标准中。

2 规范性引用文件

下列文件中的条款通过GB/T 13870的本部分的引用而成为本部分的条款。凡是注日期的引用文件,其后的所有修改单(不包括勘误的内容)或修订版均不适用于本部分。然而,鼓励根据本部分达成协议的各方研究是否可使用这些文件的最新版本。凡是不注日期的引用文件,其最新版本适用于本部分。

GB/T 3805—1993 特低电压(ELV)限值(eqv IEC 61201:1992)

IEC导则 104:1997 安全出版物的制定和基础安全出版物与分类安全出版物的使用。

3 术语和定义

本标准应用以下术语和定义。

3.1 一般定义

3.1.1

纵向电流 longitudinal current

纵向流过人体躯干的电流(如从手到脚)。

3.1.2

横向电流 transverse current

横向流过人体躯干的电流(如从手到手)。

3.1.3

人体内阻抗　internal impedance of the human body

Z_i

与人体两个部位相接触的二电极间的阻抗，不计皮肤阻抗。

3.1.4

皮肤阻抗　impedance of the skin

Z_s

皮肤上的电极与皮下可导电组织之间的阻抗。

3.1.5

人体总阻抗　total impedance of the human body

Z_T

人体内阻抗与皮肤阻抗的矢量和(见图 1)。

3.1.6

人体初始电阻　initial resistance of the human body

R_0

在接触电压出现瞬间，限制电流峰值的电阻。

3.1.7

干燥条件　dry condition

活人在正常室内环境条件下休息时，皮肤接触表面积的湿度的条件。

3.1.8

水湿润条件　water-wet condition

浸入于市政供水(平均电阻率 $\rho=3\ 500\ \Omega cm$，pH=7～9)的水中 1 min，皮肤接触表面积的条件。

3.1.9

盐水湿润条件　saltwater-wet condition

浸入于 3% NaCl(氯化纳)的水溶液(平均电阻率 $\rho=30\ \Omega cm$，pH=7～9)中 1 min，接触表面积皮肤的条件。

注：假设盐水湿润条件模拟在海水中游泳或浸没后的人的皮肤条件，还有进一步调查研究的必要。

3.1.10

偏差系数　deviation factor

F_D

在给定的接触电压，人口某百分数的人体总阻抗 Z_T 除以人口 50% 百分数的人体总阻抗 Z_t：

$$F_D(X\%,U_T)=\frac{Z_T(X\%,U_T)}{Z_T(50\%,U_T)}$$

3.2　在 15 Hz～100 Hz 范围内的正弦交流电流的效应

3.2.1

感知阈　threshold of perception

通过人体能引起任何感觉的接触电流的最小值。

3.2.2

反应阈　threshold of reaction

能引起肌肉不自觉收缩的接触电流的最小值。

3.2.3

摆脱阈　threshold of let-go

人手握电极能自行摆脱电极时接触电流的最大值。

3.2.4

心室纤维性颤动阈 threshold of ventricular fibrillation

通过人体能引起心室纤维性颤动的接触电流最小值。

3.2.5

心脏—电流因数 heart-current factor

F

电流通过某一路径在心脏中所产生的电场强度(电流密度)与该等量接触电流通过左手到双脚时在心脏内产生的电场强度(电流密度)之比。

注:在心脏内,电流密度与电场强度成正比。

3.2.6

易损期 vulnerable period

心博周期中较短的一段时间,在此期间心脏纤维处于不协调的兴奋状态,如果受到足够大的电流激发,就会发生心室纤维性颤动。

注:易损期对应于心电图中T波的前段,约为心博周期的10%(见图17和图18)。

3.3 直流电流的效应

3.3.1

人体的总电阻 total body resistance

R_T

人体内部电阻与皮肤电阻之和。

3.3.2

直流/交流的等效因数 d.c./a.c. equivalence factor

k

直流电流与其能诱发相同心室纤维性颤动概率的等效的交流电流的方均根(r.m.s)值之比。

注:以电击持续时间超过一个心博周期,并且心室纤维性颤动概率为50%为例,对10 s的等效因数约为:

$$k = \frac{I_{\text{d.c.—纤维性颤动}}}{I_{\text{a.c.—纤维性颤动(r.m.s)}}} = \frac{300\ \text{mA}}{80\ \text{mA}} = 3.75\text{(见图 20 和图 22)}$$

3.3.3

向上电流 upward current

通过人体使脚处于正极性的直流接触电流。

3.3.4

向下电流 downward current

通过人体使脚处于负极性的直流接触电流。

4 人体的阻抗

人体的阻抗值取决于许多因素,而且尤其是电流的路径、接触电压、电流的持续时间、频率、皮肤的潮湿程度、接触的表面积、施加的压力和温度。

关于人体阻抗的示意图如图1所示。

4.1 人体的内阻抗(Z_i)

人体的内阻抗大部分可认为是阻性的。其数值主要由电流路径决定,与接触表面积的关系较小。

注1:测定表明,人体内阻抗存在很少的电容分量(见图1中的虚线)。

图2所示为人体不同部位的内阻抗,是以一手到一脚为路径的阻抗百分数表示。

对于电流路径为手到手或手到脚时,阻抗主要是四肢(手臂和腿)。若忽略人体躯干的阻抗,可得出如图 3 所示的简化的电路图。

注 2：为简化电路，假设手臂和腿的阻抗值相同。

4.2 皮肤阻抗(Z_S)

皮肤阻抗可视为由半绝缘层和许多小的导电体（毛孔）组成的电阻和电容的网络。当电流增加时皮肤阻抗下降。有时可见到电流的痕迹（见 4.7）。

皮肤的阻抗值取决于电压、频率、通电时间，接触的表面积、接触的压力、皮肤的潮湿程度、皮肤的温度和种类。

对较低的接触电压，即使是同一个人，其皮肤阻抗值也会随着条件的不同而具有很大的变化，如接触的表面积和条件（干燥、潮湿、出汗）、温度、快速呼吸等。对于较高的接触电压，则皮肤阻抗显著地下降，而当皮肤击穿时，变得可以忽略了。

至于频率的影响，则是频率增加时皮肤阻抗减少。

4.3 人体总阻抗(Z_T)

人体的总阻抗是由电阻性和电容性分量组成的。

对比较低的接触电压，皮肤阻抗 Z_S 具有显著的变化，而人体总阻抗 Z_T 也随之有很大的类似变化。对于比较高的接触电压，则皮肤阻抗对总阻抗的影响越来越小，而它的数值接近于内阻抗 Z_i 的值。见图 4 至图 9。

关于频率的影响，计及频率与皮肤阻抗的依从关系，人体总阻抗在直流时较高，且随着频率增加而减少。

4.4 影响人体内电阻(R_0)的因素

在接触电压出现的瞬间，人体电容尚未充电，所以皮肤阻抗 Z_{S1} 和 Z_{S2} 可忽略不计，故初始电阻 R_0 大约等于人体内阻抗 Z_i（见图 1），初始电阻 R_0 主要取决于电流通路，与接触表面关系较少。

初始电阻 R_0 限制了短脉冲电流的峰值（例如来自电栅栏控制器的电击）。

4.5 人体总阻抗值(Z_T)

在干燥、水湿润和盐水湿润条件下的大的、中等的和小的接触表面积（数量级分别为 10 000 mm^2、1 000 mm^2 和 100 mm^2），活人 50%被测对象的人体总阻抗，在交流接触电压 U_T 从 25 V 至 200 V 时的关系曲线，如图 7、图 8 和图 9 中所示。

4.5.1 关于大的接触表面积的 50 Hz/60 Hz 的正弦交流电流

在表 1、表 2 和表 3 中的人体总阻抗值，适用于具备下列条件的活人，即在干燥（表 1）、水湿润（表 2）和盐水湿润（表 3）条件下的大的接触表面积（数量级为 10 000 mm^2），而且电流的路径为手到手。

在图 4 中所表示的是分别在干燥、水湿润和盐水湿润的条件下，对于大的接触表面积，接触电压一直到 700 V，50%被测对象的人体总阻抗的范围。

表 1、表 2 和表 3 所表示的是关于活着的成年人所知道的人体总阻抗 Z_T 的数值。关于对儿童的人体总阻抗 Z_T，就目前所获得的知识，预期稍高于成年，但数量级相同。

表 1 干燥条件，大的接触表面积，50 Hz/60 Hz 交流电流路径为手到手的人体总阻抗 Z_T

接触电压/V	不超过下列三项的人体总阻抗 Z_T 值/Ω		
	被测对象的 5%	被测对象的 50%	被测对象的 95%
25	1 750	3 250	6 100
50	1 375	2 500	4 600
75	1 125	2 000	3 600
100	990	1 725	3 125
125	900	1 550	2 675
150	850	1 400	2 350
175	825	1 325	2 175
200	800	1 275	2 050

表 1（续）

接触电压/V	不超过下列三项的人体总阻抗 Z_T 值/Ω		
	被测对象的 5%	被测对象的 50%	被测对象的 95%
225	775	1 225	1 900
400	700	950	1 275
500	625	850	1 150
700	575	775	1 050
1 000	575	775	1 050
渐近值＝内阻抗	575	775	1 050

注 1：有些测定表明，电流路径为一手到一脚的人体总阻抗，稍低于电流路径为手到手的人体总阻抗（10%～30%）。

注 2：对于活人的 Z_T 值，相应于电流的持续时间约为 0.1 s。对于更长的持续时间，Z_T 值可能减少（约 10%～20%），而当皮肤完全破裂后，则 Z_T 接近于内阻抗 Z_i。

注 3：对于电压为 230 V 的标准值（网络—系统 3L＋N—230 V/400 V），可以假设人体的总阻抗值与接触电压为 225 V 时相同。

注 4：Z_T 值被舍入到 25 Ω 的数值。

表 2　水湿润条件，大的接触表面积，50 Hz/60 Hz 交流电流路径为手到手的人体总阻抗 Z_T

接触电压/V	不超过下列三项的人体总阻抗 Z_T 数值/Ω		
	被测对象的 5%	被测对象的 50%	被测对象的 95%
25	1 175	2 175	4 100
50	1 100	2 000	3 675
75	1 025	1 825	3 275
100	975	1 675	2 950
125	900	1 550	2 675
150	850	1 400	2 350
175	825	1 325	2 175
200	800	1 275	2 050
225	775	1 225	1 900
400	700	950	1 275
500	625	850	1 150
700	575	775	1 050
1 000	575	775	1 050
渐近值＝内阻抗	575	775	1 050

注 1：有些测定表明，电流路径为一手到一脚的人体总阻抗，稍低于电流路径为手到手的（10%～30%）。

注 2：对于活人的 Z_T 值，相应于电流的持续时间约为 0.1 s。对于更长的持续时间，Z_T 值可能减少（约 10%～20%），而当皮肤完全破裂后，则 Z_T 接近于内阻抗 Z_i。

注 3：对于电压为 230 V 的标准值（网络—系统 3L＋N—230 V/400 V），可以假设人体的总阻抗值与接触电压为 225 V 时相同。

注 4：Z_T 值被舍入到 25 Ω 的数值。

表 3　盐水润湿条件，大的接触表面积，50 Hz/60 Hz 交流电流路径为手到手的人体总阻抗 Z_T

接触电压/V	不超过下列三项的人体总阻抗 Z_T 数值/Ω		
	被测对象的 5%	被测对象的 50%	被测对象的 95%
25	960	1 300	1 755
50	940	1 275	1 720
75	920	1 250	1 685
100	880	1 225	1 655

表 3（续）

接触电压/V	不超过下列三项的人体总阻抗 Z_T 数值/Ω		
	被测对象的 5%	被测对象的 50%	被测对象的 95%
125	850	1 200	1 620
150	830	1 180	1 590
175	810	1 155	1 560
200	790	1 135	1 530
225	770	1 115	1 505
400	700	950	1 275
500	625	850	1 150
700	575	775	1 050
1 000	575	775	1 050
渐近值＝内阻抗	575	775	1 050

注 1：有些测定表明，电流路径为一手到一脚的人体总阻抗，稍低于电流路径为手到手的人体总阻抗（10%～30%）。

注 2：对于活人的 Z_T 值，相应于电流的持续时间约为 0.1 s。对于更长的持续时间，Z_T 值可能减少（约 10%～20%），而当皮肤完全破裂后，则 Z_T 接近于内阻抗 Z_i。

注 3：对于电压为 230 V 的标准性（网络—系统 3L＋N—230 V/400 V），可以假设人体的总阻抗值与接触电压上为 225 V 时间的相同。

注 4：Z_T 值被舍入到 5 Ω 的数值。

如在附录 A 中说明的，在表 1 至表 3 中所给予的数值，是从对尸体和活人（成年人、男人和女人）进行测定的结果推算出来的。

在电压高于 125 V 的水湿润条件和电压高于 400 V 盐水湿润条件下的人体总阻抗与干燥条件的数值相同（见图 4）。

4.5.2 关于中等的和小的接触表面积的 50 Hz/60 Hz 的交流电流

人体内阻抗 Z_i 和人体初始电阻 R_0（见 4.6）的数值，仅是在很小程度上取决于接触表面积。

然而，当接触的表面积非常小为几平方毫米时，其数值是增加的。

皮肤被击穿（对接触电压超过大约为 100 V 和电流比较长的持续时间以后）以后，人体总阻抗 Z_T 接近于内阻抗 Z_i 的数值，而且仅在很小程度上取决于接触的表面积及其潮湿的条件。

在干燥，水湿润和盐水湿润条件下，对 50 Hz 的交流接触电压 U_T 从 25 V 变化至 200 V，关于活人已进行的人体总阻抗 Z_T 与接触表面积之间关系的测定，是在附录 A 中予以说明的。

注：对接触电压在 200 V 以上，关于人或尸体的表面积处于水湿润和盐水湿润条件的 Z_T 还没有有用的数据。

对 50 Hz 的交流接触电压在 25 V 至 200 V 的范围内，在干燥的条件下，对一个人关于电流路径为手到手的人体总阻抗 Z_T 与接触表面积（从 1 mm^2 直至最大约达 8 000 mm^2）之间所测定的关系曲线，如图 5 中所示。对于接触电压在 100 V 以下，而且是只有几平方毫米数量级的小的接触表面积，所测定的偏差可能很容易达到平均值的约＋50%，它取决于温度、压力、手掌中的部位等。

在左右两手的食指尖之间（接触表面积约 250 mm^2）的人体总阻抗 Z_T，与 50 Hz/60 Hz 的交流接触电压从 25 V 至 200 V 范围之间的关系曲线，如图 6 中所示。

从图 6 中的 1 号曲线可推算出，对 200 V 的接触电压，一根食指的部分阻抗为 1 000 Ω 的数量级。

在图 5 和图 6 中所表示的是仅对一个活人进行的人体总阻抗 Z_T 测定的结果。

关于活人的 5%、50% 和 95% 被测对象的人体总阻抗 Z_T，根据目前所获的资料，是在干燥、水湿润和盐水湿润条件下，对于大的、中等的和小的接触表面积（数量级分别为 10 000 mm^2、1 000 mm^2 和 100 mm^2）给出的：

对于大的接触表面积，在表 1、表 2 和表 3 中的数据，是在干燥、水湿润和盐水湿润条件下，关于 50 Hz/60 Hz 的交流接触电压 U_T 从 25 V 至 1 000 V 的范围给出的；

对于中等的接触表面积，在表 4、表 5 和表 6 中所列的数据，是在干燥、水湿润和盐水湿润条件下，关于 50 Hz/60 Hz 的交流接触电压 U_T 从 25 V 至此 200 V 范围给出的。

对于小的接触表面积，出现在表 7、表 8 和表 9 中的数据，是在干燥、水湿润和盐水湿润条件下，关于 50 Hz/60 Hz 的交流接触电压 U_T 从 25 V 至 200 V 范围给出的。

表 4 干燥条件，中等的接触表面积，电流路径为手到手，50 Hz/60 Hz 交流接触电压 U_T 为 25 V 至 200 V 的人体总阻抗 Z_T（舍入到 25 Ω 的数值）

接触电压/V	不超过下列三项的人体总阻抗 Z_T 数值/Ω		
	被测对象的 5%	被测对象的 50%	被测对象的 95%
25	11 125	20 600	38 725
50	7 150	13 000	23 925
75	4 625	8 200	14 750
100	3 000	5 200	9 150
125	2 350	4 000	6 875
150	1 800	3 000	5 050
175	1 550	2 500	4 125
200	1 375	2 200	3 525

表 5 水湿润条件，中等接触表面积，电流路径为手到手、50 Hz/60 Hz 交流接触电压 U_T 为 25 V 至 200 V 的人体总阻抗 Z_T（舍入到 25 Ω 的数值）

接触电压/V	不超过下列三项的人体总阻抗 Z_T 数值/Ω		
	被测对象的 5%	被测对象的 50%	被测对象的 95%
25	5 050	9 350	17 575
50	4 100	7 450	13 700
75	3 400	6 000	10 800
100	2 800	4 850	8 525
125	2 350	4 000	6 875
150	1 800	3 000	5 050
175	1 550	2 500	4 125
200	1 375	2 200	3 525

表 6 盐水湿润条件，中等接触表面积，电流路径为手到手，50 Hz/60 Hz 交流接触电压 U_T 为 25V 至 200V 的人体总阻抗 Z_T（舍入到 5 Ω 数值）

接触电压/V	不超过下列三项的人体总阻抗 Z_T 数值/Ω		
	被测对象的 5%	被测对象的 50%	被测对象的 95%
25	1 795	2 425	3 275
50	1 765	2 390	3 225
75	1 740	2 350	3 175
100	1 715	2 315	3 125
125	1 685	2 280	3 075
150	1 660	2 245	3 030
175	1 525	2 210	2 985
200	1 350	2 175	2 935

表 7 干燥条件，小的接触表面积，电流路径为手到手，50 Hz/60 Hz 交流接触电压 U_T 为 25 V 至 200 V 的人体总阻抗 Z_T（舍入到 25 Ω 的数值）

接触电压/V	不超过下列三项的人体总阻抗 Z_T 数值/Ω		
	被测对象的 5%	被测对象的 50%	被测对象的 95%
25	91 250	169 000	317 725
50	74 800	136 000	250 250
75	42 550	74 000	133 200

表 7（续）

接触电压/V	不超过下列三项的人体总阻抗 Z_T 数值/Ω		
	被测对象的 5%	被测对象的 50%	被测对象的 95%
100	23 000	40 000	70 400
125	12 875	22 000	37 850
150	7 200	12 000	20 225
175	4 000	6 500	10 725
200	3 500	5 400	8 650

表 8　水湿润条件，小的接触表面积，电流路径为手到手，50 Hz/60 Hz 交流接触电压 U_T 为 25 V 至 200 V 的人体总阻抗 Z_T（舍入到 25Ω 的数值）

接触电压/V	不超过下列三项的人体总阻抗 Z_T 数值/Ω		
	被测对象的 5%	被测对象的 50%	被测对象的 95%
25	39 700	73 500	138 175
50	29 800	54 200	99 725
75	22 600	40 000	72 000
100	17 250	30 000	52 800
125	12 875	22 000	37 850
150	7 200	12 000	20 225
175	4 000	6 500	10 725
200	3 500	5 400	8 650

表 9　盐水湿润条件，小的接触表面积，电流路径为手到手，50 Hz/60 Hz 交流接触电压 U_T 为 25 V 至 200 V 的人体总阻抗 Z_T（舍入到 5 Ω 的数值）

接触电压/V	不超过下列三项的人体总阻抗 Z_T 数值/Ω		
	被测对象的 5%	被测对象的 50%	被测对象的 95%
25	5 400	7 300	9 855
50	5 105	6 900	9 315
75	4 845	6 550	8 840
100	4 590	6 200	8 370
125	4 330	5 850	7 900
150	4 000	5 550	7 490
175	3 700	5 250	7 085
200	3 400	5 000	6 750

4.5.3　频率 20 kHz 及以下的正弦交流电流

50 Hz/60 Hz 的人体总阻抗值在更高频率时由于皮肤电容的影响下降；当频率高于 5 kHz 时，则接近于人体内阻抗 Z_i。

频率为 20 kHz 及以下，接触电压为 10 V 和 25 V 时所做的测量见附录 B。

图 10 所示为频率与人体总阻抗 Z_T 的关系，其电流路径为手至手、大的接触表面积、接触电压 10 V 和频率由 25 Hz 至 20 kHz。

图 11 所示为频率与人体总阻抗 Z_T 的关系，其电流路径为手到手、大的接触表面积、接触电压为 25 V。由此结果推导出图 12 的一组曲线，它给出人群中 50%被测对象的人体总阻抗 Z_T 与频率的依赖关系，其接触电压 10 V 至 1 000 V、频率范围 50 Hz 至 2 kHz、大的接触表面积和干燥条件下的电流路径为手到手或一手到一脚。

注：没有在水湿润和盐水湿润条件下进行过测量。

4.5.4　直流电流

人体直流总电阻 R_T 在接触电压约在 200 V 及以下时，由于人的皮肤电容的阻塞作用，比交流人体总阻抗 Z_T 高。

在干燥的条件下，用直流电流和大的接触表面积所做的测量如附录 C 所述。

用附录 C 所述方法确定的直流人体总阻抗 R_T 值列于表 10(见图 13 中的实线)。

注:没有在水湿润和盐水湿润条件下进行过测定。

当忽略电压范围在 100 V 以下,交流和直流的 Z_T 之间可能存在的微小差别时,对于水湿润和盐水湿润条件下的大的接触表面积的人体总电阻 R_T,可以足够精确地根据表 2 和表 3 来确定。对于所有其他情况,交流的数据表可被用作保守的估计。

表 10 干燥条件,大的接触表面积,直流电流路径为手到手的人体总电阻 R_T

接触电压/V	不超过下列三项的人体总电阻 R_T 数值/Ω		
	被测对象的 5%	被测对象的 50%	被测对象的 95%
25	2 100	3 875	7 275
50	1 600	2 900	5 325
75	1 275	2 275	4 100
100	1 100	1 900	3 350
125	975	1 675	2 875
150	875	1 475	2 475
175	825	1 350	2 225
200	800	1 275	2 050
225	775	1 225	1 900
400	700	950	1 275
500	625	850	1 150
700	575	775	1 050
1 000	575	775	1 050
渐近值	575	775	1 050

注 1:有些测定表明,对电流路径为一手到一脚的人体总电阻 R_T,稍低于电流路径为手到手的值(10%~30%)。

注 2:对于活人,R_T 的数值相应于电流的持续时间约为 0.1 s。对较长的持续时间,则 R_T 的数值可能减少(约 10%~20%),在皮肤完全破裂后,R_T 接近于初始人体电阻 R_0。

注 3:R_T 的数值舍入到 25 Ω 的数值。

4.6 人体初始电阻(R_0)值

电流路径为手到手或一手到脚和大的接触表面积,对交流和直流的 5% 的人体初始电阻 R_0 的数值,都可取作等于 500 Ω。对被测对象 50% 和 95% 的值,分别可取作等于 750 Ω 和 1 000 Ω(类似于表 1)。这些数值几乎与接触表面积和皮肤的状况没什么关系。

注:因为在刚一接触时,皮肤的电容和人体内部的电容都还未被充电,所以初始电阻 R_0 数值,与 50 Hz/60 Hz 的交流人体总阻抗 Z_T 的渐近值和关于直流人体总电阻 R_T 相比,都显稍低。

5 在 15 Hz 至 100 Hz 范围内正弦交流电流的效应

本章说明频率范围为 15 Hz 至 100 Hz 的正弦交流电流通过人体时的效应。

注:除非另有说明,以后所说的电流值均为方均根值。

接触电流及其效应的实例如图 20 所示。

5.1 感知阈

感知阈取决于若干参数,如与电极接触的人体的面积(接触面积)、接触的状况(干燥、潮湿、压力、温度),而且,还取决于个人的生理特性。

5.2 反应阈

反应阈取决于若干参数,如与电极接触的人体的面积(接触面积)、接触的状况(干燥、潮湿、压力、温度),而且,还取决于个人的生理特性。

与时间无关的 0.5 mA 的电流值,是在本部分中假设作为当接触可导电的表面时的反应阈。

5.3 活动抑制

在本部分中的“活动抑制”意味着这样一种电流效应,即受电流影响的人的身体(或身体的部分)不能自主地活动。

对肌肉的效应有可能是由于电流通过受损伤的肌肉或通过相关联的神经或相关联的脑髓部分流通所导致的结果。

能导致活动抑制的电流值取决于受损伤肌肉的体积、受电流损伤的神经类型和脑髓的部位。

5.4 摆脱阈

摆脱阈取决于若干参数,如接触面积、电极的形状和尺寸,而且,还取决于个人的生理特性。

在该技术规程中,约 10 mA 的值是针对成年男人而假设的。

在本部分中,约 5 mA 的数值适用于所有人(附加资料见图 23)。

5.5 心室纤维性颤动阈

心室纤维性颤动阈取决于生理参数(人体结构、心脏功能状态等)以及电气参数(电流的持续时间和路径、电流的特性等)。心脏活动的说明见图 17 和图 18。

对于正弦波交流(50 Hz 或 60 Hz),如果电流的流通被延长到超过一个心博周期,则纤维性颤动阈具有显著的下降。这种效应是由于诱发期外收缩的电流,使心脏不协调的兴奋状态加剧所导致的结果。

当电击的持续时间小于 0.1 s,电流大于 500 mA 时,纤维性颤动就有可能发生,只要电击发生在易损期内,而数安培的电流幅度,则很可能引起纤维性颤动。对于这样的强度而持续的时间又超过一个心搏周期的电击,有可能导致可逆性的心跳停止。

对电流的持续时间超过一个心博周期,图 19 表示的是来自动物的实验与人的来自对电气事故的统计计算的心室纤维颤动阈之间的比较。

在将于动物的实验结果施用于人体时,以左手到双脚的电流路径,很方便地建立了一条经验曲线 C1(见图 20),在曲线 C1 以下,纤维性颤动是不大可能发生的。对处于 10 mA 和 100 mA 之间的短持续时间的高电平区间,被选作从 500 mA 到 400 mA 的递降的曲线。在电气事故资料的基础上,对持续时间长于 1 s 的较低的电平区间,被选作在 1 s 时的 50 mA 至持续时间长于 3 s 的 40 mA 的递减的曲线。两电平区间用平滑的曲线连接。

根据对动物实验结果的统计计算,建立了分别为 5% 和 50% 的纤维性颤动概率的曲线 C2 和 C3(见图 20)。曲线 C1、C2 和 C3 适用于关于左手到双脚的电流路径。

5.6 与电击相关的其他效应

其他的电气效应,如肌肉收缩、血压上升、心跳脉冲的形成和传导的紊乱(包括心房纤维性颤动和瞬时的心律紊乱)都可能发生。这样一些效应通常并非是致命的。

如果有数安培电流持续的时间超过数秒,则深度的烧伤和其他的内部伤害都可能产生。也可能见到外表烧伤。

高压事故不可能导致心室纤维性颤动的后果,而是产生其他的心博停止的形式。这在事故统计方面被证明,并由动物的实验得到确认。然而,目前还没有足够的资料来鉴别这些情况的可能性。

心室纤维性颤动是致命的,因为它拒绝能输送所需要氧的血液的流动。不涉及心室纤维性颤动的电气事故也可能是致命的。其他的效应有可能影响呼吸,而或许防碍人大声呼救。这些相关机理包括呼吸调节的功能紊乱、呼吸肌肉的麻痹、肌肉的神经中枢活动通路的破坏和头脑内部呼吸调节机理的破坏。这些效应如若持久,则不可避免地会导致死亡。如果人要从可逆性呼吸效应中恢复原状,则必须强制性地实施果断的人工呼吸。尽管如此,其人仍有可能死亡。如果电流通过如脊髓或呼吸调节中枢这种关键部分,则很可能发生死亡。这些效应都在考虑中,而且,相应的阈也还没有被定义。

强的横跨膜电场可能破坏细胞,尤其是细长的细胞,如骨格肌肉的细胞。这并不是热的效应。这些情况可见于高强度、短持续时间的人体电流(如由于瞬间的与高压配电线接触),它们作为例子已被观察到。强电场跨越细胞膜可能在膜中诱发毛孔的形成。这种效应被称为电制孔。这些毛孔可能是稳定的,而且基本上是全密闭的,或可能增大而变成不稳定的,并继而引起细胞膜破裂。于是,组织不可逆地被破坏了。这时,可能发生组织坏死,常常需要将受伤的肢体截肢。电制孔不限于任何特殊的电流幅度或任何特殊的电流通路或流通的持续时间。

相关的非电伤害,如外伤性的伤害应予以考虑。

5.7 电流对皮肤的效应

图 14 表示人皮肤的变化与电流密度 I_T(mA/mm^2)和电流的持续时间之间的关系曲线。

作为指导,可给出下列数据:

——在 10 mA/mm^2 以下,一般对皮肤观察不到变化,当电流的持续时间较长(若干秒)时,在电极下的皮肤可能是灰白色的粗糙表面(0 区);

——在 10 mA/mm^2 和 20 mA/mm^2 之间,在电极边缘的皮肤变红出现带有类似的略带白色的隆起的波纹(1 区);

——在 20 mA/mm^2 和 50 mA/mm^2 之间,在电极下的皮肤呈现褐色并深入皮肤。对于电流持续更长的时间(几十秒),在电极周围可观察到充满电流痕迹(2 区);

——在 50 mA/mm^2 以上,可能发生皮肤被碳化(3 区);

——采用大的接触表面积,尽管是致命的电流幅度,而电流密度仍可降低到不会引起皮肤的任何的变化。

5.8 时间/电流区域的说明(见图 20)

表 11　一手到双脚的通路,交流 15 Hz 至 100 Hz 的时间/电流区域(图 20 区域的简要说明)

区　域	范　围	生 理 效 应
AC-1	0.5 mA 的曲线 a 的左侧	有感知的可能性,但通常没有被"吓一跳"的反应
AC-2	曲线 a 至曲线 b	可能有感知和不自主地肌肉收缩但通常没有有害的电生理学效应
AC-3	曲线 b 至曲线 c	可强烈地不自主的肌肉收缩。呼吸困难。可逆性的心脏功能障碍。活动抑制可能出现。随着电流幅而加剧的效应。通常没有预期的器官破坏
AC-4[a]	曲线 C1 以上	可能发生病理—生理学效应,如心博停止、呼吸停止以及烧伤或其他细胞的破坏。心室纤维性颤动的概率随着电流的幅度和时间增加
	C1-C2	AC-4.1 心室纤维性颤动的概率增到大约 5%
	C2-C3	AC-4.2 心室纤维性颤动的概率增到大约 50%
	曲线 C3 的右侧	AC-4.3 心室纤维性颤动的概率超过 50%以上

[a] 电流的持续时间在 200 ms 以下,如果相关的阈被超过,心室纤维性颤动只有在易损期内才能被激发。关于心室纤维性颤动,本图与在从左手到双脚的路径中流通的电流效应相关。对其他电流路径,应考虑心脏电流系数。

5.9 心脏电流系数(*F*)的应用

心脏电流系数可用以计算通过除左手到双脚的电流通路以外的电流 I_h,此电流与图 20 中的左手到双脚的 I_{ref}的具有同样心室纤维性颤动的危险;

$$I_h = \frac{I_{ref}}{F}$$

式中:

I_{ref}——图 20 中的路径为左手到双脚的人体电流;

I_h——表 12 中各路径的人体电流;

F——表 12 中的心脏—电流系数。

注:心脏电流系数被认为只是作为各种电流路径心室纤维性颤动相对危险的大致估算。

对于不同电流路径的心脏电流系数列于表 12。

表 12　不同电流路径的心脏电流系数 F

电　流　路　径	心脏电流系数
左手到右脚、右脚或双脚	1.0
双手到双脚	1.0
左手到右手	0.4
右手到左手、右脚或双脚	0.8
背脊到右手	0.3
背脊到左手	0.7
胸膛到右手	1.3
胸膛到左手	1.5
臀部到左手、右手或到双手	0.7
左脚到右脚	0.04

例如：从手到手的 225 mA 的电流与从左手到双脚的 90 mA 的电流，具有产生心室纤维性颤动的相同的可能性。

6　直流电流的效应

本章说明通过人体的直流电流的效应。

注 1：术语“直流电流”是指无纹波直流电流，然而，关于纤维性颤动效应，对于含有不大于 10%方均根值的正弦纹波电流的直流，本条款给出的数据是保守的。

注 2：纹波的影响在 IEC 60479-2 的第 5 章中叙述。

注 3：对于电流的持续时间在 10 ms 以下，见 IEC 60479-2 的第 6 章。

接触电流及其效应的实例如图 21 中所示。

6.1　感知阈和反应阈

这两个阈取决于若干参数，如接触面积、接触状况（干燥度、湿度、压力、温度）、通电时间和个人的生理特点。与交流不同，在感知阈水平时直流只有在接通和断开时才有感觉，而在电流流过期间不会有其他感觉。在与交流类似的研究条件下测得的反应阈约为 2 mA。

6.2　活动抑制阈和摆脱阈

与交流不同，直流没有确切的活动抑制阈或摆脱阈。只有在电流接通和断开时，才会引起肌肉疼痛和痉挛状收缩。

6.3　心室纤维性颤动阈

如同在交流纤维颤动阈中所说明的（见 5.5），直流的纤维性颤动阈也取决于生理和电气参数。

由电气事故资料得知，似是通常纵向电流才会有心室纤维性颤动的危险。至于横向电流，由动物实验得知在更高的电流强度时也可能发生。

从动物的实验及电气事故资料得知，向下电流的纤维性颤动阈，约为向上电流的两倍。

电击时间长于一个心博周期时，直流的纤维性颤动阈比交流要高好几倍。当电击时间短于 200 ms 时，其纤维性颤动阈和交流以方均根的阈值大致相同。

由动物实验所获得的绘制的曲线，适用于纵向向上的（脚为正极性的）电流。在图 22 中的曲线 C2 和 C3 表示计算的电流强度和持续时间的组合，在这种情况下，当电流路径为纵向通过躯体（即从左前肢到双后脚）时，则动物的心室纤维性颤动的概率分别约为 5%和 50%。曲线 C1 表示电流和持续时间的组合，低于曲线 C1，根据对动物的研究，对电流通过人体的同样的纵向通路，则心室纤维性颤动的可能比预计低很多。新近的研究表明对于人的心室纤维性颤动阈，对每一个持续时间而言，都高于与动物相比的电流幅度。例如，对于健康的人，其左手到双脚的阈电流，对于长的电流持续时间，可能是 200 mA 的数量级。然而，并不是所有人的心脏都是健康的，而且有些疾病可能会影响心室纤维性的颤动阈。具有不健康心脏状况的某些人，其心室纤维性颤动阈低于正常标准，但对减少的量并无准确的了解。因此，在图中所表示的以研究动物为依据的那条 C1 曲线，用于说明关于人的心室纤维性颤动阈是保守的估计。还没有在 C1 曲线以下电击死亡的电气事故，这表明，对于所有人而言，C1 曲线或许是保守的。对于纵向向下的电流（双脚为负极性)，以近似于2的系数，必须将曲线都变换到比较高的电流幅度。

6.4 电流的其他效应

电流接近100 mA时，通电期间，四肢有发热感。在接触面的皮肤内感到疼痛。

300 mA以下横向电流流过人体几分钟时，随着时间和电流量的增加，可引起可逆的心律失常、电流伤痕、烧伤、头昏以及有时失去知觉。超过300mA时，往往会失去知觉。

电流达数安培延续超过几秒，则可能发生深度烧伤或其他损伤，甚至死亡。

像电制孔(见5.6)这样的效应，有可能因同直流电路和交流电路的接触而引起。

有关非电气伤害，如外伤的伤害考虑。

6.5 时间/电流区域的说明(见图22)

表13 直流——手到双脚通路的时间/电流区域(图22区域的简要说明)

区　域	范　围	生　理　效　应
DC-1	2mA曲线a的左侧	当接通、断开或快速变化的电流流通时，可能有轻微地刺痛感
DC-2	曲线a至曲线b	实质上，当接通、断开或快速变化的电流流通时，很可能发生无意识地肌肉收缩，但通常没有有害的电气生理效应
DC-3	曲线b的右侧	随着电流的幅度和时间的增加，在心脏中很可能发生剧烈的无意识地肌肉反应和可逆的脉冲成形传导的紊乱。通常没有所预期的器官损坏
DC-4[a]	曲线C1以上	有可能发生病理—生理学效应，如心博停止、呼吸停止以及烧伤或其他细胞的破坏。心室纤维性颤动的概率也随着电流的幅度和时间而增加
	C1-C2	DC-4.1 心室纤维性颤动的概率增加到约5%
	C2-C3	DC-4.2 心室纤维性颤动的概率增加到约50%
	曲线C3的右侧	DC-4.3 心室纤维性颤动的概率增加大于50%

[a] 电流的持续时间在200 ms以下，如果相关的阈被超过，则心室纤维性颤动只有在易损期内才能被激发。在这个图中的心室纤维性颤动，与路径为左手到双脚而且是向上流动的电流效应相关。至于其他的电流路径，已由心脏电流系数予以考虑。

6.6 心脏系数

与对交流电流(见5.8)一样，心脏系数也适用于直流电流。

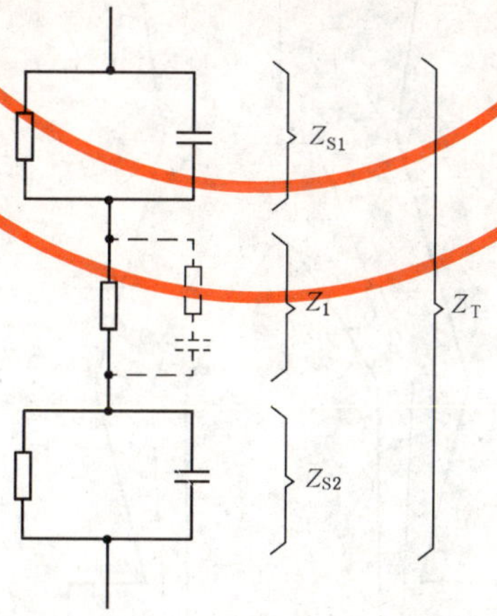

Z_1——内阻抗；

Z_{S1}、Z_{S2}——皮肤阻抗；

Z_T——总阻抗。

图1 人体阻抗

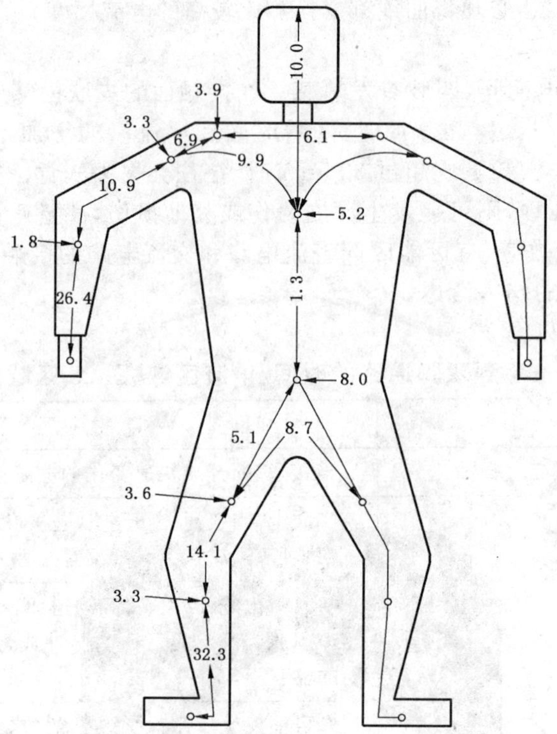

数字表示相对于路径为一手到一脚的相关的人体部分内阻抗的百分数。

注：为了计算关于所给出的电流路径的人体总阻抗 Z_T，对电流流通的人体所有部分的部分内阻抗 Z_{ip} 以及接触表面积的皮肤阻抗都必须相加。人体外面的数字表示，当电流进入那点时，才要加到总数中的部分内阻抗。

图 2　人体内部的部分阻抗 Z_{ip}

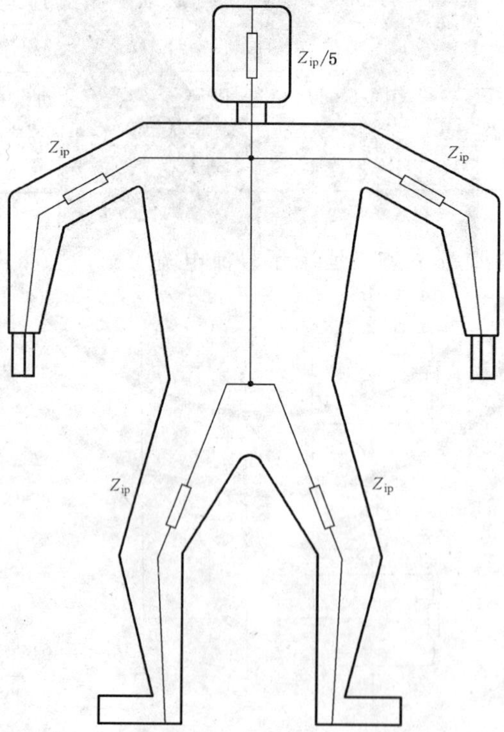

Z_{ip}——一个肢体(手臂或腿)部分的内阻抗。

注：从一手到双脚的内阻抗大约是 75%，从双手到双脚为 50%，而从双手到人体躯干的阻抗为手到手或一手到一脚阻抗的 25%。

图 3　人体内部阻抗的简化示意图

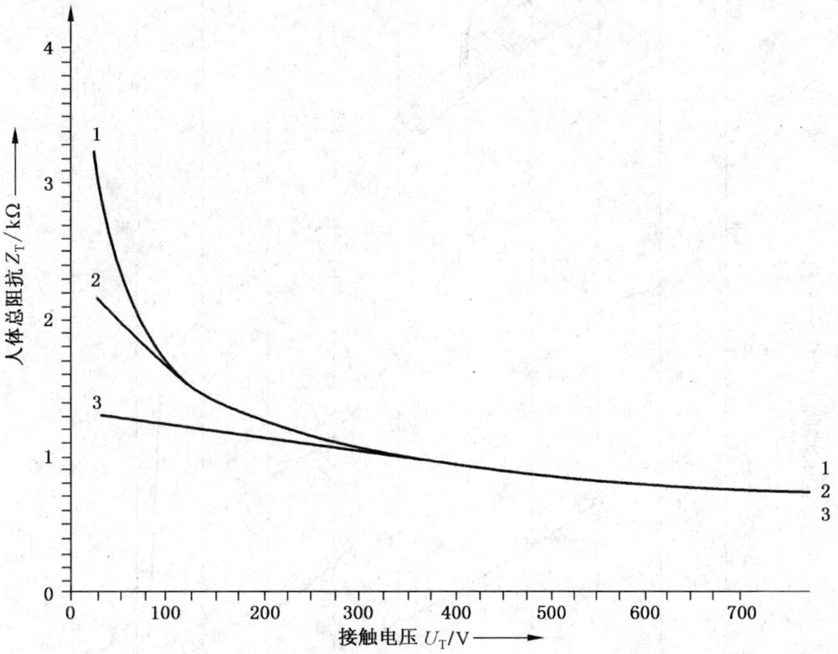

1——干燥条件(表 1);

2——水湿润条件(表 2);

3——盐水湿润条件(表 3)。

图 4　干燥，水湿润和盐水湿润条件，大的接触表面积，电流路径为手到手，50 Hz/60 Hz 交流接触电压 U_T 为 25 V 至 700 V，50%被测对象的人体总阻抗 Z_T(50%)

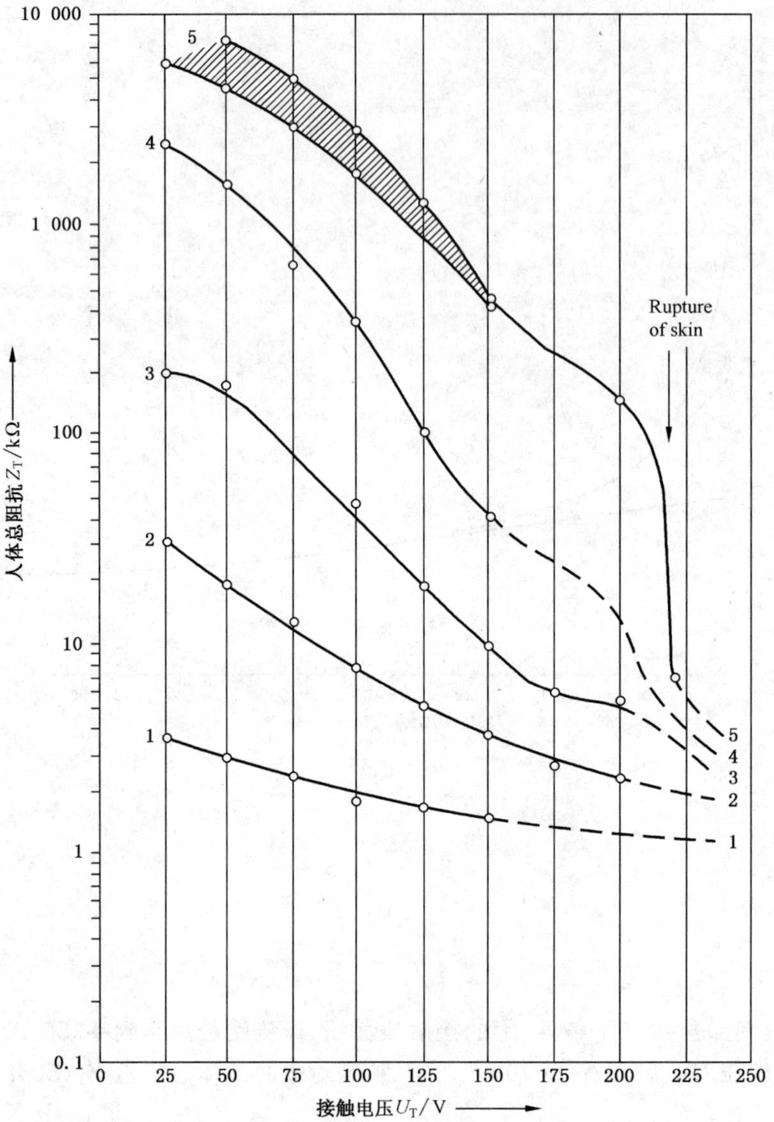

1——接触表面积　8 200 mm²；
2——接触表面积　1 250 mm²；
3——接触表面积　100 mm²；
4——接触表面积　10 mm²；
5——接触表面积　1 mm²。
(在 220 V 时皮肤击穿)
(至于更详细的，见附录 D)

图 5　干燥条件，50 Hz 交流接触电压时，一个活人的总阻抗 Z_T 与接触表面积之间的关系曲线

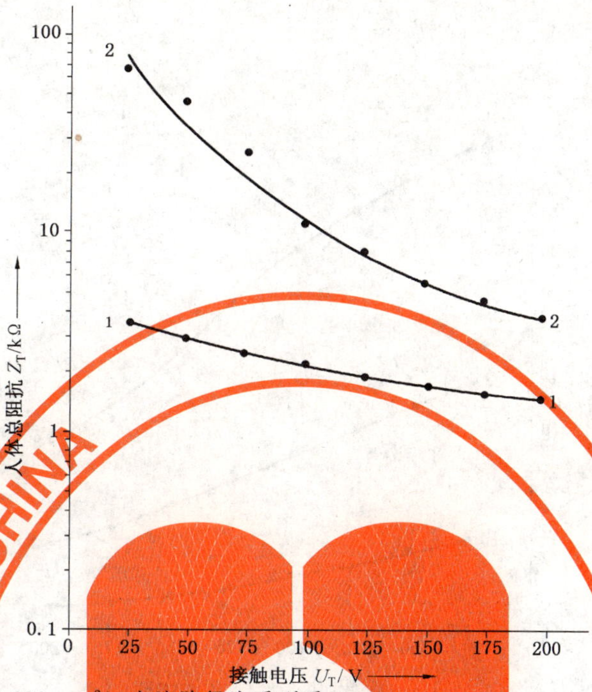

1——大的接触表面积(约 8 000 mm²),电流路径为手到手;

2——两指夹的表面积(约 250 mm²),电流路径为从右手食指尖到左手食指尖。

图 6 干燥条件,50 Hz 交流接触电压 U_T 为 25 V 至 200 V,电流最大持续时间为 25 ms,从右手到左手的两食指尖的电流路径与从右手到左手的大的接触表面积的路径相比较,一个活人的人体测定总阻抗 Z_T 与接触电压 U_T 之间的关系曲线

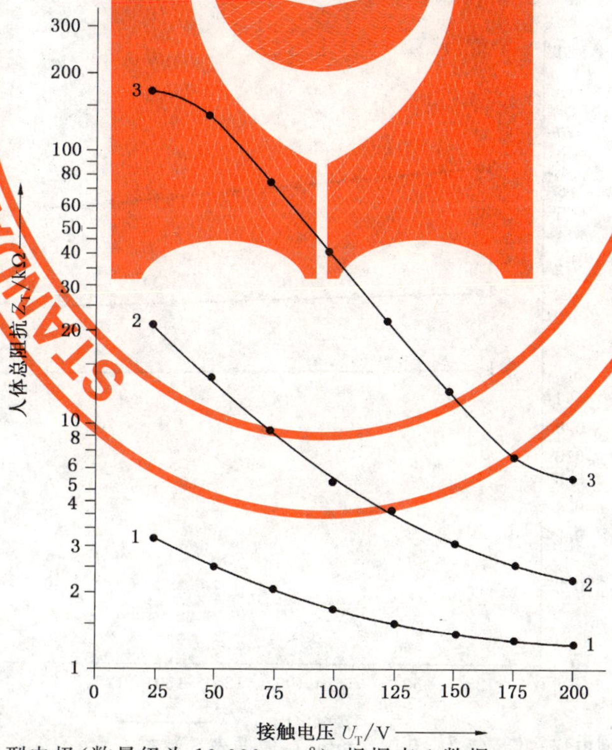

1——大的接触表面积,A 型电极(数量级为 10 000 mm²),根据表 1 数据;

2——中等尺寸的接触表面积,B 型电极(数量级为 10 000 mm²),根据表 5 数据;

3——小的接触表面积,C 型电极(数量级为 100 mm²),根据表 8 数据。

图 7 干燥条件,大的、中等的和小的接触表面积(数量级分别为 10 000 mm²、1 000 mm² 和 100 mm²),活人的 50%被测对象的人体总阻抗 Z_T 与 50 Hz/60 Hz 交流接触电压 U_T 为 25 V 至 200 V 的关系曲线

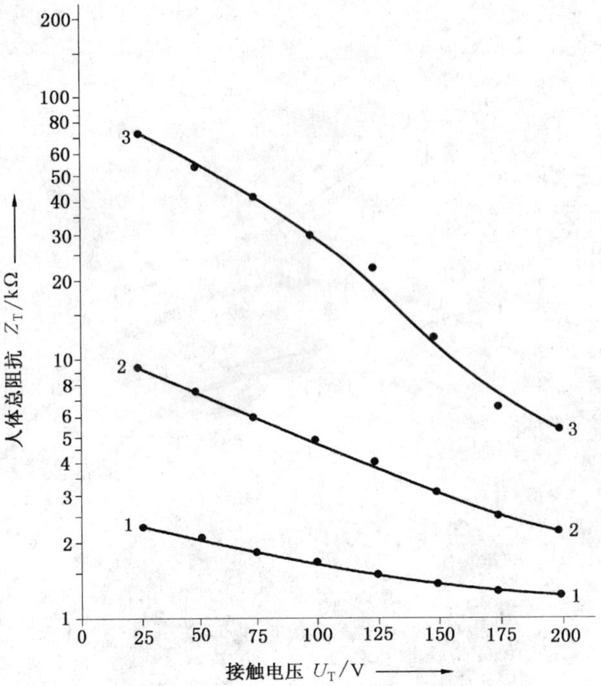

1——大的接触表面积，A 型电极(数量级为 10 000 mm^2)，根据表 2 数据；

2——中等尺寸的接触表面积，B 型电极(数量级为 1 000 mm^2)，根据表 6 数据；

3——小的接触表面积，C 型电极(数量级为 100 mm^2)，根据表 9 数据。

图 8 水湿润条件，大的，中等的和小的接触表面积(数量级分别为 10 000 mm^2、1 000 mm^2和 100 mm^2)，活人 50%被测对象的人体总阻抗 Z_T 与 50 Hz/60 Hz 交流接触电压 U_T 为 25 V 至 200 V 的关系曲线

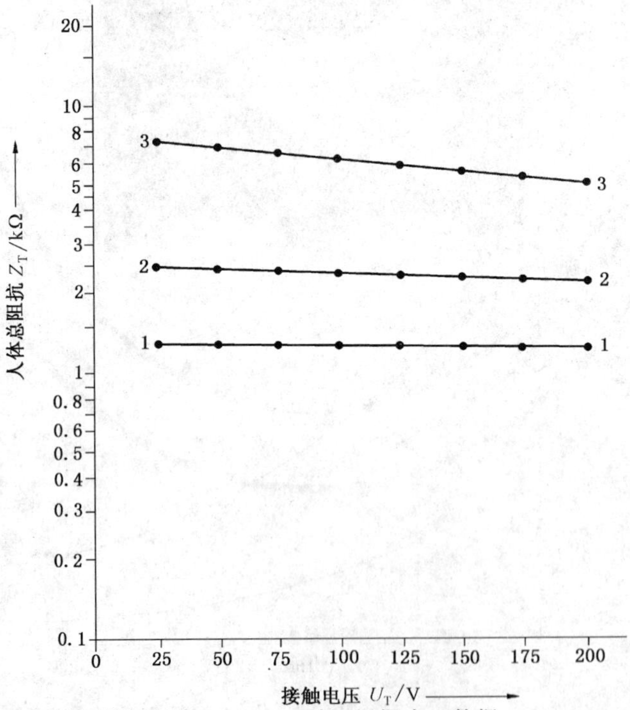

1——大的接触表面积，A 型电极(数量级为 10 000 mm^2)，根据表 3 数据；

2——中等尺寸的接触表面积，B 型电极(数量级为 1 000 mm^2)，根据表 7 数据；

3——小的接触表面积，C 型电极(数量级为 100 mm^2)，根据表 10 数据。

图 9 盐水湿润条件，大的、中等的和小的接触表面积(数量级分别为 10 000 mm^2、1 000 mm^2 和 100 mm^2)，活人 50%被测对象的人体总阻抗 Z_T 与 50 Hz/60 Hz 交流接触电压 U_T 为 25 V 至 200 V 的关系曲线

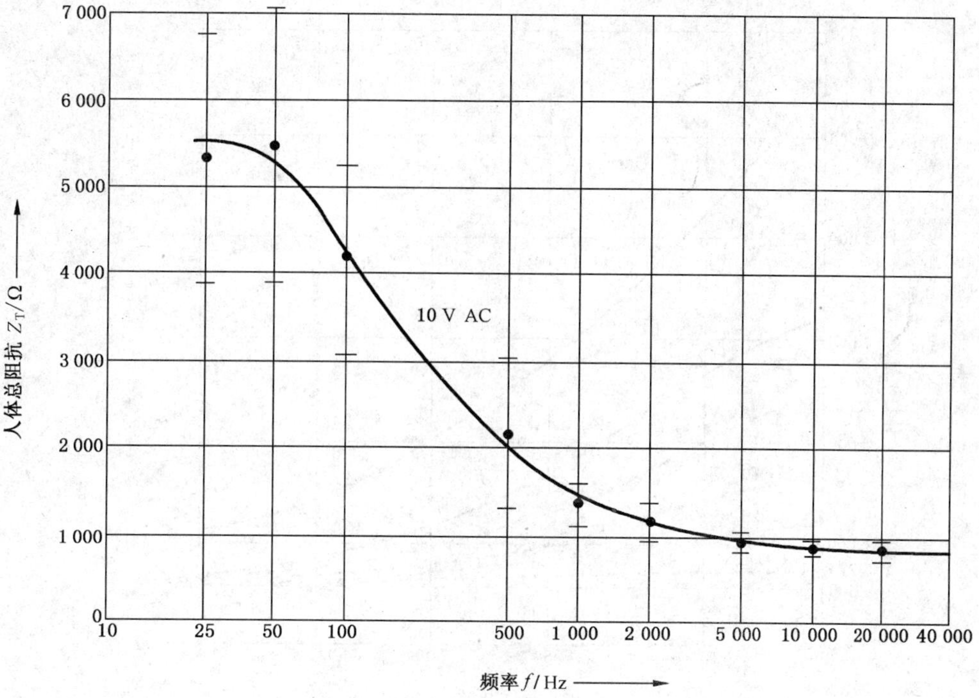

图 10　干燥条件，手到手的电流路径，大的接触表面积，接触电压为 10 V 时，10 个活人测定的人体总阻抗 Z_T 与频率从 25 Hz 至 20 kHz 的关系曲线

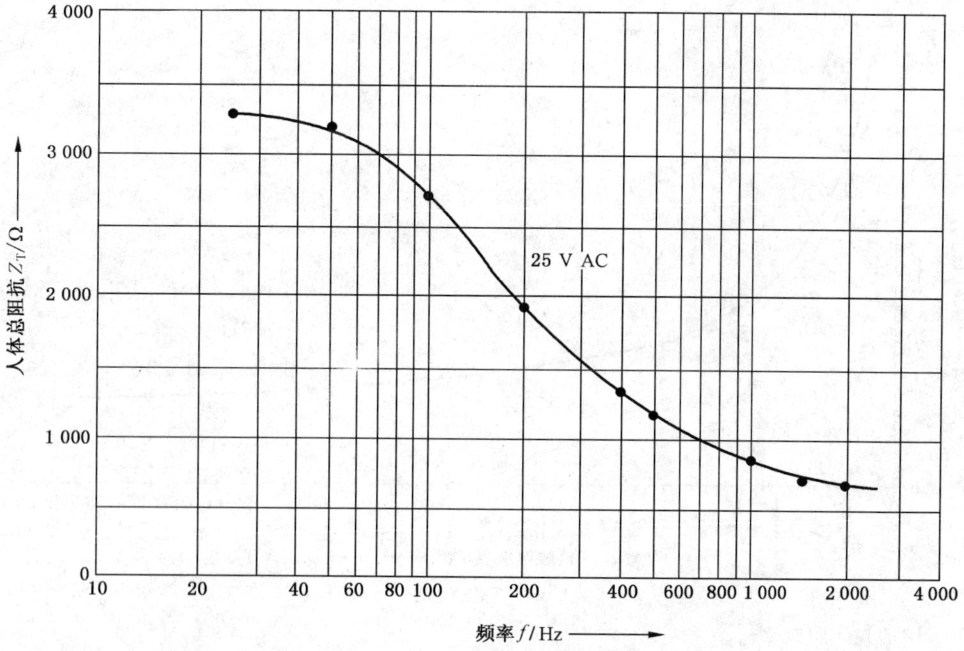

图 11　干燥条件，手到手的电流路径，大的接触表面积，接触电压为 25 V 时，一个活人测定的人体总阻抗 Z_T 与频率从 25 Hz 至 2 kHz 的关系曲线

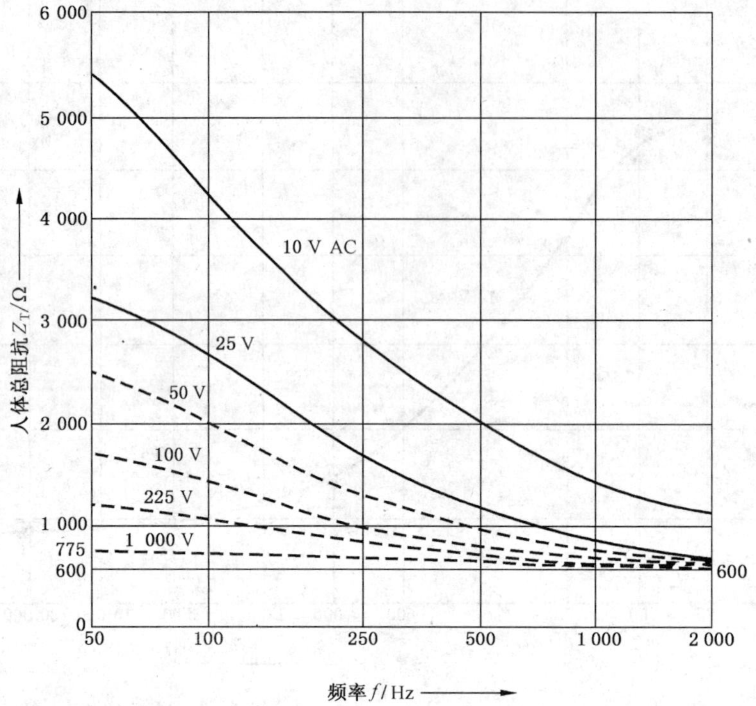

图 12　干燥条件，大的接触表面积，电流路径为手到手或一手到一脚，接触电压从 10 V 至 1 000 V，频率范围从 50 Hz 至 2 kHz，50%被测对象的人体总阻抗 Z_T 与频率的关系曲线

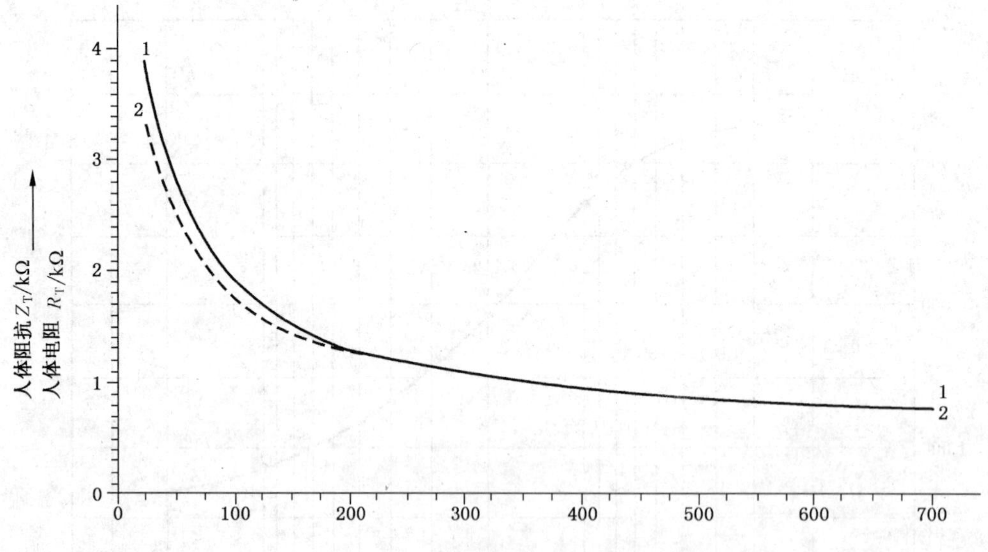

1——直流的人体电阻 R_T；

2——交流 50 Hz 的人体阻抗 Z_T。

图 13　干燥条件，电流路径为手到手，大的接触表面积，50 Hz/60 Hz 交流和直流接触电压至 700 V 时，活人 50%被测对象的人体总阻抗 Z_T 和总电阻 R_T 测定的统计值

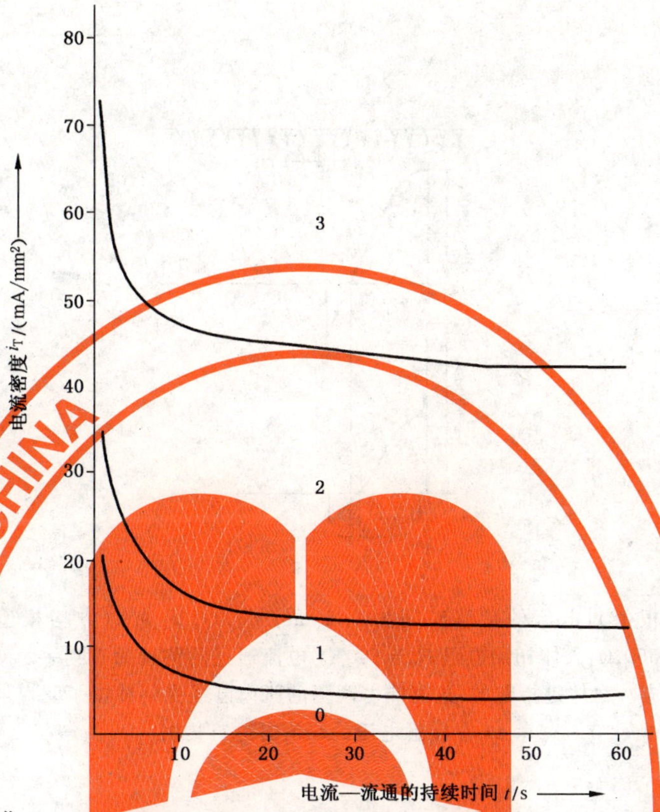

注：区域 3 呈现皮肤碳化；

区域 2 呈现电流伤痕；区域 1 呈现皮肤变红；区域 0 没有效应。

图 14 人的皮肤状况与电流密度 i_T 和电流的持续时间之间的关系曲线（各区域的详细说明见 5.7）

电极型号	接触面积的形状	接触面积大小 有效面积/mm² 数量级/mm²	附图/ mm
A	黄铜圆柱	大的 8 200 10 000	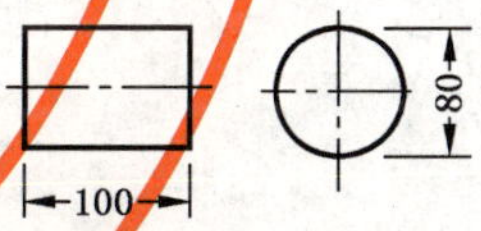
B	用绝缘带适当包覆的圆环形	中等的 1 250 1 000	
C	用绝缘带适当包覆的方形	小的 100 100	
D	绝缘材料圆柱上的圆形电极	10	
E	绝缘材料圆柱上的圆形电极[a,b]	1	

[a] 在这种型式内，还有四个面积为 1 mm² 的电极，成十字形的位于距圆柱表面中心的电极 30 mm 处，以便测定在手掌内对于这些点的偏差。

[b] 用这种电极测定的结果表明，几乎没有可再现性。

图 15 测定人体阻抗 Z_T 与接触表面积之间关系曲线的电极

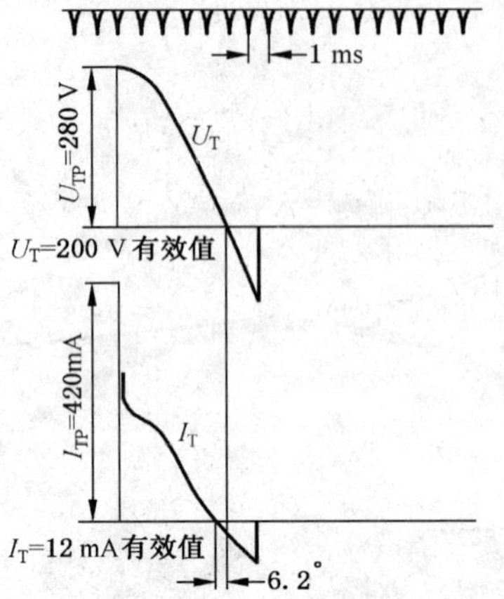

$U_T=200$ V,交流(方均根值),电流的持续时间为 6.5 ms。$I_T=129$ mA(方均根值),接触电流的峰值 $I_{TP}=420$ mA,人体总阻抗 $Z_T=1\ 550\ \Omega$,人体初始电阻 $R_o=660\ \Omega$,电流通过的路径为手到手。双臂、双肩和两腿具有强烈疼痛的感觉和不自觉的肌肉反应。身体是抬起的,这意味着两腿的肌肉已经受到冲击了。

a) 在接触电压的峰值时进行接触

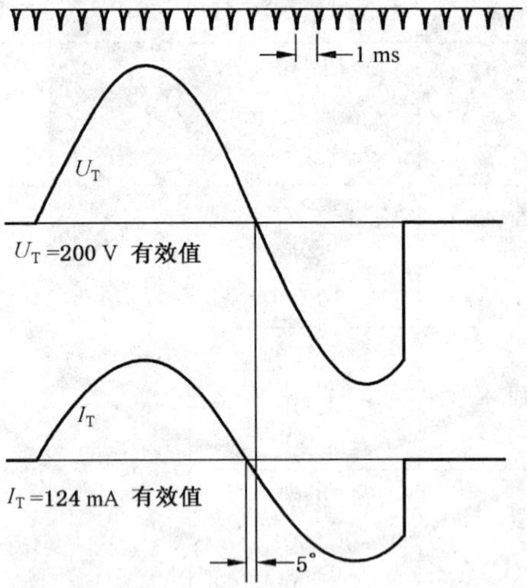

$U_T=200$ V,交流(方均根值),电流的持续时间为 16.5 ms,$I_T=124$ mA(方均根值),在电流的示波图中没有尖峰,人体的总阻抗 $Z_T=1\ 613\ \Omega$,生理效应如 a)图所述。

b) 在接触电压过零时进行接触

图 16　干燥条件,电流路径为手到手,大的接触表面积测定的交流接触电压 U_T 和接触电流 I_T 的示波图

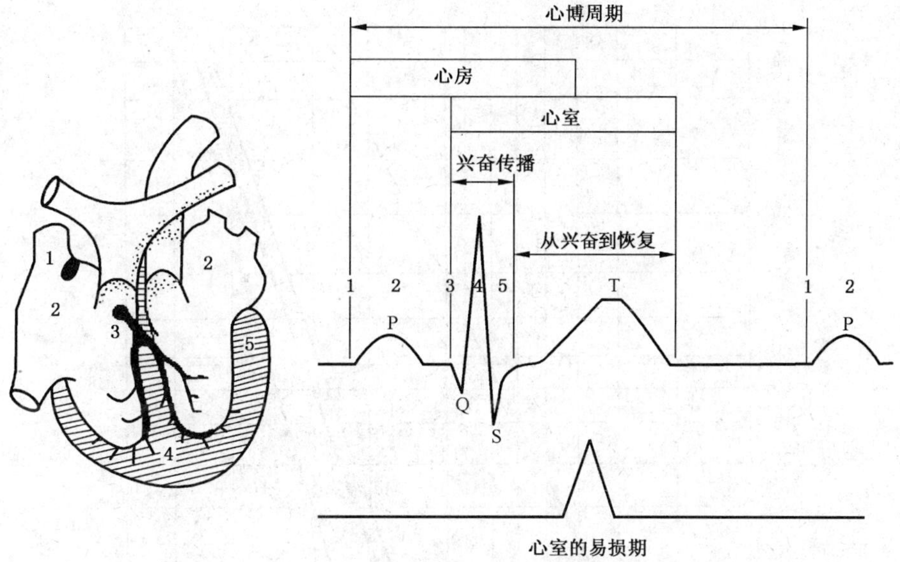

注：数字表示兴奋传导的后续阶段。

图 17　心博期间心室易损期的出现

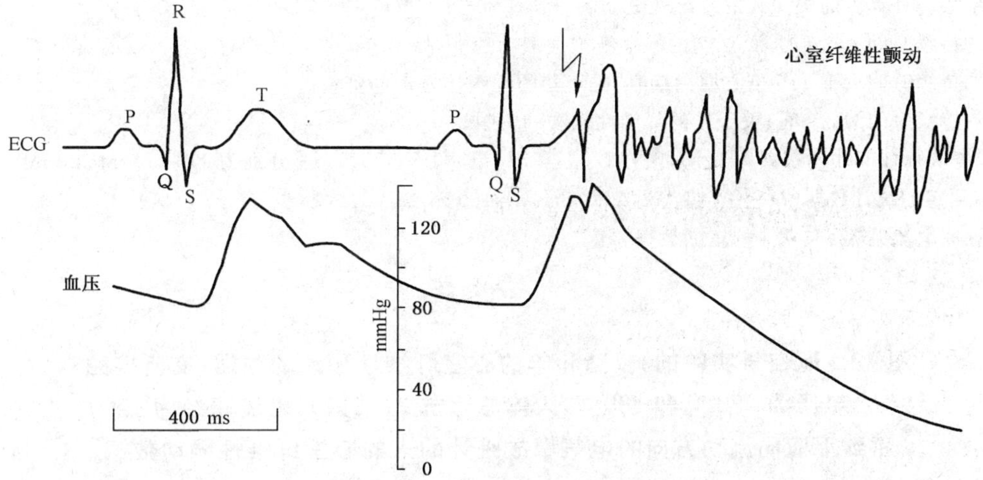

图 18　易损期心室纤维性颤动的触发——对心电图(ECG)和血压的影响

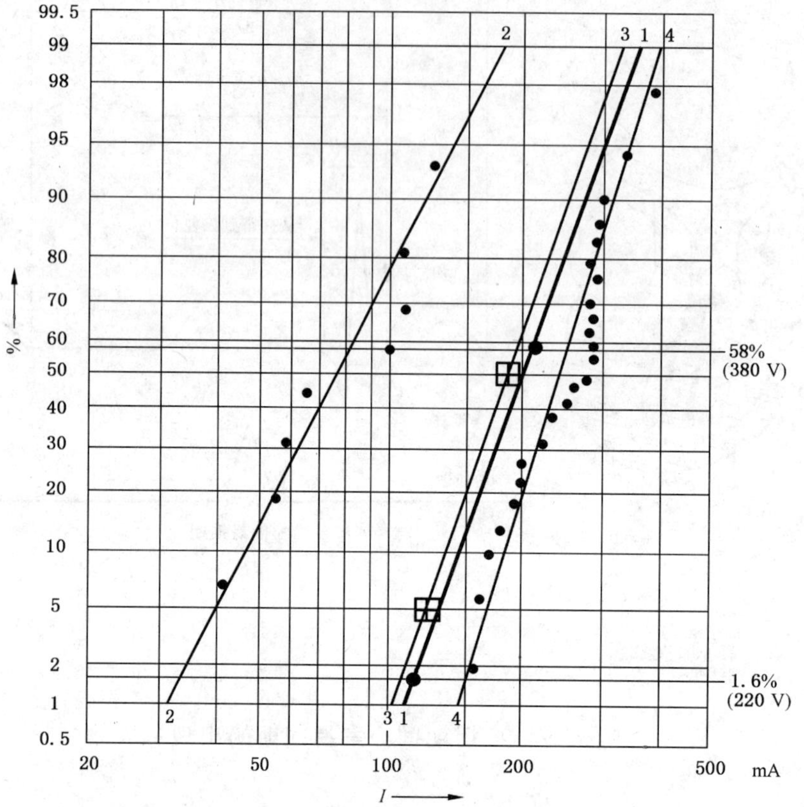

注:

1　由对事故统计计算的关于人的纤维性颤动的资料(U_T=220 V,1.6%。U_T=380 V,58%)

2　电流的持续时间为 5 s 时,关于狗的心室纤维性颤动的资料。

3　电流的持续时间大于 1.5 倍心博周期时,关于猪的纤维性颤动的资料。

4　电流的持续时间为 3 s 时,关于羊的纤维性颤动的资料。

●　根据事故统计的计算数据(U_T=220 V,1.6%和 U_T=380 V,58%,I_T 分别为 110 mA 和 220 mA)(1)

⊞　对猪测定的统计数据(I(5%)=120 mA,I(50%)=180 mA)

(1)用心脏—电流系数 F=0.4 校正的数据。

图 19　取自于实验的狗、猪和羊的心室纤维性颤动的数据;交流接触电压为 220 V 和 380 V,人体总阻抗 Z_T(5%),电流路经为手到手横向流动方向的电气事故统计的人的心室纤维性颤动数据

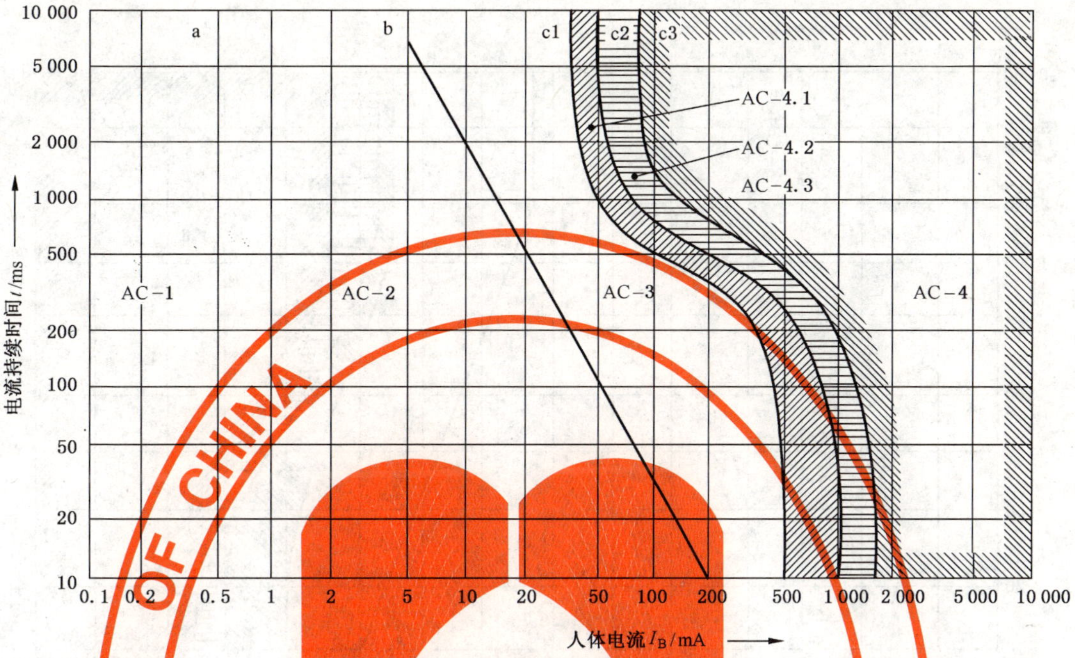

图 20 电流路径为左手到双脚的交流电流(15 Hz～100 Hz)对人效应的约定的时间/电流区域(说明见表 11)

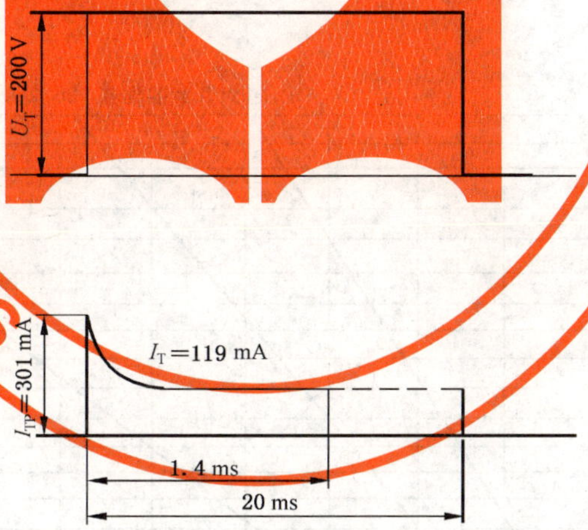

U_T=220 V,直流,电流的持续时间为 20 ms,接触电流 I_T=119 mA,峰值 I_{TP}=301 mA,人体总电阻 R_T=168 Ω,人体初始电阻 R_o=664 Ω。双手臂和双肩有强烈的、烧灼的感觉和无意识的肌肉痉挛。

图 21 干燥条件,电流路径为手到手,大的接触表面积,关于直流的接触电压 U_T 和接触电流 I_T 的示波图

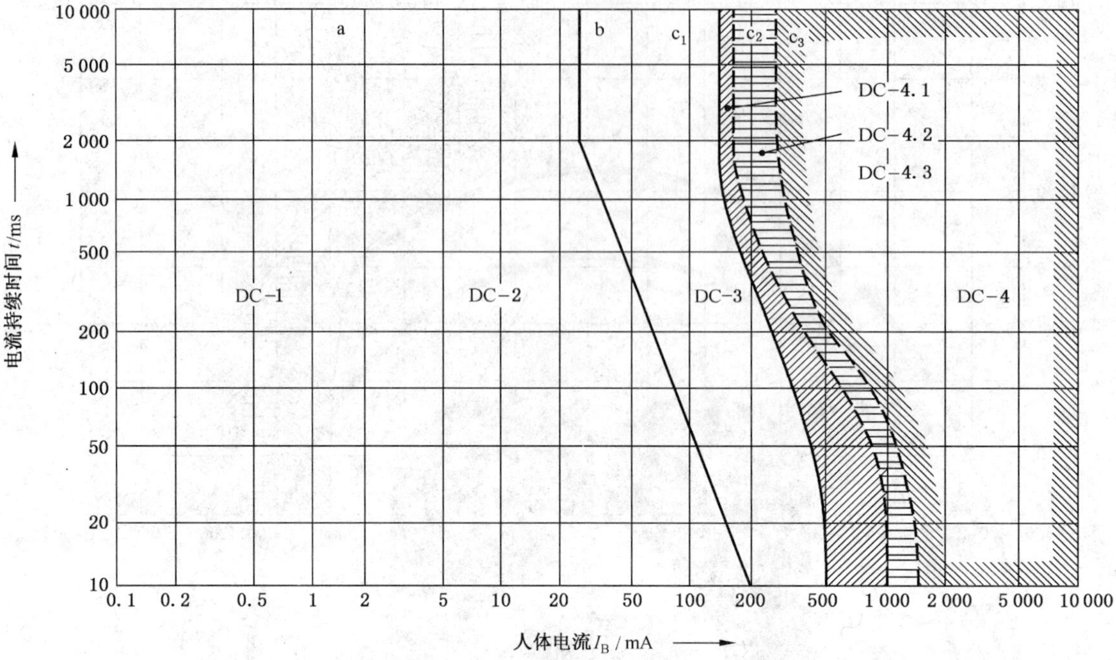

图 22　电流路径为纵向向上的直流电流对人效应的约定的时间/电流区域(说明见表 13)

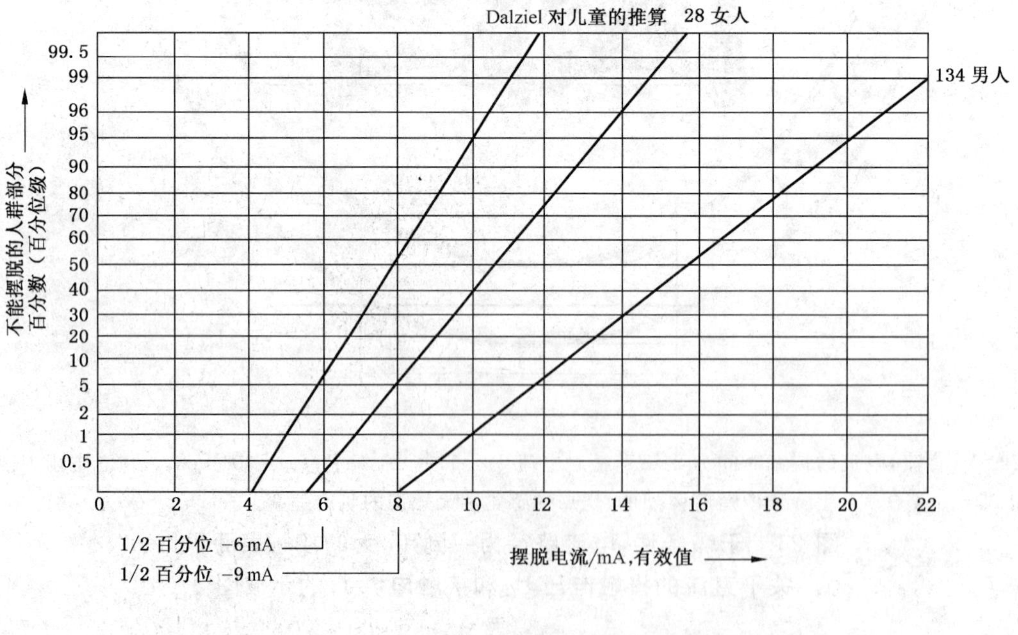

图 23　60 Hz 正弦电流的摆脱电流

附录　引言

在本部分的上一版，即 GB/T 13870.1—1992《电流对人和家畜的效应　第1部分：通用部分》(参照采用 IEC 60479:1984)出版以后，IEC 曾经在 1994 年发布了该标准的第 3 版，在这一版第 2 章，关于人体阻抗，几乎没有包含什么关于阻抗与接触表面积之间关系方面的资料，而且只是对于干燥的条件。

因此，在干燥、水湿润和盐水湿润和条件下，电流路径为手到手，中等的和小的接触表面积，在 50 Hz 的交流接触电压为 25 V 的情况下，对 10 个活人进行了测定。关于 5%、50%和 95%被测对象的阻抗值，是从这些测定结果中计算出来的。

由于使人不舒服的感觉和固有危险的可能性，在干燥、水湿润和盐水湿润的大的接触表面积(数量级为 10 000 mm^2)和干燥条件下中等的和小的接触表面积(数量级分别为 1 000 mm^2 和 100 mm^2)，交流接触电压从 25 V 至 200 V 时，仅对一名成年人进行了测定。尽管如此，借助于偏差系数，还是能够推导出活人如 5%、50%和 95%被测对象的人体总阻抗 Z_T 的数值。对同一个成年人，采用更小的接触表面积(10 mm^2 和 1 mm^2)，而且是两手的指尖之间，也进行了测定。

为了计算在大的接触表面积、接触电压在 200 V 到 700 V 以及更高达渐近值的情况下，关于活人 5%、50%和 95%被测对象的人体总阻抗 Z_T，对 IEC 60479-1 的第 2 版所采用的方法作了改进，即考虑了尸体在测定期的不同温度，而对活人温度取 37℃。

而且在第 3 章中，对脚到脚的电流路径，引进了心脏电流系数 F。这一点对由跨步电压引起的电气危险是很重要的。

附　录　A
（规范性附录）
对活人和尸体进行的人体总阻抗 Z_T 的测定及其结果的统计分析

为了获得关于活人的人体总阻抗 Z_T 实际的数据，采用了下列程序：

a)　对活人的进行测定所采用的电流路径为手到手，所用的电极是在图 15 中所示的。

b)　干燥条件下，大的接触表面积（图 15 中的 A 型电极），交流 50 Hz 的电压为 25 V 时，对 100 个活人进行了人体总阻抗的测定。测定是在施加电压 0.1 s 以后进行的。关于 5%、50% 和 95% 被测对象的人体总阻抗数据，其结果如表 A.1 所示。

表 A.1　干燥条件，A 型电极，偏差系数 F_D（5% 和 95%）和人体总阻抗 Z_T

条　件	人体总阻抗 Z_T(Ω)/偏差系数 F_D		
	5%	50%	95%
干燥	1 750/0.54	3 250	6 100/1.88

c)　干燥、水湿润和盐水湿润的条件下，电流的最大持续时间为 25 ms，中等的和小的接触表面积（图 15 中的 B 型和 C 型电极），对 10 个活人进行了人体总阻抗的测定。其结果如表 A.2 和表 A.3 中所示。

1）B 型电极（接触面积为 1 000 mm^2）

表 A.2　干燥、水湿润和盐水湿润条件，B 型电极，偏差系数 F_D（5% 和 95%）和人体总阻抗 Z_T

条　件	人体总阻抗 Z_T(Ω)/偏差系数 F_D		
	5%	50%	95%
干燥	12 900/0.63	20 600	32 800/1.59
水润湿	5 500/0.59	9 350	15 900/1.70
盐水润湿	1 850/0.76	2 425	3 175/1.31

2）C 型电极（接触面积为 100 mm^2）

表 A.3　干燥、水湿润和盐水湿润条件，偏差系数 F_D（5% 和 95%）的人体总阻抗 Z_T

条　件	人体总阻抗 Z_T(Ω)/偏差系数 F_D		
	5%	50%	95%
干燥	80 400/0.48	169 000	355 500/2.10
水润湿	39 700/0.54	73 400	135 600/1.85
盐水润湿	5 400/0.74	7 300	9 875/1.35

大致上，对干燥和水湿润条件，在 U_T=25 V 时，根据 Z_T(50%) 的数值，计算 Z_T(5% 和 95%) 的数值，所选用的偏差系数为：

$$F_D(5\%)=0.54 \text{ 和 } F_D(95\%)=1.88$$

对于盐水湿润条件：

$$F_D(5\%)=0.74 \text{ 和 } F_D(95\%)=1.35$$

以上结果假设与接触表面积无关。

d)　对一个活人的身体总阻抗 Z_T 进行的测量，是在上述的 a)、b) 和 c) 项条件下，采用接触电压到 150 V，而当接触电压到 200 V 时，电击的持续时间最大达 0.03 s。

对于电流路径和电流的持续时间采用下列条件：

实验系列 A:有效接触面积为 8 250 mm^2,双手分别紧握两电极,电流持续时间为 0.1 s(图 15,A 型电极)。

实验系列 B:有效接触面积为 1 250 mm^2,用双手分别紧握两电极,电流持续时间几秒,电压到 75 V,大于 75 V 持续时间为 0.1 s(图 15,C 型电极)。

实验系列 C:有效接触面积为 100 mm^2,两电极分别紧压在两手掌中央,电流持续时间几秒,电压到 75 V,大于 75 V 持续时间为 0.1 s(图 15,C 型电极)。

实验系列 D:有效接触面积为 10 mm^2,两电极分别紧压在两手掌中央电流持续时间为几秒,电压到 100 V,大于 100 V 持续时间为 0.1 s~0.3 s(图 15,D 型电极)。

实验系列 E:有效接触表面积为 1 mm^2,两电极分别紧压在两手掌中央,电流持续时间为几秒,电压到 150 V,大于 150 V 持续时间为 0.1 s~0.2 s(在 220 V 时皮肤被击穿)(图 15 E 型电极)。

e) 人体总阻抗是对在右和左两手的食指尖之间、(接触表面积大约 250 mm^2)的 50 Hz 的交流接触电压从 25 V~200 V 的范围测定。测定是在施加电压后 20 ms 进行的。电压是在接触电压过零时施加。

结果表示在图 6 中。

f) 在干燥的条件下,对接触电压从 25 V~5 000 V,由 Freiberger{1}采用大型的电极(约为 9 000 mm^2),取电流路径为手到手和一手到一脚,对大量的尸体进行了测定,确定了 5%、50% 和 95%的百分位级的人体总阻抗的数据。

测定是在施加电压后 3 s 进行的。

g) 对于大的接触表面积利用尸体测定的人体总阻抗(上述 f)项)、其中,接触电压至 220 V 显示的过高皮肤阻抗,是利用将曲线调整到对活人所测定的数值而加以修订的。作为这种调整,对由于将尸体的温度转变到活人的 37℃而引起人体阻抗的变化,是利用一个温度降低系数 F_T=0.7 加以考虑的。

h) 对于中等的和小的接触表面积,接触电压 U_T=25 V~200 V,干燥、水湿润和盐水湿润条件下,关于活人 50%被测对象的人体总阻抗 Z_T(50%),可以采用根据上面第 1)~4)项说明的测定所获得的数据予以确定。

i) 对于大的、中等的和小的接触表面积,在干燥、水湿润和盐水湿润的条件下,活人 5%和 95%被测对象的所有数据,都可以利用 Z_T(50%)数据的偏差系数 F_D(5%)和 F_D(95%)的数据计算。

这些偏差系数是用于接触电压到 400 V 的计算,即从对于干燥和水湿润条件、U_T=25 V 时的数值 F_D(5%)=0.54 和 F_D(95%)=1.88,直至电压到 400 V,随着皮肤阻抗的变化,其数值也变至盐水润湿条件的 F_D(5%)=0.74 和 F_D(95%)=1.35。这是假设在盐水湿润条件下的皮肤阻抗可以忽略不计。F_D 的这些数值如表 A.4 所示。

表 A.4 大的、中等的和小的接触表面积,干燥和水湿润条件,接触电压 U_T 为 25 V~400 V 的偏差系数 F_D(5%)和 F_D(95%)

U_T/V	25	50	75	100	125	150	175	200	300	400
F_D(5%)	0.54	0.55	0.565	0.575	0.585	0.6	0.615	0.625	0.68	0.74
F_D(95%)	1.88	1.84	1.8	1.76	1.72	1.685	1.65	1.6	1.48	1.35

盐水条件下的偏差系数,即 F_D(5%)=0.74 和 F_D(95%)=1.35 是与接触电压无关的。

用这种测试方法,对大的,中等的和小的接触表面积,干燥、水湿润和盐水湿润条件下、关于活人 5%、50%和 95%被测对象的人体总阻抗 Z_T 的计算数据,如表 1~表 3 和表 4~表 9 中所示。

附　录　B
（规范性附录）
频率对人体总阻抗（Z_T）的影响

为获得频率对活人总阻抗 Z_T 的影响的实际值，采用了如下程序：

a)　在干燥状况下，对 10 个活人进行了测量，其接触电压为 10 V，频率自 25 Hz～20 kHz，电流通路为手到手，用大圆柱形电极（约 8 000 mm^2）。5%、50% 和 95% 被测对象的人体总阻抗值用统计方法确定。

b)　由于强烈的肌肉效应，仅对一个活人进行了测量，条件与上述 a）项相同，接触电压为 25 V，频率为 25 Hz～2 kHz。

　　a）项和 b）项的测量均在施加电压 0.05 s 后进行。这些测量结果，示于图 10 和图 11。

c)　图 12 中 50% 被测对象的值的确定，采用了图 10 中接触电压为 10 V 的数据和表 1 中 50 Hz 接触电压 25 V～1 000 V 的数据。此图显示人体总阻抗对频率的关系，频率范围为 50 Hz～2 kHz，触电压为交流 10 V～1 000 V，人口 50% 被测对象的人体总阻抗在 50 Hz 750 Ω 和 2 kHz 600 Ω 的两个渐近值之间为一条直线。

　　接触电压 50 V～1 000 V 的曲线（图 12 中的虚线）是按 a）项和 b）项所测出的 10 V～25 V 的曲线类推而绘制的。

附 录 C
(规范性附录)
直流电流的人体总电阻(R_T)

为获得活人直流电流的人体总电阻(R_T)的实际值,采用了下列程序:

a) 在干燥的条件下,采用大的圆柱形电极(约 8 000 mm^2)接触电压为纯直流 25 V 时,手到手的电流路径,对 50 个活人进行了测定。关于 5%、50%和 95%被测对象的人体总电阻的数据,是根据统计方法确定的。

b) 将表 1 交流 50 Hz 接触电压 200 V 以上的人体总阻抗的数据,用作直流接触电压 200 V 与 1 000 V 之间的人体总电阻 R_T 值和渐进值。接触电压 25 V 和 200 V 之间的人体总电阻 R_T 值,是类似对交流 50 Hz 所做的那样,从图 13 中获得的。按上述方法确定直流的人体总电阻 R_T 值列于表 10。

注:在电压 200 V 以上,关于交流 50 Hz 的皮肤阻抗与直流的皮肤电阻之间的差异,假设为可以忽略。

附 录 D
（资料性附录）
Z_T 计算的实例

接触电流 I_T 的计算对评估电击防护措施和电气事故的调查研究都是很重要的。接触电流 I_T 的计算采用下式：

$$I_T=\frac{U_T}{Z_T}$$

式中：

U_T——接触电压；

Z_T——给定的电流路径、接触的表面积和接触条件的人体的总阻抗。

下面的计算是以本部分的相关表面积为依据，对 50%级阻抗值进行的计算。选择 50%级阻抗值是因为它的数据在统计学上是最可靠的。对如下的四个例子进行了计算：

a) 接触电压 100 V 和 200 V，干燥的接触表面，电流的路径为双手到双脚，双手的接触表面积是中等的（数量级为 1 000 mm^2，表 4），双脚则为大的接触表面（表 1）；

b) 接触电压 100 V 和 200 V，干燥的接触表面，电流路径为手到手，小的接触表面（数量级为 100 mm^2，表 7）；

c) 接触电压为 25 V，盐水润湿的接触表面，电流路径为双手到身体的躯干，双手接触表面积是大的（数量级为 10 000 mm^2，表 3），而身体的躯干则是很大的（忽略皮肤阻抗）。这个电流路径是模拟一个人坐在地面上并用双手握住出故障的Ⅲ类设备（SELV）。计算其值时舍入到 5 Ω。

d) 在接触电压至少为 1 000 V 的情况下，接触面积，接触的条件以及电压的种类，都没有使人体的电阻值产生本质上的差别。所选择的电流路径是模拟一坐在地面上的人，其头部接触一高压导体。

例 1

接触电压为 100 V 与 200 V，交流 50 Hz/60 Hz，电流的路径为双手到双脚，干燥的条件。双手的接触表面积为中等的，双脚的表面积为大的。

采用如下的符号：

Z_{TA}(H－H)人体总阻抗，大的接触表面积，手到手

Z_{TA}(H－F)人体总阻抗，大的接触表面积，一手到一脚

Z_{TA}(H－T)人体总阻抗，大的接触表面积，手到躯干

$$Z_{TA}(H-T)=Z_{TA}(H-H)/2$$

Z_{TA}(T－F)人体总阻抗，大的接触表面积，躯干到一脚

$$Z_{TA}(T-F)=Z_{TA}(H-F)-Z_{TA}(H-T)$$

Z_{TB}(H－H)人体总阻抗，中等尺寸的接触表面积，手到手

Z_T 大的接触表面积的 Z_{TA}(H－H)的数据列于表 1，中等接触表面积的 Z_{TB}(H－H)的数据列于表 4。

关于第 50 个百分位级的计算如下：

$$Z_{TA}(H-H)=1\ 725\ \Omega(100\ V)和\ 1\ 275\ \Omega(200\ V)$$

对一手到一脚的电流路径采用系数 0.8。

注：有些实验测定者建议，将手到手的人体阻抗减小 10%至 30%，以便于计算一手到一脚的人体阻抗。取平均值 20%，即给出系数 0.8。

Z_{TA}(H－F)＝1 380 Ω(100 V)和 1 020 Ω(200 V)

Z_{TA}(H－T)的结果采用 $Z_{TA}(H-T)=Z_{TA}(H-H)/2$

Z_{TA}(H－T)＝860 Ω(100 V)和 635 Ω(200 V)

因此，采用 $Z_{TA}(T-F)=Z_{TA}(H-F)-Z_{TA}(H-T)$

Z_{TA}(T−F)=520 Ω(100 V)和 385 Ω(200 V)

对于中等的接触表面积(约 1 000 mm^2)是从表 4 中得出：

Z_{TA}(H−H)=5 200 Ω(100 V)和 2 200 Ω(200 V)

因此，采用 Z_{TB}(H−T)=Z_{TB}(H−H)/2

Z_{TB}(H−T)=2 600 Ω(100 V)和 1 100 Ω(200 V)

总阻抗 Z'_T=Z_{TA}(T−F)+Z_{TB}(H−T)

Z'_T=3 120 Ω(100 V)和 1 485 Ω(200 V)

而由于双手和双脚为并联，则 Z_T=Z'_T/2

Z_T=1 560 Ω(100 V)和 740 Ω(200 V)

引向接触电流 I_T

I_T=65 mA(100 V)和 270 mA(220 V)

计算结果汇总列于表 D.1。

表 D.1　干燥条件，双手到双脚的电流路径，手为中等的接触表面积，双脚为大的接触表面积，降低系数 0.8，50%被测对象的人体总阻抗数值和接触电流 I_T 的电生理效应

接触电压/V	阻抗 手到躯干 Z_{TB}(H−T)/Ω	阻抗 躯干到脚 Z_{TA}(T−F)/Ω	阻抗 (双)手到(双)脚 Z_T/Ω	接触电流 I_T/mA	电流持续时间 t=10 ms～30 ms 的电生理效应
100	2 600	520	1 560	65	短促冲撞感
200	1 100	385	740	270	强烈电击，身体隆起，双手臂痛性痉挛

应注意的是在 U_T=200 V 时的接触电流 I_T 高达 100 V 的 4 倍之多，如果电流的持续时间长于 0.2 s，则心室纤维性颤动就会以很高的概率出现。

例 2

50 Hz/60 Hz 的交流接触电压 100 V 和 200 V，电流路径为手到手，干燥条件，接触表面积为小的(C 型电极，表 7)。

计算是简单的。按照表 7，在干燥条件下，关于小的接触表面积的人体总阻抗。是用 U_T=100 V 时的 Z_{TC}(H−H)=40 kΩ 和 U_T=200 V 时的 5.4 kΩ 表示的。

就 U_T=100 V 时接触电流 I_T=2.5 mA 和 U_T=200 V 时 I_T=37 mA 而言，这种结果，即使是后一个数值，也仍然是处于心室纤维性颤动阈之下。对于电流的比较长的持续时间(几秒钟)，在皮肤阻抗(Z_T 约为 100 Ω)被击穿以后，则 I_T 势必会超过 0.1 A 而引起致命的电气事故。

例 3

50 Hz/60 Hz 的交流接触电压为 25 V，电流路径为双手对身体躯干成并联，盐水润湿条件下，由于很大的手和人体躯干的表面积(皮肤阻抗可以忽略)，接触的表面积为大的(A 型电极，表 3)其计算也是简单的。50%被测对象的人体总阻抗 Z_T(H−H)，如 1 300 Ω，是在表 3 中给出的。

因此，采用 Z_{TA}(H−T)=Z_{TA}(H−H)/2=650 Ω

因双手对人体躯干成并联 Z_T=Z_{TA}(H−T)/2=325 Ω

结果导致接触电流 I_T=77 mA。

尽管使用安全特低电压(SELV)，仍然发生了大大超过摆脱阈之上的强烈的不自觉的肌肉反应的电击。

例 4

对电压为 1 000 V 及其以上，与手到手的路径相关的渐近的阻抗值，5%、50%和 95%级的值分别是 575 Ω、775 Ω 和 1 050 Ω。在这种电压时，皮肤阻抗是可以忽略的。为将图 2 用于计算 Z_T 值，需要将手到手的阻抗减少 10%～30%，如表 1 注 1 所说明的取平均值 20%，给出了一手到一脚的数值分别为460 Ω、620 Ω、840 Ω。

应用在图 2 中给出的系数，计算一个坐在地面上并用头接触高压导体的人的身体总阻抗 Z_T，则是简便易行的：

在 5%级的数值，Z_T=460 Ω×(0.10+0.013)=52 Ω

在 50%级的数值，Z_T=70 Ω

在 95%级的数值，Z_T=95 Ω

在此例中，得出的接触电流是几十安培的数量级，而且在更高的电压时还会增加。

参 考 文 献

[1] Freiberger, H.: "*Der elektrische Widerstand des menschlichen Körpers gegen technischen Gleich-und Wechselstrom*", Verlag Julius Springer, Berlin, (1934). Translated into English by Allen Translation Service, Maplewood, N. Y., U. S. A., No. 9005.

[2] Biegelmeier, G.: "*Report on the electrical impedance of the human body and on the behaviour of residual current-operated earth-leakage circuit-breakers in case of direct contact for tensions up to* 200 *V a. c.*, 50 *Hz*", Transactions: Symposium on electrical shock safety criteria, Toronto, 1983. Pergamon Press, Toronto, (1984).

[3] Biegelmeier, G.: "*Über den Einfluss der Haut auf die Körperimpedanz des Menschen*", E. u. M., Vol. 97 (1980) No. 9, p. 369-378.

[4] Sam, U.: "*Neue Erkenntnisse Ober die elektrische Gefährdung des Menschen bei Teildurchströmungen des Körpers*", VDRI-Jahrbuch (1969), Nordwestl. Eisen-und Stahl-Berufsgenossenschaft, Hannover.

[5] Osypka, P.: "*Messtechnische Untersuchungen über Stromstarke, Einwirkungsdauer und Stromweg bei elektrischen Wechselstromunfällen an Mensch und Tier, Bedeutung und Auswertung für Starkstromanlagen*", Elektromedizin, Vol. 8, (1963), Nr. 3 et/and 4.

[6] Wagner, E. Ch.: "*Über die Diagnostik von Stromeintrittstellen auf der menschlichen Haut*". Dissertation Universität Erlangen, (1961), Bundesrepublik Deutschland/Federal Republic of Germany.

[7] Biegelmeier, G., Mörx, H. and Bachl, H.: "*Neue Messungen des Körperwiderstan-des lebenden Menschen mit Wechselstrom* 50 *Hz, sowie mit höheren Frequenzen und mit Gleichstrom*" e&i, 108. Jg. (1991), H. 3, p. 96-113.

[8] Kieback, D.: "*Ergebnisse von Forschungsarbeiten und statistischen Untersuchungen des Institutes zur Erforschung elektrischer Unfalle*", e&i, 106. Jg. (1989), H. 1, p. 14-20.

[9] Bachl, H., Biegelmeier, G. and Hirtler, R.: "*Körperimpedanzen des Menschen bei trockenen, wassernassen und salznassen Berührungsflächen verschiedener Größe*"; ESF-Report No. 2, Private non-profit Foundation "Electrical Safety", Vienna, (2001)

[10] Ferris, L. P., King, B. G., Spence, P. W. et/and Williams, H. S.: "*Effects of electric shock on the heart*" Electr. Eng., Vol. 55 (1936), p. 498.

[11] Dalziel, C. F.: "*Dangerous electric currents*" AIEE transactions, Vol. 65 (1946), p. 579, Discussion, p. 1123.

[12] Kouwenhoven, W. B., Knickerbocker, G. G., Chesnut, R. W., Milnor, W. R. and Sass, D. J.: "*A. C. shocks on varying parameters affecting the heart*", Trans. Amer. Inst. Electr. Eng. Part 1, Vol. 78 (1959), p. 163.

[13] Osypka, P.: "*Messtechnische Untersuchungen über Stromstarke, Einwirkungsdauer und Stromweg bei elektrischen Wechselstromunfällen an Mensch und Tier, Bedeutung und Auswertung für Starkstromanlagen*", Elektromedizin, Vol. 8, (1963), Nr. 3 et/and 4.

[14] Antoni, H., Biegelmeier, G. and Kieback, D.: "*Konventionelle Grenzwerte mit vertretbarem Risiko für das Auftreten von Herzkammerflimmern bei elektrischen Durchströmungen mit Wechselstrom* 50/60 *Hz bzw. Gleichstrom*"; ESF-Report No. 3, Private non-profit Foundation "Electrical Safety", Vienna, (2001).

[15] O'Keefe, W., Ross, N. G. and Trethewie, E. R.: "*Determining tolerable short duration*

electric shock potentials from heart ventricular fibrillation threshold data", Elec. Eng. Trans. I. E. Australia, Vol. EE8, No. 1, (April 1972), p. 9.

[16] Buntenkötter, S., Jacobsen, J. and Reinhard, H. J.: "*Experimentelle Untersuchungen an Schweinen zur Frage der Mortalität durch sinusförmige phasenangeschnittene sowie gleichgerichtete elektrische Ströme*", Biomedizinische Technik, Vol. 20 (1975), Nr. 3, p. 99.

[17] Biegelmeier, G. and Lee, W. R.: "*New considerations on the threshold of ventricular fibrillation for a.c. shocks at* 50-60 *Hz*", I. E. E. Proc., Vol. 127, No. 2, Pt. A. (March 1980), p. 103-110.

[18] Antoni, H.: "*What is measured by the so-called threshold of fibrillation*ö", Progress in pharmacology, Vol. 2/4, Gustav Fischer Verlag, Stuttgart, (1979).

[19] Raftery, E. G., Green, H. L. and Yacoub, M. H.: "*Disturbances of heart rhythm produced by* 50 *Hz leakage currents in human subjects*", Cardiovascular research, Vol. 9 (1975), p. 263-265.

[20] Kupfer, J., Bastek, R. and Eggert, S.: "*Grenzwerte zur Vermeidung von Unfällen durch elektrischen Strom mit tödlichem Ausgang*", Z ges. Hyg., Vol. 27 (1981), Nr. 1, p. 9.

[21] Bridges, J. E.: "*An investigation on low-impedance and low-voltage shocks*", IEEE-Transactions, Vol. PAS-100, Nr. 4, (April 1981), p. 1529.

[22] Biegelmeier, G.: "*Wirkungen des elektrischen Stromes auf Menschen und Nutztiere*", Lehrbuch der Elektropathologie, VDE-Verlag Berlin and Offenbach, (1986).

[23] Kupfer, J., Funke, K. and Erkens, R.: "*Elektrischer Strom als Unfallursache*", Verlag Tribüne Berlin, (1987).

[24] Kieback, D.: "*Ergebnisse von Forschungsarbeiten und statistischen Untersuchungen des Institutes zur Erforschung elektrischer Unfälle*", e&i, 106. Jg. (1989), H. 1, p. 14-20.

[25] Dalziel, C. F. and Lee, W. R. "Re-evaluation of Lethal Electric currents" (1968) IEEE Transactions on Industry Applications IGA-4(5), pp. 467-467.

[26] Antoni, H. and Biegelmeier, G.: *Über die Wirkungen von Gleichstrom auf den Menschen*", E und M., Vol. 96 (1979), Nr. 2, p. 71.

[27] Killinger, J.: "*Vergleichende Untersuchungen von elektrischen Unfällen durch Gleichstrom bei Spannungen bis* 1 200 *V in technischer Hinsicht*", Elektromedizin, Bd. 4 (1959), H. 5.

[28] Antoni, H., Hohnloser, S. and Weirich, J.: "*Worauf beruht der Unterschied in der biologischen Wirkung von Gleichstrom und von Wechselstrom am Herzen*", Arbeitsmedizin, Bd. 17 (1982), H. 7., p. 167.

[29] Brinkmann, K. and Schaefer, H. (Hrsg): "*Der Elektrounfall*", Berlin; Heidelberg; New York: Springer (1982).

[30] CEI 60479-2:1987, *Effets du courant passant par le corps humain-Deuxième partie: Aspects particuliers.*

[31] CEI 60479-3:1998, *Effets du courant sur l'homme et les animaux domestiques-Partie* 3: *Effets de courant passant par le corps d'animaux domestiques.*

ICS 83.140.50;23.100.60
G 43

GB

中华人民共和国国家标准

GB/T 13871.3—2008

密封元件为弹性体材料的旋转轴唇形密封圈 第3部分:贮存、搬运和安装

Rotary shaft lip-type seals incorporating elastomeric sealing elements—Part 3:Storage,handling and installation

(ISO 6194-3:1988,Rotary shaft lip-type seals—Part 3:Storage,handling and installation,MOD)

2008-05-14 发布　　2008-10-01 实施

中华人民共和国国家质量监督检验检疫总局
中国国家标准化管理委员会　发布

前　言

GB/T 13871《密封元件为弹性体材料的旋转轴唇形密封圈》分为6个部分：

——第1部分：基本尺寸和公差；

——第2部分：词汇；

——第3部分：贮存、搬运和安装；

——第4部分：性能试验程序；

——第5部分：外观疵点和缺陷的识别；

——第6部分：弹性体材料的性能要求。

本部分为GB/T 13871的第3部分。

本部分修改采用ISO 6194-3:1988《旋转轴唇形密封圈　第3部分：贮存、搬运和安装》(英文版)。

本部分根据ISO 6194-3:1988重新起草。

由于我国工业的特殊需要，本部分在采用国际标准时进行了修改，这些技术性差异用垂直单线标识在它们所涉及的条款的页边空白处。与ISO 6194-3:1988的主要技术性差异为：

——7.2内容由“密封唇应涂上适宜干净的润滑剂，防尘用的密封圈应涂上适宜的润滑脂”改为“密封唇口宜采用少量合适、洁净的润滑脂进行润滑。润滑脂用量和型号宜由买卖双方协商确定”，因为修改后的叙述更加合理；

——7.3内容由“通常密封圈的唇口应面向被密封的液体”改为“内包骨架密封圈或密封圈的外表面宜采用合适的、洁净的润滑脂进行润滑。润滑脂用量和型号宜由买卖双方协商确定”，因为修改后的叙述更加合理；

——增加了引用标准GB/T 5719，因为GB/T 5719中包含密封元件为弹性体材料的旋转轴唇形密封圈用术语和定义。

为了便于使用，本部分还做了下列编辑性修改：

——将国际标准的“第0章”改为本部分的“引言”；

——删除国际标准的前言。

本部分由中国石油和化学工业协会提出。

本部分由全国橡胶与橡胶制品标准化技术委员会密封制品分技术委员会(SAC/TC 35/SC 3)归口。

本部分起草单位：青岛北海密封技术有限公司、无锡恩福油封有限公司、青岛开世密封工业有限公司、西北橡胶塑料研究设计院、原平市泰宝密封有限公司。

本部分主要起草人：徐立刚、吴兴才、高鉴明、曹元礼、贾宪宝、陈益民、高静茹。

引　　言

唇形密封圈是在使用旋转轴的设备上用于密封液体或润滑脂的。有些情况下，轴是静止的而腔体旋转。低压差的唇形密封圈的密封通常是因为在设计时轴和柔性密封元件间有过盈配合，过盈量通常由紧箍弹簧配合施加。密封圈外表面和腔体内孔表面之间的过盈量合适则能保持密封圈在腔体内并防止在外缘处的泄漏。

密封圈受到损害会影响其使用寿命，为了避免在安装前和安装过程中对密封圈的损害，必须对旋转轴唇形密封圈进行小心的贮存、搬运并适当地安装。

密封元件为弹性体材料的旋转轴唇形密封圈 第3部分:贮存、搬运和安装

1 范围

GB/T 13871的本部分规定了密封元件为弹性体材料的旋转轴唇形密封圈在贮存、搬运和安装中的使用指南。提示了所涉及到的危害以及避免这些危害的方法。

本部分适用于密封元件为弹性体材料的旋转轴唇形密封圈(以下简称密封圈)。

注:GB/T 13871与GB/T 21283互为补充,GB/T 21283规定的是热塑性材料的密封圈。

2 规范性引用文件

下列文件中的条款通过GB/T 13871的本部分的引用而成为本部分的条款。凡是注日期的引用文件,其随后所有的修改单(不包括勘误的内容)或修订版均不适用于本部分,然而,鼓励根据本部分达成协议的各方研究是否可使用这些文件的最新版本。凡是不注日期的引用文件,其最新版本适用于本部分。

GB/T 5719 橡胶密封制品 词汇

GB/T 13871.1 密封元件为弹性体材料的旋转轴唇形密封圈 第1部分:基本尺寸和公差(GB/T 13871.1—2007,ISO 6194-1:1982,MOD)

GB/T 17446 流体传动系统及元件 术语(GB/T 17446—1998,idt ISO 5598:1985)

3 术语和定义

GB/T 5719的2.3及GB/T 17446中确立的术语和定义适用于GB/T 13871的本部分。

4 贮存

4.1 密封圈应妥善贮存,因为贮存会影响密封圈的性能,并直接影响轴承和其他贵重机械零件的使用寿命。密封圈在贮存时可能会遇到的危害有:

——温度(见4.2);

——湿度(见4.2);

——放射性材料(见4.5);

——烟雾(见4.5);

——昆虫(见4.6);

——啮齿类动物(见4.6);

——灰尘(见4.7);

——沙粒(见4.7);

——机械损伤(见4.7)。

4.2 贮存场地应保证温度在10℃~25℃,平均湿度在40%~70%。

4.3 对于库存周转,密封圈应按照“先入先出”的原则贮存。

4.4 为了延缓臭氧老化,密封圈应避开直射或反射的阳光,应远离任何能产生臭氧的设备。

4.5 为了防止密封圈材料的老化，密封圈应避免放射性材料和烟雾的侵害。

4.6 密封圈应避免昆虫和啮齿类动物的侵害。

4.7 密封圈应贮存在非作业区，避免设备或下落物造成的机械损伤。封闭的包装箱能够防止机械损伤以及灰尘、沙粒和其他污染物。

4.8 装有密封圈的纸板箱在堆放时，应避免由于过重造成对底部密封圈的损害。

5 包装

5.1 在从生产厂家到用户的路途中以及在贮存过程中，应防止产品的损伤和外来杂质。

注：密封圈的包装有几种方法。良好的商业惯例规定最好的包装是既能提供所期望的防护而又成本最低。对于每一批零件运输中的包装要求，宜由供需双方协商确定。

5.2 在拆开包装的过程中，应注意不要用尖锐的器具，如刀、螺丝刀等，在拆封散装、桶装和单独包装或箱装时，防止不当操作而造成割破或撕破密封元件。

5.3 密封圈应在要被安装时才从包装中取出，这种做法将确保密封圈得到较好的保护和区分。

6 零散零件的维护

6.1 密封圈从包装中取出之后，应小心维护以防在安装之前被损害。应牢记密封唇是极易被损害的，最细小的缺口都可能是潜在的泄漏路径。

注：甚至指甲都能造成细小的缺口。

6.2 不允许用铁丝或细绳穿挂密封圈，或将密封圈悬挂在钉钩上。否则会导致密封唇变形甚至割口。

6.3 注意在处置密封圈时，密封圈可能会损害到其他的密封圈，尤其是当金属边缘接触到密封唇口时。

6.4 密封圈表面应避免接触沙粒、碎片和其他的研磨物。

6.5 如果有必要清洗密封圈，应要求生产厂家推荐适宜的清洁剂。

6.6 不允许在密封圈上使用研磨清洁剂，因为研磨清洁剂会磨掉弹性体材料和金属，导致磨损点和密封失效。

不应使用能导致密封元件和骨架之间的橡胶和金属材料破坏的溶剂，或是导致金属骨架损坏的溶剂。

在对清洁剂的相容性有怀疑的情况下，宜与生产厂家联系。

7 密封圈的安装

7.1 在安装前应检验密封圈，以确保密封圈是清洁和完好无损的。

7.2 密封唇口宜采用少量合适、洁净的润滑脂进行润滑。润滑脂用量和型号宜由买卖双方协商确定。

7.3 内包骨架密封圈或密封圈的外表面宜采用合适的、洁净的润滑脂进行润滑。润滑脂用量和型号宜由买卖双方协商确定。

注：安装垂直度是密封圈性能特性的关键因素，通过推压密封圈与腔体内孔的前表面齐平或到达底部紧靠腔体内孔的肩部来得到垂直度。

7.4 轴的端部以及腔体内孔的开口处应有 GB/T 13871.1 中规定的导入倒角。

7.5 安装工具如图 1 所示，安装工具将密封圈推至安装位置。

1——轴；
2——腔体内孔；
3——安装工具；
4——安装压力(见 7.5 和 7.6)；
5——与腔体内孔相垂直的机械加工表面。

图 1　密封圈的安装——贯通内孔：安装工具的底部紧贴在与内孔垂直的表面上

7.6　密封圈在安装时，无论是密封圈的底部紧靠在腔体内孔的肩部，还是密封圈平放于腔体内孔的前侧(见图 2 和图 3)，密封圈均应与机械加工表面配合。安装配合表面应抛光，以免使密封圈装偏。不应施加过大的压力以防密封圈骨架变形。

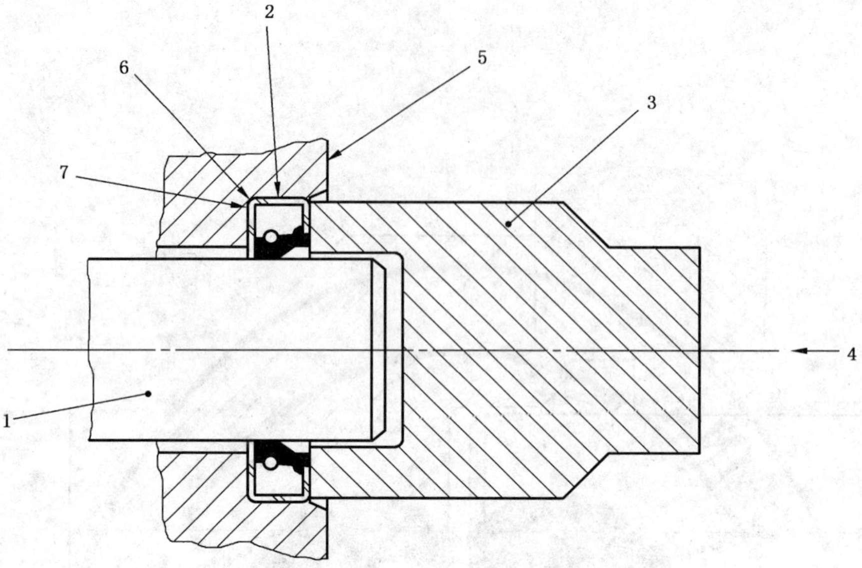

1——轴；
2——腔体内孔；
3——安装工具；
4——安装压力(见 7.5 和 7.6)；
5——铸态的内孔前侧；
6——底部最小圆角；
7——与腔体内孔相垂直的机械加工肩部。

图 2　密封圈的安装——有底内孔：密封圈的底部在机械加工内孔的肩部

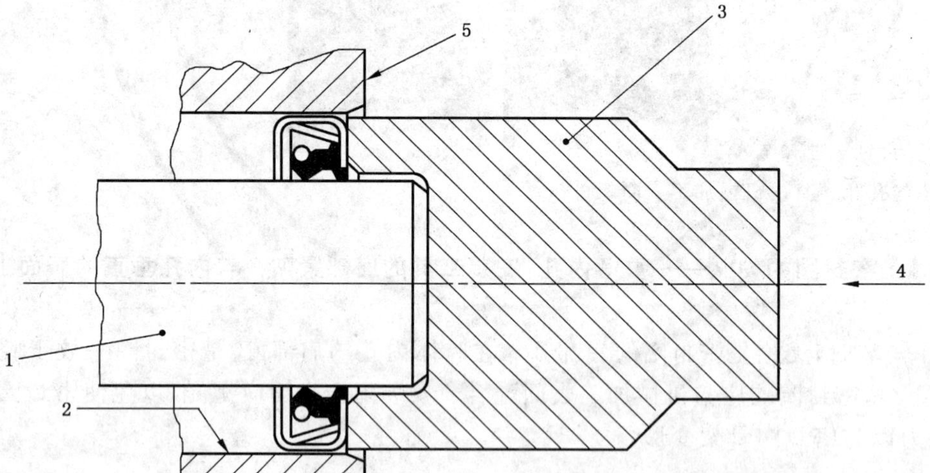

1——轴；
2——腔体内孔；
3——安装工具；
4——安装压力(见 7.7)；
5——铸态的腔体内孔前侧。

图 3　密封圈的安装——贯通内孔：安装工具的底部在轴端

7.7　密封圈反向装入腔体的安装方法如图 4 所示。

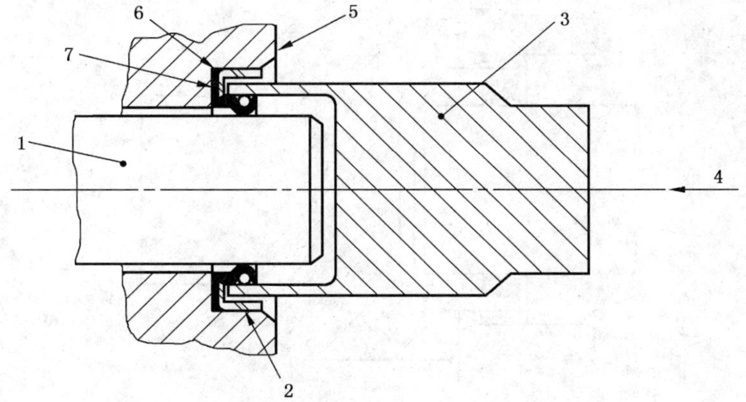

1——轴；
2——内孔；
3——安装工具；
4——安装压力(见 7.7)；
5——铸态的内孔前侧；
6——底部最小圆角；
7——与腔体内孔相垂直的机械加工肩部。

a）有底内孔：密封圈底部在机械加工的内孔肩部

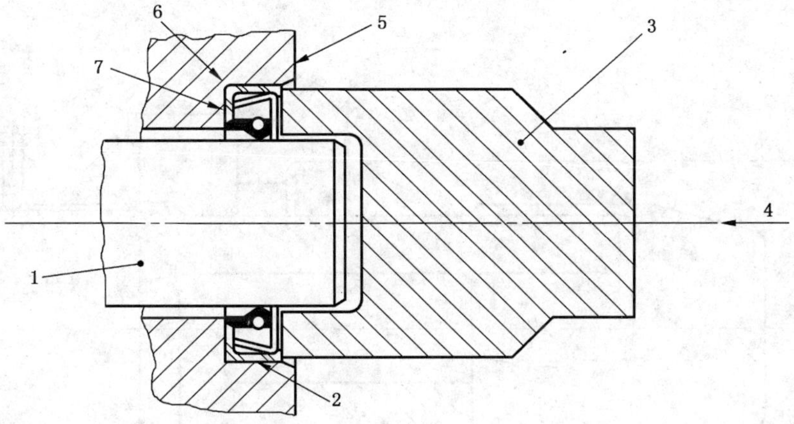

1——轴；
2——内孔；
3——安装工具；
4——安装压力(见 7.7)；
5——铸态的内孔前侧；
6——底部最小圆角；
7——与腔体内孔相垂直的机械加工肩部。

b）有底内孔：密封圈底部在机械加工的内孔肩部

图 4　密封圈反向安装方法示意图

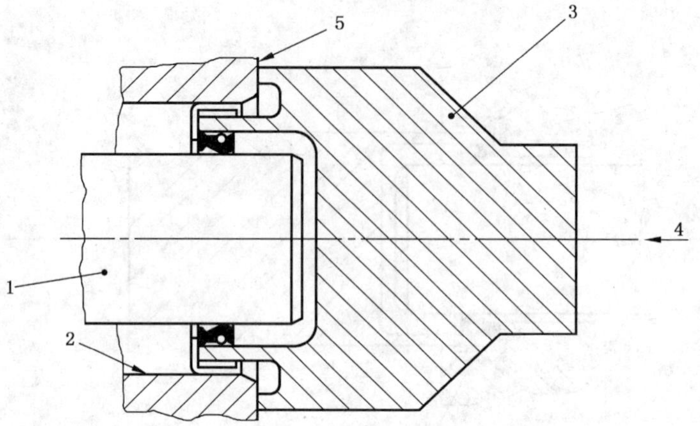

1——轴；
2——内孔；
3——安装工具；
4——安装压力(见7.7)；
5——与腔体内孔相垂直的机械加工表面。

c) 贯通内孔:安装工具的底部在与内孔相垂直的机械加工表面上

图4(续)

7.8 在安装过程中,密封唇口要通过的任何表面应是光滑的,不应有粗糙之处。

7.9 如果密封元件要通过花键、键槽或孔时,应使用特殊的安装工具(见图5),以防密封唇的损坏。这类工具不允许有缺口,否则会造成唇的损坏。

绝不应用像铝这样的软质材料,因为它很容易产生缺口。

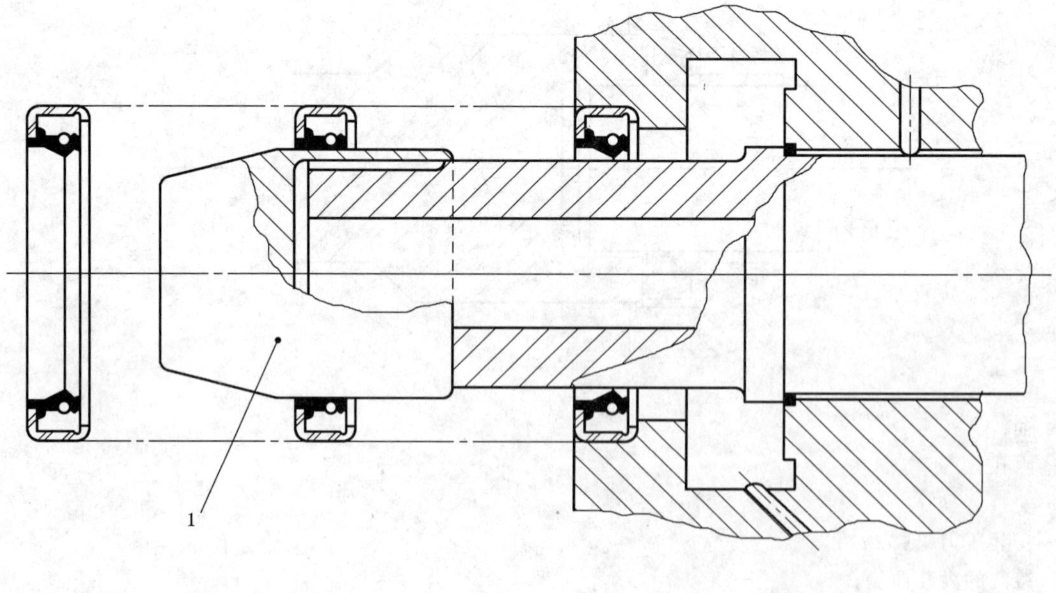

1——弹头形工具。

图5 密封元件要通过花键、键槽或孔时使用的专用安装工具

7.10 如果紧压装配的部件应通过密封圈的工作区域，那么在工作区域的轴直径应缩减 0.2 mm。可以使用为这种轴专门设计的密封圈而不会对密封效果有任何不利的影响，见图 6。

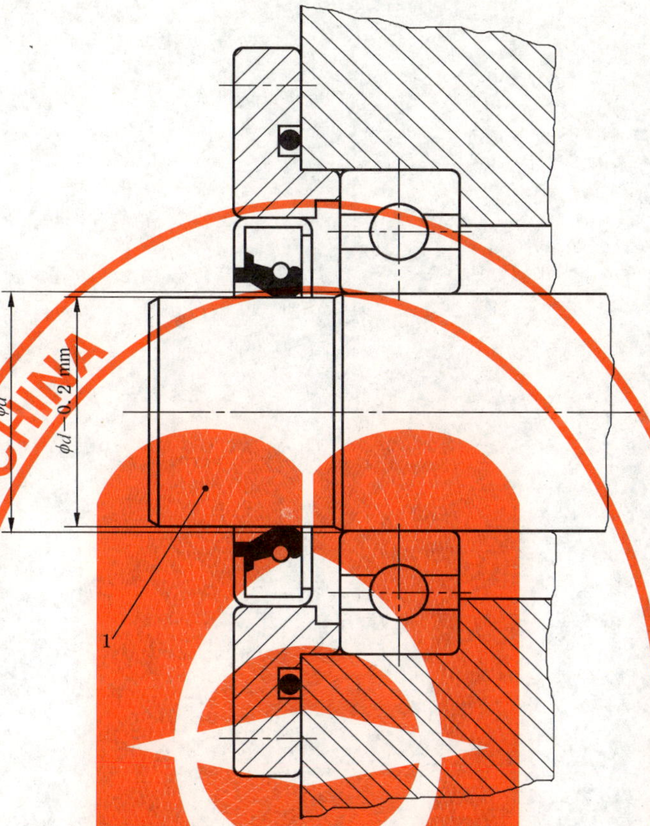

1——轴。

图 6 密封圈的安装——紧压装配的部件强行通过密封圈的工作区域

7.11 当采用内包骨架密封圈时，为了便于进入到腔体内，密封圈的外表面应涂上适宜的润滑剂润滑。在向腔体内装配时，应采用均匀的速度和压力将密封圈压入装配位置，并适当保压以防回弹。

7.12 如果密封圈在很低的温度下装配，可将密封圈放在温度不超过 50℃ 的干净而适宜的液体中 10 min～15 min，待密封唇的弹性恢复后再装配。

7.13 当更换密封圈时，应采用新的密封圈。新的密封圈的密封唇口不应与以前的旋转轨迹吻合；新的密封圈应移向液体一侧。这可通过安装垫块、更换轴衬或滑环或是通过改变密封圈压入到内孔的深度来实现。

密封表面（轴和内孔）应是完全清洁的，小心不要损害密封表面。

8 标注说明

当遵守 GB/T 13871 的本部分时，建议生产厂家在试验报告、产品目录和销售文件上使用以下文字：“旋转轴唇形密封圈的贮存、搬运和安装符合 GB/T 13871.3—2008《密封元件为弹性体材料的旋转轴唇形密封圈 第 3 部分：贮存、搬运和安装》(ISO 6194-3:1988，MOD)”。

ICS 65.120
B 46

中华人民共和国国家标准

GB/T 13883—2008
代替 GB/T 13883—1992

饲料中硒的测定

Determination of selenium in feeds

2008-08-01 发布　　2008-11-01 实施

中华人民共和国国家质量监督检验检疫总局
中国国家标准化管理委员会　发布

前 言

本标准代替 GB/T 13883—1992《饲料中硒的测定》。

本标准与 GB/T 13883—1992 相比主要变化如下：

——引入氢化物原子荧光光谱法并作为仲裁法；

——规定 2,3-二氨基萘荧光法的激发波长为 376 nm,发射波长为 520 nm。

本标准由全国饲料工业标准化技术委员会提出并归口。

本标准起草单位:中国饲料工业协会、国家饲料质量监督检验中心(武汉)。

本标准主要起草人:何一帆、辛盛鹏、粟胜兰、徐锦萍、邹大琼、刘小敏、高丽红。

本标准于 1991 年首次发布为国家标准 GB 13883—1992。1997 年调整为非强制性标准,编号改为 GB/T 13883—1992。本次修订是该标准的第一次修订。

饲料中硒的测定

1 范围

本标准规定了配合饲料、浓缩饲料及预混合饲料中硒的测定方法。

本标准适用于配合饲料、浓缩饲料及预混合饲料中硒的测定。

氢化物原子荧光光谱法定量限 0.01 mg/kg；荧光法定量限 0.02 mg/kg。

2 规范性引用文件

下列文件中的条款通过本标准的引用而成为本标准的条款。凡是注日期的引用文件，其随后所有的修改单(不包括勘误的内容)或修订版均不适用于本标准，然而，鼓励根据本标准达成协议的各方研究是否可使用这些文件的最新版本。凡是不注日期的引用文件，其最新版本适用于本标准。

GB/T 6682　分析实验室用水规格和试验方法(GB/T 6682—1992，neq ISO 3696:1987)

GB/T 14699.1　饲料　采样(GB/T 14699.1—2005，ISO 6497:2002，IDT)

GB/T 20195　动物饲料　试样的制备(GB/T 20195—2006，ISO 6498:1998，IDT)

3 第一法　氢化物原子荧光光谱法(仲裁法)

3.1 原理

试样经酸加热消化后，在盐酸介质中，将试样中的六价硒还原成四价硒，用硼氢化钠作还原剂，将四价硒在盐酸介质中还原成硒化氢，由载气带入原子化器中进行原子化，在硒空心阴极灯照射下，基态硒原子被激发至高能态，在去活化回到基态时，发射出特征波长的荧光，其荧光强度与硒含量成正比，与标准系列比较定量。

3.2 试剂

以下试剂除特别注明外，均为分析纯，水应符合 GB/T 6682 中规定的二级水。

3.2.1　硝酸：优级纯。

3.2.2　高氯酸：优级纯。

3.2.3　盐酸：优级纯。

3.2.4　混合酸溶液：硝酸＋高氯酸＝4＋1。

3.2.5　氢氧化钠：优级纯。

3.2.6　硒粉：光谱纯。

3.2.7　硼氢化钠溶液(5 g/L)：称取 5.0 g 硼氢化钠($NaBH_4$)，溶于氢氧化钠溶液(5 g/L)中，然后定容至 1L。

3.2.8　铁氰化钾溶液(200 g/L)：称取 20.0 g 铁氰化钾[$K_3Fe(CN)_6$]，溶于 100 mL 水中，混匀。

3.2.9　硒标准贮备液：准确称取 100.0 mg 硒粉(3.2.6)，溶于少量硝酸(3.2.1)中，加 2 mL 高氯酸(3.2.2)，置沸水浴中加热 3 h～4 h 冷却后再加 8.4 mL 盐酸(3.2.3)，再置沸水浴中煮 2 min，用水移入 1L 容量瓶中，稀释至刻度，摇匀。其盐酸浓度为 0.1 mol/L，此贮备液浓度为每毫升含 100 μg 硒。

3.2.10　硒标准工作液：准确量取 1.00 mL 硒标准贮备液(3.2.9)于 100 mL 容量瓶中，用水稀释至刻度，摇匀。此标准工作液为每毫升含 1 μg 硒。现用现配。

3.3 仪器、设备

3.3.1　分析天平：感量 0.000 1 g。

3.3.2　原子荧光光度计。

3.3.3 电热板。

3.3.4 实验室用样品粉碎机。

3.3.5 载气：氩气或氮气。

3.4 试样的制备

按 GB/T 14699.1 采样，按 GB/T 20195 制备试样，试样磨碎，通过 0.45 mm 孔筛，混匀，装入密闭容器中，避光低温保存备用。

3.5 测定步骤

3.5.1 试样的处理

称取试样 2.0 g，准确到 0.000 1 g，置于 100 mL 高型烧杯内，加 15.0 mL 混合酸溶液(3.2.4)及几粒玻璃珠，盖上表面皿冷消化过夜。次日于电热板上加热，当溶液高氯酸冒烟时，再继续加热至剩余体积 2 mL 左右，切不可蒸干。冷却，再加 2.5 mL 盐酸(3.2.3)，用水吹洗表面皿和杯壁，继续加热至高氯酸冒烟时，冷却，移入 50 mL 容量瓶中，用水稀释至刻度，摇匀，作为试样消化液。量取 20 mL 试样消化液于 50 mL 容量瓶中，加 8 mL 盐酸(3.2.3)，加 2 mL 铁氰化钾溶液(3.2.8)，用水稀释至刻度，摇匀，待测。

同时在相同条件下，做试剂空白试验。

3.5.2 标准曲线的制备

分别准确量取 0.0，0.25，0.50，1.00，2.00，3.00 mL 硒标准工作液(3.2.10)于 50 mL 容量瓶中，加入 10 mL 水，加入 8 mL 盐酸(3.2.3)，加 2 mL 铁氰化钾溶液(3.2.8)，用水稀释至刻度，摇匀。

3.5.3 仪器参考条件

光电倍增管负高压：340 V；硒空心阴极灯电流：60 mA；原子化温度：800 ℃；炉高：8 mm；载气流速：500 mL/min；屏蔽气流速：1 000 mL/min；测量方式：标准曲线法；读数方式：峰面积；延迟时间：1 s；读数时间：15 s；加液时间：8 s；进样体积：2 mL。

3.5.4 测量

设定好仪器最佳条件，待炉温升至设定温度后，稳定 15 min～20 min 开始测量。连续用标准系列的零瓶进样，待读数稳定之后，首先进行标准系列测量，绘制标准曲线。再转入试样测量，分别测量试剂空白和试样，在测量不同的试样前进样器应清洗。测其荧光强度，求出回归方程各参数或绘制出标准曲线。从标准曲线上查得溶液中含硒量，试样中硒的测定结果按 3.6.1 计算。

3.6 分析结果的计算和表示

3.6.1 结果计算

试样中硒含量 X，以质量分数计，数值以毫克每千克(mg/kg)表示，按式(1)计算。

$$X=\frac{(c-c_0)\times V_0\times 1\ 000}{m\times V_1\times 1\ 000\times 1\ 000}=\frac{(c-c_0)\times V_0}{m\times V_1\times 1\ 000} \qquad \cdots\cdots(1)$$

式中：

c——试样消化液中硒的浓度，单位为纳克每毫升(ng/mL)；

c_0——试剂空白液中硒的浓度，单位为纳克每毫升(ng/mL)；

V_0——试样消化液总体积，单位为毫升(mL)；

m——试样质量，单位为克(g)；

V_1——分取试液的体积，单位为毫升(mL)。

测定结果用平行测定后的算术平均值表示，计算结果表示到 0.01 mg/kg。

3.6.2 重复性

在同一实验室，同一分析者对两次平行测定的结果，应符合以下相对偏差的要求：

当硒的质量分数小于或等于 0.20 mg/kg 时，相对偏差≤25%；

当硒的质量分数大于 0.20 mg/kg 而小于 0.40 mg/kg 时，相对偏差≤20%；

当硒的质量分数大于 0.40 mg/kg 时，相对偏差≤12%。

4 第二法 2,3-二氨基萘荧光法

4.1 原理

试样经混合酸消化，使硒游离出来，在微酸性溶液中硒(Se^{4+})和 2,3-二氨基萘(DAN)生成 4,5-苯基苯并硒二唑，用环己烷直接在生成络合物的同一酸度溶液中萃取。用荧光光度计在激发波长为 376 nm、发射波长为 520 nm 条件下测定荧光强度，从而计算出试样中硒的含量。

4.2 试剂

以下试剂除特别注明外，均为分析纯，水应符合 GB/T 6682 中规定的二级水。

4.2.1 高氯酸：优级纯。

4.2.2 硝酸：优级纯。

4.2.3 氨水溶液：1+1。

4.2.4 盐酸溶液：$c(HCl)=3$ mol/L。

4.2.5 盐酸溶液：$c(HCl)=0.1$ mol/L。

4.2.6 环己烷：若有荧光杂质，需重新蒸后使用。

4.2.7 盐酸羟胺-乙二胺四乙酸二钠(EDTA)溶液：称取 10 g EDTA 溶于 500 mL 水中，加入 25 g 盐酸羟胺使其溶解，用水稀释至 1 L。

4.2.8 2,3-二氨基萘(DAN)溶液：称取 0.1 g DAN 于 250 mL 烧杯中，加入 100 mL 盐酸溶液(4.2.5)使其溶解，移入 250 mL 分液漏斗，加入 20 mL 环己烷(4.2.6)振荡 1 min，待分层后弃去环己烷，水相重复用环己烷处理 2 次～3 次。水相放入棕色瓶中上面加盖 1 cm 厚的环己烷，在暗处保存，此溶液可使用数周。

4.2.9 硒标准工作液：准确量取 10.0 mL 硒标准工作液 (3.2.10)于 50 mL 容量瓶，用水稀释至刻度，摇匀。此标准工作液为每毫升含 0.2 μg 硒。现用现配。

4.2.10 甲酚红指示剂 (0.4 g/L)：称取 0.04 g 甲酚红于 150 mL 烧杯中，加少许氨水溶液(4.2.3)使其溶解后用水稀释至 100 mL，摇匀。

4.3 仪器

荧光光度计。

4.4 试样的制备

同 3.4。

4.5 测定步骤

4.5.1 试样的处理

4.5.1.1 配合饲料、浓缩饲料

称取试样 1.0 g，准确至 0.000 1 g(Se≤0.4 μg)，置入 100 mL 高型烧杯中，用水润湿试样加 10 mL 硝酸(4.2.2)，加盖表面皿，放在电热板上低温加热，煮沸至硝酸体积减少到 5 mL 时，取下稍冷加入 5 mL高氯酸(4.2.1)继续加热至高氯酸冒烟，取下稍冷，用水吹洗表面皿和杯壁，放在电热板上由低温升温至高氯酸冒烟并保持 5 min～10 min，取下冷却，加入 1 mL 水和 1 mL 盐酸溶液(4.2.4)煮沸，摇匀，放置 10 min，用水移入 50 mL 具塞比色管中［对于高含量硒样品，将消化液稀释至 100 mL 容量瓶，量取部分溶液 (Se≤0.4 μg)于 50 mL 具塞比色管中］，稀释至 30 mL，加二滴甲酚红指示剂(4.2.10)，用氨水溶液(4.2.3)中和至黄色，用盐酸溶液(4.2.4)中和至橙色(pH1.5～2)，加入 3 mL 盐酸羟胺溶液(4.2.7)摇匀，加入 2 mLDAN 溶液(4.2.8)，盖好塞子，摇匀，打开塞子，置于 100 ℃沸水中保持 5 min。取出冷却至室温，用盐酸溶液(4.2.5)稀释至刻度，加 5 mL 环己烷(4.2.6)振荡 1 min，静置分层后，用作待测溶液。

同时在相同条件下，做试剂空白试验。

4.5.1.2 预混合饲料

对于预混料样品，称取1.0 g样品(准确到0.000 1 g)，置入100 mL高型烧杯中，加入10 mL水和15 mL硝酸(4.2.2)，盖上表面皿，放在电热板上低温煮沸30 min，取下冷却，用水移入100 mL容量瓶中，稀释至刻度，摇匀，量取部分上清液(Se≤0.4 μg)于100 mL高型烧杯中，加入5 mL高氯酸(4.2.1)，以下按4.5.1.1加高氯酸后的分析步骤进行。

4.5.2 标准曲线的制备

分别准确量取0.00，0.50，1.00，2.00，3.00，4.00 mL硒标准工作液(4.2.9)，于50 mL具塞比色管中，加入2滴甲酚红指示剂(4.2.10)，以下按4.5.1.1“用氨水溶液(4.2.3)中和”后的分析步骤进行。

4.5.3 试样的测定

将待测溶液(4.5.1.1)上层的环己烷溶液吸入1 cm石英杯中，用荧光光度计在激发波长为376 nm、发射波长为520 nm处分别测定其荧光强度，同时进行标准曲线的测定，绘制标准曲线。从标准曲线上查得溶液中含硒量，试样中硒的测定结果按4.6.1计算。

4.6 分析结果的计算和表示

4.6.1 结果计算

试样中硒含量X，以质量分数计，数值以毫克每千克(mg/kg)表示，按式(2)计算。

$$X=\frac{(m_1-m_2)\times V_0\times 1\ 000}{m_0\times V_1\times 1\ 000}=\frac{(m_1-m_2)\times V_0}{m_0\times V_1} \qquad \cdots\cdots(2)$$

式中：

m_1——自标准曲线上查得样品的硒质量分数，单位为微克(μg)；

m_2——自标准曲线上查得空白的硒质量分数，单位为微克(μg)；

V_0——试液的总体积，单位为毫升(mL)；

m_0——试样的质量，单位为克(g)；

V_1——分取试液的体积，单位为毫升(mL)。

测定结果用平行测定后的算术平均值表示，计算结果表示到0.01 mg/kg。

4.6.2 重复性

在同一实验室，同一分析者对两次平行测定的结果，应符合以下相对偏差的要求：

当硒的质量分数小于或等于0.10 mg/kg时，相对偏差≤40%；

当硒的质量分数大于0.10 mg/kg而小于0.40 mg/kg时，相对偏差≤20%；

当硒的质量分数大于0.40 mg/kg时，相对偏差≤15%。

ICS 13.100
C 68

GB

中华人民共和国国家标准

GB 13887—2008
代替 GB 13887—1992

冷冲压安全规程

Safety codes for cold pressing

2008-12-11 发布　　　　2009-10-01 实施

中华人民共和国国家质量监督检验检疫总局
中国国家标准化管理委员会　发布

前　言

本标准的全部技术内容为强制性。

本标准代替 GB 13887—1992《冷冲压安全规程》。本标准是对 GB 13887—1992 的修订。

本标准与 GB 13887—1992 相比，主要变化如下：

——增加、更新了引用的国家标准；

——增加了术语的英文对应词(本标准的第 3 章)，修改了定义的形式(本标准的第 3 章)；

——增加了离合器和制动器的安全要求(本标准的 5.2.3.14、5.2.3.15 和 5.2.3.16)；

——增加了螺旋压力机的安全要求(本标准的 5.2.5.4)；

——增加了上气垫或弹簧垫的安全要求(本标准的 8.7.6)；

——删除了原标准中已过时的内容(如：图 7 限制式安全控制装置之一例和图 8 带安全销的限位装置之一例)；

——对其他章节的内容也作了增补与完善。

本标准的附录 A 和附录 B 为资料性附录。

本标准由国家安全生产监督管理总局提出。

本标准由全国安全生产标准化技术委员会(SAC/TC 288)归口。

本标准负责起草单位：机械工业第九设计研究院。

本标准参加起草单位：第一汽车集团公司。

本标准主要起草人：王野青、邓雪松、李春兰、安太玉、陆振东。

本标准于 1992 年首次发布，2008 年第一次修订。

冷冲压安全规程

1 范围

本标准规定了冷冲压安全的术语、定义和安全技术要求，包括冲压件结构、工艺、压力机、安全装置和冲模等方面的安全细则。

本标准适用于冷冲压生产领域。

2 规范性引用文件

下列文件中的条款通过引用而成为本标准的条款。凡是注日期的引用文件，其随后所有的修改单(不包括勘误的内容)或修订版不适用于本部分，然而，鼓励根据本标准达成协议的各方研究是否可使用该文件的最新版本。凡是不注日期的引用文件，其最新版本适用于本标准。

GB 150　钢制压力容器

GB 2893　安全色

GB 2894　安全标志及其使用导则

GB/T 3766　液压系统通用技术条件

GB 4053.1　固定式钢直梯安全技术条件

GB 4053.2　固定式钢斜梯安全技术条件

GB 4053.3　固定式工业防护栏杆安全技术条件

GB 4053.4　固定式工业钢平台

GB/T 4205　人机界面(MMI)——操作规则

GB 4584　压力机用光电保护装置技术条件

GB 5083　生产设备安全卫生设计总则

GB 5091　压力机的安全装置技术要求

GB 5092　压力机用感应式安全装置技术条件

GB 5093　压力机用手持电磁吸盘技术条件

GB 5226.1　机械安全　机械电气设备　第1部分：通用技术条件

GB/T 8176—1997　冲压车间安全生产通则

GB/T 13914　冲压件尺寸公差

GB/T 13915　冲压件角度公差

GB/T 13916　冲压件形状和位置未注公差

GB/T 15055　冲压件未注公差尺寸极限偏差

GB 17120　锻压机械　安全技术条件

JB/T 1829　锻压机械　通用技术条件

JB/T 2547.1　双盘摩擦压力机　技术条件

JB 3350　机械压力机　安全技术要求

JB/T 3818　液压机　技术条件

JB 3915　液压机　安全技术条件

JB/T 4378.1　金属冷冲压件　结构要素

JB/T 4378.2　金属冷冲压件　通用技术条件

JB/T 6056　冲压车间环境保护导则

JB 8780　螺旋压力机　安全技术条件

JB/T 9175.1　精密冲裁件　结构工艺性

《压力容器安全技术监察规程》

3　术语和定义

下列术语和定义适用于本标准。

3.1

安全　safety

a）　压力机及其装置、装备(保护装置和冲模等)的机械设备安全；

b）　压力机的操作者的人身安全；

c）　与压力机有关的工作人员(例如维修人员和冲模安装调整工等)的人身安全；

d）　由于机械设备产生的偶然故障或事故而危及到的人身安全；

e）　操作上的方便性或不过多地耗费体力。

3.2

安全压力机　safety presses

符合下列各项条件中的两项即为安全压力机：

a）　液压机或装有摩擦离合器的压力机；

b）　装有双手安全装置；

c）　装有失效时与报警装置联锁的传感式安全装置或可移式隔栏；

d）　装有联锁式安全罩。

3.3

安全装置　safety device

安全保护装置和安全保护控制装置的总称。

3.4

危险区　danger zone

由于冲压操作而有可能对操作者造成伤害的区域。

4　对冲压件结构和工艺的安全要求

4.1　一般要求

4.1.1　必须按照JB/T 4378.1、JB/T 4378.2、GB/T 15055、GB/T 13915、GB/T 13916、GB/T 13914及JB/T 9175.1等标准的要求，正确设计冲压件的结构和工艺。

4.1.2　冲压件的结构应与其功能(包括外观功能)和使用条件相适应。

4.1.3　冲压件结构必须具有良好的工艺性、经济性和进行冲压生产的安全性。优先考虑安全性。

4.1.4　必须在冲压件结构设计和工艺设计阶段，对一切可能产生的危险和不安全因素采取措施加以防范。

4.2　结构设计

4.2.1　绝对避免与功能和使用条件无关的锐边、尖角和突起结构。

4.2.2　应尽量用整体结构件取代个别分散的小型件。

4.2.3　选用的材料除了适应工件的强度和刚度要求外，还应满足成形过程中塑性变形的要求。成形、压弯和拉深工件应采用塑性大的材料。

4.2.4　应避免轮廓有狭长切口或切槽(切口切槽宽度小于或等于2倍的板料厚度)的复杂外形结构。

4.2.5　应避免冲裁宽度小于或等于板料厚度且沿长度方向宽度不变的结构。

4.2.6　孔件结构应符合下列各点：

a) 在不同材料厚度和强度条件下，允许的最小冲孔直径；

b) 孔边至弯件弯边的最小距离；

c) 孔边至外廓的最小距离；

d) 孔与孔之间的最小距离。

4.2.7 压弯件的弯边最小高度必须大于2.5倍的板料厚度。折弯件的最小折边高度则必须大于4倍的板料厚度；

4.2.8 压弯件、成形件和拉深件，必须考虑工序中固定毛坯的工艺基准，并使其定位稳定。

4.3 工艺设计

4.3.1 工艺设计时，应按4.2各项规定进行结构工艺性审查。

4.3.2 选择压力机时，应特别注意公称力、滑块行程、装模高度、工作台面和滑块行程调节量及有效功等主要技术参数。

4.3.3 必须选用安全压力机。

4.3.4 工艺设计时，应注意防止压力机的过载，深拉深件应注意拉深力(详见第9章)。

4.3.5 工艺设计时，还必须遵照GB/T 8176—1997中6.1、6.2和6.4各项规定。

4.3.6 当压力机的主要技术参数、性能、形式及其附属装置等不能满足工艺要求又无相应压力机替代时，应提出说明和建议，供压力机制造厂家参考。

4.3.7 采用手工操作时，应考虑工件的送进、定位和取出的方向性，并便于安全操作。

4.3.8 采用的安全装置、安全操作手工具、安全操作方式及其注意事项，应同压力机一样列入工艺文件中。

5 对压力机的安全要求

5.1 一般要求

5.1.1 压力机必须按GB 5083的有关要求，提供防止伤害的安全装置。压力机供应商必须对不能消除危险的地方提出警示或说明。

5.1.1.1 下列运动部件可能对人造成伤害，必须采用防护罩防护，防止人体误入：

a) 飞轮、齿轮、皮带轮和靠近人身的轴端等旋转件；

b) 啮合的齿轮、皮带轮和传动链的夹紧点；

c) 滑块和相对静止部分之间的夹紧点。

防护罩应装设把手、挂钩或其他便于手提的装置。

固定或支撑防护罩的托架，至少应能承受防护罩重量2倍的静载荷。

5.1.1.2 下列现象中零部件可能发生断裂、松动、脱落或机械能的释放而对人造成伤害，必须采用防护罩(套)或防松装置和措施：

a) 由于轴的断裂引起电机皮带轮、飞轮、离合器、齿轮或其他运动件的脱落或飞出；

b) 由于螺栓的松动或断裂引起电动机、保护罩、其他固定件的脱落或飞出；

c) 由于弹簧的断裂引起的飞出；

d) 露于设备外部的均应装设有效的防护罩或防护盖，大型机床某些部件受条件限制时，可设置防止人员触及的防护栏；

e) 移动工作台应有扫轨器，避免出现因轨道中有杂物造成飞溅引起事故。

5.1.1.3 危险区对操作者引起的伤害，必须采取专门的措施加以防止。除了对压力机提供可靠而安全的操纵、监控与制动系统外，需要专门处理(见第6章)。

5.1.2 除本标准外，压力机的安全要求还应符合GB 17120、JB 3350和JB/T 1829等的规定。

5.1.3 压力机的人机工程设计必须符合GB/T 8176—1997中7.2和有关标准规定。

5.1.4 必须在压力机的设计阶段，对一切可能产生的危险和不安全因素采取措施加以防范。

5.2 传动控制装置

5.2.1 一般规定

5.2.1.1 压力机须有可靠而灵敏的传动控制装置。

5.2.1.2 传动控制装置必须便于操纵和监控。

5.2.2 刚性离合器与制动器

5.2.2.1 采用刚性离合器传动的机械压力机，须有单次行程机构，如其动作由弹簧控制，则应采用压簧，弹簧由导杆或孔(管)导向。单次行程循环结束时，曲柄应停止在上死点，其实际误差不应大于±5°。

5.2.2.2 可以采用脚踏操纵装置或双手式操纵装置，但两者应择其一。

5.2.3 摩擦离合器与制动器

5.2.3.1 采用摩擦离合器传动的压力机，必须具有以下特性，即当离合器接合的外部条件消除或在断电(气)后，离合器立即脱开，同时，制动器立即接合。

5.2.3.2 气动摩擦离合器与制动器的控制系统，应采用具有安全监控装置的压力机安全联锁阀。

5.2.3.3 在离合器、制动器控制系统中，须有急停按钮。在执行停机控制的瞬时动作时，必须保证离合器立即脱开、制动器立即接合。离合器的重新接合，必须按选定的操纵方式进行。

5.2.3.4 急停按钮的停止动作应优先于其他控制装置。

5.2.3.5 大型压力机各个立柱应设置急停按钮，按钮应具有自锁功能。急停按钮应设置在控制点、给料点附近，人手可迅速触及且不会产生误动作之处。

5.2.3.6 在离合器、制动器控制系统中，必须设有行程选择器，以便选择压力机运转模式。但采用直接传动的低速大型深拉深压力机和高速小型专用压力机则不在此限。

5.2.3.7 行程选择器应有“脱开”、“寸动”、“单次行程”和“连续行程”运转模式，并按顺时针方向依次排列。

5.2.3.8 行程选择器在“脱开”位置时，所有运转必须停止，滑块不能启动。

5.2.3.9 “寸动”可以采用单手或双手控制。“单次行程”必须双手控制。

5.2.3.10 单次行程循环结束时，曲柄应停止在上死点，其实际误差一般不大于+5°～－10°。

5.2.3.11 当需要“连续行程”时，必须使操作者先作一次预控动作。连续行程的电路和显示，应便于管理部门监测。

5.2.3.12 当既可用手又可用脚两种操纵方式时，须有手、脚控制选择器，而且两者择其一后，另一种操纵方式必须失效。

5.2.3.13 所有选择器应用钥匙作为转换开关并能互锁。但公称力在 1 000 kN 以下的压力机不在此限。

5.2.3.14 离合器动作灵敏、可靠、无连冲：

a) 刚性离合器的转键、键柄和直键应无断裂；
b) 操纵器的杆件、销钉或弹簧应无裂纹、折断；
c) 电磁阀牵引电磁铁触点无粘连，中间继电器触点接触可靠；
d) 滑块从上死点距下死点 25 mm 的行程范围内需要制动时，离合器应能立即滑块制动；
e) 滑块行程次数＞200 r/min 的压力机不能使用滑销、转键离合器；
f) 离合器安装紧固，动作可靠，确保滑块无连冲。

5.2.3.15 制动器工作可靠，与离合器相互协调联锁：

a) 制动器松开时，制动闸瓦与制动轮各处间隙应基本相等，制动带最大开度(单侧)应≤1 mm；
b) 制动带摩擦垫片(闸皮)与制动轮的实际接触面积，应大于理论接触面积的 70%；
c) 制动器各活动销轴应转动灵活，无退位、卡位、锈死等现象，开口销齐全；
d) 制动器小轴或心轴表面应淬火，不许用普通螺栓代替，制动瓦摩擦垫片和制动轮表面均不许有油污或其他缺陷；

e) 制动器杠杆、拉杆、制动臂或套板有裂纹，弹簧出现塑性变形或断裂，制动带摩擦片厚度已磨损达原厚度的50%，铆钉头埋头深度小于摩擦片厚度的50%，销轴和轴孔磨损达原直径的5%时该零件应报废；

f) 制动轮有裂纹应报废，轮面凸凹不平≥1.5 mm，应重新车光，当制动轮轮缘磨损达原厚度的40%时应报废制动轮；

g) 制动器和离合器必须相互协调与联锁，开机时制动器先松开，离合器稍滞后再结合；

h) 联锁或连接均应准确、紧固，工作时稳定、协调；

i) 行程限位装置、控制装置正确，动作完好有效。

5.2.3.16 离合器、制动器气路上必须有压力继电器，防止通往离合器、制动器管路系统压缩空气压力低于规定工作压力而造成制动器脱不开，离合器传递扭矩不足造成事故。

5.2.4 液压控制系统

5.2.4.1 液压机的液压控制系统，必须具有以下特性，即当液压泵启动后，只有操纵滑块启动装置，滑块才能动作。

5.2.4.2 液压控制系统中，须有急停按钮。当急停控制的瞬时动作一旦发生，必须使滑块立即停止运动。

5.2.4.3 在液压控制系统中，必须设有供选择压力机运转规范的行程选择器。但只有“脱开”和“连续行程”功能的液压机不在此限。

5.2.4.4 行程选择器应有“脱开”、“寸动”、“单次行程”和“连续行程”运转模式，按顺时针方向依次排列。

5.2.4.5 当既可用手又可用脚两种操纵方式时，必须设有一个手、脚控制选择器，两者择其一后，另一种操纵方式必须失效。

5.2.4.6 急停按钮、行程选择器和手、脚控制选择器的功能和要求，分别参照5.2.3.4～5.2.3.13规定。

5.2.4.7 在液压控制系统中，必须使单次行程和/或连续行程在一次循环过程中具有下列特性：

a) 滑块空程快速下降；

b) 滑块慢速趋近工件；

c) 滑块负载慢速工作行程；

d) 滑块空程快速上升。

5.2.4.8 多泵传动的液压机，应有液泵控制机构，保证各泵只能依次进行启动。

5.2.4.9 液压控制系统应能保证当滑块以最大速度下降时，“急停”控制能在最短瞬间内实现，其惯性下降值应符合表1的规定。

表1 液压机滑块允许的惯性下降值

液压机类型	液压机公称力/kN	允许的惯性下降值/mm
液压折弯机以外的各种液压机	≤500 >500～3 000 >3 000	50 100 150
液压折弯机	≤1 000 >1 000～5 000 >5 000	20 50 150

5.2.4.10 液压机必须具有防止柱塞(或滑块)超过工作行程的限位装置,除机械限位装置或机构外,液压控制系统中应有电器或液压或两者兼有的限位保险装置。

5.2.4.11 液压机中必须有滑块锁止装置,以保证关闭电源,液压动力消失时,滑块不意外向下运动。

5.2.4.12 液压机其他部分参照 JB 3915 相关标准。

5.2.5 其他传动控制

5.2.5.1 摩擦盘传动的压力机(摩擦压力机)、气压传动的压力机(气动压力机)和采用手工或脚踏传动的压力机(统称手动压力机),只允许单次行程。行程长度应可调。

5.2.5.2 前条规定的压力机的传动控制装置,应为直接操纵的杆(柄),可以是手控式或是脚控式,可以是单手控制或双手控制。但手控或脚控两者择其一后,另一种操纵方式必须失效。

5.2.5.3 摩擦压力机应有制动器。

5.2.5.4 螺旋压力机应符合下列要求:

a) 防护罩:对外露的运动部件,一般应设置防护罩,防护罩与运动部件间不得形成伤害人体的夹紧点;

b) 离合器与制动器:当滑块下行制动时,制动行程不应大于全行程的 1/2,滑块上行时,在任何一个位置均可制动,且使滑块不得与横梁发生刚性冲突。制动器一般不应采用气、液或电作为制动动力;

c) 滑块行程缓冲装置:压力机应设置缓冲装置,防止当制动器失灵时滑块运动至极限上位与机身刚性撞击;

d) 脚踏操纵装置:脚踏操纵与手动操纵应联锁,脚踏操纵不得用于自动工作规范和调整工作规范。脚踏板或活动踏板应与电气防护装置连接;

e) 其他部分参照 JB 8780 及 JB/T 2547.1 相关标准。

5.3 滑块平衡装置

5.3.1 一般规定

短行程、高速小型压力机的滑块应采用弹簧平衡装置,大、中型压力机的滑块须有气动平衡装置。

5.3.2 弹簧平衡装置

5.3.2.1 弹簧平衡装置应对称分布。

5.3.2.2 平衡装置的弹簧,如在滑块上部应采用拉簧;如在滑块下部采用压簧。

5.3.2.3 弹簧必须由导杆或导管(孔)导向。

5.3.3 气动平衡装置

5.3.3.1 气缸压力必须采用调压阀调压,以根据不同质量的上模调节平衡力。

5.3.3.2 平衡气缸的储气罐须有足够的容积,其值至少应为气缸容积的 4～5 倍。储气罐必须采用单向阀与气源连接。

5.3.3.3 平衡气缸气路必须有压力继电器,保证滑块行程时平衡气缸正常工作,防止因制动器失灵或连杆折断时,滑块坠落而产生事故。

5.4 操纵器

5.4.1 一般规定

5.4.1.1 操纵器应灵敏、可靠,便于操纵。

5.4.1.2 制造者应对采用双手操纵器(按钮、操纵杆或柄)或脚踏控制操纵器(脚踏按钮、踏板或杠杆)的必要性提供说明。踏板(见图 1)是采用脚踏电气开关操纵电磁阀或气阀或脚踏操纵气阀,控制离合器或离合器制动器控制系统的脚踏控制机构。踏杆(见图 2)是采用机械连杆操纵刚性离合器的脚踏操纵机构。脚踏按钮是采用脚踏电气开关操纵电磁阀或气阀,其作用与手动按钮一样。

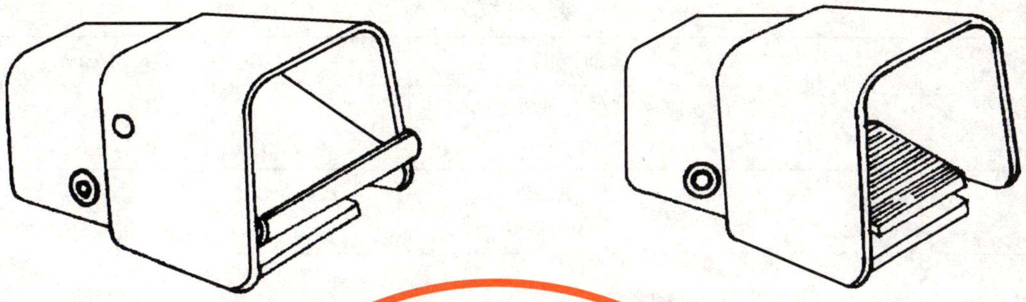

图 1　踏板之二例

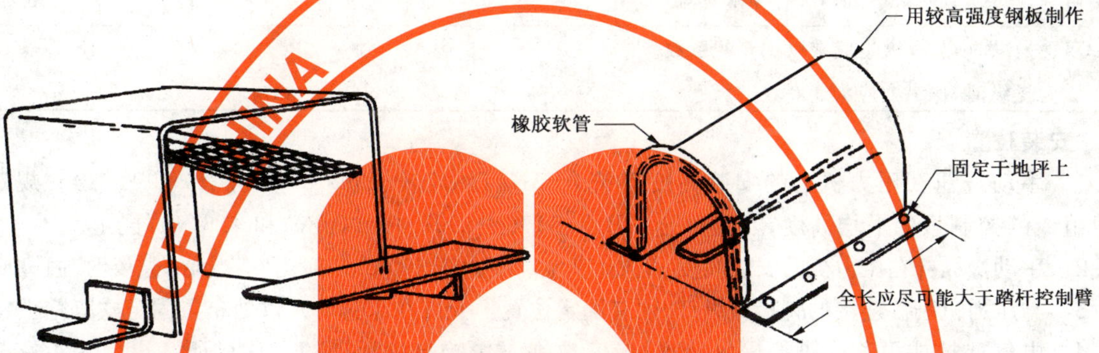

图 2　踏杆之二例

5.4.1.3　脚控操纵器只能用于需要双手同时操持工件，操纵频率不超过 20 min^{-1} 的情况下，并只能采用一种形式。

5.4.1.4　立姿工作时，应尽可能采用手控操纵器，而不用脚控操纵器。

5.4.1.5　除气动分配阀手柄可以左右移动外，其他手控操纵杆（柄）的操纵方向只能是上下运动，并须与滑块的上升和下降动作一致。控制电气设备操作件的运动方向应符合 GB 4205 的有关规定。

5.4.1.6　压力机手控行程操纵器（不包括选择器）的形式，只允许采用按钮式或杠杆式，不允许采用曲柄把手或手轮式、旋钮式、翻转杠杆切换开关等形式。调节部件不在此限。

5.4.2　操纵力、行程或角度和适应性

5.4.2.1　操纵器的操纵力，系指操作者对操纵器操纵部分施加的作用力，与启闭控制系统的切换力不一定等值。

5.4.2.2　操纵器的操纵力和行程（或角度）以及主要外形尺寸推荐采用表 2 规定的数值。

5.4.2.3　手控操纵杆（柄）的手握部位的形状与结构应与人手的形状和操纵要求相适应。

5.4.2.4　脚控操纵器的踏压表面应防滑，如镶嵌防滑垫，其面积不应小于 50 cm^2。

5.4.2.5　脚控操纵器应采用前脚掌踏压方式，不推荐采用全脚的或脚跟踏压方式。

表 2　操纵器的操纵力、行程和主要外形尺寸

操纵器类型			操纵力/N	运动范围		主要外形尺寸/mm		
				行程或摆幅/mm	摆动角度/(°)	长 l	宽 b	直径 d
手控操纵器	分配阀杆		20～40	≥50	≤80	150～500	—	—
	操纵杆	手指	10～20[a]	150～200	≤90			
		手掌	40～60[b]					
	一般按钮		5～15	≥3	—	—	—	25～30
	急停按钮		≥100	≥6	—	—	—	30～50

表 2（续）

<table>
<tr><th colspan="2" rowspan="2">操纵器类型</th><th rowspan="2">操纵力/
N</th><th colspan="2">运动范围</th><th colspan="3">主要外形尺寸/mm</th></tr>
<tr><th>行程或摆幅/
mm</th><th>摆动角度/
(°)</th><th>长
l</th><th>宽
b</th><th>直径
d</th></tr>
<tr><td rowspan="3">脚控操纵器</td><td>脚板</td><td rowspan="2">40～60[b]</td><td>—</td><td>20～28
(倾角为 30)</td><td>110～220</td><td rowspan="2">70～90</td><td>—</td></tr>
<tr><td>踏杆</td><td>40～60</td><td>—</td><td>110～220
(脚踏长)</td><td>—</td></tr>
<tr><td>按钮</td><td>30～50</td><td>30～50</td><td>—</td><td>—</td><td>—</td><td>50～80</td></tr>
<tr><td colspan="8">a 双手操纵时，总操纵力应乘以 1.5 的系数。
b 立姿操纵时，操纵力应为 100 N。</td></tr>
</table>

5.4.3 安装位置

5.4.3.1 手动按钮在压力机上的安装高度应符合 GB/T 8176—1997 中 4.6.3c)和 4.6.4a)规定。由多按钮组成的控制板的平均高度，亦应符合 GB/T 8176—1997 中 4.6.3c)和 4.6.4a)规定。

5.4.3.2 手动操纵杆在压力机的安装高度：坐姿(座位高度大于 400 mm)时为 650 mm；立姿时为1 000 mm。

5.4.3.3 与压力机刚性连接的脚踏操纵杆，须有固定位置。允许在床身的开口处布置固定式脚踏板(杆)。

5.4.3.4 电气遥控或可移式脚控操纵装置，应安放在不影响自由活动的工作场所。电气遥控踏板或按钮的安装位置必须考虑到当踏压动作时，不使操作者进入危险区。可移式踏杆，当使用时必须固定在操纵杆上并与其联动，当不使用时应能被拆除。

5.4.4 防护及其他

5.4.4.1 除急停按钮外，所有手动按钮不得高出操纵面板或面板护圈。

5.4.4.2 手动操纵杆必须装有弹簧棘爪或类似止动装置，以防意外扳动。当一台压力机具有一个以上操纵杆时，各操纵杆之间必须联锁，只有全部操纵杆同时动作，才能启动压力机。

5.4.4.3 脚控操纵装置的上部及两侧，必须设有防护罩，其全长应大于操纵装置。防护罩应能承担所加工零部件载荷而不产生永久变形。尖棱的前缘应镶嵌橡胶软管，脚踏开关踏面应有可靠的防滑措施：

a) 脚踏开关为脚踏杠的，在整个长度上均应安装防护罩(可在伸脚操作侧面开孔)；

b) 防护罩设计合理，操作方便，与开关有机的连接，以便于开关的检修；

c) 脚踏开关的自由行程应≥15 mm，开关内弹簧应是确保复位的压簧；

d) 脚踏开关与防护罩均应 PE(接地保护线)可靠，动作灵敏可靠，且防高温触及，无水浸泡。

5.4.4.4 采用刚性离合器的压力机脚控操纵装置，应有一个单次行程机构，使其在每次行程后断开；当要求连续行程时，该机构应失去作用。

5.4.4.5 操纵器还应符合有关标准和人机工程要求。

5.5 信息显示装置、铭牌、信号和标志

5.5.1 一般规定

5.5.1.1 压力机须有反映机器运转(运行)情况的信息装置和提示使用者和操作者注意的铭牌、信号及标志。

5.5.1.2 信息显示装置、铭牌、信号和标志的规格和数目，应因压力机的型式、功能而异。

5.5.1.3 所有的信息显示装置、铭牌、信号和标志，必须与其显示或警示的工况、目的和作用相符，其结构和安装位置应符合人机工程要求。

5.5.2 信息显示装置

5.5.2.1 根据需要，压力机除了一般机械所具有的通用信息显示装置(例如电流表、电压表、压力表等)外，还应具有下列专用视觉信息显示装置：

a) 曲轴转角指示器；

b) 装模高度指示器和/或装模高度调节指示器；

c) 行程位置指示器；

d) 公称力指示器；

e) 油温指示器；

f) 液位指示器；

g) 行程计数器；

h) 其他指示器。

5.5.2.2 视觉显示装置的大小应适当，结构应简单，能使操作者准确地、方便地、迅速地认读其示值。安装位置应当注意下列各点：

a) 最重要的或经常使用的信息显示装置应布置在压力机正面最明显的地方；

b) 尽可能不安装在可动部件(例如滑块)上；

c) 在正确的操作姿势条件下，信息显示装置的读数面板应与操作者的视线基本垂直(当不较大转动头部或/和眼球时)。

5.5.2.3 液压或气压系统的每一环路必须安装压力表。

5.5.2.4 采用听觉信息显示装置(例如蜂鸣报警器等)时，其发声强度应比环境噪声(或主噪声)强度高10 dB(A)以上，总持续时间不少于15 s。推荐采用1 500 Hz～2 500 Hz的发声频率。具体参照国家对生产现场环境噪音控制的相关标准。

5.5.3 铭牌

5.5.3.1 压力机应有与安全警示有关的铭牌：

a) 主要技术参数铭牌；

b) 离合器型式及压力铭牌(仅限于摩擦离合器传动的压力机)；

c) 滑块平衡线图或表格(仅限于带气动平衡装置的压力机)；

d) 滑块行程-曲轴转角线图(仅限于三动压力机)；

e) 滑块行程-许用公称力线图(仅限于曲柄压力机)；

f) 气(液)垫压力线图或表格；

g) 警示“注意!”事项铭牌；

h) 润滑指示图(表)；

i) 其他需要设置的铭牌。

上述铭牌，可合理安装在机器适当的位置。铭牌安装高度应适当，尽可能在操作者的视野范围内。

5.5.3.2 铭牌应按有关标准制作。

5.5.4 信号和标志

5.5.4.1 压力机应有必要的指示操作和显示有关机构的元件及其工作状态的标牌、面板和标志。

5.5.4.2 警示机械和电气安全的标志应符合GB 2894的规定。

5.5.4.3 地面高度超过4 m的大型压力机的顶部必须设置标志压力机高度的红色安全指示灯。

5.5.4.4 滑块底部凸缘的垂直面和防护栏杆，应按GB 2893的规定涂以黑色与黄色相间隔的条纹标志。

5.5.4.5 显示信号包括光信号器的颜色和相应的含义应符合下列规定：

a) 红色的含义是禁止、停止、危险警报和要求立即处理的情况；

b) 黄色(或琥珀色)的含义是注意和警告；

c) 绿色的含义是工作准备、安全动作或正常工作状态；

d) 蓝色的含义是指令、必须遵守的规定或表示某些特殊的作用。

5.6 平台、梯子和栏杆

5.6.1 一般规定

5.6.1.1 大型压力机上部应设置供检修的平台、登高梯子和栏杆。

5.6.1.2 平台、梯子和栏杆应结构牢固，安装可靠。

5.6.2 **平台**

平台应按 GB 4053.4 的要求制作。

平台必须用标牌注明最大允许承载质量(kg)，只允许检修使用，禁止存放零部件。

5.6.3 **梯子**

梯子应按 GB 4053.1 和 GB 4053.2 的要求制作。

5.6.4 **栏杆**

栏杆应按 GB 4053.3 的要求制作。

5.7 **电气系统**

5.7.1 压力机电气控制系统中须有电源断路开关，并在“脱开”位置上自锁。

5.7.2 压力机电气控制系统中，须有主电机起动器，当电源或电压发生故障时，使主电机与电源切断；当电源恢复正常后重新启动电机时，必须重新操纵电机起动按钮。当主电机功率大于 55 kW 时，应采用降压启动。

5.7.3 电气控制系统应按 5.2、5.4 和 6.2、6.3 有关要求设计。

5.7.4 控制线路的设计应使驱动电机达到下列要求：

a) 摩擦离合器传动的压力机的主驱动电机和滑块调节电机应能正转和反转；

b) 刚性离合器压力机的主驱动电机不能反转；

c) 液压泵驱动电机不能反转。

5.7.5 所有导线须有良好的绝缘，当机械动作和控制机构需要较高电压时，控制线路导线应按其最高电压绝缘。所有的接线端不应缠绕，必须采用专用的电线接头，用螺钉紧固在接点上。

5.7.6 应在闭式压力机的正面、背面的上方和立柱四角适当位置上安设局部照明装置。照明器应用无色透明材料保护。

5.7.7 大型压力机必须有安全栓并同控制线路联锁。当取出安全栓后，压力机应不能驱动。但工作台面小于 1 500 mm×1 500 mm 的压力机不在此限。

5.7.8 电气系统其他安全要求应符合 GB 5226.1 的有关规定：

a) 冲剪压机械的金属结构件、电动机壳体、变压器、穿管金属管等，均应 PE 可靠；

b) 机床 PE 线若明设时，应选用≥4 mm^2 的铜芯线，不许使用铝芯线；

c) 机床 PE 线若暗设时(随穿线管接入设备本体)应选用≥2.5 mm^2 的铜芯线或≥4 mm^2 的铝芯线；

d) PE 线不许搭接或串接，接线规范、接触可靠，不要求一定均裸露；

e) 明设的应沿管道或床身敷设，暗设的在接线处外部应有接地标志；

f) 设备 PE 线接线间不得涂漆或加绝缘垫；

g) 冲剪压机械可移动的开关电源线应采用三芯橡胶电缆线，外套蛇皮管，如有物件压砸可能时，应用槽钢或钢管(盖)防护。

5.8 **液压系统和压力容器**

5.8.1 液压系统必须符合 GB/T 3766 的规定。采用的液压元件必须符合 JB/T 3818 的规定。

5.8.2 压力机所有的压力容器(储气罐、储液罐等)必须符合国家劳动总局《压力容器安全技术监察规程》和 GB 150 的规定。

5.9 **滑块调节装置、保险装置**

5.9.1 机械压力机、液压机必须有滑块装模高度调节装置。装模高度调整机构中要有过扭矩保护联轴节。

5.9.1.1 当机械压力机通过调节连杆长度来调节滑块装模高度时，调节后的连杆必须能自锁或互锁在调定的位置。

5.9.1.2 当开式压力机通过调节升降式工作台来调节滑块装模高度时，工作台上应有调节螺杆和手轮。当调定的工作台紧固后，螺杆和手轮应失去作用。

5.9.2 液压机滑块装模高度的调节应采用限位开关限位。

5.9.3 压力机应有必要的保险装置(见9.2)。

6 对安全装置的要求

6.1 一般要求

6.1.1 工厂应为操作者提供安全装置，以保护操作者的人身安全。只要工作状态能够允许安装和使用安全装置，应必须安装和使用。

6.1.2 工厂管理者必须事先考虑到每道工序(工步)的工作状况，以确定安装和使用：

a) 何种危险区的安全保护装置；

b) 何种危险区的安全控制装置。

6.1.3 当不能安装和使用安全装置时，对操作者的安全保护应采用：

a) 手工具给进或取出工件(见11.2.4)；

b) 根据毛坯状况和工件大小，使操作者和危险区界限之间保持必要的安全距离(见11.2.3.2)。

6.1.4 必要时，应对冲模进行监控和保护。

6.1.5 安全装置必须能够保护操作者，并对操作者没有任何形式的(例如：机械的、电磁的、辐射的)伤害。

6.1.6 采用的安全装置及其控制元件，必须符合有关标准。除本标准外，安全装置应符合GB 5091规定的技术要求。光线式和感应式传感安全装置应分别符合GB 4584和GB 5092的规定。

6.1.7 安全装置必须定期检修，它的安装、拆卸和检修必须在安全工程师(或技师)的指导下进行。

6.1.8 安全控制装置必须按照技术说明书定期更换(不论是否损坏)。

6.1.9 必须在安全装置的设计阶段，对一切可能产生的危险和不安全因素采取措施加以防范。

6.2 安全保护装置

6.2.1 安全保护装置(各种防护罩或防护隔栏)是对危险区最可靠的保护装置，应优先采用。

6.2.2 安全保护装置适用于各种类型的压力机，但在选择时应注意对压力机的适用性，见表3。

表3 安全保护装置的选择

类型	安装位置和要求	适用性	
		优点	缺点
冲模安全罩(见图3)	安装在下模座或退料板的固定位置上	体积小，能有效地保证安全作业	对冲模的安装，调试及工件的进出带来困难
固定式安全罩	安装在压力机立柱或工作台上	对冲模的安装、调试很方便	须按不同的冲模结构和尺寸配置，增加了安全罩的品种和数量
可调试安全罩(见图4)	安装在压力机立柱或工作台上或模座上	一台压力机不需多套安全罩，减少了安全罩的品种和数量	调整费时、费事且不能按不同冲模调整到很正确位置，更换冲模也较困难
联锁式安全罩(见图5)	安装在压力机的立柱或工作台上或模座上；与压力机离合器控制系统联锁；除"寸动"运转规范外，滑块在运动时安全罩不能被打开	更换和调试冲模很方便；不须按不同的冲模结构和尺寸配置	增加了铰接及可动部件，造价较高

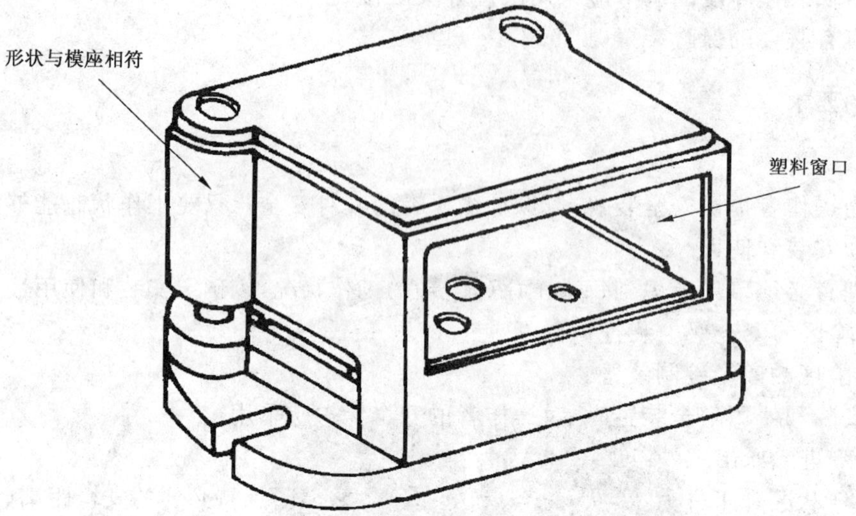

图3　冲模安全罩之一例

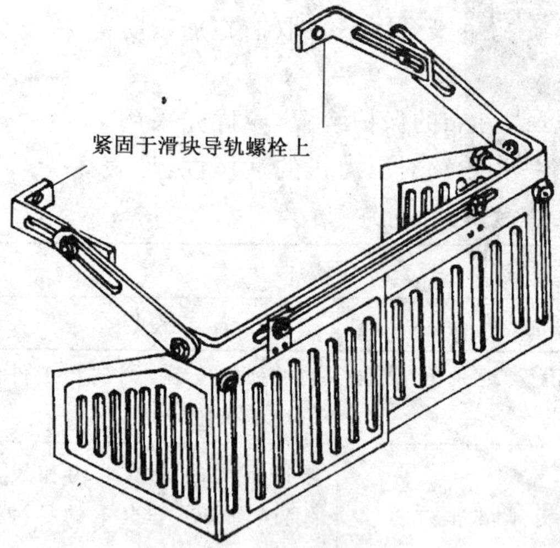

a) 紧固于滑块导轨螺栓上之一例

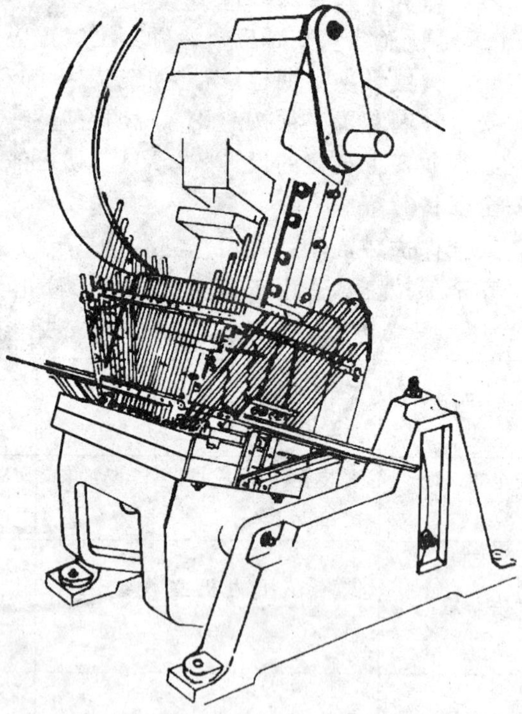

b) 紧固于工作台上之一例

图4　可调试安全罩

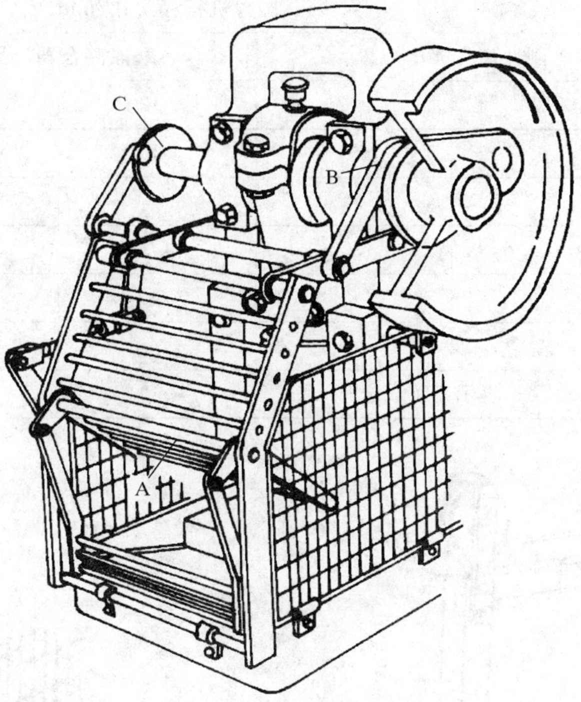

图中：

A——联锁隔栏；

B——离合器控制机构；

C——保护装置控制机构。

图5　联锁式安全罩之一例

（图示为刚性离合器压力机曲柄停止在上死点位置，保护装置才打开）

6.2.3　安全保护装置的结构要求和距危险区界限的距离，必须符合GB/T 8176—1997中7.5.2～7.5.4各项规定。

6.2.4　辊式送料机构，应采用角钢之类构件对旋辊间隙进行防护。其安装要求，必须符合GB/T 8176—1997中7.5.2～7.5.4各项规定。

6.2.5　安全保护装置的防护高度，应等于或大于滑块行程长度和调节长度之和。

6.2.6　凡是不符合6.2.1～6.2.3规定的安全罩，只有和其他安全装置组合在一起时才能使用。

6.3　安全保护控制装置

6.3.1　根据冲模结构和操作情况，在下列场合下必须安装和使用安全控制装置：

a)　不适宜安装和使用安全保护装置时；

b)　采用一种或数种安全控制装置能达到良好的使用效果时；

c)　要求与安全保护装置组合在一起使用时。

6.3.2　必须按照压力机的类型、离合器型式和滑块行程次数，正确选用安全控制装置，见表4。

6.3.3　传感式(光电式、电容式等)安全控制装置不得用于滑块行程的启动机构，也不得单独用于危险入口处的保护。

6.3.4　不应把限制式安全控制装置用于双手同时送料或卸料的工位上。

6.3.5　优先选用可移式隔栏、传感式安全装置和双手式安全装置。不推荐采用拨手式安全控制装置。

6.3.6　安全保护控制装置的作用、性能和安装要求，必须符合表5的规定。

表 4　安全保护控制装置的选择

装置类型	压力机行程次数/min^{-1}				
	刚性离合器压力机		摩擦离合器压力机		液压机
	≤120	>120	≤120	>120	
可移式隔栏见图 6	√	×	√	×	√
传感式安全控制装置	×	×	√	√	√
双手式安全装置	×	√	√	√	√
拉手式安全控制装置	√	×	√	×	√
限制式安全控制装置	√	×	√	×	√
注：√——表示可以选用；×——表示不可以选用。					

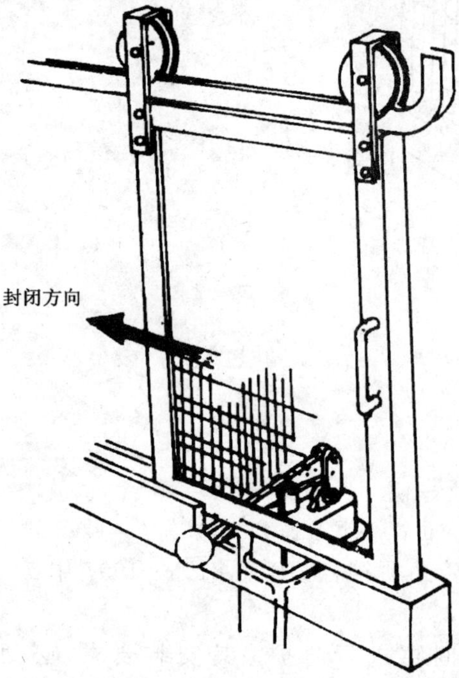

a) 封闭状态

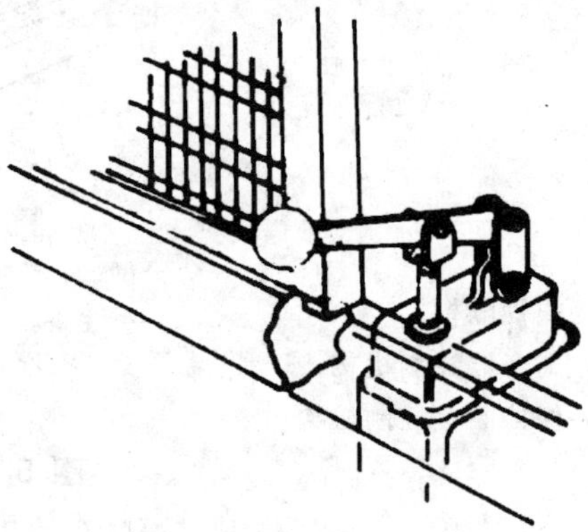

b) 开启状态

图 6　可移式隔栏之一例

表 5　安全保护控制装置的作用、性能和安装要求

类型	作用性质	安装要求
可移式隔栏	全循环和半循环封闭保护式共有： 当操作者的手误入危险区时，能防止启动滑块； 除"寸动"运转规范外，滑块在下行时门或隔栏不能被打开	采用刚性离合器的压力机，控制装置与单次行程机构联锁； 采用摩擦离合器的压力机，控制装置与离合器、制动器控制系统联锁； 液压机，控制装置与液压控制系统联锁
	全循环封闭保护式： 滑块下行前，封闭危险区，直到滑块停止在上死点	
	半循环封闭保护式： 滑块下行前，封闭危险区，在滑块下行结束前，防止操作者的手误入危险区	

表5(续)

类型	作用性质	安装要求
传感式安全装置	当滑块下行,操作者的手或身体任何一部分误入危险区时,能被感应幕检测出来,并停止滑块运行;当控制装置发生故障时,不影响压力机在必要时的停车功能,能在安全控制系统中自动显示故障,在故障修复前,控制装置能使滑块不再启动;滑块上行时,控制功能消失	传感式装置必须与报警系统联锁,一旦失效,必须产生报警。控制装置须与摩擦离合器制动器控制系统联锁;感应幕最低点至工作台面的最大垂距,对于大型压力机不应超过150 mm,对于中型压力机不应超过100 mm;感应幕必须从正面、上面封闭危险区,可与工作台面垂直、倾斜或拐弯;感应幕至危险区界限的最小安全距离应大于或等于按式(1)计算的数值: $D_S = 1\,600 \times T_S$ …………(1) 式中: D_S——感应幕至危险区界限的最小安全距离,mm; 1 600——人手运动速度,mm/s; T_S——当机械压力机曲柄转角约为90°或当液压滑块处于快速接近工作行程时,测得的滑块紧急制动停止时间,s
双手控制式和操作式安全装置	双手控制式和操纵式共有: 滑块单次行程控制机构; 必须双手同时操纵才能启动滑块; 滑块运动停止后,操作者双手必须放开才能再次启动滑块	双手式安全装置应有固定位置,其间距应为300 mm~600 mm;如系多人操作,每人应有一套安全装置
	双手控制式: 当滑块下行时,操作者必须同时双手按压控制装置,直到滑块达到下死点; 当操作者的手误入危险区时,滑块在向上行程或已停止在上死点	采用摩擦离合器的压力机,控制装置与离合器、制动器控制系统联锁; 液压机,控制装置与液压控制系统联锁; 控制装置至危险区界限的最小安全距离应大于或等于按式(2)计算的数值: $D_S = 1\,600 \times T_S$ …………(2) 式中: D_S——控制装置至危险区界限的最小安全距离,mm; 1 600——人手运动速度,mm/s; T_S——当机械压力机曲柄转角约为90°或当液压机滑块处于快速接近工作行程时,测得的滑块的紧急制动停止时间,s
	双手操作式: 在操作者的双手误入危险区之前,滑块已完成向下行程或停止在上死点	控制装置与单次行程控制机构联锁;控制装置至危险区界限的最小安全距离应大于或等于按下式计算的数值: $D_S = 1\,600 \times T_S$ …………(3) $T_S = (1/2 + 1/N) T_n$ …………(4) 式中: D_S——控制装置至危险区界限的最小安全距离,mm; 1 600——人手运动速度,mm/s; T_S——滑块开始动作至下死点所需的最大时间,s; N——刚性离合器每转接合槽数; T_n——曲柄回转一周时间,s

表 5（续）

类型	作用性质	安装要求
拉手式安全装置	防止操作者双手误入危险区： 如手已入危险区，将手随冲模的闭合而拉出危险区	采用 $\phi 4$ 以上，能承受拉力 1 500 N 以上的合成纤维软索，一端固定在滑块或上模并随之动作，一端固定在手腕皮带上。手腕皮带应采用软皮革，与拉手软索连结部位应能承受 500 N 的拉力； 当更换冲模或重新组织工位时，应进行调节，并检查是否安装正确。在压力机开动之前，必要的维修应进行完毕； 软索的拉动范围必须是下模进深的 1/2；多人操作，每人应有一套拉手装置
限制式安全装置	防止操作者的双手在任何情况下误入危险区	采用软索，一端固定在立柱或工作台上或操作者背后的栏杆上，一端系在操作者的手上，软索和手腕皮带与拉手式安全装置相同； 滑块行程前，必须调整好，软索可以拉紧，但操作者的双手不能进入危险区； 当多人操作时，每人应有一套限制装置

6.4 冲模安全监控装置

6.4.1 为了预防和减少冲模工作元件和送料及卸件装置在工作时出现的突然故障，必要时应在工作行程开始之前或冲压过程当中，对其进行监控。

6.4.2 冲模的监控防护装置，可以采用电控触点开关或者声学的、光学的、传感的和气动、电动的开关元件。这些开关元件的冲模监控防护装置，必须有相应的开关元件布置图、电路安装图和必要的说明。

6.4.3 采用的监控元件，必须与压力机的类型、离合器形式、行程次数和监控任务相匹配。

6.4.4 电触点开关元件的冲模监控防护装置的作用与性能及其适用范围必须符合表 6 的规定。与压力机传动控制机构的联锁见表 5 有关规定。上述规定原则上适用于声学的、光学的、传感的和气动、电动的开关元件的冲模监控装置。

表 6　电触点开关元件的冲模安全监控装置

类型	作用与性能	适用范围
Ⅰ	在滑块循环过程中，冲模发生故障时，在完成一次循环之后，将滑块停止在上死点位置	刚性离合器压力机； 摩擦离合器压力机； 液压机
Ⅱ	滑块行程在监控装置作用之后才可启动；启动滑块行程可用手动或自动操纵	
Ⅲ	在滑块下行过程中，冲模发生故障时，使滑块在冲压过程开始之前制动	液压机（最适宜） 摩擦离合器压力机； 能在下死点前 160°～60°范围内制动的可寸动的刚性离合器压力机

7 对冲模设计和制造的安全要求

7.1 一般要求

7.1.1 优先考虑采用有安全装置（防护罩和安全监控装置）的冲模（见第 6 章）。

7.1.2 必须考虑冲模和压力机安全装置的相互配合关系，以消除一切可能出现的危险因素。

7.1.3 冲模设计、审查或会签时，应特别注意冲模在运输、吊运、安装和操作等方面可能存在的危险因素，并采取预防措施。

7.1.4 冲模设计和制造时，还应遵照 GB/T 8176—1997 第 6 章和 7.3.2 规定。

7.1.5 必须在冲模的设计阶段，对一切可能产生的危险和不安全因素采取措施加以防范。

7.2 总体结构

7.2.1 冲模外廓尺寸不应超过压力机工作台面。下模的长和宽应比上模大。但当工艺特定需要、便于操作又能保证安全时，则不在此限。

7.2.2 冲模的上模质量，不得超过压力机允许的限值。

7.2.3 冲模工作中心，应与压力中心一致，必要时应设置定位装置。当有特殊情况时，允许冲模中心与压力中心有一个偏移量，但应在冲模设计时加以标注。

7.2.4 采取下列措施，消减冲模危险区：

a) 外廓和非工作部件的尖角，必须倒钝；

b) 从下模座上平面至上模座下平面的最小间距应大于 60 mm(当冲模闭合时)；

c) 减少上、下模非工作部分的接触面；

d) 将上模座正面和侧面制成斜面；

e) 开设空手槽；

f) 导板或刚性卸料板与凸模固定板的间距应大于 20 mm；

g) 其他可以减少危险区的措施。

7.2.5 导柱应安装在下模座下，且尽可能远离操作者。中小型压力机导柱和导套在冲模工作开启状态下不应相互脱离，或脱离间隙不大于 6 mm。当超过 6 mm 时，应安装可伸缩的防护罩(套)。该规定不适用于大型压力机或机械化联线形式的生产方式。

7.2.6 受冲击而运动的部件(包括退料装置)，须采用缓冲装置缓冲。采用弹簧作缓冲装置时，应用压缩弹簧，并用导杆或孔(管)导向。

7.2.7 冲小孔(当孔径小于或等于料厚)时，凸模应采用导向护套。

7.2.8 冲模总体结构应匀称，并尽可能采用重量平均结构。当冲模重心明显偏离冲模中心时，应尽可能于对应重心位置装设吊运装置。使其在吊运过程中不致发生倾斜。

7.2.9 采用专门传输装置取送工件的自动化冲模(包括自动压力机用冲模)，应按压力机曲柄转角工作图，选取行程循环的取件和给进时间，使之相互协调，传输装置的动作既不超前又不滞后。采用液压机时，应按其行程大小和位置决定传输装置的动作时间。

7.2.10 有可能断裂或飞出的冲模元件，应设置防护罩。

7.2.11 采用拉深垫(或类似装置)进行压力或卸料的冲模，其压边圈或卸料板应设置安全防护罩(圈)。

7.3 安装和紧固方式

7.3.1 冲模在压力机上必须采用正确的安装和紧固方式。优先考虑紧固槽(孔)坚固方式。只有在不便或不宜开设紧固槽(孔)的模架上，才采用紧固压板紧固方式。

7.3.2 所有的夹紧部位表面应平整，必要时应进行机械加工。

7.3.3 紧固槽的分布与尺寸，必须与安装的压力机相符。紧固槽的深度应为安装螺栓直径的 2 倍。

7.3.4 上、下模应至少各有 4 个紧固点并对称等距分布。但采用模柄紧固的上模，则不在此限。

7.3.5 大型冲模的设计应绘制安装图，以指导冲模的安装。冲模安装图应便于识读，其内容和格式参见附录 A。

7.4 限位装置

7.4.1 大型冲模应设置带有限位装置，以防止冲模在运输和存放过程中凹模和凸模的损坏，并减少压簧的负载。

7.4.2 限位装置应按下列要求设计和制造：

a) 限位装置应能方便地置入冲模和从冲模中取出；

b) 限位高度应满足冲压生产的要求；

c) 工作前，应从限位装置取出，置入专门的安置孔中或挂在索链上，以防丢失；

d) 叠放冲模时，下层模具存放限制器组件应支撑下层模具的上模及上层模具的重量；

e) 每套冲模应放置4个或2个限位装置（分布要均衡、对称）。

7.4.3 大型模具上模活动部件应设置行程限位装置（侧销、退料板螺钉等）和安全保护限位装置。

7.5 斜楔机构

7.5.1 大型冲模的斜楔传动机构的复位弹簧必须采用压簧。复位弹簧和气缸均须用保护罩加以保护。

7.5.2 当使用气缸复位机构时，活塞的额定行程应至少大于工作行程5 mm。

7.5.3 楔块斜度应采用45°。如为减少楔块水平行程和冲击，允许采用45°～55°的斜角。

7.6 润滑

7.6.1 冲模上所有的相对运动零部件特别是导向元件，必须润滑。但采用自行润滑材料（如含油材料）制成的滑动面或镶嵌有塑料制成的滑动面，则不在此限。

7.6.2 润滑元件的布置必须显而易见，便于操作。润滑管路的排列和安装应不妨碍冲模零件的拆卸和安装，并保证在运输或生产过程中不受损坏。

7.7 吊运元件

7.7.1 吊运冲模的吊运元件（如吊耳、吊环、吊钩等）的强度，应按两个元件能承受整套冲模的质量进行计算，并有一倍的保险系数。冲模质量按式(5)关系式粗略计算：

$$冲模质量 = 冲模底面积(cm^2) \times 冲模高度(cm) \times 密度 \times 0.6 \qquad \cdots\cdots(5)$$

式中：

密度——取8 g/cm³；

0.6——冲模空度系数。

7.7.2 采用导向腿导向槽作为导向装置的大型冲模，应考虑在运输过程中用连结板连接上下模。

7.8 铭牌和警示

7.8.1 大型冲模一般应有标识主要技术参数的铭牌。必要时，应有拉深垫顶杆铭牌。冲模主要技术参数铭牌格式，参见附录B。

7.8.2 在防护盖板下部以及所有不允许覆盖的危险部件，必须涂以桔黄色（橙色）作以信号色。

7.8.3 信号色不起防护作用，只是引起操作者的注意。信号色也不能用作冲模的标志。冲模的标志应按GB/T 8176—1997中9.1.5的规定进行处理。

7.9 退磁

冲模必须完全退磁。

8 对冲模安装和调试的安全要求

8.1 一般要求

8.1.1 冲模的安装和调试应由专门的冲模安装工或受过专门技术训练的操作工进行。

8.1.2 冲模的安装和调试应遵照冲模安装图，并熟知其各项要求。应特别注意压力机的装模高度，装模高度须与冲模闭合高度相适应，一般应符合按式(6)计算的数值：

$$H_{max} - 5 \geqslant H \geqslant H_{min} + 10 \qquad \cdots\cdots(6)$$

式中：

H——冲模闭合高度，单位为毫米(mm)；

H_{max}——压力机最大装模高度，单位为毫米(mm)；

H_{min}——压力机最小装模高度，单位为毫米(mm)。

8.1.3 冲模的安装和拆卸必须按照工厂的工艺和生产计划指令进行。

8.2 准备工作

8.2.1　冲模安装前，切断压力机电源并锁闭。

8.2.2　压力机工作台面必须清理干净，不允许摆放与安装冲模无关的物体，待装冲模的上、下模座与压力机滑块底面和工作台面的接触面必须擦净，不允许残留灰垢和油污。

8.2.3　在可倾压力机(当床身处于倾斜位置时)台面上，安设挡块，以防待装冲模滑落。

8.3　安装和紧固

8.3.1　冲模安装时，一般应遵循下列程序：

a)　使压力机滑块处于下死点位置(行程向上，调节向上)，并检查装模高度；

b)　使压力机滑块处于上死点位置(行程向下，调节向上)；

c)　将冲模置入工作台上；

d)　调整装模高度；

e)　紧固冲模。

8.3.2　使用起重机吊运的大型冲模，在置入工作台之前，必须采用支承托架支撑。然后应用钢丝绳和必要的导向装置将冲模曳入压力机，如图7所示。托架应坚固，其高度与工作台面相等或略高。禁止用起重机将冲模直接荡落在压力机工作台。但当采用叉车和移动工作台安装冲模时，则不在此限。

8.3.3　自动夹紧装置动作可靠，整个冲压过程必须保证恒定的夹紧力；自动夹紧装置需有自锁功能，以保证可靠地将模具夹紧在滑块上，不因滑块重力而松开，在断电或失去液压压力时处于可靠夹紧状态；

8.3.4　手动夹紧，夹紧螺栓必须采用45＃优质碳素钢调质料车成，并在工艺操作中，工序操作卡上应注明冲模编号和应配备专用夹紧螺栓及工具编号。

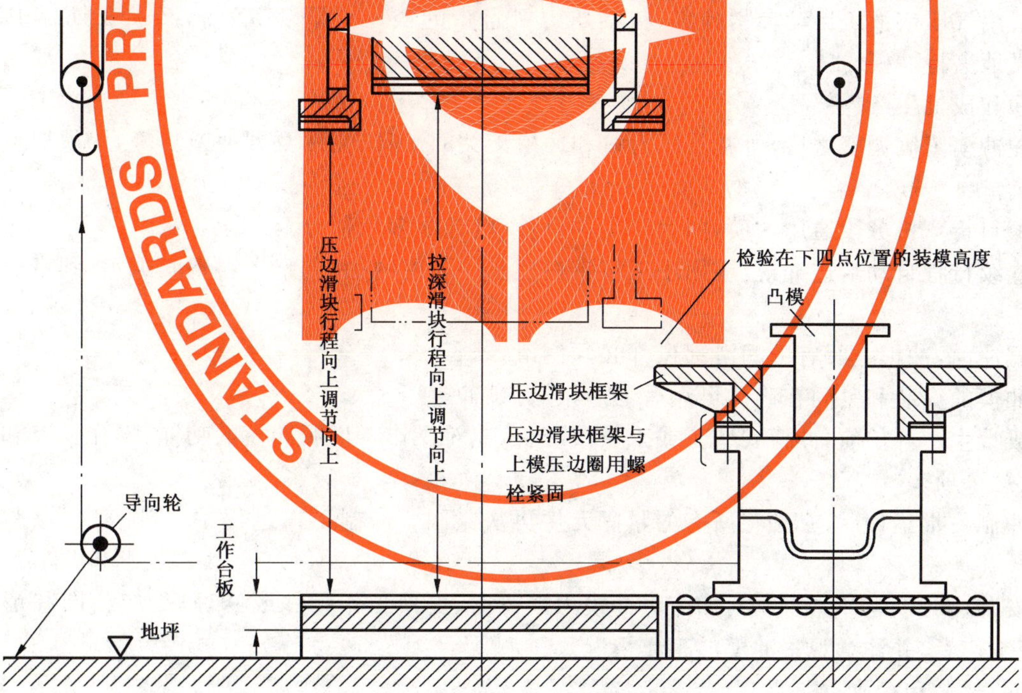

图7　大型冲模的安装(图示为拉深模在双动压力机上的安装)

8.3.5　装模高度的调整必须仔细进行。

8.3.5.1　压力机工作台(包括辅助垫板)至滑块底面(包括辅助垫板)的间距，在行程向下、调节向上的所有情况下，必须大于待装冲模设计的装模高度。

8.3.5.2　调整时必须使用压力机的寸动或微动操作。

8.3.5.3　当压力机没有寸动操作时，调整时应使用扳手或盘杆等手工具。调整后，手工具必须取出或能自动退出。

8.3.6 冲模置入压力机，并得到正确的定位后才能紧固。

8.3.6.1 带模柄的冲模，以模柄定位，先紧固上模，后紧固下模。当模柄小于压力机滑块的模柄孔时，必须采用专门的开口衬套或对开衬垫。使用开口衬套时，衬套开口应正贴于滑块部分，当使用对开衬套时应将两半衬套正贴于滑块和夹块。

8.3.6.2 大型冲模必须以安装定位销(孔)外廓定位，先紧固下模，后紧固上模。

8.3.6.3 紧固冲模时，必须在上、下模座与压力机滑块和工作台完全贴合后，将紧固点逐个对称拧紧。

8.3.6.4 采用压板紧固冲模时，紧固螺栓至冲模夹紧点的距离与至压力机工作台上夹紧点的距离应为 2∶3。

8.3.6.5 紧固夹紧螺栓时，必须采用适当的扳手。禁止在扳手上插入导管拧动螺帽。

8.4 紧固元件

8.4.1 必须使用专门制作的紧固元件或购置的标准紧固元件，紧固件不得随意制作和使用。采用的紧固元件，必须与压力机和冲模紧固槽(孔)相匹配。例如压力机工作台和滑块 T 型槽宽是 46 mm，只能选用 $d=24$ mm 的 T 型槽用螺栓。

8.4.2 采用的 T 型槽用螺栓移动压板(A 型)、平压板和直压板须符合有关国家标准的规定。除此之外，不推荐采用其他形式的压板。

8.4.3 采用的垫铁必须方正、平整，其表面应进行机械加工，宽度与压板宽度相等，高度与上、下模座紧固面高度相等，长度不小于宽度。不得采用阶梯式垫铁，亦不得在同一紧固点上叠放两个或两个以上垫铁代替一个垫铁。

8.4.4 紧固元件必须有防松装置(例如弹簧垫圈等)。

8.4.5 采用气压或液压自动夹紧装置(包括压力机自带的快速夹紧装置)时，必须在气源中断或失压后，能可靠地夹持冲模。

8.5 试冲和成批生产

8.5.1 在冲模紧固调整之后，所有与压力机和冲模无关的工具、元件及其他杂物等，均须从工作台和冲模上拿走。

8.5.2 板料折弯机分段通用冲模，如大于工件全长，应卸除多余部分。

8.5.3 连续行程自动给进冲模，应用手工将带料逐步导入模内，并调整送料辊间隙，直到带料能自动给进为止。

8.5.4 试冲前，冲模上所有的润滑部位都必须润滑。

8.5.5 冲模的安装和紧固在确认可靠后，方可进行试冲。

8.5.6 成批生产开始前，冲模安装工或工长或班长，应对操作者说明冲模的功能，操作要点和安全防护等有关注意事项。

8.5.7 冲制一批工件后，必须将所有的紧固元件再次紧固。冲制工作过程中，应随时注意冲模的紧固情况。

8.5.8 安装、调试和实际生产中，如需对冲模刃口修磨、更换工作元件或修理等，应会同和请教冲模制造或修理工作者，并注意观察冲模的工作情况。

8.6 拆卸、运输和存放

8.6.1 当一批工件冲完之后，应将最后一个工件留在冲模中。冲裁类模具、侧向力较大的模具内不能留工件。

8.6.2 停机卸模时，应在上、下模之间安放适当的限位装置或支承垫、限位块之类限位元件，并必须上调压力机行程上止点，防止存放限制元件损坏。

8.6.3 松开紧固元件，曳出冲模时，应采用 8.2.4 和 8.3.2 等类似方法。

8.6.4 必须在吊运前，将吊运元件安装牢固。

8.6.5 不允许用一套冲模的吊运元件同时吊运几套叠置的冲模。

8.6.6 采用叉车搬运冲模时，叉杆插入模座的深度必须大于冲模的宽度。
8.6.7 冲模的存放必须遵照GB/T 8176—1997中5.3各项规定。
8.6.8 安装在冲模上的专用溜槽和气缸等附件，应拆卸另行存放并妥善保存。
8.7 辅助垫板
8.7.1 只有在下列情况下才能使用辅助垫板（工作台辅助垫板或/和滑块辅助垫板）：
a) 调整工作面高度，使之适合于操作者；
b) 减小滑块的空行程，缩短循环时间（当使用液压机时）；
c) 减少压力机滑块的装模高度，使之适合于冲模的闭合高度；
d) 便于冲模的安装和紧固。
8.7.2 辅助垫板平面的外廓尺寸，不得大于压力机工作台面和滑块底面。
8.7.3 辅助垫板应用专门的紧固元件牢固地紧固在压力机上。紧固元件不得凸出于垫板的表面。
8.7.4 辅助垫板必须具备压力机工作台面和滑块底面的使用功能，且不影响工作台和滑块顶出或打料。
8.7.5 辅助垫板必须按压力机工作台板的技术要求制作。
8.7.6 因工艺要求采用上气垫或弹簧垫时，必须保证辅助垫板与滑块的夹紧装置安全、可靠。
8.8 模具在大型机械压力机上进行维修时，必须将压力机所配置的安全栓放置于模具四角处的安全区。

9 压力机过载和过热的防止

9.1 一般要求

9.1.1 压力机的供应者和使用者均有责任防止压力机在使用过程中可能产生的过载和过热。
9.1.2 选择机械压力机时，应把公称力和功率（功）结合起来考虑下列过载情况发生的事故：
a) 功率不过载，压力过载，导致轴的变形或机器破裂；
b) 压力不过载，功率过载，导致“闷车”，使飞轮转速急剧下降，驱动电机烧损；
c) 压力和功率同时过载，例如超厚板料或双料的压制，导致闷车使传动机构损坏。

9.2 制造者的责任

9.2.1 压力机必须按公称力的110%作超载试验，以保证在偶然不慎超载使用时，机器不致发生损坏。
9.2.2 机械压力机必须装设适当形式（机械式或液压式，破坏式或自动恢复式）限制压力和/或限制扭矩的保险装置。机械压力机过载保护装置要有足够的过载保护行程。
9.2.3 液压机必须有过载保护装置。液压系统必须设有安全阀，以限制系统压力超过额定工作压力。

9.3 使用者的责任

9.3.1 使用者必须按压力机制造者提供的说明书规定的公称力和额定的附属装置使用压力机。
9.3.2 选择压力机时，应考虑附属装置例如气（液）垫、打料杆、滑块平衡机构等的反向载荷。
9.3.2.1 工艺压力和所需要的缓冲及顶出装置的压力之和必须小于压力机的公称力。
9.3.2.2 工艺变形功和缓冲及顶出装置的功之和，必须小于压力机在一次行程中所做的功。
9.3.3 尽量避免在机械压力机上进行有可能超载的校正、压印的挤压工序。这类工序应由摩擦压力机、液压机或专门的挤压机承担。
9.3.4 必须根据不同工件和工序的特点，正确调整装模高度（见8.1和8.3）。通过检测装置和细心操作，防止超厚板料或双料进入模内。
9.3.5 当机械压力机发生超载时，操作者和检修者必须对曲柄和连杆等进行仔细的检查，在确认压力机没有受损后，才能继续使用。
9.3.6 采用机械压力机进行拉深工序时，公称力应乘以修正系数。当拉深深度为滑块行程的2/5～1/3时，系数值为0.5～0.6；当拉深深度小于滑块行程的1/3时，系数值为0.7～0.8。修正后的公称力，应大于工件工艺变形实际需要的力。

9.3.7 连续行程时，机械压力机完成的有效功应按单次行程做功的50%计算。

9.3.8 当为降低冲裁力和冲击噪声(见GB/T 8176—1997中4.5.2.2)而采用斜刃模时，应注意避免冲裁功的超裁。厚板冲裁时，尤应注意。只有冲裁力超过压力机公称力的50%时，才考虑采用斜刃模。

9.3.9 机械压力机的单次行程接合次数，不应超过连续行程次数的50%。

9.3.10 液压机的传动介质，在工作时和工作结束后，不得超过允许的温升。应采取适当的措施，例如加大油箱容积和/或采用外部冷却装置防止传动介质过热。

10 振动和噪声的防治

压力机的振动和噪声须采取专门措施加以防治。见JB/T 6056。

11 对操作规范的安全要求

11.1 一般要求

11.1.1 工厂应根据设定的条件(工艺、设备、安全装置、冲模等)，为操作者提供、选择和规定合适的操作规范。

11.1.2 操作者必须遵守操作规范并正确操作。

11.1.3 操作者必须配戴劳保用品(如安全帽、防护鞋、防护手套等)。

11.1.4 工厂必须经常地对操作者进行综合性安全技术和生产技术的教育，并指导操作者遵守企业、地方或国家的安全规章、制度和法律、法令。

11.2 操作规范选择原则

11.2.1 寸动

11.2.1.1 只有在下列情况下才能采用寸动操作：

a) 冲模安装时，装模高度的调整；

b) 生产过程中需要进行的装模高度的调整(液压机除外)；

c) 经过批准的工艺试验(当使用液压机或自动恢复式保险装置的机械压力机时)；

d) 使用起动按钮，操纵滑块试运转(机械压力机除外)。

11.2.1.2 在生产过程中，不得采用寸动操作。

11.2.1.3 禁止在滑销式或转键式刚性离合器传动压力机上，在驱动电机转动情况下进行任何形式的寸动操作。不应在带寸动的刚性离合器压力机上以寸动规范安装调试冲模。

11.2.2 单次行程

11.2.2.1 单次行程适用于非自动压力机或非连续冲压工序。

11.2.2.2 下列情况下必须采用单次行程：

a) 手工操纵(或机械取件、手工送料)时，取件和送料时间之和大于滑块上行程时间；

b) 机械操纵(或手工取件、机械送料)时，取件和送料时间之和大于滑块上行程时间与下行程曲柄转角到20°时的时间之和；

c) 试冲和单件生产时，操作者对工件尚无自然适应能力。

11.2.3 连续行程

11.2.3.1 连续行程适用于自动压力机或联动冲压线以及有自动取件和自动送料装置的自动冲压过程。

11.2.3.2 远离危险区的手工操作并能使板料、条料和带料或工件步进送料时允许采用连续行程操作规范。

11.2.4 手工操作限制和手工具

11.2.4.1 只有在安全压力机上，采用选定的控制方式和制动监控装置时，才允许用手进入危险区内取放工件。

11.2.4.2　不符合前条规定时，禁止人手进入危险区内操作，只能采用手工具代替。

11.2.4.3　手工具不是安全防护装置，只是辅助性防护工具。手工具必须符合人机工程要求，手持式电磁吸盘应符合 GB 5093 的规定。

11.3　操作要点

11.3.1　冲模安装时和生产过程中，不得使用刃口变钝的冲模。

11.3.2　对冲模工作元件和工件的润滑，应采用粘度系数较小的润滑剂，涂敷应均匀，用量不应过多。

11.3.3　向冲模的滑动面、工作面和工件涂敷润滑油时，必须采用适当的工具（例如长把刷或长嘴油壶）代替。

11.3.4　必须按照 GB/T 8176—1997 中第 8 章和 9.2 规定操作压力机。

11.3.5　当发现有下列情况之一时，操作者应停止运转压力机，并向上一级领导和工厂有关部门报告，以采取有效的措施加以解决：

a）　工位组织和结构不合理，例如工作面高度和工作姿势不符合操作者的生理特点；

b）　工位上照度不良（见 GB/T 8176—1997 中 4.4）；

c）　规定连续行程规范时，工件定位不稳定，取放又很困难；

d）　没有防护的手工操作，缺少手工具；

e）　机械装备发生故障时；

f）　冲模发生异常情况时。

12　对装备检查和修理的安全要求

12.1　压力机（包括安全装置）的检查和修理，必须按 GB/T 8176—1997 中 9.4 规定进行。

12.2　冲模应按使用技术要求，定期检修和更换。

附　录　A
（资料性附录）
冲模安装图

A.1　用途

冲模安装图是冲压车间安装冲模指导性资料，也是工厂成本核算、生产计划部门和制造部门方便性资料。大型冲模一般应有安装图。

A.2　内容

冲模安装图一般应包括以下内容：

a)　工件号和工件名称；

b)　工序号和工序名称；

c)　冲模号和冲模名称；

d)　冲模净质量和上模质量(kg)；

e)　主压力机和代用压力机安装冲模的有关变量，包括：
- ——滑块和压边滑块最大装模高度；
- ——滑块和压边滑块以及工作台调节范围；
- ——工作台、滑块和压边滑块辅助垫板数量、高度(厚度)和标志；
- ——可倾压力机的倾角。

f)　滑块和压边滑块公称力；

g)　工作台拉深垫数量、长×宽、行程和公称力；

h)　顶杆数量、大小、长度、行程和在工作台上的高度；

i)　压力平衡销(顶杆)数量、大小、长度；

j)　滑块上顶杆的位置；

k)　冲模定位装置的定位销位置；

l)　冲模联合安装时，冲模与压力机中心的距离；

m)　工作面高度、自动化装置、送料装置有关数据；

n)　调整时间和单件时间；

o)　关于事故防范方面的说明；

p)　其他有关事项。

冲模安装图标明的压力机，必须注名压力机型号。

必须有有关变量的注明如“行程向下，调节向上”字样。

A.3　格式

冲模安装图的格式示例参见图 A.1。

×××厂	冲模安装图		日期
			工序名称
工件号	工件名称	工序号	上模质量/kg
冲模号	冲模名称	冲模净质量/kg	
		主压力机型号	代用压力机型号

1	滑块行程/mm	400		
2	滑块垫板/mm	1	120	
3	冲模闭合高度/mm	480		
4	工作台板/mm	160		
5	工作台垫板/mm			
6	滑块行程调节/mm	250		
7				
8	最大装模高度/mm	1010		
9	需要的拉深垫行程/mm			
10	顶杆数			
11	拉深垫顶杆长度/mm			
12	工作台高度/mm			
13	送料面高度/mm			
14	平衡顶杆数目			
15	工作面高度/mm	960		
16				
17				
18	夹紧螺钉	数量	ϕ	L
19	上模	4	M24	160
20				
21	下模	4	M24	180

图例	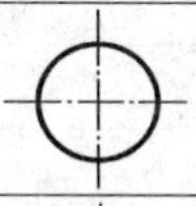	拉深垫顶杆	滑块公称力	kN
			拉深垫压力	Pa
	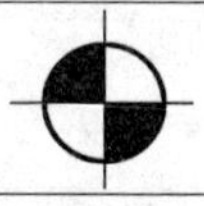	平衡顶杆	调整时间	min
			单件时间	件/h
		滑块顶杆		
		定位销		

单位为毫米

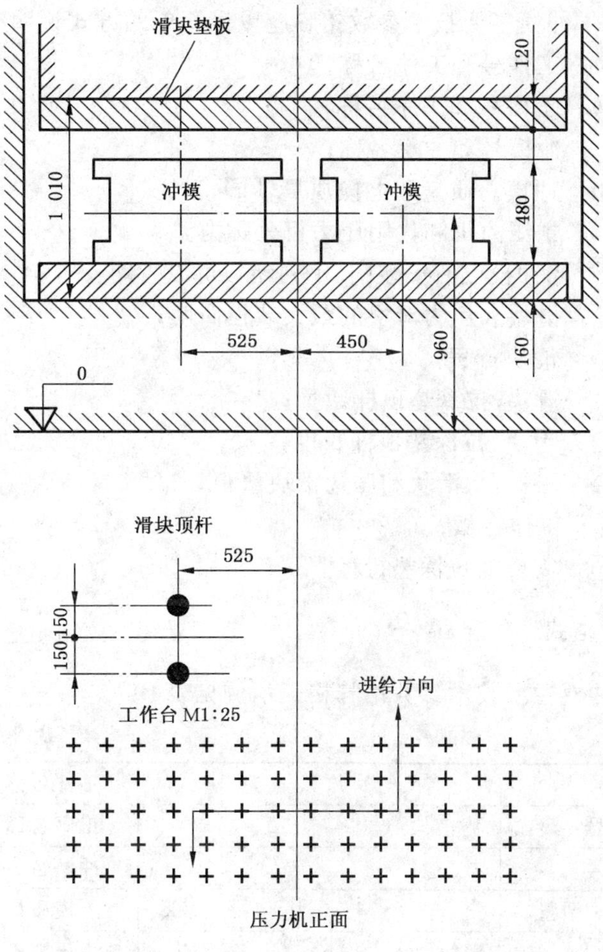

修改标记：	备注

图 A.1 冲模安装图(示例)

附 录 B
（资料性附录）
冲模主要技术参数铭牌

B.1 用途

冲模主要技术参数铭牌是标明冲模技术状态的标志，是使用者方便性、安全性资料。大型冲模一般应有主要技术参数铭牌。

B.2 内容

B.2.1 冲模主要技术参数铭牌应以最简单的方式说明下列数据：

a) 工件号和工件名称；

b) 工序号和工序名称；

c) 冲模号和冲模名称；

d) 冲模总质量和上模质量(kg)；

e) 主压力机和代用压力机公称力。

B.2.2 当冲模已有安装图，下列参数可以省略：

a) 滑块和压力滑块的最大装模高度；

b) 滑块行程；

c) 滑块、拉深垫顶杆数量；

d) 滑块、拉深垫顶杆长度；

e) 工作台、滑块和压边滑块垫板；

f) 工作台板；

g) 需要的拉深垫行程。

B.3 格式

冲模主要技术参数铭牌格式示例见表 B.1。

表 B.1

<table>
<tr><td>工件号</td><td colspan="2"></td><td>工件名称</td><td colspan="3"></td></tr>
<tr><td>工序号</td><td colspan="2"></td><td>工序名称</td><td colspan="3"></td></tr>
<tr><td>冲模号</td><td colspan="2"></td><td>冲模名称</td><td colspan="3"></td></tr>
<tr><td>冲模总质量</td><td colspan="2">kg</td><td>上模质量</td><td colspan="3">kg</td></tr>
<tr><td rowspan="2">公称力</td><td>滑块</td><td>kN</td><td>主压力机</td><td></td><td>行程</td><td>mm</td></tr>
<tr><td>压边滑块</td><td>kN</td><td>代用压力机</td><td></td><td>行程</td><td>mm</td></tr>
<tr><td rowspan="2">装模高度</td><td>滑块</td><td>mm</td><td rowspan="2">拉深垫
压力</td><td>工作台</td><td colspan="2">Pa</td></tr>
<tr><td>压边滑块</td><td>mm</td><td>滑　块</td><td colspan="2">Pa</td></tr>
<tr><td rowspan="4">垫板</td><td>滑块</td><td></td><td rowspan="2">顶杆数量</td><td>工作台</td><td colspan="2"></td></tr>
<tr><td>压边滑块</td><td></td><td>滑　块</td><td colspan="2"></td></tr>
<tr><td rowspan="2">工作台</td><td rowspan="2"></td><td rowspan="2">顶杆长度</td><td>工作台</td><td colspan="2">mm</td></tr>
<tr><td>滑　块</td><td colspan="2">mm</td></tr>
</table>

ICS 91.100.25
Q 21

中华人民共和国国家标准

GB/T 13890—2008
代替 GB/T 13890—1992

天然石材术语

Terms for natural stone

STANDARDS PRESS OF CHINA

2008-06-30 发布　　2009-04-01 实施

中华人民共和国国家质量监督检验检疫总局
中国国家标准化管理委员会　发布

前　言

本标准与美国 ASTM C119-05a《石材术语》、欧洲 EN 12670:2001《天然石材-术语》的一致性程度为非等效。

本标准代替了 GB/T 13890—1992《天然饰面石材术语》。

本标准与 GB/T 13890—1992 相比主要变化如下：

——标准名称更改为天然石材术语；

——一般术语中增加了岩石、石材、天然石材、石灰石、砂岩、板石、天然饰面石材和风化的术语和定义；

——产品术语中增加了毛光板、建筑石材、圆弧板、石材复合板、异型石材、石材花线、石材实心柱体、立方料、墓石、碑石和步道石的术语和定义；

——性能及缺陷术语中增加了抗冻系数和防滑系数的术语和定义；

——开采加工术语中增加了定厚、酸蚀、仿古、球磨、振磨、喷砂、水喷、锤击、火烧、劈裂、自然劈裂、金刚石锯加工、绳锯加工、砂锯加工、渗透性修补、粘接修补、出材率、追纹、排板、棱、倒角、整体研磨和再结晶硬化处理的术语和定义；

——增加了安装术语，收集了干挂和湿贴两个术语和定义；

——增加了一些定义的注释说明。

本标准由中国建筑材料联合会提出并归口。

本标准负责起草单位：中材人工晶体研究院。

本标准参加起草单位：环球石材(东莞)有限公司。

本标准主要起草人：周俊兴、熊仕威、黄龙林、高学武。

本标准于 1992 年首次发布。

天 然 石 材 术 语

1 范围

本标准规定了天然石材一般术语、地质术语、产品术语、性能及缺陷术语、开采及加工术语和安装术语的定义。

2 一般术语

2.1

岩石 rock

指天然产出的具有一定结构构造的主要由造岩矿物或天然玻璃质或胶体或生物遗骸组成的集合体。

2.2

石材 stone

以天然岩石为主要原材料经加工制作并用于建筑、装饰、碑石、工艺品或路面等用途的材料，包括天然石材和人造石材。

2.3

天然石材 natural stone

经选择和加工成的特殊尺寸或形状的天然岩石，按照材质主要分为大理石、花岗石、石灰石、砂岩、板石等，按照用途主要分为天然建筑石材和天然装饰石材等。

注：天然石材在加工期间使用水泥或合成树脂密封石材的天然空隙和裂纹，未改变石材材质内部结构，仍属于天然石材范畴。

2.4

大理石 marble

商业上指以大理岩为代表的一类石材，包括结晶的碳酸盐类岩石和质地较软的其他变质岩类石材。

2.5

花岗石 granite

商业上指以花岗岩为代表的一类石材，包括岩浆岩和各种硅酸盐类变质岩石材。

2.6

石灰石 limestone

商业上指主要由方解石、白云石或两者混合化学沉积形成的石灰华类石材。

2.7

砂岩 sandstone

商业上指矿物成分以石英和长石为主，含有岩屑和其他副矿物机械沉积岩类石材。

2.8

板石 slate

商业上指易沿流片理产生的劈理面裂开成薄片的一类变质岩类石材。

2.9

天然建筑石材 natural building stone

主要作为建筑功能和结构用途的天然石材。

2.10

天然装饰石材　natural decorative stone

主要用于装饰功能的天然石材。

2.11

天然饰面石材　natural facing stone

用天然石材加工而成的用于表面装饰的材料，是天然装饰石材的一部分。

2.12

天然饰面板材　natural facing slab

用天然石材加工成的板材，用作建筑物的内外墙面、地面、柱面、台面等，是天然饰面石材的一部分。

2.13

品种　variety

按颜色、花纹等特征及产地对石材所做的分类。

2.14

风化　airslake

在大气条件下，石材的物理性状和化学成分发生变化。发生风化作用的因素有太阳辐射、水、气体和生物。

3　地质术语

3.1

石英　quartz

二氧化硅晶体。

3.2

长石　feldspar

钾、钠、钙的架状结构铝硅酸盐矿物。

3.3

碱性长石　alkali-feldspar

富含碱金属钾、钠的长石的总称。

3.4

斜长石　plagioclase

富含钠、钙的长石的总称。

3.5

云母　mica

铁、镁、钾等的层状结构铝硅酸盐水合物，具有极完全的片状解理，可沿解理剥成具有弹性的薄片。

3.6

白云母　muscovite

含钾的云母。

3.7

黑云母　biotite

含铁、镁的云母。

3.8

角闪石　amphibole

含氢氧根（OH^-）的镁、铁、钙、钠、铝的链状结构硅酸盐矿物。

3.9

辉石　pyroxene

铁、镁、钙、钠、铝、锂的链状结构硅酸盐矿物。

3.10

方解石　calcite

成分为碳酸钙的矿物。

3.11

白云石　dolomite

成分为碳酸钙镁的矿物。

3.12

橄榄石　olivine

镁和铁的硅酸盐矿物。

3.13

蛇纹石　serpentine

硅酸镁的水合物。

3.14

黄铁矿　pyrite

二硫化铁矿物。

3.15

褐铁矿　limonite

以氧化铁的水合物为主要成分的混合物。

3.16

磁铁矿　magnetite

四氧化三铁矿物，具磁性。

3.17

显晶质结构　phanerocrystal texture

火成岩中的矿物晶体颗粒肉眼能分辨的结构。

3.18

隐晶质结构　croptocrystalline texture

岩石中矿物晶粒极为细小，在偏光显微镜下也不能分辨，但有光性反应，据此可以别于玻璃质的一种结构。

3.19

玻璃质结构　glassy texture

组分没有结晶，全部由天然玻璃物质组成的岩石结构。

3.20

等粒结构　eguigranular texture

岩石中主要矿物颗粒大小基本一致的结构。

3.21

斑状结构　porophyritic texture

岩石中有两种大小截然不同的矿物颗粒(大的称为斑晶，小的称为基质，基质为隐晶质或玻璃质)的一种结构。

3.22

鲕状结构　oolitic texture

由球形或椭球形颗粒组成的结构，其颗粒外形象鱼卵。

3.23

碎屑结构　clastic texture

岩石中碎屑质量分数大于50%的结构。

3.24

生物结构　biogenetic texture

岩石中生物骨骼的质量分数大于30%的结构。

3.25

块状构造　massive structure

岩石中矿物排列无一定次序，无一定方向，不具任何特殊形象的均匀构造。

3.26

带状构造　banded structure

岩石中不同结构和成分的条带大致呈平行排列的一种构造。

3.27

片麻状构造　gneissic structure

岩石中片状或柱状矿物呈定向排列的构造。

3.28

岩浆岩　magmatic rock

由岩浆在地下或喷出地表后冷凝而形成的岩石，也称火成岩。

3.29

沉积岩　sedimentary rock

由成层沉积的松散沉积物固结而成的岩石。

3.30

变质岩　metamorphic rock

原有的岩石经变质作用后形成的岩石。

3.31

橄榄岩　peridotite

主要由橄榄石和辉石组成的超基性岩浆岩。

3.32

辉长岩　gabbro

主要由基性斜长石和单斜辉石组成的基性岩浆岩。

3.33

辉绿岩　diabase

主要由辉石和基性斜长石组成的浅成基性岩浆岩。

3.34

玄武岩　basalt

成分与辉长岩相当的喷出的基性岩浆岩。

3.35

闪长岩　diorite

主要由中性斜长石和角闪石组成的深成中性岩浆岩。

3.36

花岗岩 granite

主要由石英、长石、云母和少量其他深色矿物组成的深成酸性岩浆岩。

3.37

白云岩 dolomite

主要由白云石组成的沉积岩石。

3.38

石灰岩 limestone

主要由方解石组成的沉积岩。

3.39

鲕状灰岩 oolitic limestone

具鲕状结构的石灰岩。

3.40

生物碎屑灰岩 bioclastic limestone

由破碎的生物贝壳被碳酸钙胶结而成的石灰岩。

3.41

竹叶状灰岩 wormkalk

由圆形、椭圆形扁平砾石平行排列组成的石灰岩，在垂直切面上砾石的形状象竹叶。

3.42

叠层灰岩 stromatolithic limestone

具有叠层构造的石灰岩。亦称叠层石。

3.43

大理岩 marble

碳酸盐矿物（方解石、白云石为主）质量分数大于50%的变质岩。

3.44

蛇纹石化大理石 serpentinized marble

含有蛇纹石的大理岩。

3.45

片麻岩 gneiss

含长石、石英较多，粒度较粗（一般大于1 mm），具明显片麻状构造的变质岩石，片状或柱状矿物可以是云母、角闪石、辉石等。

4 产品术语

4.1

毛料 untrimmed quarry stone

由矿山直接分离下来，形状不规则的石料。

4.2

荒料 quarry stone

由毛料经加工而成的或由矿山直接分离，具有一定规格符合加工要求的石料。

4.3

料石 squared stone

用毛料加工成的具有一定规格，用来砌筑建筑物用的石料。

4.4

规格料　dimension stone

符合标准规格的荒料。

4.5

协议料　agreed-dimension stone

由供需双方议定规格的荒料。

4.6

毛板　flag slab

由荒料切割且未经处理的板材。

4.7

毛光板　original gloss bat slab

有一面经抛光具有镜面效果的毛板。

4.8

粗面板　roughing slab

表面平整粗糙的板材。

4.9

剁斧板　axed slab

用斧头加工成的粗面板。

4.10

锤击板　hammer dressed slab

用花锤加工成的粗面板。

4.11

烧毛板　flamed slab

用火焰法加工成的粗面板。

4.12

机刨板　planed slab

机刨法加工成的粗面板。

4.13

细面板(亚光板)　rubbed slab

表面平整光滑的板材。

4.14

镜面板(抛光板)　polished slab

表面平整,具有镜面光泽的板材。

4.15

建筑板材　building slab

用于建筑装饰用的天然石材板。

注1：通常花岗石、大理石建筑板材厚度低于50 mm,石灰石建筑板材厚度低于75 mm,砂岩建筑板材厚度低于150 mm;

注2：通常厚度大于12 mm的称为厚板,厚度在8 mm～12 mm称为薄板;厚度小于8 mm的称为超薄板。

4.16

普型板　normal slab

正方形或长方形的建筑板材。

4.17

规格板　dimension slab

规定尺寸的普型板。

4.18

圆弧板　arc slab

装饰面轮廓线的曲率半径处处相同的建筑板材。

4.19

异型板　irregular slab

普型板和圆弧板以外的其他形状建筑板材。

4.20

协议板　agreed-dimension slab

由供需双方议定的板材。

4.21

石材复合板　complex stone veneer

以石材为饰面材料，与其他一种或一种以上材料使用结构胶粘剂粘合而成的装饰板材。

4.22

异型石材　shaped stone

加工成特殊的非平面外形的石材。

4.23

石材花线　curve bar stone

具有一定几何图形的截面沿一定轨迹延伸所形成的装饰用石质板条。

4.24

石材实心柱体　solid post stone

截面轮廓呈圆形的建筑或装饰用石柱。

4.25

立方料　cubic stock

用于广场地面、路面或路缘铺设用的天然石料。

注：厚度通常大于50 mm。

4.26

墓石　tombstone

用天然石材加工成的立在坟墓前面或后面的石碑套件，一般由墓碑和外栅组成，上面刻有相关文字、图案和造型。

4.27

碑石　stele

用天然石材加工成的具有纪念或标记性质的石碑。

4.28

步道石　paving

主要用在室外徒步路面的石材。

5　性能及缺陷术语

5.1

装饰性　decoration

装饰石材的颜色、花纹及光泽等的总和反映出的外观效果。

5.2

花纹　figure

由装饰石材的组分、结构、构造而呈现的图像。

5.3

光泽度　glossiness

饰面板材表面对可见光的反射光的程度。

5.4

平面度　flatness

饰面板材的平整程度。

5.5

角度　angle

饰面板材的装饰面上两个相邻棱线的夹角。

5.6

密度　density

岩石单位体积的质量。

5.7

硬度　hardness

表面抵抗其他物质刻划、磨蚀、切削或压入表面的能力。

5.8

吸水率　water absorption

岩石吸水质量与干燥岩石质量比。

5.9

耐磨性　abrasion resistance

饰面石材抵抗脚踏磨损的性能指标。

5.10

耐酸性　acid-resistance

饰面石材抵抗酸腐蚀的性能。

5.11

耐碱性　alkali-resistance

饰面石材抵抗碱腐蚀的性能。

5.12

压缩强度　compressive strength

试件承受单项压缩力而破坏的应力值。

5.13

弯曲强度　flexural strength

试件弯曲至破坏时所能承受的应力值。

5.14

抗冻性　frost resistance

岩石抵抗冻融破坏的性能。

5.15

抗冻系数　coefficient of freeze resistance

冻融循环后弯曲强度值与水饱和弯曲强度值的比值,用来衡量室外石材抗冻性能。

5.16

防滑系数　coefficient of slip-resistance

物体克服最大静摩擦力,刚好产生滑动时的切向力与垂直力的比值。

5.17

裂纹　crack

岩石中存在的细小裂隙。

5.18

缝合线　seam

石材中天然填充或粘合的曲线，像条纹或脉纹。

5.19

色斑色线　colour stripe

与饰面石材基本颜色、花纹不谐调的条纹状、条带状或斑状物质。

5.20

结核　concretion

碳酸盐岩中的团块状包裹体，如燧石等。

5.21

砂眼　sand hole

天然形成的直径在 2 mm 及以下的凹坑。

5.22

孔洞　hole

天然形成的直径在 2 mm 以上的凹坑。

5.23

凹陷　recess

加工过程中表面有明显的碟状缺陷。

5.24

翘曲　warpage

石材的弯曲及扭曲变形。

5.25

棱角缺陷　edges imperfection

石材棱和角的损伤。

5.26

污点　stain

由原生、原次生形成的污染板材的异物。

5.27

坑窝　hollow

在加工过程中形成深度较深的凹陷。

6　开采加工术语

6.1

回采　quarrying

由矿体分离矿石的过程。

6.2

采场　quarry

回采矿石的场地。

6.3

剥离　overburden stripping

回采前将矿体周围的非矿体物质清除的过程。

6.4

锯解　saw cutting

将荒料加工成毛板或毛坯的过程。

6.5

裁切　cutting out

将板材加工成一定尺寸的过程。

6.6

研磨　rubbing

将毛板表面加工成具有平整光滑的过程。

6.7

抛光　polishing

将细面板表面加工成具有镜向光泽的过程。

6.8

定厚　machine gauged

将石材加工成指定厚度的过程。

6.9

酸蚀　acid-washed

用酸腐蚀石材表面的过程。

6.10

仿古　antiqued

将石材表面加工成看似陈旧表面的过程。

6.11

球磨　tumbled

将石材放在鼓形圆桶中旋转而成柔滑表面的过程。

6.12

振磨　vibrated

将石材通过振动撞击而成柔滑表面的过程。

6.13

喷砂　sandblasted

用砂粒高速撞击石材表面的过程。

6.14

水喷　water jet

用高压水流冲击石材表面的过程。

6.15

锤击　bush-hammered

用锤或类似工具加工石材表面的过程。

6.16

火烧　flamed

使石材表面暴露于短暂的高温火焰中导致脱落而形成的粗糙纹理面的过程。

6.17

劈裂　plucked

通过粗略加工使石材表面形成随机加工面的过程。

6.18

自然劈裂　natural cleft

通过沿着石材的层面、层理或裂缝劈开形成的不规则表面的过程。

6.19

金刚石锯加工　diamond sawn

用带有金刚石刀头的工具加工石材的过程。

6.20

绳锯加工　wire sawn

用金刚石串珠绳锯加工石材的过程。

6.21

砂锯加工　shot sawn

用组合钢带和冷钢砂加工石材的过程。

6.22

渗透性修补　penetrable repairing

使用溶胶、细木工蜡和某些聚合物填补石材小面积缺陷，如孔隙、砂眼等的工作。

6.23

粘接修补　adhibiting repairing

指一般使用合缝销和环氧树脂胶对破碎板材的对接边进行的修补工作。

6.24

出材率　using ratio

石材成品与所用原材料的数量比。

6.25

追纹　recover grain

天然石材花纹的首尾连接。

6.26

排板　arranging slab

为达到追纹效果或使装饰面花纹色调整体协调而进行的地面预铺装。

6.27

棱　arris

石材产品装饰面与侧面的交线。

6.28

倒角　burnish arris

将棱打磨成斜面的工艺过程。

6.29

整体研磨　whole polishing

石材装饰施工工程中的一种安装或翻新工艺，对安装完成后的石材地面再进行整体表面处理，可以有效地降低石材地面安装时的工艺要求，消除接缝高低差，保持石材亮丽平整等特点。

6.30

再结晶硬化处理　re-crystallized process

将一些化学专用材料在机械的作用下借助于磨擦时产生的热量，与石材表层的结构和组织产生结合和微流变反应，从而产生新的质地较为坚硬和光亮的共混结晶层，以提高石材硬度和耐磨度。

7 安装术语

7.1

干挂 dry-hang

采用金属挂件将石材牢固悬挂在结构体上形成饰面的一种挂装施工方法。

7.2

湿贴 stick

使用水泥基或树脂基胶粘剂直接将石材粘贴在结构体上形成饰面的一种安装方法。

中 文 索 引

英 文 索 引

A

B

C

I

L

M

N

O

P

T

U

V

W

ICS 91.100.01
Q 04

中华人民共和国国家标准

GB/T 13891—2008
代替 GB/T 13891—1992

建筑饰面材料镜向光泽度测定方法

Test methods of specular gloss for decorative building materials

(ISO 2813:1994,Paints and varnishes—
Determination of specular gloss of non-metallic paint films
at 20°, 60° and 85°,NEQ)

2008-06-30 发布　　　　2009-04-01 实施

中华人民共和国国家质量监督检验检疫总局
中国国家标准化管理委员会　发布

前　言

本标准与 ISO 2813:1994《色漆与清漆——非金属漆膜 20°、60°和 85°镜向光泽的测定》的一致性程度为非等效采用。

本标准与 ISO 2813:1994 主要差异为：

——ISO 2813:1994 适用于色漆和清漆，本标准适用于大理石、花岗石、水磨石、陶瓷砖、塑料地板、纤维增强塑料板材等建筑饰面材料；

——由于适用范围不同，试样、试验步骤、重复性、试验报告等亦有差异。

本标准代替 GB/T 13891—1992《建筑饰面材料镜向光泽度测定方法》。

本标准与 GB/T 13891—1992 相比，主要变化如下：

——范围内增列了光泽度计不同几何条件下测定镜向光泽度的方法；

——在仪器与量具内增列了光泽度计与基准板的各项参数；

——修订了测定大理石、花岗石、水磨石等饰面材料光泽度时入射光束的孔径与陶瓷砖测定时的测点布置；

——修订了试验报告。

本标准由中国建筑材料联合会提出。

本标准由中国建筑材料联合会归口。

本标准负责起草单位：建筑材料工业技术监督研究中心、中材人工晶体研究院、咸阳陶瓷研究设计院、中国石材工业协会。

本标准参加起草单位：同济大学材料科学与工程学院、上海市计量测试技术研究院、广东蒙娜丽莎陶瓷有限公司、福建省凤山石材集团有限公司、山东冠鲁建材工业集团公司、环球石材（东莞）有限公司、福建泉州南星大理石有限公司、莱州市新峰石材有限公司、山东维罗纳石材有限公司、科仕佳光电仪器研究所、上海杰颖电子技术有限公司。

本标准主要起草人：杨斌、周俊兴、王博、邓惠青、刘薇、张永明、陈斌。

本标准所替代标准的历次版本发布情况为：

——GB/T 13891—1992。

建筑饰面材料镜向光泽度测定方法

1 范围

本标准规定了采用20°、60°和85°几何条件测定建筑饰面材料镜向光泽度方法的术语和定义、仪器与量具、试样、试验、结果计算、重复性和试验报告等。

a) 各种建筑饰面材料测定镜向光泽度均采用60°几何条件；

b) 当采用60°测定材料的镜向光泽度大于70光泽单位时，为提高其分辨程度，可采用20°几何条件；

c) 当采用60°测定材料的镜向光泽度小于10光泽单位时，为提高其分辨程度，可采用85°几何条件。

本标准适用于测定大理石、花岗石、水磨石、陶瓷砖、塑料地板和纤维增强塑料板材等建筑饰面材料的镜向光泽度。其他建筑饰面材料的镜向光泽度可参照本标准进行测定。

2 术语和定义

下列术语和定义适用于本标准。

2.1

镜向光泽度 specular gloss

在规定的光源和接收角的条件下，从物体镜向方向的反射光通量与折射率为1.567的玻璃上镜向方向的反射光通量的比值。

注：为了测定镜向光泽度，对于20°、60°和85°几何角度采用折射率为1.567的完善抛光黑玻璃规定其光泽度值为100。

2.2

相对反射率 relative luminous reflectance factor

在相同的几何条件下，从一试样反射的光通量与标准板反射光通量的比值。

3 仪器与量具

3.1 光泽度计

3.1.1 光泽度计利用光反射原理对试样的光泽度进行测量。即：在规定入射角和规定光束的条件下照射试样，得到镜向反射角方向的光束。光泽度计由光源、透镜、接收器和显示仪表等组成。其测量原理见图1。

3.1.2 光泽度计具有以下特性：

a) 几何条件

入射光线的轴线应分别与测量平面的垂线成(20±0.1)°、(60±0.1)°、(85±0.1)°，入射光束的孔径为18 mm。接收器的轴线与入射光线轴线的镜像的角度在±0.1°之内。在试验板位置放置一块抛光黑玻璃平板或正面反射镜时，光源的镜象应在接收器视场光阑(接收器窗口)的中心位置形成(见图1)。为了确保覆盖整个表面，试验板面照射区域的宽度应尽可能大于表面结构：一般值为不小于10 mm。

光源镜像和接收器的孔径以及相关尺寸及其允许偏差应符合表1的规定。接收器视场光阑的孔径尺寸可从接受透镜测得。

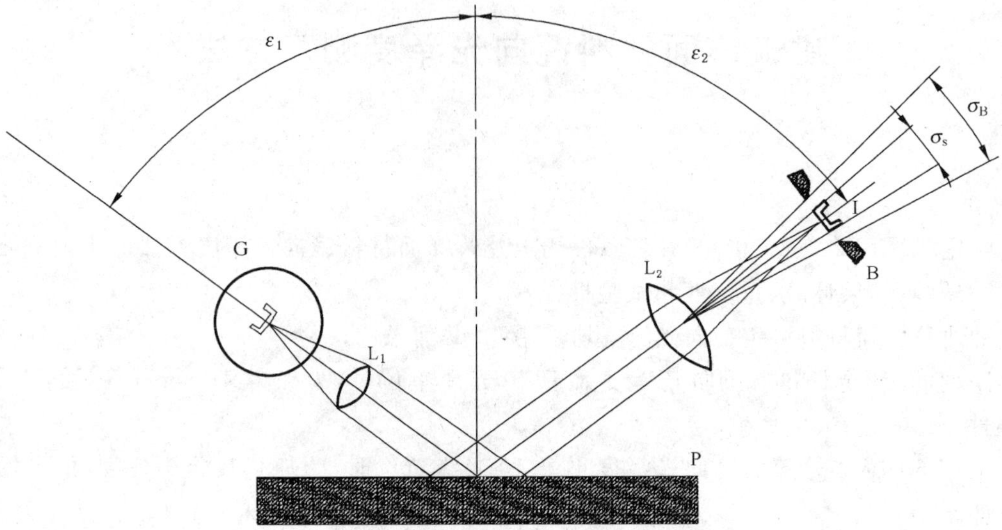

G——光源；

L_1 和 L_2——透镜；

B——接收器视场光阑；

P——被测试样；

$\varepsilon_1=\varepsilon_2$；

σ_B——接收器孔径角；

σ_s——光源象角；

I——光源影像。

图 1　装置示意图

表 1　光源镜像和接收器的张角以及相关尺寸

参数	测量平面[a]			垂直于测量平面		
	角度 σ[b]	$2\tan\sigma/2$	相关尺寸	角度 σ[b]	$2\tan\sigma/2$	相关尺寸
光源镜像	0.75°±0.25°	0.013 1±0.004 4	0.171±0.075	2.5°±0.5°	0.043 6±0.008 7	0.568±0.114
接收器(20°)	1.80°±0.05°	0.0314±0.000 9	0.409±0.012	3.6°±0.1°	0.062 9±0.001 8	0.819±0.023
接收器(60°)	4.4°±0.1°	0.076 8±0.001 8	1.000±0.023	11.7°±0.2°	0.204 9±0.003 5	2.668±0.046
接收器(85°)	4.0°±0.3°	0.069 8±0.005 2	0.909±0.068	6.0°±0.3°	0.104 8±0.005 2	1.365±0.068

a 测量平面上接收器孔径以 60°为单位。

b 光源镜像角为 σ_s；接受孔径角为 σ_B。

b)　接收器中的滤光

接收器中滤光器的滤光修正函数 $\tau(\lambda)$ 按式(1)计算：

$$\tau(\lambda)=k\frac{V(\lambda)\cdot S_C(\lambda)}{s(\lambda)\cdot S_S(\lambda)} \qquad (1)$$

式中：

$\tau(\lambda)$——修正函数；

$V(\lambda)$——CIE 光的发光效率；

$S_C(\lambda)$——CIE 标准照射 C 的光谱强度；

$s(\lambda)$——接收器的感光灵敏度；

$S_S(\lambda)$——照射光源的光谱强度；

k——校准系数。

注：选择偏差的目的是使光源和接收器孔径的误差在100光泽单位内的任何读数不会产生超过1光泽单位的读数误差。(见3.2.1)

c) 晕映

在3.1.2a)中规定的张角范围内不应出现晕映。

d) 接收器

在满刻度读数的1%范围内，接收器测量装置给出的读数应与通过接收器的光通量成正比。

3.1.3 光泽度计每年至少检定一次。

3.2 标准板

3.2.1 基准板

以完善抛光的黑玻璃作为基准板，当用干涉光方法进行测定时，上表面每厘米内干涉条纹不大于两条。

注：并没有指定基准板用于光泽度计日常校准。

玻璃应该具有一定的折射率，在波长为587.6 nm处折射率为1.567的光泽值规定为100。如果没有这种折射率的玻璃，就要必须进行校正。三种入射角在黑玻璃上的光泽度值见表2。

由于老化的原因，基准板至少每一年要检查一次。如果精度降低，要用氧化铈抛光到原始光泽。

注1：浮法玻璃表面平整最易获得，这种玻璃不适合用作基准板，因为其内部的折射率跟表面不同。最好使用其他方式生产的光学表面玻璃，或者将浮法玻璃表面去除然后抛光成具有光学性能的表面。

注2：折射率宜用阿贝折射仪测定。

注3：如果需要标准板的绝对反射率，可用弗雷斯内尔(Fresnel)公式，在公式中带入标准板的折射率即可求出。

表2 抛光黑玻璃镜向光泽度值

折射率 n	反射角		
	20°	60°	85°
1.400	57.0	71.9	96.6
1.410	59.4	73.7	96.9
1.420	61.8	75.5	97.2
1.430	64.3	77.2	97.5
1.440	66.7	79.0	97.6
1.450	69.2	80.7	98.0
1.460	71.8	82.4	98.2
1.470	74.3	84.1	98.4
1.480	76.9	85.8	98.6
1.490	79.5	87.5	98.8
1.500	82.0	89.1	99.0
1.510	84.7	90.8	99.2
1.520	87.3	92.4	99.3
1.530	90.0	94.1	99.5
1.540	92.7	95.7	99.6
1.550	95.4	97.3	99.8
1.560	98.1	98.9	99.9
1.567[a]	100.0[a]	100.0[a]	100.0[a]

表 2（续）

折射率 n	反射角		
	20°	60°	85°
1.570	100.8	100.5	100.0
1.580	103.6	102.1	100.2
1.590	106.3	103.6	100.3
1.600	109.1	105.2	100.4
1.610	111.9	106.7	100.5
1.620	114.3	108.4	100.6
1.630	117.5	109.8	100.7
1.640	120.4	111.3	100.8
1.650	123.2	112.8	100.9
1.660	126.1	114.3	100.9
1.670	129.0	115.8	101.0
1.680	131.8	117.3	101.1
1.690	134.7	118.8	101.2
1.700	137.6	120.3	101.2
1.710	140.5	121.7	101.3
1.720	143.4	123.2	101.3
1.730	146.4	124.6	101.4
1.740	149.3	126.1	101.4
1.750	152.2	127.5	101.5
1.760	155.2	128.9	101.5
1.770	158.1	130.4	101.6
1.780	161.1	131.8	101.6
1.790	164.0	133.2	101.6
1.800	167.0	134.6	101.7

[a] 标准板。

3.2.2 工作板

该工作板可用瓷砖、搪瓷、不透明玻璃和抛光黑玻璃或其他光泽一致的材料做成，但必须具有极平的平面，并在指定的区域和照射方向上，对照标准板进行校正。工作板应该是匀质的、稳定的，并经过技术主管部门校验。每一种角度的光泽度计至少应配备两种不同光泽度等级的工作板。

工作板应定期与标准板进行比对，每年至少一次。

3.2.3 零标准板

应该使用适当的标准（例如一个装有黑缎面、黑毛毡的黑盒子）检查光泽度计的零点。

3.3 钢板尺

最小刻度为 1.0 mm。

4 试样

4.1 试样要求

4.1.1 试样表面应平整、光滑，无翘曲、波纹、突起等外观缺陷。

4.1.2 试样表面应洁净、干燥、无附着物。

4.2 试样规格

4.2.1 每组的试样的数量和抽样方法由相关的产品标准规定。

4.2.2 试样规格和测点见表3。

表3 试样规格和测点

试样	规格($a\times b$)/mm	测点/个
大理石板材 花岗石板材 水磨石板材	>600×600 ≤600×600	9 5
陶瓷砖	>600×600 ≤600×600	9 5
塑料地板	300×300	5
玻璃纤维增强塑料板材	150×150	10
注：特殊形状或规格尺寸的试样，测点数量与位置根据实际情况，由供需双方协商确定。		

5 试验

5.1 仪器校正

5.1.1 仪器准备

在每一个操作周期的开始和在操作过程中应有足够的频次对仪器进行校准；以保证其正常工作。

5.1.2 零点核对

5.1.2.1 在光泽度计开机稳定后，使用零标准板检查，调节零点。

5.1.2.2 若无调零装置，则使用零标准板检查零点。如果读数不在0±0.1光泽单位内，在以后的读数中要减去偏移数。

5.1.3 校准

经计量检定合格的光泽度计，在每次使用前，必须用光泽计所附的工作板进行检查。

将光泽度计预热，调好零位。按光泽度计所附的高光泽板的光泽度值设定示值。测量光泽度计所附的中或低光泽板，可得示值的变量，其值不超过1光泽单位，方可使用；否则光泽度计及其所附的工作板须送检。

5.2 试验步骤

5.2.1 对光泽度计进行检查符合标准后，按图2的测点位置进行光泽度测定。

5.2.1.1 大理石、花岗石、水磨石、陶瓷砖等规格不大于(600×600)mm的试样，五个测点。即板材(砖)中心与四角定四个测点，见图2a；规格大于(600×600)mm的试样，九个测点，即四周边三个测点，中心一个测点，见图 2b)。

5.2.1.2 塑料地板、纤维增强塑料板材，共确定 10 个测点。即板材中心与四角定四个测点，然后再将光泽度计转 90°，再测定五个测点，见图 2a)，图 2c)。

5.2.2 在每组试样测量中应该保持相同的几何角度。

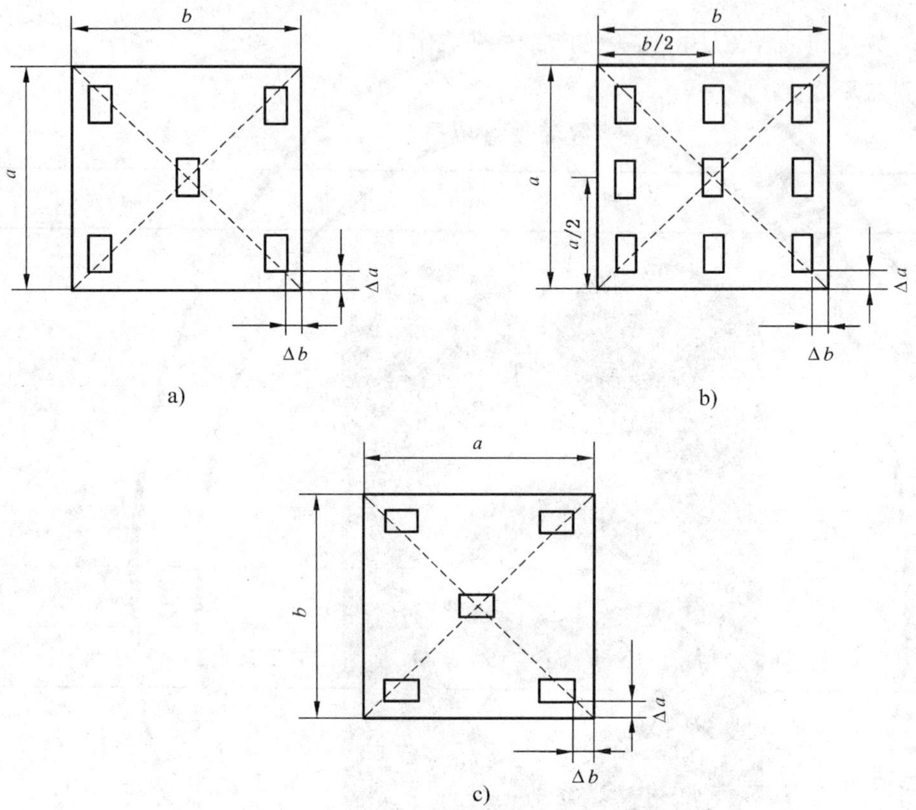

Δa、Δb——光泽度计边缘与试样边缘的距离。陶瓷砖为 30 mm；其他试样为 10 mm。

图 2 测点布置示意图

6 结果计算

6.1 测定大理石、花岗石、水磨石、陶瓷砖等取五点或九点的算术平均值作为该试样的试验结果；测定塑料地板与纤维增强塑料板材光泽度时，取每块试样 10 点的算术平均值作为该试样的试验结果。计算精确至 0.1 光泽单位。如最高值与最低值超过平均值 10％的数值应在其后的括弧内注明。

6.2 以每组试样的平均值作为被测建筑饰面材料的镜向光泽度值。

7 重复性

在同一实验室内，同一试样表面重复测定所测得的平均值之差应不超过 1 光泽单位；在生产现场应不超过 2 光泽单位。

8 试验报告

试验报告应包括下述内容：

a) 材料名称、品种、生产企业与试样编号；

b） 执行标准；
c） 光泽度计的型号与生产厂名；
d） 光泽度工作板；
e） 试验条件:采用的入射角；
f） 试验结果；
g） 试验人员；
h） 试验单位；
i） 试验日期。

ICS 87.040
G 50

中华人民共和国国家标准

GB/T 13893—2008/ISO 6270-1:1998
代替 GB/T 13893—1992

色漆和清漆 耐湿性的测定 连续冷凝法

Paints and varnishes—Determination of resistance to humidity—Continuous condensation

(ISO 6270-1:1998, Paints and varnishes—Determination of resistance to humidity—Part 1: Continuous condensation, IDT)

2008-06-04 发布 2008-12-01 实施

中华人民共和国国家质量监督检验检疫总局
中国国家标准化管理委员会 发布

前　言

本标准等同采用 ISO 6270-1:1998《色漆和清漆——耐湿性的测定——第1部分:连续冷凝》(英文版)。

本标准代替 GB/T 13893—1992《色漆和清漆　耐湿性的测定　连续冷凝法》。

为便于使用,对于 ISO 6270-1:1998 做了下列编辑性修改:

——本标准删除了国际标准的前言。

本标准与前版 GB/T 13893—1992 的主要技术差异为:

——前版系等效采用 ISO 6270:1980;

——将试板与水平面的夹角由(15±5)°改为(60±5)°;

——取消了水温控制,试板下方 25 mm 空间的气温由(37±2)℃改为(38±2)℃,如果 38℃太低,也可采用 49℃或 60℃;

——涂层耐湿性的评价由按 GB 1740 中样板的评级方法改为按 ISO 4628 来检查和评级;

——增加了样板检查的时间不能超过 30 min;

——增加了在符合 GB 9278 的标准条件中进行状态调节至少 16 h 的规定;

——增加了使用两组试板进行试验和评价;

——增加了附录 A。

本标准的附录 A 为规范性附录。

本标准由中国石油和化学工业协会提出。

本标准由全国涂料和颜料标准化技术委员会(SAC/TC 5)归口。

本标准起草单位:上海市涂料研究所。

本标准主要起草人:钱俊、张翰伦、高述桓、时海峰。

本标准于 1992 年首次发布。

色漆和清漆　耐湿性的测定
连续冷凝法

1　范围

本标准按照涂层要求或产品规范规定了一种评定涂膜、涂料体系及其同类产品在连续冷凝的高湿度环境中，耐湿性的测定方法。

本标准适用的涂层底材包括多孔底材(如木材、石膏和纸面石膏板)和非多孔性底材(如金属)等。本方法指明了一种在严酷暴露条件下可能发生于涂层表面的连续冷凝性能试验。

本试验方法可以揭示涂层破坏(包括起泡、沾污、软化、起皱和脆化)以及底材破坏的现象。

2　规范性引用文件

下列文件中的条款通过本标准的引用而成为本标准的条款。凡是注日期的引用文件，其随后所有的修改单(不包括勘误的内容)或修订版均不适用于本标准，然而，鼓励根据本标准达成协议的各方研究是否可使用这些文件的最新版本。凡是不注日期的引用文件，其最新版本适用于本标准。

GB/T 3186　色漆、清漆和色漆与清漆用原材料　取样(GB/T 3186—2006,ISO 15528:2000,IDT)

GB/T 6682　分析试验室用水规格和试验方法(GB/T 6682—2008,ISO 3696:1987,MOD)

GB/T 9271　色漆和清漆　标准试板(GB/T 9271—2008,ISO 1514:2004,MOD)

GB/T 9278　涂料试样状态调节和试验的温湿度(GB/T 9278—2008,ISO 3270:1984,IDT)

GB/T 13452.2　色漆和清漆　漆膜厚度的测定(GB/T 13452.2—2008,ISO 2808:2007,IDT)

GB/T 20777　色漆和清漆　试样的检查和制备(GB/T 20777—2006,ISO 1513:1992,IDT)

ISO 4628-1　色漆和清漆——漆膜老化的评定——一般类型破坏的程度、数量和大小的评定——第1部分:总则和等级表

ISO 4628-2　色漆和清漆——漆膜老化的评定——一般类型破坏的程度、数量和大小的评定——第2部分:起泡等级的评定

ISO 4628-3　色漆和清漆——漆膜老化的评定——一般类型破坏的程度、数量和大小的评定——第3部分:生锈等级的评定

ISO 4628-4　色漆和清漆——漆膜老化的评定——一般类型破坏的程度、数量和大小的评定——第4部分:开裂等级的评定

ISO 4628-5　色漆和清漆——漆膜老化的评定——一般类型破坏的程度、数量和大小的评定——第5部分:脱落等级的评定

3　原理

涂漆试板进行连续冷凝暴露试验，其试验结果按有关各方预先商定的依据进行评价。而这些依据通常具有主观性。

4　需要补充的信息

对于任何特定的应用而言，本标准所规定的试验方法需要用补充信息来加以完善。补充信息的项目在附录A中列出。

5 仪器

5.1 仪器由化学惰性材质构成,包括一个电加热水槽。在仪器的结构中,其顶盖应由空白板(见5.5)或由试验面暴露于试验环境的试板覆盖(见5.2)。试板尺寸可制作为150 mm×100 mm 。

5.2 除非另有规定,水槽的边缘应适当隔开,才能保证水面上方试板以下约25 mm空间的气温的测量值始终保持在(38±2)℃[见附录A中A.2 e)项]。

注:如果38℃太低,也可采用49℃或60℃。

5.3 仪器应置于(23±2)℃的不通风环境中。

注:本试验方法不适用于环境温度高于试验温度,因为在这种情况下,试板上就不会有凝露产生。

5.4 在水槽顶部的设计中,将试板与水平面的夹角设计为(60±5)°,便于冷凝水的排出。同时应避免一块试板上的水流到另一块试板上。原有的试板与水平面夹角设计为(15±5)°的仪器也可以使用。

5.5 如果无足够多的试板来构成完整的顶盖,则使用合适的惰性空白板来覆盖。

5.6 建议水槽使用GB/T 6682中规定的3级水。

注:可以使用纯度差于3级的水,但水槽中会产生水垢,因此需要定期清洗水槽。

5.7 通过一个自动控制装置将液面维持在一定的水平。

6 取样

按GB/T 3186的要求,取受试产品(或复合涂层体系中的每种产品)的代表性样品。

按GB/T 20777的规定,检查和制备试验样品。

7 试验样板

7.1 材质和尺寸

除非另有规定,试板应使用符合GB/T 9271的金属板,其最小尺寸为70 mm×100 mm×0.3 mm 。

注:因为试验结果受底材厚度的影响很大,最好能与待试涂料实际使用底材的厚度相符。

7.2 准备和涂装

除非另有规定,应按GB/T 9271的要求处理试板,然后按照产品或产品体系规定的方法进行涂装。

一般情况下,试板仅涂一面就足够了。但是有必要规定试板的背面和边缘是否需要封闭;是否用产品、产品体系或适宜的封闭剂进行封闭[见附录A中A.2 b)项]。

7.3 干燥和状态调节

除非另有规定,涂漆的试板应在规定的时间和条件下进行干燥(或烘烤)和养护(如果需要的话)。然后在符合GB/T 9278的标准条件下放置至少16 h,不能直接暴露在阳光下。状态调节完毕应尽快进行试验。

7.4 涂膜厚度

用GB/T 13452.2规定的一种方法测定涂层的厚度,以微米计。

8 试板的暴露方法

除非另有规定,使用两组试板进行试验和评价。

8.1 将空白板摆满仪器的各个试板位置,调节仪器达到5.2的规定条件时,将试板替换空白板并使试验面朝向水,即可进行冷凝试验。

注:在每组试板中可包含一块已知耐湿性的油漆试板。

为了防止形成电偶,试板相互间或与其他金属材料之间不许相互接触。如果样板未封边(见7.2),那么各个样板之间应使用填充条。

8.2 在整个规定的试验周期内设备应连续运转,并保持5.2中规定的试验条件。当进行试板检查、放入或取出时，以及当仪器运行不正常而需检查调节水位时，允许每日短时间暂停仪器。

9 试板的检查

9.1 试板应周期性地进行检查，检查时应快速地用空白板替换下试板并用吸水纸吸干，立即检查其破坏情况。检查时不应破坏涂层表面，然后立即放回仪器上。在任一个 24 h 为周期的检查时间不应超过 30 min。试板不允许呈干燥状态。

9.2 至规定的试验周期后，按 ISO 4628 的要求立即检查试板表面有无破坏现象。

9.3 也可以将试板置于符合 GB/T 9278 要求的标准条件中至规定的时间后，再检查样板表面的破坏情况。

9.4 除非另有规定，如果需要检查底材腐蚀的情况，可以使用无腐蚀性的脱漆剂将涂层除去。

10 精密度

由于采用主观性能的评价手段，精密度概念不适用本标准。在使用本标准时应该意识到由于采用主观评价手段来评判涂层的破坏情况，真实的评判等级会受到许多因素的影响。这些因素包括评价方法(ISO 4628)，试板的处理，涂层的厚度，以及试板的干燥和养护。

11 试验报告

试验报告至少应包括下列内容：

a) 完全识别受试产品所必需的全部信息；

b) 注明采用本标准；

c) 附录 A 涉及的补充信息条款；

d) 注明采用国际标准或国家标准、产品说明或提供上述 c)项补充信息的其他文件；

e) 经商定或由于其他原因造成的与本标准规定的试验步骤的任何不同之处；

f) 仪器中试板的摆放角度；

g) 试验温度；

h) 试验结果；

i) 试验日期及试验时间。

附 录 A
(规范性附录)
需要补充的信息

A.1 为使本方法能正常使用,应适当提供本标准中所列的补充信息的条款。

A.2 所需要的信息最好由有关方商定可以全部或部分地取自与受试产品有关的国际标准、国家标准或其他文件。

a) 底材的材质、厚度和表面处理(见 7.1);

b) 受试产品施涂于底材的方法以及试板边缘和背面封闭的细节(如需要封闭的话)(见 7.2);

c) 干膜厚度(以微米计),按 GB/T 13452.2 的测量方法以及它是单一涂层还是复合涂层体系(见 7.4);

d) 试验前,涂层的干燥(或烘烤)和状态调节(如需要的话)的时间和条件(见 7.3);

e) 试验温度(见 5.2);

f) 试验的持续时间,包括试验周期内是否含间歇式中断(如周末)(见 8.2);

g) 试板何时进行检查,包括如果需要而进行试板恢复的时间(见 9.3);

h) 如何进行试板的检查,需要评价何种耐湿性能(见第 9 章和第 10 章);

i) 底材检查时的脱漆方法,以及底材如何评价(见 9.4)。

ICS 13.100
C 70

中华人民共和国国家标准

GB/T 13910—2008
代替 GB/T 17270—1998,GB/T 13910—1992

石英砂(粉)厂、滑石粉厂防尘技术规程

The technical rules for dust control of quartz sand (powder) plant and talc powder plant

2008-12-23 发布　　2009-12-01 实施

中华人民共和国国家质量监督检验检疫总局
中国国家标准化管理委员会　发布

前　言

本标准代替 GB/T 17270—1998《石英砂(粉)厂防尘技术规程》和 GB/T 13910—1992《滑石粉加工防尘技术规程》。

本标准与 GB/T 17270—1998、GB/T 13910—1992 相比主要变化如下：

——主体结构按照石英砂(粉)和滑石粉生产工艺流程编排，方便使用和相应条文查找；

——增加了总则；

——增加了除尘设备中卸灰、排灰的相关条款；

——增加了除尘设备维护的相关条款；

——增加了个人防护的相关条款；

——增加了除尘管理中教育和培训的相关条款。

本标准附录 A、附录 B 为资料性附录。

本标准由国家安全生产监督管理总局提出。

本标准由全国安全生产标准化技术委员会归口。

本标准起草单位：北京市劳动保护科学研究所、首都经济贸易大学、北京市劳保所科技发展有限责任公司。

本标准主要起草人：齐金彦、王勇毅、韩国君、郭文宏、桑亮、赵容、孙成刚、姜亢、杨亚雯、郭建中、李爽。

本标准所代替标准的历次版本发布情况为：

——GB/T 13910—1992；

——GB/T 17270—1998。

石英砂(粉)厂、滑石粉厂防尘技术规程

1 范围

本标准规定了石英砂(粉)厂、滑石粉厂的防尘基本要求和综合防尘措施。

本标准适用于石英砂(粉)厂、滑石粉厂的新建、改建、扩建建设项目和技术改造、技术引进项目的防尘设计、管理和监督。现有石英砂(粉)厂、滑石粉厂也应遵照本标准执行。

2 规范性引用文件

下列文件中的条款通过本标准的引用而成为本标准的条款。凡是注日期的引用文件,其随后所有的修改单(不包括勘误的内容)或修订版均不适用于本标准,然而,鼓励根据本标准达成协议的各方研究是否可使用这些文件的最新版本。凡是不注日期的引用文件,其最新版本适用于本标准。

GB/T 5748 作业场所空气中粉尘测定方法

GB/T 11651 劳动防护用品选用规则

GB 16297 大气污染物综合排放标准

GB/T 18664 呼吸防护用品的选择、使用与维护

GB 50187 工业企业总平面设计规范

GB 50243 通风与空调工程施工质量验收规范

中华人民共和国安全生产法

中华人民共和国职业病防治法

3 总则

3.1 为了贯彻执行《中华人民共和国安全生产法》和《中华人民共和国职业病防治法》,保证石英砂(粉)厂、滑石粉厂建设项目的设计符合安全生产和职业卫生要求,有效控制石英砂(粉)厂、滑石粉厂生产过程的粉尘污染危害,改善作业场所环境条件,保障职工身体健康,促进生产发展,特制定本标准。

3.2 石英砂(粉)厂、滑石粉厂防尘应首先从工艺和设备上采取措施,采用不产生或少产生粉尘污染的工艺和设备。

3.3 石英砂(粉)厂、滑石粉厂一切产尘作业点的粉尘浓度应达到表1规定的限值的要求。

表 1 工作场所空气中粉尘容许浓度

序号	粉尘类别	时间加权平均允许浓度/(mg/m^3)		短时间(15 min)接触允许浓度/(mg/m^3)	
		总粉尘	呼吸性粉尘	总粉尘	呼吸性粉尘
1	滑石粉尘(游离 SiO_2 含量<10%)	3	1	7.5	2.5
2	矽尘				
	10%≤游离 SiO_2 含量≤50%	1	0.7	2.5	2.1
	50%≤游离 SiO_2 含量≤80%	0.7	0.3	2.1	0.9
	游离 SiO_2 含量>80%	0.5	0.2	1.5	0.6

3.4 凡存在粉尘污染的生产工艺和设备必须采取防尘措施,凡排至室外气体的含尘浓度必须达到 GB 16297 或地方排放标准的要求。

3.5 石英砂(粉)厂、滑石粉厂建设项目设计时,应积极采取行之有效的综合防护及管理措施,防止粉尘对工作场所的污染。对于生产过程中尚不能完全消除的粉尘污染,亦应补充采取综合治理措施,并且要做到防尘设施应与主体工程同时设计、同时施工、同时投产使用、同时达标验收。

4 工艺设计防尘要求

4.1 石英砂(粉)厂在生产条件允许的情况下,应尽可能用湿法生产工艺。

4.2 生产过程应密闭化、机械化和自动化。

4.3 工艺设备布置时,应同时为防尘设施的合理配置提供必要的条件,并便于操作、维修和日常清扫。

4.4 输送粉状物料宜采用密闭化、管道化措施,减少中间转运环节,降低物料落差,缩短输送距离。

4.5 车间工艺平面布置应将粉尘污染严重的工段尽可能与其他工段隔离。

5 厂房设计防尘要求

5.1 选址

5.1.1 滑石粉厂和采用干法生产工艺的石英砂(粉)厂,厂址选择应远离居民区和其他建筑群,并位于城镇、相邻工业企业和居民区全年最小频率风向的上风侧。厂址距居民区和其他建筑群的距离应按批准的环评报告书(表)要求确定。

5.1.2 设在山区的厂房,其朝向应考虑因地形及温差产生局部地方风的影响。

5.2 布局

5.2.1 厂区总体布局应符合 GB 50187 中的总体规划原则。

5.2.2 建筑物群应避免构成封闭形式,以免妨碍车间的自然通风。

5.2.3 产尘车间应布置在厂区全年最小频率风向的上风侧,并将辅助生产区布置在厂前区和生活区之间。

5.2.4 生产车间的厂房面积和厂房高度应能满足工艺布置和通风除尘的要求。

5.2.5 石英砂(粉)厂的筛分、包装车间,滑石粉厂的雷蒙磨车间宜采用多层结构厂房。

5.2.6 多层厂房隔层之间、产尘工序与其他工序之间、集中操作室与产尘点之间均应进行隔断。必要时,可设置密封门。

5.2.7 厂房内墙及屋顶的内表面应光滑、平整、易清扫。石英砂(粉)厂厂房地面应做防水处理并设置坡向排水系统,各层孔洞均应有防水台,在底层或室外应设有排水沉淀池。

5.2.8 库房应具备良好的自然通风条件。石英砂(粉)厂库房地面应有排水措施,湿砂库上方应设置喷水装置,使石英砂保持一定的水分。滑石粉厂库房地面应采取防潮措施。

5.2.9 设备、溜管、管道穿过的层间楼板和隔墙上的孔洞应尽可能小,其缝隙应予以密封。

6 产尘工序的防尘措施

6.1 破碎、粉碎

6.1.1 所有用于破碎、粉碎、轮碾等作业的设备均应根据进料及排料方式设置密闭或半密闭罩;根据产尘点情况,分别采取局部密闭罩、整体密闭罩或密闭室等不同密闭方式,不允许敞开式生产。同时设计合理的排风量,保证密闭罩内形成负压,并宜采用袋式除尘设备进行净化。

6.1.2 密闭装置应符合便于操作、拆卸、检修,结构牢固,轻便,组合严密与安全等原则,不应由于振动或受料块冲击以及设备检修而丧失其严密性。

6.1.3 设备与管道之间、管道与管道之间的连接应密封,动态连接时,宜采用柔性密封连接。

6.1.4 采用湿法破碎设备,进料口上方应安装连续喷水装置,下部排料口适合部位,宜进行密闭,并排风。

6.1.5 在工艺允许的条件下,产生粉尘的作业区宜采用地面洒水措施,物料在装卸、转运、破碎、筛分等过程中宜采用喷雾降尘。

6.2 干燥

6.2.1 对干燥设备,均应采取通风除尘措施。干燥设备排出的含尘气体,温度较高、湿度较大,宜采用湿式除尘器进行净化。若选用干式除尘器,应采取防结露和防堵塞的措施。

6.2.2 干燥设备的卸料口,应设密闭罩并排风。

6.3 粉磨设备

6.3.1 雷蒙磨风力系统宜采用正压方式运行,整个系统必须严格密闭。

6.3.2 雷蒙磨余风除尘一般应设置独立的除尘系统,净化设备应采用高效除尘器。对除尘风管和干式除尘器应采取有效的防止结露和堵塞的措施。

6.3.3 对大旋风筒和现有的作为余风除尘的小旋风筒,其下部必须安装密闭卸料器或连接密闭料仓。

6.3.4 超细磨的粉料输送系统必须有良好的密封。粉料的收集和尾气的净化宜采用袋式除尘器。

6.4 筛分、包装

6.4.1 平面振动筛、六角筛应采用局部密闭罩或整体密闭罩,并在上部排风;排风量可按罩子开口面积确定,罩面风速不小于 1.0 m/s。

6.4.2 高方筛(吊悬筛)应合理使用机壳原有的吸风口,或采用整体密闭室,并在上部排风。

6.4.3 电磁振动筛上部应密闭,本体可不排风,其加料口及卸料口应排风。

6.4.4 滑石粉和干石英砂(粉)的包装点一般宜设置局部密闭罩,并在上部或后侧进行排风。

6.4.5 湿法生产的石英砂(粉),一般要求湿砂湿装。当石英砂(粉)含水量小于 8%时,其包装点应设置排风罩。

6.4.6 筛分、包装设备除尘一般可采用袋式除尘器。粉料的大袋包装机宜采用带有排风的密闭小室。

6.4.7 筛分、包装车间应设真空清扫吸尘装置。

6.5 物料输送及卸料处理

6.5.1 输送干石英砂(粉)、滑石粉的带式输送机,宜采取全密闭或上部密闭方式,并设置通风除尘系统。

6.5.2 带式输送机的转运点、末端卸料点,应设清扫装置或喷水清洗装置。在转运点分散的情况下,宜采用除尘机组就近单独控制。

6.5.3 斗式提升机应严格密封,一般只需在下部排风。为减少排风含尘浓度,排风口不可紧靠进料口,应避免设置在载料侧。当提升机高度大于 10 m 或物料温度较高时,其上部也应排风。

6.5.4 螺旋输送机在本身密封较好的情况下,可不设排风罩;但当落差大于 1.5 m 输送干石英砂(粉)或滑石粉时,在受料点前部应设局部排风系统,其排风量应能消除物料下落时的扬尘。

6.5.5 消除物料下落时产生的正压,应采取降低落差、减小溜管倾斜角或加大密闭罩容积等。

6.5.6 板式给料机应设置整体密闭罩并排风。卸料至带式输送机或颚式破碎机时,其受料点应设置局部密闭罩并排风。

6.5.7 气力输送装置应加强密封,其尾气净化宜采用高效净化设备。

6.6 粉料储存

6.6.1 储存干石英砂(粉)、滑石粉的中间料仓(斗)一般可根据受料方式在顶部设置袋式除尘机组,或在顶部排风,纳入除尘系统。

6.6.2 袋装干石英砂(粉)、滑石粉应储存在专用的库房中,不得露天堆放。房库中应定期进行湿法清扫或使用真空清扫装置清扫。

6.6.3 料仓应严密不漏风。

6.6.4 采用气力输送直接向料仓送料时,应采取措施减小料仓内气体的周期性瞬时正压对除尘器的影响。

6.6.5 湿法石英砂(粉)生产的沉淀池不应露天设置,并应定期清理、即时包装入库、即时冲洗地面以防二次污染。

7 通风除尘系统的设置与维护

7.1 系统和管路

7.1.1 应根据工艺流程、设备配置、厂房条件和产尘点等情况，分别设计就地除尘系统、分散除尘系统或集中除尘系统。

7.1.2 系统划分原则是应便于管理、节能和安全生产：同一生产流程、同时工作的扬尘点、相距不大时宜合为一个除尘系统；不同性质粉尘、不同湿度、不同温度的含尘气体，则不宜合用一个通风除尘系统，应根据具体情况确定是否合用或分开使用系统。

7.1.3 粉磨设备、干燥设备宜单独设置除尘系统。

7.1.4 尽量采用一级除尘系统。当气体含尘浓度较高，单级除尘器不能达到排放标准要求时，可采用两级除尘或多级除尘；当气体含有火星、大磨损颗粒、或具有特殊的温湿度变化时，也需要增加前级处理装置。

7.1.5 设计除尘系统时，应合理确定系统风量、风压、各管段风速和其他技术参数。

7.1.6 除尘系统应采用集中自动控制，生产设备与除尘设备联动，提高除尘系统的管理水平，以保证除尘系统的安全、正常运转，减少除尘系统的空转能耗和事故率；同时采取节能调速措施，降低除尘系统能耗。

7.1.7 除尘设备的布置宜相对集中，并应考虑卸灰、运灰及检修的方便。

7.1.8 当含尘气体温度较高、湿度较大时，对于湿式除尘系统应采取保温或加热措施。

7.1.9 带式输送机的卸料点和转运点应设置局部密闭罩进行排风。如果落差较大，应在溜槽内设置隔流装置。

7.1.10 除尘管路的设计应符合以下规定：

a) 通风除尘系统各并联管路应进行压力损失平衡计算。各并联管路压力损失的相对差值不宜超过10%；
b) 除尘管道宜短直、倾斜敷设时风管倾角应不小于45°；
c) 当设置水平管道时，应在适当位置设置密闭清扫孔，以利清除积尘，防止管道堵塞；
d) 除尘管道内应具有使石英粉尘不致沉积的经济风速，垂直风管宜取 15 m/s～18 m/s，水平风管宜取 16 m/s～20 m/s；管道直径应不小于 100 mm；
e) 在除尘管道的适当部位应设置检测孔。当吸风点较多时，在各支管段宜设置风量调节阀；
f) 除尘系统的排风口应高出屋脊 3.0 m，如排风影响邻近建筑物时，还应视具体情况加高；
g) 除尘管道应定期进行检查维护，管道外表面应作防腐处理。

7.1.11 设立除尘系统集中自动监控室，对监控室采取空气净化增压措施，室内正压不小于 20 Pa。

7.1.12 除尘系统的配电及控制设施应具有必要的防尘性能，以确保除尘系统的正常运行。

7.2 排风罩

7.2.1 尽量将尘源予以密闭，当密闭困难时，应设置外部排风罩，并尽可能将罩口接近尘源。

7.2.2 排风罩应遵循类型适宜、安装位置正确、风量适中、强度足够、检修方便等设计原则。

7.2.3 产尘设备的扬尘点，应根据尘源特性和操作条件选择合适的罩型。

7.2.4 为了有效控制粉尘逸散，并避免吸走过多粉料，应合理地确定罩口位置、风速和排风量（见附录 A），并使罩内气流均匀。

7.2.5 排风罩应便于操作和检修，坚固耐用。

7.2.6 不得任意损坏、拆除已安装的排风罩，如有破损应及时修复。

7.3 除尘设备

7.3.1 应根据国家或地方排放标准，除尘系统处理风量、含尘气体入口浓度、粉尘及气体的性质，以及生产设备的类型，合理选择除尘器，通常最多使用的是袋式除尘器及袋除尘机组，对高浓度产尘点应用旋风及袋式除尘器两级除尘组合(参见附录B)。烘干机可选用湿式除尘器或袋式除尘器。

7.3.2 在寒冷地区湿式除尘器应置于室内，冬季应进行采暖，以防止结冻。

7.3.3 各种除尘器的卸灰口均须安装锁风卸料装置，从除尘器卸下的石英粉、滑石粉或污水、污泥均应及时处理以防二次污染。

7.3.4 除尘器应按其性能和规定的技术要求进行安装和使用，并定期检测除尘器工作状态，保证除尘器主要性能(处理风量、净化效率、设备阻力、设备漏风率等)达到设计要求。

7.3.5 车间内除尘设备的排风宜用风管排至室外，车间内的除尘设备向室内排放时，排放浓度应符合卫生标准。

7.4 通风机

7.4.1 根据除尘系统所需的风量、阻力及通风机的工作条件选择风机。

7.4.2 通风机通常设置在除尘器之后；如设置在除尘器之前，宜选用排尘离心式通风机。

7.4.3 通风机应采取必要的减振、消声措施，使其运行噪声达到相应的噪声标准要求。

7.4.4 通风机应处于良好的工作状态，定期检查，发现故障应及时排除。

7.5 卸灰与输灰

7.5.1 除尘器的各类卸灰阀应密闭良好，防止漏风。

7.5.2 从除尘器卸下的干灰应及时清运、处置，宜采取密闭运输、润湿、粒化、成型等措施，避免二次扬尘。如需保持干灰状态应采用密封车清运，并妥善处置。

7.5.3 大型袋式除尘器输灰宜采用负压气力输送或用刮板输送机和斗式提升机将灰输送至储灰仓，并与除尘器下的卸灰阀联锁控制。

7.5.4 储灰仓下应设卸灰阀、加湿机以防止卸灰时二次扬尘。储灰仓上设置无灰斗小型袋式除尘器。

7.6 系统的调试及运行维护

7.6.1 通风除尘系统安装完毕后，对整个系统进行调试，调节系统中的各种阀门，使系统风量、压头、风速达到设计要求，粉尘控制点粉尘不外溢。除尘设备运行稳定，净化效率达到要求。

7.6.2 通风除尘系统每半年至少应检测一次，检测项目包括：处理风量、设备阻力、排放粉尘浓度、处理效率、漏风率、电机的输入功率等。检查是否符合原设计的要求，如不符合，应检修、调整。

7.6.3 通风机应经常处于良好的工作状态，运转应平稳，壳体无破损，叶轮完好，机内不积尘、积水，电机工作正常。发现故障应及时排除。

7.6.4 除尘器灰斗内应设料位器监控，粉尘堆积高度不应超过灰斗高度的2/3。

7.6.5 除尘器压缩空气清灰系统的储气罐、油水分离器应每天放水一次。

7.6.6 除尘器的外壳不应破损。

7.6.7 根据管道的积尘情况及时进行清理。

7.6.8 通风除尘管道的强度和严密性应符合GB 50243的规定。

8 个人防护

8.1 石英砂(粉)厂与滑石粉厂生产过程中产生的粉尘特性不同，石英砂(粉)厂粉尘中游离 SiO_2 含量 $>80\%$，滑石粉厂粉尘中游离 SiO_2 含量 $<10\%$。凡在石英砂(粉)厂、滑石粉厂从事粉尘作业的作业人员在从事粉尘作业时，必须根据作业场所的粉尘特性，按GB/T 11651、GB/T 18664的规定选择、配备正确、合格的劳动防护用品。

8.2 凡从事粉尘作业的作业人员应具有正确使用个人防护用品的能力，上岗时应穿戴好个人防护用品。

8.3 个人防护用品应按要求进行维护、保养，按规定定期更换。

8.4 严禁在粉尘作业区饮食、休息。粉尘作业区应设立具有空气净化增压功能的工作室和休息室。

8.5 企业应设置更衣室、更衣箱、职工浴室，便于接尘工人更换劳动防护用品和下班后淋浴。

8.6 存在粉尘危害的作业岗位应在显著位置设置“注意防尘”警告标识和“戴防尘口罩”指令标识和说明。

9 防尘工作的管理与监督

9.1 管理

9.1.1 应根据通风除尘系统设备的多少和复杂程度制定切实可行的维护管理制度。

9.1.2 通风除尘设备应与工艺设备同等管理和考核，并纳入安全生产统一管理。

9.1.3 企业应制订治理粉尘的技术措施计划，完善防尘措施，使作业场所空气中的粉尘浓度和废气排放浓度达到国家或地方标准。

9.1.4 应制定必要的规章制度，包括防尘工作责任制、值班人员守则、操作规程、运行记录、故障报告。

9.1.5 实行除尘设备各级岗位人员负责制，生产设备的通风除尘系统应由指定人员负责运行操作，并建立通风除尘系统技术档案。

9.1.6 企业应对接尘作业人员进行上岗前、离岗前和在岗期间定期的职业健康检查，并建立劳动者职业健康监护档案，不得安排未经上岗前健康检查或有职业禁忌的人员从事具有粉尘危害的作业。

9.1.7 已被诊断为职业病的接触粉尘作业人员必须及时进行治疗和定期复查。尘肺患者必须调离接尘作业。

9.1.8 企业应在产尘车间和库房周围进行绿化，以减少粉尘对环境的污染。

9.2 教育与培训

9.2.1 应对接触粉尘的各类人员定期进行防尘、除尘安全生产教育和考核。

9.2.2 凡接触粉尘作业的工作人员上岗前应被明确告之所从事工作的危害性。

9.2.3 通风除尘设备的操作、维修、检测、监督人员应接受专业培训，在取得相应资格后，方可上岗。

9.3 检测和监督

9.3.1 应配备必要的粉尘测试仪器及相应的测试人员。

9.3.2 石英砂(粉)厂每周至少测定一次车间空气中的粉尘浓度，每个月或增加新设备与改变通风除尘系统时，对各通风除尘系统风量、风压、除尘效率、粉尘排放量等进行一次检测。滑石粉厂每半年至少测定一次车间空气中的粉尘浓度以及通风除尘系统的风量、阻力、除尘效率等参数。检测结果应整理归档。检测方法按照 GB/T 5748 执行。发现车间空气中粉尘浓度超过表 1 规定的限值时，应及时查找原因，采取措施解决。

9.3.3 除尘系统的自动检测探头应定期维护和校准。

9.3.4 应有专人监督检查通风除尘设备的运行操作、计划维修以及备品备件的准备。

附　录　A
（资料性附录）
各种生产设备排风量

表 A.1　各种生产设备排风量

序号	生产设备名称及规格	排风部位	排风量 $L/(m^3/h)$		备注
1	卧式干燥炉	卸料口	风量按干燥炉有效断面风速 1 m/s～1.5 m/s 计算		
2	颚式破碎机	上部密闭罩	经格筛给料	经溜管给料	
	150×250		500	600～800	
	250×400		800	1 000～1 200	
	400×600		1 000	1 200～1 500	
	600×900		1 200	1 500～2 000	
	900×1 200		1 500	2 000～2 500	
		下部皮带排风	上部有排风时，按本表胶带输送机排风量 L_2 选用，上部无排风时，按 L_1+L_2 选用		
3	可逆式锤式破碎机	上部排风	不设均压管	设均压管	
	D 600×400		5 000～6 000	—	
	D 1 000×800		6 000～8 000	5 000～6 000	
	D 1 000×1 000		8 000～10 000	6 000～7 000	
	可逆式锤式破碎机	下部排风			
	D 400×175		2 000～3 000	1 000～1 500	
	D 600×400		3 000～5 000	1 800～2 500	
	D 800×600		4 000～6 000	2 000～3 000	
	D 1 000×800		5 000～7 000	2 500～3 500	
4	圆锥破碎机	局部密闭上部排风			
	D 1 200		2 000		
	D 1 650		3 000		
	D 1 750		3 000		
	D 2 100		4 000		
		下部皮带排风	上部有排风时，按本表胶带输送机排风量 L_2 选用；上部无排风时，按 L_1+L_2 选用		
5	对辊破碎机	上部密闭罩			
	ϕ360×300		600～800		
	ϕ360×300		1 000～1 500		
	ϕ360×300		1 500～2 000		
		下部皮带排风	如卸料到胶带输送机时，按本表胶带输送机排风量 L_2 选用		

表 A.1（续）

序号	生产设备名称及规格			排风部位	排风量 $L/(m^3/h)$			备注	
		溜管角度 α	物料落差/m		L_1	L_2	$L=L_1+L_2$		
6	胶带输送机	45°	1.0	转运点	50	750	800	排风量应按带宽乘以下列修正系数 k	
			2.0		100	1 000	1 100		
			3.0		150	1 300	1 450		
		50°	1.0		50	850	900		
			2.0		150	1 200	1 350	带宽/mm	k
			3.0		200	1 400	1 600		
		60°	1.0		150	1 200	1 350	500	1.00
			2.0		250	1 600	1 850	600	1.25
			3.0		350	2 000	2 350	800	1.50
		70°	1.0		150	1 300	1 450	1 000	1.75
			2.0		300	1 900	2 200		
			3.0		500	2 300	2 800		
		90°	1.0		200	1 600	1 800		
			2.0		450	2 200	2 650		
			3.0		650	2 700	3 350		
7	斗式提升机 高度 $H<10$ m			外壳底部	斗宽 <300 mm	斗宽 300 mm～400 mm	斗宽 400 mm～500 mm		
	料温<50 ℃ 料温为 50 ℃～150 ℃			外壳底部、头部	1 000 800	1 400 1 000	1 700 1 300		
	高度 $H>10$ m 料温<50 ℃			外壳底部、头部	$250+25H$	$350+35H$	$425+42.5H$		
8	螺旋输送机 ϕ150 ϕ200 ϕ300 ϕ400 ϕ500 ϕ600			受料处	500 600 700 800 900 1 000				
9	转筒式烘干机滚筒尺寸			尾部烟气密闭罩	排走烟气及空气混合物的总量/(m^3/h)(标准状态)				
	直径/m	长度/m							
	0.8	4.0			1 450				
	1.2	6.0			3 250				
	1.4	7.0			4 400				
	1.6	8.0			5 700				
	2.2	10.0			9 000				

表 A.1（续）

序号	生产设备名称及规格	排风部位	排风量 $L/(m^3/h)$	备注
10	4R 雷蒙磨 5R 雷蒙磨	余风	1 500～2 500 4 000～4 500	
11	固定式两嘴包装机	后部、前上部、下部	6 000	
12	叶轮给料机 ϕ200×200 ϕ500×500	下部收料设备的密闭罩	500～1 000	
13	平面振动筛	上部密闭罩	按每 1 m^2 筛子面积 800～1 200	对于小筛子局部密闭，取高值
14	吊悬筛	整体密闭上部排风	按密闭罩不严密缝隙处吸入风速 0.6 m/s 计算	
15	包装	装包处通风柜	按操作口吸入风速 0.7 m/s～1 m/s 计算	
16	料仓	仓顶	100～1 000	

注：L_1 为随物料带入罩内的空气量，m^3/h；

L_2 为罩内由不严密处吸入的空气量，m^3/h。

附 录 B
（资料性附录）
各种生产设备除尘器选用表

表 B.1 石英砂（粉）干法加工生产设备除尘器选用表

序号	生产设备	旋风除尘器	湿式除尘器	袋式除尘器	除尘机组	两级除尘
1	破碎机	有时用	有时用	常用	不用	很少用
2	袋式输送机	很少用	很少用	常用	常用	很少用
3	斗式提升机	不用	不用	常用	有时用	不用
4	螺旋输送机	不用	不用	常用	有时用	不用
5	转筒式烘干机	用作第一级	常用	很少用	不用	常用
6	平面振动筛	用作第一级	不用	常用	不用	有时用
7	吊悬筛	不用	不用	常用	不用	不用
8	包装	不用	不用	常用	不用	不用
9	料仓	很少用	不用	常用	常用	很少用

表 B.2 滑石粉加工生产设备除尘器选用表

序号	生产设备	重力沉降室	旋风除尘器	湿式除尘器	袋式除尘器	除尘机组	静电除尘器	两级除尘
1	干燥炉	不用	用作第一级	有时用	不用	不用	不用	有时用
2	破碎机	不用	很少用	很少用	常用	有时用	很少用	很少用
3	胶带输送机	不用	不用	不用	常用	常用	不用	不用
4	斗式提升机	不用	不用	不用	常用	常用	不用	不用
5	螺旋输送机	不用	不用	不用	常用	常用	不用	不用
6	雷蒙磨	很少用	用作第一级	很少	常用	不用	很少用	有时用
7	包装机	不用	很少用	不用	常用	不用	很少用	有时用
8	料仓	不用	很少用	不用	常用	常用	不用	很少用

ICS 25.220.40
A 29

中华人民共和国国家标准

GB/T 13911—2008
代替 GB/T 13911—1992

金属镀覆和化学处理标识方法

Designation for metallic coating and chemical treatment

2008-07-01 发布　　2009-02-01 实施

中华人民共和国国家质量监督检验检疫总局
中国国家标准化管理委员会 发布

前　言

本标准是对GB/T 13911—1992的修订，主要技术内容与GB/T 13911—1992《金属镀覆和化学处理表示方法》相比有如下改变：

——按照国际标准和我国标准惯例，将标准名称“金属镀覆和化学处理表示方法”修改为“金属镀覆和化学处理标识方法”；
——根据GB/T 1.1—2000要求增加了前言部分；
——修改了适用范围，本标准不适用于铝及铝合金化学处理标识；
——增加了引用标准部分；
——修改了原标准中的应用示例，采用了现行标准的示例说明；
——根据镀覆应用范围，删除了铝及铝合金阳极氧化化学处理内容。

本标准由中国机械工业联合会提出。

本标准由全国金属与非金属覆盖层标准化技术委员会(SAC/TC 57)归口。

本标准起草单位：武汉材料保护研究所。

本标准主要起草人：贾建新、毛祖国、张德忠、何杰、邓日智。

本标准所代替标准的历次版本发布情况为：

——GB/T 13911—1992。

金属镀覆和化学处理标识方法

1 范围

本标准规定了金属镀覆和化学处理的标识方法。

本标准适用于金属和非金属制件上进行电镀、化学镀以及化学处理的标识。

铝及铝合金表面化学处理的标识方法可参照本标准规定的通用标识方法。

注：对金属镀覆和化学处理有本标准未予规定的要求时，允许在有关的技术文件中加以说明。

2 规范性引用文件

下列文件中的条款通过本标准的引用而成为本标准的条款。凡是注日期的引用文件，其随后所有的修改单（不包括勘误的内容）或修订版均不适用于本标准，然而，鼓励根据本标准达成协议的各方研究是否可使用这些文件的最新版本。凡是不注日期的引用文件，其最新版本适用于本标准。

GB/T 3138　金属镀覆和化学处理与有关过程术语（GB/T 3138—1995，neq ISO 2079:1981）

GB/T 9797　金属覆盖层　镍＋铬和铜＋镍＋铬电镀层（GB/T 9797—2005，ISO 1456:2003，IDT）

GB/T 9798　金属覆盖层　镍电沉积层（GB/T 9798—2005，ISO 1458:2002，IDT）

GB/T 9799　金属覆盖层　钢铁上的锌电镀层（GB/T 9799—1997，eqv ISO 2081:1986）

GB/T 11379　金属覆盖层　工程用铬电镀层（GB/T 11379—2008，ISO 6158:2004，IDT）

GB/T 12332　金属覆盖层　工程用镍电镀层（GB/T 12332—2008，ISO 4526:2004，IDT）

GB/T 12599　金属覆盖层　锡电镀层　技术规范和试验方法（GB/T 12599—2002，ISO 2093:1986，MOD）

GB/T 12600　金属覆盖层　塑料上镍＋铬电镀层（GB/T 12600—2005，ISO 4525:2003，IDT）

GB/T 13913　金属覆盖层　化学镀（自催化）镍-磷合金镀层　规范和试验方法（GB/T 13913—2008，ISO 4527:2003，IDT）

GB/T 13346　金属覆盖层　钢铁上的镉电镀层（GB/T 13346—1992，idt ISO 2082:1986）

GB/T 17461　金属覆盖层　锡-铅合金电镀层（GB/T 17461—1998，eqv ISO 7587:1986）

GB/T 17462　金属覆盖层　锡-镍合金电镀层（GB/T 17462—1998，eqv ISO 2179:1986）

ISO 4521　金属覆盖层　工程用银和银合金电镀层

ISO 4523　金属覆盖层　工程用金和金合金电镀层

3 术语和定义

GB/T 3138 中确立的术语和定义适用于本标准。

4 金属镀覆及化学处理标识方法

4.1　金属镀覆及化学处理的标识通常由四个部分组成：

第 1 部分包括镀覆方法，该部分为组成标识的必要元素；

第 2 部分包括执行的标准和基体材料，该部分为组成标识的必要元素；

第 3 部分包括镀层材料、镀层要求和镀层特征，该部分构成了镀覆层的主要工艺特性，组成的标识随工艺特性变化而变化；

第 4 部分包括每部分的详细说明，如，化学处理的方式、应力消除的要求和合金元素的标注。该部分为组成标识的可选择元素（见第 5 章）。

金属镀覆及化学后处理的通用标识见表1。

表1 单金属及多层镀覆及化学后处理的通用标识

基本信息					底镀层			中镀层			面镀层			
镀覆方法	本标准号	-	基体材料	/	底镀层	最小厚度	底镀层特征	中镀层	最小厚度	中镀层特征	面镀层	最小厚度	面镀层特征	后处理
注：典型标识示例，电镀层 GB/T 9797-Fe/Cu20a Ni30b Cr mc（见5.1）。														

镀覆标识顺序说明：

a) 镀覆方法应用中文表示。为便于使用，常用中文：电镀、化学镀、机械镀、电刷镀、气相沉积等表示。

b) 本标准号为相应镀覆层执行的国家标准号、或者行业标准号；如不执行国家或行业标准则应标识该产品的企业标准号，并注明该标准为企业标准，不允许无标准号产品；

c) 标准号后连接短横杠“-”；

d) 基体材料用符号表示，见表2常用基体材料的表示符号，对合金材料的镀覆必要时还必须标注出合金元素成分和含量；

e) 基体材料后用斜杠“/”隔开；

f) 当需要底镀层时，应标注底镀层材料、最小厚度（单位为 μm），底镀层特征有要求时应按典型标识（见第5章）规定注明底镀层特征符号，如无特征要求，则表示镀层无特殊要求，允许省略底镀层特征符号。对合金材料的镀覆必要时还必须标注出合金元素成分和含量。如果不需底镀层，则不需标注；

g) 当需要中镀层时，应标注中镀层材料、最小厚度（单位为 μm），中镀层特征有要求时应按典型标识（见第5章）规定注明中镀层特征符号，如无特征要求，则表示镀层无特殊要求，允许省略中镀层特征符号。对合金材料的镀覆必要时还必须标注出合金元素成分和含量。如果不需中镀层，则不需标注；

h) 应标注面镀层材料及最小厚度标识。面镀层特征有要求时应按典型标识（见第5章）规定注明面镀层特征符号。对合金材料的镀覆必要时还必须标注出合金元素成分和含量。如无特征要求，则表示镀层无特殊要求，则应省略镀层特征符号；

i) 镀层后处理为化学处理、电化学处理和热处理，标注方法见典型标识规定（见第5章）。

j) 必要时需标注合金镀层材料的标识，二元合金镀层应在主要元素后面加括弧标注主要元素含量，并用一横杠连接次要元素，如：Sn(60)-Pb 表示锡铅合金镀层，其中锡质量含量为60%；合金成分含量无需标注或不便标注时，允许不标注。三元合金标注出二种元素成分的含量，依次类推。

4.2 金属镀覆方法及化学处理常用符号

金属材料用化学元素符号表示，合金材料用其主要成分的化学元素符号表示，非金属材料用国际通用缩写字母表示。常用基体材料的表示符号见表2。

表2 常用基体材料的表示符号

材料名称	符号
铁、钢	Fe
铜及铜合金	Cu
铝及铝合金	Al

表 2(续)

材 料 名 称	符 号
锌及锌合金	Zn
镁及镁合金	Mg
钛及钛合金	Ti
塑料	PL
其他非金属	(宜采用元素符号或通用名称英文缩写)

5 典型镀覆层的标识示例

5.1 金属基体上镍+铬和铜+镍+铬电镀层标识

金属基体上镍+铬、铜+镍+铬电镀层的标识见 GB/T 9797 标识的规定。镀层特征标识见表 3,典型标识示例如下,非典型标识参见 GB/T 9797:

示例 1:电镀层 GB/T 9797-Fe/Cu20a Ni30b Cr mc

该镀覆标识表示,在钢铁基体上镀覆 20 μm 延展并整平铜+30 μm 光亮镍+0.3 μm 微裂纹铬的电镀层标识。

示例 2:电镀层 GB/T 9797-Zn/Cu20a Ni20b Cr mc

该镀覆标识表示,在锌合金基体上镀覆 20 μm 延展并整平铜+20 μm 光亮镍+0.3 μm 微裂纹铬的电镀层标识。

示例 3:电镀层 GB/T 9797-Cu/Ni25b Cr mp

该镀覆标识表示,在铜合金基体上镀覆 25 μm 半光亮镍+0.3 μm 微孔铬的电镀层标识。

示例 4:电镀层 GB/T 9797-Al/Ni20s Cr r

该镀覆标识表示,在铝合金基体上镀覆 20 μm 缎面镍+0.3 μm 常规铬的电镀层标识。

表 3 铜、镍、铬镀层特征符号

镀层种类	符 号	镀 层 特 征
铜镀层	a	表示镀出延展、整平铜
镍镀层	b	表示全光亮镍
	p	表示机械抛光的暗镍或半光亮镍
	s	表示非机械抛光的暗镍,半光亮镍或缎面镍
	d	表示双层或三层镍
铬镀层	r	表示普通铬(即常规铬)
	mc	表示微裂纹铬
	mp	表示微孔铬
注:mc 微裂纹铬,常规厚度为 0.3 μm。某些特殊工序要求较厚的铬镀层(约 0.8 μm)。在这种情况下,镀层标识应包括最小局部厚度,如:Cr mc(0.8)。		

5.2 塑料上镍+铬电镀层标识

塑料上镍+铬、铜+镍+铬电镀层的标识见 GB/T 12600 标识的规定,镀层特征标识见表 3。标识示例及说明如下:

示例 1:电镀层 GB/T 12600-PL/Cu15a Ni10b Cr mp(或 mc)

该镀覆标识表示,塑料基体上镀覆 15 μm 延展并整平铜+10 μm 光亮镍+0.3 μm 微孔或微裂纹铬的电镀层标识。

示例 2:电镀层 GB/T 12600-PL/Ni20dp Ni20d Cr mp

该镀覆标识表示，塑料基体上镀覆 20 μm 延展镍+20 μm 双层镍+0.3 μm 微孔铬的电镀层标识。

注：dp 表示从专门预镀溶液中电镀延展性柱状镍镀层。

5.3 金属基体上装饰性镍、铜+镍电镀层标识

金属基体上镍、铜+镍电镀层的标识见 GB/T 9798 标识的规定，镀层特征标识见表 3。标识示例及说明如下：

示例 1：电镀层 GB/T 9798-Fe/Cu20a Ni25s

该镀覆标识表示，钢铁基体上镀覆 20 μm 延展并整平铜+25 μm 缎面镍的电镀层标识。

示例 2：电镀层 GB/T 9798-Fe/Ni30p

该镀覆标识表示，钢铁基体上镀覆 30 μm 半光亮镍的电镀层标识。

示例 3：电镀层 GB/T 9798-Zn/Cu10a Ni15b

该镀覆标识表示，锌合金基体上镀覆 10 μm 延展并整平铜+15 μm 全光亮镍的电镀层标识。

示例 4：电镀层 GB/T 9798-Cu/Ni10b

该镀覆标识表示，铜合金基体上镀覆 10 μm 全光亮镍的电镀层标识。

示例 5：电镀层 GB/T 9798-Al/Ni25b

该镀覆标识表示，铝合金基体上镀覆 25 μm 全光亮镍的电镀层标识。

5.4 钢铁上锌电镀层、镉电镀层的标识

钢铁基体上锌电镀层、镉电镀层的标识见 GB/T 9799 和 GB/T 13346 标识的规定。标识中有关电镀锌、镉电镀层化学处理及分类符号见表 4。标识示例及说明如下：

示例 1：电镀层 GB/T 9799-Fe/Zn 25 c1A

该标识表示，在钢铁基体上电镀锌层至少为 25 μm，电镀后镀层光亮铬酸盐处理。

示例 2：电镀层 GB/T 13346-Fe/Cd 8 c2C

该标识表示，在钢铁基体上电镀镉层至少为 8 μm，电镀后镀层彩虹铬酸盐处理。

表 4 电镀锌和电镀镉后铬酸盐处理的表示符号

后处理名称	符号	分级	类型
光亮铬酸盐处理	c	1	A
漂白铬酸盐处理			B
彩虹铬酸盐处理		2	C
深处理			D

5.5 工程用铬电镀层标识

工程用铬电镀层的标识见 GB/T 11379 的规定。标识中工程用铬镀层特征符号见表 5。为确保镀层与基体金属之间的结合力良好，工程用铬在镀前和镀后有时需要热处理。镀层热处理特征符号见表 6，热处理特征标识见 GB/T 11379。标识示例及说明如下：

示例 1：电镀层 GB/T 11379-Fe//Cr50hr

该标识表示，在低碳钢基体上直接电镀厚度为 50 μm 的常规硬铬(Cr50hr)电镀层的标识。

示例 2：电镀层 GB/T 11379-Al//Cr250hp

该标识表示，在铝合金基体上直接电镀厚度为 250 μm 的多孔铬电镀层的标识。

示例 3：电镀层 GB/T 11379-Fe// Ni10sf/Cr25hr

该标识表示，在钢基体上电镀底镀层为 10 μm 厚的无硫镍+25 μm 的常规硬铬电镀层的标识。

示例 4：电镀层 GB/T 11379-Fe/[SR(210)2]/Cr50hr/[ER(210)22]

该标识表示，在钢基体上电镀厚度为 50 μm 的常规硬铬电镀层，电镀前在 210 ℃下进行消除应力的热处理 2 h，电镀后在 210 ℃下进行降低脆性的热处理 22 h。

注 1：铬镀层及面镀层和底镀层的符号，每一层之间按镀层的先后顺序用斜线(/)分开。镀层标识应包括镀层的厚度(以微米计)和热处理要求。工序间不作要求的步骤应用双斜线(//)标明。

注 2：镀层热处理特征标识，例如：[SR(210)1]表示在 210 ℃下消除应力处理 1 h。

表 5　工程用铬电镀层特征符号

铬电镀层的特征	符　　号
常规硬铬	hr
混合酸液中电镀的硬铬	hm
微裂纹硬铬	hc
微孔硬铬	hp
双层铬	hd
特殊类型的铬	hs

表 6　热处理特征符号

热处理特征	符　　号
表示消除应力的热处理	SR
表示降低氢脆敏感性的热处理	ER
表示其他的热处理	HT

5.6　工程用镍电镀层标识

工程用镍电镀层的标识见 GB/T 12332 的规定。标识中工程镍镀层类型、含硫量及延展性标识见表 7。为确保镀层与基体金属之间的结合力良好，工程用镍在镀前和镀后有时需要热处理。镀层热处理特征符号见表 6。标识示例及说明如下：

示例 1：电镀层 GB/T 12332-Fe//Ni50sf

该标识表示，在碳钢基体上电镀最小局部厚度为 50 μm、无硫的工程用镍电镀层的标识。

示例 2：电镀层 GB/T 12332-Al//Ni75pd

该标识表示，在铝合金基体上电镀的最小局部厚度为 75 μm、无硫的、镍层含有共沉积的碳化硅颗粒的工程用镍电镀层的标识。

示例 3：电镀层 GB/T 12332-Fe/[SR(210)2]/Ni25sf/[ER(210)22]

该标识表示，在高强度钢基体上电镀的最小局部厚度为 25 μm、无硫的工程用镍电镀层，电镀前在 210 ℃下进行消除应力的热处理 2 h，电镀后在 210 ℃下进行降低脆性的热处理 22 h。

注：镍或镍合金镀层及底镀层和面镀层的符号，每一层之间按镀层的先后顺序用斜线分(/)开。镀层标识应包括镀层的以微米计的厚度和热处理要求。工序间不作要求的步骤应用双斜线(//)标明。

表 7　不同类型的镍电镀层的符号、硫含量及延展性

镍电镀层的类型	符　　号	硫含量(质量分数)/%	延展性/%
无硫	sf	<0.005	>8
含硫	sc	>0.04	—
镍母液中分散有微粒的无硫镍	pd	< 0.005	>8

5.7　化学镀(自催化)镍磷合金镀层标识

化学镀镍磷镀层的质量与基体金属的特性、镀层及热处理条件有密切关系(见 GB/T 13913 的说明和规定)。所以化学镀镍磷镀层的标识包括 4.1 规定的通用标识外，必要时还应包括基体金属特殊合金的标识、基体和镀层消除内应力的要求、化学镀镍-磷镀层中的磷含量。双斜线(//)将用于指明某一步骤或操作没有被列举或被省略。

化学镀镍-磷镀层应用符号 NiP 标识，并在紧跟其后的圆括弧中填入镀层磷含量的数值，然后再在其后标注出化学镀镍-磷镀层的最小局部厚度，单位 μm。

典型标识示例如下，非典型的化学镀层的标识参见 GB/T 13913。

示例 1：化学镀镍-磷镀层 GB/T 13913-Fe＜16Mn＞[SR(210)22]/NiP(10)15/Cr0.5[ER(210)22]

该标识表示，在 16Mn 钢基体上化学镀含磷量为 10%（质量分数），厚 15 μm 的镍-磷镀层，化学镀前要求在 210 ℃温度下进行 22 h 的消除应力的热处理，化学镀镍后再在其表面电镀 0.5 μm 厚的铬。最后在 210 ℃温度下进行 22 h 的消除氢脆的热处理。

示例 2：化学镀镍-磷镀层 GB/T 13913-Al＜2B12＞//NiP(10)15/Cr0.5//

该标识表示，在铝合金基体上镀覆与例 1 相同的镀层，不需要热处理。

示例 3：化学镀镍-磷镀层 GB/T 13913-Cu＜H68＞//NiP(10)15/Cr0.5//

该标识表示，在铜合金基体上镀覆与例 1 相同的镀层，不需要热处理。

5.8 工程用银和银合金电镀层标识

工程用银和银合金电镀层的标识见 ISO 4521 标识的规定。贵金属镀层常用厚度见表 8。典型标识示例如下，非典型标识参见 ISO 4521：

示例 1：电镀层 ISO 4521-Fe/Ag10

该标识表示，在钢铁金属基体上电镀厚度为 10 μm 的银电镀层的标识。

示例 2：电镀层 ISO 4521-Fe/Cu10 Ni10 Ag5

该标识表示，在钢铁金属基体上电镀厚度为 10 μm 铜电镀层＋10 μm 镍电镀层＋5 μm 的银电镀层的标识。

示例 3：电镀层 ISO 4521-Al/Ni20 Ag5

该标识表示，在铝或铝合金基体上电镀厚度为 20 μm 镍镀层＋5 μm 的银电镀层的标识。

5.9 工程用金和金合金电镀层标识

工程用金和金合金电镀层的标识见 ISO 4523 标识的规定。如果需要表示金的金属纯度时，可在该金属的元素符号后用括号（ ）列出质量百分数，精确至小数点后一位。贵金属镀层常用厚度见表 8。标识示例及说明如下：

示例 1：电镀层 ISO 4523-Fe/Au(99.9)2.5

该标识表示，在钢铁金属基体上电镀厚度为 2.5 μm 纯度为 99.9%的金电镀层的标识。

示例 2：电镀层 ISO 4523-Fe/Cu10 Ni5 Au1

该标识表示，在钢铁金属基体上电镀厚度为 10 μm 铜镀层，再电镀厚度为 5 μm 镍镀层后，电镀 1 μm的金电镀层的标识。

示例 3：电镀层 ISO 4523-Al/Ni20 Au0.5

该标识表示，在铝或铝合金基体上电镀厚度为 20 μm 镍镀层后，电镀 0.5 μm 金电镀层的标识。

注 1：关于金合金的定义及标识见 ISO 4523。

注 2：必要时，银和银合金镀层的厚度也可采用 2 μm 的倍数。

表 8 银和银合金镀层、金和金合金镀层常用厚度 单位为微米

银和银合金镀层厚度	金和金合金镀层厚度
2	0.25
5	0.5
10	1
20	2.5
40	5
—	10

5.10 金属基体上锡电镀层、锡-铅电镀层、锡-镍合金电镀层标识

金属基体上锡电镀层、锡-铅电镀层、锡-镍合金电镀层的表面特征在某些情况下与镀层的使用要求有关（见 GB/T 12599、GB/T 17461、GB/T 17462 的说明）。锡和锡合金电镀层的标识应包括镀层表面

特征内容(见表9),合金电镀层应在主要金属符号后用括号标注主要元素的含量。非典型标识参见GB/T 12599、GB/T 17461、GB/T 17462,典型标识示例如下:

示例1:电镀层 GB/T 12599-Fe /Ni2.5 Sn5 f

该标识表示,在钢或铁基体金属上,镀覆2.5 μm镍底镀层+5 μm锡镀层,镀后应用熔流处理。

示例2:电镀层 GB/T 17461-Fe/Ni5 Sn60-Pb 10f

该标识表示,在钢铁基体上,镀覆5 μm镍底镀层+10 μm公称含锡量为60%(质量比)的锡-铅镀层,并且镀后经过热熔处理的锡-铅合金电镀层。

示例3:电镀层 GB/T 17462-Fe/Cu 2.5 SnNi 10

该标识表示,在钢铁基体上,镀覆5 μm镍底镀层+10 μm锡含量无要求的锡-镍合金电镀层的标识。

表9　锡和锡合金镀层表面特征符号

镀层表面特征	符　　号
无光镀层	m
光亮镀层	b
熔流处理的镀层	f

ICS 25.220.40
A 29

中华人民共和国国家标准

GB/T 13913—2008/ISO 4527:2003
代替 GB/T 13913—1992

金属覆盖层　化学镀镍-磷合金镀层规范和试验方法

Metallic coatings—Autocatalytic(Electroless) nickel-phosphorus alloy coatings—Specification and test methods

(ISO 4527:2003,IDT)

2008-06-19 发布　　2009-01-01 实施

中华人民共和国国家质量监督检验检疫总局
中国国家标准化管理委员会　发布

前　　言

本标准等同采用 ISO 4257:2003 金属覆盖层　化学镀(自催化)镍磷合金镀层　规范和试验方法(英文版)。

本标准根据 ISO 4257:2003 翻译起草。本标准对 ISO 4257:2003 作了如下编辑性修改:

——按国内现有的覆盖层系列标准习惯,标准名称前加上“金属覆盖层”;

——取消了国际标准的前言,增加了我国标准前言;

——引用了与国际标准相对应的国家标准;

——用“本标准”代替“本国际标准”。

本标准代替 GB/T 13913—1992《金属覆盖层　化学镀(自催化)镍-磷合金镀层　规范和试验方法》,与 GB/T 13913—1992 相比,主要变化如下:

——为便于交流,将“化学镀(自催化)镍-磷合金”、“自催化(非电解镀)镍-磷合金”统一为“化学镀镍-磷合金”;

——增加了本标准前言和引言;

——指出本标准不适合化学镀镍-硼合金镀层、镍-磷复合镀层以及三元合金镀层;

——删除 8 个引用标准,增加 16 个引用标准,所有引用标准均采用最新版本;

——第 4 章对“需方应向生产方提供的资料”进行了必要的补充细化;

——第 5 章“基体金属的镀前处理”改为“基体金属、镀层及热处理条件的标识”;

——本标准的第 6 章合并了原标准第 5 章～第 8 章的内容,并略有增减;

——删除原标准中的附录 A、附录 D。原标准附录 B、附录 C 的部分内容编入本标准的附录 A、附录 C 中,增加了本标准的附录 B、附录 D。

本标准中附录 A、附录 D 为规范性附录,附录 B、附录 C 为资料性附录。

本标准由机械工业联合会提出。

本标准由全国金属与非金属覆盖层标准化技术委员会(SAC/TC 57)归口。

本标准起草单位:武汉材料保护研究所、武汉康捷科技发展有限公司、浙江新丰控股有限公司。

本标准主要起草人:邓日智、邓华、贾建新、喻晖、郑秀林、郑秀海、韩永广、戴国宾。

本标准所代替标准的历次版本发布情况为:

——GB/T 13913—1992。

引　言

化学镀镍-磷合金镀层通常是在热的弱酸性溶液中用次磷酸钠作还原剂，使镍金属离子催化还原而获得的。由于已沉积的镍磷合金是反应的催化剂，因此该反应是自动进行的。只要化学镀溶液循环自由地通过不规则形状零件的所有表面，便可获得镀层均匀的沉积层。

所获得的镀层是磷含量最多为14%的镍-磷过饱和固溶体的热力学亚稳合金。化学镀镍-磷的结构、物理和化学性质取决于镀层的组成、化学镀镍槽液的化学成分、基材预处理和镀后热处理。

化学镀镍-磷镀层可改善防腐蚀性能和提供耐磨性能。一般而言，当镀层中磷含量增加到8%（质量分数）以上时，耐腐蚀性能将显著提高；而随着镀层中磷含量减少至8%以下时，耐磨性能会得到提高。但是通过适当的热处理，将会大大提高磷含量镀层的显微硬度，从而提高了镀层的耐磨性。

金属覆盖层　化学镀镍-磷合金镀层规范和试验方法

1　范围

本标准规定了涉及到化学镀镍-磷镀层从水溶液到金属底层的所有要求和试验方法。

本标准不适用于化学镀镍-硼合金镀层、镍-磷复合镀层以及三元合金镀层。

警告:本标准使用中可能涉及危险品、操作和设备。但本标准不会专门指出在其应用中会出现的相关安全问题。应由本标准的使用者来确定相应的安全和卫生措施,并制定使用前其受规章限制的可行性。

2　规范性引用文件

下列文件中的条款通过本标准的引用而成为本标准的条款。凡是注日期的引用文件,其随后所有的修改单(不包括勘误的内容)或修订版均不适用于本标准,然而,鼓励根据本标准达成协议的各方研究是否可使用这些文件的最新版本。凡是不注日期的引用文件,其最新版本适用于本标准。

GB/T 2828.1　计数抽样检验程序　第1部分:按接收质量限(AQL)检索的逐批检验抽样计划(GB/T 2828.1—2003,ISO 2859-1:1999,IDT)

GB/T 3138　金属镀覆和化学处理与有关过程术语(GB/T 3138—1995,neq ISO 2079:1981)

GB/T 4955　金属覆盖层　覆盖层厚度测量　阳极溶解库仑法(GB/T 4955—2005,ISO 2177:2003,IDT)

GB/T 4956　磁性基体上的非磁性覆盖层　覆盖层厚度测量　磁性法(GB/T 4956—2003,ISO 2178:1982,IDT)

GB/T 5270　金属基体上的金属覆盖层　电沉积和化学沉积层　附着强度试验方法评述(GB/T 5270—2005,ISO 2819:1980,IDT)

GB/T 6461　金属基体上金属和其他无机覆盖层　经腐蚀试验后的试样和试件的评级(GB/T 6461—2002,ISO 10289:1999,IDT)

GB/T 6462　金属和氧化物覆盖层　厚度测量　显微镜法(GB/T 6462—2005,ISO 1463:2003,IDT)

GB/T 6463　金属和其他无机覆盖层厚度测量方法评述(GB/T 6463—2005,ISO 3882:2003,IDT)

GB/T 9790　金属覆盖层及其他有关覆盖层　维氏和努氏显微硬度试验(GB/T 9790—1988,eqv ISO 4516:1980)

GB/T 10125　人造气氛腐蚀试验　盐雾试验(GB/T 10125—1997,eqv ISO 9227:1990)

GB/T 10610　产品几何技术规范　表面结构　轮廓法评定表面结构的规则和方法(GB/T 10610—1998,eqv ISO 4288:1996)

GB/T 11379　金属覆盖层　工程用铬电镀层(GB/T 11379—2008,ISO 6158:2005,IDT)

GB/T 12332　金属覆盖层　工程用镍电镀层(GB/T 12332—2008,ISO 4526:2004,IDT)

GB/T 12334　金属和其他非有机覆盖层　关于厚度测量的定义和一般规则(GB/T 12334—2001,ISO 2064:1996,IDT)

GB/T 12609　电沉积金属覆盖层和有关精饰　计数检验抽样程序(GB/T 12609—2005,ISO 4519:1980,IDT)

GB/T 16921 金属覆盖层 覆盖层厚度测量 X射线光谱法(GB/T 16921—2005,ISO 3497:2000,IDT)

GB/T 19349 金属和其他无机覆盖层 为减少氢脆危险的钢铁预处理(GB/T 19349—2003,ISO 9587:1999,IDT)

GB/T 19350 金属和其他无机覆盖层 为减少氢脆危险的镀覆后钢铁处理(GB/T 19350—2003,ISO 9588:1999,IDT)

GB/T 20015 金属和其他无机覆盖层 电镀镍、自催化镍、电镀铬及最后精饰 自动控制喷丸硬化前处理(GB/T 20015—2005,ISO 12686:1999,MOD)

GB/T 20018 金属和非金属覆盖层 覆盖层厚度测量 β射线背散射法(GB/T 20018—2005,ISO 3543:2000,IDT)

ISO 2859-2 计数抽样检验程序 第2部分:按限制质量(LQ)检索的孤立批检验抽样安排

ISO 2859-3 计数抽样检验程序 第3部分:间隔批抽样程序

ISO 2859-4 计数抽样检验程序 第4部分:申报质量等级的评估程序

ISO 9220 金属覆盖层 覆盖层厚度测量 扫描电镜法

ISO 10587 金属和其他无机覆盖层 覆盖或未覆盖金属层的外螺纹零件和杆的残余应力测试 斜楔法

ISO 15724 金属和其他无机覆盖层 钢中氢可扩散性的电化学测量法 Barnacle电极法

3 术语和定义

GB/T 3138、GB/T 12334、GB/T 19349、GB/T 19350中确立的术语和定义适用于本标准。

4 需方应向生产方提供的资料

4.1 必要资料

当订购的工件需要按本标准要求镀覆时,需方应该作为合同以书面形式在工程图、需方订购单和详细的生产明细表中对所有重要项目提供如下信息:

a) 镀层名称(见第5章)。

b) 零件的拉伸强度和覆盖层沉积前后的任何热处理要求(见6.2、6.9、6.10、6.11、6.12及附录A)。

c) 主要表面的详述,在图纸或试样上标出适当的标志。

d) 基体金属的性质、状态和表面粗糙度,如果这些因素中的任何一项会影响到镀层的使用性或外观(见6.2)。

e) 缺陷的位置、种类和尺寸,如:折痕、允许的缺陷(见6.2)。

f) 表面粗糙度要求,如光亮、黯淡、光泽或其他表面粗糙度要求,并尽可能提供预期表面粗糙度的样品。切记,已经经过检验的样品表面粗糙度会随着时间推移而失效,因此需要定期替换样品。

g) 底层的任何要求(见6.17)。

h) 取样方法、验收标准或其他检验要求。如果它不同于GB/T 12609中已经给出的要求(见第7章)。

i) 厚度、硬度、结合力、孔隙率、耐腐蚀性、耐磨性和可焊性测试的标准方法(见6.4、6.5、6.6、6.7、6.8、6.13、6.14及附录B)和特殊试验的条件(见6.1)。

j) 产生压应力处理的任何特殊要求,如镀前的喷丸硬化(见6.16)。

k) 预处理或限制预处理的特殊要求。

l) 热处理或限制热处理的特殊要求。

m） 对最大镀层厚度的特殊要求，尤其是对于产生磨损或加工过度的零件。无论是在零件镀前还是镀后测量其厚度，这些要求都必须严格遵守。

n） 对在化学镀镍-磷镀层上的涂（镀）层的特殊要求。

4.2 补充资料

下列补充资料应由需方规定。

a） 钢零件镀前应去磁（退磁），尽量减少磁性微粒或铁屑杂质进入镀层；

b） 镀层的最终表面粗糙度（见 6.3）；

c） 对于镀层化学成分的任何特殊要求（见 6.15）；

d） 不合格产品修复的任何特殊要求；

e） 其他任何特殊要求。

5 基体金属、镀层及热处理条件的标识

5.1 概述

基体金属、镀层及热处理条件应标注在工程图、订购单、合约或产品明细表中。标识应按如下顺序进行：基体金属、特殊合金（可选）、消除内应力的要求、底层的厚度和种类、化学镀镍-磷镀层中的磷含量和镀层厚度，涂覆在化学镀镍-磷镀层上的涂（镀）层种类和厚度以及后处理（包括热处理）。双斜线（//）将用于指明某一步骤或操作没有被列举或被省略。

标识包括以下内容：

a） 术语“化学镀镍-磷镀层”；

b） 国家标准号，即：GB/T 13913；

c） 连字符；

d） 基体金属的化学符号（见 5.2）；

e） 斜线分隔符（/）；

f） 化学镀镍-磷镀层的符号（见 5.4），以及用于化学镀镍-磷前后的镀层的符号（见 5.4），镀层顺序中的每一级都用分隔符按操作顺序分开。镀层的标识应包括镀层的厚度（μm）和热处理要求（见 5.3）。

5.2 基体金属的标识

基体金属应用其化学符号来标识，如果是合金则用其主要的组成来标识。

对于特殊合金，推荐用其标准名称来标识。比如：在＜ ＞符中填入其钢号或相应的国家标准。如 Fe＜16Mn＞是低合金高强钢的国家标准命名。

注：为了保证适当的表面预处理方法，并因此保证镀层和基体间的结合力，确定特殊合金以及它的冶金状态是极为重要的。

5.3 热处理要求的标识

热处理要求应按如下内容标注在方括弧内。

a） SR 表示消除应力的热处理；

HT 表示增加镀层硬度或镀层与基体金属间结合力的热处理；

ER 表示消除氢脆的热处理。

b） 在圆括弧中标注热处理时的最低温度（℃）。

c） 标注热处理持续的时间（h）。

示例：在 210℃温度下进行 1 h 消除应力的热处理，其标识为：[SR (210) 1]

5.4 镀层种类和厚度的标识

化学镀镍-磷镀层应用符号 NiP 标识，并在紧跟其后的圆括弧中填入镀层磷含量的数值，然后再在其后标注出化学镀镍-磷镀层的最小局部厚度，单位为 μm。

底层应用所沉积金属的化学符号来标识，并在其后标注出该镀层的最小局部厚度，单位为 μm(见 6.17)。例如，符号 Ni 表示镍电镀层。

沉积在化学镀镍-磷镀层上的其他镀层，如铬。其标识方法为电镀层的化学符号加上镀层的最小局部厚度，单位为 μm(见 6.17)。

5.5 标识示例

a) 在 16Mn 钢基体上化学镀含磷量为 10%(质量分数)，厚 15 μm 的镍-磷镀层，要求在 210 ℃温度下进行 22 h 的消除应力的热处理，随后在其表面电镀 0.5 μm 厚的铬。镀铬后，再在 210 ℃温度下进行 22 h 的消除氢脆的热处理。具体标识如下：

化学镀镍-磷镀层 GB/T 13913-Fe<16Mn>[SR(210)22]/NiP(10)15/Cr0.5[ER(210)22]

b) 在铝合金基体上镀覆与 a)相同的镀层，没有热处理要求，具体标识如下：

化学镀镍-磷镀层 GB/T 13913-Al<2B12>//NiP (10) 15/Cr0.5//

c) 在铜合金基体上镀覆与 a)相同的镀层，没有热处理要求，具体标识如下：

化学镀镍-磷镀层 GB/T 13913-Cu<H68>//NiP (10) 15/Cr0.5//

由于订单的原因，产品明细表中不仅包含标识的内容，还包含第 4 章中所列的其他重要要求的清楚说明。

6 要求

6.1 替代试样

当镀覆后的工件大小、形状或材料不适用于试验时，或者当镀覆工件由于数量太少或价格昂贵而不适于进行破坏性试验时，可通过替代试样来测量镀覆层的结合力、厚度、孔隙率、耐腐蚀性、硬度和其他性质。替代试样所选用材料的冶金状态和表面质量，应同已镀覆工件一致。并且还应采取和已镀覆工件相同的处理工艺。

替代用试样可用来确定镀覆后工件是否达到本标准的要求。而用于试验的试样数量、材料、形状和大小都应由需方指定。

6.2 外观

化学镀镍-磷镀层重要表面的外观按需方的指定应为光亮、半光亮或无光泽的。并且用肉眼检查时，表面没有点坑、起泡、剥落、球状生长物、裂缝和其他会危害最终精饰的缺陷(除非有其他要求)。合格的试样将用于对比试验。

由于基体金属表面缺陷(如：划痕、气孔、轧制痕迹、夹杂物)引起的镀覆缺陷和变异，以及在严格遵守规定的金属精加工操作后最后精饰仍然留有的瑕疵，都不属于导致废品的原因。需方应指定在已加工和未加工产品表面可容忍的缺陷限度。但被损坏的基体金属不可用于镀覆。

通过肉眼可见的起泡或裂缝，以及由热处理引起的缺陷，都应视作废品。

注：在镀覆前就已存在于基体金属上的缺陷，包括隐藏缺陷，在镀覆后会被重显。另外，镀后热处理会产生污点和有色的氧化物。但有色氧化物的产生不应视作导致废品的原因，除非是在指定的特殊气氛下进行热处理。对此无异议的需方可以考虑接受此类缺陷。

6.3 表面粗糙度

如果需方规定了最终表面粗糙度的要求，其测量方法应遵照 GB/T 10610 的规定进行。

注：化学镀镍-磷镀层的最终表面粗糙度不一定比镀覆前基底的表面粗糙度好。除非镀层的底层特别平滑和经过抛光。

6.4 厚度

在标识部分所指定的镀层厚度指其最小局部厚度。在需方没有特别指明的情况下，镀层的最小局部厚度应在工件重要表面(可以和直径 20 mm 的球相切)的任何一点测量。

在不同使用条件下的防腐蚀镀层厚度的要求参见附录 C。厚度的测量方法从附录 B 中选择。

6.5 硬度

如果指定了硬度值，那么应按 GB/T 9790 中规定的方法测量。镀层硬度应在需方规定的硬度值的±10%以内。

6.6 结合力

化学镀镍-磷镀层可以附着在有镀覆层和未经镀覆的金属上。根据需方的规定，镀层应能通过 GB/T 5270中规定的一种或几种结合力的测试。

6.7 孔隙率

如果有要求，化学镀镍-磷镀层的最大孔隙率应根据需方的规定和孔隙率的测试方法共同确定。

6.8 镀层的耐腐蚀性

如果有要求，镀层的耐腐蚀性及其测试方法应由需方根据同 GB/T 6461 一致的标准来规定。GB/T 10125、醋酸盐雾试验以及铜加速盐雾试验等方法可以被指定为评估镀层抗点腐蚀能力的测试方法。

注：在人工环境下的耐腐蚀性测试不涉及工件的使用寿命或工件性能。

6.9 镀覆前消除内应力的热处理

当需方特别指明时[见 4.1b)]，抗张强度大于或等于 1 000 MPa，以及含有因加工、摩擦、矫正或冷加工而产生拉应力的钢件，都需要在清洗和沉积金属之前进行消除内应力的热处理。消除内应力的热处理工序和种类应由需方专门指定。或者由需方按照 GB/T 19349 选择合适的工序和种类。消除内应力的热处理工序应在任何酸性或阴极电解之前进行。

注：钢铁上的氧化物或水垢要在镀覆前清除掉。对于高强度钢，为了避免产生氢脆，在清洗工序中应优先考虑选用非电解碱性和阳极碱性清洗法以及机械清洗法。

6.10 镀覆后消除氢脆的热处理

抗张强度大于等于 1 000 MPa 的钢件，同经过表面硬化处理的工件一样，需要在镀覆后依据 GB/T 19350或需方规定的相关工序，进行消除氢脆的热处理[见 4.1 b)]。

所有镀覆后消除氢脆的热处理应及时进行，最好是在表面精饰加工之后、打磨和其他机加工之前的 1 h 内完成，最多不要超过 3 h。

消除氢脆处理的有效性应通过需方指定的测试方法或相关标准中描述的测试方法来确定。如 ISO 10587中描述了一种测试螺纹件残余应力氢脆的方法，而 ISO 15724 中则描述了钢铁中扩散氢浓度的一种测试方法。

注：依照 GB/T 19350 中规定的工序进行热处理并不能完全消除氢脆，只要可能，都应特别指出残余氢脆的测试试验。消除试验样品的氢脆，可以说明消除氢脆热处理工序的有效性。但这些都取决于所参加测试样品的数量。

6.11 提高硬度的热处理

采用热处理方法提高化学镀镍-磷镀层的硬度和耐磨性的规定见表 A.1(见 6.13)。

如果有需要，提高化学镀镍-磷镀层硬度和耐磨性的热处理应在镀后 1 h 内完成，并且应在机加工之前进行。热处理的持续时间应为在零件达到特定热处理温度后至少 1 h。

如果进行提高镀层硬度的热处理工序后，满足了 GB/T 19350 所规定的要求，那么就不需要再单独进行消除氢脆的热处理。

6.12 改善结合力的热处理

改善化学镀镍-磷镀层在某种金属基体上结合力的热处理工序应参照表 A.1 进行，除非需方特别指定了其他工序要求。

6.13 耐磨性

如果有要求，应由需方指定镀层耐磨性的要求，并指定用于检测镀层耐磨性是否达到要求的测试方法。

注：化学镀镍-磷镀层的耐磨性会受到热处理的影响(见 6.11 和附录 A)。

6.14 可焊性

如果有要求，应由需方指定镀层的可焊性，并指定用于检测镀层的可焊性是否达到要求的测试方法。

注：为使焊接过程中(特别是电子产品)受到腐蚀的可能性降低到最小程度，有时会用超过10%(质量分数)磷的镀层进行焊接，而将磷含量较少的镀覆层(1%～3%质量分数)用于焊接则更为常见。

6.15 化学成分

化学镀镍-磷镀层中的磷含量应在标识中指定(见5.4和表C.2)。当按照附录D提供的方法进行测定时，所测得的磷含量与所要求的磷含量不应超过±0.5%的误差。如果没有特别指明磷含量，那么磷含量将在1%～14%(质量分数)的范围内(除非有其他要求)[见4.2c)]。

6.16 金属零件的喷丸

如果需方要求在镀覆之前进行喷丸，那么喷丸工序应在任何酸性或碱性电解处理之前按照GB/T 20015的要求进行。该标准同时还规定了测量喷丸强度的方法。

注：镀覆前的喷丸硬化可以使高强钢镀覆化学镀镍-磷镀层后的疲劳强度和结合力的减少降低到最小程度。对于那些常用于重复性的复杂负重模式的工件推荐在镀覆前进行喷丸硬化处理。影响疲劳强度的其他因素还包括镀层厚度。在满足预期使用条件的前提下，镀层应尽可能地薄。有控制的喷丸硬化所产生的压应力不仅可以提高镀层的耐腐蚀性和应力腐蚀裂纹扩展的阻力，而且对于提高镀层的结合力也有益。

6.17 底层和表层

电镀镍底层应符合GB/T 12332中的相关规定[见4.1g)]。用于化学镀镍-磷镀层之上的铬镀层应符合GB/T 11379中的相关规定。

注：电镀2 μm～5 μm厚的镍底层可用于含锑、砷、铋、铜、铅或锡的基体金属(黄铜和青铜除外)。

电镀2 μm～5 μm厚的镍或铜底层可用于含微量镁和锌的基体金属。

可以在铜底层和化学镀镍-磷镀层之间闪镀镍层。

电镀1 μm～2 μm厚的镍底层可用于含微量铬、铅、钼、镍、锡、钛或钨的基体金属。

电镀底层的目的是为了减少沉积过程中那些会降低沉积效率的元素的污损危害。另外，电镀金属底层能阻止杂质从基体金属扩散到化学镀镍-磷镀层，并有助于提高结合力。

7 取样

取样方案应由需方按GB/T 2828.1、GB/T 12609、ISO 2859-2、ISO 2859-3、ISO 2859-4的规定选择抽样方式选取。或者由需方另定替代方案。需方应指明可接受的水平。

附 录 A
(规范性附录)
提高结合力和增加硬度的热处理

A.1 提高结合力的热处理

在需方没有特别指明的情况下，提高化学镀镍-磷合金镀层在各种合金材料上沉积时结合力的热处理操作应按表A.1中所列的时间和温度进行。

注：温度达到130 ℃以上的热处理可以减少可热处理的铝和其他各种合金的拉应力。当需方为了提高镀层结合力而特别要求镀覆后进行热处理时，建议应考虑热处理对底层材料机械性能的影响。必要时最好进行校验。

A.2 提高硬度和耐磨性的热处理

对化学镀镍-磷镀层进行热处理，可以产生弥散强化作用，从而提高镀层硬度和耐磨性。热处理所采用的温度和时间可依照表A.1选用。

表 A.1 推荐提高硬度和附着力的热处理方法

序号	种类	温度/℃	时间/h
1	不需要进行热处理，镀态	—	—
2	为获得最大硬度而进行的热处理，按类型分类(参见表C.2)		
	1	260	20
		285	16
		320	8
		400	1
	2	350～380	1
	3	360～390	1
	4	365～400	1
	5	375～400	1
3	提高在钢铁上镀层的附着力	180～200	2～4
4	提高在渗碳钢和时效硬化铝上镀层的附着力	120～130	1～6
5	提高在铍和未经时效硬化的铝上镀层的附着力	140～150	1～2
6	提高在钛以及钛合金上镀层的附着力	300～320	1～4
7	提高在镁及镁合金，铜及铜合金上镀层的附着力	180～200	2～2.5
8	提高在镍及镍合金上镀层的附着力	220～240	1～1.5
9	提高在钼及钼合金上镀层的附着力	190～210	2～2.5

一般而言，热处理后随着磷含量的减少，镀层的硬度得到提高(见图A.1)。经过1 h以上、温度在250 ℃～400 ℃之间的热处理，镀层硬度将大大提高。虽然220 ℃以上的热处理可以使镀层硬度超过850HK0.1，但同时会降低镀层的耐腐蚀性。而温度低于200 ℃的热处理在提高结合力或减少氢脆的同时，却不会削弱镀层的耐腐蚀性，而且还可以大大提高镀层的硬度和耐磨性。在特殊情况下，为防止工件表面产生有色的氧化物，热处理工序要在惰性气氛、还原性气氛或真空环境下进行。另外，温度超过260 ℃的热处理会使第5类镀层产生磁性。

对于不同种类的化学镀镍-磷镀层，进行 1 h 热处理后的温度与镀层硬度的关系见图 A.1。而硬度和退火时间的关系见图 A.2。由图 A.2 中的数据不难看出，通过降低温度和延长退火时间可以得到同等的镀层硬度。

注：测试金属镀覆层硬度常采用努氏硬度试验。这是由于努氏硬度测试方法中的不确定因素较维氏硬度的要少。维氏硬度测试方法中，由于薄而脆的镀层容易破裂，因此测试结果会有较大的不确定性。但是如果操作得当，两种硬度试验所得到的数据几乎是完全一样的。不过，适当的操作方法还包括使用不同的负载得到相同的缺口深度。因此，为了建立有效的关联性，必须使用并行的测量方式，才能将不同的负载用于相同的镀层。到目前为止，关于化学镀镍-磷合金镀层并行的硬度测量方法的研究还很少。

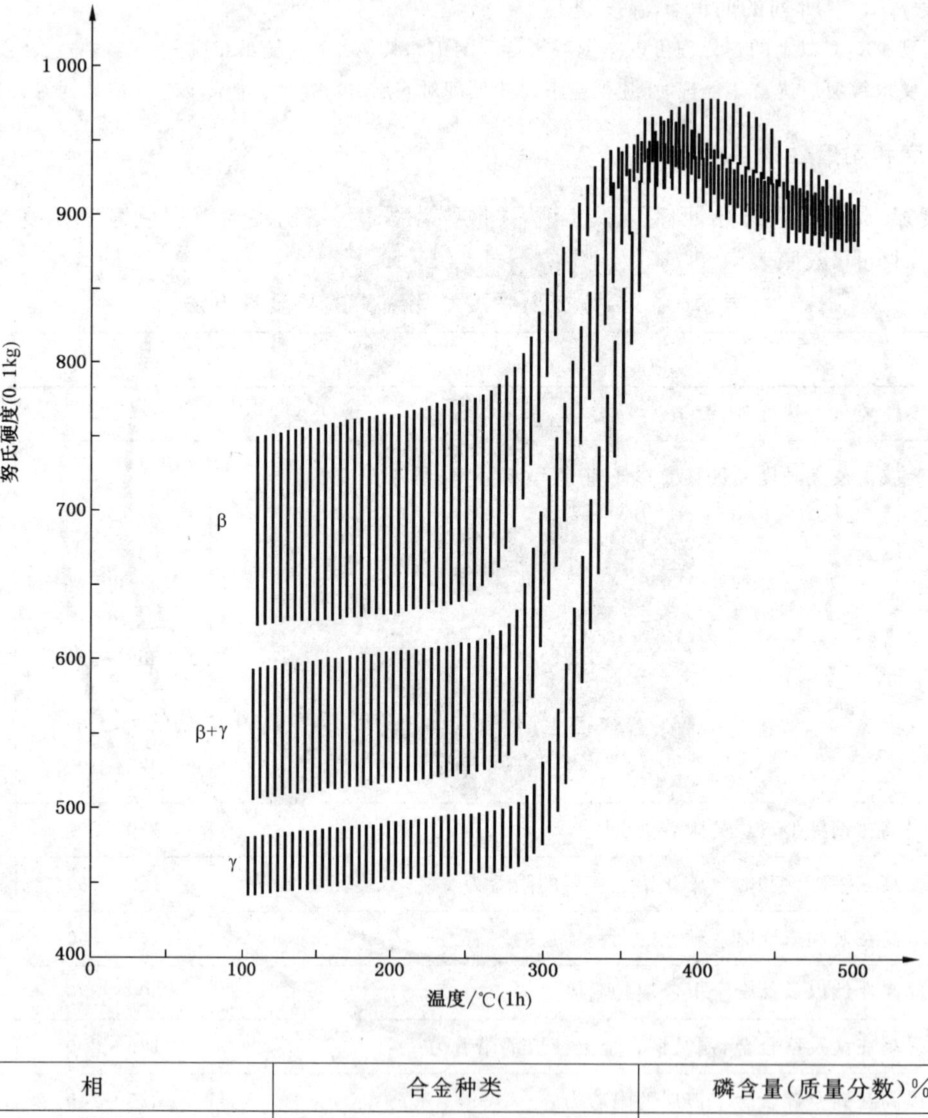

相	合金种类	磷含量(质量分数)%
β	2,3	1～4
β+γ	4	5～9
γ	5	>10

图 A.1 不同种类的化学镀镍-磷镀层经过 1 h 热处理后热处理温度和硬度的关系

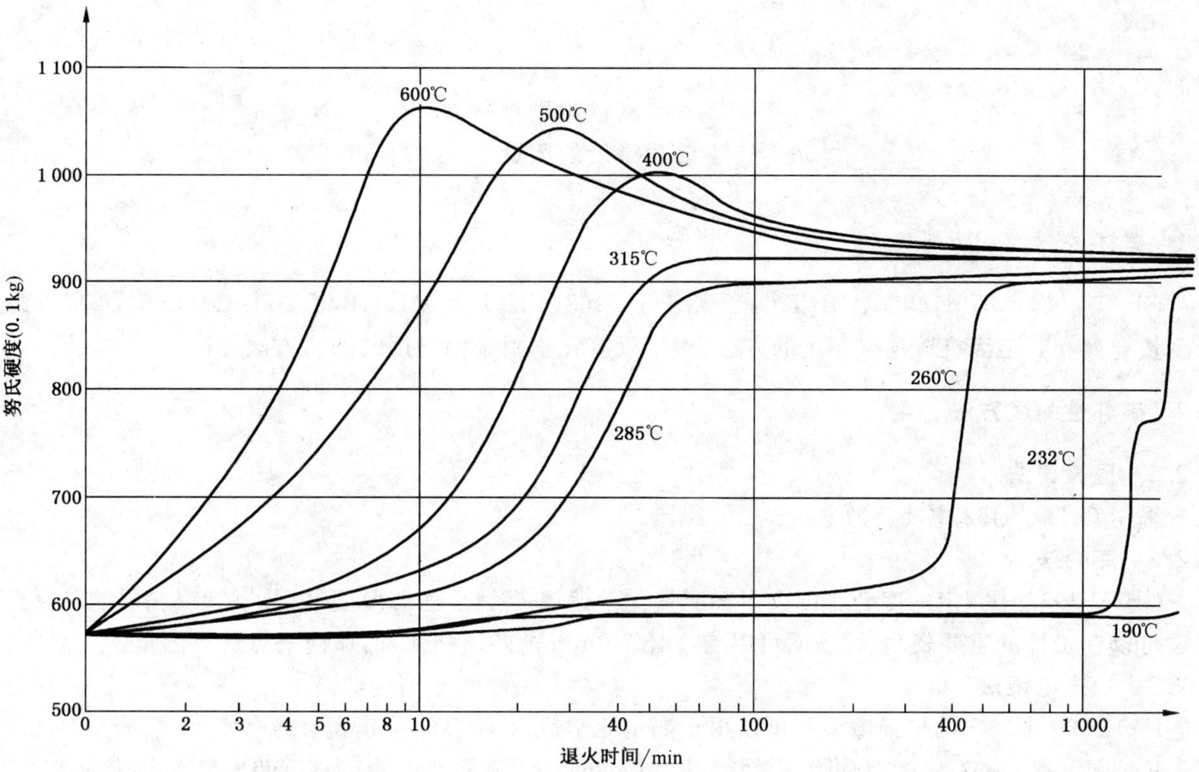

注：通过调整退火时间和降低温度，可以得到等效沉积硬度。图中的曲线是基于平均值绘制的，因此结果与标准测试相比会有一定的偏差。

图 A.2　硬度和退火时间的关系

附 录 B
（资料性附录）
镀层厚度的测量

B.1 概述

GB/T 4955、GB/T 4956、GB/T 6462、GB/T 6463、GB/T 16921、GB/T 20018、ISO 9220 标准综述了测量金属和其他无机镀覆层厚度的方法，包括没有在本附录中引用的测量方法。

B.2 破坏性测试方法

B.2.1 显微镜法

采用 GB/T 6462 中规定的方法。

B.2.2 库仑法

GB/T 4955 中规定的库仑法可以用于测量化学镀镍-磷镀层的总厚度，以及铜和镍底层的厚度。该方法可以在工件的重要表面（该表面可以与直径 20 mm 的圆球相切）的任何一点进行测量。

B.2.3 扫描电镜法

ISO 9220 中规定的扫描电镜法可以用于测量化学镀镍-磷镀层及其底层的厚度。

注：为防止产生争议，库仑法应用于测量厚度小于 10 μm 的化学镀镍-磷镀层。而扫描电镜法应用于厚度大于或等于 10 μm 的化学镀镍-磷镀层及其底层的厚度测量。

B.3 非破坏性测试方法

B.3.1 β 射线背散射法（不适用于铜基体）

采用 GB/T 20018 规定的方法。该方法适用于测量铝基金属的镀层厚度以及全部镀层的厚度。

B.3.2 X 射线光谱测定法

采用 GB/T 16921 规定的方法。应根据厚度标准件对 X 射线测试设备进行校准。校准用标准件镀层中的磷含量应与被测镀层中磷含量相同。

注：由于镀层中磷含量存在局部差异，因此推荐应在相应的测量区域的一个扇区内使用积分法来确定磷的含量。

B.3.3 称量—镀覆—再称量法

选用一个已知表面积的工件（或选用与已镀覆工件基材相同的试样，试样表面积已知）。在镀覆前后分别称量工件或试样的质量，精确到 0.001 g。要保证每次测量都是在室温下进行，并且工件或试样都是干燥的。再按式（B.1），根据增加的质量、镀层的密度和面积计算出镀层的厚度。

$$T=\frac{10W}{(A\times D)} \qquad \cdots\cdots(\text{B.1})$$

式中：

T——镀层厚度，单位为微米（μm）；

W——增加的质量，单位为毫克（mg）；

A——总面积，单位为平方厘米（cm^2）；

D——密度，单位为克每立方厘米（g/cm^3）。

镀层中的磷含量会影响镀层的密度。根据相关科技文献中提供的数值，图 B.1 中给出了化学镀镍-磷镀层的密度。

例如：一块面积 19.736 cm^2 的低碳钢，镀前重 3 198 mg，镀后重 3 583 mg。镀层含磷量为 9%，密

度为 8.01 g/cm³(由图 B.1 知)。其厚度按式(B.2)计算:

$$T=\frac{10(3\ 583-3\ 198)}{19.763\times 8.01}=24.3\ \mu m \quad \cdots\cdots(B.2)$$

B.3.4 磁性法

采用 GB/T 4956—2003 中规定的方法测试磷(非磁性)含量大于 8%(质量分数)的化学镀镍-磷镀层的厚度。

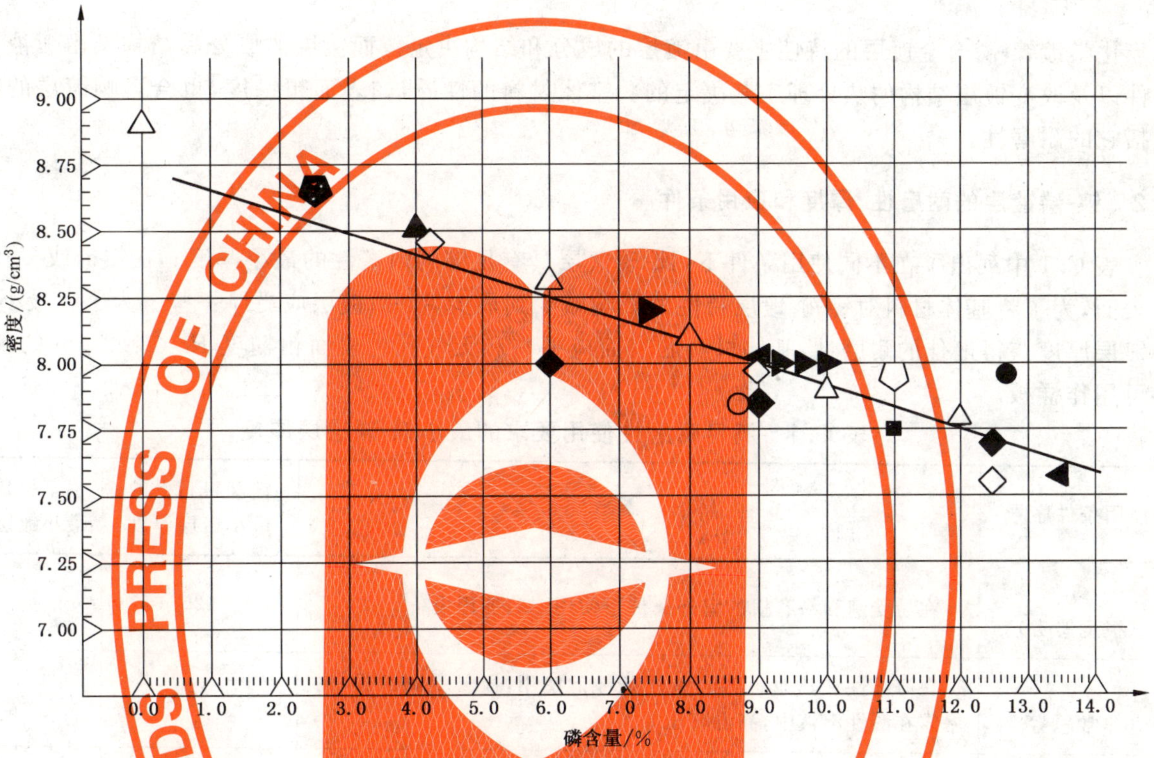

注:

△ 取自于 Riedel, Wolfgang, Electroless Nickel Plating, ASM International, Metals Park, OH, 1991 p. 92; DIN 50966, Electroplated coatings; autocatalytic nickel-phosphorus coatings on metal in technical applications.

◆ 取自于附录 A

■ 取自于 Vendor, Elnic(unpublished)

◇ 取自于 Rajam, K. S. et at., Metal Finishing, vol. 88, No. 11, 1990.

▶ 取自于 Fielding, Ogburm et al., NIST, Plating and Surface Finishing, vol. 68, No. 3, 1981.

○ 取自于 Kannigen, ASTM STP No. 265, Electroless Nickel Plating, 1959.

● 取自于 Smith, D, D., Thermal Conductivity of Electroless Nickel-Phosphorus Alloy Plating, National Science Foundation, Oak Ridge, TN, 1963.

◀ 取自于 Gorbanova, K. M. and Nikiforova, A. A., Physicochemical Principles of Nickel Plating, National Science Foundation, Oak Ridge, TN, 1963.

⬠ 取自于 Vendor, Schering, unpublished analytical results, Schering AG, Berlin, 1982.

⬟ 取自于 Mallory, Glenn et al., Studies and Properties of Very Hard Electroless Nickel Deposits, EN'95, Gardner Management, Cincinnati, OH, 1995.

图 B.1 化学镀镍-磷合金镀层密度

附 录 C
（资料性附录）
关于化学镀镍-磷镀层厚度、成分和应用的导则

C.1 概述

化学镀镍-磷合金镀层的特性主要由镀层的成分和结构决定。而镀层的成分和结构又由镀液、沉积条件以及改变镀层结构的热处理工艺决定的。基体材料的性质，如表面粗糙度，也会影响镀层的特性，包括它的耐磨性。

C.2 镍-磷镀层的耐磨性、厚度和应用条件

表 C.1 中列出了在不同使用条件下，镍-磷镀层具有足够的耐磨性的最小厚度。在粗糙或多孔的工件表面，为了将基体材料对镍-磷镀层特性的影响减少到最少，镍-磷镀层应更厚一些。为了以最小的镍-磷镀层厚度获得最佳的耐磨性，基体材料的表面应平整和无气孔。表面粗糙度 $Ra<0.2\ \mu m$ 的基体材料可用作样板。

表 C.1 满足耐磨性使用要求的最小镍-磷镀层厚度 μm

使用条件序号	种 类	铁基材料上的最小镀层厚度	铝基材料上的最小镀层厚度
5 （极度恶劣）	在易受潮和易磨损的室外条件下使用，如：油田设备	125	—
4 （非常恶劣）	在海洋性和其他恶劣的室外条件下使用，极易受到磨损，易暴露在酸性溶液中，高温高压	75	—
3 （恶劣）	在非海洋性的室外条件下使用，由于雨水和露水易受潮，比较容易受磨损，高温时会暴露在碱性盐环境中	25	60
2 （一般条件）	室内条件下使用，但表面会有凝结水珠；在工业使用条件下会暴露在干燥或油性环境中	13	25
1 （温和）	在温暖干燥的室内环境中使用，低温焊接和轻微磨损	5	13
0 （非常温和）	在高度专业化的电子和半导体设备、薄膜电阻、电容器、感应器和扩散焊中使用	0.1	0.1

除了厚度，镀层中的磷含量和其他因素也会影响化学镀镍-磷镀层的耐腐蚀性。一般而言，随着磷含量的增加，镀层在酸性环境下的耐腐蚀性会得到提高。镀层的耐腐蚀性取决于镀层中的磷含量以及镀层表面的钝化氧化膜。但是，那些和镍-磷合金共同沉积的杂质，会破坏钝化氧化膜，并且最终会减弱它的耐腐蚀性。

C.3 不同使用条件下，镀层的种类和磷含量

由于可以通过控制化学镀镍-磷沉积过程，来获得具有能够满足不同使用条件要求特性的镍-磷镀层。因此，工程人员就可以根据特殊要求来规定镀层的特性。表 C.2 列出了不同使用条件下镀层的种类和磷含量。

表 C.2 不同使用条件下推荐采用的镍-磷镀层的种类和磷含量

种类	磷含量(质量分数)/%	应用
1	对磷含量没有特殊要求	一般要求的镀层
2 (低磷)	1～3	具有导电性、可焊性(如:集成电路、引线连接)
3 (低磷)	2～4	较高的镀态硬度,以防止黏附和磨损
4 (中磷)	5～9	一般耐磨和耐腐蚀要求
5 (高磷)	>10	较高的镀态耐腐蚀性,非磁性,可扩散焊,具有较高的延展柔韧性;如:用于硬磁盘的含磷 12.5%的镀层

C.4 磨损或超差工件的修复

沉积大于或等于 125 μm 的化学镀镍-磷镀层,可用于修复磨损的工件和挽救超差的工件。随着镀层厚度的增加,工件表面产生球状物、有色氧化物、蚀损斑的可能性以及表面粗糙度也会增加。因此需方和供应方应相互协商,来确定这些缺陷的可接受程度。磷含量大于或等于 10%的镀层对于低磷含量或中磷含量的镀层而言,由于其较低的内应力,较高的延展性和较高的耐腐蚀性,更适于修复磨损或超差的工件。增强镀层附着力的热处理工序参见附录 A。

当镀层厚度超过 125 μm 时,有时会在化学镀镍之前采用电镀镍底层的办法。在化学镀镍之前经过电镀镍的工件要进行切削加工至合适的尺寸。

C.5 提高难焊接金属的可焊接性

大于 2.5 μm 的化学镀镍-磷镀层可用于提高诸如铝以及其他难焊接的合金的可焊性。焊接时通常需要使用适度的松香助焊剂。

C.6 不同使用条件下的附加要求

性质相同的化学镀镍-磷镀层不适于在容易产生对磨的条件下使用,除非镀层表面有润滑剂。

不推荐在有弯折或抵抗冲击力要求的条件下使用中磷含量和低磷含量的镀层。在焊接被镀覆工件时应采取特别保护措施。由于镀层中磷的扩散,在焊接区域的镀层容易变脆。由于镀层高温硬度较低,因此不适于在同时具有高温和耐磨性要求的条件下使用。

经过使用周期性反向电流技术处理的阳极清洗后,某些含有铬和钼的钢会被钝化。而对于抗张强度低于 1 000 MPa 的钢,在使用周期性反向电流清洁处理的工序时,可以用阴极清洁处理。

基体表面的氧化物会影响镀层在其上的结合力。因此,对于许多金属,包括不锈钢和铝都需要进行特殊的清洁和活化处理。由于基体表面的氧化薄膜会导致镀覆的失败,因此基体表面要求除去氧化薄膜,以及任何会阻碍镀层在基体表面连续沉积的微观杂质。

对于铸铁和铝合金,其表面的孔隙会残留镀液或引起镀覆不均匀,从而导致腐蚀问题。因此,为了使工件能够达到理想的使用寿命,有过多孔隙的铸铁和铸铝表面需要进行特殊处理。

在含铅的铜合金中,表面的铅会污染镀液,从而导致镀层无法附着和使镀层产生孔隙。因此,在化学镀镍-磷之前,需要进行特殊处理将基体表面的铅覆盖住或去除。

附 录 D
（规范性附录）
化学镀镍-磷镀层中磷含量的化学分析法

D.1 电感耦合等离子体(ICP)法

D.1.1 概述

通过由电感耦合等离子体产生的发射光谱或吸收光谱的分析方法。

D.1.2 试剂

在准备以下试验溶液时，应选用分析纯度的化学试剂以及蒸馏水或去离子水。

a) 硝酸(HNO_3)溶液 40%(体积分数)，由二份体积的硝酸(密度为 1.42 g/mL)和三份体积的水配制而成。

b) 亚硝酸钠($NaNO_2$)溶液 20 g/L。

c) 高锰酸钾($KMnO_4$)溶液 7.6 g/L。

D.1.3 步骤

仔细称取 0.2 g 试样，并在玻璃烧杯中将其溶解于 50 mL 的硝酸溶液中。在通风橱内逐渐加热至试样完全溶解，然后沸腾至除去棕色烟雾。用水将溶液稀释至 100 mL，加入 25 mL 高锰酸钾溶液并加热至沸腾。沸腾 5 min 后，再逐滴地加入亚硝酸钠溶液，直至沉淀的二氧化锰全部溶解。接着再沸腾 5 min，然后冷却至环境温度。最后将溶液倒入 250 mL 的容量瓶中，并用蒸馏水或去离子水稀释至刻度。塞上瓶塞并充分混合。

D.1.4 空白试验

配制和 D.1.3 中相同的空白溶液(不含试验材料)进行空白试验。

D.1.5 光谱分析

依照 ICP 设备的使用说明进行试验。在使用氩气 ICP 技术时，如下的光谱线会产生轻微的干涉：

Ni 216.10 nm	Cd 214.44 nm	Fe 238.20 nm
P 215.40nm	Co 238.34 nm	Pb 283.30 nm
P 213.62 nm	Cr 284.32 nm	Sn 198.84 nm
Al 202.55 nm	Cu 324.75 nm	Zn 206.20 nm

注：电感耦合等离子体法适用于测量含磷量小于 0.5%的化学镀镍-磷镀层中的磷含量。

D.2 分子吸收光谱法

D.2.1 原理

本附录规定了测定镍-磷镀层中磷含量的分子吸收光谱法。将一部分试样溶于硝酸中，用高锰酸钾氧化并以亚硝酸钠溶解二氧化锰沉淀。与钼酸铵和钒酸铵溶液作用后，用波长大约 420 nm 的光谱测量溶液的吸收率。

D.2.2 试剂

D.2.2.1 概述

在分析过程中，只能用分析纯级试剂和蒸馏水或相当纯度的水。

D.2.2.2 溶解和氧化用试剂

a) 硝酸溶液 40%(体积分数)，由二份体积的硝酸(密度大约 1.42 g/mL)和三份体积的水配制而成。

b) 亚硝酸钠溶液 20 g/L。

c) 高锰酸钾溶液 7.6 g/L。

D.2.2.3 钼酸盐-钒酸盐溶液

将 20 g 钼酸铵和 1 g 钒酸铵分别溶解于热水中。混合上述两种溶液，加入 200 mL 硝酸(密度大约 1.42 g/mL)，再用水稀释至 1 L，充分混合。

D.2.2.4 磷标准溶液(每升含磷 100 mg)

称量 0.439 2 g 磷酸二氢钾(KH_2)PO_4溶解于水，再将此溶液移入 1 000 mL 容量瓶中，加水稀释至刻度，充分混合。

1 mL 此标准溶液含磷 0.1 mg。

D.2.3 设备

D.2.3.1 普通实验室设备

D.2.3.2 分光光度计或光电吸收计

该设备装有滤光镜，可在波长约为 420 nm 时提供最大透射率。并装配有光程为 10 mm 的光学吸收池。

D.2.4 步骤

D.2.4.1 试验溶液的制备

a) 称量 0.19 g～0.21 g 试样，精确至 0.1 mg，移入盛有 50 mL 硝酸溶液[D.2.2.2 a)]的烧杯中溶解。

b) 慢慢加热，直至试样完全溶解。然后沸腾至除去棕色烟雾。

c) 稀释溶液至大约 100 mL，加热至沸腾，再加入 25 mL 高锰酸钾溶液[D.2.2.2 c)]

d) 加热溶液沸腾 5 min。

e) 逐滴加入亚硝酸钠溶液[D.2.2.2 b)]，直至二氧化锰沉淀溶解。

f) 加热溶液沸腾 5 min，然后冷却至室温。

g) 将溶液移入 250 mL 容量瓶中，用水稀释至刻度，充分混合。

D.2.4.2 空白试验

使用与测定试验相同的所有试剂用量，相同方法，并与测定试验同时进行没有试样的空白试验。

D.2.4.3 校准表的制备

取一组 100 mL 容量瓶，注入表 D.1 中所示容量的磷标准溶液(D.2.2.4)。

表 D.1 磷校准溶液的制备

磷标准溶液的容量/ mL	磷的对应质量/ mg
0	0
2	0.2
4	0.4
6	0.6
8	0.8
10	1.0

每瓶磷标准溶液按如下方法处理：

a) 加 25 mL 钼酸盐-钒酸盐溶液(D.2.2.3)，加水至刻度充分混合。使溶液静置 5 min。将溶液注满一个光学吸收池。

b) 使用最大吸收波长大约为 420 nm 的光谱计或装配了适当滤光镜的光电吸收计进行光谱测量。在所有情况下都要对照水的吸收率调整仪器校零，从其他校准溶液中减去校准对比溶液的吸收率。

c) 绘制曲线图。例如以校准溶液含磷量的质量(mg)为横坐标,对应吸收率为纵坐标。

D.2.5 测定

a) 移取10 mL试验溶液至100 mL容量瓶中,加50 mL水、25 mL钼酸盐-钒酸盐溶液,加水至刻度,充分混合,使溶液静置5 min,再用此溶液注满一个光学吸收池。

b) 按D.2.4.3 b)中的叙述进行光谱测量。

D.2.6 测定结果

采用校准表,确定相当于光谱测量法所得的磷含量。

磷含量,以质量分数表示,用以下公式计算:

$$\text{磷含量} = \frac{2.5(m_3 - m_4)}{m}$$

式中:

m_3——试样溶液含磷的质量,单位为毫克(mg);

m_4——空白试样溶液含磷的质量,单位为毫克(mg);

m——试样的质量,单位为克(g)。

ICS 21.200
J 17

中华人民共和国国家标准

GB/T 13924—2008
代替 GB/T 13924—1992

渐开线圆柱齿轮精度　检验细则

Inspection code for accuracy of involute cylindrical gears

2008-05-06 发布　　2008-11-01 实施

中华人民共和国国家质量监督检验检疫总局
中国国家标准化管理委员会　发布

前　言

本标准是 GB/T 10095.1《圆柱齿轮　精度制　第 1 部分:轮齿同侧齿面偏差的定义和允许值》、GB/T 10095.2《圆柱齿轮　精度制　第 2 部分:径向综合偏差与径向跳动的定义和允许值》的配套标准。

本标准是对 GB/T 13924—1992《渐开线圆柱齿轮精度　检验规范》的修订。

GB/T 13924—1992 在生产实际中成为产品齿轮精度评定的依据。由于 GB/T 10095—1988 的修订,并等同采用相应的国际标准,在测量项目的设立、偏差定义及符号等多方面与原标准相比出现较大不一致,因此,本标准也应及时修订。

本标准名称改为"渐开线圆柱齿轮精度　检验细则"。

本标准为渐开线圆柱齿轮精度的评价规定了细则,文中测量项目的设立依据 GB/T 10095.1 和 GB/T 10095.2 中推荐的测量项目。本细则为每个偏差项目分别规定了测量方法和测量仪器;对测量基准、测量位置、测量元件、测量温度、测量不确定度以及测量结果处理等方面的要求作出了具体规定。其中纳入了测量中所必需的计算公式,提出各测量项目测量不确定度的分析方法。对于没有列入 GB/T 10095.1和 GB/T 10095.2 中而在生产实践中常用的或设计中规定的测量项目,设立为本标准的附录,也按本标准正文测量项目的格式进行编写。

本标准规定的测量项目,与圆柱齿轮精度制国家标准保持一致。

本标准编写内容较上一版本更加细化,要求更加严密,更注重实用性和可操作性。

本标准编写格式的特点是系统化、具体化,层次清晰,完整统一。

本标准是产品齿轮零件检测的依据性标准。

本标准的附录 A～附录 F 均为规范性附录。

本标准由全国齿轮标准化委员会提出并归口。

本标准起草单位:中国计量科学研究院、北京工业大学、郑州机械研究所。

本标准主要起草人:张伟、李锐、石照耀、张元国、杨星原。

本标准所代替标准的历次版本发布情况为:

——GB/T 13924—1992。

渐开线圆柱齿轮精度　检验细则

1　范围

本标准适用于其法向模数(0.5～70) mm、齿宽(4～1 000) mm、分度圆直径(5～10 000) mm 的平行轴传动的单个渐开线圆柱齿轮。其基本齿廓为 GB/T 1356—2001《通用机械和重型机械用圆柱齿轮　标准基本齿条齿廓》规定的齿廓。

本标准用于渐开线圆柱型产品齿轮精度的评价。

本标准规定了 GB/T 10095.1 和 GB/T 10095.2 中定义的齿距偏差、齿廓偏差、螺旋线偏差、切向综合偏差、径向综合偏差和径向跳动等项目的检验细则。

本标准附录 A 规定了齿轮整体偏差项目的检验细则。附录 B 规定了对各测量项目测量基准的要求。附录 C 规定了各测量项目计值方向。附录 D 规定了渐开线和螺旋线检查仪示值误差的修正方法。附录 E 对以下测量项目规定了检验细则:公法线平均长度偏差及公法线变动量、基节偏差、接触线偏差、轴向齿距偏差、螺旋线波度偏差、齿厚偏差、齿轮副接触斑点和齿轮副侧隙。这些项目在 GB/T 10095.1、GB/T 10095.2 中未作规定,但在生产实践中是常用的替代项目或是设计中用到的项目。附录 F 规定了齿距累积总偏差跨齿测量数据处理方法。

2　规范性引用文件

下列文件中的条款通过本标准的引用而成为本标准的条款。凡是注日期的引用文件,其随后所有的修改单(不包括勘误的内容)或修订版均不适用于本标准,然而,鼓励根据本标准达成协议的各方研究是否可使用这些文件的最新版本。凡是不注日期的引用文件,其最新版本适用于本标准。

GB/T 1356—2001　通用机械和重型机械用圆柱齿轮　标准基本齿条齿廓(ISO 53:1998,IDT)

GB/T 6467—2001　齿轮渐开线　样板

GB/T 6468—2001　齿轮螺旋线　样板

GB/T 10095.1　圆柱齿轮　精度制　第1部分:轮齿同侧齿面偏差的定义和允许值(GB/T 10095.1—2008,ISO 1328-1:1995,IDT)

GB/T 10095.2　圆柱齿轮　精度制　第2部分:径向综合偏差与径向跳动的定义和允许值(GB/T 10095.2—2008,ISO 1328-2:1997,IDT)

GB/Z 18620.1　圆柱齿轮　检验实施规范　第1部分:轮齿同侧齿面的检验(GB/Z 18620.1—2008,ISO/TR 10064-1:1992,IDT)

GB/Z 18620.2　圆柱齿轮　检验实施规范　第2部分:径向综合偏差、径向跳动、齿厚和侧隙的检验(GB/Z 18620.2—2008,ISO/TR 10064-2:1996,IDT)

JB/T 3887—1999　渐开线直齿圆柱测量齿轮

JB/T 10008—1999　测量蜗杆

JJG 332—2003　齿轮渐开线样板

JJG 408—2000　齿轮螺旋线样板

JJF 1059—1999　测量不确定度评定与表示

3　术语和定义

下列术语和定义及 GB/T 10095.1、GB/T 10095.2、GB/Z 18620.1 和 GB/Z 18620.2 中确立的术语和定义适用于本标准。

3.1

齿轮渐开线样板　gear involute artefact

一种性能稳定可靠的标准计量器具。它的渐开线齿面是检定各种渐开线仪器的标准，用于传递齿轮渐开线参数量值，修正仪器示值，确定仪器示值误差。

3.2

齿轮螺旋线样板　gear helix artefact

一种性能稳定可靠的标准计量器具。它的螺旋线齿面是检定各种螺旋线仪器的标准，用于传递齿轮螺旋线参数量值，修正仪器示值，确定仪器示值误差。

3.3

测量齿轮　master gear

单面或双面综合检查仪的测量元件。齿廓符合 GB/T 1356—2001 要求；用于测量 GB/T 10095.1、GB/T 10095.2 中(4～9)级产品齿轮。

3.4

测量不确定度　uncertainty of measurement

表征合理地赋予被测量之值的分散性，与测量结果相联系的参数。

3.5

齿轮整体偏差测量　gear integrated deviation of measurement

测量一个齿轮全部工作齿面上各点偏差，按被测齿轮齿面上各点的实际啮合顺序，排列各齿的测量图形，在测量图形上按规定要求取出截面切向综合总偏差和截面一齿切向综合偏差以及多项单参数偏差。

3.6

公法线平均长度偏差　spen measurement mean length deviation

E_{wm}

在齿轮一周内，公法线平均值与设计值之差。

3.7

公法线变动量　spen measurement varication

E_{bn}

在齿轮一周范围内，实际公法线最大值与最小值之差。

3.8

基节偏差　transverse base pitch deviation

f_{pb}

实际基节与公称基节之差。

实际基节指基圆柱切平面所截两相邻同侧齿面的交线之间的法向距离。

3.9

接触线偏差　contact line deviation

F_b

在基圆柱切平面内，平行于设计接触线并包容实际接触线的两条直线间的法向距离。

3.10

轴向齿距偏差　axial pitch deviation

F_{px}

在与齿轮轴线平行而大约位于齿高中部的一条直线上，任意两个同侧齿面间的实际距离与设计值之差，沿齿面法线方向计值。

3.11

螺旋线波度偏差　helix wave deviation

$f_{w\beta}$

宽斜齿轮齿高中部实际齿线波纹的最大波幅，沿齿面法线方向计值。

4　符号和代号

4.1　符号

下列符号及 GB/T 10095.1、GB/T 10095.2、GB/Z 18620.1 和 GB/Z 18620.2 给出的符号适用于本标准。

e——测量时齿轮的安装偏心量。

T_0——测量蜗杆啮合线偏差。

U_0——测量蜗杆轴向窜动量。

B——螺旋线偏差测量齿宽。

z_0——测量蜗杆头数。

t——温度。

α'_{wt}——齿面与量棒接触点的端面压力角。

注 1：下标 0 表示标准元件(标准蜗杆、标准样板、量块等)和测量元件(测量蜗杆、测头和测量仪等)。

注 2：本标准所列各公式对直齿轮、斜齿轮均适用。对于直齿轮，式中：$m_n=m_t=m$；$\alpha_n=\alpha_t=\alpha$；$x_n=x_t=x$。

4.2　代号

GB/T 10095.1、GB/T 10095.2、GB/Z 18620.1 和 GB/Z 18620.2 给出的代号适用于本标准。

本标准所使用的主要测量项目和测量元件代号见表 1。

表 1　测量项目和测量元件代号

测量项目名称	符号或代号	齿轮参数或测量元件名称	符号或代号
齿距累积总偏差	F_p	连续的齿距数	k
齿距累积偏差	F_{pk}	渐开线有效长度	L_{AE}
单个齿距偏差	f_{pt}	渐开线可用长度	L_{AF}
齿廓总偏差	F_α	齿廓计值范围	L_α
齿廓形状偏差	$f_{f\alpha}$	螺旋线计值范围	L_β
齿廓倾斜偏差	$f_{H\alpha}$	螺旋角偏差	f_β
螺旋线总偏差	F_β	跨齿测量组数	S
螺旋线形状偏差	$f_{f\beta}$	跨齿齿距累积偏差	F_{ps}
螺旋线倾斜偏差	$f_{H\beta}$	螺旋线波度波长	λ_β
切向综合总偏差	F'_i	公法线上偏差	E_{bns}
一齿切向综合偏差	f'_i	公法线下偏差	E_{bni}
径向综合总偏差	F''_i	公法线平均长度偏差	E_{wm}
一齿径向综合偏差	f''_i	公法线平均长度上偏差	E_{wms}
径向跳动	F_r	公法线平均长度下偏差	E_{wmi}
公法线长度	W_k	齿厚允许的上偏差	E_{sns}
公法线变动量	E_{bn}	齿厚允许的下偏差	E_{sni}
齿厚偏差	E_{sn}	基本齿廓位移上偏差	E_{Hs}
基节偏差	f_{pb}	基本齿廓位移下偏差	E_{Hi}
接触线偏差	F_b	跨棒测量距上偏差	M_{ds}
轴向齿距偏差	F_{px}	跨棒测量距下偏差	M_{di}
螺旋线波度	$f_{w\beta}$	小齿轮	下标 1
基本齿廓位移	E_H	大齿轮	下标 2
跨棒测量距	M_d	测量齿轮	下标 3
圆周侧隙、法向侧隙	j_{wt}、j_{bn}	工具或测量元件(量块、基节块、蜗杆等)	下标 0

5 齿距偏差检验

齿距偏差的检验包括单个齿距偏差 f_{pt}、齿距累积偏差 F_{pk} 和齿距累积总偏差 F_p 的检验。

5.1 测量方法和测量仪器

齿距偏差的测量方法有直接法和相对法。

5.1.1 直接法

直接法测量原理见图1。直接测量法以被测齿轮回转轴线为基准，测头的径向位置在齿高中部与齿面接触，应保证测头定位系统径向和切向定位的重复性。被测齿轮一次安装10次重复测量，其重复性应不大于允许值[1]（公差值）的1/5。圆分度装置（如圆光栅、分度盘等）对被测齿轮按理论齿距角进行分度，由测头读数系统得到测得值（圆周方向的角度值或线值），按偏差定义进行处理，求得 f_{pt}、F_{pk}、F_p。

直接法的测量仪器有齿距测量仪、万能齿轮测量机，齿轮测量中心、坐标测量机、分度头和万能工具显微镜等。

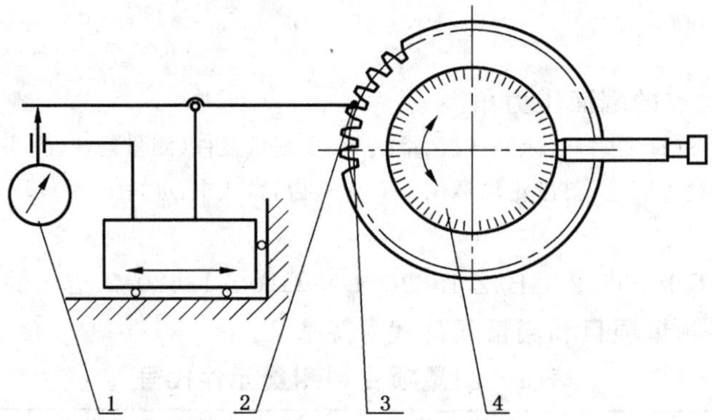

1——测头读数系统；

2——测头；

3——被测齿轮；

4——分度装置。

图1 齿距偏差直接法测量原理图

5.1.2 相对法

相对法测量原理参见图2。以被测齿轮回转轴线为基准（或以齿顶圆为基准），A、B 两个测头，在接近齿高中部分别与相邻同侧齿面（或相邻的几个齿面）接触，并处于齿轮轴线同心圆及同一端截面上。测量时，以任一齿距（或 k 个齿距）作为相对标准。A、B 测头依次测量每个齿距（或 k 个齿距）的相对差值，按GB/T 10095.1规定的齿距偏差的定义，对数据进行处理（见5.4.1），求得单个齿距偏差 f_{pt}、齿距累积偏差 F_{pk} 和齿距累积总偏差 F_p。定义中"理论齿距"在采用相对法测量时为所有实际齿距的平均值。

相对法的测量仪器有万能测齿仪、半自动齿距仪、上置式齿距仪和旁置式齿距仪等。

5.2 测量

5.2.1 测量温度

在计量室测量齿距偏差时，测量温度[2]要求见表2。

---

1) "允许值"均指GB/T 10095.1和GB/T 10095.2中规定的允许值。

2) 对于一般生产过程控制的测量任务，凡本标准各章提及规定的温度要求均作为参考依据，具体要求可由生产厂和用户双方协商确定。

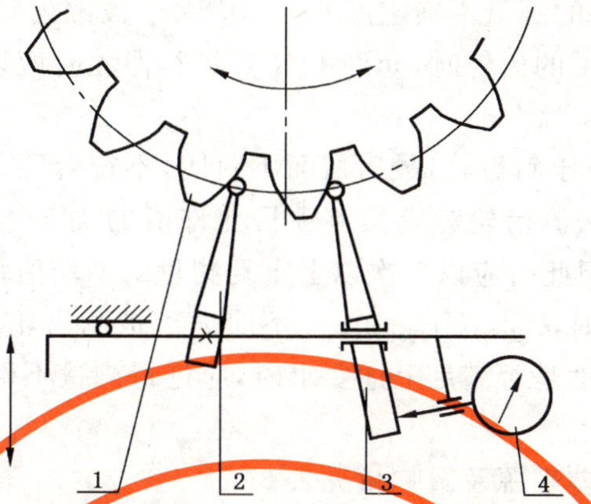

1——被测齿轮；
2——定位测头 A；
3——活动测头 B；
4——传感器。

图 2 齿距偏差相对法测量原理图

表 2 齿距偏差测量温度要求

单位为摄氏度

被测齿轮精度等级	被测齿轮与测量仪器(或测量元件)的温差	
	相对法	直接法
3～5	≤3	≤2
6～7	≤5	≤4
≥8	≤6	≤5

5.2.2 测量仪器

测量仪器应按相应标准、检定规程或其他有关技术文件的规定进行检定/校准，经计量部门检定/校准合格后方准使用。

5.2.3 测头的选择

在保证不发生干涉和碰撞的情况下，宜选择直径较大的测头。

5.2.4 测量基准的要求

测量基准的要求见附录 B。

5.2.5 测量位置的确定

齿距偏差应在接近齿高中部、齿宽的中间截面对左、右侧齿面进行测量。齿宽大于 250 mm 的齿轮应至少测量齿宽方向的上、中、下三个截面，上、下截面各距端面约 15% 齿宽。单侧齿面工作的齿轮允许只测工作齿面。

5.2.6 测量方式

a) 用相对法测量齿数少于 60 的齿轮时，采用逐齿测量方式；齿数等于或多于 60 的齿轮，对 f_{pt} 仍应采用逐齿测量，对 F_{pk} 和 F_p 一般应采用跨齿和逐齿补点测量方式，允许在保证测量不确定度符合 5.3 规定的前提下，采用逐齿测量。

b) 有必要测量齿距累积偏差 F_{pk} 时，应按设计图纸规定的要求进行测量。

5.3 测量不确定度

测量不确定度的评定，依据 JJF 1059—1999 的方法进行。

5.3.1 测量不确定度要求

a) 在端截面测量时，单个齿距偏差的测量不确定度 U_{fpt}、k 个齿距累积偏差的测量不确定度

U_{Fpk}、齿距累积总偏差的测量不确定度 U_{Fp} 不应大于被测齿轮对应偏差项目允许值的 1/3；测量 5 级和 5 级以上精度的齿轮时，允许不大于 1/2，但此时应以 5 次以上重复测量的平均值作为测量结果。

b) 在法向截面测量时，对于斜齿轮，最后截面不封闭，不符合定义要求，测量时应注意。其 U_{fpt}、U_{Fpk} 和 U_{Fp} 不应大于被测齿轮对应偏差项目允许值的 1/5；测量 5 级和 5 级以上精度的齿轮时，允许不大于 1/2，但此时应以 5 次以上重复测量的平均值作为测量结果。

c) 使用手提式仪器测量时，U_{fpt}、U_{Fpk} 和 U_{Fp} 不应大于被测齿轮对应偏差项目允许值的 1/5。当不能确定测量不确定度是否满足上述要求时，应进行测量不确定度分析。

5.3.2 测量不确定度分析

a) 测量不确定度主要误差来源及影响量见表 3。

表 3 齿距偏差测量不确定度主要误差来源及影响量

序号	误差来源	由误差来源引入的影响量 δ_i	分量标准不确定度 u_i
		f_{pt} 误差来源及影响量	
1	仪器示值误差	δ_1 可按检定规程、规范或有关技术文件规定的示值误差确定	u_1
2	被测齿轮安装偏心	$\delta_2=2e\sin(180°/z)/\cos\alpha_t$	u_2
3	温度误差(直接法测量)	$\delta_3=\pi ma(t'-20)$	u_3
4	被测齿面粗糙度引入的影响量	δ_4 可取相应允许值的 1/10；或依据试验数据确定	u_4
5	仪器测量重复性(用标准件)	$\delta_5=s=[\sum(x_i-\bar{x})^2/(n-1)]^{1/2}$	u_5
		F_p 及 F_{pk} 误差来源及影响量	
6	仪器示值误差	δ_1 按检定规程、规范等有关技术文件规定的示值误差确定	u_1
7	被测齿轮安装偏心	$\delta_2=2e/\cos\alpha_t$	u_2
8	温度误差	$\delta_3=2\pi ra(t'-20)$ $\delta_3=2\pi ra/S(t'-20)$(用于 k 个齿距)	u_3
9	被测齿面粗糙度因素	δ_4 可取相应允许值的 1/5；或依据试验数据确定	u_4
10	仪器测量重复性(用标准件)	$\delta_5=s=[\sum(x_i-\bar{x})^2/(n-1)]^{1/2}$	u_5

注：a——线胀系数；t'——被测齿轮温度，单位为摄氏度(℃)；S——跨齿测量组数；n——测量次数；e——被测齿轮安装偏心，单位为毫米(mm)；r——被测齿轮分度圆半径，单位为毫米(mm)；z——齿轮齿数；s——贝塞尔公式标准差。

b) 合成标准不确定度

f_{pt} 的合成标准不确定度 $u_c(f_{pt})$：

$$u_c(f_{pt})=\sqrt{u_1^2+u_2^2+u_3^2+u_4^2+u_5^2} \quad\cdots\cdots(1)$$

F_{pk} 的合成标准不确定度 $u_c(F_{pk})$：

$$u_c(F_{pk})=\sqrt{u_1^2+u_2^2+u_3^2+u_4^2+u_5^2} \quad\cdots\cdots(2)$$

F_p 的合成标准不确定度 $u_c(F_p)$：

$$u_c(F_p)=\sqrt{u_1^2+u_2^2+u_3^2+u_4^2+u_5^2} \quad\cdots\cdots(3)$$

c) 扩展不确定度

取包含因子 $k=2$，则 f_{pt}、F_{pk} 和 F_p 的扩展不确定度 U_{fpt}、U_{Fpk} 和 U_{Fp} 分别为：

$$U_{fpt}=2\times u_c(f_{pt}) \quad\cdots\cdots(4)$$

$$U_{Fpk}=2\times u_c(F_{pk}) \quad\cdots\cdots(5)$$

$$U_{Fp}=2\times u_c(F_p) \quad\cdots\cdots(6)$$

5.4 测量结果处理

以本标准5.2.5所规定的各测量位置中测得的最大偏差值作为测量结果。

f_{pt}、F_{pk}和F_p应在被测齿轮分度圆切线方向计值，以其他方向测量时，应对测得值进行换算，换算公式见附录C。

5.4.1 直接法测量结果处理

5.4.1.1 计算机系统自动进行数据处理

测量设备的计算机系统自动进行数据处理时，由输出打印结果中直接获得。

5.4.1.2 人工计算法

逐齿测得值按表4方法计算，求出f_{pt}、F_{pk}和F_p值。表4以$z=12$齿轮为例。

表4 直接法测量数据处理

单位为微米

齿序 i	公称齿距角/(°)	相对0号齿的齿距累积总偏差 F_{pi}(读数值)	单个齿距偏差 $f_{pti}=F_{pi}-F_{p(i-1)}$	齿距累积偏差 $F_{pki}=\|F_{pi}-F_{p(i-k)}\|$ ($k=2$)
0(12)	0	0	+2	5
1	30	+2		4
2	60	+5	+3	5
3	90	+7	+2	5
4	120	+10	+3	5
5	150	+5	−5	2
6	180	+2	−3	8
7	210	−2	−4	7
8	240	−4	−2	6
9	270	−7	−3	5
10	300	−5	+2	1
11	330	−2	+3	5
12	360	0	+2	5

表4中，单个齿距偏差f_{pt}：

$$f_{pt}=-5\ \mu m\text{（取绝对值最大的偏差值作为测量结果）} \quad\cdots\cdots(7)$$

k个齿距累积偏差F_{pk}：

$$F_{pk}=F_{pk\max}=8\ \mu m \quad\cdots\cdots(8)$$

齿距累积总偏差F_p：

$$F_p=F_{pi\max}-F_{pi\min}=+10-(-7)=17\ \mu m \quad\cdots\cdots(9)$$

当读数值为角度值时，也按表4方法处理，所得偏差的单位为角度值，需要时按下式换算成线值。计算公式如下：

$$F_p=\frac{r\times F_{p\phi}}{206.264} \quad\cdots\cdots(10)$$

式中：

$F_{p\phi}$——齿距累积总偏差的角度值，单位为秒(″)；

F_p——齿距累积总偏差，单位为微米(μm)；

r——被测齿轮分度圆半径，单位为毫米(mm)。

5.4.2 相对测量法

5.4.2.1 逐齿测量人工计算法

逐齿测量人工计算 f_{pt}、F_{pk}和 F_p的方法列于表 5，以 $z=12$ 的齿轮为例，组内跨齿数 $k=2$。

表 5 相对法逐齿测量人工计算法

单位为微米

齿序 i	相对齿距偏差（读数值）P_i	单个齿距偏差 $f_{pti}=P_i-P_m$	相对 0# 齿的齿距累积总偏差 $F_{pi}=\sum_{i=0}^{i} f_{pti}$	齿距累积偏差 $(k=2)$ $F_{pki}=\lvert F_{pi}-F_{p(i-k)}\rvert$
0(12)	0	+2	0	5
1			+2	4
2	+1	+3	+5	5
3	0	+2	+7	5
4	+1	+3	+10	5
5	−7	−5	+5	2
6	−5	−3	+2	8
7	−6	−4	−2	7
8	−4	−2	−4	6
9	−5	−3	−7	5
10	0	+2	−5	1
11	+1	+3	−2	5
12	0	+2	0	5

表 5 中，以读数值 P_i的累加值求相对齿距偏差 P_m，P_m计算式为：

$$P_m=\frac{\sum_{i=0}^{z} P_i}{z}=\frac{-24}{12}=-2\ \mu m \qquad \cdots\cdots(11)$$

从表 5 求得单个齿距极限偏差 f_{pt}：

$$f_{pt}=P_i-P_m=(-7)-(-2)=-5\ \mu m \qquad \cdots\cdots(12)$$

齿距累积偏差 F_{pk}：

$$F_{pk}=F_{pk\max}=8\ \mu m \qquad \cdots\cdots(13)$$

齿距累积总偏差 F_p：

$$F_p=F_{pi\max}-F_{pi\min}=10-(-7)=17\ \mu m \qquad \cdots\cdots(14)$$

5.4.2.2 逐齿测量作图法

作图法见图 3。图 3 上的横坐标代表齿序号 z_i，纵坐标代表偏差（以分度圆弧长 μm 计算）。将测得值按齿序号 i 依次累积，标在坐标图上。过坐标原点和最后一个偏差点作一直线，该直线即为计算 f_{pt}、F_{pk}和 F_p的基准线。相对基准线其纵坐标最大值 $F_{p\max}$与最小值 $F_{p\min}$的绝对值之和为齿距累积总偏差 F_p；相隔 k 个齿距的偏差点，相对基准线其纵坐标最大值 $F_{pk\max}$与最小值 $F_{pk\min}$绝对值之和齿距累积偏差 F_{pk}；相对基准线的纵坐标，相邻两个齿距各偏差点，其中最大的差值作为单个齿距偏差 f_{pt}的测量结果。

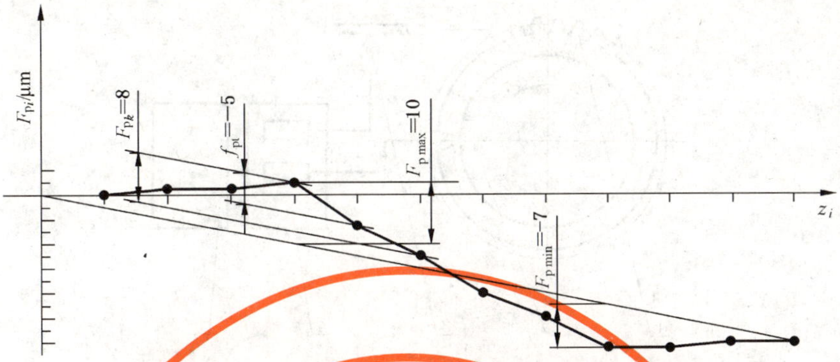

图 3　齿距偏差相对法逐齿测量作图法

6　齿廓偏差检验

齿廓偏差检验指齿廓总偏差 F_α 的检验。

齿廓总偏差包括齿廓形状偏差 $f_{f\alpha}$ 和齿廓倾斜偏差 $f_{H\alpha}$。当测量仪器带有自动数据处理系统时，可采用最小二乘法确定其平均齿廓迹线，从中分离出 $f_{f\alpha}$ 和 $f_{H\alpha}$。

齿廓总偏差 F_α、齿廓形状偏差 $f_{f\alpha}$ 和齿廓倾斜偏差 $f_{H\alpha}$ 可在一次测量中得到，$f_{f\alpha}$、$f_{H\alpha}$ 与 F_α 测量方法相同，本章在以下内容中均不专述。

对于设计齿廓，可使用设计齿廓样板套被测齿轮测量曲线，以确定齿廓偏差；也可用测量设备自动处理系统设置的设计齿廓公差带，确定齿廓偏差。

6.1　测量方法和测量仪器

齿廓偏差的测量方法有坐标法和展成法。

坐标法的测量仪器有齿轮测量中心、齿轮渐开线测量装置、万能齿轮测量机、上置式直角坐标测量仪以及三坐标测量机等。

展成法的测量仪器有单盘式渐开线检查仪、万能渐开线检查仪(圆盘杠杆式、正弦杠杆式、靠模式等)和渐开线螺旋线检查仪(万能式、单盘式、分级圆盘式)等。

6.1.1　坐标法测量原理

坐标法分为旋转坐标法和直角坐标法。

6.1.1.1　旋转坐标法测量原理

旋转坐标法测量原理参见图 4。以被测齿轮回转轴线为基准，通过测角装置(如圆光栅、分度装置)、测长装置(如长光栅、激光、刻尺)和测微系统，对齿轮的角位移和渐开线展开长度进行测量。通过数据采集和处理系统，将被测齿廓的实际坐标位置与理论坐标位置进行比较，按偏差定义计算出 F_α、$f_{f\alpha}$ 和 $f_{H\alpha}$，由记录和打印系统输出测量参数及偏差曲线。

6.1.1.2　直角坐标法测量原理

直角坐标法测量原理参见图 5。以被测齿轮轴线为基准。测量时被测齿轮固定不动，测头在垂直轴线的平面内对齿廓作 x-y 直角坐标测量。测得值 x_i、y_i 与相应点理论值进行比较，将各点的差值绘成齿廓偏差曲线。在该曲线上按偏差定义取出 F_α、$f_{f\alpha}$ 和 $f_{H\alpha}$。

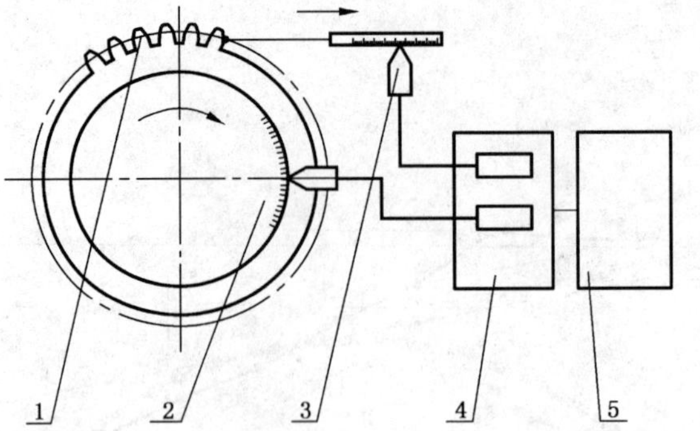

1——被测齿轮；
2——测角装置；
3——测长装置；
4——数据处理系统；
5——输出设备。

图 4 齿廓偏差旋转坐标法测量原理

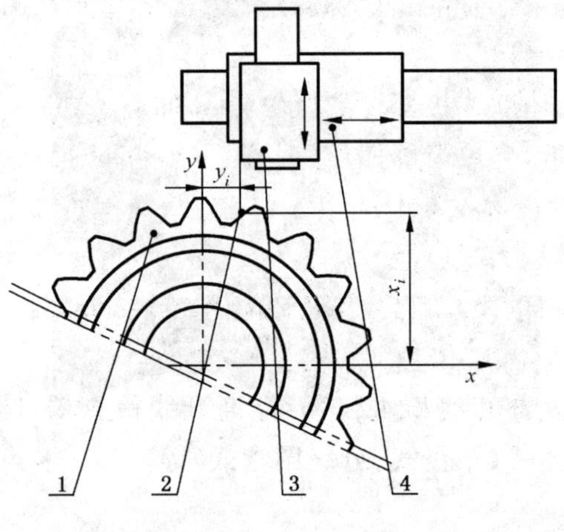

1——被测齿轮；
2——传感器；
3——径向导轨；
4——切向导轨。

图 5 齿廓偏差直角坐标法测量原理

6.1.2 展成法测量原理

展成法测量原理参见图 6。以被测齿轮回转轴线为基准，通过与被测齿轮同轴安装的基圆盘在直尺上纯滚动，形成理论的渐开线轨迹。实际渐开线与理论渐开线轨迹进行比较，其差值由传感器探测，记录系统画出齿廓偏差曲线，在曲线上按偏差定义取出 F_α、$f_{f\alpha}$ 和 $f_{H\alpha}$。

带有计算机数据处理系统的测量仪可自动处理偏差曲线，自动输出 F_α、$f_{f\alpha}$ 和 $f_{H\alpha}$ 值。

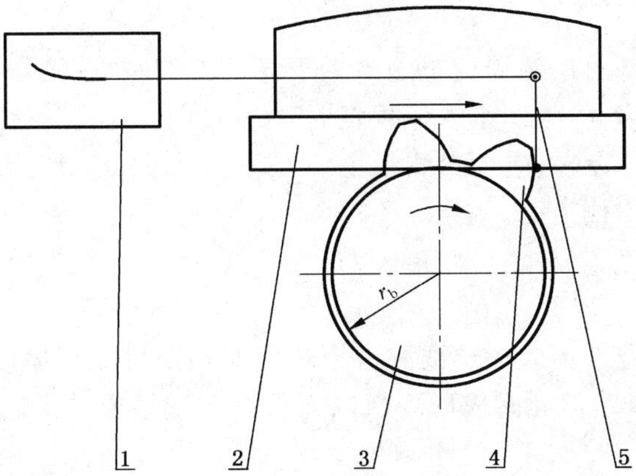

1——记录系统；
2——直尺；
3——基圆盘；
4——被测齿轮；
5——传感器。

图6 展成法测量原理

6.2 测量

6.2.1 测量温度

测量温度要求见表6。

表6 齿廓偏差测量温度要求 单位为摄氏度

被测齿轮精度等级	测量室温度	被测齿轮与测量仪器的温差
3～4	20±0.5	≤0.5
5～6	20±1	≤0.5
7～8	20±2	≤1
≥9	20±5	≤3

6.2.2 测量仪器的检定

测量仪器应按相应标准、检定规程或其他有关技术文件的规定进行检定/校准，经计量部门检定/校准合格后方准使用。

6.2.3 测头的选择和调整

在保证不发生干涉和碰撞的情况下，宜选择直径较大的测头。

展成法测量和旋转坐标法测量时，测头的安装位置应使其工作点位于被测齿轮基圆柱切平面上，其偏离量不应大于±0.02 mm。

6.2.4 仪器示值误差

对于3级～8级精度的齿轮，测量前必须先用经法定计量部门检定的符合JJG 332—2003要求的渐开线样板（以下简称样板）确定仪器示值误差，并应对仪器示值误差的倾斜分量进行修正，以消除系统因素引入的误差分量。测量3级～4级齿轮时应使用一等渐开线样板；测量5级～8级齿轮时，应使用二等渐开线样板。一等样板和二等样板均可称为标准样板。所使用标准样板应符合GB/T 6467—2001的规定和要求。

仪器示值误差的修正方法见附录D。

6.2.5 测量基准的确定

测量基准的确定方法见附录B。

6.2.6 测量位置的确定

齿廓总偏差应在齿宽中部对沿圆周均布的不少于3个齿的左、右侧齿面进行测量，被测量的齿高应大于或等于图纸规定的工作齿高，当图纸未作规定时，按被测齿轮与基本齿条啮合计算工作齿高。

对于齿宽大于160 mm的齿轮，应至少测量上、中、下三个截面，上、下截面各距端面约15%齿宽。单侧齿面工作的齿轮只测工作侧齿面。

6.3 测量不确定度

6.3.1 测量不确定度要求

齿廓总偏差的测量不确定度不应大于被测齿轮对应偏差项目允许值的1/3。测量5级和高于5级精度的齿轮时，允许不大于1/2，但此时应以5次以上重复测量结果的平均值作为测量结果。手提式仪器测量时不应大于1/5。

当不能确定测量不确定度是否满足上述要求时，应进行测量不确定度分析。

6.3.2 测量不确定度分析

a) 齿廓总偏差测量不确定度主要误差来源及影响量见表7。

表7 齿廓总偏差测量不确定度主要误差来源及影响量

序号	误差来源	由误差来源引入的影响量 δ_i	分量标准不确定度 u_i
1	仪器示值误差	δ_1按检定规程、规范或相应技术文件要求的示值误差确定。特定尺寸段可用相应尺寸标准渐开线样板确定	u_1
2	测量与校准时测头在被测齿轮轴相差的距离 l_c	$\delta_2=\frac{l_c}{206.264}\Delta\theta$(用于机械展成式仪器) 式中： $\Delta\theta$——测头滑架在基圆切平面的摆角，单位为度(°)； l_c——单位为毫米(mm)	u_2
3	被测齿轮测量时的安装偏心 e	$\delta_3=2e\sin\frac{L_{AE}}{2}$	u_3
4	被测斜齿轮测量时的安装倾斜 Δ_h	$\delta_4=\Delta_h\tan\beta_b$ 式中： β_b——被测齿轮基圆螺旋角，单位为度(°)； Δ_h——单位为毫米(mm)	u_4
5	被测齿轮与仪器温差	δ_3被测齿轮与仪器温差引入的影响量，按仪器说明书给定的公式计算确定，或通过试验和分析确定	u_5
6	仪器测量重复性(用标准样板)	$\delta_4=s=[\sum(x_i-\bar{x})^2/(n-1)]^{1/2}$	u_6
7	曲线判断误差(人工判读)或量化误差	人工判读时，δ_5不小于0.3 μm	u_7

b) 合成标准不确定度

齿廓总偏差F_α的合成标准不确定度$u_c(F_\alpha)$：

$$u_c(F_\alpha)=\sqrt{u_1{}^2+u_2{}^2+u_3{}^2+u_4{}^2+u_5{}^2+u_6{}^2+u_7{}^2} \qquad (15)$$

c) 扩展不确定度

取包含因子$k=2$，则F_α的扩展不确定度U_{F_α}为：

$$U_{F_\alpha}=2\times u_c(F_\alpha) \qquad (16)$$

6.4 测量结果的处理

6.4.1 齿廓总偏差评价原则

a) 理论渐开线齿廓长度

在齿廓总偏差曲线有效测量长度内，评价齿廓总偏差。从有效长度起始点开始应具有齿廓偏差曲线，齿顶部可扣除有效长度的8%作为计值范围，以 L_α 表示。齿顶部扣除部分偏向齿体外的正偏差必须计入齿廓总偏差，负偏差不应超过规定允许值的3倍；有效测量长度范围以外的齿根部分，应偏向齿体内。

b) 设计齿廓

设计齿廓其齿廓偏差应依据设计图样的要求或规定的公差带进行评价。

6.4.2 齿廓总偏差评价范围的相关计算

6.4.2.1 按与配对齿轮啮合计算评价范围

a) 有效测量长度 L_{AE} 及有效展开角 ξ_{AE} 计算公式如下：

$$L_{AE} = 2\sqrt{r_{a2}^2 - r_{b2}^2} + \sqrt{r_{a1}^2 - r_{b1}^2} - a' \times \sin\alpha'_t + c \qquad (17)$$

$$\xi_{AE} = \frac{L_{AE}}{r_b} \times \frac{180^\circ}{\pi} \qquad (18)$$

式中：

r_{a2}、r_{a1}——分别为大小齿轮的齿顶圆半径，单位为毫米(mm)；

r_{b2}、r_{b1}——分别为大小齿轮的基圆半径，单位为毫米(mm)；

a'——啮合中心距，单位为毫米(mm)；

α'_t——啮合端面啮合压力角，单位为度(°)；

c——由中心距偏差和齿顶圆径向跳动引起的齿根起始点展开长度的变化量，单位为毫米(mm)；

ξ_{AE}——有效渐开线展开角，单位为度(°)。

b) 有效起始点展开长度 L_E 计算公式及有效起始点展开角 ξ_E 计算公式如下：

$$L_E = a' \times \sin\alpha'_t - \sqrt{r_{a1}^2 - r_{b1}^2} - c \qquad (19)$$

$$\xi_E = \frac{L_E}{r_b} \times \frac{180^\circ}{\pi} \qquad (20)$$

6.4.2.2 按与基本齿条啮合计算评价范围

a) 有效测量长度 L_{AE} 及有效展开角 ξ_{AE} 计算公式如下：

$$L_{AE} = \sqrt{r_a^2 - r_b^2} - \sqrt{r^2 - r_b^2} + \frac{(h_a - x_n)m_n}{\sin\alpha_t} \qquad (21)$$

$$\xi_{AE} = \frac{L_{AE}}{r_b} \times \frac{180^\circ}{\pi} \qquad (22)$$

有效起始点展开长度 L_E 及有效起始点展开角 ξ_E 计算公式如下：

$$L_E = \sqrt{r^2 - r_b^2} - \frac{(h_a - x_n)m_n}{\sin\alpha_t} \qquad (23)$$

$$\xi_E = \frac{L_E}{r_b} \times \frac{180^\circ}{\pi} \qquad (24)$$

式中：

r——齿轮分度圆半径，单位为毫米(mm)；

r_b——齿轮基圆半径，单位为毫米(mm)；

α'_t——齿轮端面啮合压力角，单位为度(°)；

h_a——齿顶高系数；

x_n——法向变位系数。

6.5 测量方向

应在齿轮的端截面基圆切线方向测量。以其他方向测量时，应对测得值进行换算，换算公式见附录C。

6.6 齿廓总偏差曲线取值

图7为齿廓总偏差曲线。

a) 从齿廓偏差曲线上取值，取值方向应与坐标纸 y 方向平行；

b) 对于非修形齿廓，允许用指示表读出齿廓总偏差；

c) 对于设计齿廓，所画齿廓偏差曲线应位于设计齿廓公差带范围内；

d) 偏差曲线由计算机自动数据处理系统画出时，应对其计算程序进行验证；

e) 以在6.2.6中规定的各测量位置中测得的最大齿廓总偏差作为测量结果。

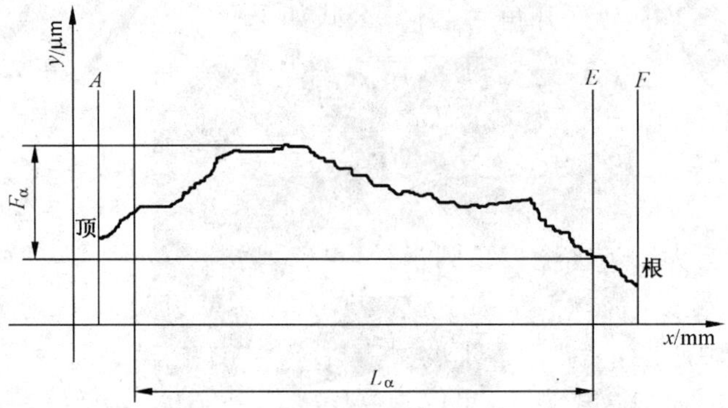

图7 齿廓总偏差曲线

7 螺旋线偏差检验

螺旋线偏差的检验指螺旋线总偏差 F_β 的检验。

螺旋线总偏差包括螺旋线形状偏差 $f_{f\beta}$ 和螺旋线倾斜偏差 $f_{H\beta}$。当测量仪器带有自动数据处理系统时，可采用最小二乘法确定其平均螺旋线迹线，从中分离出 $f_{f\beta}$ 和 $f_{H\beta}$。

螺旋线总偏差 F_β、螺旋线形状偏差 $f_{f\beta}$ 和螺旋线倾斜偏差 $f_{H\beta}$ 可在一次测量中得到，$f_{f\beta}$、$f_{H\beta}$ 与 F_β 测量方法相同，本章以下内容均不专述。

对于设计螺旋线，可使用设计螺旋线样板套被测齿轮测量曲线，以确定螺旋线偏差；也可用测量设备数据自动处理系统设置的设计螺旋线公差带，确定螺旋线偏差。

7.1 测量方法和测量仪器

螺旋线偏差的测量方法有坐标法和展成法。

坐标法测量仪器有齿轮测量中心、齿轮螺旋线测量装置和三坐标测量机等。

展成法的测量仪器有单盘式渐开线螺旋线检查仪、分极圆盘式渐开线螺旋线检查仪、杠杆圆盘式万能渐开线螺旋线检查仪和导程仪等。

7.1.1 坐标法测量原理

坐标法测量原理参见图8。以被测齿轮回转轴线为基准，通过测角装置（如圆光栅、分度盘）和测长装置（如长光栅、激光）测量螺旋线的实际坐标位置，将其与理论坐标位置进行比较，记录系统绘出螺旋线偏差曲线，按偏差定义取得 F_β、$f_{f\beta}$ 和 $f_{H\beta}$。

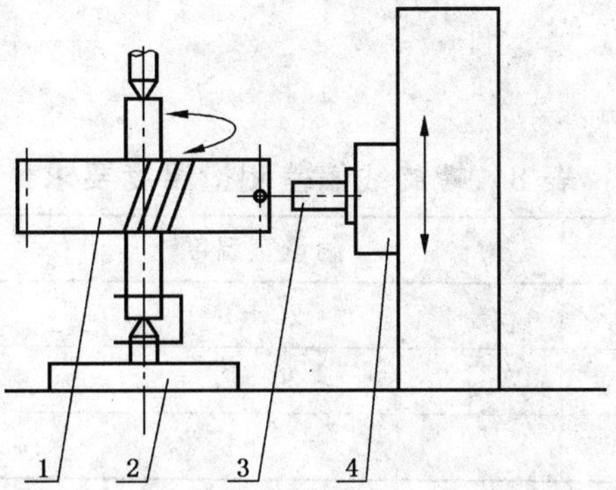

1——被测齿轮;

2——测角装置;

3——测头;

4——测长装置。

图 8　螺旋线坐标法测量原理图

7.1.2　展成法测量原理

展成法测量原理参见图 9。以被测齿轮回转轴线为基准,通过精密传动机构包括:直尺、基圆盘和放大机构以及螺旋线分度机构实现理论螺旋线。测量时,被测齿轮与主轴同步回转,测头沿轴向导轨移动,描绘被测齿轮实际螺旋线。实际螺旋线与理论螺旋线轨迹进行比较,其差值由记录器记录并画出螺旋线总偏差曲线,按偏差定义取得 F_{β}、$f_{f\beta}$和 $f_{H\beta}$。

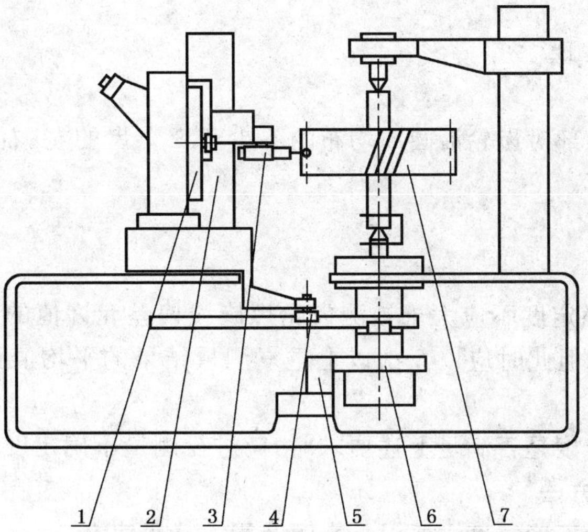

1——螺旋线分度机构;

2——轴向导轨;

3——测头;

4——放大机构;

5——直尺;

6——基圆盘;

7——被测齿轮。

图 9　螺旋线展成法测量原理图

7.2 测量

7.2.1 测量温度

螺旋线偏差测量温度要求见表8。

表8 螺旋线偏差测量温度要求

单位为摄氏度

被测齿轮精度等级	测量室温度	被测齿轮与测量仪器的温差
3～5	20±1	≤0.5
6～8	20±2	≤1
≥9	20±5	≤3

7.2.2 测量仪器的检定

测量仪器应按相应标准、检定规程或其他有关技术文件的规定进行检定/校准，经计量部门检定/校准合格后方准使用。

7.2.3 测头的选择

在保证不发生干涉和碰撞的情况下，宜选用直径较大的测头。

展成法测量和旋转坐标法测量时测头的安装位置应使其工作点位于被测齿轮基圆柱切平面上，其偏离量一般不应大于±0.02 mm。

7.2.4 仪器示值误差

对于3级～8级精度的齿轮，测量前必须先用经法定计量部门检定的符合JJG 408—2000要求的螺旋线样板确定仪器示值误差，并对仪器示值误差的倾斜分量进行修正，以消除系统因素引入的测量误差。测量3级和4级齿轮时应使用一等螺旋线样板；测量5级～8级齿轮时，应使用二等螺旋线样板。一等螺旋线样板和二等螺旋线样板均称为标准样板，所使用标准样板应符合GB/T 6468—2001的规定和要求。

修正方法见附录D。

7.2.5 测量基准

测量基准的要求见附录B。

7.2.6 测量位置的确定

螺旋线偏差应在齿高中部对齿轮沿圆周均布的不少于3个齿的左、右侧齿面进行测量。单侧齿面工作的齿轮只测工作侧齿面。

7.3 测量不确定度

7.3.1 测量不确定度要求

螺旋线偏差的测量不确定度不应大于被测齿轮螺旋线偏差允许值的1/3，测量5级或高于5级精度的齿轮时，不应大于1/2，但此时应以5次以上重复测量结果的平均值作为测量结果；使用手提式仪器测量时不应大于1/5。

当不能确定测量不确定度是否满足上述要求时，应进行测量不确定度分析。

7.3.2 测量不确定度分析方法

a) 螺旋线总偏差测量不确定度主要误差来源及影响量见表9。

表9 螺旋线总偏差测量不确定度主要误差来源

序号	误差来源	由误差来源引入的影响量 δ_i	分量标准不确定度 u_i
1	仪器示值误差	δ_1可按检定规程、规范或相应技术文件要求的示值误差确定；特定尺寸段可用相应尺寸标准螺旋线样板确定	u_1
2	测量重复性(使用标准样板)	$\delta_2=s=[\sum(x_i-\bar{x})^2/(n-1)]^{1/2}$ $(n\geqslant5)$	u_2

表 9（续）

序号	误差来源	由误差来源引入的影响量 δ_i	分量标准不确定度 u_i
3	曲线判断误差(人工判读)或量化误差	人工判读时，δ_3 不小于 0.3 μm	u_3
4	被测齿轮安装误差	δ_4 被测齿轮定位基准的稳定性和轴线的倾斜，经检测和试验确定	u_4
5	仪器顶尖连线相对于仪器垂直导轨切向平行度	$\delta_5 = \Delta \times \cos\beta$	u_5
6	被测齿轮与仪器温差	δ_3 被测齿轮与仪器温差引入的影响量，按仪器说明书给定的公式计算确定；或通过试验和分析确定	u_3
注：Δ——评价范围内切向平行度误差，测量长度可按被测件实际测量长度计算，单位为毫米(mm)。			

b） 合成标准不确定度 $u_c(F_\beta)$：

$$u_c(F_\beta) = \sqrt{u_1^2 + u_2^2 + u_3^2 + u_4^2 + u_5^2 + u_6^2} \quad \cdots\cdots\cdots\cdots\cdots\cdots\cdots\cdots\cdots\cdots (25)$$

c） 扩展不确定度

取包含因子 $k=2$，则 F_β 的扩展不确定度 U_{F_β} 为：

$$U_{F_\beta} = 2 \times u_c(F_\beta) \quad \cdots\cdots\cdots\cdots\cdots\cdots\cdots\cdots\cdots\cdots (26)$$

7.4 测量结果处理

7.4.1 螺旋线总偏差评价原则

按设计图样规定的齿宽工作部分评价。

齿宽两端 5% 的长度或一个模数的长度，扣除其中数值较小的一个长度后作为评价范围，以 L_β 表示。对于扣除部分偏向齿体外的正偏差必须计入螺旋线总偏差，负偏差不应超过规定公差的 3 倍。

7.4.2 螺旋线偏差曲线取值

图 10 为螺旋线总偏差曲线。

a） 从螺旋线测量曲线上取值，取值方向应与坐标纸 y 方向平行；

b） 对于非修型螺旋线，允许用指示表读出螺旋线总偏差；

c） 对于设计螺旋线，所画螺旋线偏差曲线应位于设计螺旋线公差带范围内；

d） 偏差曲线由计算机自动数据处理系统画出时，应对其计算程序进行验证；

e） 以在 7.2.6 所规定的各测量位置中测得的最大螺旋线总偏差作为测量结果。

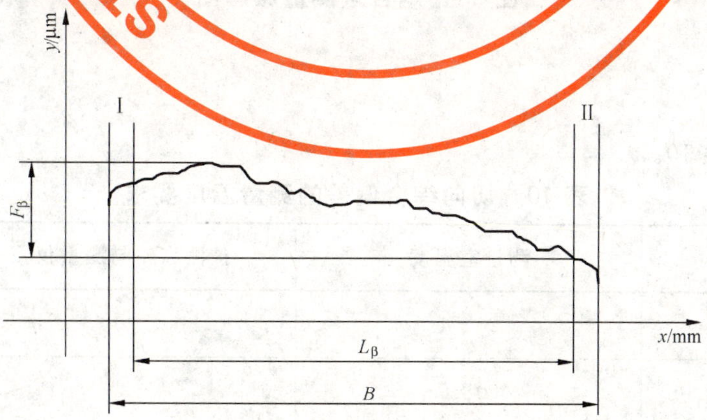

图 10 螺旋线总偏差曲线

7.4.3 螺旋线测量方向

应在齿轮端截面基圆切线方向测量。以其他方向测量时应对测得值进行换算，换算公式见附录C。

8 切向综合偏差检验

切向综合偏差的检验包括切向综合总偏差 F'_i 和一齿切向综合偏差 f'_i 的检验。

8.1 测量方法和测量仪器

切向综合偏差的测量方法为啮合法。

啮合法测量原理参见图11。以被测齿轮回转轴线为基准，被测齿轮与测量齿轮作有间隙的单面啮合传动，被测齿轮每齿的实际转角与测量齿轮的转角进行比较，其差值通过计算机偏差处理系统得到，由输出设备将其记录成切向综合偏差曲线，在该曲线上按偏差定义取出 F'_i 和 f'_i。

测量仪器有齿轮单面啮合检查仪。

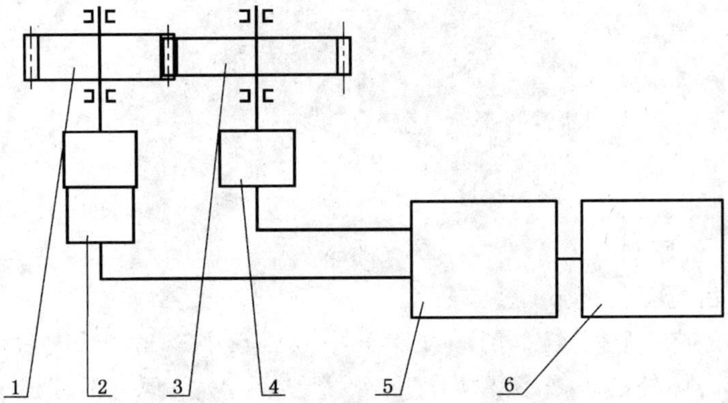

1——测量齿轮；
2——角度传感器及驱动装置；
3——被测齿轮；
4——测角传感器；
5——计算机；
6——输出设备。

图11 啮合法测量原理图

8.2 测量

8.2.1 测量温度

测量温度要求见表10。

表10 切向综合偏差的测量温度要求　　单位为摄氏度

被测齿轮精度等级	测量室温度	被测齿轮与测量仪器(或测量元件)的温差
4～5	20±4	≤2
6～7	20±6	≤4
≥8	20±10	≤6

8.2.2 测量仪器的检定

仪器应按检定规程或其他有关技术文件的规定进行检定，经计量部门检定合格方准使用。

8.2.3 测量元件

a) 测量元件为测量齿轮；

b) 测量齿轮需经法定计量部门进行检定；

c) 测量齿轮的精度应高于被测齿轮四个精度等级。否则应对测量齿轮和被测齿轮的误差进行分离，以消除测量齿轮的影响。

8.2.4 测量仪器的校准

被测齿轮精度为5级或高于5级时，应使用测量齿轮对仪器的示值误差进行校准。

8.2.5 测量基准的要求

测量基准的要求见附录B。

8.2.6 测量位置的确定

应分别对左、右侧齿面整周的每个齿进行测量。被测齿高应大于或等于图样规定的工作齿高。单侧齿面工作的齿轮只测工作侧齿面。

8.3 测量不确定度

8.3.1 测量不确定度要求

切向综合总偏差的测量不确定度和一齿切向综合偏差的测量不确定度不应大于被测齿轮对应偏差项目允许值的1/3；测量5级和高于5级精度的齿轮时，允许不大于1/2，但此时应以5次以上重复测量的平均值作为测量结果。

当不能确定测量不确定度能否满足上述要求时，应进行测量不确定度的分析。

8.3.2 测量不确定度分析

8.3.2.1 切向综合总偏差 F'_i 测量不确定度分析

a) F'_i 测量不确定度主要误差来源及影响量见表11。

表11 F'_i 测量不确定度主要误差来源及影响量

序号	误差来源	由误差来源引入的影响量 δ_i	分量标准不确定度 u_i
1	仪器示值误差	δ_1 可按检定规程、规范或相应技术文件要求的示值误差确定	u_1
2	测量齿轮误差	δ_2 测量齿轮精度应高于被测齿轮精度四个精度等级，此时其误差可忽略不计；否则，应带入计量部门给出的 f'_i 检定不确定度	u_2
3	温度误差	$\delta_3 = P_b[a(t-20)-a(t'-20)]/\cos\alpha_t$	u_3
4	被测齿轮安装偏心 e_1	$\delta_4 = 2e_1/\cos\alpha_t$	u_4
5	测量齿轮定位误差 e_3	$\delta_5 = 2e_3/\cos\alpha_t$	u_5
6	被测齿轮齿面制造质量	δ_6 可取相应允许值的1/10；或依据试验数据确定	u_6
注：P_b——齿轮法向基节；a——线胀系数；t——检测室温度，单位为摄氏度(℃)；t'——被测齿轮温度，单位为摄氏度(℃)；α_t——被测齿轮端面压力角，单位为度(°)。			

b) 合成标准不确定度：

$$u_c(F'_i)=\sqrt{u_1^2+u_2^2+u_3^2+u_4^2+u_5^2+u_6^2} \quad \cdots\cdots(27)$$

c) 取包含因子 $k=2$，则扩展不确定度为：

$$U_{F'_i} = 2 \times u_c(F'_i) \quad \cdots\cdots(28)$$

8.3.2.2 一齿切向综合偏差 f'_i 测量不确定度及影响量

a) f'_i 测量不确定度主要误差来源及影响量见表12。

表 12　f'_i测量不确定度主要误差来源及影响量

序号	误差来源	由误差来源引入的影响量 δ_i	分量标准不确定度 u_i
1	仪器示值误差	δ_1可按检定规程、规范或相应技术文件要求的示值误差确定	u_1
2	测量齿轮误差	δ_2测量齿轮精度应高于被测齿轮精度四个精度等级，此时其误差可忽略不计；否则，应带入计量部门给出的f'_i检定不确定度	u_2
3	温度误差	$\delta_3=P_b[a(t-20)-a(t'-20)]/\cos\alpha_t$	u_3
4	测量齿轮定位误差 e_3	$\delta_4=2e_3\sin(180°/z_3)/\cos\alpha_t$	u_4
5	被测齿轮安装偏心 e_1	$\delta_5=2e_1\sin(180°/z_1)/\cos\alpha_t$	u_5
6	被测齿轮齿面制造质量	δ_6可取相应允许值的 1/10；或依据实验确定	u_6
注：t——检测室温度，单位为摄氏度(℃)；t'——被测齿轮温度，单位为摄氏度(℃)；z_1——被测齿轮齿数；z_3——测量齿轮齿数。			

b)　合成标准不确定度：

$$u_c(f'_i)=\sqrt{u_1^2+u_2^2+u_3^2+u_4^2+u_5^2+u_6^2} \qquad \cdots\cdots(29)$$

c)　取包含因子 $k=2$，则扩展不确定度为：

$$U_{f'i}=2\times u_c(f'_i) \qquad \cdots\cdots(30)$$

8.4　测量结果处理

F'_i和 f'_i应在切向综合偏差曲线上取值，见图 12。图 12 中 x 坐标代表被测齿轮回转角，y 坐标代表被测齿轮回转角偏差。

以在 8.2.6 规定得各测量位置中测得的最大偏差作为测量结果。

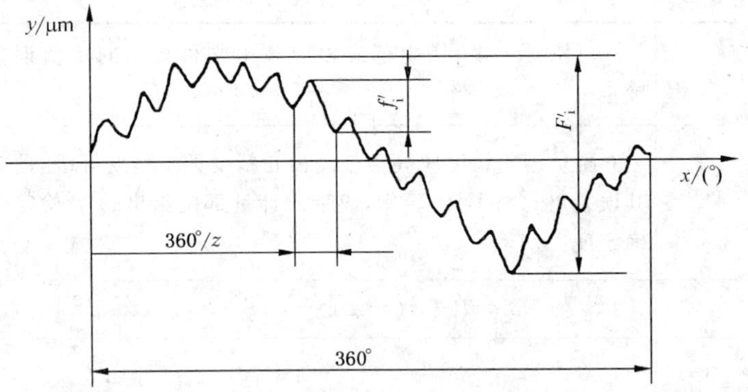

图 12　切向综合偏差曲线取值方法

9　径向综合偏差检验

径向综合偏差的检验包括径向综合总偏差 F''_i和一齿径向综合偏差 f''_i的检验。

9.1　测量方法和测量仪器

径向综合偏差的测量方法为直接测量法。

直接法的测量仪器有齿轮双面啮合检查仪等。

9.1.1　测量原理

直接法测量原理参见图 13。以被测齿轮回转轴线为基准，通过径向拉力弹簧使被测齿轮与测量齿轮作无侧隙的双面啮合传动，啮合中心距的连续变动通过测量滑架和测微装置反映出来，其变动量即为径向综合偏差。将这种变动按被测齿轮回转一周(360°)排列,记录成径向综合偏差曲线(见图 14),在该曲线上按偏差定义取出 F''_i 和 f''_i。

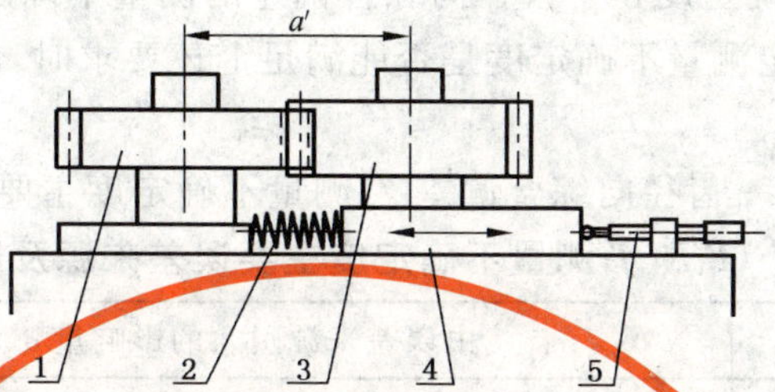

1——被测齿轮;
2——径向拉力弹簧;
3——测量齿轮;
4——测量滑架;
5——测微装置。

图 13　齿轮双面啮合检查仪测量原理图

9.2　测量

9.2.1　测量仪器的检定

仪器应按检定规程或其他有关技术文件的规定进行检定,经计量部门检定合格方准使用。

9.2.2　温度要求

测量 6 级和 6 级以上精度齿轮,检测室温度为(20±2)℃;测量 6 级以下精度齿轮,检测室温度为(20±3)℃。测量仪器与被测齿轮温差应小于 1℃。

9.2.3　测量元件与测量元件的使用

测量元件为测量齿轮。

a)　推荐的测量齿轮与被测齿轮精度等级对照表见表 13。

表 13　测量齿轮与被测齿轮精度等级对照表

测量齿轮精度等级	被测齿轮精度等级
2	4
3	5~6
4	7~8
5	9 级及 9 级以下

b)　测量齿轮必须经法定计量部门进行检定。

c)　被测齿轮精度为 5 级或高于 5 级时,考虑到测量齿轮本身误差的影响,可进行多圈测量,将测量齿轮与被测齿轮的误差进行分离。

d)　对于斜齿轮,测量齿轮与被测产品齿轮的纵向重合度 ε_β 应≤0.5。否则应重新设计测量齿轮。

e)　测量齿轮齿厚和齿高的确定,应保证被测齿轮的工作齿高全被测到,且测量时无齿顶、齿根干涉现象。

f)　测量齿轮的齿宽应大于被测齿轮的齿宽。

9.2.4　测量基准的要求

测量基准的要求见附录 B。

9.2.5　测量位置的确定

径向综合偏差应在齿高工作范围内对所有齿的全齿宽进行测量。

9.3 测量的不确定度

9.3.1 测量的不确定度要求

径向综合总偏差的测量不确定度和一齿径向综合偏差的测量不确定度不应大于被测齿轮对应偏差项目允许值的1/3。当不能确定测量不确定度是否能满足上述要求时，应进行测量不确定度的分析。

9.3.2 测量不确定度分析

a) 径向综合总偏差 F_i'' 和一齿径向综合偏差 f_i'' 测量不确定度主要误差来源及影响量见表14。

表14 F_i'' 和 f_i'' 测量不确定度主要误差来源及影响量

序号	误差来源	由误差来源引入的影响量 δ_i	分量标准不确定度 u_i
1	仪器示值误差	δ_1 可按检定规程、规范或相应技术文件要求的示值误差确定	u_1
2	仪器示值变动性	δ_2 按相应检定规程确定	u_2
3	指示表示值误差或允许误差	δ_3 按相应检定规程确定	u_3
4	测量齿轮安装偏心 e_3	$\delta_4=2e_3$（计算 F_i'' 使用）；$\delta_4=2e_3\sin(180°/z_3)$（计算 f_i'' 使用）	u_4
5	被测齿轮安装偏心 e_1	$\delta_5=2e_1$（计算 F_i'' 使用）； $\delta_5=2e_1\sin(180°/z_1)$（计算 f_i'' 使用）	u_5
6	被测齿轮齿面制造质量	δ_6 可取相应允许值的1/5；或依据试验数据确定	u_6

b) 合成标准不确定度：

$$u_c(F_i'')=\sqrt{u_1^2+u_2^2+u_3^2+u_4^2+u_5^2+u_6^2} \quad \cdots\cdots(31)$$

$$u_c(f_i'')=\sqrt{u_1^2+u_2^2+u_3^2+u_4^2+u_5^2+u_6^2} \quad \cdots\cdots(32)$$

c) 取包含因子 $k=2$，则扩展不确定度为：

$$U_{F_i''}=2\times u_c(F_i'') \quad \cdots\cdots(33)$$

$$U_{f_i''}=2\times u_c(f_i'') \quad \cdots\cdots(34)$$

9.4 测量结果的处理

F_i'' 和 f_i'' 应从径向综合偏差曲线上取值。对8级和低于8级精度的齿轮允许直接用指示表读数。

9.4.1 偏差曲线取值

图14为径向综合偏差曲线，图中 x 坐标代表被测齿轮的回转角，y 坐标代表径向综合偏差。

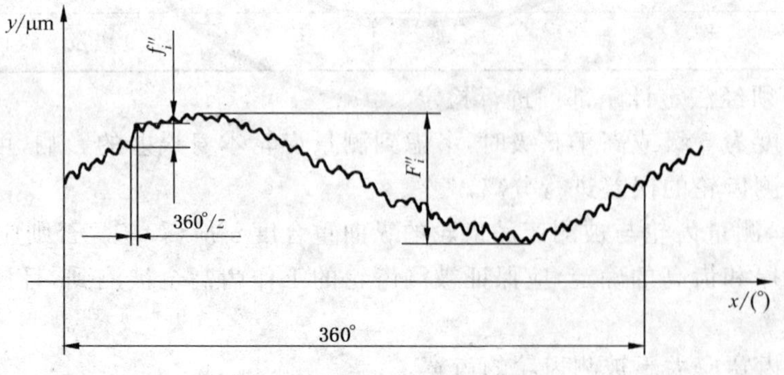

图14 径向综合偏差曲线

径向综合偏差曲线在 x 坐标360°范围内，y 坐标的最大变化量为 F_i''；在 x 坐标 $360°/z$ 范围内，y 坐标的最大变化量为 f_i''。

F_i''和 f_i''应在被测齿轮和测量齿轮的中心距方向(被测齿轮双侧齿面的径向)测量,以其他方向测量时,应对测得值进行换算,换算公式见附录 C。

9.4.2　指示表读数

F_i''和 f_i''双面啮合测量时,被测齿轮旋转一周内指示表示值最大变化量为 F_i'',被测齿轮转动一个齿距角内,指示表示值的最大变化量为 f_i''。

10　径向跳动检验

10.1　测量方法和测量仪器

径向跳动的测量方法为直接法。

测量仪器有径向跳动检查仪和万能测齿仪等。

10.1.1　测量原理

测量原理参见图 15。以被测齿轮回转轴线为基准,将测头依次与齿轮各齿槽齿高中部双面接触,测头相对于齿轮回转基准轴线的最大径向变动量为 F_r。

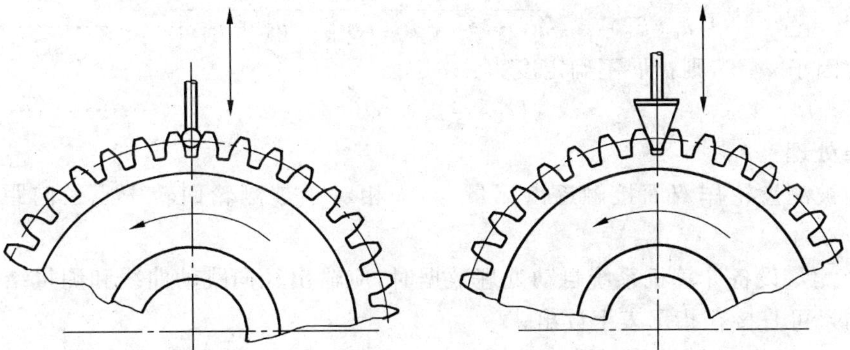

图 15　径向跳动测量原理图

10.2　测量

10.2.1　测量仪器的检定

仪器应按检定规程或其他有关技术文件的规定进行检定,经计量部门检定合格后方准使用。

10.2.2　测头的选择

可选用球形、圆锥形和钻形测头。测量时,测球直径应经计算和选择,使测头处于被测齿槽齿高中部并与左右齿面接触。

10.2.3　测量基准的要求

测量基准的要求见附录 B。

10.2.4　测量位置的确定

齿圈径向跳动应在齿宽中部,对齿轮每个齿槽进行测量。对于齿宽大于 160 mm 的齿轮,应至少测量上、中、下三个截面,上下截面各距端面约 15%齿宽。

10.3　测量不确定度

10.3.1　测量不确定度要求

径向跳动的测量不确定度应不大于被测齿轮径向跳动允许值的 1/3。当不能确定测量不确定度是否满足上述要求时,应进行测量不确定度的分析。

10.3.2　测量不确定度分析

a)　径向跳动 F_r测量不确定度主要误差来源及影响量见表 15。

表 15　径向跳动 F_r 测量不确定度主要误差来源及影响量

序号	误差来源	由误差来源引入的影响量 δ_i	分量标准不确定度 u_i
1	仪器示值误差	δ_1 可按检定规程、规范或相应技术文件要求的示值误差确定；或使用经检定的标准齿轮确定	u_1
2	仪器示值变动性	δ_2 按相应检定规程、规范确定	u_2
3	指示表或传感器示值误差	δ_3 按相应检定规程、规范确定；或根据实际使用情况进行具体分析得到	u_3
4	芯轴跳动 e	$\delta_3 = e\cos\alpha$	u_4
5	带孔齿轮端面与轴线垂直度 e_c	$\delta_4 = e_c \tan\alpha$	u_5
6	带孔齿轮安装偏心 e_p	$\delta_5 = 2e_p$	u_6
7	齿轮齿面制造质量	δ_6 可取相应允许值的 1/10；或依据试验数据确定	u_7

b)　合成标准不确定度：

$$u_c(F_r) = \sqrt{u_1^2 + u_2^2 + u_3^2 + u_4^2 + u_5^2 + u_6^2 + u_7^2} \quad \cdots\cdots(35)$$

c)　取包含因子 $k=2$，则扩展不确定度为：

$$U_{Fr} = 2 \times u_c(F_r) \quad \cdots\cdots(36)$$

10.4　测量结果处理

a)　测头与被测齿轮作双面接触逐齿测量，测头相对于被测轮回转中心径向距离的最大变动量为 F_r；

b)　对于由测量设备计算机系统自动处理数据时，应输出径向跳动曲线和测量结果；

c)　测量结果可直接在指示表上读出；

d)　以在 10.2.4 所规定的各测量位置中测得的最大径向跳动作为测量结果；

e)　应在被测齿轮双侧齿面的径向方向测量，以其他方向测量时，应对测得值进行换算，换算公式见附录 C。

附　录　A
（规范性附录）
整体偏差检验

A.1　整体偏差检验

整体偏差检验包括切向综合总偏差 F_i'、一齿切向综合偏差 f_i'、齿距累积总偏差 F_p、齿距累积偏差 F_{pk}、单个齿距偏差 f_{pt}、径向跳动 F_r、基节偏差 f_{pb}、齿廓总偏差 F_α、螺旋线总偏差 F_β、接触线偏差 F_b 和轴向齿距偏差 F_{px} 等项目的检验。

F_p、F_{pk}、f_{pt}、f_{pb}、F_α 及直齿轮的 F_i' 和 f_i' 在截面整体偏差曲线上取值；F_β、F_{px}、F_b 及斜齿轮的 F_i' 和 f_i' 在全齿宽整体偏差曲线上取值；F_r 在双向截面整体偏差曲线上取值。

A.2　测量方法和测量仪器

整体偏差的测量方法有啮合法和坐标法。

啮合法的测量仪器有齿轮单面啮合整体偏差测量仪等。

坐标法的测量仪器有万能齿轮测量机等。

A.2.1　啮合法测量原理

啮合法测量原理参见图 A.1。以被测齿轮回转轴线为基准，使被测齿轮与间齿测量齿轮或间齿测量蜗杆作单面啮合传动，将此传动与标准传动发生装置（包括工件轴光栅和蜗杆轴光栅）所发生的标准传动相比较，通过数据处理系统处理采集到的数据，得到被测齿轮的实际回转角与理论回转角的差值，输出设备输出各种整体偏差曲线。对被测齿轮某一截面测得的上述曲线称作截面整体偏差曲线，它是由各齿齿廓偏差曲线按啮合时的相对角坐标位置排列组成。左右齿面的截面整体偏差曲线按啮合时的相对角坐标位置排列组成双向截面整体偏差曲线。全齿宽不同截面的整体偏差曲线按啮合相对角坐标位置排列组成全齿宽整体偏差曲线。在上述三种整体偏差曲线上按偏差定义取出各种偏差。

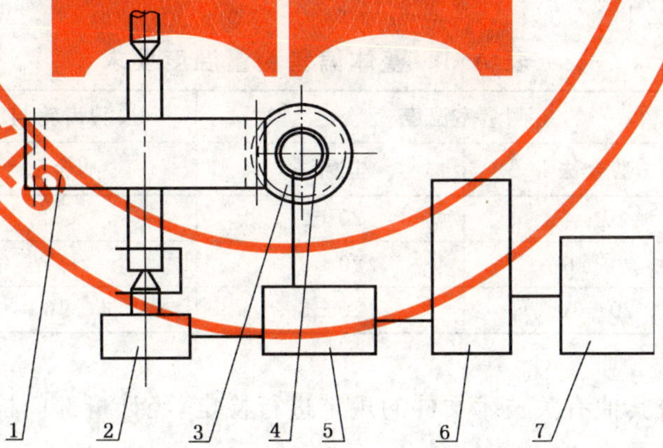

1——被测齿轮；
2——工件轴光栅；
3——测量蜗杆；
4——蜗杆轴光栅；
5——数据采集系统；
6——计算机系统；
7——输出设备。

图 A.1　啮合法测量原理图

A.2.2　坐标法测量原理

坐标法测量原理见图 A.2。以被测齿轮回转轴线为基准，测头与被测齿轮的齿面接触，由测长传感器测出直线位移量，测角传感器测出角位移量，经偏差处理系统与理论位移量进行比较，得到齿廓偏差及齿距偏差，输出设备输出各种整体偏差曲线(包括截面整体偏差曲线、双向截面整体偏差曲线、全齿宽整体偏差曲线)，在曲线上按偏差定义取出各种偏差值。

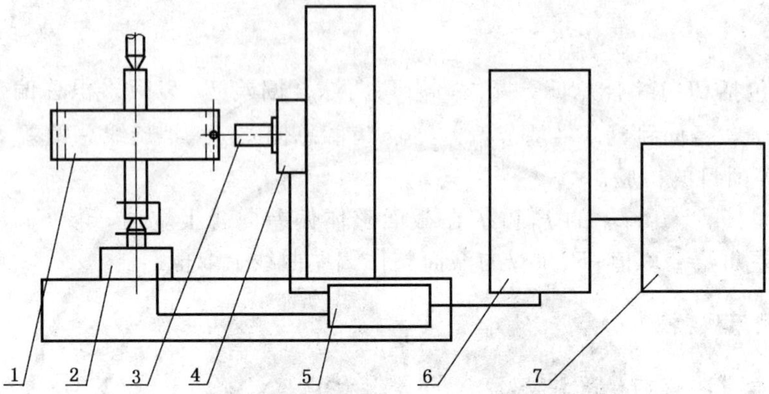

1——被测齿轮；
2——测角传感器；
3——测头；
4——测长传感器；
5——数据采集系统；
6——计算机系统；
7——输出设备。

图 A.2　坐标法测量原理图

A.3　测量

A.3.1　测量温度

测量温度要求见表 A.1。

表 A.1　整体偏差测量温度要求　　单位为摄氏度

被测齿轮精度等级	测量室温度		被测齿轮与测量仪器(或测量元件)温差	
	啮合法	坐标法	啮合法	坐标法
4～5	20±4	20±2	≤2	≤2
6～7	20±6	20±3	≤4	≤3
≥8	20±10	20±5	≤6	≤4

A.3.2　测量仪器的检定

仪器应按检定规程或其他有关技术文件的规定进行检定，经计量部门检定合格后方准使用。

A.3.3　测量元件的选择

啮合法测量元件可以是间齿测量蜗杆或间齿测量齿轮。测量元件的法向模数 m_n 和法向压力角 α_n 应与被测齿轮一致；测量元件的工作齿高应大于或等于被测齿轮的工作齿高；测量齿轮的精度应比被测齿轮高出四个精度等级，其他参数应符合 JB/T 3887—1999 的规定；测量蜗杆的精度和参数应符合 JB/T 10008—1999 的规定。

坐标法的测头可为球形、倒锥形、锥形或圆柱形。在保证不与另一侧齿面和齿底面发生干涉和碰撞的情况下，宜选择直径较大的测头。测头的工作点应位于被测齿轮的基圆切平面上，其偏离量应不大于 ±0.02 mm。

A.3.4　测量仪器的校准

测量 5 级和高于 5 级精度的齿轮时，测量前必须用经法定计量部门检定的标准元件(标准齿轮或样板)对仪器(包括测量元件)进行校准，仪器应校准的偏差项目见表 A.2。标准元件的测量不确定度不应大于被测齿轮规定值[3)]的 1/6。

表 A.2　仪器应校准的偏差项目

测　量　项　目	应校准的项目
F_α	F_α
F_β	F_β
F_p	F_p
F_{pk}	F_{pk}
f_{pt}	f_{pt}
F_i'	F_p、F_α、f_{pt}
f_i'	F_α、f_{pt}
F_{px}	F_β、f_{pt}
f_{pb}	F_α、f_{pt}

A.3.5　测量基准的确定

测量基准见附录 B。

A.3.6　测量位置及规定

测量 F_p、F_{pk}、f_{pt}和直齿轮的 F_i'和 f_i'应绘制截面整体偏差曲线。其测量截面应大致位于齿宽中部。当齿宽大于 160 mm 时，应至少测量上、中、下三个截面，上、下截面各距端面约 15%齿宽。

测量直齿轮的 F_β和 F_b应绘制至少由 3 条截面整体偏差曲线组成的全齿宽整体偏差曲线。

测量斜齿轮的 F_β、F_b、F_i'和 f_i'应绘制至少由 5 条截面整体偏差曲线组成的全齿宽整体偏差曲线。测量时，截面间距应等于被测齿轮的公称轴向齿距，并应沿全齿宽均匀分布。

测量 F_r应绘制双向截面整体偏差曲线。测量截面应大致位于齿宽中部，但当齿宽大于 160 mm 时，应至少测量上、中、下三个截面。上、下截面各距端面约 15%齿宽。

在测量 F_α、f_{pb}、F_b、F_i'和 f_i'时，被测齿高应大于或等于图纸规定的工作齿高，当图纸未作规定时，按被测齿轮与基齿条啮合计算工作齿高。

除 F_r外，其他各项偏差均应分别对左、右侧齿面进行测量。单侧齿面工作的齿轮只测工作侧齿面。

A.3.7　测量不确定度

A.3.7.1　测量不确定度要求

齿距累积总偏差测量不确定度、齿距累积偏差的测量不确定度、单个齿距偏差的测量不确定度、齿廓总偏差的测量不确定度、螺旋线总偏差的测量不确定度、切向综合总偏差的测量不确定度、一齿切向综合偏差的测量不确定度、径向跳动的测量不确定度、基节偏差的测量不确定度、接触线偏差的测量不确定度和轴向齿距偏差的测量不确定度均不应大于被测齿轮对应偏差项目规定值的 1/3。测量 5 级和高于 5 级精度的齿轮时，允许不大于 1/2，但此时应以 5 次以上重复测量结果的平均值作为测量结果。

当不能确定测量不确定度是否能满足上述要求时，应按下述方法进行测量不确定度分析。

A.3.7.2　测量不确定度分析

对于上述各偏差项目的测量不确定度分别进行分析。

---

3)　规定值在本标准附录 A、附录 E 中指图纸的要求、约定值、允许值、设计值或测量应遵循的偏差值。

A.3.7.2.1 齿距累积偏差

a) 齿距累积总偏差 F_p 和单个齿距偏差 f_{pt} 测量不确定度主要误差来源及影响量见表 A.3。

表 A.3 齿距累积总偏差 F_p 和单个齿距偏差 f_{pt} 测量不确定度主要误差来源及影响量

序号	误差来源	由误差来源引入的影响量 δ_i	分量标准不确定度 u_i
1	测量元件	δ_1 测量蜗杆或测量齿轮的检定不确定度或测量元件 F_p、f_{pt} 的实际测量值	u_1
2	仪器测量齿距累积总偏差和单个齿距偏差时的示值误差	δ_2 可按检定规程、规范或相应技术文件允许误差确定	u_2
3	被测齿轮安装偏心 e	测量齿距累积偏差：$\delta_3=2e/\cos\alpha_t$ 测量单个齿距偏差： $\delta_3=2e[\sin(180°/z)]/\cos\alpha_t$	u_3

b) 合成标准不确定度：

$$u_c(F_p, f_{pt})=\sqrt{u_1^2+u_2^2+u_3^2} \quad \cdots\cdots(A.1)$$

c) 取包含因子 $k=2$，则扩展不确定度为：

$$U_{F_p, f_{pt}}=2\times u_c(F_p, f_{pt}) \quad \cdots\cdots(A.2)$$

A.3.7.2.2 齿廓总偏差 F_α 测量不确定度分析

a) 齿廓总偏差 F_α 测量不确定度主要误差来源及影响量见表 A.4。

表 A.4 齿廓总偏差 F_α 测量不确定度主要误差来源及影响量

序号	误 差 来 源	由误差来源引入的影响量 δ_i	分量标准不确定度 u_i
1	仪器测量齿廓总偏差时的示值误差	δ_1 可按检定规程、规范或相应技术文件允许误差确定	u_1
2	测量元件制造误差	测量元件为测量蜗杆： $\delta_2=\Delta T_0$ 测量元件为测量齿轮： $\delta_2=\Delta F_{\alpha 3}$ 测量元件为锥形或球形测量头： $\delta_2=0$	u_2
3	温度误差	$\delta_3=L_{AE}[a(t-20)-a_0(t_0-20)]\times 1\,000$	u_3
4	被测齿轮安装偏心 e	$\delta_4=2e\sin(\xi_{AE}/2)$	u_4
5	测量元件的定位误差	测量元件为测量齿轮： $\delta_5=2e_0\sin(\varepsilon_\gamma 180°/z_3)$ 测量元件为测量蜗杆： $\delta_5=\sqrt{\delta_{51}{}^2+\delta_{52}{}^2}$	u_5

注 1：ΔT_0——测量蜗杆啮合线偏差，单位为微米（μm）；$\Delta F_{\alpha 3}$——测量齿轮齿廓偏差，单位为微米（μm）；L_{AE}——从齿根到齿顶的渐开线展开长度，单位为毫米（mm）；a——校准仪器用标准件线胀系数；a_0——仪器测量元件（蜗杆）线胀系数；t——校准仪器用标准件温度，单位为摄氏度（℃）；t_0——仪器测量元件（蜗杆）温度，单位为摄氏度（℃）；ξ_{AE}——从齿根到齿顶的渐开线展开角度，单位为度（°）；$\delta_{51}=2e_0\sin\alpha_t$[$e_0$ 为蜗杆安装偏心，单位为微米（μm）]；z_3——测量齿轮齿数；$\delta_{52}=\Delta u_0\cos\alpha_t$[$\Delta u_0$ 为蜗杆轴向窜动量，单位为微米（μm）]；ε_γ——总重合度。

注 2：若 δ_1 是在测量前用标准齿轮校准测量蜗杆时测得的，即 δ_1 中已包括 δ_2 和 δ_5，则 $\delta_2=0$，$\delta_5=0$；

注 3：若 δ_2 式中 ΔT_0 是在测量前用标准齿轮校准测量蜗杆时测得的，即 δ_2 中已包括 δ_5，则 $\delta_5=0$。

b) 合成标准不确定度：

$$u_c(F_\alpha)=\sqrt{u_1^2+u_2^2+u_3^2+u_4^2+u_5^2} \quad \cdots\cdots(A.3)$$

c) 取包含因子 $k=2$，则扩展不确定度为：

$$U_{F\alpha}=2\times u_c(F_\alpha) \quad \cdots\cdots(A.4)$$

A.3.7.2.3 螺旋线总偏差

a) 螺旋线总偏差 F_β 测量不确定度主要误差来源及影响量见表 A.5。

表 A.5 螺旋线总偏差 F_β 测量不确定度主要误差来源及影响量

序号	误差来源	由误差来源引入的影响量 δ_i	分量标准不确定度 u_i
1	仪器测量螺旋线总偏差时的示值误差	δ_1 可按检定规程、规范或相应技术文件允许误差确定	u_1
2	被测齿轮安装偏心 e	$\delta_2=2e\sin(\theta/2)\cos\alpha_t$	u_2
3	温度误差	$\delta_3=B[a(t-20)-a_0(t_0-20)]\tan\beta\times1\,000$	u_3
4	被测齿轮安装倾斜 ΔS_t	$\delta_4=\Delta S_t/\cos\alpha_t$	u_4

注：θ——螺旋线在分度圆柱面上所占的圆周角，单位为度(°)；B——螺旋线测量齿宽，单位为毫米(mm)。a_0——被测件线胀系数；t——测量时标准件温度，单位为摄氏度(℃)；t_0——测量时被测件温度，单位为摄氏度(℃)。

b) 合成标准不确定度：

$$u_c(F_\beta)=\sqrt{u_1^2+u_2^2+u_3^2+u_4^2} \quad \cdots\cdots(A.5)$$

c) 取包含因子 $k=2$，则扩展不确定度为：

$$U_{F_\beta}=2\times u_c(F_\beta) \quad \cdots\cdots(A.6)$$

A.3.7.2.4 其他各项偏差的测量不确定度

其他各项偏差的测量不确定度均是由上述四项基本偏差中某几项的测量不确定度组合而成，其组成关系见表 A.6。表中左边所列偏差项目的测量不确定度不需再作计算，而是要求列于表中右边参与组合的偏差项目的测量不确定度应不大于该项偏差在与左边的偏差项目的精度等级相同时规定值的1/3。测量5级和高于5级精度的齿轮时允许不大于1/2，但此时应以5次以上重复测量结果的平均值作为测量结果。

表 A.6 测量不确定度的组合关系

名称与代号	测量不确定度符号	参与组合的偏差项目的测量不确定度
切向综合总偏差 F_i'	$U_{F'i}$	U_{Fp}、$U_{F\alpha}$、U_{fpt}
一齿切向综合偏差 f_i'	$U_{f'i}$	$U_{F\alpha}$、U_{fpt}
接触线偏差 F_b	U_{Fb}	$U_{F\alpha}$、$U_{F\beta}$
轴向齿距偏差 F_{px}	U_{Fpx}	$U_{F\beta}$、U_{fpt}
基节偏差 f_{pb}	U_{fpb}	$U_{F\alpha}$、U_{fpt}

A.3.8 测量结果处理

以在 A.3.6 规定的各测量位置中测得的最大偏差作为测量结果。

A.3.8.1 截面整体偏差曲线

图 A.3 为截面整体综合偏差曲线图。截面整体偏差曲线的 x 坐标代表被测齿轮的回转角，y 坐标代表被测齿轮的偏差。

A.3.8.1.1 截面切向综合总偏差 F_{ij}' 和截面一齿切向综合偏差 f_{ij}' 的取值

截面切向综合总偏差 F_{ij}' 和截面一齿切向综合偏差 f_{ij}' 应在截面整体综合偏差曲线上取值。截面整体综合偏差曲线的外轮廓线就是截面切向综合总偏差曲线。

截面切向综合总偏差曲线沿 x 坐标 360°范围内 y 坐标的最大变化量为 F'_{ij}，沿 x 坐标 360°/z 范围内 y 坐标的最大变化量为 f'_{ij}。

F'_{ij} 和 f'_{ij} 应在被测齿轮分度圆的切线方向计值，沿其他方向测量时应对测量值进行换算，换算公式见附录 C。

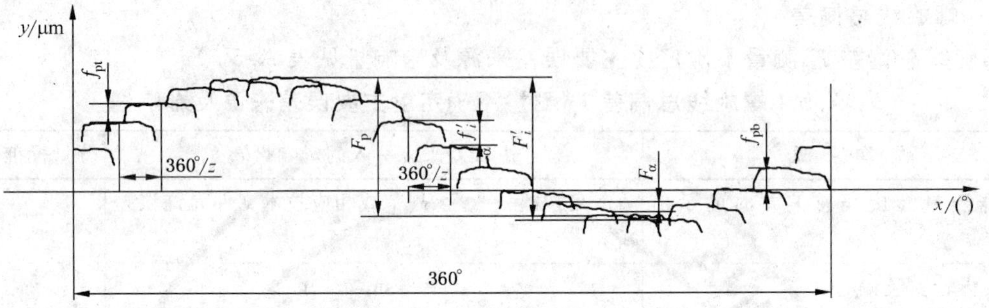

图 A.3　截面整体综合偏差曲线图

A.3.8.1.2　齿距累积总偏差 F_p、齿距累积偏差 F_{pk} 和单个齿距偏差 f_{pt} 的取值

各齿齿廓偏差曲线上（见图 A.3），大致位于偏差曲线中部，x 坐标间隔 360°/z 的偏差点为齿距偏差取值点。

所有齿距偏差取值点 y 坐标的最大变化量为 F_p。

相隔 k 个齿距（k=360°/z）两个偏差取值点 y 坐标的最大变化量为 F_{pk}。

相邻两个偏差取值点 y 坐标的最大变化量为 f_{pt}。

F_p、F_{pk}、f_{pt} 应在被测齿轮分度圆的切线方向计值，沿其他方向测量时应对测量值进行换算，换算公式见附录 C。

f_{pt} 的“+”“−”按下述方法确定，后测齿面上的偏差取值点较先测齿面上的偏差取值点正，则为（$+f_{pt}$），反之则为（$-f_{pt}$）。以绝对值最大的偏差作为单个齿距偏差的测量结果。

A.3.8.1.3　齿廓总偏差 F_α 的取值

x 坐标在齿廓工作范围 ξ_α（或 L_{AE}）内，y 坐标的最大变化量为 F_α（图 A.3）。

应在被测齿轮的基圆切线方向计值，沿其他方向测量时应对测量值进行换算，换算公式见附录 C。

A.3.8.1.4　基节偏差 f_{pb} 的取值

在相邻两条齿廓偏差曲线上（图 A.3），位于同一 x 坐标的二个齿廓工作范围内的偏差点的 y 坐标的最大差值为 f_{pb}（齿廓修形部分不计值）。

在上述的二个偏差点中，y 坐标偏正的点位于齿廓偏差曲线的齿顶部时为（$+f_{pb}$），反之则为（$-f_{pb}$）。以绝对值最大的偏差作为基节偏差的测量结果。

f_{pb} 应在被测齿轮的齿面法线方向计值，沿其他方向测量时应对测量值进行换算，换算公式见附录 C。

A.3.8.2　双向截面整体偏差曲线

A.3.8.2.1　径向跳动 F_r 的取值

径向跳动 F_r 在左右齿面的双向截面整体综合偏差曲线上（见图 A.4）取值。图 A.4 中，代表轮齿（或齿槽）固定弦位置的一对偏差取值点 C_L、C_R（或 C'_L、C'_R）应位于同一 x 坐标上，且到各自齿廓偏差曲线的齿顶（或齿根）点的展开角相等。C_L、C_R（或 C'_L、C'_R）间的 y 坐标距离 L_c（或 L'_c），其最大变化量为 F_r。

应在被测齿轮双侧齿面的径向计值，沿其他方向测量时应对测量值进行换算，见附录 C。

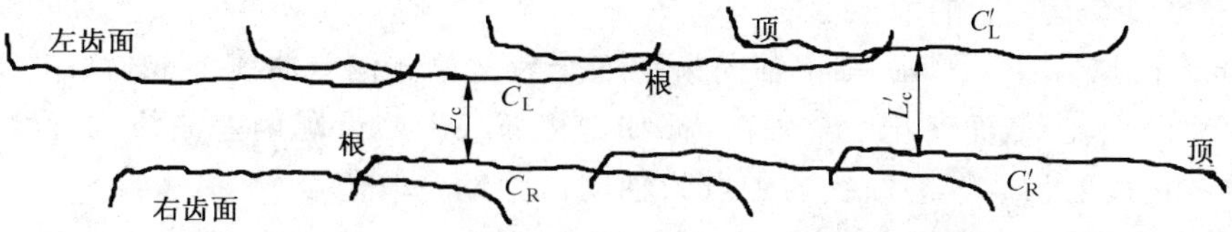

图 A.4　双向截面整体综合偏差曲线(F_r取值)

A.3.8.3　全齿宽整体偏差曲线

A.3.8.3.1　切向综合总偏差 F'_i和一齿切向综合偏差 f'_i的取值

全齿宽整体偏差曲线的外轮廓线沿 x 坐标 360°范围内的 y 坐标的最大变化量为 F'_i，沿 x 坐标 360°/Z 范围内 y 坐标的最大变化量为 f'_i(见图 A.3)，取几条曲线的最大值。

F'_i和 f'_i应在被测齿轮分度圆切线方向计值，沿其他方向测量时应对测量值进行换算，换算公式见附录 C。

A.3.8.3.2　螺旋线总偏差 F_β的取值

同一齿面的各截面齿廓偏差曲线上(图 A.5)，大约位于齿廓偏差曲线的中部且距各自的齿顶点(或齿根点)的展开角相等的点为螺旋线总偏差取值点。

同一齿面的各螺旋线总偏差取值点的 y 坐标最大差值为该齿面的螺旋线总偏差 F_β。以所有齿面的最大螺旋线总偏差作为测量结果。

应在被测齿轮分度圆切线方向计值，沿其他方向测量时应对测量值进行换算，换算公式见附录 C。

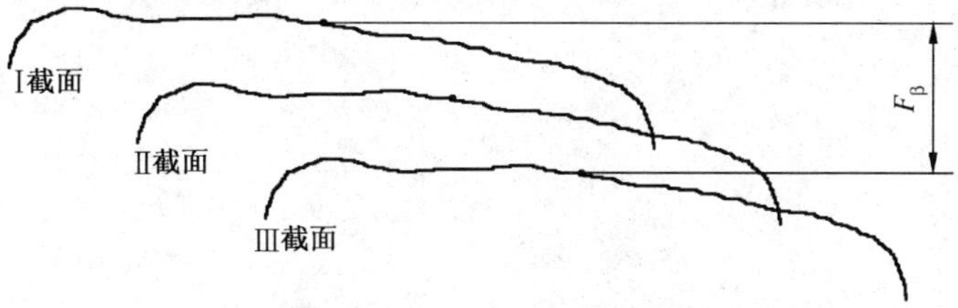

图 A.5　F_β取值示意图

A.3.8.3.3　接触线偏差 F_b的取值

同一齿面的各截面齿廓总偏差曲线上(图 A.6)，x 坐标相同的各偏差点为接触线偏差的取值点。

各取值点的 y 坐标最大差值为该接触线的接触线偏差 F_b。以各齿面及各 x 坐标上测得的最大接触线偏差作为测量结果(齿廓或螺旋线修形部分不计值)。

应在被测齿轮的齿面法线方向计值，沿其他方向测量时应对测量值进行换算，换算公式见附录 C。

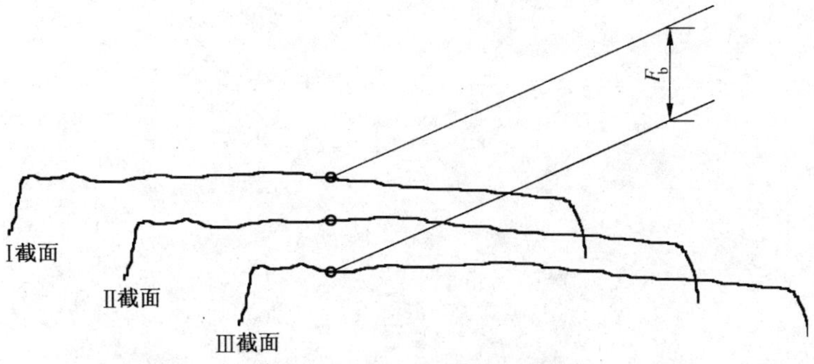

图 A.6　F_b取值示意图

A.3.8.3.4 轴向齿距偏差 F_{px}的取值

轴向齿距偏差 F_{px}应在截面间距等于轴向齿距的全齿宽整体偏差曲线上取值(图 A.7)。

在此偏差曲线图上，当截面变化一个轴向齿距时，相邻二齿的齿廓偏差曲线的 x 坐标完全重合。x 坐标完全重合的各齿面的齿廓偏差曲线的中点为轴向齿距偏差取值点。

各取值点 y 坐标的最大差值为轴向齿距偏差 F_{px}。

应在被测齿轮的齿面法线方向计值，沿其他方向测量时应对测量值进行换算，换算公式见附录 C。

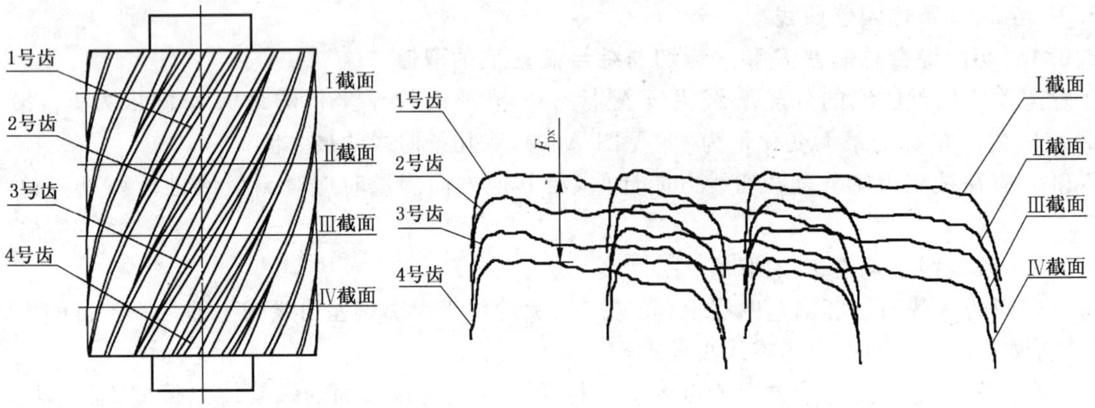

图 A.7 F_{px}取值示意图

附 录 B

（规范性附录）

测量基准的要求

应选择被测齿轮的设计基准作为测量定位基准。F_p、f_{pt}、F_α、F_β、F_r 等测量项目，对于 5 级及 5 级以上精度的齿轮，由定位偏差造成的被测齿轮的径向圆跳动，应不大于相应偏差允许值的 1/5；对于 6 级及 6 级以下精度的齿轮，由定位偏差造成的被测齿轮的径向圆跳动，应不大于相应偏差允许值的1/8。当选用端面定位时，除上述定位精度的要求外，定位端面的端面跳动不得大于相应偏差允许值的 1/5。其余测量项目，由定位偏差造成的被测齿轮的径向圆跳动，应不大于相应偏差允许值的 1/8。

附　录　C
（规范性附录）
不同测量方向偏差值的换算

C.1　在测量齿轮各项偏差时，测量方向有所不同。有齿面法线方向、基圆切线方向、分度圆切线方向、轴线方向、双侧齿面分度圆螺旋线(在展开平面上)法线方向、回转角方向和双侧齿面径向。

C.2　齿轮各项偏差应按下述规定的方向计值。

f_{pb}、F_b、F_{px}、$f_{f\beta}$、E_{bn}、E_{wm} 和 j_{bn} 在齿面法线方向计值；

F_i'、f_i'、F_p、F_{pk}、f_{pt}、j_{wt} 在分度圆切线方向计值；

F_α、F_β 在端面基圆切线方向计值；

F_r、F_i''、f_i'' 和 E_H 在双侧齿面径向计值；

E_{sn} 在双侧齿面分度圆螺旋线的法线方向计值。

C.3　对不在规定的计值方向测得的偏差值应按下列各式进行换算：

$$\Delta_t = \frac{1}{206.264} \times r \times \Delta_\phi \qquad \cdots\cdots(C.1)$$

$$\Delta_b = \Delta_t \cos\alpha_t \qquad \cdots\cdots(C.2)$$

$$\Delta_n = \Delta_b \cos\beta_b \qquad \cdots\cdots(C.3)$$

$$\Delta_n = \Delta_t \cos\alpha_t \cos\beta_b \qquad \cdots\cdots(C.4)$$

$$\Delta_n = \Delta_x \sin\beta \cos\alpha_n \qquad \cdots\cdots(C.5)$$

$$\Delta_z = \Delta_t \cos\beta \qquad \cdots\cdots(C.6)$$

$$\Delta_s = (\Delta_{tL} + \Delta_{tR}) \cos\beta_b \qquad \cdots\cdots(C.7)$$

$$\Delta_\alpha = \frac{\Delta_{bL} + \Delta_{bR}}{2\sin\alpha''_t} = \frac{\Delta_{nL} + \Delta_{nR}}{2\sin\alpha''_n} \qquad \cdots\cdots(C.8)$$

式中：

Δ_ϕ——齿轮回转角偏差，单位为秒(″)；

Δ_t——齿轮分度圆切线方向的偏差，单位为微米(μm)；

Δ_b——齿轮基圆切线方向的偏差，单位为微米(μm)；

Δ_n——齿面法线方向的偏差，单位为微米(μm)；

Δ_x——齿轮轴线方向的偏差，单位为微米(μm)；

Δ_z——齿轮分度圆螺旋线法线方向的偏差，单位为微米(μm)；

Δ_s——齿轮双侧齿面分度圆螺旋线法线方向的偏差，单位为微米(μm)；

Δ_α——齿轮双侧齿面的径向偏差，单位为微米(μm)；

Δ_{bL}——左齿面基圆切线方向的偏差，单位为微米(μm)；

Δ_{bR}——右齿面基圆切线方向的偏差，单位为微米(μm)；

Δ_{nL}——左齿面法线切线方向的偏差，单位为微米(μm)；

Δ_{nR}——右齿面法线切线方向的偏差，单位为微米(μm)；

Δ_{tL}——左齿面分圆切线方向的偏差，单位为微米(μm)；

Δ_{tR}——右齿面分圆切线方向的偏差，单位为微米(μm)；

α''_t——径向双面啮合时的端面啮合角，单位为度(°)；

α''_n——法向双面啮合时的端面啮合角，单位为度(°)。

附 录 D
（规范性附录）
仪器示值误差的修正方法

D.1 对仪器示值误差其系统分量的修正

采用标准件检定/校准得到仪器示值误差时，可对其系统分量进行修正，即用标准件在仪器上的示值，减去标准件的校准值，得到修正值 Δ_x，修正值 Δ_x 可加入到测量结果中，则最终测量结果为：

$$\Delta = \Delta_c + \Delta_x \quad \cdots\cdots (D.1)$$

式中：

Δ——被测件最终测量结果；

Δ_c——被测件在仪器上的示值；

Δ_x——修正值。

D.2 渐开线检查仪示值误差的修正方法

D.2.1 基圆可调式测量仪器

a) 标准渐开线样板(以下简称标准样板)的尺寸接近被测工件尺寸

标准样板的尺寸接近被测工件尺寸时，直接修正。即将修正值直接加入到被测齿轮的设计值中进行测量。方法是：将标准样板曲线画直，按下式计算出基圆半径修正值 Δr_b：

$$\Delta r_b = r'_{bz} - r_{bz} \quad \cdots\cdots (D.2)$$

式中：

Δr_b——基圆半径修正值，单位为毫米(mm)；

r'_{bz}——标准样板在仪器上画直时的基圆半径示值，单位为毫米(mm)；

r_{bz}——标准样板基圆半径检定值，单位为毫米(mm)。

b) 标准样板的尺寸不接近被测工件尺寸

没有相应尺寸标准样板时(被测齿轮尺寸与标准样板尺寸相差 5 mm 以上)，应分别使用大于和小于被测齿轮基圆半径的两块标准样板确定基圆半径修正值，方法有计算法和作图法。

计算法：

$$\Delta r_b = (r'_{bs} - r_{bs}) + \frac{r_b - r_{bs}}{r_{bL} - r_{bs}}[(r'_{bL} - r_{bL}) - (r'_{bs} - r_{bs})] \quad \cdots\cdots (D.3)$$

式中：

r'_{bL} 和 r'_{bs}——尺寸大于和小于被测齿轮的两块标准样板在仪器上的示值，单位为微米(μm)；

r_{bL} 和 r_{bs}——尺寸大于和小于被测齿轮的两块标准样板检定值，单位为微米(μm)；

r_b——被测齿轮基圆半径公称值，单位为毫米(mm)。

作图法：见图 D.1。

作图计算实例：

两标准样板在仪器上的示值分别为 r'_{bL}＝150.085 mm 和 r'_{bs}＝59.985 mm。(分别对应图 D.1 的 r_b150 mm 点和 r_b60 mm 点)，标准样板检定值分别为：

r_{bL}＝150.091 mm、r_{bs}＝59.987 mm。

被测齿轮基圆半径设计值为 r_b＝100.000 mm，则其修正值的求解过程为(见图 D.1)：

$$\Delta L = r'_{bL} - r_{bL} \quad \cdots\cdots (D.4)$$

将数值带入(D.4)，得：

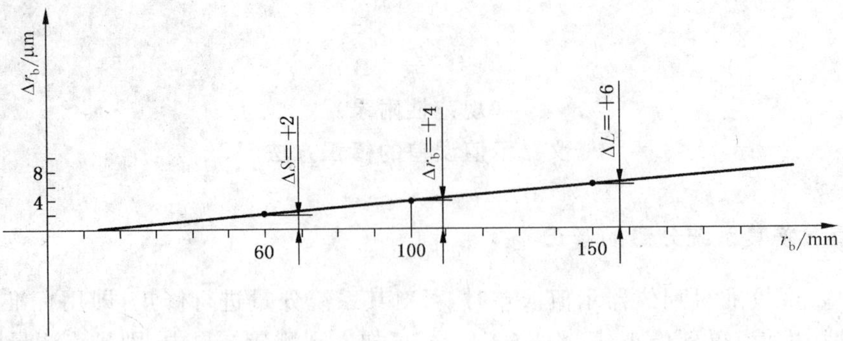

图 D.1 作图法求基圆半径修正值

$\Delta L = 150.085 - 150.091 = -0.006$ mm $= -6\ \mu$m(对应的 y 坐标点的值为 $+6\ \mu$m)

$$\Delta s = r'_{bs} - r_{bs} \qquad\qquad (D.5)$$

将数值带入(D.5),得:

$\Delta s = 59.985 - 59.987 = -0.002$ mm $= -2\ \mu$m(对应的 y 坐标点的值为 2 μm)

将 ΔL 和 Δs 两点连线,则 100 mm 点过 y 方向与连线的交点 Δr_b 即为 $r_b = 100.000$ mm 点的基圆半径修正值,修正值与该点的符号相反,为 $-4\ \mu$m。

则被测齿轮应设置的基圆半径 r_{bt} 为:$r_{bt} = r_b + \Delta r_b = 100.000 + (-0.004) = 99.996$ mm

D.2.2 基圆不可调式测量仪器

对于基圆半径不可调的单盘式渐开线检查仪,可依据曲线倾斜偏差 $f_{H\alpha1}$,按公式(D.6)计算出被测齿轮应修正的倾斜偏差 $f_{H\alpha2}$,将其加入到测量结果中。

$$f_{H\alpha2} = \frac{L_{\alpha2}}{L_{\alpha1}} f_{H\alpha1} \qquad\qquad (D.6)$$

式中:

$f_{H\alpha2}$——被测齿轮曲线倾斜偏差,单位为毫米(mm);

$f_{H\alpha1}$——标准齿轮曲线倾斜偏差,单位为毫米(mm);

$L_{\alpha2}$——被测齿轮曲线评价范围,单位为毫米(mm);

$L_{\alpha1}$——标准齿轮曲线评价范围,单位为毫米(mm)。

D.3 螺旋线检查仪示值误差的修正方法

D.3.1 螺旋线检查仪示值误差的修正方法有两种。

a) 螺旋线偏差角度值的修正

标准螺旋线样板(以下简称标准样板)放在仪器上,将曲线画直,能得到螺旋角修正值的角度值 $\Delta\beta_b$,修正的方法是直接将 $\Delta\beta_b$ 加入到被测齿轮的设计值中进行测量,此时仪器调整角度为 β_{bx}。

$\Delta\beta_b$ 计算式为:

$$\Delta\beta_b = \beta'_b - \beta_b \qquad\qquad (D.7)$$

$\Delta\beta_{bx}$ 计算式为:

$$\Delta\beta_{bx} = \Delta\beta_b + \beta_{bs} \qquad\qquad (D.8)$$

式中:

β'_b——标准样板在仪器上的螺旋角示值,单位为度(°);

β_b——标准样板螺旋角检定值,单位为度(°);

β_{bs}——被测齿轮设计基圆螺旋角,单位为度(°)。

b) 螺旋线偏差线值的修正

当标准样板曲线不能画直时，可从偏差曲线上取得线值修正量，将此修正量加入到被测齿轮的测量结果中，计算式如下：

$$\Delta F_{\beta} = F'_{\beta b} - F_{\beta b} \quad \cdots\cdots(D.9)$$

$$F_{\beta} = F'_{\beta} + \Delta F_{\beta} \quad \cdots\cdots(D.10)$$

式中：

ΔF_{β}——螺旋角修正值线值，单位为毫米(mm)；

$F'_{\beta b}$——标准样板在仪器上显示的螺旋线总偏差，单位为毫米(mm)；

$F_{\beta b}$——标准样板螺旋线总偏差检定值，单位为毫米(mm)；

F_{β}——被测齿轮最终测量结果，单位为毫米(mm)；

F'_{β}——被测齿轮在仪器上的螺旋线总偏差测量值，单位为毫米(mm)。

D.3.2 样板螺旋角与被测工件螺旋角的对应修正范围

样板螺旋角与被测齿轮螺旋角的对应修正范围见表 D.1。

表 D.1 样板螺旋角与被测工件螺旋角的对应修正范围

单位为度

样板螺旋角名义值	可修正被测齿轮设计螺旋角范围
0	0～5
15	>5～25
30	>25～40
45	>40～60

附 录 E
（规范性附录）
替代项目的检验

E.1 总则

齿轮替代检验项目的设立，目的是为使用者提供检验依据，有利于 GB/T 10095.1、GB/T 10095.2 的贯彻执行。在齿轮量仪由机械式向坐标式自动控制方向发展的过渡时期，这些测量项目仍具有十分重要的实际意义。

E.2 公法线检验

E.2.1 测量仪器和测量原理

E.2.1.1 测量仪器

测量公法线 W_k 的仪器有：公法线千分尺、公法线指示千分尺、公法线指示卡规、万能测齿仪，以及万能工具显微镜等。

E.2.1.2 测量原理

公法线的测量原理参见图 E.1。测量时，两个跨一定齿数的具有平行量面的量爪，大约在被测齿轮的齿高中部与两异侧齿面相切，逐齿测量，其最大差值即为公法线变动量 E_{bn}；沿圆周均匀分布的四个位置上进行测量，其平均值与设计值之差为公法线平均长度偏差 E_{wm}。

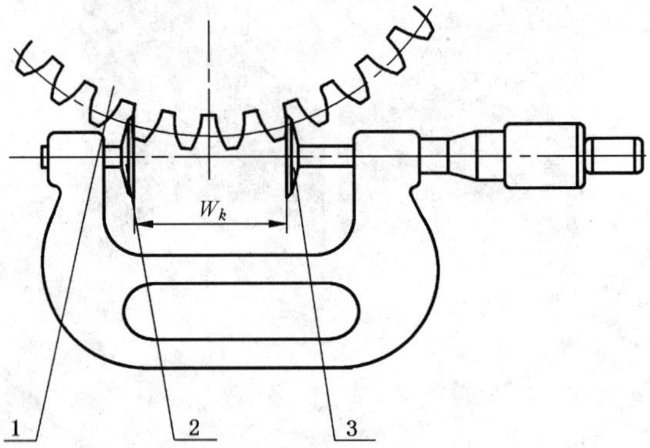

1——被测齿轮；

2、3——测量爪。

图 E.1 公法线测量原理图

E.2.2 测量

E.2.2.1 测量仪器的检定

仪器应按检定规程或其他有关技术文件的规定进行检定，经计量部门检定合格后方准使用。

E.2.2.2 测量位置的确定

两平行量爪应跨一定齿数，保证两测量面大约位于齿高中部与两异侧齿面相切。

应在齿宽中部进行测量。

E.2.3 测量不确定度

E.2.3.1 测量不确定度要求

公法线 W_k 的测量不确定度不应大于图纸要求或规定值的 1/5。

当不能确定测量不确定度是否能满足上述要求时，应进行测量不确定度分析。

E.2.3.2 测量不确定度分析

a) 公法线 W_k 测量不确定度主要误差来源及影响量见表 E.1。

表 E.1 公法线 W_k 测量不确定度主要误差来源及影响量

序号	误差来源	由误差来源引入的影响量 δ_i	分量标准不确定度 u_i
1	仪器示值变动性	δ_1 可按检定规程、规范或相应技术文件允许误差确定	u_1
2	仪器传感器示值误差	δ_2 按相应检定规程、规范确定	u_2
3	温度误差	$\delta_3 = W_k[a(t-20) - a_0(t_0-20)] \times 1\,000$	u_3
4	读数误差	δ_4 可取格值的 1/3；或依据实验确定	u_4
注：a——标准件线胀系数；a_0——被测件线胀系数；t——测量时标准件温度，单位为摄氏度(℃)；t_0——测量时被测件温度，单位为摄氏度(℃)。			

b) 合成标准不确定度

$$u_c(W_k) = \sqrt{u_1^2 + u_2^2 + u_3^2 + u_4^2} \quad \cdots\cdots(E.1)$$

c) 取包含因子 $k=2$，则扩展不确定度为：

$$U_{Wk} = 2 \times u_c(W_k) \quad \cdots\cdots(E.2)$$

E.2.4 测量结果处理

逐齿测得的公法线中最大值与最小值之差为公法线变动量 E_{bn}。

沿圆周均匀分布的四个位置测得值的平均值与设计值之差为公法线平均长度偏差 E_{wm}。

应在被测齿面法线方向计值。以其他方向测量时，应对测得值进行换算，换算公式见附录 C。

E.3 基节偏差的检验

E.3.1 测量方法和测量仪器

基节偏差 f_{pb} 的测量方法为直接法。

直接法测量又可分为比较法和绝对法。这两种方法都不需以被测齿轮回转轴线为基准。

测量仪器有基节仪、万能测齿仪和万能工具显微镜等。

E.3.1.1 测量原理

E.3.1.1.1 比较法

比较法的测量原理参见图 E.2a)、b)。

图 E.2a)中，测头 2、3 为两个平面测头，其测量面互相平行。测量前用基节块(标准齿轮或量块)将两测头测量面间的距离调整至等于被测齿轮的公称基节值，同时使指示表指零。测量时将两测头同时靠向被测齿轮的两个相邻的同侧齿面，在齿廓工作范围内与齿面相接触，此时指示表所指示的相对零点的变化量即为基节偏差 f_{pb}。

图 E.2b)中的活动测头 2 为球形测头，3 为定位支撑爪，测量时通过平面测头 4 在所靠齿面上转动，得到球与平面的最短距离即被测基节的实际值，此时指示表所指示的相对于零点的变化量即为基节偏差 f_{pb}。

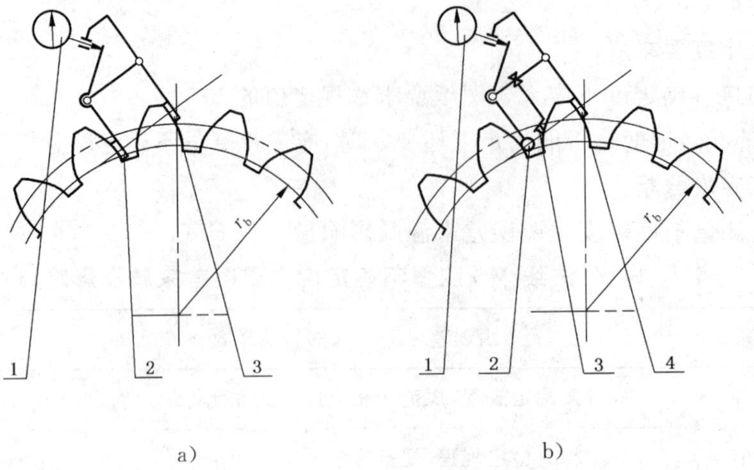

1——指示表；

2——活动球测头；

3——定位支撑爪；

4——固定平测头。

图 E.2 基节偏差比较法测量原理图

E.3.1.1.2 绝对法

绝对法测量可在一般测长仪(如万能工具显微镜)上实现。测量时，平面测头与测长系统中的长度标准量垂直，测头(或仪器十字刻线)处于齿廓工作范围内，在基圆切线方向测量两相邻同侧齿廓面的设计长度，由仪器测长系统直接指示测头的实际移动距离，此距离即为实际基节。实际基节与设计值之差为基节偏差 f_{pb}。

E.3.2 测量

E.3.2.1 测量温度要求

测量温度要求见表 E.2。

表 E.2 基节偏差的测量温度要求　　单位为摄氏度

被测齿轮精度等级	测量室温度	工件与仪器(包括校准块)温差
4～5	20±4	≤2
6～7	20±6	≤4
≥8	20±10	≤6

E.3.2.2 测量仪器的检定

仪器应按检定规程或其他有关技术文件的规定进行检定，经计量部门检定合格后方准使用。

E.3.2.3 测量仪器的校准

采用比较法测量时，测量前、后应使用标准基节块、量块或标准齿轮校准仪器。测量 5 级和高于 5 级精度的齿轮时，选用四等量块或 3 级精度标准齿轮；测量 6 级和低于 6 级精度的齿轮时，选用五等量块或 4 级精度标准齿轮。

E.3.2.4 测量位置的确定

基节偏差应在齿宽中部对圆周均布的不少于 4 个齿的左、右侧齿面在图纸规定的工作齿高内(齿廓修形部分除外)进行测量。当图纸未作规定时，按被测齿轮与基本齿条啮合计算工作齿高。对于齿宽＞160 mm的齿轮应至少测量上、中、下三个截面，上、下截面各距端面约 15%齿宽。单侧齿面工作的齿轮只测工作侧齿面。

E.3.2.5 测量不确定度

E.3.2.5.1 测量不确定度要求

基节偏差的测量不确定度不应大于图纸要求或规定值的 1/3。使用手提式仪器时，不应大于 1/5。

当不能确定测量不确定度是否满足上述要求时，应进行测量不确定度分析。

E.3.2.5.2 测量不确定度分析

a) 基节偏差测量不确定度主要误差来源及影响量见表 E.3。

b) 合成标准不确定度

$$u_c(f_{pb})=\sqrt{u_1^2+u_2^2+u_3^2+u_4^2} \quad \cdots\cdots\cdots\cdots(E.3)$$

c) 取包含因子 $k=2$，则扩展不确定度为：

$$U_{f_{pb}}=2\times u_c(f_{pb}) \quad \cdots\cdots\cdots\cdots(E.4)$$

表 E.3 基节偏差测量不确定度主要误差来源及影响量

序号	误差来源	由误差来源引入的影响量 δ_i	分量标准不确定度 u_i
1	仪器示值变动性	δ_1 可按检定规程、规范或相应技术文件要求的示值误差确定	u_1
2	传感器示值误差	δ_2 按相应检定规程、规范确定	u_2
3	被测齿轮与校准量块、标准齿轮、基节块(或测长系统的标准尺)温度不一致引入的影响量	$\delta_3=f_{pb}[a(t-20)-a_0(t_0-20)]\times 1\,000$	u_3
4	读数误差	δ_4 可取格值的 1/3，或依据实验确定	u_4

注 1：a_0——被测件线胀系数；t——测量时标准件温度，单位为摄氏度(℃)；t_0——测量时被测件温度，单位为摄氏度(℃)。

注 2：绝对法测量时，δ_2 已包含在 δ_1 中。

E.3.3 测量结果处理

基节偏差 f_{pb} 可在指示表上直接读出(齿廓修形部分不计值)。

以在规定的各测量位置中测得的绝对值最大的偏差值作为测量结果。

应在被测齿面的法线方向计值，以其他方向测量时，应对测得值进行换算，换算公式见附录 C。

E.4 接触线偏差的检验

E.4.1 测量方法和测量仪器

E.4.1.1 测量方法

接触线偏差 F_b 的测量方法为直接法。

测量仪器有接触线偏差检查仪、具有测量接触线偏差功能的渐开线螺旋线检查仪、万能工具显微镜和三坐标测量机等。

E.4.1.2 测量原理

测量原理参见图 E.3。以被测齿轮回转轴线为基准，齿轮固定不转，使传感器测头在齿轮基圆柱的切平面上沿与基圆柱母线成基圆螺旋角的斜直线方向移动，以形成接触轨迹即理论接触线，实际接触线与理论接触线进行比较，其最大差值即为接触线偏差 F_b。也可使测头沿齿面接触线逐点与齿面接触，测量点的实际坐标位置与理论坐标位置之最大差值即为 F_b。

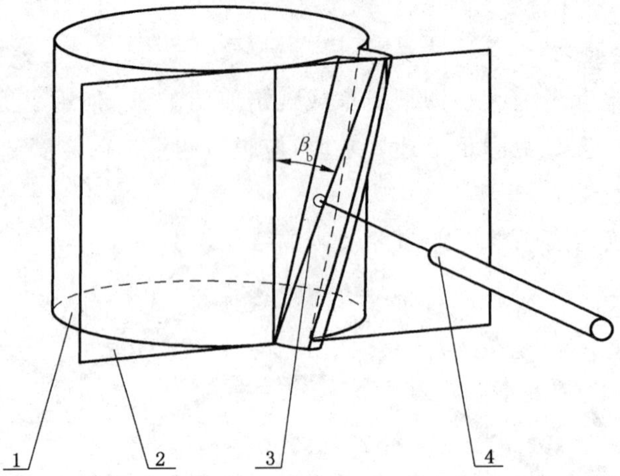

1——基圆柱；
2——基圆切平面；
3——接触线；
4——传感器测头。

图 E.3　接触线直接法测量原理图

E.4.2　测量

E.4.2.1　测量仪器的检定

仪器应按检定规程或其他有关技术文件的规定进行检定，经计量部门检定合格后方准使用。

E.4.2.2　测头的选择

在保证不发生干涉和碰撞的情况下，宜选用直径较大的测头。

E.4.2.3　测量基准的确定

测量基准的确定方法见附录 B。

E.4.2.4　测量位置的确定

接触线偏差应对齿轮沿圆周均布的不少于 4 个齿的左、右侧齿面在工作齿高范围内进行测量。

接触线长度 L_b(mm)和所对应的齿宽 b_{AE}(mm)按下式计算：

$$L_b = \frac{L_{AE}}{\sin\beta_b} \quad \cdots\cdots(E.5)$$

$$b_{AE} = \frac{L_{AE}}{\tan\beta_b} \quad \cdots\cdots(E.6)$$

式中：

L_{AE}——渐开线有效长度，单位为毫米(mm)。

当齿宽 $b<3b_{AE}$时，所测的接触线应大致通过齿高和齿宽的中部。

当齿宽 $b\geqslant 3b_{AE}$时，沿齿宽应至少测量上、中、下三个部位，上、下部位被测接触线的最上一点或最下一点距端面约 1/10 齿宽。

单侧齿面工作的齿轮，只测工作侧齿面。

当采用设计齿廓和设计螺旋线时，修形部分不检 F_b。

E.4.2.5　测量不确定度

E.4.2.5.1　测量不确定度要求

接触线偏差的测量不确定度 U_{Fb}不应大于被测齿轮接触线设计要求的 1/3，测量 5 级和高于 5 级精度的齿轮时，允许不大于 1/2，但此时应以 5 次以上重复测量结果的平均值作为测量结果。

当不能确定测量不确定度是否满足上述要求时，应进行测量不确定度分析。

E.4.2.5.1 测量不确定度分析

a) 接触线偏差测量不确定度主要误差来源及影响量见表 E.4。

表 E.4 接触线偏差测量不确定度主要误差来源及影响量

序号	误差来源	由误差来源引入的影响量 δ_i	分量标准不确定度 u_i
1	仪器示值误差	δ_1 可按检定规程、规范或相应技术文件允许误差确定	u_1
2	被测齿轮测量安装倾斜	$\delta_2=\Delta y\times b_{AE}/\cos\beta_b/100$ 式中： Δy——测量齿轮轴线在 100 mm 长度上的倾斜量，单位为微米（μm）	u_2
3	温度误差	$\delta_3=f_{pb}[a(t-20)-a_0(t_0-20)]\times 1\,000$	u_3
4	被测齿轮测量时的安装偏心 e	$\delta_3=2e\sin\dfrac{L_{AE}}{2}$	u_4
注：a_0——被测件线胀系数；t——测量时标准件温度，单位为摄氏度（℃）；t_0——测量时被测件温度，单位为摄氏度（℃）。			

b) 合成标准不确定度

$$u_c(F_b)=\sqrt{u_1^2+u_2^2+u_3^2+u_4^2} \qquad \cdots\cdots(E.7)$$

c) 取包含因子 $k=2$，则扩展不确定度为：

$$U_{Fb}=2\times u_c(F_b) \qquad \cdots\cdots(E.8)$$

E.4.3 测量结果的处理

E.4.3.1 取值范围的确定

接触线偏差的取值范围 l_b 应按设计图样给定的接触线长度范围确定。当未给定时，齿顶部接触线 Δl_b 长度范围内偏向齿体的负偏差可不计入接触线偏差，但负偏差值不应大于 $3F_b$，Δl_b 长度应等于 l_b 长度的 8%。l_b 按下式计算：

a) 当齿宽 $b>b_\alpha$ 时：

$$l_b=\frac{L_{AE}}{\sin\beta_b} \qquad \cdots\cdots(E.9)$$

b) 当齿宽 $b\leqslant b_\alpha$ 时：

$$l_b=\frac{b}{\cos\beta_b} \qquad \cdots\cdots(E.10)$$

式中：

b_α——在测量齿宽范围内，被测齿轮齿根至齿顶的展开长度，单位为毫米（mm）。

E.4.3.2 接触线偏差的取值

应从接触线偏差曲线上取值，对齿廓和螺旋线均不修形的齿轮也允许直接用指示表读出接触线偏差 F_b。

接触线偏差曲线的 x 坐标代表被测齿轮接触线长度，y 坐标代表接触线偏差 F_b（图 E.4）。

接触线偏差曲线沿 x 坐标，在规定的取值范围内取值，y 坐标的最大变化量为 F_b。

接触线偏差应在法线方向测量，以其他方向测量时，应对测量结果进行换算，换算公式见附录 C。

以在 E.4.2.4 所规定的各测量位置中测得的最大接触线偏差作为测量结果。

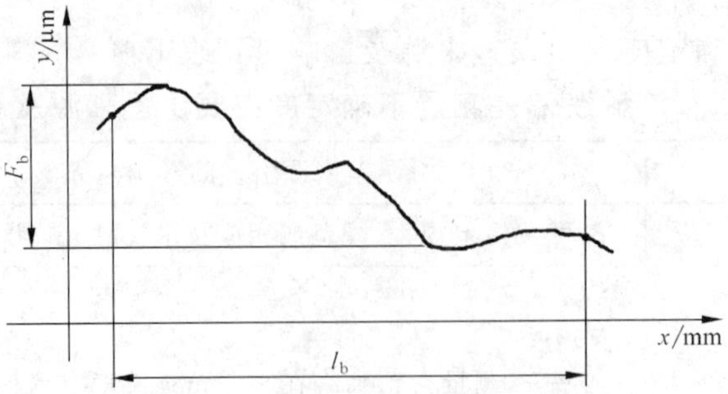

图 E.4 接触线偏差曲线图

E.5 轴向齿距偏差的检验

E.5.1 测量方法和测量仪器

轴向齿距偏差 F_{px} 的测量方法为直接法。

测量仪器有上置式轴向齿距仪和旁置式轴向齿距仪，也可在万能工具显微镜等仪器上测量。

E.5.1.1 测量原理

测量原理分为比较法和直接法。

E.5.1.1.1 比较法

比较法测量原理参见图 E.5。以被测齿轮轴线为基准，两测球中心连线与被测齿轮顶尖连线平行。测量前，先用具有公称轴向齿距的基准块(或量块)校准 2、3 两个球测头间的轴向距离，传感器指示表调零，测量时两个测头同时靠向被测齿轮的同侧齿面，并在齿面的分度圆附近接触，从指示表直接读出示值，取示值最大绝对值作为轴向齿距偏差 F_{px}。

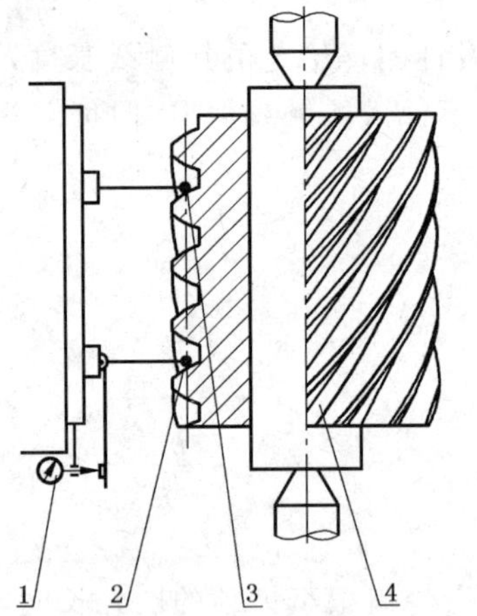

1——传感器；
2——测头；
3——测头；
4——被测齿轮。

图 E.5 轴向齿距比较法测量原理图

E.5.1.1.2 直接法

直接法测量原理参见图 E.6。以被测齿轮轴线为基准，在与轴线平行的直线上，用一个球测头分别靠向不同齿的同侧齿面上，通过测长装置(如光栅、激光、刻线尺)直接测出被测齿轮的实际轴向齿距，所测的实际轴向齿距与公称轴向齿距的最大差值即为 F_{px}。

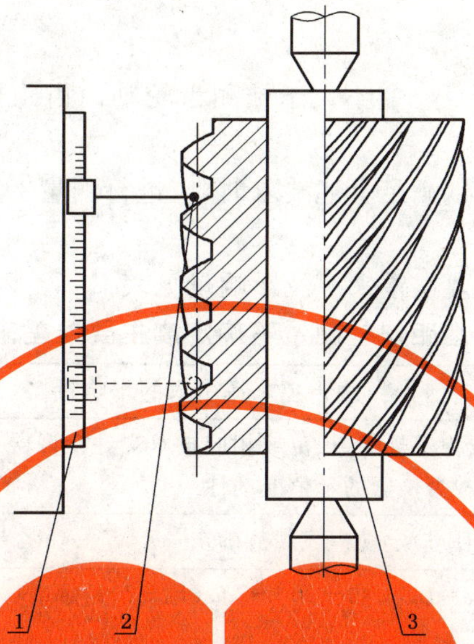

1——长度测量系统；
2——测头；
3——被测齿轮图。

图 E.6 轴向齿距绝对法测量原理图

E.5.2 测量

E.5.2.1 测量温度

测量温度要求见表 E.5。

表 E.5 轴向齿距偏差测量温度要求

单位为摄氏度

被测齿轮精度等级	测量室温度	工件与仪器(包括校准块)温差
4～5	20±4	≤2
6～7	20±6	≤4
≥8	20±10	≤6

E.5.2.2 测量仪器的检定

仪器应按检定规程或其他有关技术文件的规定进行检定，经计量部门检定合格后方准使用。

E.5.2.3 测量仪器的校准

比较法测量前、后应使用量块和专用检具校准仪器。

E.5.2.4 测量基准的确定

测量基准的确定见附录 B。

E.5.2.5 测量位置的确定

轴向齿距偏差应在齿高中部对圆周均布的不少于四个位置的左、右侧齿面沿轴向逐齿进行测量。

单侧齿面工作的齿轮，只测工作侧齿面。

采用比较法测量时，应逐个测量各单个轴向齿距偏差，对于5级和高于5级精度的齿轮应加测跨距最大的轴向齿距偏差。

采用绝对法测量时，应以工作齿宽内最靠某端的齿为起始位置，依次沿轴向逐齿测量对该齿的轴向齿距偏差。

E.5.2.6 测量不确定度

E.5.2.6.1 测量不确定度要求

轴向齿距偏差的测量不确定度 $U_{F_{px}}$ 应不大于被测齿轮轴向齿距要求的 1/3；使用手提式仪器测量时，不应大于 1/5。

当不能确定测量不确定度是否以满足上述要求时，应进行测量不确定度分析。

E.5.2.6.2 测量不确定度分析

a) 轴向齿距测量不确定度主要误差来源及影响量见表 E.6。

表 E.6 轴向齿距偏差测量不确定度主要误差来源及影响量

序号	误差来源	由误差来源引入的影响量 δ_i	分量标准不确定度 u_i
1	仪器示值误差	δ_1 可按检定规程、规范或相应技术文件允许误差确定。比较法测量时，δ_1 为仪器的示值变动性	u_1
2	传感器示值误差	δ_2 按相应检定规程或规范确定	u_2
3	被测齿轮与量块(或测量系统标准尺)温度差	$\delta_3=L_x[a(t-20)-a_0(t_0-20)]\sin\beta_b\times 1\,000$ 式中： L_x——被测两个同侧齿面的公称轴向齿距，单位为毫米(mm)	u_3
4	双测头的连心线或单测头的移动方向与轴心线不平行	$\delta_4=\sqrt{(\Delta S'\times\cos\alpha_n\times\cos\beta)^2+(\Delta h'\times\sin\alpha_t\times\cos\beta_b)^2}$ 式中： $\Delta S'$——在切向平面内的平行度偏差，单位为微米(μm)； $\Delta h'$——在径向平面内的平行度偏差，单位为微米(μm)	u_4
注：绝对法测量时，δ_2 已包含在 δ_1 中。			

b) 合成标准不确定度

$$u_c(F_{px})=\sqrt{u_1^2+u_2^2+u_3^2+u_4^2} \quad\cdots\cdots(E.11)$$

c) 取包含因子 $k=2$，则扩展不确定度为：

$$U_{Fpx}=2\times u_c(F_{px}) \quad\cdots\cdots(E.12)$$

E.5.3 测量结果的处理

轴向齿距偏差的测量结果可在指示表上读出。

应在齿面法线方向测量，以其他方向测量时，应对测量结果进行换算，换算公式见附录 C。

以在 E.5.2.5 所规定的各测量位置中绝对值最大者作为测量结果。

E.5.3.1 比较法测量结果的处理

由指示表读出的逐齿轴向齿距偏差 ΔP_{xi} 经计算得到 F_{px}(见表 E.7)。

表 E.7 轴向齿距逐齿测量数据处理

单位为微米

偏差代号	齿序 0	齿序 1	齿序 2	齿序 3	齿序 4	齿序 5
F_{pxi}		+4.2	+3.3	−2.5	−3.0	−5.0
$\Delta P_{pxi}=\sum_{i=0}^{n}\Delta P_{xi}$	0	+4.2	+7.5	+5.0	+2.0	−3.0
$\lvert F_{px}\rvert=\lvert F_{pximax}-F_{pximin}\rvert=\lvert(+7.5)-(-3.0)\rvert=10.5$ 式中： F_{pxi}——第 i 齿相对 0 号齿的轴向齿距累积偏差。						
注：F_{px} 的符号与上二项中序号较大者一致，即齿序 5 的符号，则 F_{px} 应为(−10.5)。						

当加测跨齿距最大的轴向齿距偏差 $\Delta P_{x(0-5)}$ 时，可用测得的 $\Delta P_{x(0-5)}$ 对表 E.7 所列偏差值进行修正，按表 E.8 的计算顺序算出较精确的 F_{px} 值。

表 E.8 轴向齿距偏差跨齿测量法数据处理

单位为微米

偏差代号及公式	齿序					
	0	1	2	3	4	5
ΔP_{xi}	+4.2	+3.3	−2.5	−3.0	−5.0	
$F_{pxi}=\sum_{i=0}^{n}\Delta P_{xi}$	0	+4.2	+7.5	+5.0	+2.0	−3.0
$\Delta P_{x(0-5)}$	−1.5					
$\Delta P_{xm}=\dfrac{\Delta P_{x(0-5)}-F_{px5}}{n}$	+0.3					
$\Delta P_{mi}=\Delta P_{xi}+\Delta P_{xm}$	+4.5	+3.6	−2.2	−2.7	−4.7	
$F_{pxmi}=\sum_{i=o}^{n}\Delta P_{mi}$	0	+4.5	+8.1	+5.9	+3.2	−1.5
$\lvert F_{px}\rvert=\lvert F_{pxmi\,max}-F_{pxmi\,min}\rvert=\lvert(+8.1)-(-1.5)\rvert=9.6$ 式中： $\lvert F_{px}\rvert$——最后计算结果的符号取(−1.5)的符号，即 $F_{px}=-9.6$。						
注：ΔP_{xm}—— 轴向齿距偏差修正量；ΔP_{mi}—— 修正后逐齿单个轴向齿距偏差；F_{pxmi}—— 修正后第 i 齿相对于0号齿面的轴向齿距偏差。						

E.5.3.2 绝对法测量结果的处理

用单测头在轴向上第一个齿面对零，逐齿测出各齿面相对于第一个齿面的轴向齿距偏差，所测得的各齿轴向齿距偏差中最大和最小偏差之差值即为 F_{px}。

E.6 螺旋线波度偏差的检验

E.6.1 测量方法和测量仪器

螺旋线波度偏差 $f_{\omega\beta}$ 的测量方法有相对法和绝对法。

相对法的测量仪器有上置式波度仪及旁置式波度仪等。

绝对法的测量仪器有渐开线螺旋线检查仪和导程仪等。

E.6.1.1 相对法测量原理

螺旋线波度相对测量法以三球测量为特征。相对法又可分为单面接触法和双面接触法。

E.6.1.1.1 单面接触法

单面接触法测量原理见图 E.7。以被测齿轮回转轴线为基准，用机床或仪器的螺旋运动作为测头在被测齿面沿螺旋线移动的粗传动。仪器采用旁置式，仪器上三个球测头中有两个是定位测头，测量前先把二个定位测头的间距调整至螺旋线波度波距的奇数倍，测微测头置于二个定位测头的中间位置并使测头位移方向与被测齿轮齿面垂直，三个测头应置于单侧齿面的同一螺旋线上。测量时，依靠粗传动，三个测头沿齿面螺旋线移动，此时测微测头相对于定位测头的变化量由指示表读出或绘出偏差曲线，最大变化量即为 2 倍的 $f_{\omega\beta}$。

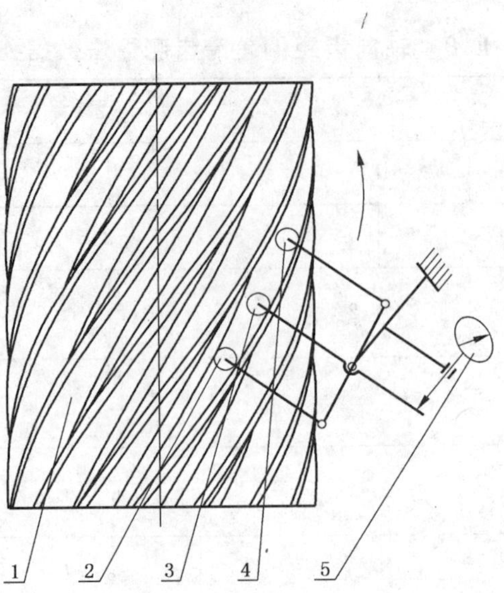

1——被测齿轮；
2、4——定位测头；
3——测微测头；
5——指示表。

图 E.7　螺旋线波度单面接触法测量原理图

E.6.1.1.2　双面接触法

双面接触法测量原理见图 E.8。它与单面接触法的主要差别是仪器为上置式，测量时被测齿轮不动，仪器的两个定位测头 2 和 5 与被测齿轮同一齿槽的左右侧齿面接触并沿齿槽作螺旋线移动(防转定位测头 4 与齿顶面接触)，此时测微测头 3 相对于定位测头的变化量由指示表读出或绘出偏差曲线，最大变化量为 2 倍的 $f_{\omega\beta}$。

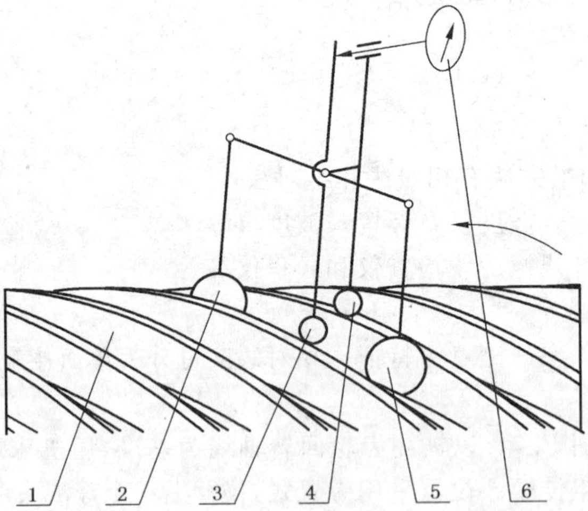

1——被测齿轮；
2、5——定位测头；
3——测微测头；
4——防转定位测头；
6——指示表。

图 E.8　螺旋线波度双面接触法测量原理图

E.6.1.2 绝对法测量原理

按5.1所述方法测出螺旋线偏差曲线，在此曲线上按偏差定义取出 $f_{\omega\beta}$。

E.6.2 测量

绝对法测量见5.2。

E.6.2.1 测量仪器的检定

仪器应按检定规程或其他有关技术文件的规定进行检定，经计量部门检定合格后方准使用。

E.6.2.2 测头的选择与调整

双面接触测量仪器的两个定位球测头的直径应一致，并根据被测齿轮模数选择，要使定位球测头与被测齿轮齿槽的左右侧齿面大约在齿高中部接触。

单面接触测量仪器的两个定位球测头的直径应一致，并使定位测头与被测齿面大约在齿高中部接触而又不能触及另一侧齿面。

E.6.2.3 波距调整

仪器两定位测头之间的距离测量前应调整到被测波度偏差波距的奇数倍（1、3、5……等）。波距应根据设计图样确定。在图样未作规定时，应分别按加工机床分度蜗轮副的周期偏差、机床走刀架丝杠的周期偏差和昼夜自然温度变化产生的螺旋线波度计算波距。

波距λ计算公式如下：

a） 按分度蜗轮副的周期偏差计算：

$$\lambda_1 = \frac{\pi d}{z_w \sin\beta} \qquad \cdots\cdots\cdots\cdots(E.13)$$

b） 按走刀架丝杠的周期偏差计算：

$$\lambda_2 = \frac{t_p}{\cos\beta} \qquad \cdots\cdots\cdots\cdots(E.14)$$

c） 按昼夜自然温度变化计算：

$$\lambda_3 = \frac{1\,440 sn}{z_w \cos\beta}(\mathrm{mm}) \qquad \cdots\cdots\cdots\cdots(E.15)$$

式中：

z_w——机床分度蜗轮齿数；

d——机床蜗轮分度圆直径，单位为毫米(mm)；

β——被测齿轮分圆螺旋角，单位为度(°)；

t_p——刀架丝杠螺距，单位为毫米(mm)；

s——加工时工件每转进给量，单位为毫米每转(mm/r)；

n——单头滚刀每分钟转数，单位为转每分(r/min)。

测微测头应位于两定位测头间距的1/2处，在齿面法线方向与被测齿面接触，而又不触及另一侧齿面。在保证不发生干涉和碰撞的情况下，测微测头直径应尽量接近定位测头的直径。三个测头与被测齿面的接触点应位于被测齿轮的同一条螺旋线上。

E.6.2.4 测量位置的确定

螺旋线波度偏差应在齿高中部、工作齿宽范围内，对圆周均布的不少于4个齿槽的左右齿面进行测量。单侧齿面工作的齿轮只测工作齿面。

E.6.2.5 测量不确定度

E.6.2.5.1 测量不确定度要求

螺旋线波度偏差的测量不确定度不应大于图纸要求或规定值的1/5。

当不能确定测量不确定度是否满足上述要求时，应进行测量不确定度分析。

E.6.2.5.2 测量不确定度分析

a） 螺旋线波度偏差测量不确定度主要误差来源及影响量见表E.9。

表 E.9 螺旋线波度偏差测量不确定度主要误差来源及影响量

序号	误差来源	由误差来源引入的影响量 δ_i	分量标准不确定度 u_i
1	仪器示值变动性	δ_1 可按检定规程、规范或相应技术文件允许误差确定	u_1
2	传感器示值误差	δ_2 按相应检定规程、规范确定	u_2
3	仪器测量时定位偏差	$\delta_3=\frac{1}{206.264}S_0\times\Delta\theta\times1\ 000$ 式中: S_0——测微测头球心和两定位测头球心连线的垂直距离,单位为毫米(mm); $\Delta\theta$——测量过程中由防转定位测头在齿顶面定位点的齿顶圆半径变化引起的仪器在垂直螺旋线的平面上的转角,单位为秒(″)	u_3
注:单面测量法 δ_3 为零。			

b) 合成不确定度:

$$u_c(f_{w\beta})=\sqrt{u_1^2+u_2^2+u_3^2} \quad \cdots\cdots(E.16)$$

c) 取包含因子 $k=2$,则扩展不确定度为:

$$U_{f_{w\beta}}=2\times u_c(f_{w\beta}) \quad \cdots\cdots(E.17)$$

E.6.3 测量结果处理

相对法的测得值可以从波度偏差曲线上读取,也可以从指示表直接读取。波度偏差曲线上,多次重复出现的偏差的最大波高的1/2为 $f_{\omega\beta}$;指示表示值的周期性最大变化量的1/2为 $f_{\omega\beta}$。

绝对法的测得值从螺旋线偏差曲线上读取。螺旋线偏差曲线上多次重复出现的偏差的最大波高为 $f_{\omega\beta}$(见图E.9)。应在被测齿面的法线方向计值,以其他方向测量时,应对测量结果进行换算,换算公式见附录C。

在E.6.2.3规定的各测量位置中,以不同波距测得的最大偏差作为测量结果。单侧齿面工作的齿轮只计单侧齿面的偏差。

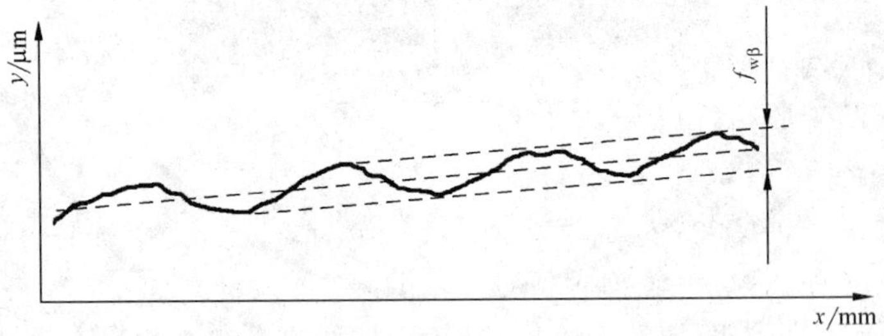

图 E.9 螺旋线偏差曲线上取波度偏差

E.7 齿厚检验

齿厚的检验包括齿厚偏差 E_{sn}、公法线平均长度偏差 E_{wm}、基本齿廓位移 E_H(固定弦齿厚偏差)、跨棒测量距 M_d 偏差的检验。

E.7.1 测量方法和测量仪器

齿厚的测量方法有直接法和间接法。间接法又可分为三种:公法线平均长度偏差的测量、基本齿廓位移的测量、跨棒测量距偏差的测量。

直接法的测量仪器有齿厚游标卡尺、光学测齿卡尺等。也可在万能工具显微镜等仪器上测量。

公法线平均长度偏差的测量仪器有公法线千分尺等。也可用游标卡尺、万能工具显微镜等仪器测量。

基本齿廓位移的测量仪器有正切齿厚规等。

跨棒测量距偏差(M 值)的测量仪器一般用千分尺和标准圆棒组合使用。

E.7.2　齿厚偏差的测量原理

E.7.2.1　齿厚偏差直接法测量原理

直接法测量原理见图 E.10。

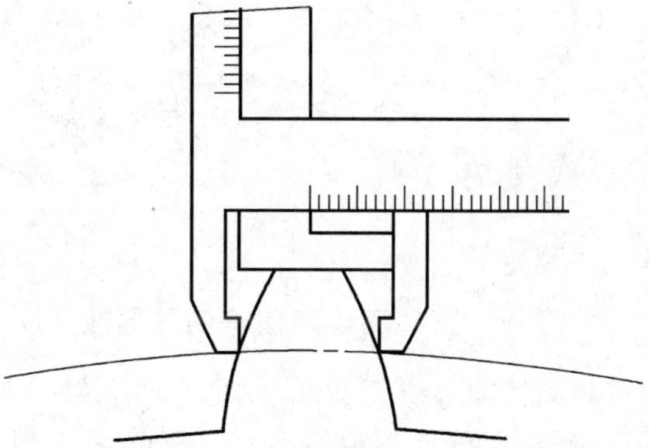

图 E.10　齿厚偏差测量原理

以被测齿轮回转轴线为基准(一般用齿轮外圆代替),测量齿轮分度圆柱上同一齿左右齿面之间的弧长或弦长,实测值与公称值之差即为齿厚偏差。各齿中最大齿厚与公称齿厚之差为齿厚上偏差 E_{sns},最小齿厚与公称齿厚之差为齿厚下偏差 E_{sni}。

E.7.2.2　间接法测量原理

E.7.2.2.1　公法线平均长度偏差测量原理

公法线平均长度偏差 E_{wm} 的测量原理参见 E.2.1.2,按各齿实测长度,通过计算求得平均值,此平均值和公称值之差即为 E_{wm}。

由于公法线测量不以齿轮回转轴为基准,它不反映齿轮径向偏心对齿厚偏差的影响(但齿厚偏差包括径向偏心偏差的影响)。因此用公法线平均长度偏差来代替齿厚偏差时,除了压缩齿厚偏差的规定值外,还应保证径向跳动在允许值范围内。

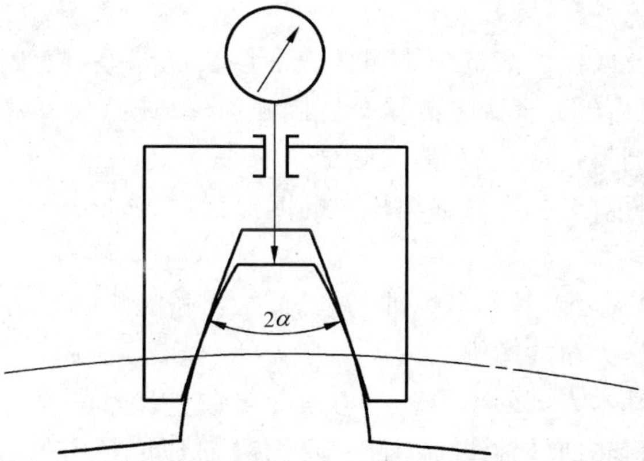

图 E.11　基本齿廓位移测量原理图

E.7.2.2.2　基本齿廓位移测量原理

基本齿廓位移测量原理参见图 E.11。以被测齿轮回转轴线为基准(一般用齿轮外圆代替),测量被测齿轮齿体或齿槽固定弦相对于回转轴线的径向距离。实际距离与公称距离之差即为基本齿廓位移 E_H。其最大距离与公称距离之差为基本齿廓位移上偏差 E_{Hs},最小距离与公称距离之差为基本齿廓位移下偏差 E_{Hi}。基本齿廓位移反映齿轮径向齿厚变化。

E.7.2.2.3　跨棒测量距偏差测量原理

跨棒测量距偏差 M_d 测量原理参见图 E.12。

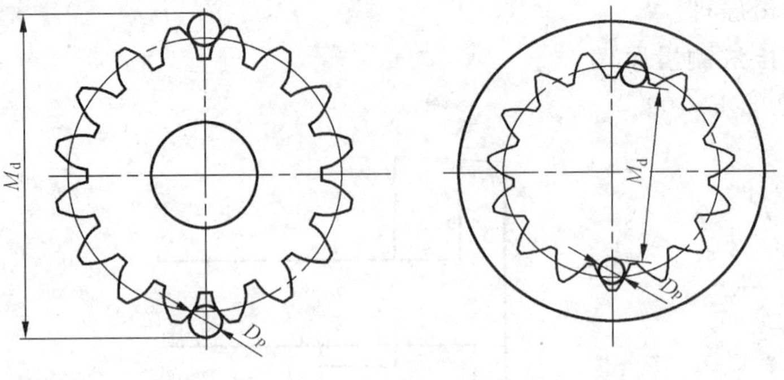

a)　　　　　　　　　　b)

E.12　跨棒测量距偏差测量原理

跨棒测量距的测量不需以齿轮回转轴心线为基准，而是将两个与左右齿面齿高中部接触的精密圆棒(或圆球)放于被测齿轮沿圆周相隔 180°(偶数齿)或(1-1/z)180°(奇数齿)的两个齿槽内。用千分尺或其他通用长度量仪测量两圆棒外尺寸(内齿轮为内尺寸)之间的距离，两量棒中心距称为 M 值。实测值的平均值与公称值之差为跨棒测量距偏差 M_d。

由于跨棒测量距偏差不反映齿轮径向偏心偏差的影响(但齿厚偏差包括齿轮径向偏心偏差的影响)，除了应按设计的规定压缩齿厚偏差的规定值外，还应保证径向跳动在允许值范围内。

E.7.3　测量

E.7.3.1　测量仪器的检定

仪器应按检定规程或其他有关技术文件的规定进行检定，经计量部门检定合格方准使用。

E.7.3.2　测量基准的确定

直接法测量齿厚以及间接法测量跨棒测量距平均长度偏差，应选择被测齿轮的设计基准作为测量基准。由测量时的定位偏差造成的被测齿轮的径向跳动不应大于齿厚偏差规定值的 1/8。当以顶圆作测量基准时，齿顶圆的径向跳动应符合附录 B 的规定。

E.7.3.3　测量位置的确定

a)　直接法测量齿厚以及间接法测量跨棒测量距平均长度偏差，应对沿圆周均布的至少 4 个轮齿进行测量，可在被测齿轮分度圆上测量分度圆弧齿厚(或弦齿厚)，也可测量固定弦齿厚。对于斜齿轮应在法平面测量，也允许在端面测量。

b)　对于间接法 M 值测量，至少测量圆周均布的两对齿的 M 值。

E.7.3.4　测球的选择

a)　直接法齿厚测量，测头可以是具有标准基本齿廓的齿槽测头，也可以是具有标准基本齿廓的齿体测头或具有标准压力角的圆锥测头。

　　测头所具有的标准基本齿廓的模数和压力角应与被测齿轮一致。

　　基本齿廓相对被测齿轮回转轴线(或有外圆代替)的理论径向位置在测量前应先用标准齿轮、标准圆棒或其他标准件校准。

b)　间接法 M 值测量，测量圆棒(或圆球)的直径按被测齿轮的模数来选择，应保证能与被测齿槽的左右齿面在分度圆附近接触。

E.7.4　测量不确定度

E.7.4.1　测量不确定度要求

齿厚偏差测量的不确定度不应大于设计齿厚的 1/5。

当不能确定测量不确定度是否能满足上述要求时，应进行测量不确定度分析。

E.7.4.2 测量不确定度分析

齿厚偏差测量不确定度误差来源及影响量见表 E.10。

表 E.10 齿厚偏差(直接法和间接法)测量不确定度误差来源及影响量

序号	测量项目	误差来源	由误差来源引入的影响量 δ_i	分量标准不确定度 u_i
1	齿厚偏差	仪器示值误差	δ_1 可按检定规程、规范或相应技术文件允许误差确定	u_1
		定位误差(测量圆定位半径偏差或外圆定位半径偏差)	$\delta_2=2\times\Delta r\tan(\alpha_n-\frac{90°}{z}\cos\beta)$ 式中: z——被测齿轮齿数; Δr——定位半径误差,单位为微米(μm)	u_2
2	公法线平均长度偏差	仪器示值误差	δ_1 可按检定规程、规范或相应技术文件允许误差确定	u_1
3	跨棒测量距(M值)	仪器示值误差	δ_1 可按检定规程、规范或相应技术文件允许误差确定	u_1
		测量元件:测量圆棒半径误差或测量圆球半径误差	$\delta_2=2\times\Delta R\times(1+1/\cos\beta_b\sin\alpha_{pt})$ 式中: ΔR——测量圆棒(或圆球)的半径误差,单位为微米(μm); α_{pt}——测量圆棒(或圆球)接触点的端面压力角,单位为度(°)	u_2

合成不确定度和扩展不确定度的计算参照 E.6.2.4.2 进行计算。

E.7.5 测量结果处理

E.7.5.1 齿厚偏差测量结果处理

以在 E.7.3.3 节所规定的各测量位置中测得的最大齿厚偏差和最小齿厚偏差作为测量结果。齿厚偏差 E_{sn} 应在被测齿轮双侧齿面分度圆螺旋线的法线方向测量,以其他方向测量时,应对测量结果进行换算,换算公式见附录 C。

E.7.5.2 公法线平均长度偏差测量结果处理

以在 E.7.3.3 节所规定的各测量位置中测得的各公法线长度偏差的算术平均值作为测量结果。

公法线平均长度偏差 E_{wm} 应在被测齿面法线方向测量,以其他方向测量时,应对测量结果进行换算,换算公式见附录 C。

E_{wm} 应使用设计图样规定的公法线平均长度极限偏差 E_{wms}、E_{wmi} 对其进行评定。当设计图样未作规定时,应将图样规定的齿厚极限偏差 E_{sns}、E_{sni} 按公式(E.18)、(E.19)换算为 E_{wms}、E_{wmi};也可将平均长度偏差测得值 ΔE_{wm} 按公式(E.20)、(E.21)换算,变为齿厚最大测得值 ΔE_{sns} 和最小测得值 ΔE_{sni}。计算式如下:

$$E_{wms}=E_{sns}\cos\alpha_n-0.72F_r\sin\alpha_n \qquad \cdots\cdots(E.18)$$

$$E_{wmi}=E_{sni}\cos\alpha_n+0.72F_r\sin\alpha_n \qquad \cdots\cdots(E.19)$$

应用(E.18)、(E.19)时,应保证被测齿轮径向跳动实际值在 F_r 允许值范围内。

$$\Delta E_{sns}=\frac{\Delta E_{wm}}{\cos\alpha_n}+F_r\tan\alpha_n \qquad \cdots\cdots(E.20)$$

$$\Delta E_{sni}=\frac{\Delta E_{wn}}{\cos\alpha_n}-F_r\tan\alpha_n \qquad \cdots\cdots(E.21)$$

E.7.5.3 基本齿廓位移测量结果处理

以在E.7.3.3节所规定的各测量位置中测得的最大基本齿廓位移ΔE_{Hs}和最小基本齿廓位移ΔE_{Hi}作为测量结果。

基本齿廓位移上偏差E_{Hs}和下偏差E_{Hi}应在被测齿轮的双侧齿面径向方向测量，以其他方向测量时，应对测量结果进行换算，换算公式见附录C。

对基本齿廓位移的测量结果ΔE_{Hs}、ΔE_{Hi}，应按设计图样规定的基本齿廓位移极限偏差对其进行评定。当设计图样未作规定时，应将图样规定的齿厚极限偏差E_{sns}、E_{sni}按公式(E.22)、(E.23)换算成E_{Hs}和E_{Hi}；也可将测得的ΔE_{Hs}和ΔE_{Hi}按公式(E.24)、(E.25)换算为ΔE_{sns}、ΔE_{sni}，用设计图样规定的E_{sns}、E_{sni}对其进行评定。计算式如下：

$$E_{Hs}=\frac{E_{sns}}{2\tan\alpha_n} \quad\cdots\cdots(\text{E.22})$$

$$E_{Hi}=\frac{E_{sni}}{2\tan\alpha_n} \quad\cdots\cdots(\text{E.23})$$

$$\Delta E_{sns}=2\Delta E_{Hs}\tan\alpha_n \quad\cdots\cdots(\text{E.24})$$

$$\Delta E_{sni}=2\Delta E_{hi}\tan\alpha_n \quad\cdots\cdots(\text{E.25})$$

E.7.5.4 跨棒测量距偏差测量结果处理

以在E.7.3.3节所规定的各测量位置中测得的各个M值的算术平均值M_{dm}作为测量结果。

应在被测齿轮的双侧齿面径向方向测量，以其他方向测量时，应对测量结果进行换算，换算公式见附录C。

对跨棒测量距偏差M_d应使用设计图样规定的跨棒测量距极限偏差M_{ds}、M_{di}对其进行评定。当设计图样未作规定时，应将图样规定的齿厚极限偏差E_{sns}、E_{sni}按公式(E.26)、(E.27)、(E.28)、(E.29)换算为M_{ds}、M_{di}；也可以将测得的M_{dm}按公式(E.30)、(E.31)、(E.32)、(E.33)换算为ΔE_{sns}、ΔE_{sni}对其进行评定。

将E_{sns}、E_{sni}换算成M_{ds}、M_{di}，计算公式如下：

被测齿轮为偶数齿时：

$$M_{ds}=\frac{\cos\alpha_t}{\sin\alpha_{pt}}\left[\frac{E_{sns}}{\cos\beta}-0.72F_r\tan\alpha_t\right] \quad\cdots\cdots(\text{E.26})$$

$$M_{di}=\frac{\cos\alpha_t}{\sin\alpha_{pt}}\left[\frac{E_{sni}}{\cos\beta}+0.72F_r\tan\alpha_t\right] \quad\cdots\cdots(\text{E.27})$$

被测齿轮为奇数齿时：

$$M_{ds}=\frac{\cos\alpha_t}{\sin\alpha_{pt}}\left[\frac{E_{sns}}{\cos\beta}-0.72F_r\tan\alpha_t\right]\cos\frac{90^\circ}{z} \quad\cdots\cdots(\text{E.28})$$

$$M_{di}=\frac{\cos\alpha_t}{\sin\alpha_{pt}}\left[\frac{E_{sni}}{\cos\beta}+0.72F_r\tan\alpha_t\right]\cos\frac{90^\circ}{z} \quad\cdots\cdots(\text{E.29})$$

当使用式(E.26)～(E.29)时，应保证被测齿轮的径向跳动在F_r允许值范围内。将M_{dm}换算成ΔE_{sns}、ΔE_{sni}，计算公式如下。

被测齿轮为偶数齿时：

$$\Delta E_{sns}=\frac{M_{dm}\sin\alpha_{pt}\cos\beta}{\cos\alpha_t}+F_r\tan\alpha_n \quad\cdots\cdots(\text{E.30})$$

$$\Delta E_{sni}=\frac{M_{dm}\sin\alpha_{pt}\cos\beta}{\cos\alpha_t}-F_r\tan\alpha_n \quad\cdots\cdots(\text{E.31})$$

被测齿轮为奇数齿时：

$$\Delta E_{sns}=\frac{M_{dm}\sin\alpha_{pt}\cos\beta}{\cos\alpha_t\cos\frac{90^\circ}{z}}+F_r\tan\alpha_n \quad\cdots\cdots(\text{E.32})$$

$$\Delta E_{\mathrm{sni}}=\frac{M_{\mathrm{dm}}\sin\alpha_{\mathrm{pt}}\cos\beta}{\cos\alpha_{\mathrm{t}}\cos\frac{90^{\circ}}{z}}-F_{\mathrm{r}}\tan\alpha_{\mathrm{n}} \quad \cdots\cdots(E.33)$$

使用上述换算式时，应保证被测齿轮实际径向跳动在 F_r 允许值范围内。

若被测齿轮的 F_r 在允许值范围内，可用 $0.72F_r$ 代替 ΔE_{sns} 和 ΔE_{sni}。

以上公式中 α_{pt} 为量棒接触点的端面压力角，单位为度（°）。

E.8 齿轮副接触斑点的检验

E.8.1 测量方法和测量仪器

齿轮副接触斑点的测量方法有光泽法和着色法。

齿轮副接触斑点的检验应安装在箱体中进行，也可以在齿轮副滚动试验机上或齿轮式单面啮合检查仪上进行。

E.8.1.1 光泽法测量原理

光泽法是在被测齿轮副齿面上不涂涂料进行测量，经足够时间的啮合运转，使齿面能见到清晰的擦亮痕迹。

E.8.1.2 着色法的测量原理

先在被测齿轮副中的小齿轮部分齿齿面上涂以适当厚度的涂料，攀动小齿轮轴使齿轮副作工作齿面的啮合，直至齿面上出现清晰的涂料被擦掉的痕迹。

E.8.2 测量

E.8.2.1 测量仪器的检定

仪器应按检定规程或其他有关技术文件的规定进行检定，经计量部门检定合格后方准使用。

E.8.2.2 测量基准的确定

测量基准的确定见附录 B。

E.8.2.3 测量位置的确定

应在设计中心距和使用时中心距相同的情况下对左右齿面进行测量。单侧齿面工作的齿轮允许只测工作侧齿面。

E.8.2.4 着色法的涂层

涂层应涂于小齿轮的不少于 5 个齿的工作齿面上。涂层应均匀，其厚度不应大于 6 μm。

E.8.2.5 测量力和啮合转数

在轻微制动的条件下进行测量。

光泽法需进行连续回转，直至齿面上的接触擦亮痕迹充分呈现出来。

着色法测量时，小齿轮可正反反复转动也可作连续回转，直至齿面上接触斑点充分呈现出来。

E.8.3 测量结果处理

齿轮副的接触斑点应以小齿轮齿面上的斑点为准，并以小齿轮齿面上接触斑点面积最小的齿面所计算的接触斑点的大小，作为测量结果。

E.8.3.1 接触斑点的大小

接触斑点的大小是以在齿面上接触痕迹沿齿长方向的长度（扣除超过模数值的断开部分）和沿齿高方向的平均高度分别相对于工作长度和工作高度之比的百分比来确定（见图 E.13）。

a) 沿齿长方向接触痕迹的百分比为：

$$\frac{b''-c}{b'}\times 100\% \quad \cdots\cdots(E.34)$$

式中：

b''——接触痕迹的总长度（包括断开部分），单位为毫米（mm）；

c——超过模数值的断开部分的长度，单位为毫米（mm）；

b'——工作长度，单位为毫米（mm）。

b) 沿齿高方向接触痕迹的百分比为：

$$\frac{h''-c}{h'}\times 100\% \quad \cdots\cdots\cdots\cdots (E.35)$$

式中：

h''——接触痕迹的平均高度，单位为毫米(mm)；

c——超过模数值的断开部分的长度，单位为毫米(mm)；

h'——工作高度，单位为毫米(mm)。

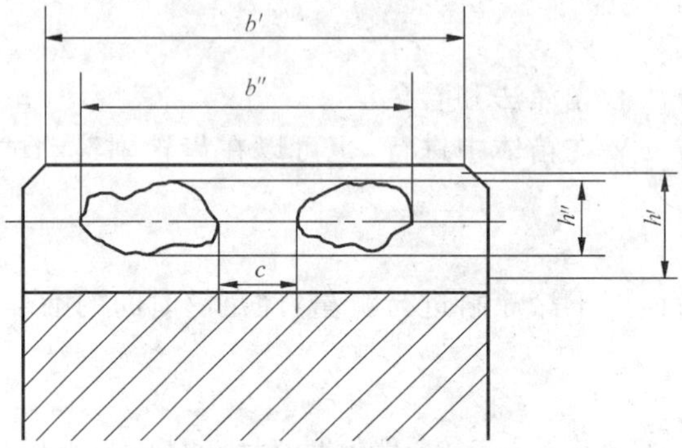

图 E.13 接触斑点图

E.8.3.2 接触斑点的位置

对于齿面不修形的齿轮，接触斑点的分布位置应趋近齿面中部，齿顶和两端部棱边不允许接触。

对于修形齿轮，接触斑点的位置按设计要求规定。

E.9 齿轮副侧隙的检验

齿轮副侧隙的检验包括齿轮副圆周侧隙 j_{wt} 和法向侧隙 j_{bn} 的检验。

E.9.1 测量方法和测量仪器

齿轮副侧隙的测量方法为单点法。

单点法在箱体上对安装好的齿轮副进行测量，也可在滚动试验机上进行测量。

E.9.2 单点法测量原理

单点法测量圆周侧隙的原理见图 E.14。单点测量圆周侧隙时，在中心距和使用时中心距相同的情况下，将齿轮副的一个齿轮固定，在另一个齿轮的分度圆切线方向上放置一指示表，然后晃动此齿轮，其晃动量由指示表读出，即为圆周侧隙值 j_{wt}。

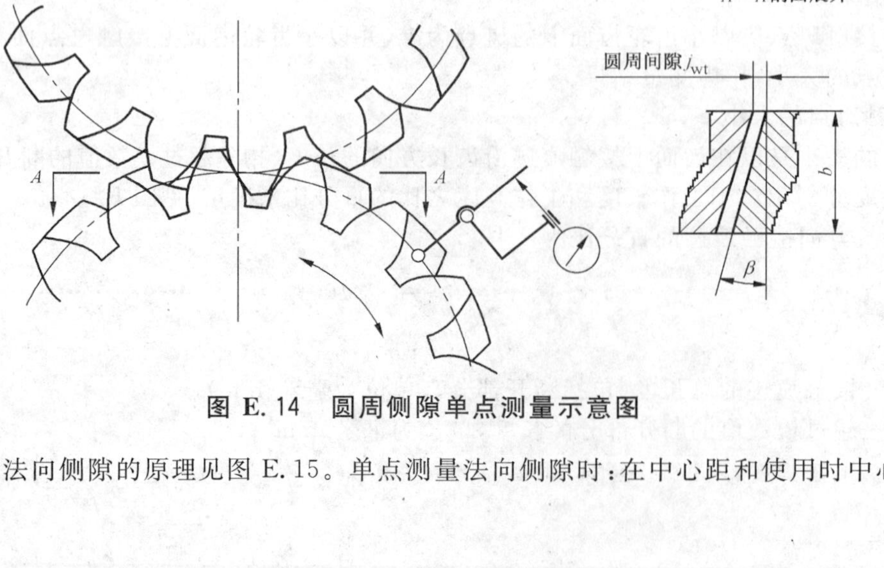

图 E.14 圆周侧隙单点测量示意图

单点法测量法向侧隙的原理见图 E.15。单点测量法向侧隙时：在中心距和使用时中心距相同的情况下，可用测片或塞片进行测量，也可和测量圆周侧隙相似使用指示表，但要将指示表测头置于与齿面垂直的方向上，此时从指示表上读出的晃动量即为法向侧隙值。

图 E.15　法向侧隙单点测量示意图

E.9.3　测量

E.9.3.1　测量仪器的检定

测量用的计量器具应按检定规程或其他有关技术文件的规定进行检定，经计量部门检定合格后方准使用。

E.9.3.2　测量基准的确定

测量基准的确定方法见附录 B。

E.9.3.3　单点法测量位置的确定

应对大齿轮每转过大约 60°的位置进行齿轮副侧隙的测量。

E.9.3　测量结果的处理

单点法测量侧隙时，可直接在指示表上读出或根据测片或塞片的厚度定值。以在规定的各测量位置中，测得的最大侧隙和最小侧隙作为测量结果。

j_{bn}在被测齿轮齿面法线方向计值，j_{wt}在被测齿轮分度圆切线方向计值，以其他方向测量时应对测得值进行换算，换算公式见附录 C。

附 录 F
（规范性附录）
齿距累积总偏差跨齿测量数据处理方法

齿距累积总偏差跨齿测量数据处理方法有计算法和作图法。

F.1 计算法

从跨齿测量数据中求取 F_p 的方法列于表 F.1～表 F.5，以 $z=60$，跨齿数 $N=6$，分组数 $S=10$ 为例，进行计算。

表 F.1 跨齿测量齿距积累偏差的数据处理 单位为微米

跨齿序 j	齿序 i	相对跨齿距偏差（读数值）P_j	跨齿距偏差 $f_{ptj}=P_j-P_m$	相对 0# 齿的跨齿距累积总偏差 $F_{pj}=\sum_{j=0}^{j} f_{ptj}$
0(0)	0(60)			0
1	6	0	+4	+4
2	12	−1	+3	+7
3	18	−1	+3	+10
4	24	−8	−4	+6
5	30	−10	−6	0
6	36	−9	−5	−5
7	42	−7	−3	−8
8	48	−7	−3	−11
9	54	+1	+5	−6
10	60	+2	+6	0

计算结果给出了相对 0# 齿的跨齿齿距累积总偏差的最大值 $F_{pi\max}=+10$，最小值 $F_{pi\min}=-11$。为了求得 $F_{pi\max}$ 应对 $i=12$～18、$i=18$～24 进行逐齿补点测量。为了求得 $F_{pi\min}$ 应对 $i=42$～48、$i=48$～54 进行逐齿补点测量。补点测量数据的处理方法列于表 F.2～表 F.5。

表 F.2 $i=12$～18 逐齿补点数据处理 单位为微米

跨齿序 j	对 0# 齿的跨齿距累积总偏差 F_{pj}	齿序 i	相对齿距偏差（读数值）P'_i	齿距偏差 f'_{pti}	相对第 12 齿的齿距累积总偏差 F'_{pi}	相对 0# 齿的齿距累积总偏差 F_{pi}
2	+7	12			0	+7
		13	0	+1	+1	+8
		14	+1	+2	+3	+10
		15	0	+1	+4	+11
		16	+1	+2	+6	+13
		17	−4	−3	+3	+10
3	+10	18	−1	0	+3	+10

表 F.2 中：

$$f'_{pti} = P'_i - P'_m \qquad \cdots\cdots (F.1)$$

$$P'_m = \frac{\sum\limits_{i=jN}^{(j+1)N} P'_i (F_{p(j+i)} - F_{pj})}{N} \qquad \cdots\cdots (F.2)$$

$$F'_{pi} = \sum_{i=jN}^{i} f'_{pti} \qquad \cdots\cdots (F.3)$$

$$F_{pi} = F_{pj} + F'_{pi} \qquad \cdots\cdots (F.4)$$

表 F.3　i=18～24 逐齿补点数据处理

单位为微米

跨齿序 j	对 0# 齿的跨齿距累积总偏差 F_{pj}	齿序 i	相对齿距偏差(读数值) P'_i	齿距偏差 f'_{pti}	相对第 18 齿的齿距累积总偏差 F'_{pi}	相对 0# 齿的齿距累积总偏差 F_{pi}
3	+10	18			0	+10
		19	0	−1	−1	+9
		20	+1	0	−1	+9
		21	0	−1	−2	+8
		22	0	−1	−3	+7
		23	0	−1	−4	+6
4	+6	24	+1	0	−4	+6

表 F.4　i=42～48 逐齿补点数据处理

单位为微米

跨齿序 j	对 0# 齿的跨齿距累积总偏差 F_{pj}	齿序 i	相对齿距偏差(读数值) P'_i	齿距偏差 f'_{pti}	相对第 42 齿的齿距累积总偏差 F'_{pi}	相对 0# 齿的齿距累积总偏差 F_{pi}
7	−8	42			0	−8
		43	0	−2	−2	−10
		44	+1	−1	−3	−11
		45	0	−2	−5	−13
		46	+1	−1	−6	−14
		47	+3	+1	−5	−13
8	−11	48	+4	+2	−3	−11

表 F.5　i=48～54 逐齿补点数据处理

单位为微米

跨齿序 j	对 0# 齿的跨齿距累积总偏差 F_{pj}	齿序 i	相对齿距偏差(读数值) P'_i	齿距偏差 f'_{pti}	相对第 48 齿的齿距累积总偏差 F'_{pi}	相对 0# 齿的齿距累积总偏差 F_{pi}
8	−11	48			0	−11
		49	0	+1	+1	−10
		50	+1	+2	+3	−8
		51	−2	−1	+2	−9
		52	0	+1	+3	−8
		53	0	+1	+4	−7
9	−6	54	0	+1	+5	−6

从表 F.2、表 F.3 求得：$F_{pi\max}=(+13)\mu m$；从表 F.4、表 F.5 求得：$F_{pi\min}=(-14)\mu m$。

则：$F_p=F_{pi\max}-F_{pi\min}=(+13)-(-14)=27\ \mu m$。

F.2　作图法

第一步作跨齿齿距累积总偏差图(见图 F.1)：以直角坐标图上的 x 坐标代表跨齿序号 j，y 坐标代表相对齿距偏差的累积值 F_{pj}：

$$F_{pj}=\sum_{j=0}^{j}P_j \qquad \cdots\cdots(F.5)$$

式中：

P_j——在分度圆上测得的弧长偏差量，单位为微米(μm)。

将测得值(表 F.1 中的 P_i)按跨齿序 j 依次累积标在坐标图上，过原点和最后一个偏差点连一直线，该直线即为计算跨齿齿距累积总偏差的基准线。找出所有偏差点中相对基准线的纵坐标最大值 $F_{pj\max}=+10(i=18)$，最小值 $F_{pj\min}=-11(i=48)$。

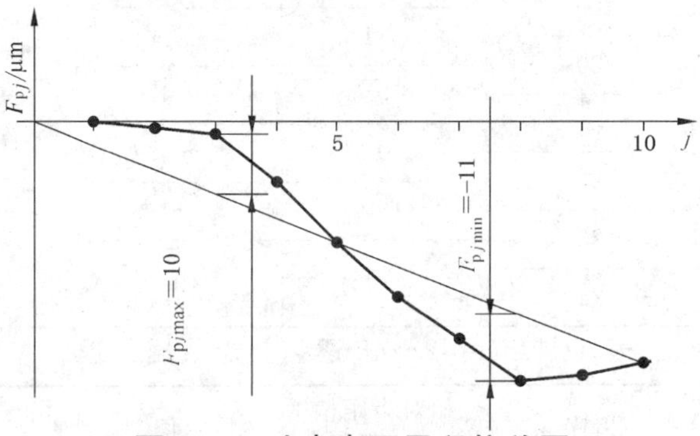

图 F.1　跨齿齿距累积偏差图

第二步作分组逐齿齿距累积偏差图：在直角坐标图上 x 坐标代表组内齿序号 i，y 坐标代表相对齿距偏差的累积值：

$$F'_{pi}=\sum_{i=nj}^{i}P'_i \qquad \cdots\cdots(F.6)$$

将测得值(表 F.2 中的 P'_i)按齿序 i 依次累积标在坐标图上，将最后一个偏差点的 y 坐标减去 $(F_{p(j+1)}-F_{pj})$后，与原点连一直线，该直线即为计算组内各齿相对于 j 齿的齿距累积总偏差的基准线。作与该基准线 y 坐标相距$(-F_{pj})$的平行线，则此平行线为各齿相对于 0# 齿的齿距累积总偏差的基准线。按上述方法分别作 $i=12\sim18$，$i=18\sim24$，$i=24\sim48$，$i=48\sim54$ 四组的齿距累积总偏差图(图 F.2～图 F.5)，并从图中求出 $F_{pi\max}=+13$，最小值 $F_{pi\min}=-14$。

则：$F_{pi\max}-F_{pi\min}=(+13)-(-14)=27\ \mu m$。

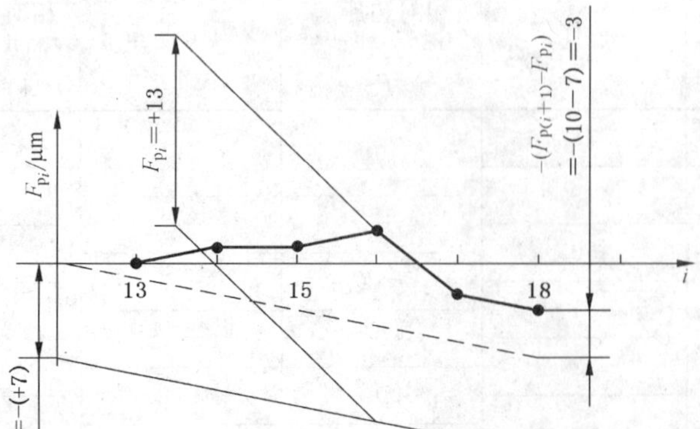

图 F.2　$i=12\sim18$ 逐齿齿距累积偏差图

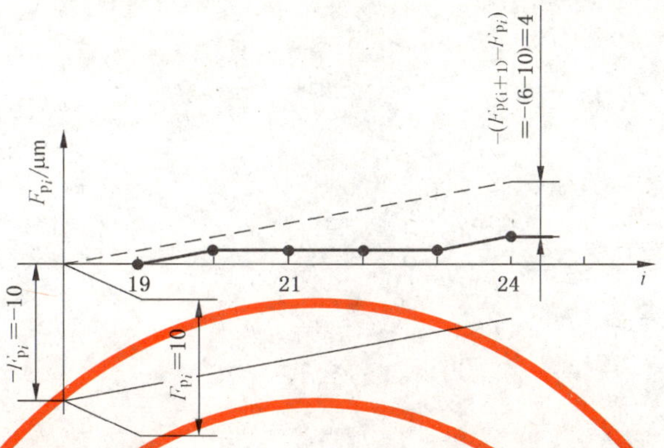

图 F.3　i=18～24 逐齿齿距累积偏差图

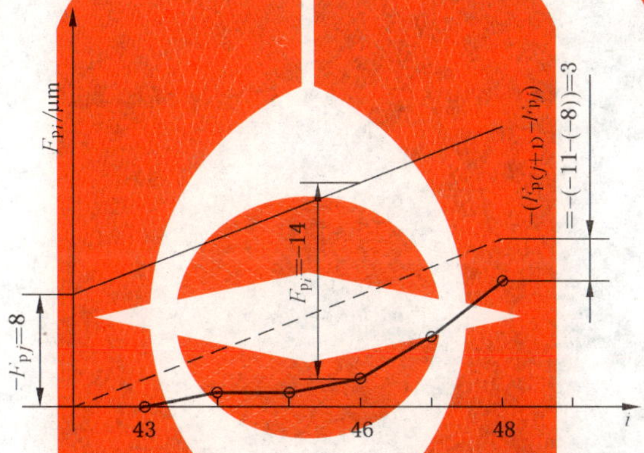

图 F.4　i=42～48 逐齿齿距累积偏差图

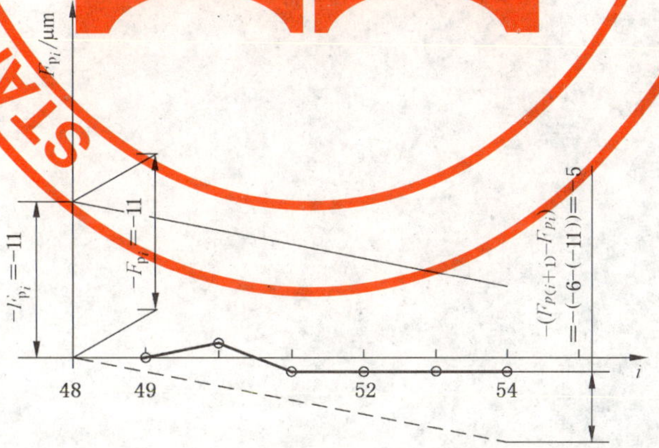

图 F.5　i=48～54 逐齿齿距累积偏差图

ICS 23.060.01
J 16

中华人民共和国国家标准

GB/T 13927—2008
代替 GB/T 13927—1992

工业阀门　压力试验

Industrial valves—Pressure testing

2008-12-23 发布　　2009-07-01 实施

中华人民共和国国家质量监督检验检疫总局
中国国家标准化管理委员会　发布

前言

本标准修改采用 ISO/DIS 5208:2007《工业用阀门 阀门的压力试验》(英文版)。

本标准根据 ISO/DIS 5208:2007 重新起草。在附录 B 中列出了本标准章条编号与 ISO/DIS 5208:2007 章条编号的对照一览表。

本标准与 ISO/DIS 5208:2007 相比,主要做了如下修改:

——调整了标准的条款编写顺序,例如:“试验介质”本标准集中在 4.6 中,而 ISO 标准在 4.6、4.10.1、4.11.2、4.12.2 中分别叙述;

——删除了 ISO 中的(2.7、2.8)术语;

——增加了 4.6.2 和 4.6.4。

本标准是对 GB/T 13927—1992《通用阀门 压力试验》的修订。本标准与 GB/T 13927—1992 相比,主要变化如下:

——标准名称修改为《工业阀门 压力试验》(按国际标准的名称);

——增加“允许工作压差、双关双断阀门”等术语解释;

——增加“试验相关规定”章节,规定买方的权限;

——修改“试验要求”章节中的“试验项目、试验持续时间”等要求;

——修改“试验方法和步骤”章节中的“泄漏率要求”等内容,增加了泄漏量等级;

——修改附录的内容。

本标准的附录 A 为规范性附录,附录 B 为资料性附录。

本标准由中国机械工业联合会提出。

本标准由全国阀门标准化技术委员会(SAC/TC 188)归口。

本标准起草单位:合肥通用机电产品检测院、合肥通用机械研究院、永嘉县产品质量监督检验所、浙江超达阀门股份有限公司、苏州纽威阀门有限公司。

本标准主要起草人:王晓钧、黄明亚、林美、邱晓来、高开科。

本标准所代替标准的历次版本发布情况为:

——GB/T 13927—1992。

工业阀门 压力试验

1 范围

本标准规定了工业用金属阀门的压力试验的术语、压力试验相关情形、压力试验要求、试验方法和步骤以及试验结果要求。

本标准适用于工业用金属阀门。本标准应与阀门的产品标准配套使用。

本标准经供需双方同意后也可适用于其他类型的阀门。

2 术语

下列术语和定义适用于本标准。

2.1

壳体试验 shell test

对阀体和阀盖等连接而成的整个阀门壳体进行的冷态压力试验。目的是检验阀门壳体、包括固定连接处在内的整个壳体的结构强度、耐压能力和致密性。

2.2

密封试验 closure test

检验阀门启闭件和阀座密封副、阀体和阀座间的密封性能的试验。

2.3

试验压力 test pressure

试验时，阀门内腔的显示压力。

2.4

试验介质 test fluid

用于阀门压力试验加压的液体或气体。

2.5

试验介质温度 test fluid temperature

用于阀门压力试验加压的液体或气体的温度。除另有特别的规定外，温度应在 5 ℃～40 ℃范围内。

2.6

弹性密封副 resilient seats

非金属弹性材料、固体和半固体润滑脂类等组成的密封副。

2.7

冷态工作压力 cold working pressure

在－20 ℃～38 ℃介质温度时，阀门最大允许工作压力，缩写符号 CWP。阀门的温度-压力等级由相关产品标准确定。

2.8

允许工作压差 design differential pressure

阀门在关闭状态下，阀门密封副能保证密封状态，允许进出口两端的工作压力差值。没有规定时，允许工作压差按阀门的最大允许工作压力。

2.9

双截断与排放阀门　double block-and-bleed valve

对有两个独立密封副的阀门，包容在两个密封副之间体腔内的介质，在腔体压力泄放时，两个密封副同时能截断密封。

3　压力试验相关情形

3.1　买方的检查

如在订货合同中有要求，买方检验员可以在阀门制造期间到现场进行检验。买方要求检验产品时，制造厂应根据所要求的试验项目，提前5个工作日通知买方。

3.2　密封试验的选择项目

当买方有要求时，可进行表1中“选择”项目的密封试验。

4　压力试验要求

4.1　安全提示

按本标准进行的压力试验，需要对试验用气体或液体压力的安全性进行评估。

4.2　试验地点

每台阀门出厂前均应进行压力试验，压力试验应在阀门制造厂内进行。

4.3　试验设备

进行压力试验的设备，不应有施加影响阀门的外力。使用端部对夹紧试验装置时，阀门制造厂应能保证该试验装置不影响被试验阀门的密封性。对夹式止回阀和对夹式蝶阀等装配在配合法兰间的阀门，可用端部对夹紧装置。

4.4　压力测量装置

用于测量试验介质压力的测量仪表的精度应不低于1.6级，并经校验合格。

4.5　阀门壳体表面

4.5.1　在壳体压力试验前，不允许对阀门表面涂漆和使用其他可以防止渗漏的涂层；允许无密封作用的化学防腐处理或衬里阀门的衬里存在。

4.5.2　买方要求进行再次压力试验时，对已涂过漆的阀门，则可以不去除涂漆。

4.6　试验介质

4.6.1　液体介质可用含防锈剂的水、煤油或黏度不高于水的非腐蚀性液体；气体介质可用氮气、空气或其他惰性气体；奥氏体不锈钢材料的阀门进行试验时，所使用的水含氯化物量应不超过100 mg/L。

4.6.2　上密封试验和高压密封试验应使用液体介质。

4.6.3　试验介质的温度应在5 ℃～40 ℃之间。

4.6.4　用液体介质试验时，应保证壳体的内腔充满试验介质。

4.7　试验压力

4.7.1　壳体试验压力

4.7.1.1　试验介质是液体时，试验压力至少是阀门在20 ℃时允许最大工作压力的1.5倍(1.5×CWP)。

4.7.1.2　试验介质是气体时，试验压力至少是阀门在20 ℃时允许最大工作压力的1.1倍(1.1×CWP)。

4.7.1.3　如订货合同有气体介质壳体试验的要求时，试验压力应不大于4.7.1.2的规定，且必须先进行液体介质的壳体试验，在液体介质的试验合格后，才进行气体介质的壳体试验，并应采取相应的安全保护措施。

4.7.2　上密封试验压力

试验压力至少是阀门在 20 ℃时的允许最大工作压力的 1.1 倍(1.1×CWP)。

4.7.3 密封试验压力

4.7.3.1 试验介质是液体时,试验压力至少是阀门在 20 ℃时允许最大工作压力的 1.1 倍(1.1×CWP);如阀门铭牌标示对最大工作压差或阀门配带的操作机构不适宜进行高压密封试验时,试验压力按阀门铭牌标示的最大工作压差的 1.1 倍。

4.7.3.2 试验介质是气体时,试验压力为 0.6 MPa±0.1 MPa;当阀门的公称压力小于 PN 10 时,试验压力按阀门在 20 ℃时允许最大工作压力的 1.1 倍(1.1×CWP)。

4.7.4 试验压力应在试验持续时间内得到保持。

4.8 压力试验项目

4.8.1 压力试验项目按表 1 的要求;制造厂应有试验操作的程序和方法文件。

4.8.2 表 1 中,某些试验项目是可"选择"的,合格的阀门应能通过这些试验。当订货合同有要求时,制造厂应按表 1 的规定对"选择"项目进行试验。

表 1 压力试验项目要求

试验项目	阀门范围	闸阀	截止阀	旋塞阀[a]	止回阀	浮动球球阀	蝶阀、固定球球阀
液体壳体试验	所有	必须	必须	必须	必须	必须	必须
气体壳体试验	所有	选择	选择	选择	选择	选择	选择
上密封试验[b]	所有	选择	选择	不适用	不适用	不适用	不适用
气体低压密封试验	≤DN100、≤PN250	必须	选择	必须	选择	必须	必须
	>DN100、≤PN100						
	≤DN100、>PN250	选择	选择	选择	选择	必须	选择
	>DN100、>PN100						
液体高压密封试验	≤DN100、≤PN250	选择	必须	选择	必须	选择[c]	选择
	>DN100、≤PN100						
	≤DN100、>PN250	必须	必须	必须	必须	选择[c]	必须
	>DN100、>PN100						

[a] 油封式的旋塞阀,应进行高压密封试验,低压密封试验为"选择";试验时应保留密封油脂。

[b] 除波纹管阀杆密封结构的阀门外,所有具有上密封结构的阀门都应进行上密封试验。

[c] 弹性密封阀门经高压密封试验后,可能会降低其在低压工况的密封性能。

4.9 试验持续时间

4.9.1 对于各项试验,保持试验压力的持续时间按表 2 的规定。

表 2 保持试验压力的持续时间

单位为秒

阀门公称尺寸	保持试验压力最短持续时间[a]			
	壳体试验	上密封试验	密封试验	
			其他类型阀	止回阀
≤DN50	15	15	60	15
DN65～DN150	60	60	60	60
DN200～DN300	120	60	60	120
≥DN350	300	60	120	120

[a] 保持试验压力最短持续时间是指阀门内试验介质压力升至规定值后,保持该试验压力的最少时间。

4.9.2 试验持续时间除符合表 2 的规定外，还应满足具体的捡漏方法对试验压力持续时间的要求。

5 试验方法和步骤

5.1 壳体试验

5.1.1 封闭阀门的进出各端口，阀门部分开启，向阀门壳体内充入试验介质，排净阀门体腔内的空气，逐渐加压到 1.5 倍的 CWP，按表 2 的时间要求保持试验压力，然后检查阀门壳体各处的情况（包括阀体、阀盖连接法兰、填料箱等各连接处）。

5.1.2 壳体试验时，对可调阀杆密封结构的阀门，试验期间阀杆密封应能保持阀门的试验压力；对于不可调阀杆密封（如“O”形密封圈，固定的单圈等），试验期间不允许有可见的泄漏。

5.1.3 如订货合同有气体介质的壳体试验要求时，应先进行液体介质的试验，试验结果合格后，排净体腔内的液体，封闭阀门的进出各端口，阀门部分开启，将阀门浸入水中，并采取相应的安全保护措施。向阀门壳体内充入气体，逐渐加压到 1.1 倍的 CWP，按表 2 的时间要求保持试验压力，观察水中有无气泡漏出。

5.2 上密封试验

对具有上密封结构的阀门，封闭阀门的进出各端口，向阀门壳体内充入液体的试验介质，排净阀门体腔内的空气，用阀门设计给定的操作机构开启阀门到全开位置，逐渐加压到 1.1 倍的 CWP，按表 2 的时间要求保持试验压力。观察阀杆填料处的情况。

5.3 密封试验方法

5.3.1 一般要求

5.3.1.1 试验期间，除油封结构旋塞阀外，其他结构阀门的密封面应是清洁的。为防止密封面被划伤，可以涂一层黏度不超过煤油的润滑油。

5.3.1.2 有两个密封副、在阀体和阀盖有中腔结构的阀门（如：闸阀、球阀、旋塞阀等），试验时，应将该中腔内充满试验压力的介质。

5.3.1.3 除止回阀外，对规定了介质流向的阀门，应按规定的流向施加试验压力。

5.3.1.4 试验压力按 4.7 的规定。

5.3.2 密封试验检查

主要类型阀门的试验方法和检查按表 3 的规定。

表 3 密封试验

阀门种类	试验方法
闸　阀 球　阀 旋塞阀	封闭阀门两端，阀门的启闭件处于部分开启状态，给阀门内腔充满试验介质，逐渐加压到规定的试验压力，关闭阀门的启闭件；按规定的时间保持一端的试验压力，释放另一端的压力，检查该端的泄漏情况。 重复上述步骤和动作，将阀门换方向进行试验和检查
截止阀 隔膜阀	封闭阀门对阀座密封不利的一端，关闭阀门的启闭件，给阀门内腔充满试验介质，逐渐加压到规定的试验压力，检查另一端的泄漏情况
蝶　阀	封闭阀门的一端，关闭阀门的启闭件，给阀门内腔充满试验介质，逐渐加压到规定的试验压力，在规定的时间内保持试验压力不变。检查另一端的泄漏情况。 重复上述步骤和动作，将阀门换方向试验。
止回阀	止回阀在阀瓣关闭状态，封闭止回阀出口端，给阀门内充满试验介质，逐渐加压到规定的试验压力，检查进口端的泄漏情况
双截断与排放结构	关闭阀门的启闭件，在阀门的一端充满试验介质，逐渐加压到规定的试验压力，在规定的时间内保持试验压力不变。检查两个阀座中腔的螺塞孔处泄漏情况。 重复上述步骤和动作，将阀门换方向试验另一端的泄漏情况
单向密封结构	关闭阀门的启闭件，按阀门标记显示的流向方向封闭该端，充满试验介质，逐渐加压到规定的试验压力，在规定的时间内保持试验压力不变。检查另一端的泄漏情况

6 试验结果要求

6.1 壳体试验

壳体试验时，不应有结构损伤，不允许有可见渗漏通过阀门壳壁和任何固定的阀体连接处(如：中口法兰)；如果试验介质为液体，则不得有明显可见的液滴或表面潮湿。如果试验介质是空气或其他气体，应无气泡漏出。

6.2 上密封试验

不允许有可见的泄漏。

6.3 密封试验

6.3.1 不允许有可见泄漏通过阀瓣、阀座背面与阀体接触面等处，并应无结构损伤(弹性阀座密封面的塑性变形不作为结构上的损坏考虑)。在试验持续时间内，试验介质通过密封副的最大允许泄漏率按表4的规定。

表 4 密封试验的最大允许泄漏率

试验介质	允许泄漏率										
	泄漏率单位	A级	AA级	B级	C级	CC级	D级	E级	EE级	F级	G级
液体	mm^3/s	在试验压力持续时间内无可见泄漏	0.006×DN	0.01×DN	0.03×DN	0.08×DN	0.1×DN	0.3×DN	0.39×DN	1×DN	2×DN
	滴/min		0.006×DN	0.01×DN	0.03×DN	0.08×DN	0.1×DN	0.29×DN	0.37×DN	0.96×DN	1.92×DN
气体	mm^3/s	在试验压力持续时间内无可见泄漏	0.18×DN	0.3×DN	3×DN	22.3×DN	30×DN	300×DN	470×DN	3 000×DN	6 000×DN
	气泡/min		0.18×DN	0.28×DN	2.75×DN	20.4×DN	27.5×DN	275×DN	428×DN	2 750×DN	5 500×DN

注1：泄漏率是指1个大气压力状态。

注2：阀门的DN按附录A的规定“等同的规格”的公称尺寸数值。

6.3.2 泄漏率等级的选择应是相关阀门产品标准规定或订货合同要求中要求更严格的一个。若产品标准或订货合同中没有特别规定时，非金属弹性密封副阀门按表4的A级要求，金属密封副阀门按表4的D级要求，等同规格的阀门按附录A的要求。

6.4 合格证明书

阀门制造厂应向买方提供阀门产品符合本标准的合格证明书。

附 录 A
（规范性附录）
等同的规格

产品的计算泄漏率值用等同的规格的 DN 数按表 A.1 的规定。

表 A.1 等同的规格的 DN 数

DN	NPS	铜管用缩径端	塑料管用缩径端
8	1/4	8	—
10	—	10、12	10、12
15	1/2	14、14.7、15、16、18	14.7、15、16、18
20	3/4	21、22	20、21、22
25	1	25、27.4、28	25、27.4、28
32	1¼	34、35、38	32、34
40	1½	40、40.5、42	40、40.5
50	2	53.6、54	50、53.6
65	2½	64、66.7、70	63
80	3	76.1、80、88.9	75、90
100	4	108	110
125	5	—	—
150	6	—	—
200	8	—	—
250	10	—	—
300	12	—	—
350	14	—	—
400	16	—	—
450	18	—	—
500	20	—	—
600	24	—	—
650	26	—	—
700	28	—	—
750	30	—	—
800	32	—	—
900	36	—	—
1 000	40	—	—

附　录　B
（资料性附录）
本标准章条编号与 ISO/DIS 5208:2007 章条编号对照

表 B.1 给出了本标准章条编号与 ISO/DIS 5208:2007 章条编号对照一览表。

表 B.1　本标准章条编号与 ISO/DIS 5208:2007 章条编号对照

本标准章条编号	对应的国际标准章条编号
1	1
2	2
2.1	2.1
2.2	2.2
2.3	2.3
2.4	2.4
2.5	2.5
2.6	2.6
—	2.7
—	2.8
2.7	2.9
2.8	2.10
2.9	2.11
3	3
3.1	3.1、3.1.1、3.1.2
3.2	3.2
3.3	3.3
4	4
4.1	4.1
4.2	4.2
4.3	4.3、4.3.1、4.3.2
4.4	4.4
4.5、4.5.1、4.5.2	4.5
4.6、4.6.1、4.6.3	4.6、4.10.1、4.11.2、4.12.2
4.6.2、4.6.4	—
4.7	4.7
4.7.1	4.10.3
4.7.1.1	4.10.3 中 a)
4.7.1.2	4.10.3 中 b)
4.7.1.3	4.10.3 中最后一段

表 B.1（续）

本标准章条编号	对应的国际标准章条编号
4.7.2	4.11.4
4.7.3	4.12.4
—	4.11.1
4.7.3.1	4.12.4.1 中 b)
4.7.3.2	4.12.4.1 中 a)
4.8	4.8
4.8.1	4.8.1
4.8.2	4.8.2、4.8.5、4.9
表 1	表 1
表 1 中注 1、注 2	4.8.3
—	4.8.4
4.9、4.9.1	4.10.4、4.11.5、4.12.5
表 2	表 2
4.9.2	—
5、5.1、5.1.1、5.1.2、5.1.3	4.10、4.10.2
5.2	4.11、4.11.3
5.3	4.12、4.12.3、4.12.6
5.3.1	4.12.1
5.3.2	4.12.3、4.12.6
表 3	表 3
6	4.10.5、4.11.6、4.12.7
6.1	4.10.5
6.2	4.11.6
6.3	4.12.7
表 4	表 4
6.4	4.13
附录 A	附录 A
附录 B	—

ICS 91.140.30
J 72

中华人民共和国国家标准

GB/T 13933—2008
代替 GB/T 13933—1992

小型贯流式通风机

Miniature cross-flow fan

2008-11-12 发布　　2009-05-01 实施

中华人民共和国国家质量监督检验检疫总局
中国国家标准化管理委员会　发布

前　言

本标准修订 GB/T 13933—1992《小型贯流式通风机》，与 GB/T 13933—1992 相比主要变化如下：

——调整了适用范围；

——增加了小型贯流式通风机的定义；

——调整了风机的基本参数；

——将产品型号编制方法作为资料性附录；

——删除对风机用电源类别及额定电压的要求；

——增加了风机制造的有关要求；

——增加了对风机轴承部位振动速度的要求；

——调整了风机工作环境条件的要求；

——调整了技术要求中对风量、风压的要求；

——将风机噪声的考核标准由 A 声级改为比 A 声级；

——精简了风机用小功率电动机考核的内容；

——增加了风机叶轮进行超速试验的要求；

——调整了检验规则的部分内容。

本标准自实施之日起代替 GB/T 13933—1992。

本标准附录 A 是资料性附录。

本标准由中国机械工业联合会提出。

本标准由全国冷冻空调设备标准化技术委员会(SAC/TC 238)归口。

本标准起草单位：合肥通用机械研究院、合肥通用环境控制技术有限责任公司。

本标准主要起草人：田奇勇、陈启明、朱晓农。

本标准由全国冷冻空调设备标准化技术委员会负责解释。

本标准所代替标准的历次版本发布情况为：

——GB/T 13933—1992。

小型贯流式通风机

1 范围

本标准规定了小型贯流式通风机(以下简称“风机”)的术语和定义、型式与基本参数、要求、试验方法、检验规则、标志、包装和贮存。

本标准适用于叶轮外径不大于 300 mm 的小型贯流式通风机。

2 规范性引用文件

下列标准所包含的条文,通过在本标准中引用而成为本标准的条文。凡是注日期的引用文件,其随后所有的修改单(不含勘误内容)或修订版均不适用于本标准,然而,鼓励根据本标准达成协议的各方研究是否可使用这些文件的最新版本。凡是不注日期的引用文件,其最新版本适用于本标准。

GB/T 191　包装储运图示标志

GB/T 1236—2000　工业通风机　用标准化风道进行性能试验

GB/T 2888　通风机和罗茨鼓风机噪声测量方法

GB/T 5171　小功率电动机通用技术条件

GB/T 13306　标牌

JB/T 6445—2005　工业通风机叶轮超速试验

JB/T 8689　通风机振动检测及其限值

JB/T 9062—1999　采暖通风与空气调节设备　涂装技术条件

JB/T 9065　冷暖通风设备包装通用技术条件

JB/T 9101　通风机转子平衡

3 术语和定义

下列术语和定义适用于本标准。

3.1

小型贯流式通风机　miniature cross-flow fan

气流沿着多叶叶轮半径方向从叶轮的一侧进入叶轮,穿过叶轮,从叶轮的另一侧流出,且叶轮外径不大于 300 mm 的通风机。

4 型式与基本参数

4.1 型式

a) 风机的结构型式示意图见图 1。

b) 电动机与叶轮的连接方式示意图见图 2。

c) 叶轮的型式示意图见图 3。为增加叶轮刚度,可以根据叶轮长度对其中部进行加固,叶轮可为一节、二节以至多节。

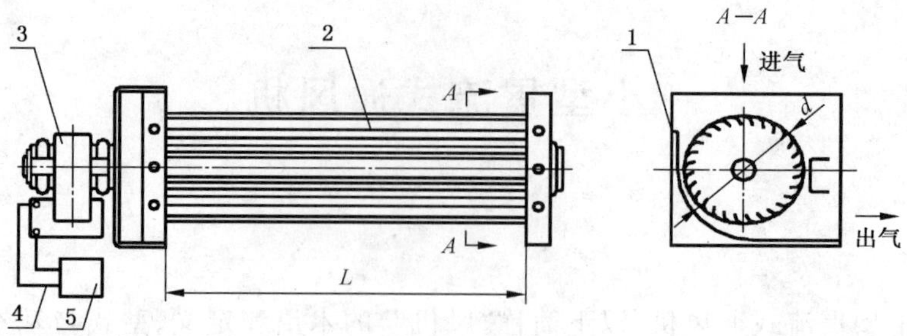

1——蜗壳组合件；
2——叶轮；
3——电动机；
4——引出导线；
5——接插件。

图 1 风机结构示意图

图 2 电动机与叶轮的连接方式示意图

图 3 叶轮型式示意图

4.2 型号编制方法

风机的型号编制方法见附录 A。

4.3 基本参数

4.3.1 叶轮外径 d、叶轮长度 L。

4.3.2 风机的空气动力性能参数以产品的铭牌风量值及铭牌风压值来标识。

5 要求

5.1 一般要求

5.1.1 风机按经规定程序批准的图样和技术文件制造并应符合本标准的要求。有特殊要求时可按供需双方的协议制造。

5.1.2 风机选用的材料应符合所输送的介质及规定运行工况的要求。

5.1.3 风机机壳和叶轮应具有足够的刚度，在正常搬运及运转中不应产生变形。

5.1.4 风机的外购、外协件应有合格证明，并经质量检验部门复检合格后方可使用。

5.1.5 风机用电动机的性能及安全要求应符合 GB/T 5171 的规定。

5.2 外观

5.2.1 风机外观应符合 JB/T 9062—1999 中 5.6 的规定。

5.2.2 电动机引出线应完整无损，颜色和正、负极标志应正确无误。

5.3 接线端子与引出导线及接插件连接强度

5.3.1 风机接线端子与每根引出导线连接强度应能承受 50 N 拉力，且不应出现拉松痕迹、线股断裂或绝缘层永久变形。

5.3.2 接线端子与接插件连接强度应能承受 20 N 拉力而不脱落。

5.4 运转

5.4.1 风机组装完成后，应通电进行运转，运转时整机不应有异响声及异常温升。

5.4.2 风机运转中采用挠性支承时，其轴承部位的振动速度有效值应不大于 4.6 mm/s；采用刚性支承时，其轴承部位的振动速度有效值应不大于 3.0 mm/s。

5.5 空气动力性能

在额定转速下，工作区域内，风机的实测空气动力性能应满足以下规定：在铭牌所示风压下的实测风量不应小于铭牌所示风量的 95%；或在风机铭牌所示风量下的实测风压不应小于铭牌所示风压的 95%。

5.6 噪声

风机实测噪声的比 A 声级（L_{SA}）限值应符合表 1 规定。

表 1 风机的噪声限值

叶轮名义外径 d/mm	d≤50	50<d≤110	110<d≤200	200<d≤300
比 A 声级 L_{SA}/dB	≤23	≤22	≤20	≤19

5.7 绝缘电阻

风机的电动机绕阻对机壳及各绕阻之间的绝缘电阻应符合表 2 的规定。

表 2 电动机绕阻对机壳及各绕阻之间的绝缘电阻

试验条件	相对湿度≤75%			75%<相对湿度≤90%
	25 ℃	55 ℃	−25 ℃	40 ℃
交流电动机绝缘电阻	>100 MΩ	>10 MΩ	>50 MΩ	>2 MΩ
直流电动机绝缘电阻	>20 MΩ	>2 MΩ	>12 MΩ	>0.1 MΩ

5.8 电气强度

整机承受表 3 中规定的试验电压，应无击穿或闪络等。

表 3 试验电压

风机额定电压	直流(DC)		交流(AC)		
	12 V	24 V	110 V	220 V	380 V
试验电压(保持 1 min)	300 V	550 V	1 500 V		
绕阻泄漏电流	<0.1 mA		<3 mA		

5.9 动平衡精度

风机叶轮的动平衡校验方法和动平衡精度表示方法应符合 JB/T 9101 的规定，叶轮的动平衡精度限值为 4.0 级。

5.10 耐高温

风机应无漏油现象，电动机绕阻对机壳及各绕阻之间的绝缘电阻应符合 5.7 的规定。

5.11 耐低温

在试验箱内通电检查，风机的启动时间不应超过 5 min，转速不应低于于铭牌所示转速的 80%，电动机绕阻对机壳及各绕阻之间的绝缘电阻应符合 5.7 的规定。

5.12 恒定湿热

风机表面应无明显锈蚀、起皮和涂覆脱落等，电动机绕阻对机壳及各绕阻之间的绝缘电阻和整机的电气强度应分别符合 5.7 和 5.8 的规定。

5.13 振动

风机应无机械损伤，零、部件应无松动。

5.14 叶轮超速

叶轮应符合 JB/T 6445—2005 中 6.1、6.2、6.3、6.5 中有关离心式叶轮的规定。

6 试验方法

6.1 外观

用目测的方法检查，并应符合 5.2 的要求。

6.2 接线端子与引出导线及接插件连接强度

在接线端子与引出线上，用精度等级不低于 1 级的测力器逐渐施加 50 N 的拉力；接线端子与接插件上逐渐施加 20 N 的拉力，作用力达到最大值后保持 10 s。

6.3 运转试验

风机组装完成后，在额定电压和频率下进行运转；轴承部位振动速度测量按 JB/T 8689 的规定进行。

6.4 空气动力性能

风机的风量、风压测量按 GB/T 1236—2000 中 32.2[试验装置符合图 70a)或图 70g)]或 32.3[试验装置符合图 71b)]的规定进行。

6.5 噪声

风机噪声测量按 GB/T 2888 的规定进行。

6.6 绝缘电阻

在室温试验条件下：当被试机的额定电压小于等于 60 V 时，用 250 V 兆欧表测量风机绝缘电阻；当被试机的额定电压在 60 V～660 V 时，用 500 V 兆欧表测量风机绝缘电阻。

6.7 电气强度

试验电源频率为 50 Hz，正弦波、电源功率和输出阻抗应保持不变。试验电压按表 3 要求，试验时从零缓慢上升至规定值(不小于 10 s)，保持全值 1 min，然后匀速降至零值。出厂检验时，允许用表 3 规定的试验电压值的 120%，历时 1 s 的试验代替。若需重复试验时，其试验电压为规定值的 80%。

6.8 动平衡精度

风机的叶轮动平衡试验按 JB/T 9101 的规定进行。

6.9 耐高温

当工作环境温度为 −25 ℃～55 ℃，相对湿度不大于 90% 时，将风机置于试验箱中，箱温逐渐升高到 57 ℃±2 ℃，将风机施加额定电压和频率，连续运转 2 h。

当风机工作环境条件超出上述范围时，耐高温性能试验应由供需双方协商确定。

6.10 耐低温

当工作环境温度为 −25 ℃～55 ℃，相对湿度不大于 90% 时，将风机置于试验箱中，箱温逐渐降至 −27 ℃±2 ℃，保持 2 h 后，在箱内对风机施加额定电压和频率，检查风机的启动时间、额定电流、绝缘电阻以及转速。

当风机工作环境条件超出上述范围时，耐低温性试验应由供需双方协商确定。

6.11 恒定湿热

当工作环境温度为 −25 ℃～55 ℃，相对湿度不大于 90% 时，试验前将风机置于 40 ℃±5 ℃的恒温箱中，保持 3 h，然后将风机置于温度 40 ℃±2 ℃、相对湿度 90%～95%，保持 48 h。试验中风机表面应无凝露或箱顶水珠滴到风机上。试验后在箱内测量风机绝缘电阻。在室内放置 2 h 后，测量风机电气强度。

当风机工作环境条件超出上述范围时，恒定湿热性能试验应由供需双方协商确定。

6.12 振动

安装风机的试验支架应有足够的刚性，并固定在振动台面上，在试验频率范围内支架应不产生谐振，风机施加额定电压和频率，连续运转，并承受振频(10～55～10) Hz，扫描一次 1 min，振动加速度为 9.81 m/s^2，三个互相垂直方向(即 X、Y、Z 方向)各振 30 min。

6.13 叶轮超速试验

风机叶轮的超速试验按 JB/T 6445—2005 的规定进行。

7 检验规则

7.1 检验类别

风机的检验分为出厂检验、抽样检验和型式检验三类。

7.2 出厂检验

7.2.1 每台风机应经制造厂质量检验部门检验合格后并附有合格证方可出厂。

7.2.2 检验项目、要求和试验方法按表 4 的规定。

表 4 检验项目

<table>
<tr><th>序号</th><th>项　目</th><th>出厂检验</th><th>抽样检验</th><th>型式检验</th><th>要　求</th><th>试验方法</th></tr>
<tr><td>1</td><td>外观</td><td>√</td><td>—</td><td rowspan="13">√</td><td>5.2</td><td>6.1</td></tr>
<tr><td>2</td><td>接线端子与引出导线及接插件连接强度</td><td>—</td><td rowspan="4">√</td><td>5.3</td><td>6.2</td></tr>
<tr><td>3</td><td>运转试验</td><td>√</td><td>5.4</td><td>6.3</td></tr>
<tr><td>4</td><td>空气动力性能</td><td rowspan="2">—</td><td>5.5</td><td>6.4</td></tr>
<tr><td>5</td><td>噪声</td><td>5.6</td><td>6.5</td></tr>
<tr><td>6</td><td>绝缘电阻</td><td rowspan="3">√</td><td rowspan="8">—</td><td>5.7</td><td>6.6</td></tr>
<tr><td>7</td><td>电气强度</td><td>5.8</td><td>6.7</td></tr>
<tr><td>8</td><td>动平衡精度</td><td>5.9</td><td>6.8</td></tr>
<tr><td>9</td><td>高温</td><td rowspan="5">—</td><td>5.10</td><td>6.9</td></tr>
<tr><td>10</td><td>低温</td><td>5.11</td><td>6.10</td></tr>
<tr><td>11</td><td>恒定湿热</td><td>5.12</td><td>6.11</td></tr>
<tr><td>12</td><td>振动</td><td>5.13</td><td>6.12</td></tr>
<tr><td>13</td><td>叶轮超速试验</td><td>5.14</td><td>6.13</td></tr>
<tr><td colspan="7">注："√"为应检项目，"—"为不检项目。</td></tr>
</table>

7.3 抽样检验

7.3.1 应从出厂检验合格的风机中抽样，抽样检验项目按表 4 的规定。

7.3.2 抽样方法及判定依据由制造厂确定或由供需双方协商确定。

7.4 型式检验

7.4.1 在下列情况之一时，应进行型式检验：

a) 试制定型后第一次生产的新产品或转厂生产的老产品；

b) 正式生产后，当结构、材料、工艺有较大改变，可能影响产品的性能时；

c) 正常生产时，定期或定量的周期性检验(周期由制造厂家自定或由供需双方商定)；

d) 产品停产两年后，再次生产时；

e) 国家质量监督机构提出进行型式试验要求时。

7.4.2 检验项目、要求和试验方法按表 4 的规定。

8 标志、包装、贮存

8.1 标志

8.1.1 每台风机应在明显的位置上设置永久性铭牌，铭牌应符合 GB/T 13306 的规定，铭牌内容如下：

a) 产品名称和型号；

b) 输入功率、额定电压、频率；

c) 风量；

d) 风压；

e) 净质量；

f) 制造日期和编号；

g) 制造单位名称。

8.1.2 包装标志

产品包装箱表面上应标出下列内容：

a) 产品名称和型号；

b) 制造单位名称和地址；

c) 毛质量、外形尺寸、数量；

d) 运输包装箱应有小心、轻放、怕湿、向上等图示标志，并符合 GB/T 191 规定。

8.1.3 产品应在相应的地方(如铭牌、产品说明书等)标注产品执行标准编号。

8.2 包装

8.2.1 包装前应对风机易生锈部位采取防锈、涂封措施，然后将风机用塑料袋封好。

8.2.2 包装盒或包装箱应符合 JB/T 9065 的规定。包装内应有产品合格证和产品说明书。

8.3 贮存

8.3.1 风机贮存时应包装完整。

8.3.2 风机应存放在清洁、无腐蚀气体、通风良好的库房内。

8.3.3 堆放时应平稳，且离地面的高度不小于 200 mm。

8.3.4 存放环境温度为－10 ℃～40 ℃，相对湿度不大于 90％。

8.3.5 产品贮存一年后，应开箱检查零、组件，如发现保护层生锈、涂覆层剥落、标志模糊不清等现象应进行返修或更换。

附　录　A
（资料性附录）
风机的型号编制方法

A.1　产品型号

A.1.1　型号的组成

风机的型号由产品代号、规格尺寸、电动机与叶轮连接方式和设计改进序号组成，其排列顺序如下：

GL　□×□　□　□

- □——设计改进序号（用 A、B…… 表示）
- □——电动机与叶轮连接方式单叶轮不表示
- □——叶轮长度
- □——叶轮外径
- GL——产品代号

A.1.2　型号示例

例 1：叶轮外径 40 mm，长度 200 mm，电动机与单叶轮连接的小型贯流式通风机。

型号为：GL40×200

例 2：叶轮外径 50 mm，长度 100 mm，电动机与双叶轮连接，第一次设计改进的小型贯流式通风机。

型号为：GL50×100SA

ICS 29.160.30
K 22

中华人民共和国国家标准

GB/T 13957—2008
代替 GB/T 13957—1992

大型三相异步电动机基本系列技术条件

Technical requirement for the fundamental series of three-phase large asynchronous motor

2008-04-23 发布　　　　2008-12-01 实施

中华人民共和国国家质量监督检验检疫总局
中国国家标准化管理委员会　发布

前 言

本标准代替 GB/T 13957—1992《大型三相异步电动机基本系列技术条件》。

本标准与 GB/T 13957—1992 的主要差异如下：

——表述规则按 GB/T 1.1—2000 进行修改；

——对最低环境空气温度、电动机电气性能保证值的容差情况进行了修改；

——对电机型号的表述做了修改，取消了铁心长及电压等级的标识；

——对 Y 系列电机的型谱做了修改补充，增加了一个中心高，完善了相应增补规格的性能参数及安装尺寸；

——对原标准中的一些表述方式进行了修改。

本标准由中国电器工业协会提出。

本标准由全国旋转电机标委会发电机分技术委员会(SAC/TC 26)归口并负责解释。

本标准负责起草单位：哈尔滨大电机研究所。

本标准参加起草单位：哈尔滨电机厂交直流电机有限责任公司、东方电机股份有限公司、上海电机厂有限责任公司、无锡哈电电机有限公司、佳木斯电机股份有限公司、湘潭电机股份有限公司。

本标准主要起草人：孙玉田、王泽宇、陆忠麒、张春莉、李松田、叶志明、左涛、许春家、李春林。

本标准历次版本发布情况：

——GB/T 13957—1992。

大型三相异步电动机基本系列技术条件

1 范围

本标准规定了大型三相异步电动机的型式、基本参数与尺寸、技术要求、检验规则以及标识与包装的要求。

本标准适用于大型Y系列四极及以上一般用途笼型转子三相异步电动机(以下简称Y系列电动机)以及大型YR系列四极及以上一般用途绕线型转子三相异步电动机(以下简称YR系列电动机),中心高分别为710、800、900、1 000、1 120 mm。大型YKS、YRKS系列三相异步电动机参照本标准执行。

本标准中未规定的事项,应符合GB 755的有关规定。

2 规范性引用文件

下列标准中的条款通过本标准的引用而成为本标准的条款。凡是注日期的引用文件,其随后所有的修改单(不包括勘误的内容)或修订版均不适用本标准。然而,鼓励根据本标准达成协议的各方研究是否可使用这些文件的最新版本。凡是不注日期的引用文件,其最新版本适用于本标准。

GB/T 191 包装储运图示标志(GB/T 191—2000,eqv ISO 780:1997)

GB 755 旋转电机 定额和性能(GB 755—2000,idt IEC 60034-1:1996)

GB/T 997 旋转电机结构及安装型式(IM)代号(GB/T 997—2003,idt IEC 60034-7:1992)

GB/T 1032 三相异步电动机试验方法

GB/T 1096 普通型 平键(GB/T 1096—2003,neq ASTM B18.2S.1M:1996)

GB 1971 旋转电机线端标志及旋转方向

GB/T 1974 切向键及其键槽

GB/T 1993 旋转电机冷却方法

GB/T 4772.2 旋转电机尺寸和输出功率等级 第二部分:机座号355～1 000和凸缘号1 180～2 360(GB/T 4772.2—1999,idt IEC 72-2:1990)

GB/T 4831 电机产品型号编制方法

GB/T 4942.1 旋转电机外壳防护分级(IP代码)(GB/T 4942.1—2001,idt IEC 60034-5:1991)

GB 10068 轴中心高为56 mm及以上电机的机械振动、振动的测量、评定及限值(GB 10068—2000,idt IEC 60034-14:1996)

GB/T 10069.1 旋转电机噪声测定方法及限值 第1部分:旋转电机噪声测定方法(GB/T 10069.1—2006,ISO 61680-1:1999,MOD)

GB 10069.3 旋转电机噪声测定方法及限值 第3部分:噪声限值

JB/T 10098 交流电机定子成型线圈耐冲击电压水平

3 型式、基本参数与尺寸

3.1 电动机的外壳防护等级参见GB/T 4942.1。

3.2 电动机的冷却方法为IC01、IC11、IC21、或IC31(见GB/T 1993)。

3.3 电动机的结构及安装型式为IMB3、IM7211或IM7212(见GB/T 997)。

3.4 电动机的定额是以S1工作制为基准的连续定额。

3.5 电动机的额定频率为50 Hz,额定电压为6 000 V或10 000 V。

3.6 依据GB/T 4831将电动机的型号编制如下:

Y(R)H-p

其中,Y 表示 Y 系列异步电动机,H 表示该型号电机的中心高(mm),p 表示该型号电机的极数,R 表示该电机采用绕线式转子结构。

例如:Y710-4 表示 Y 系列异步电动机,中心高为 710 mm,4 极。

3.7 电动机的中心高与转速及功率的对应关系见表 1、表 2、表 3 和表 4。

3.8 电动机安装尺寸及公差应符合表 5、表 6 或表 7 的规定(与图 1、图 2 或图 3 对应)。YR 系列电动机的集电环允许置于轴承的内侧或外侧。

3.9 Y 系列电动机轴伸键尺寸及公差应按 GB/T 1096 的要求并符合表 8 的规定。YR 系列电动机切向键的尺寸及公差应按 GB/T 1974 的要求并符合表 9 的规定。

表 1 Y 系列电动机(6 000 V)的中心高与转速及功率的对应关系

中心高/mm	同步转速/(r/min)					
	1 500	1 000	750	600	500	375
	功率/kW					
710	— 4 000 4 500 5 000	2 800 3 150 3 550 4 000	— 2 240 2 500 2 800	— — 2 000 2 240	— 1 400 1 600 1 800	800 900 1 000 1 120
800	5 600 6 300 7 100	4 500 5 000 5 600	3 150 3 550 4 000	2 500 2 800 3 150	2 000 2 240 2 500	1 250 1 400 1 600
900	— 8 000 9 000 10 000	— 6 300 7 100 8 000	— 4 500 5 000 5 600	3 550 4 000 4 500 5 000	— 2 800 3 150 3 550	1 800 2 000 2 240 2 500
1 000	11 200 12 500 14 000 16 000 18 000	— 9 000 10 000 11 200 12 500	6 300 7 100 8 000 9 000 10 000	— 5 600 6 300 7 100 8 000	— 4 000 4 500 5 000 5 600	— 2 800 3 150 3 550 4 000
1 120	— 20 000 22 400 25 000	14 000 16 000 18 000 20 000	11 200 12 500 14 000 16 000	— — — —	— — — —	— — — —

表 2 Y 系列电动机(10 000 V)的中心高与转速及功率的对应关系

中心高/mm	同步转速/(r/min)					
	1 500	1 000	750	600	500	375
	功率/kW					
710	— 3 550 4 000 4 500	— 2 800 3 150 3 550	— 2 000 2 240 2 500	— — 1 800 2 000	— 1 250 1 400 1 600	710 800 900 1 000

表 2（续）

中心高/mm	同步转速/(r/min)					
	1 500	1 000	750	600	500	375
	功　率/kW					
800	5 000 5 600 6 300	4 000 4 500 5 000	2 800 3 150 3 550	2 240 2 500 2 800	1 800 2 000 2 240	1 120 1 250 1 400
900	7 100 8 000 9 000	5 600 6 300 7 100	4 000 4 500 5 000	3 150 3 550 4 000	— 2 500 2 800	1 600 1 800 2 000
1 000	— 10 000 11 200 12 500 14 000	— 8 000 9 000 10 000 11 200	5 600 6 300 7 100 8 000 9 000	4 500 5 000 5 600 6 300 7 100	3 150 3 550 4 000 4 500 5 000	2 240 2 500 2 800 3 150 3 550
1 120	16 000 18 000 20 000 22 400	12 500 14 000 16 000 18 000	10 000 11 200 12 500 14 000	— — — —	— — — —	— — — —

表 3　YR 系列电动机(6 000 V)的中心高与转速及功率的对应关系

中心高/mm	同步转速/(r/min)					
	1 500	1 000	750	600	500	375
	功　率/kW					
710	2 800 3 150 3 550 4 000	2 000 2 240 2 500 2 800	1 800 2 000 2 240 —	1 400 1 600 1 800 —	1 120 1 250 1 400 —	630 710 800 900
800	4 500 5 000 5 600 —	3 150 3 550 4 000 4 500	2 500 2 800 3 150 —	2 000 2 240 2 500 —	1 600 1 800 2 000 2 240	1 000 1 120 1 250 1 400
900	— — — —	— — — —	3 550 4 000 4 500 —	2 800 3 150 3 550 4 000	2 500 2 800 3 150 —	1 600 1 800 2 000 —
1 000	— — — —	— — — —	— — — —	4 500 5 000 5 600 —	3 550 4 000 4 500 5 000	2 240 2 500 2 800 —

表 4　YR 系列电动机(10 000 V)的中心高与转速及功率的对应关系

中心高/mm	同步转速/(r/min)				
	1 500	1 000	750	600	500
	功　率/kW				
710	2 500	2 000	—	—	—
	2 800	2 240	—	—	—
	3 150	2 500	—	—	—
	3 550	—	—	—	—
800	4 000	2 800	2 500	—	—
	4 500	3 150	2 800	—	—
	5 000	3 550	—	—	—
	5 600	—	—	—	—
900	—	4 000	3 150	2 500	—
	—	4 500	3 550	2 800	—
	—	5 000	—	—	—
	—	—	—	—	—
1 000	—	—	4 000	3 150	2 500
	—	—	4 500	3 550	2 800
	—	—	5 000	—	3 150
	—	—	—	—	3 550

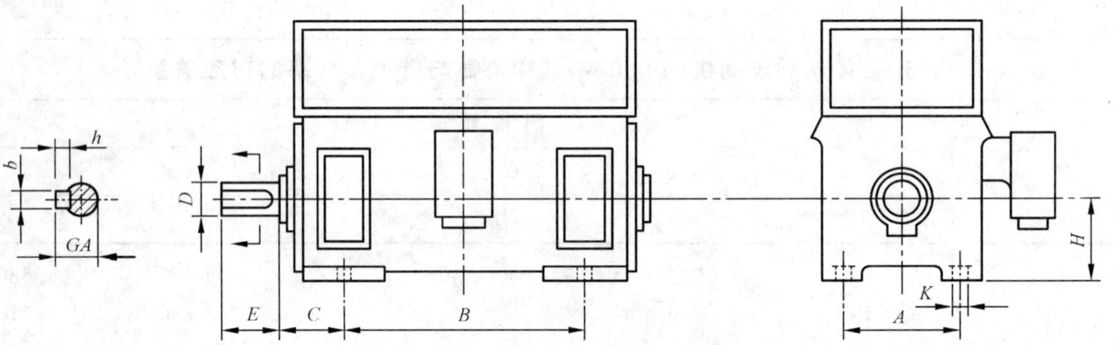

图 1　电动机主要安装尺寸示意图

表 5　Y 系列电动机的安装尺寸及公差　　单位为毫米

中心高	安装尺寸及公差															
	A		*B*		*C*		*D*		*E*		*b*	*h*	*GA*	*H*		*K*
	基本尺寸	极限偏差	基本尺寸	极限偏差	基本尺寸	极限偏差	基本尺寸	极限偏差	基本尺寸	极限偏差	基本尺寸	基本尺寸	基本尺寸	基本尺寸	极限偏差	基本尺寸
710	1 400	±2.8	1 800	±2.8	530	±4.2	200	+0.046 +0.017	350	±0.70	45	25	210	710	0 −1.5	56
800	1 600		2 000				220				50	28	231	800		
900	1 800	±3.5	2 240	±3.5	600		250	+0.052 +0.020	410	±0.77	56	32	262	900		66
1 000	2 000		2 500				280		470		63		292	1 000		
1 120	2 240		2 800		630		320	+0.057 +0.021	470		70	36	334	1 120		74

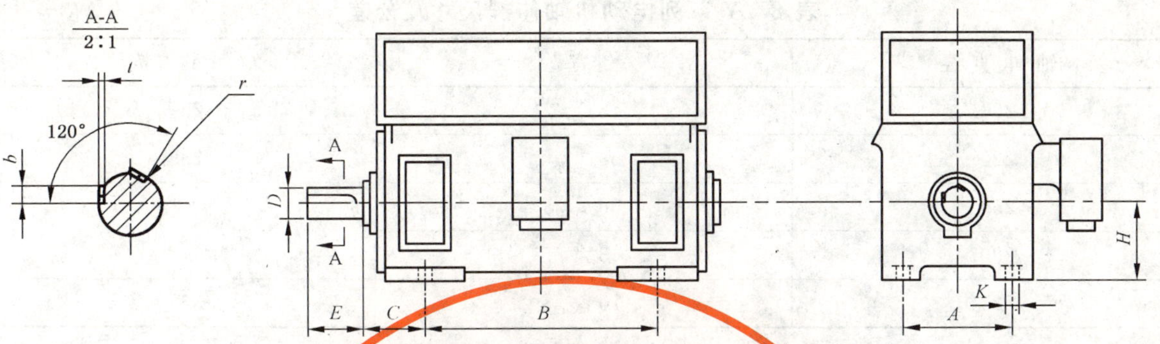

图 2 电动机主要安装尺寸示意图

表 6 YR 系列电动机(集电环置于轴承内侧)的安装尺寸及公差 单位为毫米

中心高	安装尺寸及公差																
	A		*B*		*C*		*D*		*E*		*t*	*b*	*r*		*H*		*K*
	基本尺寸	极限偏差	基本尺寸	极限偏差	基本尺寸	极限偏差	基本尺寸	极限偏差	基本尺寸	极限偏差	基本尺寸	基本尺寸	最小尺寸	最大尺寸	基本尺寸	极限偏差	基本尺寸
710	1 400	±2.8	2 500	±2.8	530	±4.2	200	+0.046 +0.017	350	±0.70	14	51	0.7	1.0	710	0 −1.5	56
800	1 600						220				16	57.1	1.2	1.6	800		
900	1 800	±3.5	2 800	±3.5	600		250		410		18	64.6			900		66
1 000	2 000						280	+0.052 +0.020	470	±0.77	20	72.1	2.0	2.5	1 000		

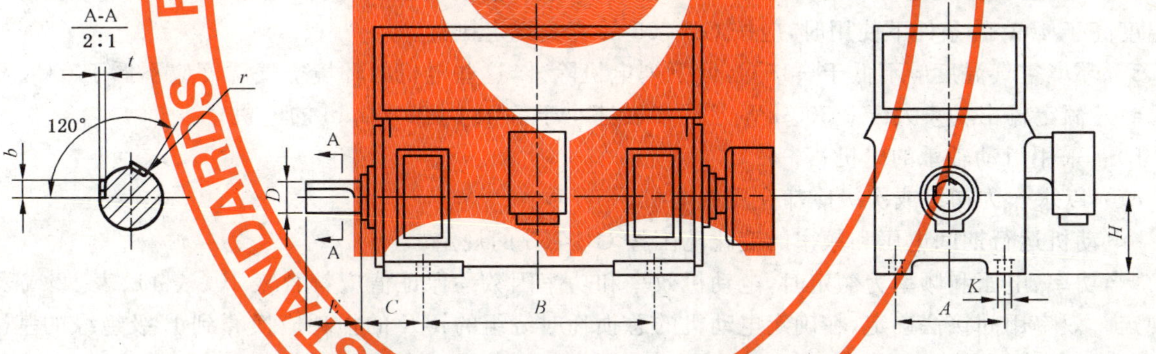

图 3 电动机主要安装尺寸示意图

表 7 YR 系列电动机(集电环置于轴承外侧)的安装尺寸及公差 单位为毫米

中心高	安装尺寸及公差																
	A		*B*		*C*		*D*		*E*		*t*	*b*	*r*		*H*		*K*
	基本尺寸	极限偏差	基本尺寸	极限偏差	基本尺寸	极限偏差	基本尺寸	极限偏差	基本尺寸	极限偏差	基本尺寸	基本尺寸	最小尺寸	最大尺寸	基本尺寸	极限偏差	基本尺寸
710	1 400	±2.8	1 800	±2.8	530	±4.2	200	+0.046 +0.017	350	±0.70	14	51	0.7	1.0	710	0 −1.5	56
800	1 600		2 000				220				16	57.1	1.2	1.6	800		
900	1 800	±3.5	2 240	±3.5	600		250		410		18	64.6			900		66
1 000	2 000		2 500				280	+0.052 +0.020	470	±0.77	20	72.1	2.0	2.5	1 000		

表 8　Y 系列电动机轴伸键尺寸及公差　　单位为毫米

轴伸直径	键宽 b	键高 h
200	$45_{-0.062}^{0}$	$25_{-0.130}^{0}$
220	$50_{-0.062}^{0}$	$28_{-0.130}^{0}$
250	$56_{-0.074}^{0}$	$32_{-0.160}^{0}$
280	$63_{-0.074}^{0}$	$32_{-0.160}^{0}$
320	$70_{-0.074}^{0}$	$36_{-0.160}^{0}$

表 9　YR 系列电动机切向键尺寸及公差　　单位为毫米

轴伸直径	厚　度 t	计算宽度 b	倒　角 c	
			min	max
200	$14_{-0.11}^{0}$	51	1	1.2
220	$16_{-0.11}^{0}$	57.1	1.6	2.0
250	$18_{-0.11}^{0}$	64.6	1.6	2.0
280	$20_{-0.13}^{0}$	72.1	2.5	3.0

4　技术要求

4.1　在下列条件下，电动机应能额定运行。

4.1.1　海拔不超过 1 000 m。

4.1.2　环境空气温度随季节而变化，但不超过 40℃。如电动机指定在海拔超过 1 000 m 或最高环境空气温度高于 40℃的条件下使用时，应按 GB 755 的有关规定执行。

4.1.3　环境空气温度应不低于－15℃，但下列电机除外，这些电机的环境空气温度应不低于 0℃。

a)　额定输出功率大于 3 300 kW 且同步转速小于等于 1 000 r/min 的电机；

b)　采用滑动轴承的电机；

c)　以水作为初级或次级冷却介质的电机。

4.2　电动机运行期间电压和频率的变化范围按 GB 755 的规定。

4.3　当功率、电压和频率为额定时，电动机效率和功率因数的保证值应符合表 10、表 11、表 12 或表 13 的规定。效率用间接法确定，在确定电动机的总损耗时绕组的 I^2R 的损耗应换算到 B 级绝缘的基准工作温度时的数值。杂散损耗按额定输入功率的 0.5%计。

表 10　Y 系列电动机(6 000 V)效率和功率因数的保证值

功率/kW	同步转速/(r/min)											
	1 500	1 000	750	600	500	375	1 500	1 000	750	600	500	375
	效率 η/%						功率因数 $\cos\varphi$					
800	—	—	—	—	—	93.4	—	—	—	—	—	0.73
900	—	—	—	—	—	93.5	—	—	—	—	—	0.73
1 000	—	—	—	—	—	93.6	—	—	—	—	—	0.74
1 120	—	—	—	—	—	93.7	—	—	—	—	—	0.74
1 250	—	—	—	—	—	93.8	—	—	—	—	—	0.74
1 400	—	—	—	—	94.7	93.9	—	—	—	—	0.79	0.74

表 10（续）

<table>
<tr><th rowspan="3">功率/
kW</th><th colspan="12">同 步 转 速/(r/min)</th></tr>
<tr><th>1 500</th><th>1 000</th><th>750</th><th>600</th><th>500</th><th>375</th><th>1 500</th><th>1 000</th><th>750</th><th>600</th><th>500</th><th>375</th></tr>
<tr><th colspan="6">效 率 η/%</th><th colspan="6">功 率 因 数 $\cos\varphi$</th></tr>
<tr><td>1 600</td><td>—</td><td>—</td><td>—</td><td>—</td><td>94.7</td><td>94</td><td>—</td><td>—</td><td>—</td><td>—</td><td rowspan="4">0.80</td><td rowspan="6">0.75</td></tr>
<tr><td>1 800</td><td>—</td><td>—</td><td>—</td><td>—</td><td>94.8</td><td>94.1</td><td>—</td><td>—</td><td>—</td><td>—</td></tr>
<tr><td>2 000</td><td>—</td><td>—</td><td>—</td><td>95.2</td><td>94.9</td><td>94.2</td><td>—</td><td>—</td><td>—</td><td rowspan="4">0.83</td></tr>
<tr><td>2 240</td><td>—</td><td>—</td><td>95.6</td><td>95.3</td><td>95.0</td><td>94.3</td><td>—</td><td>—</td><td rowspan="5">0.85</td></tr>
<tr><td>2 500</td><td>—</td><td>—</td><td>95.7</td><td>95.4</td><td>95.2</td><td>94.4</td><td>—</td><td>—</td><td rowspan="8">0.81</td></tr>
<tr><td>2 800</td><td>—</td><td>96.1</td><td>95.8</td><td>95.5</td><td>95.3</td><td>94.5</td><td>—</td><td rowspan="6">0.86</td></tr>
<tr><td>3 150</td><td>—</td><td>96.2</td><td>95.8</td><td>95.6</td><td>95.4</td><td>94.6</td><td>—</td><td rowspan="9">0.84</td><td rowspan="3">0.76</td></tr>
<tr><td>3 550</td><td>—</td><td>96.2</td><td>95.9</td><td>95.7</td><td>95.5</td><td>94.7</td><td>—</td></tr>
<tr><td>4 000</td><td>96.4</td><td>96.3</td><td>96.0</td><td>95.8</td><td>95.6</td><td>94.8</td><td rowspan="2">0.87</td><td rowspan="7">0.86</td></tr>
<tr><td>4 500</td><td>96.4</td><td>96.3</td><td>96.1</td><td>95.8</td><td>95.6</td><td>—</td><td>—</td></tr>
<tr><td>5 000</td><td>96.5</td><td>96.4</td><td>96.2</td><td>95.9</td><td>95.7</td><td>—</td><td rowspan="6">0.88</td><td>—</td></tr>
<tr><td>5 600</td><td>96.5</td><td>96.4</td><td>96.2</td><td>95.9</td><td>95.7</td><td>—</td><td rowspan="6">0.87</td><td>—</td></tr>
<tr><td>6 300</td><td>96.6</td><td>96.5</td><td>96.3</td><td>96.0</td><td>—</td><td>—</td><td>—</td><td>—</td></tr>
<tr><td>7 100</td><td>96.7</td><td>96.6</td><td>96.4</td><td>96.0</td><td>—</td><td>—</td><td>—</td><td>—</td></tr>
<tr><td>8 000</td><td>96.8</td><td>96.7</td><td>96.5</td><td>96.1</td><td>—</td><td>—</td><td>—</td><td>—</td></tr>
<tr><td>9 000</td><td>96.9</td><td>96.8</td><td>96.6</td><td>—</td><td>—</td><td>—</td><td rowspan="6">0.87</td><td>—</td><td>—</td><td>—</td></tr>
<tr><td>10 000</td><td>97.0</td><td>96.9</td><td>96.7</td><td>—</td><td>—</td><td>—</td><td rowspan="7">0.89</td><td>—</td><td>—</td><td>—</td></tr>
<tr><td>11 200</td><td>97.1</td><td>97.0</td><td>96.8</td><td>—</td><td>—</td><td>—</td><td rowspan="6">0.88</td><td>—</td><td>—</td><td>—</td></tr>
<tr><td>12 500</td><td>97.2</td><td>97.1</td><td>96.9</td><td>—</td><td>—</td><td>—</td><td>—</td><td>—</td><td>—</td></tr>
<tr><td>14 000</td><td>97.3</td><td>97.2</td><td>97.0</td><td>—</td><td>—</td><td>—</td><td>—</td><td>—</td><td>—</td></tr>
<tr><td>16 000</td><td>97.4</td><td>97.3</td><td>97.1</td><td>—</td><td>—</td><td>—</td><td>—</td><td>—</td><td>—</td></tr>
<tr><td>18 000</td><td>97.5</td><td>97.4</td><td>—</td><td>—</td><td>—</td><td>—</td><td>—</td><td>—</td><td>—</td><td>—</td></tr>
<tr><td>20 000</td><td>97.5</td><td>97.5</td><td>—</td><td>—</td><td>—</td><td>—</td><td>—</td><td>—</td><td>—</td><td>—</td></tr>
<tr><td>22 400</td><td>97.5</td><td>—</td><td>—</td><td>—</td><td>—</td><td>—</td><td rowspan="2">0.90</td><td>—</td><td>—</td><td>—</td><td>—</td><td>—</td></tr>
<tr><td>25 000</td><td>97.5</td><td>—</td><td>—</td><td>—</td><td>—</td><td>—</td><td>—</td><td>—</td><td>—</td><td>—</td><td>—</td></tr>
</table>

表 11　Y 系列电动机(10 000 V)效率和功率因数的保证值

<table>
<tr><th rowspan="3">功率/
kW</th><th colspan="12">同 步 转 速/(r/min)</th></tr>
<tr><th>1 500</th><th>1 000</th><th>750</th><th>600</th><th>500</th><th>375</th><th>1 500</th><th>1 000</th><th>750</th><th>600</th><th>500</th><th>375</th></tr>
<tr><th colspan="6">效 率 η/%</th><th colspan="6">功 率 因 数 $\cos\varphi$</th></tr>
<tr><td>710</td><td>—</td><td>—</td><td>—</td><td>—</td><td>—</td><td>93.3</td><td>—</td><td>—</td><td>—</td><td>—</td><td>—</td><td rowspan="3">0.73</td></tr>
<tr><td>800</td><td>—</td><td>—</td><td>—</td><td>—</td><td>—</td><td>93.4</td><td>—</td><td>—</td><td>—</td><td>—</td><td>—</td></tr>
<tr><td>900</td><td>—</td><td>—</td><td>—</td><td>—</td><td>—</td><td>93.5</td><td>—</td><td>—</td><td>—</td><td>—</td><td>—</td></tr>
</table>

表 11（续）

<table>
<tr><th rowspan="3">功率/
kW</th><th colspan="12">同 步 转 速/(r/min)</th></tr>
<tr><th>1 500</th><th>1 000</th><th>750</th><th>600</th><th>500</th><th>375</th><th>1 500</th><th>1 000</th><th>750</th><th>600</th><th>500</th><th>375</th></tr>
<tr><th colspan="6">效率 η/%</th><th colspan="6">功率因数 cosφ</th></tr>
<tr><td>1 000</td><td>—</td><td>—</td><td>—</td><td>—</td><td>—</td><td>93.6</td><td>—</td><td>—</td><td>—</td><td>—</td><td>—</td><td rowspan="4">0.74</td></tr>
<tr><td>1 120</td><td>—</td><td>—</td><td>—</td><td>—</td><td>—</td><td>93.7</td><td>—</td><td>—</td><td>—</td><td>—</td><td>—</td></tr>
<tr><td>1 250</td><td>—</td><td>—</td><td>—</td><td>—</td><td>94.2</td><td>93.8</td><td>—</td><td>—</td><td>—</td><td>—</td><td rowspan="2">0.78</td></tr>
<tr><td>1 400</td><td>—</td><td>—</td><td>—</td><td>—</td><td>94.3</td><td>93.9</td><td>—</td><td>—</td><td>—</td><td>—</td></tr>
<tr><td>1 600</td><td>—</td><td>—</td><td>—</td><td>—</td><td>94.4</td><td>94.0</td><td>—</td><td>—</td><td>—</td><td>—</td><td rowspan="4">0.79</td><td rowspan="8">0.75</td></tr>
<tr><td>1 800</td><td>—</td><td>—</td><td>—</td><td>94.8</td><td>94.5</td><td>94.1</td><td>—</td><td>—</td><td>—</td><td rowspan="5">0.82</td></tr>
<tr><td>2 000</td><td>—</td><td>—</td><td>95.2</td><td>94.9</td><td>94.6</td><td>94.2</td><td>—</td><td>—</td><td rowspan="6">0.85</td></tr>
<tr><td>2 240</td><td>—</td><td>—</td><td>95.3</td><td>95.0</td><td>94.7</td><td>94.3</td><td>—</td><td>—</td></tr>
<tr><td>2 500</td><td>—</td><td>—</td><td>95.4</td><td>95.1</td><td>94.8</td><td>94.4</td><td>—</td><td>—</td><td rowspan="7">0.80</td></tr>
<tr><td>2 800</td><td>—</td><td>95.8</td><td>95.5</td><td>95.2</td><td>94.9</td><td>94.5</td><td>—</td><td rowspan="6">0.84</td></tr>
<tr><td>3 150</td><td>—</td><td>95.9</td><td>95.6</td><td>95.3</td><td>95.0</td><td>94.6</td><td>—</td><td rowspan="8">0.83</td></tr>
<tr><td>3 550</td><td>96.1</td><td>96.0</td><td>95.7</td><td>95.4</td><td>95.1</td><td>94.6</td><td>0.86</td></tr>
<tr><td>4 000</td><td>96.2</td><td>96.1</td><td>95.8</td><td>95.5</td><td>95.2</td><td>—</td><td rowspan="7">0.87</td><td rowspan="7">0.86</td><td>—</td></tr>
<tr><td>4 500</td><td>96.2</td><td>96.1</td><td>95.9</td><td>95.6</td><td>95.3</td><td>—</td><td>—</td></tr>
<tr><td>5 000</td><td>96.3</td><td>96.2</td><td>96.0</td><td>95.7</td><td>95.4</td><td>—</td><td>—</td></tr>
<tr><td>5 600</td><td>96.3</td><td>96.2</td><td>96.1</td><td>95.8</td><td>—</td><td>—</td><td rowspan="6">0.86</td><td>—</td><td>—</td></tr>
<tr><td>6 300</td><td>96.4</td><td>96.3</td><td>96.2</td><td>95.9</td><td>—</td><td>—</td><td>—</td><td>—</td></tr>
<tr><td>7 100</td><td>96.5</td><td>96.4</td><td>96.3</td><td>96.0</td><td>—</td><td>—</td><td>—</td><td>—</td></tr>
<tr><td>8 000</td><td>96.6</td><td>96.5</td><td>96.4</td><td>—</td><td>—</td><td>—</td><td>—</td><td>—</td><td>—</td></tr>
<tr><td>9 000</td><td>96.7</td><td>96.6</td><td>96.5</td><td>—</td><td>—</td><td>—</td><td rowspan="5">0.87</td><td>—</td><td>—</td><td>—</td></tr>
<tr><td>10 000</td><td>96.8</td><td>96.7</td><td>96.6</td><td>—</td><td>—</td><td>—</td><td>—</td><td>—</td><td>—</td></tr>
<tr><td>11 200</td><td>96.9</td><td>96.8</td><td>96.7</td><td>—</td><td>—</td><td>—</td><td rowspan="7">0.88</td><td rowspan="5">0.88</td><td>—</td><td>—</td><td>—</td></tr>
<tr><td>12 500</td><td>97.0</td><td>96.9</td><td>96.8</td><td>—</td><td>—</td><td>—</td><td>—</td><td>—</td><td>—</td></tr>
<tr><td>14 000</td><td>97.1</td><td>97.0</td><td>96.9</td><td>—</td><td>—</td><td>—</td><td>—</td><td>—</td><td>—</td></tr>
<tr><td>16 000</td><td>97.2</td><td>97.1</td><td>—</td><td>—</td><td>—</td><td>—</td><td>—</td><td>—</td><td>—</td><td>—</td></tr>
<tr><td>18 000</td><td>97.3</td><td>97.2</td><td>—</td><td>—</td><td>—</td><td>—</td><td>—</td><td>—</td><td>—</td><td>—</td></tr>
<tr><td>20 000</td><td>97.4</td><td>—</td><td>—</td><td>—</td><td>—</td><td>—</td><td>—</td><td>—</td><td>—</td><td>—</td><td>—</td></tr>
<tr><td>22 400</td><td>97.5</td><td>—</td><td>—</td><td>—</td><td>—</td><td>—</td><td>—</td><td>—</td><td>—</td><td>—</td><td>—</td></tr>
</table>

表 12　**YR** 系列电动机(6 000 V)效率和功率因数的保证值

<table>
<tr><th rowspan="3">功率/
kW</th><th colspan="12">同 步 转 速/(r/min)</th></tr>
<tr><th>1 500</th><th>1 000</th><th>750</th><th>600</th><th>500</th><th>375</th><th>1 500</th><th>1 000</th><th>750</th><th>600</th><th>500</th><th>375</th></tr>
<tr><th colspan="6">效率 η/%</th><th colspan="6">功率因数 cosφ</th></tr>
<tr><td>630</td><td>—</td><td>—</td><td>—</td><td>—</td><td>—</td><td>92.3</td><td>—</td><td>—</td><td>—</td><td>—</td><td>—</td><td rowspan="4">0.72</td></tr>
<tr><td>710</td><td>—</td><td>—</td><td>—</td><td>—</td><td>—</td><td>92.6</td><td>—</td><td>—</td><td>—</td><td>—</td><td>—</td></tr>
<tr><td>800</td><td>—</td><td>—</td><td>—</td><td>—</td><td>—</td><td>92.7</td><td>—</td><td>—</td><td>—</td><td>—</td><td>—</td></tr>
<tr><td>900</td><td>—</td><td>—</td><td>—</td><td>—</td><td>—</td><td>92.8</td><td>—</td><td>—</td><td>—</td><td>—</td><td>—</td></tr>
</table>

表 12（续）

功率/kW	同步转速/(r/min)											
	1 500	1 000	750	600	500	375	1 500	1 000	750	600	500	375
	效率 η/%						功率因数 cosφ					
1 000	—	—	—	—	—	92.9	—	—	—	—	—	0.72
1 120	—	—	—	—	93.8	93.0	—	—	—	—	0.78	
1 250	—	—	—	—	93.9	93.1	—	—	—	—		
1 400	—	—	—	94.4	94.0	93.2	—	—	—	0.81		
1 600	—	—	—	94.5	94.1	93.3	—	—	—			0.74
1 800	—	—	95.0	94.6	94.2	93.4	—	—	0.83			
2 000	—	95.6	95.1	94.7	94.3	93.5	—	0.85				
2 240	—	95.6	95.2	94.8	94.4	93.6	—					
2 500	—	95.7	95.3	94.9	94.5	93.7	—				0.79	
2 800	95.8	95.7	95.4	95.0	94.6	93.8	0.87			0.82		
3 150	95.9	95.8	95.5	95.1	94.7	—			0.84			—
3 550	96.0	95.9	95.6	95.2	94.8	—						—
4 000	96.1	96.0	95.7	95.3	94.9	—						—
4 500	96.2	96.1	95.8	95.4	95.0	—						—
5 000	96.3	—	—	95.5	95.1	—		—	—			—
5 600	96.4	—	—	95.6	—	—		—	—		—	—

表 13 YR 系列电动机(10 000 V)效率和功率因数的保证值

功率/kW	同步转速/(r/min)									
	1 500	1 000	750	600	500	1 500	1 000	750	600	500
	效率 η/%					功率因数 cosφ				
2 000	—	95.4	—	—	—	—	0.83	—	—	—
2 240	—	95.4	—	—	—	—		—	—	—
2 500	95.6	95.5	95.0	94.6	94.2	0.85		0.82	0.80	0.77
2 800	95.6	95.5	95.1	94.7	94.3					
3 150	95.7	95.6	95.2	94.8	94.4		0.84		0.81	0.78
3 550	95.8	95.7	95.3	94.9	94.5			0.83		
4 000	95.9	95.8	95.4	—	—	0.86			—	—
4 500	96.0	95.9	95.5	—	—				—	—
5 000	96.1	96.0	95.6	—	—				—	—

4.4 在额定电压下，Y 系列电动机堵转转矩与额定转矩之比的保证值应不低于表 14 的规定。

表 14 Y 系列电动机堵转转矩的保证值

同步转速/(r/min)					
1 500	1 000	750	600	500	375
堵转转矩/额定转矩					
0.5	0.6				

4.5 在额定电压下，Y系列电动机堵转电流对额定电流之比的保证值应不大于表15的规定。

表15 Y系列电动机堵转电流保证值

同步转速/(r/min)					
1 500	1 000	750	600	500	375
堵转电流/额定电流					
6.5			6		

4.6 在额定电压下，电动机最大转矩对额定转矩之比的保证值应不低于1.8。

4.7 电动机电气性能保证值的容差应符合表16的规定。

表16 电动机电气性能保证值

序号	名称	容差
1	效率 η	$-0.10(1-\eta)$
2	功率因数 $\cos\varphi$	$-(1-\cos\varphi)/6$，最小绝对值0.02，最大绝对值0.07
3	堵转转矩	保证值的−15%，+25%(经协商可超过+25%)
4	最大转矩	保证值的−10%
5	堵转电流	保证值的+20%

4.8 电动机定子采用155级绝缘，温升限值按130级考核。当运行条件与4.1内容相符时，电动机绕组的温升限值(用电阻法)应不超过80 K；轴承的容许温度(检温计法)：滚动轴承应不超过95℃，滑动轴承应不超过80℃。

4.9 电动机在空载情况下，应能承受提高转速至其额定值的120%，历时2 min的超速而不发生有害变形，超速试验通常并非必要，但当有协议作出规定时应进行该试验。

4.10 电动机的定子绕组应能承受匝间冲击耐电压试验或短时升高电压试验而不击穿。进行匝间冲击耐电压试验时，其线圈试验冲击电压峰值和试验方法按JB/T 10098的规定。Y系列电动机的短时升高电压试验在空载时进行。YR系列电动机在转子静止且转子绕组开路情况下进行(转子冲片直接套在圆柱形轴上的电机除外)。外施电压均为130%额定电压，时间均为3 min。在提高电压值至130%额定电压时，允许同时提高频率或转速，但应不超过其额定值的115%。

4.11 当三相电压平衡时，电动机的三相空载电流中的任何一相与三相平均值的偏差应不大于平均值的10%。

4.12 电动机空载时轴承处测得的振动速度有效值应符合GB 10068的规定。

4.13 电动机空载时测得的A计权声功率级的噪声限值应符合GB 10069.3的规定，功率超出GB 10069.3规定的范围时，按专用协议执行。

4.14 Y系列电动机有一个圆柱形轴伸，采用平键联结。

4.15 YR系列电动机有一个圆柱形轴伸，采用切向键联结(用户如需选用平键联结，应与制造厂协商)。

4.16 电动机轴伸上不允许承受外加的轴向力和联轴器重量以外的径向力。当电动机与被传动机械采用弹性联轴器联结时，联轴器上应有轴向限位装置，允许的轴向窜动量应与制造厂协商。

4.17 电动机定子绕组应装设6个为Pt100的埋置式电阻测温元件，每个轴承装有1个分度号为Pt100的电阻测温元件，必要时可与制造厂协商。

4.18 从主轴伸端视之，电动机的主接线盒位于机座右侧。当功率为2 000 kW及以上时，中性点需引出，其出线盒在另一侧。

4.19 在出线端标识的字母顺序与三相电源的电压相序相同时，从主轴伸端视之，电动机应为顺时针方向旋转。

4.20 电动机不允许在运行中反接电源逆转或制动，YR 系列电动机允许在停止后逆转，Y 系列电动机只允许单方向旋转。

4.21 Y 系列电动机当电网保证其在起动过程中的端电压不低于额定值的 85%时，且负载所产生的阻转矩均与转速的平方成正比，并在额定转速时小于 60%额定转矩，同时折算至电机轴端的负载的转动惯量不大于下式求得的数值时，允许在实际冷状态下连续起动二次（二次起动之间电动机应自然停机），或在额定运行后热状态下起动一次。

$$J_{ext} = 1.34\left[\frac{P^{0.95}}{\left(\frac{n}{1\,000}\right)^{2.4}}\right] - 0.004\,5\left[\frac{P^{1.5}}{\left(\frac{n}{1\,000}\right)^{1.8}}\right]$$

式中：

J_{ext}——折算到电机轴端的负载的转动惯量，单位为千克·平方米（$kg \cdot m^2$）；

P——电动机的额定功率，单位为千瓦（kW）；

n——电动机额定转速，单位为转每分钟（r/min）。

4.22 电动机应具有可靠的防止轴电流措施。

4.23 电动机应具有可靠的接地装置，并应有指示接地的明显标识。此标识应保证在电动机使用期内不易脱落，磨灭。

4.24 电动机出厂时应随机提供使用维护说明书、电气数据、测温元件布置图、外形图及产品合格证。

4.25 电动机在用户按照使用维护说明书的规定正确地使用与存放的情况下，制造厂应保证在使用的一年内，或自制造厂起运的日期起不超过二年的时间内能良好地运行。如在此规定的时间内（以先到时间为准）电动机因制造质量不良而发生损坏或不能正常工作时，制造厂应无偿地为用户修理或更换零件或电动机。

5 检验规则和试验方法

5.1 每台电动机须经检验合格后才能出厂。

5.2 每台电动机应经过检查试验，检查试验项目包括：

a) 机械检查；

b) 定子绕组对机壳及绕组相互间绝缘电组的测定（检查试验时可测量冷态绝缘电组，但应保证热态时绝缘电组不低于 GB 755 的有关规定）；

c) 定子绕组在实际状态下直流电阻的测定；

d) 耐电压试验；

e) 匝间绝缘耐冲击电压试验；

f) 短时升高电压试验（如已进行了 e）项试验，则本项试验可不再进行）；

g) 空载试验；

h) 堵转试验（仅对 Y 系列电动机）；

i) 转子绕组开路电压的测定（仅对 YR 系列电动机）；

j) 超速试验；

k) 振动测定。

e)、k)项除外所规定的各项试验，其试验方法按 GB/T 1032 进行。e)项按 JB/T 10098 进行。k)项按 GB 10068 进行。

5.3 电动机型式试验项目包括：

a) 全部检查试验项目；
b) 温升试验；
c) 效率、功率因数及转差率的测定；
d) 瞬时过转矩试验
e) 最大转矩的测定；
f) 转动惯量测定；
g) 噪声的测定。

g)项除外所规定的各项试验，其试验方法按 GB/T 1032 进行。g)项按 GB/T 10069.1 进行。

5.4 电动机机械检查项目包括：

a) 转动检查：电动机转动时应平稳轻快，无停滞现象；
b) 外观检查：检查电动机的装配是否完整正确，电动机表面油漆应干燥、均匀、无污损、碰坏、裂痕等现象；
c) 安装尺寸、外形尺寸及键的尺寸检查：安装尺寸及公差应符合 3.9 的规定，键的尺寸应符合 3.10 的规定，安装尺寸及公差的检验按 GB/T 4772.2 进行；
d) YR 系列电动机的集电环与电刷检查：集电环表面应光滑，不允许砂眼存在，电刷和集电环应接触良好。

5.5 电动机外壳防护等级的试验，可仅在产品定型时进行。外壳防护等级的试验方法按 GB/T 4942.1 进行。

6 标识与包装

6.1 铭牌及其数据应保证在电动机使用期内不易脱落、磨灭。

6.2 铭牌应固定在电动机的明显位置上，应标明的项目如下：

a) 制造厂名；
b) 电动机名称；
c) 电动机型号；
d) 外壳防护等级(允许另做铭牌)；
e) 额定功率；
f) 额定频率；
g) 额定电流；
h) 额定电压；
i) 额定转速；
j) 相数；
k) 额定功率因数；
l) 绝缘等级；
m) 接线方法：对 YR 系列电动机如定转子采用不同接线方法，则可用分数形式表示之，分子表示定子，分母表示转子；
n) 转子绕组开路电压(对 YR 系列电动机)；
o) 额定转子电流(对 YR 系列电动机)；
p) 制造厂出品年月、编号；
q) 质量；
r) 标准编号。

6.3 依据 GB 1971 电动机定子绕组及 YR 系列电动机的转子绕组各出线端及在接线板的接线位置上均应有相应的标识，并应保证其字迹在电动机使用期内不易磨灭。其标识按表 17 规定。

表 17 绕组接线位置标识

绕组名称	出线端标识		
	定子		转子
	3 个出线端	6 个出线端	
第一相	U	U_1 U_2	K
第二相	V	V_1 V_2	L
第三相	W	W_1 W_2	M

6.4 电动机的轴伸键须绑扎在轴上，轴伸及键表面应加防锈及保护措施。

6.5 电动机的包装应能避免在运输中受潮与损伤。

6.6 包装箱外壁的文字和标识应清楚整齐，内容如下：

a) 发货站及制造厂名称；

b) 收货站及收货单位名称；

c) 电动机型号及产品编号；

d) 电动机净重及连同包装箱的毛重；

e) 包装箱尺寸；

f) 在箱外的适当位置应标有“小心轻放”、“注意防雨”等字样，其图形应符合 GB/T 191 的规定。

ICS 29.160.01
K 21

中华人民共和国国家标准

GB/T 13958—2008
代替 GB/T 13958—1992

无直流励磁绕组同步电动机试验方法

Test procedures for non-direct current excitation winding synchronous motor

2008-06-13 发布　　　　2009-03-01 实施

中华人民共和国国家质量监督检验检疫总局
中国国家标准化管理委员会　发布

前　言

本标准采用了 GB 755—2000《旋转电机　定额和性能》和 GB/T 5171—2002《小功率电动机通用技术条件》的主要定义及概念。

本标准代替 GB/T 13958—1992《无直流励磁绕组同步电动机试验》。

本标准与原 GB/T 13958—1992 在重要的技术方面有下列不同：

——考虑到产品使用安全的重要性，引用标准中增加 GB 12350—2000“小功率电动机的安全要求”。

——努力反映了本标准 1992 版发布以来，小功率同步电动机测量理论和技术的发展变化。

为满足迅速发展的生产和技术进步需要，本标准还作了一些新的规定和说明。

本标准由中国电器工业协会提出。

本标准由全国旋转电机标准化技术委员会小功率电机标准化分技术委员会(SAC/TC 2/SC 1)归口并负责解释。

本标准起草单位：中国电器科学研究院、中国质量认证中心、上海出入境检验检疫局、广州擎天实业有限公司。

本标准主要起草人：林棠华、杨昭特、傅培刚、何湘吉。

本标准所代替标准的历次版本发布情况为：

——GB/T 13958—1992。

无直流励磁绕组同步电动机试验方法

1 范围

本标准规定了无直流励磁绕组同步电动机试验要求及试验方法。

本标准适用于永磁同步、磁滞同步及磁阻同步等无直流励磁绕组同步电动机的测试方法(不包括电磁减速永磁同步电机)。以下的无直流励磁绕组同步电动机在本标准简称为电动机。

2 规范性引用文件

下列文件中的条款通过本标准的引用而成为本标准的条款。凡是注日期的引用文件,其随后所有的修改单(不包括勘误的内容)或修订版均不适用于本标准,然而,鼓励根据本标准达成协议的各方研究是否可使用这些文件的最新版本。凡是不注日期的引用文件,其最新版本适用于本标准。

GB 755—2000 旋转电机 定额和性能(idt IEC 60034-1:1996)

GB/T 4942.1—2006 旋转电机整体结构的防护等级(IP 代码) 分级(IEC 60034-5:2000,IDT)

GB/T 5171—2002 小功率电机通用技术条件

GB/T 10068—2000 轴中心高为 56 mm 及以上电机的机械振动 振动的测量、评定及限值(idt IEC 60034-14:1996)

GB/T 10069.1—2006 旋转电机噪声测定方法及限值 第 1 部分:旋转电机噪声测定方法(ISO 1680-1:1999,IDT)

GB 12350—2000 小功率电动机的安全要求

JB/T 9615.1—2000 交流低压电机散嵌绕组匝间绝缘试验方法

JB/T 9615.2—2000 交流低压电机散嵌绕组匝间绝缘试验限值

JB/T 10490—2004 小功率电动机机械振动—振动的测量、评定及限值

3 试验要求及准备

3.1 试验电源

电源电压的波形应尽可能的接近正弦波,试验电源的谐波电压因数(HVF)应不超过 2%;在进行温升试验时应不超过 1.5%(三相永磁同步电动机的专用可控硅变频电源除外)。

试验电源的实际平衡的电压系统应符合下述要求:

电压的负序分量及零序分量均不超过正序分量的 1%;在进行温升试验时,负序分量不超过正序分量的 0.5%,零序分量的影响予以消除。

试验电源的频率与额定频率之差应在额定频率的±0.5%范围内。

3.2 电气测量

3.2.1 仪器概述

无论是机械式仪表还是电子式仪表,影响测量精度的主要因数有:

a) 仪器的量程、使用条件和校准;

b) 信号源负载;

c) 引接线的校正。

因为仪器的精度通常表现为满刻度的百分比,因此仪表的量程选取应尽可能的低。

电子仪器的使用越来越广泛，并且比非电子式仪器相比，具有更高的输入阻抗，高输入阻抗可以降低因为仪器本身导致损耗，但是高输入阻抗仪器对干扰的影响更为敏感。

常见的干扰源有：

a) 对电源系统的信号的感应或静电耦合；

b) 阻抗耦合或接地环路；

c) 非充分的常规模式发射干扰；

d) 电源线的传导干扰。

应根据实际经验，采取减少干扰的措施。

3.2.2 测量仪器的选取

型式检验时，采用的电气测量仪表的准确度应不低于0.5级(兆欧表除外)，电流互感器的准确度应不低于0.2级，电量变送器的准确度应不低于0.5%，转速表的精确度应不低于1.0级，数字测速仪的准确度应不低于0.1%±1个字，测力计的准确度应不低于1.0级(悬挂式弹簧秤除外)，温度测量仪的误差应不大于±1 ℃。电阻测量仪的准确度应不低于0.2级。转矩测量仪及测功机的准确度要求为：被试电动机额定转矩在0.5 N·m以上时应不低于1%；在0.2N·m～0.5 N·m之间时应不低于1.5%；在0.2 N·m以下时应不低于2%。

选择仪表时，应使测量值位于20%～95%仪表量程范围内。

出厂检验时，测量仪器的准确度应不低于1%。

3.2.3 测量要求

进行电气测量时，应遵循下列要求：

a) 三相电流用同规格的三电流互感器(或二互感器)法及三电流表进行测量。三相功率应采用两瓦特表法进行测量。对小功率电动机，除堵转试验外，不允许采用电流互感器；

b) 试验时，各仪表读数尽可能同时读取。在测量三相电压或三相电流时，应取三相读数的平均值作为测量的实际值。

3.2.4 测量线路

测量线路适用于小功率电动机。

测量时，单相电动机应采用图1的测量线路；三相电动机应采用图2的测量线路。当所用电流表及瓦特表电流线圈内阻较大，不能满足测量要求时，单相电动机允许采用图3的测量线路；三相电动机允许采用图4测量线路。

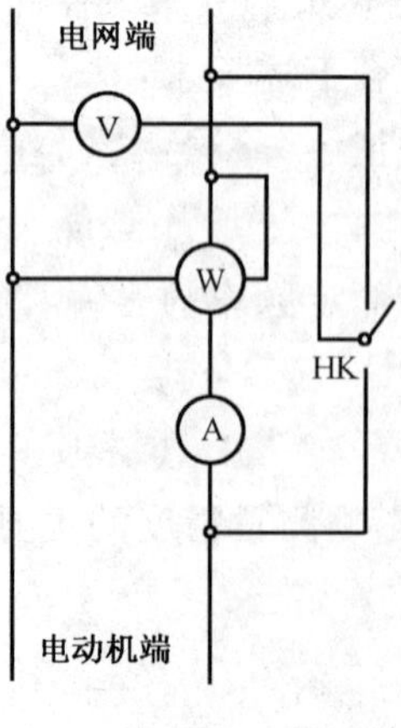

图1

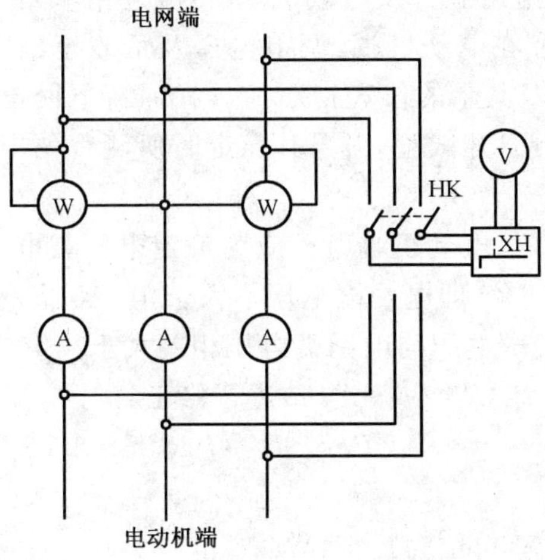

图 2

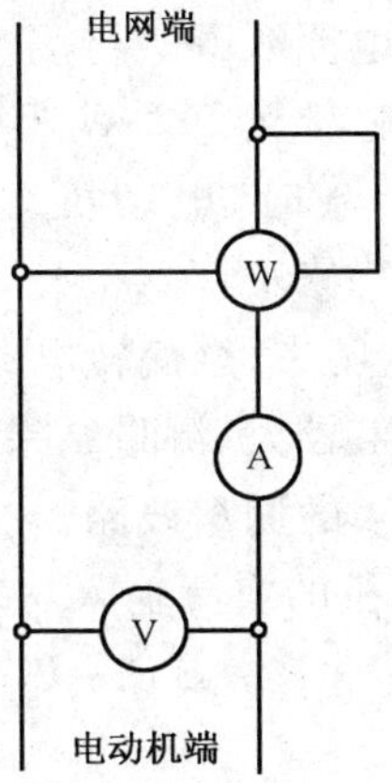

图 3

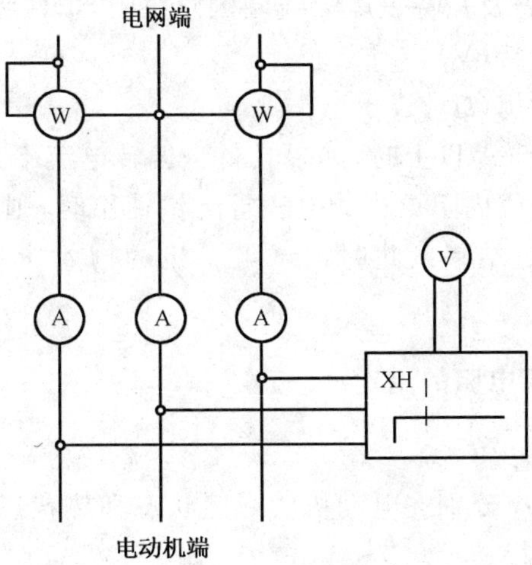

图 4

为了迅速可靠地换接电压表，图 1 中单极双投开关 HK 可选用旋转式按钮或钮子开关。图 2 中三级双投开关 HK 可选用万能转换开关或组合开关。不允许采用不合要求的波段开关等。为了提高测量准确度，测量线路中的导线压降影响应设法消除。

采用图 1 或图 2 的测量线路进行温升及负载试验时，应遵循下列要求：

a) 测量时，先将开关 HK 接在电动机端，调节电压及负载至额定值。读取电压后尽快换接开关 HK 测取电网端电压值及其余的仪表指示值。在保持电网电压及负载不变的情况下(电动机端电压应为额定值)进行温升试验，当温升稳定时所测得的电流及输入功率，即为额定电流及额定输入功率；

b) 被试电动机在额定负载时，电动机端电压应为额定电压。电动机端电压与电网端电压相差不允许大于额定电压的 1.5%，即电网端电压不大于 1.015 倍的电动机端电压；

c) 在额定负载时，如电动机端电压与电网端电压相差大于额定电压的 0.5%，但小于 1.5%时，则电动机的实际输入功率 P_1(W)应按式(1)进行修正：

$$P_1 = P - I^2R \qquad \cdots\cdots(1)$$

式中：

P——瓦特表测得的输入功率，单位为瓦特(W)；

I——电流表测得的电流(三相电动机为三相平均值)，单位为安培(A)；

R——测量线路中所有电流表及瓦特表电流线圈的总电阻，单位为欧姆(Ω)。

d) 选用内阻较小的电流表及瓦特表电流线圈进行测量时，一般可满足本条 b)项的要求。当选用内阻很小的电流表(如 T10 型电流表及 D28-W 型瓦特表等)进行测量时，一般情况下可以高于本条 c)项的要求，即在额定负载时，电动机端电压与电网端电压相差小于额定电压的 0.5%，电动机的输入功率不用进行修正；

e) 电压的测量，应选用内阻较高的电压表，全偏转电流应不大于 15 mA，以免影响测量的准确度。

当所用电流表及瓦特表电流线圈的内阻较大，测量结果不能满足上述要求时，可将图 1 或图 2 中的电压表固定接于电动机端或采用图 3 或图 4 的测量线路。在此线路中通过电压表的电流不允许大于被试电动机额定电流的 1%。测量结果：电动机的实际输入功率 P_1(W)按式(2)进行修正：

$$P_1 = P - I^2R - U^2/R_c \qquad \cdots\cdots(2)$$

式中：

P——瓦特表测得的输入功率，单位为瓦特(W)；

I——电流表测得的电流(三相电动机应为三相平均值)，单位为安培(A)；

R——测量线路中所有电流表及瓦特表电流线圈的总电阻，单位为欧姆(Ω)；

U——电压表读数，单位为伏特(V)；

R_c——电压表内阻，单位为欧姆(Ω)。

当被试电动机额定电流在 0.1 A 以上时，如果具备全偏转电流不大于 1 mA 的 0.5%级高内阻电压表、T10 电流表、D28-W 型瓦特表或内阻更小的电表等可供使用时，则按图 3 或图 4 的测量线路进行测量时，可得到既准确又简便的测定结果。此时被试电动机的输入功率可不进行修正。同时也减少了图 1或图 2 的换接操作的麻烦。

4 绕组对机壳及绕组相互间绝缘电阻的测定

4.1 测量时电动机的状态

测量电动机绕组的绝缘电阻应分别在电动机实际冷状态和热状态(或温升试验后)下进行。磁滞同步电动机可仅在实际冷状态下进行。

出厂检验时，如无其他规定，绝缘电阻仅在实际冷状态下测定。但应保证热状态下绝缘电阻不低于产品标准规定的数值。

4.2 兆欧表的选用

测量绝缘电阻时，根据被试电动机绕组的额定电压规定如下：

a) 绕组的额定电压在 36 V 及以下，选用 250 V 兆欧表；

b) 绕组的额定电压在 36 V 以上至 500V,选用 500 V 兆欧表。

4.3 测量方法

测量时,在兆欧表的读数值达到稳定后.读取并记录此数值,同时记录绕组的温度。

a) 三相电动机:如各相绕组的始末端均引出时。应分别测量每相绕组对机壳及相互间的绝缘电阻。如三相绕组已在电机内部连接,仅引出三个出线端时,则测量所有绕组对机壳的绝缘电阻;

b) 单相电动机:如主、副绕组的始末端均引出时,应分别测量主、副绕组对机壳及主、副绕组之间的绝缘电阻。如主、副绕组已在电动机内部连接,则测量主、副绕组对机壳的绝缘电阻;

c) 只有一个绕组的单相电动机,只测量绕组对机壳的绝缘电阻。

5 绕组在实际冷状态下直流电阻的测定

5.1 实际冷状态下绕组温度的测定

电动机在室内放设置一段时间后,用温度计或热电偶等测量电动机绕组端部或铁芯的温度。当所测温度与该环境空气温度之差不超过 2 K 时,则所测温度即为实际冷状态下绕组的温度。若绕组端部或铁芯的温度无法测量时,允许用机壳的温度代替。

对小功率电动机如在室内放置 5 h 以上;记录仪表用电动机放置 2 h 以上,此时室温即为实际冷状态下绕组的温度。

5.2 绕组直流电阻的测定

绕组的直流电阻可用电桥法、微欧计法、电压表电流表法或其他测量方法测定。当采用电桥法时,如绕组的直流电阻在 1 Ω 以下,应采用有效数值不低于 4 位数的双臂电桥测定。如绕组的直流电阻在 1 Ω 以上,应采用有效数值不低于 4 位数的单臂电桥测定。

5.3 测量方法

测量绕组直流电阻时,电动机转子静止不动。定子绕组直流电阻应在出线端上测量。每一绕组直流电阻应测量两次。

出厂检验时,每一绕组直流电阻测量一次。

5.3.1 电桥法

测量时,双臂电桥的电压线和电流线应分别接在电机绕组出线端上。第一次绕组直流电阻测定后,应在电桥被破坏平衡后,再进行第二次绕组直流电阻测定。两次测定的绕组直流电阻值相差应不超过 1%。取两次测定的绕组直流电阻平均值作为绕组直流电阻的实际测定值。

5.3.2 电压表电流表法

测量时,将电压稳定、容量足够的直流电源直接连接在绕组出线端上,施加的电流应不超过绕组额定电流的 10%,通电的时间不超过 1 min。同时在电表指示稳定后.同时读取并记录电流及电压值,将电流和电压换算为电阻值。每一绕组直流电阻应在两种不同电流值情况下进行测定。两次测定绕组直流电阻值相差应不超过±0.5%。取两次测定的绕组直流电阻平均值作为绕组直流电阻的实际测定值。

5.3.3 数字式微欧计等法

当采用数字式微欧计或自动检测装置测量绕组直流电阻时,通过被测绕组的试验电流应不超过绕组额定电流的±10%,通电时间应不超过 1 min。

5.3.4 相电阻的计算

三相电动机:如每相绕组始末端均引出时,应分别测量每相绕组的直流电阻。三相电阻的平均值,即为相电阻的直流电阻值。如三相绕组已在电动机内部连接仅引出三个出线端时,可在每两个出线端间测量电阻。每相绕组的直流电阻值(Ω)按下式计算:

对星形接法的绕组:

$$R_a = R_{med} - R_{bc} \quad \cdots\cdots(3)$$

$$R_b = R_{med} - R_{ca} \quad \cdots\cdots (4)$$
$$R_c = R_{med} - R_{ab} \quad \cdots\cdots (5)$$

对三角形接法的绕组：

$$R_a = (R_{bc}R_{ca})/(R_{med} - R_{ab}) + R_{ab} - R_{med} \quad \cdots\cdots (6)$$
$$R_b = (R_{ca}R_{ab})/(R_{med} - R_{bc}) + R_{bc} - R_{med} \quad \cdots\cdots (7)$$
$$R_c = (R_{ab}R_{bc})/(R_{med} - R_{ca}) + R_{ca} - R_{med} \quad \cdots\cdots (8)$$

式中：

R_{ab}、R_{bc}、R_{ca}——分别为出线端 A 与 B、B 与 C、C 与 A 间测得的电阻值，单位为欧姆(Ω)；

$R_{med} = (R_{ab} + R_{bc} + R_{ca})/2$

如果各线端间的电阻值与三个线端电阻的平均值之差，对星形接法的绕组，不大于平均值的 2%；对三角形接法的绕组，不大于平均值的 1.5%时，则各相电阻值(Ω)可按下式计算：

对星形接法的绕组：

$$R = R_{av}/2 \quad \cdots\cdots (9)$$

对三角形接法的绕组：

$$R = 3R_{av}/2 \quad \cdots\cdots (10)$$

式中：

R_{av}——三个线端电阻的平均值，单位为欧姆(Ω)。

6 空载试验

6.1 空载电流和空载损耗的测定

测定前，电动机应在额定电压、额定频率下空载运转，使机械损耗达到稳定，即输入功率相隔半小时的两个读数之差不大于前一个读数的 3%；对小功率电功机测定前应空载运转 10 min～30 min。

试验时，施加在定子绕组上的电压应为额定电压、额定频率，并在空载运转时测定，读取空载电流和空载损耗。

6.2 感应电压测定

感应电压测定为三相永磁同步电动机的试验项目。测定方法如下：

试验时，用直流电动机、同步电动机或同步测功机作为原动机与被试电动机用联轴器连接。原动机拖动被试电动机在同步转速下作为空载发电机运行。用不低于 0.5 级的高内阻电压表(如 T10 型、D8 型等电压表)分别测量被试电动机的三个出线端的感应电压 U_{ab}、U_{bc}、U_{ca}，取其平均值作为空载感应电压值。

7 超速试验

超速试验是在空载状态下进行，转速为 1.2 倍最高额定转速，历时 2 min。如有特殊要求，则应按有关标准的规定进行。

超速方法有以下两种：

a) 提高被试电动机的电源频率在空载运行状态下进行超速试验；

b) 用原动机拖动被试电动机进行超速试验。

8 振动的测定

振动的测定按 GB/T 10068—2000 的规定进行，小功率电动机可按 JB/T 10490—2004。

9 匝间冲击耐电压试验

匝间冲击耐电压试验方法按 JB/T 9615.1—2000 进行；

匝间冲击耐电压试验限值按 JB/T 9615.2—2000 进行。

10 短时升高电压试验

短时升高电压试验应在空载时进行。

试验时，被试电动机施加130%的额定电压，运行时间为3 min，但在130%的额定电压下空载电流超过额定电流的电动机，试验时间可缩短至1 min。

提高试验电压至额定电压的130%时，允许同时提高频率，但应不超过1.15倍额定频率，单相电容运转电动机除外。

单三相磁滞同步电动机的试验时间为5 min。试验时允许采用必要的冷却措施。

11 耐电压试验

耐电压试验用电源变压器容量每1 kV 试验电压应不小于1 kVA，频率为50 Hz，电压波形尽可能为正弦波。

11.1 试验要求

耐电压试验在电动机静止的状态下进行。试验前，应先测量绕组的绝缘电阻。型式试验时，还应在温升试验后，电动机接近热状态时进行耐电压试验。

试验前，应采取切实的安全防护措施。试验中如发现异常情况，应立即断电，并将绕组回路对地放电。

11.2 试验方法

试验时，电压应施加于绕组与机壳之间。具体方法如下：

a) 三相电动机每相绕组均有始末端引出时，应每相单独对机壳进行耐电压试验，三相共试三次，每次试验时，其余两相不参与试验的绕组均应与机壳连接。如三相绕组已在电动机内部接成Y形或△形，只引出三个出线端，则只进行一次三相对机壳之间的耐电压试验；
b) 单相电动机应分别进行主绕组及副绕组对机壳之间的耐电压试验，共试两次，每次试验时，另一不参与试验的绕组应与机壳连接。如主副绕组已在电动机内部连接，则只进行一次主副绕组对机壳之间的耐电压试验；
c) 单相单绕组电动机，只进行一次绕组对机壳之间的耐电压试验。

11.3 试验电压值及时间

试验电压的数值及时间按 GB 755—2000、GB/T 5171—2002 或该类型电动机标准的规定。

12 其他安全试验

12.1 外壳防护试验方法按 GB/T 4942.1—2006 的规定。

12.2 湿热试验方法按 GB/T 5175—2002 第9章的规定。

12.3 泄漏电流试验方法按 GB 12350—2000 第8章的规定。

12.4 非正常工作试验方法按 GB 12350—2000 第12章的规定。

12.5 外部零件(例如非金属接线盒、冷却风扇等)的试验方法按 GB 12350—2000 第22章的规定。

13 温升试验

温升试验可在任一方便的环境空气温度下进行(最好在10 ℃～40 ℃范围内进行)。如有特殊要求，则应按有关标准规定进行。对小功率电动机温升试验用散热板按 GB/T 5171—2002 及各类型电动机标准的规定。

13.1 温度的测量方法

试验时，可用温度计法、电阻法、埋置检温计法等测量电动机绕组及其他各部位的温度。在技术许可的条件下，可以采用叠加法，但测试时叠加电流的大小不应超过被试电机电流的1%。

13.1.1 温度计法

温度计包括膨胀式温度计（如水银、酒精等温度计）半导体温度计及非埋置的热电偶或电阻温度计。测量时，温度计应紧贴在被测点表面，并用绝热材料复盖好温度计的测温部分，以免受周围冷却空气的影响。有交变磁场的地方，不能采用水银温度计。

13.1.2 电阻法

测量被试电动机绕组的直流电阻时，冷热状态电阻必须在相同的出线端上测量。并根据直流电阻随温度变化而相应变化的关系来确定绕组的平均温升。

a) 铜绕组的平均温升 Δt (K)按式(11)计算：

$$\Delta t = (R_f - R_o)(235 + t_o) / R_o + t_o - t_f \quad \cdots\cdots(11)$$

式中：

R_f——试验结束时的绕组电阻，单位为欧姆(Ω)；

R_o——试验开始时的绕组电阻，单位为欧姆(Ω)；

t_f——试验结束时的冷却空气温度，单位为摄氏度(℃)；

t_o——试驻开始时的绕组温度，单位为摄氏度(℃)。

b) 对铜以外的其他材料，应采用该材料在0 ℃对电阻温度系数的倒数来代替公式(11)中的235；对铝绕组除另有规定，应采用225。

13.1.3 埋置检温计法

测量埋置式电阻温度计的电阻时，应控制测量电流的大小和通电时间，使电阻值不致因测量电流引起的发热而有明显的改变。

13.2 温升试验时冷却空气温度的测定

冷却空气；温度可用几支温度计分布在冷却空气进入电动机的途径中进行测量。温度计应放置在距电动机1 m～2 m处，其球部（测温部）处于电动机轴伸中心高的水平面上，并应防止外来辐射热及气流的影响，取温度计读数的平均值作为冷却空气温度。

温升试验结束时的冷却空气温度，应取在整个温升试验过程中最后的1/4时间内按相等时间间隔测得的几个温度计读数的平均值。

13.3 电动机各部位温度的测定

13.3.1 绕组温度的测定

电动机绕组的温度用电阻法测量。如电动机有埋置检温计时，则用检温计测量。

13.3.2 铁芯温度的测定

铁芯温度用检温计、温度计或变色漆、变色笔测量。取其最高值作为铁芯温度。

13.3.3 轴承温度的测定

轴承温度用温度计测量。对于滑动轴承，温度计放入轴承的测量孔内，或者放在接近滑动轴承的表面处。对于滚动轴承，温度计放在最接近轴承外围处。

13.4 电动机断能停转后所测得读数的修正

用电阻法测量断能停转后的电动机温度时，要求在温升试验结束就立即使电动机停转。电动机断能停转后如能在表1所述时间内测得第一点读数，则以读数计算电动机的温升而不需外推至断能瞬间。

表1

电动机的额定功率(kW)或类型	断能后间接的时间/s
纪录仪表用电动机	10
小功率电动机	15
$P<50$	30

如在表 1 所述间隔时间内不能测得第一点读数，则应尽快测得它。以后每隔约 10 s～15 s 读取一次读数，直至这些读数开始明显地从最高值下降为止。将测得的读数作为时间的函数绘成曲线并根据电动机的额定功率(或类型)，将此曲线外推至上述相应的间隔时间，所获得的温度即作为电动机断能瞬间的温度。绘制曲线时，推荐采用半对数坐标，温度标在对数坐标轴上。如停转后测得的温度连续上升，则应取测得的温度最高值作为电动机断能瞬间的温度。

13.5 温升试验方法

电动机的温升试验应在额定电压、额定频率及额定输出功率(或额定转矩)下用直接负载法(记录仪表用永磁同步电动机用空载法)进行。

试验时，被试电动机应保持额定负载(记录仪表用永磁同步电动机应保持额定电压)直到电动机各部位温度达到热稳定状态时为止。试验过程中，每隔半小时记录一次被试电动机的电压、电流、输入功率、转速和转矩以及定子铁芯、轴承、机壳、周围冷却空气温度。当电动机各部位温度达到热稳定状态后，即断能停转并按 12.4 要求测量绕组电阻。

对多种定额电动机的温升试验，应在能产生最高温升的定额值下进行。如不能事先确定，则应在每种定额下逐一进行。

为了缩短试验时间，在温升试验开始，可适当过载运行一段时间。

试验期间，应采取措施尽量减少冷却空气温度变化。

14 效率和功率因数的测定

14.1 工作特性的测取

工作特性曲线是电动机在额定电压及额定频率下，输入功率 P_1、定子电流 I_1、效率 η、功率因数 $\cos\varphi$与输出功率 P_2 的关系曲线。

工作特性曲线应在电动机的温度接近热状态时(或温升试验后)在负载试验中测取。此时，在 1.25～0.25 倍额定功率范围内由高至低量取 6 点～8 点，每点均应量取电压、电流、输入功率及转矩值。

14.2 效率的测定

电动机效率的测定方法采用直接法。

直接测定效率时，电动机输入功率用瓦特表测量，输出转矩可用下面三种方法测量：

a) 电机测功机法；

b) 磁滞、磁粉及涡流等测功机法；

c) 转矩测量仪法。

试验时，测功机用联轴器与被试电动机连接，转矩测量仪按规定的使用要求与被试电动机和负载电机连接。起动被试电动机带动测功机或负载电机旋转，一般从零负载开始逐渐增加被试电动机的负载转矩，在能保持同步转速情况下至额定负载转矩，控制测功机或负载电机，保持被试电动机在同步转速和额定转矩下稳定运转。

当电源电压及负载转矩都比较稳定，温升试验能保持额定电压、额定频率及额定输出功率(或转矩)不变的条件下进行时，则被试电动机的额定输出功率及转矩、额定输入功率、额定电流等，应由温升试验中最后 1 点～2 点读数直接读取。额定负载时的效率由所测得的额定输出功率与额定输入功率之比求得，以式表示如下：

被试电动机的输出功率 P_2(W) 按式(12)计算：

$$P_2 = (T_c n_s)/9.55 \qquad (12)$$

式中：

T_c——被试电动机输出转矩，单位为牛米(N·m)；

n_s——被试电动机同步转速，单位为转每米(r/min)。

被试电动机的效率 η（%）按式（13）计算：

$$\eta = (P_2/P_1) \times 100\% \quad \cdots\cdots(13)$$

式中：

P_1——被试电动机实际输入功率，单位为瓦特(W)。

14.3 效率测定时，被试电动机转矩测量误差的修正

效率测定时，被试电动机额定转矩测量的准确度在0.5 N·m以上时，应不低于1%。在0.2 N·m以下时，应不低于2%。如果对转矩测量准确度有更高的要求时，或者所用的测功机准确度偏低对被试电动机额定转矩测量的准确度在0.5 N·m以上时，低于1%，但不低于1.5%。在0.2 N·m以下时，低于2%，但不低于3%时，则可按下述要点对测功机进行调整，并对所测转矩值进行修正。

使电机测功机或磁滞、涡流等测功机产生误差的因素，一般有如下几种：

14.3.1 联轴器阻力矩误差

联轴器阻力矩误差，可用良好的联轴器安装及机组安装来消除。

14.3.2 轴承阻力矩误差

摆动部分轴承阻力矩误差，可用良好的测功机装配及调整来消除。

14.3.3 杠杆臂长误差

杠杆臂长误差，可用杠杆臂长的准确加工及测功机的调试来消除(指用杠杆砝码法测转矩时)。

14.3.4 风阻转矩误差

风阻转矩误差因无法消除，试验结果对所测转矩值应按式(14)进行修正。

$$T_c = T_t + T_{fw} \quad \cdots\cdots(14)$$

式中：

T_c——被试电动机实际输出转矩，单位为牛米(N·m)；

T_t——试验时测得的输出转矩，单位为牛米(N·m)；

T_{fw}——测功机风阻转矩，单位为牛米(N·m)。

风阻转矩 T_{fw}的简便测法如下：

a) 选择一台单相电容起动或电阻起动的异步电动机，其容量应为测功机容量的0.5～1倍，并用联轴器与测功机连接。安装工作使运转时平稳轻快，以免造成转矩测量误差；

b) 起动异步电动机在额定电压下带动无励磁的测功机空转，用低功率因数瓦特表测出异步电动机的输入功率 P_{10}(W)、输入电流 I_{10}(A)及测功机的转矩指示值 T_d(N·m)和转速n_d(r/min)；

c) 做完b)项试验后，尽快将异步电动机拆离测功机并施加额定电压空载运行，用测 P_{10}、I_{10}的仪表及相同量程测出电动机的空载损耗 P_0(W)及空载电流 I_0(A)。

在b)、c)项两次试验中，如异步电动机电压及频率能完全保持相同，则 I_{10}与 I_0 实际上应无差别；风阻转矩试验时，电动机的转速 n_d 约等于 n_s，n_s 为同步转速(r/min)。

风阻转矩 T_{fw}按式(15)计算：

$$T_{fw} = 9.55(P_{10} - P_0)/n_d - T_d \quad \cdots\cdots(15)$$

测功机的 T_{fw}值应分别在3 000 r/min、1 500 r/min、1 000 r/min及750 r/min转速下预先测得，不需在每次试验中测定。

如用同步测功机或永磁同步测功机测量被试电动机转矩时，在正确使用情况下，测出的转矩值不必进行修正，因轴上无风叶，所测得的 $T_{fw}\approx 0$。

14.4 减少误差的其他转矩测量方法

测量电动机转矩时，采用直接测量被试电动机定子对转子转矩的反作用力矩的方法，比在测功机定子上测量电动机转矩，能减少测功机的风阻转矩误差、联轴器阻力矩误差和轴承阻力矩误差等的影响，通常称定子反作用转矩测量法。

定子反作用转矩测量法用装置将被试电动机的定子固定在一个活动支架上，支架可以绕电动机转轴在小角度内旋摆，被试电动机的负载可以是测功机或负载电机等，支架上安装了压力或力矩转感器，测量方法与14.2相同。

14.5 功率因数的求取

功率因数可由温升或负载试验结果按式(16)、式(17)求取：

单相电动机功率因数 $\cos\varphi = P_1/(U_1 I_1)$ ……………………(16)

三相电动机功率因数 $\cos\varphi = P_1/(\sqrt{3}U_1 I_1)$ ……………………(17)

式中：

P_1——额定电压时的输入功率，单位为瓦特(W)；

U_1——额定电压，单位为伏特(V)；

I_1——输入电流，单位为安培(A)。

15 堵转转矩和堵转电流的测定

堵转试验在电动机接近实际冷状态下进行。试验时，应将转子堵住。

15.1 测定要求

a) 堵转转矩和堵转电流应在额定电压、额定频率下测定。如条件有困难，可在0.9～1.05倍额定电压范围内测定。测定结果应按14.3换算至额定电压；

b) 为了减少电动机的发热，每点电压、电流及转矩的测量通电时间，单相电动机应不超过5 s，三相电动机应不超过8 s，三相电动机还应测量三相电流；

c) 磁阻式及永磁式电动机的堵转转矩应使用可调定转子相对角位置的一般杠杆或转矩测量仪等进行测定；

d) 测定时，所配用的测力计行程越小越好。

15.2 测定方法

a) 磁滞式电动机的堵转转矩应在额定电压下测定。测定可在任何转子位置点进行，只测定一点即可；

b) 磁阻式及永磁式电动机堵转转矩的测定，应按表2规定的机械角度及每点间隔度数测取11点或6点，每点电动机的温度应保持相同。堵转转矩取其中最小值，堵转电流取其中最大值(三相电动机应为三相电流平均值)；

表 2

电动机型式	机械角度范围	每点间隔度数	总共测定点数
三相6极磁阻式	任意20°内	2°或4°	11点或6点
三相4极磁阻式	任意30°内	3°或6°	
三相4极磁阻式	任意30°内	4°或6°	
三相2极磁阻式	任意60°内	6°或12°	
单相4极磁阻式	任意90°内	9°或18°	

c) 为了防止电动机发热，减少冷却时间。上述试验可在不小于0.5倍额定电压下进行，找出堵转转矩最小点。再在该点测出额定电压下的堵转转矩；

d) 当用转矩测量仪（或最小堵转转矩数字显示仪）测定堵转转矩时，可测取堵转转矩特性曲（或数字显示），额定电压时的堵转电流 I_{KN}(A)和堵转转矩 T_{KN}(N·m)由转矩特性曲线查取或从数字显示中读取。

用转矩测量仪测定堵转特性曲线时，可将二次仪表上输出的转矩模拟量电压接至 XY 函数记录仪的 Y 轴，记录仪的 X 为时间轴，再用固定在负荷电机端转轴上的制动装置，使转轴慢慢匀速转动时，则可在 XY 记录仪的坐标纸上直接画出堵转转矩与转子角位置的关系曲线。此时堵转转矩最小值可由曲线上直接测得。

用最小堵转转矩数字显示仪测定最小堵转转矩时，按最小堵转转矩数字显示仪的要求，将被试电动机用联轴器连接，在接通试验电源情况下，从显示屏中读取堵转转矩最小值。

15.3 测定结果的换算

额定电压 U_N 时的堵转电流 I_{KN} 及堵转转矩 T_{KN} 按式(18)、式(19)换算：

$$I_{KN} = (I_K U_N)/U_K \qquad (18)$$

$$T_{KN} = T_K(U_N/U_K)^2 \qquad (19)$$

式中：

U_N——额定电压，单位为伏特(V)；

U_K——试验时的电压，单位为伏特(V)；

I_K——试验电压为 U_K 时测得的堵转电流，单位为安培(A)；

T_K——试验电压为 U_K 时测得的堵转转矩，单位为牛米(N·m)。

16 牵入转矩的测定

同步电动机的牵入转矩值与负载的转动惯量有关(磁滞同步电动机除外)，惯量值越大，测出的牵入转矩值越小。因此，测量被试电动机的牵入转矩时应同时注明负载的转动惯量值，否则无法衡量被试电动机的牵入同步性能。用测功机测量牵入转矩时，一般要求测功机旋转部分折算到转子同轴的转动惯量 J_2 与转子转动惯量 J_1 之比小于等于 2。即：

$$\frac{J_2}{J_1} \leqslant 2$$

牵入转矩应在额定电压下测定。测定方法有如下三种：

a) 电机测功机法；

b) 磁滞、磁粉及涡流等测功机法；

c) 绳索滑轮法。

注：a)、b)两法不适用于无异步运行状态的同步电动机(主要是记录仪表用同步电动机)。

16.1 电机测功机法

用电机测功机法测定牵入转矩时，可用同步测功机、永磁同步测功机或其他类型的电机测功机进行测定。

测定时，被试电动机与测功机之间应用联轴器连接，开动被试电动机带动测功机旋转，由接近同步的异步运行状态开始，在保持额定电压情况下逐渐减小被试电动机的负载转矩，并随时读取转矩值。当负载转距减至最小值时，被试电动机开始牵入同步。读取此同步前的转矩最小值即为所测的牵入转矩。

被试电动机是否由异步状态进入同步，一般需用同步闪光灯照射被试电动机转轴上的标记来确定：标记转动时为异步运行，标记不转动时为同步运行。对于磁滞同步电动机必需这洋测定。

同步闪光灯需接至与被试电动机相同频率的电源。

磁阻同步及永磁同步电动机在异步状态下运行时，电流大，发热快，测定必须迅速而准确的进行。为使测定结果准确可靠，牵入转矩的测定应不少于两次。在保持被试电动机温度不变时。两次测定结果应相同。

16.2 磁滞、磁粉及涡流等测功机法

牵入转矩可用具有制动转矩可平滑调节，并随时均可读出转矩值的磁滞测功机、磁粉测功机或涡流测功机等进行测定。

测定时，被试电动机与测功机之间应用联轴器连接。

测定方法及要求与 15.1 相同。

16.3 绳索滑轮法

绳索滑轮法适用于 30 W 以下的同步电动机及记录仪表用同步电动机。

16.3.1 异步运行状态牵入同步的电动机

由异步运行状态牵入同步的被试电动机牵入转矩的测定，按图 5 进行。

测定方法及要求与 15.1 相同。

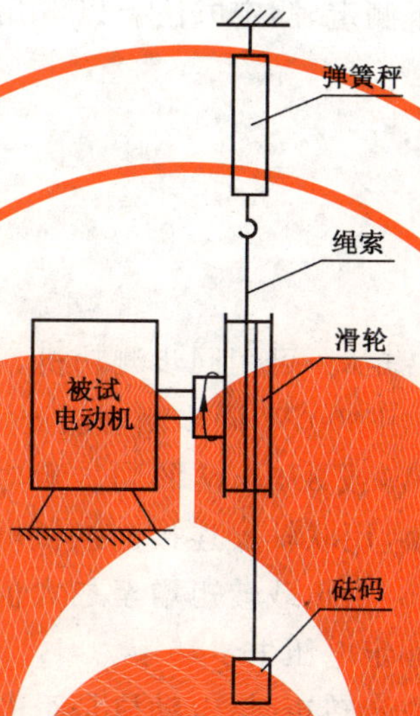

图 5

16.3.2 静止状态跃入同步的电动机

由静止状态跃入同步无异步运行状态的被试电动机(主要为记录仪表用同步电动机及类似记录仪表用同步电动机)的牵入转矩的测定，亦按图 5 进行。测定方法有如下两种：

a) 按图 5 将固定在弹簧秤上的绳索端改为固定在滑轮上，其他要求不变。测试方法如下：

被试电动机静止不动时，按牵入转矩值算出应挂的砝码重量挂在滑轮绳索的下端。被试电动机施加额定电压起动，看能否牵入同步。如能牵入同步，应将被试电动机断能停转，增加滑轮绳索上的砝码重量后，再次施加额定电压起动。如此这样逐渐增加绳索上的砝码重量和多次施加额定电压起动，直至被试电动机不能牵入同步时为止。此时前面一点的砝码重量与滑轮半径乘积即为所测得的牵入转矩值 T_{pin}(N·m)，以式(20)表示如下：

$$T_{pin} = G \cdot R \qquad (20)$$

式中：

G——砝码重力，单位为牛(N)；

R——滑轮半径，单位为米(m)。

b) 按图 5 将绳索在滑轮上多绕几圈，使弹簧秤读数减至最小。

对有齿轮减速的同步电动机，应使 F 小于 $0.1G$(被试电动机静止时及进入同步运行后均应满足此要求)。

对无齿轮减速的同步电动机，应使 F 小于 $0.2G$(被试电动机静止时及进入同步运行后均应满足此要求)。

上述的 F 为弹簧秤读数，G 为砝码重力。

牵入转矩的测定方法与本条 a 款基本相同。

牵入转矩值(N·m)按式(21)计算：

$$T_{pin} = (G - F)R \qquad (21)$$

式中：

G——砝码重力，单位为牛(N)；

F——弹簧秤读数，单位为牛(N)；

R——滑轮半径，单位为米(m)。

17 额定电压失步转矩的测定

额定电压失步转矩应在额定电压下测定，测定方法有以下几种：

a) 电机测功机法；

b) 磁滞、磁粉及涡流等测功机法；

c) 绳索滑轮法；

d) 转矩测量仪法。

17.1 电机测功机法

用电机测功机测定额定电压失步转矩时，可用同步测功机、永磁同步测功机或其他类型的电机测功机进行。一般 90 W～750 W 的电动机用 600 W 同步测功机测定；20W～90 W 的电动机用永磁测功机测定；大于 750 W 的电动机可用 1.5 kW 或 3.5 kW 的同步测功机或容量合适的直流测功机测定。

测定时，被试电动机与测功机之间应用联轴器连接。被试电动机起动后，在保持额定电压情况下，逐渐增加负载转矩，并随时读取转矩值。当负载转矩增至最大值时，被试电动机开始失步，读取此失步前的转矩最大值。此值即为所测得的额定电压失步转矩。

测定磁滞同步电动机的额定电压失步转矩时，电动机是否失步，必须用同步闪光灯照射被试电动机轴上的标记来确定：标记不转动时为同步运行，标记转动时为异步运行。

测定时，应取被试电动机在第一次失步后，减小负载转矩使其刚刚返回同步转速时再增大负载转矩，使之第二次失步时的失步转矩值。此值为额定电压失步转矩值中的最小值，它与牵入转矩值接近。

17.2 磁滞、磁粉及涡流等测功机法

用磁滞、磁粉及涡流测功机测定额定电压失步转矩时，被试电动机与测功机之间应用联轴器连接。测定方法及要求与 16.1 相同。

17.3 绳索滑轮法

绳索滑轮法适用于 30 W 以下的同步电动机及记录仪表用同步电动机。

试验时，滑轮直接固定在被试电动机轴伸端，如图 5 所示。

绳索上端固定于弹簧秤上，绳索绕滑轮一圈或数圈后下端挂砝码。绳索在滑轮上不应重叠。弹簧秤与滑轮之间的一段绳索应垂直向下，砝码产生的转矩应与被试电动机转矩方向相反。失步转矩测定方法及要求与 16.1 相同。

额定电压失步转矩值 T_{max}(N·m)按式(22)、式(23)计算：

$$T_{max} = (G-F)R \quad \cdots\cdots(22)$$

或

$$T_{max} = (G-F)(R+r) \quad \cdots\cdots(23)$$

式中：

G——砝码重力，单位为牛(N)；

F——弹簧秤读数，单位为牛(N)；

R——滑轮半径，单位为米(m)；

r——绳索半径，单位为米(m)。

当 r 大于 0.01 R 时，应按式(23)计算。

为了使测量准确，在可能的情况下，绳索在滑轮上应尽量多绕几圈，使 F 值减至最小。对于齿轮减速电动机来说，显得特别重要。

17.4 转矩测量仪法

转矩测量仪法适用于100 W以上的同步电动机。

测量时，转矩传感器的两个轴伸端应用联轴器分别与被试电动机及负荷电机连接测定方法及要求与16.1相同。额定电压失步转矩值应由数字表上直接读取。当需要用自动记录仪画出被试电动机的转矩转速特性曲线时，则额定电压失步转距亦可在该曲线上求得。

18 电源电压下降后失步转矩的测定

试验时，电源电压下降值按各类电动机标准的规定值。失步转矩的测定方法及要求与第17章相同。

19 噪声的测定

噪声的测定按GB/T 10069.1—2006的规定进行。

20 起动过程中最小转矩的测定

电动机在起动过程中最小转矩的测定方法有如下几种：

a) 电机测功机法；

b) 磁滞或磁粉测功机法；

c) 测功机计算机辅助检测系统；

d) 转矩测量仪法。

测定时，被试电动机应接近实际冷状态，在额定频率和额定电压下进行测定。

一些电动机在起动过程的最小转矩可能低于牵入转矩，起动过程的转矩转速(T_1-n)曲线通常称为非稳定区，这种情况下，励磁电流固定的测功机不能或者难以在电动机的非稳定区施加稳定负载，从而检测到最小转矩。必须使被试电动机起动过程的(T_1-n)曲线和负载的(T_2-n)曲线有稳定的机械特性交点。在T_1-n和T_2-n曲线上交点k的导数关系表达为式(24)：

$$\left[\frac{\mathrm{d}T_1}{\mathrm{d}n}\right]_k<\left[\frac{\mathrm{d}T_2}{\mathrm{d}n}\right]_k \quad\cdots\cdots(24)$$

式中：

T_1——被试电动机转矩；

T_2——测功机或负载电机对电动机的阻力转矩；

n——被试电动机和测功机的同轴转速。

典型的实现方法有：

a) 对不同非稳定区机械特性的电动机选配相应的机械特性类型测功机；

b) 通过励磁电流的控制，调整测功机机械特性，满足各种电动机的测量；

c) 逐次逼近测量。

20.1 电机测功机法

用同步测功机、直流测功机、永磁同步测功机或其他类型电机测功机作被试电动机的负载。最小转矩从测功机测力计上读取。

试验时，被试电动机与测功机用联轴器连接。测定应由堵转状态开始，使转速逐步升高。测定过程中应尽可能减少被试电动机的温度变化。测定方法简述如下。

20.1.1 连续测定法

磁滞同步电动机及起动电流较小不易发热的电动机，可用同步或永磁同步测功机以连续测定方法测定最小转矩。

测定时，先将同步测功机的励磁电流调至一定值并保持不变。再将同步或永磁同步测功机的三相负载电阻调至零(短路)。然后在额定电压下起动被试电动机,并保持额定电压不变的情况下逐步增加测功的负载电阻。被试电动机的转速便由接近零值起逐渐升高,若随着转速不断升高,转矩值由大变小,然后再变大时,则其中的最小值即为所测得的最小转矩。如果没有出现上述现象,则说明被试电动机不存在最小转矩。

测定时,测功机的负载电阻调节应尽可能均匀而迅速。每起动一次的连续测定时间,应以被试电动机温度无明显变化为限。若温度变比较大,最小转矩难以准确测定时,则按 20.1.2 进行测定。

20.1.2　点测定法

对单相、三相磁阻同步及三相永磁同步电动机,因起动电流大、发热快,用上述连续法测定最小转矩;一般较难进行,此时,可用点测法测定最小转矩。测定方法简述如下:

先将同步测功机的励磁电流调至一定值,并保持不变。再将同步或永磁同步测功机的负载电阻由接近零(短路)值起逐点增大。在每点阻值上均在额定电压下起动一次被试电动机,当转速稳定后即可测得一对应的转矩与转速值。在不小于 1/13～1/7 同步转速范围内均匀测取不少于 5 点的转矩与转速值,并绘制成转矩转速曲线。最小转矩即由曲线上求得。

为减少被试电动机因发热而影响测定值的准确性,每点测定时间应不大于 5 s～7 s,各测定点的被试电动机温度设法保持相同。

单相电容起动磁阻同步电动机的最小转矩,有时发生在离心开关断开转速点上,此时应用点测法或连续法测出被试电动机的整条转矩转速特性曲线。最小转矩由曲线上求得。

20.2　磁滞或磁粉测功机法

磁滞或磁粉测功机法主要适用于 20 W 以下的被试电动机(其中主要是磁滞同步电动机)。用磁滞或磁粉测功机测定方法如下:

起动被试电动机,在额定电压下调节负载转矩,使它约等于最小转矩值。然后在保持测功机励磁电流不变的情况下,使被试电动机断电停转。停转后再重新起动被试电动机,视其能否起动并加速至接近同步转速。如能,则应稍微加大负载转矩,然后再断电停转,停转后进行第二次起动。如仍能起动并加速至接近同步转速,则应逐渐地加大负载转矩、断电停转、停转后再起动被试电动机,直至被试电动机稳定在低速运行而不能加速至接近同步转速(或不能转动)为止。此时前一点测得的负载转矩即为最小转矩。当被试电动机不能转动时,则堵转转矩即为最小转矩,单相磁滞同步电动机有时如此。

20.3　测功机计算机辅助检测系统法

测功机计算机辅助检测系统法的测功机主要是磁滞或磁粉测功机,控制和测定方法如下:

通过磁滞或磁粉测功机励磁电流的转速正反馈控制,调整测功机机械特性,满足各种电动机的测量,测功机直流电源的输出电压或电流与测功机转速之间有自动的正反馈控制关系;用测功机计算机辅助检测系统测定最小转矩时,应使用检测系统画出被试电动机整条转矩转速特性曲线。最小转矩从曲线上求得。

试验时,测功机用联轴器与被试电动机连接,起动被试电动机带动测功机,从堵转(或接近堵转)状态开始,使转速逐渐升高,直至空载同步转速为止,再从空载同步转速下逐步加载直至堵转。整条曲线的数据扫描采集时间应在 20 s～30 s 左右。系统扫描采样记录各输出转矩 T_2 下对应的转速 n、输入功率 P_1、定子电流 I_1,根据采集及计算数据,按需画制各种关系曲线,一般称为电动机综合特性曲线,其中包括转矩转速特性曲线。

20.4　转矩测量仪法

用转矩测量仪测定最小转矩时,应使用自动记录仪画出被试电动机整条转矩转速特性曲线。最小转矩从曲线上求得。

试验时,转矩传感器两端轴伸应用联轴器分别连接被试电动机及可调负载的电机(如同步测功机、三相同步发电机及直流电机等)。转矩转速特性曲线的测定应从堵转(或接近堵转)状态开始,使转速逐渐升高,直至同步转速为止。用同步测功机做负载电机测定时,应保持励磁电流不变,负载电阻由零起逐渐增加来测定特性曲线，在测定过程中，应保持被试电动机的电压为额定值。转速的调节应平滑均匀。整条曲线的测定时间应在 10 s～15 s 左右。如被试电动机不易发热，可适当延长时间，如被试电动机发热较快，则整条曲线应分为两段测定，每段测定时间为 5 s～8 s 左右。为减少惯性力矩的影响，负载电机的容量或体积不宜选得太大，在最小转矩附近处的角加速度应适当减小。

21　输入功率和输入电流的测定

输入功率和输入电流的测定为磁滞同步电动机的试验项目。

试验时，被试电动机的输出转矩可用电机测功机、磁滞测功机、磁粉测功机及涡流测功机进行测定。30 W 以下的同步电动机也可用绳索滑轮法进行测定。

被试电动机的额定输入功率和输入电流应由温升试验中最后 1 点～2 点读数直接测得。

出厂检验时，输入功率及输入电流可在冷状态下进行测定。

ICS 25.140.20
K 64

中华人民共和国国家标准

GB 13960.1—2008
代替 GB 13960—1992

可移式电动工具的安全 第一部分:通用要求

Safety of transportable motor operated electric tools—Part 1:General requirements

2008-09-19 发布 2009-06-01 实施

中华人民共和国国家质量监督检验检疫总局
中国国家标准化管理委员会 发布

前　言

本部分的全部技术内容为强制性。

GB 13960《可移式电动工具的安全》由通用要求和专用要求两个部分组成。

第一部分:通用要求。由通用特性要求的条款组成。

第二部分:涉及特定可移式电动工具的专用要求。专用要求的条款补充或修改第一部分相应条款的技术要求、试验方法和说明。

本系列标准的组成如下:

GB 13960.1　可移式电动工具的安全　第一部分:通用要求

GB 13960.2　可移式电动工具的安全　第二部分:圆锯的专用要求

GB 13960.3　可移式电动工具的安全　第二部分:摇臂锯的专用要求

GB 13960.4　可移式电动工具的安全　第二部分:平刨和厚度刨的专用要求

GB 13960.5　可移式电动工具的安全　第二部分:台式砂轮机的专用要求

GB 13960.6　可移式电动工具的安全　第二部分:带锯的专用要求

GB 13960.7　可移式电动工具的安全　第二部分:带水源金刚石钻的专用要求

GB 13960.8　可移式电动工具的安全　第二部分:带水源金刚石锯的专用要求

GB 13960.9　可移式电动工具的安全　第二部分:斜切割机的专用要求

GB 13960.10　可移式电动工具的安全　第二部分:单轴立式木铣的专用要求

GB 13960.11　可移式电动工具的安全　第二部分:型材切割机的专用要求

GB 13960.12　可移式电动工具的安全　第二部分:高压清洗机的专用要求

本第一部分参照采用将合并手持式、可移式和园林工具系列标准的 IEC 60745-1 ed5.0 的 61F/649/CD、61F/685/RVC 文件,按所涉及的有关可移式电动工具的安全部分要求制定的。

本部分代替 GB 13960—1992。本次对 GB 13960—1992 的技术修改如下几方面:

1)　范围。

2)　规范性引用文件。

3)　术语和定义　特别增加了"可移式电动工具"、"剩余电流动作保护器"。

4)　在第一部分中考虑带液源工具的要求,增加有关剩余电流动作保护器的相关要求。

5)　修改第 8 章　标识和说明,在安全警告的应用方面更加明确。

6)　修订第 23 章　组件,采用 IEC 61058-1:2003,增加电子开关内容。

7)　修订第 18 章　过载试验及图 5;增加了 18.10 中电子电路的要求。

8)　修订第 20 章　机械强度。

9)　修改第 27 章　螺钉与联接件。

10)　增加资料性附录 N 关于例行试验的要求。

本部分附录 A、附录 C、附录 D、附录 F、附录 G 均为规范性附录,附录 J、附录 N 为资料性附录,附录 B、附录 E、附录 H、附录 I、附录 K、附录 L、附录 M 为空。

本部分应和与之配套的第二部分专用要求结合使用。当与之配套使用的第二部分全部修订后,GB 13960—1992 将被废止。

对于第二部分尚未涉及的可移式电动工具及按新原理设计的工具,只要应用第一部分是合理的,就可以使用第一部分。

本部分由中国电器工业协会提出；

本部分由全国电动工具标准化技术委员会(SAC/TC 68)归口并负责解释；

本部分负责起草单位：上海电动工具研究所。

本部分主要起草人：刘江、李邦协、刘世昌、李宏照、郑定安、陆铁民。

本部分所代替标准的历次版本发布情况为：

——GB 13960—1992。

引　言

本部分可应用于在第二部分中尚未提及的工具以及按新原理设计的工具，只要这一应用是合理的。

如果工具的功能涉及多个第二部分，则各相应的第二部分分别适用于各功能（只要是合理的）。如一种功能对另一种功能有影响，就应考虑这种影响。

如果产品所用材料或具有的结构形式不同于本部分阐述的要求，可以按照要求意图进行检验和测试，如果发现确实等效的，可判定为符合本部分。

关于无线电干扰抑制的 GB 4824、GB 4343 系列标准；

关于电磁兼容的 GB 17625 系列标准。

可移式电动工具的安全
第一部分:通用要求

1 范围

本标准涉及由电动机或电磁铁驱动的可移式电动工具,以下简称“工具”。交流单相和直流额定电压不大于 250 V、交流三相额定电压不大于 480 V。最大额定输入功率不超过 3 700 W。

只要适用,本标准涉及人们在使用工具以及合理预见的误用工具时遇到的由工具引发的常见危险。

带电加热元件的工具属本标准范围。这些加热元件的要求在 GB 4706 的相关部分中规定。

对于不与电网隔离、且基本绝缘由不按工具额定电压设计的电动机,其要求在附录 B 中规定。

本标准不适用于:

——符合 GB 4706.1 范围规定的家用和类似用途电器;

——符合 GB/T 5226.1 范围规定的工业机械电气设备;

——制备和加工食品的工具。

注:特别注意可根据行政规定、气候或特殊工作条件等规定附加要求。

2 规范性引用文件

下列文件中的条款通过 GB 13960 的本部分的引用而成为本部分的条款。凡是注日期的引用文件,其随后所有的修改单(不包括勘误的内容)或修订版均不适用于本部分,然而,鼓励根据本部分达成协议的各方研究是否可使用这些文件的最新版本。凡是不注日期的引用文件,其最新版本适用于本部分。

GB 1002—1996 家用和类似用途单相插头插座型式、基本参数和尺寸

GB 1003—1999 家用和类似用途三相插头插座型式、基本参数和尺寸

GB 1406—2001 灯头、灯座及其互换性、安全性检验量规 第一部分:灯头补充件 A(1969)~T(1996)+修改件 1 到修改件 26(eqv IEC 60061-1:1999)

GB/T 1804 一般公差 未注公差的线性和角度尺寸的公差(GB/T 1804—2000,eqv ISO 2768-1:1989)

GB 2099(所有部分) 家用和类似用途插头插座(IEC 60884)

GB/T 2423.55—2006 电工电子产品环境试验 第 2 部分:试验方法 试验 Eh:锤击试验(IEC 60068-2-75:1997,IDT)

GB/T 4207—2003 固体绝缘材料在潮湿条件下相比电痕化指数和耐电痕化指数的测定方法(IEC 60112:1979,IDT)

GB 4208—2008 外壳防护等级(IP 代码)(IEC 60529:1989:2001,IDT)

GB 4343.2—1999 电磁兼容 家用电器、电动工具和类似器具的要求第二部分:抗扰度产品类标准(idt CISPR14-2)

GB 4706.1—2005 家用和类似用途电器的安全 第一部分:通用要求(IEC 60335-1:2001,IDT)

GB/T 4956—2003 磁性金属基体上非磁性覆盖层 覆盖层厚度测量 磁性方法(ISO 2178:1982,IDT)

GB 5013.4 额定电压 450/750 V 及以下橡皮绝缘电缆 第 4 部分:软线和软电缆(GB/T 5013.4—2008,IEC 60245:2004,IDT)

GB 5023.5　额定电压450/750 V及以下聚氯乙烯绝缘电缆　第5部分:软电缆(软线)(GB/T 5023.5—2008,IEC 60227:2003,IDT)

GB/T 5465.2—2008　电气设备用图形符号(IEC 60417DB:IDT)

GB/T 6462　金属和氧化物覆盖层　厚度测量显微镜方法(GB/T 6462—2005,ISO 1463:2003,IDT)

GB 8898—2001　音频、视频及类似电子设备　安全要求(idt IEC 60065:1998)

GB 9364.3　小型熔断器　第3部分:超小型熔断体(GB 9364.3—1997 idt IEC 60127-3:1988)

GB/T 11021　电气绝缘的耐热性评定和分级(GB/T 11021—2007,IEC 60085:2004,IDT)

GB 14536.1—2008　家用和类似用途电自动控制器　第1部分:通用要求(IEC 60730-1:2003 ed3.1,IDT)

GB 15092.1—2003　器具开关　第1部分:通用要求(IEC 61058-1:2000,IDT)

GB/T 11918—2001　工业用插头插座和耦合器　第一部分:通用要求(idt IEC 60309-1:1999)

GB/T 11919—2001　工业用插头插座和耦合器　第2部分:带插销和插套的电器附件的尺寸互换性要求(idt IEC 60309-2:1999)

GB 13140.3　家用和类似用途低压电路用的连接器件　第2部分:作为独立单元的带无螺纹型夹紧件连接器件的特殊要求(GB 13140.3—1998,idt IEC 60998-2-2:1991)

GB/T 14472　电子设备用固定电容器　第14部分:分规范 抑制电源电磁干扰用固定电容器(GB/T 14472—1998,idt IEC 60384-14:1993)

GB 19212.1—2008　电力变压器、电源和电抗器和类似产品的安全　第1部分:通用要求和试验(IEC 61558-1:2005,IDT)

GB 19212.5—2006　电力变压器、电源装置和类似产品的安全　第5部分:一般用途隔离变压器的特殊要求(IEC 61558-2-4:1997,MOD)

GB 19212.7—2006　电力变压器、电源装置和类似产品的安全　第7部分:一般用途安全隔离变压器的特殊要求(IEC 61558-2-6:1997,MOD)

GB 17465(所有部分)　家用和类似一般用途工具耦合器 (IEC 60320)

IEC 60216-5　电绝缘材料　耐热特性　第5部分:绝缘材料的相对耐热指数(RTE)的测定

IEC 60695-2-11:2000　着火危险试验　第2-11部分:灼热或加热电线基本试验方法 成品的灼热丝易燃性试验方法

IEC 60695-10-2:2003　着火危险试验　第10-2部分:不正常热球压试验

IEC 60695-11-5:2004　着火危险试验　第11-5部分:针状火焰试验方法

IEC 60695-11-10:1999　着火危险试验　第11-10部分:试验火焰　50 W水平及垂直火焰试验法

IEC 60738-1　热敏电阻器-直热式阶跃型正温度系数　第一部分:总规范

IEC 60760:1989　扁形快速联接端头

IEC 60998-2-1　家用和类似用途低压电路用的连接器件　第2-1部分:用螺纹型单元分接的接线装置的特殊要求

IEC 60998-2-2　家用和类似用途低压电路用的连接器件　第2-1部分:用无螺纹型单元分接的接线装置的特殊要求

IEC 60999-1:1999　连接装置　连接铜导线的螺纹型和无螺纹型夹紧单元的安全要求　第1部分:0.2 mm^2 到 0.35 mm^2(含 0.35 mm^2)导体夹紧单元的一般要求和特殊要求

IEC 60249-2-4　印制电路用基材　第2部分:规范　第4号规范:普通级的覆铜箔环氧玻璃布层压板

IEC 60249-2-5　印刷电路用基材　第2部分:规范　第5号规范:规定易燃性的覆铜箔环氧玻璃布层压板(垂直燃烧试验)

IEC 60825-1:2007 激光产品的安全 第1部分:设备分类和要求

IEC 60906-1 家用和类似用途的 IEC 制插头和插座 第一部分:交流 16 A/250 V 插头和插座

IEC 61032:1997 外壳对人体和设备的保护 检验用探棒

ISO 7010:2003 图画符号 安全颜色和安全标记 用于工作场所和公共场所的安全标记

ISO 9772:2001 泡沫塑料小火焰小试样的水平燃烧特性的测定

ISO 13849-1:2004 机械安全 与控制系统部件有关的安全 第1部分:设计总则

ISO 13849-2:2003 机械安全 与控制系统部件有关的安全 第2部分:合理性

3 术语和定义

就本标准而言,下列术语和定义适用。

除非另有规定,条文中所用术语"电压"和"电流"均指有效值。

第一部分中,凡出现"借助于工具"、"不借助于工具"和"需使用工具"处,"工具"一词均指手动工具,例如可用来拧动螺钉或其他紧固件的螺钉旋具。

3.1

易触及零件 accessible part

用 IEC 61032:1997 的 B 型探棒能触及的整个导电零件或绝缘材料表面。

3.2

附件 accessory

附装在工具输出机构上的器件。

3.3

可调节护罩 adjustable guard

整体可调节和含有可调节零件的护罩。在特定操作时调节位置保持固定。

3.4

全极断开 all-pole disconnection

由单一触发动作断开除接地导线以外的所有电源导线。

3.5

配件 attachment

附装在工具外壳或其他组件上的器件,它可装在或不装在输出机构上,且不改变本标准范围的工具的正常使用。

3.6

基本绝缘 basic insulation

用于对带电部分提供防电击基本保护的绝缘,不一定包括功能目的的绝缘。

3.7

Ⅰ类工具 class Ⅰ tool

指这样的一类工具:它的防电击保护不仅依靠基本绝缘、双重绝缘或加强绝缘,而且还包含一个附加安全措施,即把易触及的导电部分与设备中固定布线的保护(接地)导线连接起来,使易触及的导电部分在基本绝缘损坏时不能变成带电体。具有接地端子或接地连接器的双重绝缘和/或加强绝缘的工具也认为是Ⅰ类工具。

3.8

Ⅱ类工具 class Ⅱ tool

指这样的一类工具:它防电击保护不仅依靠基本绝缘,而且依靠提供的附加的安全措施,例如双重绝缘或加强绝缘,没有保护接地也不依赖安装条件。

3.9

Ⅱ类结构　class Ⅱ construction

指工具中依靠双重绝缘或加强绝缘作电击保护的部分。

3.10

Ⅲ类工具　class Ⅲ tool

指这样的一类工具：它的防止电击保护依靠安全特低电压供电，工具内不产生高于安全特低电压的电压。

3.11

Ⅲ类结构　class Ⅲ construction

指工具中依靠安全特低电压作防电击保护的部分，并且该部分不产生高于安全特低电压的电压。

3.12

电气间隙　clearance

两个导电零件之间，或一个导电零件与机壳外表面之间测得的最短空间距离，可视作易触及的绝缘材料表面上紧贴着一层金属箔。

注：电气间隙的例子由附录A规定。

3.13

爬电距离　creepage distance

两个导电零件之间，或一个导电零件与机壳外表面之间，沿绝缘材料表面测得的最短路径。可视作易触及的绝缘材料表面上紧贴着一层金属箔。

注：爬电距离的例子有由附录A规定。

3.14

可拆卸软线　detachable cord

通过适当的工具耦合器连接到工具上的电源软线和互连软线。

3.15

可拆卸零件　detachable part

不需借助于工具即可拆除或打开的零件，或按使用说明书规定要拆除的零件(即使需要使用工具)。

3.16

双重绝缘　double insulation

由基本绝缘和附加绝缘两者组成的绝缘系统。

3.17

电子电路　electronic circuit

至少含有一个电子元件的电路。

3.18

电子元件　electronic component

主要靠电子穿过真空、气体或半导体的运动实现导电的零件，霓虹指示器除外。

3.19

特低电压　extra-low voltage

由工具内部的电源供电的电压，并且当工具以额定电压供电时，该电压在导体之间以及导体与地之间均不大于50 V。

3.20

绝缘材料的特别严酷工作制条件　extra-severe duty conditions of insulating material

有严重导电材料沉积且承受长时间电气应力之处，或有特别严重导电材料沉积且承受短时电气应力的工作制条件之处。

3.21

护罩 guard

作为工具的一部分设计的，用以防止机械伤害身体的屏障。

3.22

空条

3.23

互连软线 interconnection cord

提供工具两零件之间电气连接的外部软线。

3.24

断续运行 intermittent operation

以一系列规定的相同周期运行，每个周期由正常负载下的运行时段以及随后的工具空载或断电停歇时段组成。

3.25

供液系统 liquid system

完成工具预定功能所必须使用的外部或内部液源或水基液源系统。

3.26

带电零件 live part

正常使用时带电的任何导线或导电零件，包括中性线，但习惯上不包括保护接地中性导线(PEN)。

3.27

空载输入功率/电流 no load input/current

当工具在额定电压和额定频率下，在不对制造商随工具提供的附件施加外部负载(作业)，并且按制造商说明书调节、待用的情况下运行所达到的最高输入功率或电流。

3.28

不可拆卸的零件 non-detachable part

只有借助于工具才能拆卸或打开的零件，或能通过 21.22 试验的零件。

3.29

非自复位热断路器 non-self-resetting thermal cut-out

要求手动复位或更换零件来恢复电流的热断路器。

3.30

绝缘材料的正常工作制条件 normal duty conditions of insulating material

实际上没有导电材料沉积且承受长时间电气应力之处，或有轻微导电材料沉积且承受短时电气应力的工作制条件之处。

3.31

正常负载 normal load

在额定电压或额定电压范围平均值对工具施加的负载以达到额定输入功率或额定电流，如有短时或断续运行标志时，要遵从该标志。除非另有规定，如有电热元件，则电热元件要像正常使用时一样运行。

3.32

正常操作 normal operation

当工具连接到电源，以正常使用方式操作的条件。

3.33

正常使用 normal use

设计规定的，符合制造商说明的对工具的使用。

3.34

电源开关 power switch

接通和断开电源和/或电气激活和解除工具功能的装置。

3.35

保护装置 protective device

在不正常工作条件下其动作能防止一种危险状态的装置。

3.36

保护阻抗 protective impedance

接在带电零件与易触及导电零件之间的阻抗,其阻抗值使工具电流限制在安全值以下。

3.37

额定电流 rated current

制造商规定的工具的电流。如果未规定工具的电流,则就本标准而言,额定电流为工具在正常负载下测得的电流。

3.38

额定频率 rated frequency

制造商规定的工具的频率。

3.39

额定频率范围 rated frequency range

制造商规定的工具频率范围,以上、下限值表示。

3.40

额定输入功率 rated input

制造商规定的工具的输入功率(以瓦为单位),如果未规定工具的输入功率,则就本标准而言,额定输入功率为工具在正常负载(额定电流)下测得的输入功率。

3.41

额定输入功率范围 rated input range

制造商规定的工具输入功率范围(以瓦为单位),以上、下限值表示。

3.42

额定空载速度 rated no-load speed

制造商规定的工具在额定电压或额定电压范围上限时的空载速度。

3.43

额定运行时间 rated operating time

制造商规定的工具的运行时间。

3.44

额定电压 rated voltage

制造商规定的工具的额定电压,对三相电源而言,指线电压。

3.45

额定电压范围 rated voltage range

制造商规定的工具的电压范围,以上、下限值表示。

3.46

加强绝缘 reinforced insulation

提供防止电击的保护程度与双重绝缘相当的危险的带电部分的绝缘。

注:加强绝缘的例子是不能仅单独地当作基本绝缘或附加绝缘进行试验的单层或多层物质。

3.47

剩余电流动作保护器（RCD） residual current device（RCD）

一种能检测到电路中有让用户面临电击危险的电流的装置，在此情况下，该装置会断开电路。

注：该装置也被称为便携式剩余电流动作保护器(PRCD)，接地故障电流断路器(GFCI)或接地漏电流断路器(ELCB)。

3.48

例行维修 routine servicing

要求工具按说明书指导拆卸的，并由授权维修中心来完成的定期维修。

3.49

安全特低电压 safety extra-low voltage

导体之间以及导体与地之间不超过 42 V 的电压，其空载电压不超过 50 V 的电压。当安全特低电压从电网获得时，应通过一个安全隔离变压器或一个带分离绕组的转换器，此安全隔离变压器和转换器的绝缘应符合双重绝缘或加强绝缘的要求。

3.50

安全隔离变压器 safety isolating transformer

通过至少相当于双重绝缘或加强绝缘的绝缘将变压器输入线圈与输出线圈分离的、以安全特低电压给分配电路、工具或其他设备供电的变压器。

3.51

自复位热断路器 self-resetting thermal cut-out

工具的有关部分冷却到规定值时，能自动恢复电流的热断路器。

3.52

绝缘材料的严酷工作制条件 severe duty conditions of insulating material

有轻微导电材料沉积且承受长时间电气应力之处，或有严重导电材料沉积且承受短时电气应力之处。

3.53

短时运行 short-time operation

从冷态开始，在正常负载下按规定运行期运行。各运行期的间隔足以使工具冷却到接近环境温度。

3.54

附加绝缘 supplementary insulation

为了在基本绝缘一旦失效时，防止电击而在基本绝缘之外又设置的独立绝缘。

3.55

电源线 supply cord

安装到工具上的供电软线。

3.56

限温器 temperature limiter

动作温度可固定或可调的温度敏感装置，在正常工作期间，当被控零件的温度达到预定值时，以断开或闭合电路的方式来工作。在工具的正常工作循环期间，它不会造成相反操作。

3.57

热断路器 thermal cut-out

在不正常工作期间，通过自动切断电路或减小电流来限制被控件温度的器件，其结构使用户不能改变其整定值。

3.58

热熔丝 thermal link

只能一次性工作，事后要求部分或全部更换的热断路器。

3.59

控温器 thermostat

动作温度可固定或可调的温度敏感器件，在正常工作期间，通过自动接通或断开电路让被控件的温度保持在某限值之间。

3.60

可移式电动工具 transportable tool

具有以下特点的工具：

a) 工具被带到几个指定工作场所。工具在要加工的材料上进行作业，工具被安装在工件上或被放置在工件的旁边；

b) 配有或不配诸如手柄、轮子和类似简单装置来协助移动，就能由一个人搬运；

c) 在工作凳或工作台建立的固定位置上，或在内装的起到工作凳或工作台作用的装置上使用，可装或不装加紧装置、螺栓和类似的固定装置；

d) 在操作者的控制下使用；

e) 或者是工件或者是工具由手动进给；

f) 不作连续生产或生产线使用。

3.61

X 型联接 type X attachment

一种易于更换电源线的电源软线联接方式。

3.62

Y 型联接 type Y attachment

一种只能由制造商或其代理商或相类似的专业人员更换电源线的电源软线联接方式。

3.63

Z 型联接 type Z attachment

一种不破坏工具就无法更换电源线的电源软线联接方式。

3.64

用户保养 user maintenance

工具制造商规定的由用户来完成的各种保养工作，其内容写入使用说明书或标记在工具上。

3.65

可见灼热元件 visibly glowing heating element

从工具外部能够部分或全部可见的，而且当工具在额定输入功率下进行正常操作直到热稳定时，温度至少有 650 ℃发热元件。

3.66

工作电压 working voltage

当工具的电源电压为额定电压，并在正常负载条件下运行时，不考虑瞬态电压的影响，在所指零件上受到的最高电压。

4 一般要求

工具应构造成使其在正常使用时能安全工作，不致对人身或周围环境产生危险，即使在合理预见的误用工具时，也是如此。

具有明显独立操作模式的多功能工具，应分别符合适用的每个特殊操作模式的要求。

通常，此原则是通过达到本标准规定的相应要求来体现的，并进行相关试验来检验是否符合要求。

5 试验一般要求

5.1 符合第一部分的试验为型式试验。

注：例行产品生产线检测见附录N。

5.2 除非另有规定，试验在一台工具上进行。但可以按制造商要求的更少的样机上进行。

可能需要附加试样，例如工具设计有不同的电源电压时。试验组件时，可能需要提供这些组件的附加试样。

要避免由于连续试验而产生的对电子电路的累积应力。可能有必要更换元件或使用附加试样。应通过对有关电子电路进行评定，使得附加试样的数量最少。

5.3 如果从工具的结构上看，某一特定试验显然不适用，则不进行该项试验。

5.4 试验时，把工具或其活动零件放在正常使用时可能出现的最不利位置。

5.5 装有控制器或转换器件的工具试验时，如果其整定点能由使用者改变，就把这些控制器或转换器件调节到最不利的整定点。电子控速器整定在最高转速上。

如果不借助于工具即可触及控制器的调节装置，无论是用手还是借助于工具来改变整定点，本条均适用。如果不借助于工具不能触及调节装置，而且不打算由使用者改变整定点的，则本条不适用。

认为充分密封能防止使用者改变整定点。

5.6 试验在无通风且环境温度为20 ℃±5 ℃的场所进行。

如果任何部位所能达到的温度受到热敏元件的限制，或受温度的影响，则在有疑问时，室温要维持在23 ℃±2 ℃。

5.7.1 交流工具，如标有额定频率，则以额定频率进行试验；交直流两用工具以其最不利的电源进行试验。

对于未标额定频率的交流工具或标明频率范围为50 Hz到60 Hz的工具，则以50 Hz或60 Hz中不利的频率进行试验。

5.7.2 对于有多档额定电压的工具，以其最不利的电压进行试验。

对于标有额定电压范围的工具，当规定电源电压等于额定电压乘以一个系数时，此电源电压就等于：

——额定电压范围上限值乘以该系数(如果该系数大于1)；

——额定电压范围下限值乘以该系数(如果该系数小于1)。

当未规定系数时，电源电压为额定电压范围中最不利的电压。

对于有多档额定电压或额定电压范围的工具，为了确定最不利的电压，可能有必要以额定电压或额定电压范围的最小值、平均值和最大值进行一些试验。

5.7.3 对于标有额定电压范围和标有对应于额定电压平均值的额定输入功率的工具，当规定输入功率等于额定输入功率乘以一个系数时，此输入功率就等于：

—— 对应于额定电压范围上限值的计算输入功率乘以该系数(如果该系数大于1)；

—— 对应于额定电压范围下限值的计算输入功率乘以该系数(如果该系数小于1)。

当未规定系数时，输入功率即为对应于额定电压范围中最不利电压下的输入功率。

5.8 当制造商提供适合于工具的可供选择的加热元件或配件时，工具装上那些产生最不利结果的加热元件或配件进行试验。

5.9 除非另有规定，工具接上相应的软线进行试验。

5.10 如果Ⅰ类工具具有不与接地端子或接地触头连接的易触及金属零件，又未以一个与接地触头相连接的中间金属零件将易触及金属零件与带电零件隔开，则这类零件要按对Ⅱ类结构规定的相应要求进行检验。

5.11 如果Ⅰ类工具或Ⅱ类工具具有在安全特低电压下运行的零件，这类零件要按Ⅲ类工具规定的相应要求进行检验。

5.12　当试验电子电路时，电源要不受外干扰而影响试验结果。

5.13　如果在正常使用中，只有在电动机运转时电热元件才能工作，则电热元件要在电动机运转的情况下进行试验。如果不需要电动机运转，电热元件即能工作，则选择电动机运转或不运转两种情况中不利的一种，对电热元件进行试验。除非另有规定，装在工具内的电热元件要接至一分离电源。

5.14　对于执行相应第二部范围内的功能的配件，按第二部分该章进行试验。

对于其他配件，按制造商说明书进行试验；如没有这类说明，工具施以达到额定输入功率或额定电流的负载连续运行。

5.15　如果要施加转矩，所选加载方法要避免诸如由侧向推力等引起的附加应力。但是要考虑到那些工具正确运行所必需的附加负载。

如果用一制动器来施加负载，它必须逐渐施加以保证起动电流不致影响试验。为加载而对输出装置做出改动以便与制动器连接是允许的。

5.16　对于以安全特低电压运行的工具，如果通常电源变压器与工具一起销售，则工具要连同其电源变压器一起试验。

5.17　如果某个要求基于工具产生的扭矩，则应采用在工具冷态下锁定输出轴的稳定堵转扭矩的平均值或被测离合器的滑脱扭矩。

为测量扭矩，工具被连接到额定电压上，对提供控制器或转换器件的工具，将控制器或转换器件调节到它们能产生最高扭矩的设定值进行试验。

5.18　如果某个要求基于工具的质量，则质量应定为不装电缆和工具钻头或附件，但装上所有正常使用所需的器材和配件。要求的附件、器材和配件由相应第二部分规定。

如果线性和角度尺寸没有规定公差，则 GB/T 1804 适用。

6　空章

7　分类

7.1　工具按防电击保护分类应属于下列各类中的某一类：

Ⅰ类、Ⅱ类、Ⅲ类。

通过观察和进行相关试验来检验。

7.2　工具应按照 GB 4208—2008 规定具有恰当的防止有害进水的防护等级。如果要求具有非 IPX0 等级的则应在相应第二部分中规定。

8　标志和说明书

8.1　工具应标有：

——额定电压或额定电压范围，V；对于星-三角联接的工具应清楚地标明两种额定电压（例如 230△/400△）；

——电源种类符号，但标有额定频率者可不标，电源种类符号应紧接在额定电压标志之后；

——额定输入功率，以瓦或千瓦为单位；或额定电流，以安培为单位；标在工具上的额定输入功率是同时在电路上出现的最大输入功率之和，或额定电流是同时在电路上出现的最大电流之和。如果工具上有由控制器件选择的可替换组件，则额定输入功率或额定电流对应于可能的最高负载。

——制造商或负责将工具投放市场的其他机构的名称、商标、标识和地址。

——型号或类型标记；

——Ⅱ类结构符号（仅用于Ⅱ类工具）；

——防止有害进水的防护等级代码,IPX0 除外,如果 IP 代码省略了第一位数字,该省略的数字应由字母“X”取代,例如 IPX5;

——至少标出年份的制造日期(制造商日期代码);

——任何表明符合性引用本标准的强制性标志;

——**“警告—为降低伤害风险,用户必须阅读使用说明书”**或 ISO 7010:2003 的 M002 标记或第二部分中指明的适当符号。

如果使用,则“**警告**”两字应使用不小于 2.4 mm 高的黑体字,不得与警句分开,或使用 ISO 7000:2003 的 0434 标记。

如果使用,则除了“使用说明书”可用“操作手册”或“用户指南”外,警句的内容应逐字抄写。

——对由最终用户把它的散装零件组装起来的工具,每个零件或包装上应标有特有标识。

只要不至于引起误解,允许增加其他标志。

通过观察来检验。

8.2 除非工具的运行时间受到其结构的限制或受到第二部分中对正常负载说明的限制,短时运行或断续运行的工具应标有额定运行时间或分别标明额定运行时间或额定停歇时间。

短时运行或断续运行的标志应与正常使用一致。

断续运行标志应将额定运行时间置于额定停歇时间之前,两者之间用一斜线隔开。

通过观察来检验。

8.3 用于在额定范围值(电压、频率等)内无需调节即可运行的工具上的标志应区别于那些用于在同一量(电压、频率等)的不同数值下,需调节或无需调节而运行的工具上的标志。

额定范围的下限值与上限值应用一短划(—)隔开。

不同的额定值应由一斜线(/)隔开。

例如:

115 V～230 V:工具适用于标明范围内任一电压值。

115/230 V:工具仅适用于所标出的电压值。

通过观察来检验。

8.4 如果工具能加以调节以适应不同的额定电压,则调节到的电压应清晰可辨。

本条要求不适用于星-三角联接的工具。

对于不需要频繁变动电压整定值的工具,只要工具要调到的额定电压能由固定在工具上的接线图确定,即认为满足了本条要求。接线图可以置于连接电源导线时必须拆下的罩盖内壁上。接线图不得置于松散地系在工具上的标签上。

通过观察来检验。

8.5 标有多档额定电压或多档额定电压范围的工具应标明各个电压或电压范围的额定输入功率。

额定输入功率的上限值和下限值应标在工具上,使其清楚地表示出输入功率与电压间的关系;除非额定电压范围上下值之差不超过该范围平均值的 10%,在这种情况下,额定输入功率值的标志可仅对应于电压范围平均值。

通过观察来检验。

8.6 如果用符号表示单位或技术数据,应使用以下符号:

V …… 伏特

A …… 安培

Hz …… 赫兹

W …… 瓦特

kW …… 千瓦

F …… 法拉

μF ……………………………………………………………… 微法

g ……………………………………………………………… 克

kg ……………………………………………………………… 千克

bar ……………………………………………………………… 巴

Pa ……………………………………………………………… 帕斯卡

h ……………………………………………………………… 小时

min ……………………………………………………………… 分

s ……………………………………………………………… 秒

n_0 ……………………………………………………………… 空载速度

min^{-1} ……………………………………………… 每分钟转速或往复次数

 或 DC ……………………………… [GB/T 5465.2—2008 的符号 5031]直流

～或 AC ……………………………………… [GB/T 5465.2—2008 的符号 5032]交流

2～……………………………………………………………… 二相交流

2N～ ……………………………………………………… 带中心线的二相交流

3～……………………………………………………………… 三相交流

3N～ ……………………………………………………… 带中心线的三相交流

 A …………………………………… 相应熔断体的额定电流，单位 A

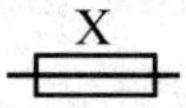…………………………………… 延时小型熔断体，X 为 GB 9364.3 中规定的时间/电流特性符号

……………………………… [GB/T 5465.2—2008 的符号 5019]保护接地

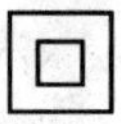 ……………………………… [GB/T 5465.2—2008 的符号 5172]Ⅱ类工具

IPXX ……………………………………………………………… IP 代码

 ……………………………………… [ISO 7010:2003 的符号 0434]当心

 ……………………………… [ISO 7010:2003 的符号 M002]阅读说明书

 ……………………………………… [GB/T 5465.2—2008 的符号 5012]灯

注：灯的额定瓦数可以结合该符号表示。

Ⅱ类工具符号应放置得它明显地是技术信息的一部分，并且它不可能与其他标志混淆。

采用其他单位时，这些单位及其符号应是国际单位制和符号。

允许增加非国际符号，只要这些符号不致引起误解。

通过观察和测量来检验。

8.7 凡要联接 2 根以上(不包括 2 根)电源导线的工具应备有固定在工具上的联接图，除非其正确的联接方式是显而易见的。

如果联接电源导线的接线端子是用指向该端子的箭头标明的，则认为正确的联接方式是明显的。接地导线不是电源导线。对于星-三角联接的工具，其接线图宜标明如何联接绕组。

通过观察来检验。

8.8 除 Z 形联接外，接线端子应如下表示：

——专用于联接中性线的端子应由字母 N 标明。

——接地端子应由 GB/T 5465.2—2008 中符号 5019 标明。

这些标志不应标在螺钉、可拆卸垫圈或其他接线时可能会拆下的零件上。

通过观察来检验。

8.9 除非显然没有必要，其操作可能引起危险的开关应标志得或放置得能清楚地表明它控制工具的哪一部分。

用于此目的的标记应无论在什么使用地点都应不需借助于语言知识、国家标准等知识而为人们所理解。

通过观察来检验。

8.10 对于意外起动时可能会引起危险的工具，电源开关的“断开”位置应予标明，除非“断开”位置是显而易见的。如需要此标记，则标记应为数字0，如GB/T 5465.2—2008规定。

仅起“断开”作用的开关按钮，按钮颜色应为红色。

数字0不应用作其他任何标记。

电源开关的动触头位置应与该开关操动件位置的标记相对应。

注：例如，数字0也可用在数字键盘上。

通过观察来检验。

8.11 运行期间需调节的调节器或类似器件应有对所调特征量调高或调低的方向标记。“+”和“−”的标记足以胜任此一要求。

此要求不适用于其调节构件的完全“接通”位置与“断开”位置处于相反两极端位置上的调节器。

如果数字用以表示不同极性，则“断开”位置应用数字0表示，其他的位置则用数字表示，以反映较大的输出功率、输入功率、速度等。

控制器操动件不同位置的标记不一定要放在控制器本身上。

通过观察来检验。

8.12 使用说明书和一般安全说明应随工具和包装提供，当工具从包装中取出时，它们应轻易地被用户注意到。安全说明可以与说明书分开，对本部分所要求的符号的解释应写入说明书或安全说明内。

它们应以该工具销售所在国的官方语言书写。

说明应清晰和醒目。

说明书应包括制造商或定牌产品供应商或负责将工具投放市场的其他机构的名称、地址。

8.12.1 安全说明书的题目是本标准8.12.1.1给出的“电动工具通用安全警告”，相应第二部分的专用工具的“安全警告”和制造商认为必须的附加安全警告。电动工具通用安全警告和专用工具的“安全警告”，如用中文书写，应按规定顺序逐字写出，且与其他官方语言的含义相同。

所有“安全警告”的格式必须采用突显的字体或类似方法与条文内容区分开，如下所示。

安全说明书中的所有注释不用印刷，它们是供给手册设计者的信息。

8.12.1.1 电动工具通用警告

⚠**警告！阅读所有警告和所有说明。**不遵照以下警告和说明会导致电击、着火和/或严重伤害。

保存所有警告和说明书以备查阅。

在所有以下列举的警告中术语“电动工具”指市电驱动（有线）电动工具或电池驱动（无线）电动工具。

a） 工作场地的安全

1） **保持工作场地清洁和明亮。**混乱和黑暗的场地会引发事故。

2） **不要在易爆环境，如有易燃液体、气体或粉尘的环境下操作电动工具。**电动工具产生的火花会点燃粉尘或气体。

3） **让儿童和旁观者离开后操纵电动工具。**注意力不集中会使你失去对工具的控制。

b) 电气安全

1) **电动工具插头必须与插座相配。绝不能以任何方式改装插头。需接地的电动工具不能使用任何转换插头。**未经改装的插头和相配的插座将减少 电击危险。
2) **避免人体接触接地表面,如管道、散热片和冰箱。**如果你身体接地会增加电击危险。
3) **不得将电动工具暴露在雨中或潮湿环境中。**水进入电动工具将增加电击危险。
4) **不得滥用电线。绝不能用电线搬运、拉动电动工具或拔出其插头。使电线远离热源、油、锐边或运动部件。**受损或缠绕的软线会增加电击危险。
5) **当在户外使用电动工具时,使用适合户外使用的外接电线。**适合户外使用的电线将减少电击危险。
6) 如果电动工具处于潮湿环境是不可避免的,应使用剩余电流动作保护器。RCD 的使用可降低电击危险。

注:术语“剩余电流动作保护器(RCD)”可以用“接地故障电路断路器(GFCI)”和“接地泄漏电路断路器(ELCB)”术语代替。

c) 人身安全

1) **保持警觉,当操作电动工具时关注所从事的操作并保持清醒。当操作者感到疲倦,或在有药物、酒精或治疗反应时,不要操作电动工具。**在操作电动工具时瞬间的疏忽会导致严重人身伤害。
2) **使用个人防护装置。始终佩戴护目镜。**安全装置,诸如适当条件下使用防尘面具、防滑安全鞋、安全帽、听力防护等装置能减少人身伤害。
3) **防止意外起动。确保开关在连接电源和/或电池盒、拿起或搬运工具时处于关断位置。**手指放在已接通电源的开关上或开关处于接通时插入插头可能会导致危险。
4) **在电动工具接通之前,拿掉所有调节钥匙或扳手。**遗留在电动工具旋转零件上的扳手或钥匙会导致人身伤害。
5) **手不要伸展得太长。**时刻注意立足点和身体平衡。这样在意外情况下能很好地控制电动工具。
6) **着装适当。不要穿宽松衣服或佩戴饰品。让你的衣服、手套和头发远离运动部件。**宽松衣服、佩饰或长发可能会卷入运动部件。
7) **保持手干燥、清洁且没有油脂。**油腻的手柄对于意外情况下的工具安全握持和控制是不允许的。
8) **如果提供了与排屑、集尘设备连接用的装置,要确保他们连接完好且使用得当。**使用这些装置可减少尘屑引起的危险。

d) 电动工具使用和注意事项

1) **不要滥用过载使用电动工具,根据用途使用适当的电动工具。**选用适当的设计额定值的电动工具会使操作者工作更有效、更安全。
2) **如果开关不能接通或关断工具电源,则不能使用该电动工具。**不能用开关来控制的电动工具是危险的且必须进行修理。
3) **在进行任何调节、更换附件或贮存电动工具之前,必须从电源上拔掉插头。**这种防护性措施将减少 电动工具意外起动的危险。
4) **将闲置不用的电动工具贮存在儿童所及范围之外,并且不要让不熟悉电动工具或对这些说明不了解的人操作电动工具。**电动工具在未经培训的用户手中是危险的。
5) **保养电动工具。检查运动件是否调整到位或卡住,检查零件破损情况和影响电动工具运行的其他状况。如有损坏,电动工具应在使用前修理好。**许多事故由维护不良的电动工具引发。

6） **保持切削刀具锋利和清洁**。保养良好的有锋利切削刃的刀具不易卡住而且容易控制。

7） **按照使用说明书，考虑作业条件和进行的作业来使用电动工具、附件和工具的刀头等**。将电动工具用作于那些与其用途不符的操作可能会导致危险情况。

e） **维修**

将电动工具送交专业维修人员，必须使用同样的备件进行更换。这样将确保所维修的电动工具的安全性。

8.12.1.2

安全警告的顺序应或者按 A)项或者按 B)项和按 C)项：

A） 第一部分的警告后加相应第二部分的警告。第一部分和第二部分中警告的顺序应保持如上述和相应第二部分中的那样。

B） 第一、第二部分警告可以分成几个部分归入分标题中和相关联的警告放在同一个分标题下。每一部分内的顺序应保留上述和相应第二部分给出的顺序。

当警告以这种方式出现时，第一部分"**电动工具通用安全警告**"的标题应删去，且 8.12.1.1 警告第一句和 8.12.2，如适用，应改为：

⚠**警告！阅读用**⚠**符号标出的所有安全警告和所有说明。**

各部分的安全警告应出现在说明书的相应主题中。

第一部分警告的说明书部分的标题应有这样一个格式：

⚠通用电动工具安全警告-【部分分标题】

示例：

⚠通用电动工具安全警告-人身安全

第二部分警告的说明书部分的标题应有这样一个格式：

⚠【工具分类名】安全警告-【部分分标题】

示例：

⚠圆锯安全警告-锯割程序

如果第二部分警告没有分标题，则特定第二部分要求的所有警告应以规定顺序出现，且没有分标题的应跟在上述格式规则之后。

C） 制造商认为有必要的附加警告不应插入在第一部分或第二部分的任何警告中。它们可以根据安全警句的主题，或者可被附加到第一部分后或第二部分中相应段落后，或者放在说明书的其他部分。

8.12.2 如果安全说明书与说明手册书是分开的，则以下警告应放在说明书中。这些警告，如用中文书写，应逐字写，且与其他官方语言含义相同。

⚠**警告！阅读所有安全警告和说明**。不遵循这些警告和说明会导致电击、火灾和/或严重伤害。

保存好所有警告和说明以备查阅。

说明书应提供以下信息，如适用的话。

a） 投入使用的说明

1） 装配

2） 连接电源，电缆、熔断体、插座型式和接地要求

3） 工具被调节到不同的额定电压应包括改变电压的说明、图示或两者兼备。如果电动机的连接必须加以改变以便在不同于出厂时那样的连接的电压下运行，则应提供端子标识。

4） 功能的图解

5） 环境条件的限制

6） 内容一览表

7） 护罩的固定和调节

b） 操作说明

1） 设定和试验

2） 刃具更换

3） 工件夹装

4） 工件尺寸的限制

5） 使用一般说明

6） 对装有在制动后会自动重新起动工具的电子调速或负载调节器的工具的警告：

警告：该工具制动后会自动重新起动。

c） 保养和售后服务

1） 定期清理、保养、保持刀具锋利的方法和润滑；

2） 制造商或代理商的售后服务地址表；

3） 用户可更换的零件表；

4） 可能需要的专用工具；

5） 对于需要用一条专门制备的软线来更换原有软线的 X 型联接工具：工具的电源线如果损坏，必须用一条通过特约维修机构购得的专门制备软线来更换。

6） 对于 Y 型联接工具：当需要更换电源线时，为了避免对安全性产生危害，必须由制造商或其代理商进行更换。

7） 对于 Z 型联接工具：工具的电源线不能更换，工具应报废。

d） 对于带供液系统的工具，适用时，引入以下内容：

1） 说明

——液源的连接；

——使用符合 14.4 要求的液体和配件，以免工具受液体影响；

——检查软管和其他会变坏的关键零件；

——液源的最大许用压力。

2） 对装有 RCD 的工具

——禁止不装上随工具提供的 RCD 而使用工具的警告和说明；

——始终在开始作业前测试 RCD 是否正常工作的警告和说明，除非 RCD 属于自检型的；

3） 对于与隔离变压器一起使用的工具：禁止不接上随工具一起交付的变压器或其说明书规定类型的变压器而使用工具的警告和说明。

4） 更换插头或电源线应由工具制造商或其特约维修机构进行的警告和说明。

5） 清除工具零件上的液体，且使液体远离作业区域内的人的警告和说明。

8.12.3 如果提供工具质量的信息，它应是 5.18 规定的质量。

通过观察来检验。

8.13 本标准要求的标志应易于辨认和耐久。符号应当使用与背景对比度大的颜色、纹理或凸起，使得符号提供的信息或说明从 500 mm 以外肉眼清晰可见。符号不必与 ISO 3864-2 要求的蓝色一致。

通过观察以及先用手拿一块浸过水的湿布擦拭标志 15 s，再拿一块浸过汽油的湿布擦拭标志 15 s，来检验。

在经过本标准的全部试验后，标志仍应易于辨认，标牌应不可能被轻易拆下，并不应卷曲。

在考虑标志的耐久性时，要考虑把正常使用的影响。例如，在可能经常清洗的容器上用油漆或瓷漆（瓷釉除外）制成的标志就不认为耐久的。

本试验采用的溶剂为脂肪族溶剂(正)己烷,所含芳香族化合物至多为容积的0.1%,贝壳松脂丁醇值为29,始沸点约为65 ℃,干点约69 ℃,密度为0.689 g/cm³(或0.689 kg/L)。

8.14 8.1～8.5规定的标志应置于工具的主体上。应将8.1、8.2、8.3和8.5中规定的标志放在一起。

工具的标志从工具外面看应清晰可辨;如有必要,则应在拆除罩盖后应清晰可辨。此罩盖应不需借助于工具即可拆卸或打开。

开关和控制器的标记应置于该组件上或其近旁,不应置于能改变位置的零件上,也不应置于会对标志产生误解的位置上。

通过观察来检验。

8.15 如果是否符合第一部分取决于可更换熔断体或热熔丝的动作,则应把用来识别热熔丝的代号或其他措施标在熔断体上,或者标在热熔丝熔断后显而易见的部位,此时工具被拆到可更换热熔丝所需程度。

本要求不适用于只能与工具的某一种零件一起更换的熔断体。

通过观察来检验。

9 防止触及带电零件的保护

工具的结构与壳体应足以防止意外接触带电零件。

通过观察,以及进行9.2～9.4的试验(视适用情况而定)来检验。

9.1 一个易触及零件若满足下列任一条件,即不认为是带电的。该要求适用于当工具正常操作,甚至在拆除可拆卸零件以后的所有工具位置。

通过观察和当适用时的9.2～9.4的试验来检验。

9.2 在下述情况下的易触及零件认为是不带电的:

——零件由安全特低电压供电,只要

● 对交流而言,电压峰值不超过42 V;

● 对直流而言,电压不超过42 V;

——零件由保护阻抗与带电零件隔开。

就保护阻抗而言,该零件与电源间的电流应为:直流时不超过2 mA,交流时峰值不超过0.7 mA;而且:

——电压峰值大于42 V和小于、等于450 V的,其电容量不应大于0.1 μF;

——电压峰值大于450 V和小于、等于15 kV的,其放电量不应大于45 μC。

通过工具在额定电压下运行来检验。测量有关零件与电源任一极之间的电压和电流。放电量要在切断电源后立即测量。

用一标称2 000 Ω的无感电阻器测量放电电量,通过从记录在不计电压极性的电压/时间图表上的面积总和计算出电量。

注:测量电流用的适用电路详见图C.3。

9.3 如果工具能通过插头或全极开关与电源隔离开来,那么设置在可拆卸罩盖后面的灯泡就可不拆下。但在插拔那些设置在可拆卸罩盖后面的灯泡时,应确保能防止触及灯头的带电部分。

这排除使用不借助于工具即易接触的螺纹型熔断体和螺纹型微型断路器。

除了通常在地上使用的,且质量超过40 kg的工具不斜置外,让工具处于每种可能的位置,以不大于5 N的力施加到IEC 61032:1997的B型试验探棒上。

探棒通过开口伸到允许的任何深度,并且在插入到任一位置之前、之中和之后,转动或倾斜探棒。如果探棒进不了开口,则在垂直的方向给探棒加力到20 N;如果该探棒进入开口,再用探棒倾斜的方向重复试验。

试验指不应触及带电零件和仅由清漆、瓷漆、普通纸、棉织物、氧化膜、玻璃粉或密封胶保护的带电零件。

清漆、瓷漆、普通纸、棉织物、金属零件上的氧化膜、玻璃粉或密封胶(自硬性树脂除外)均不认为会形成防止触及带电零件所需的保护。

9.4 以不大于5 N的力施加到IEC 61032:1997的13号试验探棒来穿越Ⅱ类工具或Ⅱ类结构上的各开口。但通向灯头和插座中的带电部件的开口除外。

试验探棒还施加在表面覆盖一层非导电涂层如瓷釉或清漆的接地金属外壳的开口。

该试验探棒应不能触及到带电部件。

非Ⅱ类工具用IEC 61032:1997的41号试验探棒,用不大于5 N的力施加于通过单一切换动作即可全极断开的可见灼热发热元件的带电零件上。只要与这类元件接触的支撑件在不取下罩盖或类似部件情况下,从工具外明显可见,则该试验探棒也施加于这类支撑件上。

9.5 Ⅱ类工具和Ⅱ类结构应构造和包封得足以防止意外触及基本绝缘和仅由基本绝缘与带电零件隔开的金属零件。

凡不是由双重绝缘或加强绝缘与带电零件隔开的零件均不应是易触及的。

探测本条要求适用于当工具按正常使用方式,甚至拆去所有可拆卸零件后的所有工具操作位置。

通过观察以及用如9.3所述的IEC 61032:1997的试验B型探棒来检验。

10 起动

10.1 工具应能在使用中可能出现的所有正常电压下起动。

通过工具以等于0.85倍额定电压下空载运行10次来检验。调节器,如有,则按正常使用方式整定。在所有情况下,工具应能安全、正常运行。

工具还要以等于1.1倍额定电压或额定电压范围上限连续起动10次。连续起动的间隔应足够长以防过热。

在所有情况下,工具应能操作,装在工具内过载保护装置应不动作。离心开关和其他自动起动开关,如有,应运行可靠,触头不应颤动。

11 输入功率和电流

11.1 额定输入功率或额定电流应至少为所测空载输入功率或电流的110%。

对于标有一档或多档额定电压范围的工具,在各额定电压范围的上限和下限两种电压下都要进行试验,除非标示的额定输入功率是对应于电压范围平均值,则以等于该电压范围平均值的电压进行试验。

通过在工具稳定时测量输入功率或电流来检验,所有可同时工作的电路均处于工作状态。

12 发热

12.1 工具在正常负载条件下不应产生过高的温度。

通过在12.2～12.5中规定的条件下测定工具各部分的温升来检验,紧接着在1.06倍额定电压下按12.4规定的发热条件进行附录C.3试验。

12.2

工具在静止的空气中在正常负载下运行直到达到稳定状态的条件,且测量被施加的扭矩。保持被测到的扭矩不变,然后电压调节到:

——0.94倍额定电压或0.94倍额定电压范围的下限;或

——1.06倍额定电压或1.06倍额定电压范围的上限;或

——额定电压或额定电压范围的平均值;

取其中最不利情况。

当工具以1.06倍额定电压或1.06倍额定电压范围的上限运行时，如有电热元件，则该电热元件要在GB 4706.1—2005中第11章规定的条件下运行。

对于提供自动卷盘的工具，线总长的1/3不卷入。电线护套的温升的测量尽量靠近卷盘毂，且位于卷盘上电线最外两层之间。

对于储线装置，而非自动卷盘，工具操作时其容纳电源线的那部分有50 cm的线不松散。储存的电线部分的温升在最不利的地方测量。

12.3 除绕组外，温升用细丝热电偶测定。热电偶的选用和放置应使其对被测部分温度的影响最小。

除绕组绝缘以外，电气绝缘的温升要在绝缘表面测定，其部位为：在绝缘损坏时可能引起短路，使带电零件与易触及零件接触、跨接绝缘的部位，或使爬电距离或电气间隙减少到28.1规定值以下的各处。

绕组温升用电阻法测定。但如果绕组为非均质的，或用电阻法测量电阻所需接线十分复杂，则用热电偶测量。

用细丝热电偶测定温升时，热电偶的选用和放置应使其对被测部分温度的影响最小。

测定手柄、操作钮、握持部分及类似部位的温升时，所考虑的是正常使用中所有要握持的部分，以及如果是绝缘材料制成的，还要考虑那些与热的金属接触的部分。

注1：如果为了放置热电偶而必须拆开工具，则要再次测量空载输入功率以检查工具是否已正确地重新装配好。

注2：多芯软线的线芯分开处是放置热电偶部位的例子。

注3：具有线径不大于0.3 mm热电偶认为是符合要求的细丝热电偶。

12.4 工具运行时间：

——对短时运行工具，为额定运行时间；

——对断续运行，为按运行周期连续进行直至达到稳定状态为止，"通"和"断"时段为额定"通"和"断"时间。

——对连续运行的工具，为直至达到稳定的状态为止。

12.5 试验期间，保护器件不应动作。除12.6允许者外，温升不应超过表1所示值。

如有密封胶，则不应流出。

表1 最高正常温升

单位为开尔文

零(部)件	温升
绕组[a]，若按GB 11021，绕组绝缘为：	
——105级	75(65)
——120级	90(80)
——130级	95(85)
——155级	115
——180级	140
——200级	160
——220级	180
——250级	210
工具进线座插销	
——对于热环境	95
——对于冷环境	40
开关、限温器的周围环境[b]	
——无 T 标志	30
——有 T 标志	T-25

表 1（续）

单位为开尔文

零(部)件	温升
内、外接线(包括电源线)的橡皮绝缘或聚氯乙烯绝缘：	
——无温度额定值[c]	50
——有温度额定值(T)	*T*-25
——作附加绝缘用的软线护层	35
用于密封垫或其他零件的橡胶，合成橡胶除外，其变质可能会影响安全的：	
——用作附加绝缘或加强绝缘时	40
——其他情况下	50
E14 和 B15 灯座：	
——金属型或陶瓷型	130
——非陶瓷的绝缘型	90
——有 T 型标志	*T*-25
用作绝缘的材料(规定用于导线和绕组者除外)[d]	
——浸渍或涂覆过的纺织品、纸或纸板	70
——用下列材料粘接的层压板：	
● 三聚氰胺-甲醛，酚醛树脂或苯酚-糠醛树脂	85(175)
● 酚醛树脂	65(150)
——环氧树脂粘接的印制电路板	120
——由下列材料制成的模压件：	
● 带纤维填料的酚醛塑料	85(175)
● 带矿物填料的酚醛塑料	100(200)
● 三聚氰胺-甲醛塑料	75(175)
● 酚醛塑料	65(150)
——玻璃纤维增强的聚酯	110
——硅橡胶	145
——聚四氟乙烯	265
——用做附加绝缘和加强绝缘时的纯云母和致密陶瓷材料	400
——热塑性材料[e]	—
普通木材[f]	65
电容器外表面[g]	
——有最高工作温度标志(*T*)	*T*-25
——无最高工作温度标志：	
● 抑制无线电和电视干扰的小陶瓷电容器	50
● 符合 GB/T 14472 的或 GB 8898—2001 中 14.2 的电容器	50
● 其他电容器[g]	20
除正常使用中握持的手柄外，无电热元件的工具外壳	60
正常使用中连续握持的手柄、操作钮、握持部分等	
——金属的	30
——瓷质的或玻璃质的	40
——模压材料、橡胶或木质的	50

表 1（续）

单位为开尔文

零(部)件	温升
正常使用中仅短时握持的手柄、操作钮、握持部分等(例如开关)： ——金属的 ——瓷质的或玻璃质的 模压材料、橡胶或木质的	 35 45 60
与闪点为 t ℃油接触的零件	t-50

[a] 考虑到交直流两用电动机、继电器、螺线管的绕组等的平均温度通常要高于绕组上放置热电偶部位的温度，使用电阻法时，不带括号的数值适用；使用热电偶时，带括号的数值适用。但对于振动器线圈和交流电动机绕组，不带括号的数值对两种方法均适用。对于其结构能阻止空气在机壳内外之间循环，但不一定包封得足以达到气密程度的电动机，温升限值可以提高 5 K。

[b] T 表示最高工作温度。

开关、温度自动调节器和限温器的环境温度是距离开关和该组件表面 5 mm 的最热点空气温度。

就本试验而言，只要工具制造商提出请求，本身标有额定值的开关和控温器可以认为没有最高工作温度标志。

[c] 此限值适用于符合相应 IEC 标准的电缆、软线和电线，对其他电缆、软线和电线，可能有不同的限值。

[d] 如果材料是用于手柄、操作钮、握持部分等并与热金属接触的，则括号内的数值适用。

[e] 对热塑性材料没有规定限值。这些材料必须经得起 29.1 的试验，为此必须测定温升。

[f] 规定的该限值与木材材质变坏有关，而不考虑其表面涂层的劣化。

[g] 对于在 18.10 中要被短路的电容器，没有温升限值。

不管是采用这些材料还是其他材料，他们承受的温度都不应超过由材料本身老化试验时测定的耐热能力。

绕组温升值由下列公式算出：

$$\Delta t = \frac{R_2 - R_1}{R_1}(K + t_1) - (t_2 - t_1) \qquad \cdots\cdots(1)$$

式中：

Δt——温升；

R_1——试验开始时的电阻；

R_2——试验结束时的电阻；

K——对铜绕组为 234.5，对铝绕组为 225；

t_1——试验开始时的环境温度；

t_2——试验结束时的环境温度。

试验开始时，绕组要处于环境温度下。建议用下述方法确定试验结束时的绕组电阻：在开关断开后尽可能立即测量绕组电阻，然后以短的时间间隔再多次测量绕组电阻，使能作出电阻对时间的曲线，从而推断开关断开瞬间的电阻值。

12.6　当转子和/或定子绕组温升超过表 1 数值时进行以下试验：

三个转子和/或定子绕组试样经受以下试验：

a)　在不损伤任何零件的条件下，尽可能地拆散试样。将绕组放在烘箱内，历时 10 d(240 h)，烘箱温度比按 a)项测定的温升高 80 ℃±1 ℃。

通过 12.3 的试验测定绕组的温升。

b)　经此处理后，不应出现匝间短路。匝间是否短路可用线圈电磁感应仪之类的仪器检测。

c)　然后，试样按 14.3 规定进行潮湿处理。

d)　经此处理后，试样应再次经受附录 C.2 和附录 D 的试验。

如果在 12.3 试验期间不显示出温升过高，绝缘可能出现的损伤可被忽略，必要时，为了完成本条试验，可予以修复。

13 空章

14 防潮性

14.1 工具的外壳应具有与工具分类相应的防水等级。

通过工具在14.1.1的条件下，按14.1.2规定进行相应处理来检验。

14.1.1 工具不接电源。

试验期间，不停地转动工具，使之通过最不利的位置。

X型联接的工具配接上具有25.2中规定的最小截面积的、允许的最轻型软线。其他工具则按供货状态进行试验。

不借助于工具即能拆卸的电气组件、罩盖和其他零件要拆下。如有必要，这些零件随工具主体一起经受相应处理。

14.1.2 非IPX0的工具经受GB 4208—2008的试验如下：

——IPX1工具经受14.2.1规定的试验；

——IPX2工具经受14.2.2规定的试验；

——IPX3工具经受14.2.3规定的试验；

——IPX4工具经受14.2.4规定的试验；

——IPX5工具经受14.2.5规定的试验；

——IPX6工具经受14.2.6规定的试验；

——IPX7工具经受14.2.7规定的试验。

进行IPX7试验时，将工具浸在含1%氯化钠(NaCl)的水中。

紧接在相应的处理后，工具应能经受附录D的电气强度试验，并且观察结果应表明在绝缘上没有会使爬电距离和电气间隙减小到28.1规定值以下的水迹。

对正常使用中不遭受液体溢出的工具，在进行14.3试验前，允许其在正常试验室环境中放置24 h。

14.2 正常使用中遭受液体溢出的工具，其应构造成使这种溢出不影响工具的电气绝缘。

通过下述试验来检验。

装有器具进线座的工具配接上相应的连接器和软线；除具有特殊制备软线的工具以外，X型联接的工具接上25.2规定的最小截面积的、允许的最轻型软线；其他工具则按供货状态进行试验。

不借助于工具即能拆卸的电气组件、罩盖和其他零件，除了那些满足21.22试验的零件外，都要拆下。

将工具的液体容器注满含有约1%氯化钠(NaCl)的水。进而在历时1 min期间继续对容器均衡地注入此水，此水量等于容器容量的15%或0.25 L(取容量大者)。

紧接在此处理后，工具应能经受附录D的电气强度试验，并且观察结果应表明在绝缘上没有会致使爬电距离、电气间隙减小到28.1规定值以下的水迹。

在14.3试验前，允许工具在正常试验室空气环境中放置24 h。

14.3 工具应能经受正常使用中可能出现的潮湿条件。

通过下述防潮试验来检验。

如有电缆进线孔，则任将其打开；如具有敲落孔，则打开其中一个。

不借助于工具即能拆卸的电气组件、罩盖和其他零件都拆下。如有必要，这些零件都随工具主体一起经受防潮试验。

在空气相对湿度为(93±3)%的防潮箱内进行潮湿处理，箱内所有能放置试样处的空气温度保持在(20～30)℃易达到的温度t，并保持在±1 K的波动范围内。该湿度可以通过例如防潮箱内放入与空气有足够大接触面的硫酸钠（Na_2SO_4）或硝酸钾（KNO_3）的饱和水溶液来获得。为了实现防潮箱内的规定条件，必须保证箱内空气不断循环，而且通常使用隔热的防潮箱。

试样在放入防潮箱前，其温度要达到 t 与 $(t+4)$℃之间。在潮湿处理前保持这一温度至少 4 h，即认为工具达到了规定温度。

工具存放在防潮箱内 48 h。

该试验后工具立即在额定电压或额定电压范围的平均值下经受附录 C.2 试验，紧接着工具在防潮箱内经受附录 D 试验，或把那些可能已被拆下的零件重新装配好后，在使工具达到规定温度的室内经受附录 D 试验。

另外，附录 D.2 试验施加在易触及金属零件和覆盖有金属箔的电源线进线套管、电缆护罩或电缆固定装置之间，所有夹紧螺钉以表 8 规定的 2/3 扭矩旋紧。Ⅰ类工具的试验电压为 1 250 V；Ⅱ类工具的试验电压为 1 750 V。

14.4　液源系统不应使用户在可预见的误用时增加电击危险。

通过以下试验来检验：

剩余电流动作保护器，如有的话，使其在试验期间不能动作。

工具在额定电压下，如适用，用约 1.0% NaCl 水溶液按下述情况运行：

——使容器容量的 15%液体或 0.25 dm^3 液体溢出，取大者；

——去除密封圈或其他用户可拆卸零件；

——不安装由用户例行安装的液源系统连接器；

每种运行情况下，工具在与第二部分和制造商说明书中一致的所有位置运行 1 min，期间按第 13 章监测泄漏电流。

试验期间，泄漏的电流：

——对Ⅱ类工具不超过 2 mA；

——对Ⅰ类工具不超过 5 mA。

紧随此试验，工具放置在环境温度下干燥 24 h 后，应满足 13.1 试验要求。

14.5　液源系统应当用能在正常使用中承受压力而不泄漏的组件构成。

通过以下试验检验：

关闭液源系统，对约 1.0% NaCl 溶液以两倍于 8.12.2d)1)的静压力施加 1 h。按附录 C.2 测量易触及零件泄漏电流。试验期间，泄漏电流

——对Ⅱ类工具不超过 2 mA；

——对Ⅰ类工具不超过 5 mA。

紧随此试验，工具放置在环境温度下干燥 24 h 后，应满足 13.1 试验要求。

剩余电流动作保护器，如有的话，使其在试验期间不动作。

14.6　用于防止在液源系统失效时电击危险的剩余电流动作保护器，应符合 IEC 61540 并应满足以下 a)到 c)要求：

a)　当泄漏电流超过 10 mA，且 RCD 最大反应时间为 300 ms 时，RCD 应能切断除接地导线（如有）外的两根电源导体线。

通过观察和 IEC 61540 的 9.9.2 试验来检验。另外，试验时期间，接地导体不应变为断开。

b)　RCD 应在预计使用中可靠。

通过在额定电压下使剩余电流动作保护器运行来检验，模拟上述 a)泄漏的条件并堵转工具运行 50 个循环周期。剩余电流动作保护器应在所有循环次数中均应正常动作。

c)　RCD 应安装得不易在使用和正常的例行维护中被拆除。

如剩余电流动作保护器被固定在工具上或固定在工具电源线上，即认为满足要求。

剩余电流动作保护器固定到电源线的地方，应装有 Y 型联接或 Z 型联接，以供与电源线和互联线

连接用。

通过观察来检验。

15 空章

16 变压器及其相关电路的过载保护

16.1 装有由变压器供电电路的工具构造得在正常使用中可能出现短路时，变压器及其相关电路不应出现过高温度。

正常使用中可能出现短路的例子有：安全特低电压电路中易触及的裸导线或易触及的不充分绝缘的导线短路；灯丝内部短路。

就本条要求而言，对符合Ⅰ类或Ⅱ类结构基本绝缘规定要求的绝缘，不认为其在正常使用中可能出现失效。

通过工具在1.06倍或0.94倍额定电压下（择其中更不利者），施加正常使用中可能出现的短路或过载来检验。

测定安全特低电压电路的导线绝缘层温升，温升不应超出表1规定值15 K。

变压器绕组温度不应高于18.9中对绕组的规定值，符合GB 19212.1—2008、GB 19212.5—2006和GB 19212.7—2006的变压器除外。

注：变压器绕组可由其固有阻抗获得保护；也可通过装在变压器内或放置在工具内的熔断体、自动开关、热断路器或类似电器获得保护，只要这些电器只能借助于工具才能触及。

17 耐久性

17.1 工具应构造得使其在持续正常使用中，不致出现可能有损于符合第一部分的电气的或机械的故障。不得因发热、振动等而导致绝缘损伤、触头和联接件松动。

而且，在正常运转情况下，过载保护装置不应动作。

通过17.2的试验来检验；对于装有离心式开关或其他起动开关的工具，还要通过17.3的试验来检验。

紧接这些试验后，工具应能经受附录D规定的电气强度试验，但试验电压降为规定值的75%。联接件不应松动，不得有危及正常使用安全的损坏。

17.2 工具以1.1倍额定电压空载断续运行24 h，然后以0.9倍额定电压空载断续运行24 h。

工具可用不是装在工具内的开关接通、断开。该24 h不必是连续的。

每个运行周期由一个100 s“接通”时段和一个20 s“断开”时段组成，“断开”时段包括在规定的运行时间内。如果运行周期因机构和/或标志的限制而少于100 s“接通”时段和20 s“断开”时段，则运行周期按实际情况。

对短时运行或断续运行的工具，如果运行时间受到工具结构的限制，则运行时段等于运行时间；否则，按照第二部分中的规定或按照标志运行，取其中更不利者。

试验期间允许更换电刷，并按正常使用方式对工具加注润滑油脂。如果发生机械失效，且致使达不到本标准要求，则允许更换失效零件。

如果工具的任一部分的温升超过12.1试验时测得的温升，则可以采用强制冷却或使之停歇。停歇的时间不包括在规定的运行时间内。如果采取了强制冷却，应不改变工具的空气流动或改变碳粉的分布。

试验期间，装在工具内的过载保护器不应动作。

17.3 装有离心开关或其他自动起动开关的工具，以0.9倍额定电压在正常负载下起动10 000次，运行周期按17.2中的规定。

18 不正常操作

18.1 工具的设计应尽可能消除不正常操作引起的着火、危及安全的机械损害或电击危险。

装在工具内的熔断体、热断路器、过流保护器或类似器件可提供必要的保护。

通过进行 18.2～18.9 试验来检验。

18.2 装有电热元件的工具经受 18.3 和 18.4 的试验。而且，对装有在第 12 章试验期间限制温度的控制器的工具要经受 18.5 的试验，除非第二部分明确不予考虑；如果条件适用，还要经受 18.6 的试验。每一次只模拟一种不正常情况。如果用同一台工具做多项试验，则这些试验要依次进行。

除非另有规定，试验连续运行，直到非自动复位的热断路器动作或达到稳态为止。如果试验期间电热元件或故意设置的薄弱零件永久地开路了，则在第二个试样上重复相应试验。第二次试验应以同样的方式结束，除非该试验以另一种符合要求的方式完成。

有意设置的薄弱零件是指在不正常操作情况下会失效的一种零件，用以防止违反本标准规定的情况出现。这类零件可以是可更换的组件，如电阻器、电容器或熔断体，也可以是一个要被更换的组件中的一个零件，如装在电动机中的不易触及的而且不能复位的热断路器。

18.3 具有电热元件的工具，在限制散热及第 12 章规定的条件下试验。在试验前需确定的电源电压为在正常运行达到稳态时，提供 0.85 倍额定输入功率所要求的电压。此电压在整个试验中保持不变。

在经受 18.4 的试验前，允许让工具冷却到接近室温。

18.4 重复 18.3 的试验，但试验前确定的电源电压等于为正常运行能提供 1.24 倍额定输入功率达到稳态时所需的电压。此电压在整个试验过程中，一直保持该电压不变。

18.5 工具在第 12 章规定的条件下进行试验，电源电压为正常运行条件下输入功率达到 1.15 倍额定输入功率时的电压，但第 12 章试验期间限制温度的控制器要短路。

如果工具具装有多个控制器，则这些控制器要轮流依次短路。

18.6 对带有管状外鞘的埋入式电热元件的Ⅰ类工具而言，如果该工具不是永久性地接到固定布线上，在第 12 章试验期间限制温度的控制器不予短路，电热元件的一端接地的情况下，要重复 18.5 的试验，除非在 18.5 试验期间出现全电极断开。然后试验时，在第 12 章试验期间限制温度的控制器不予短路，电热元件的一端接地。再在工具的电源极性反转接和电热元件另一端接地的情况下重复此试验。

18.7 下述试验在切割刀具，诸如锯片、砂轮等拆除的情况下进行。

装有串励电动机的工具拆下附件以等于 1.3 倍额定电压或 1.3 倍电压范围上限值的电压空载运行 1 min。

18.2～18.7 试验后，工具的安全不应受到损害，特别是绕组和联接件不应松动。试验后，工具不一定要能继续使用。

18.8 Ⅱ类工具或具有Ⅱ类结构的Ⅰ类工具(见 5.10)在极端过载条件下不应削弱电击防护。

通过在一单独的整机试样上进行 18.8.1 试验来检验。Ⅰ类工具上具有Ⅱ类结构的转子可以按制造商的选择用 18.8.2 试验替换。

18.8.1 在 18.1 中规定的易被用户不借助工具就触及的所有熔断体、热断路器、过载保护器以及类似器件应被短路。

将试样连接到 12 kVA 及以上的电路上。

按附录 C.3 测量带电零件和没有按Ⅰ类结构接地的易触及零件之间的泄漏电流，并且监测试验过程以及试验后，直到泄漏电流达到稳定或降低。泄漏电流不应大于 2 mA。

工具加载到正常负载电流的 160%，持续加载 15 min 或直到工具开路或出现火焰。如果工具不能在 160%负载运行，则工具堵转 15 min 或直到工具开路或出现火焰。如果任一情况出现，立即打开 S1，如果出现火焰，立即用二氧化碳(CO_2)灭火器熄灭。试验后将工具冷却到室温，按下述要求在带电零件和易触及零件之间进行 D.2 的电气强度试验。

——如果工具在 15 min 后不能运行，进行 1 500 V 电气强度试验；

——如果工具在 15 min 后能运行，进行 2 500 V 电气强度试验。

18.8.2 将转子试样连接到 12 kVA 及以上的电路。

测量换向片与电枢轴之间的泄漏电流，以 1.06 倍工具额定电压施加在互成 180°的换向片与电枢轴之间(见图 5)。监测试验过程以及试验后，直到泄漏电流达到稳定或降低。泄漏电流不应大于 2 mA。

转子承载 160% 的额定电流。电流施加在互成 180° 的换向片上。不作进一步调节，电流施加 15 min 或直到转子开路或出现火焰。如果任一情况出现，立即打开 S1，如果出现火焰，立即用二氧化碳(CO_2)灭火器熄灭。

试验后将工具冷却到室温，在换向片和转子轴之间进行 1 500 V 的 D.2 的电气强度试验。

18.8.3 工具在转子堵转条件下运行。

装有电动机和在辅助绕组电路中有电容器的工具被锁住转子、电容器一次开路一个的情况下运行。除了属 IEC 60252 分类 P2 的电容器，电容器一次短路一个，重复试验。

对装有计时器或计时编程器的工具，每次试验要施加与计时器或计时编程器允许的最长周期相等时间的额定电压。

其他工具施加下述时间的额定电压。

——30 s，用于：

- 必须用手或脚保持接通的工具；
- 用手连续加载的工具。

——5 min，用于需照看的其他工具。进行 5 min 的试验的工具应由相应第二部分指出。

试验期间，绕组温度不应超过表 2 规定的相应数值。

表 2 绕组最高温度

工具类型	温度/℃							
	级							
	105	120	130	155	180	200	220	250
操作到达稳定条件以外的工具	200	215	225	240	260	280	300	330
操作到达稳定条件的工具								
——由固有阻抗保护	150	165	175	190	210	230	250	280
——由保护装置保护的								
● 最初 1 小时期间的最大值	200	215	225	240	260	280	300	330
● 最初 1 小时后的最大值	175	190	200	215	235	255	275	305
● 最初 1 小时后的算术平均值	150	165	175	190	210	230	250	280

18.9 装有三相电动机的工具，在断开一相和施加正常负载的转矩条件下，从冷态开始：

——用手保持接通或用手加载者，运行 30 s；

——否则就运行 5 min。

在规定的试验时间终了时，或在熔断体、热断路器、电动机保护器或类似器件动作瞬间，绕组的温度不应超过表 2 列出的值。

18.10 电子电路的设计和应用应使得工具即使在故障条件下也不会有引起电击、着火、机械危险或危险误动作等的不安全情况。

通过对所有电路和电路的某一部分进行 18.10.2 规定的故障状况作评定来检验，除非它们符合 18.10.1 规定的条件。

如果任一故障条件下工具的安全性取决于符合 GB 9364.3 的小型熔断体，则进行 18.10.3 试验。

在上述试验中热断路器和热保护器可以动作。这种情况下，使用三个附加试样对同一试验再进行3次以上的试验。

如果印制电路板的导体开路，只要满足以下三个条件，即认为工具承受了特殊试验：

——印制电路板的基材能承受附录F的试验；

——松弛的导体不会使带电零件和易触及导电零件之间的爬电距离或电气间隙降低到第28章规定值以下。

——工具在开路的导体被跨接的情况下，能承受18.10.2开路导体跨接试验。

注：工具与其线路图的检查将揭示须模拟的故障条件，所以试验能被限制在那些可预见产生的最不利后果的情况。

经过18.10.1～18.10.4的试验，工具不应呈现因着火、机械损坏引起的对安全和电击防护的不利影响。流经保护阻抗的电流不应超过9.1中规定的限值。

18.10.1 当以下两个条件同时具备时，18.10.2中规定的a)～f)故障条件不施加到电路或电路的零件上：

——电子电路为以下描述的低功率电路；

——对电击、着火危险、机械危险或工具其他零件的危险故障的防护不依赖于该电子电路的正常功能。

图4为低功率电路的示例，并按下述来确定。

工具在额定电压或额定电压范围上限运行，将可变电阻器调节到最大电阻值并连接到检查点和电源的另一极之间。然后降低电阻值直到被该电阻器消耗的功率达到最大值。在第5 s结束时，供给该电阻的最大功率不超过15 W的最靠近电源的那些点，被称之为低功率点。距电源更远的低功率点的电路部分被认为是低功率电路。

测量仅从电源的某一极开始，最好从产生最少低功率点的那极开始。

注：当测量低功率点时，建议从接近电源的点开始。

18.10.2 要考虑以下故障条件，如有必要，一次施加一种故障，要考虑随之发生的故障：

a) 除非相关零件具有足够的包封，在不同极性导电零件之间的爬电距离和电气间隙被短路，如果这些距离小于第28章规定值；

b) 任何电子元件端子的开路；

c) 电容器短路，除非它们符合GB/T 14472；

d) 除集成电路外，电子元件任意两个端子的短路。该故障不适用于光电耦合器的两个电路之间；

e) 晶闸管失效成二极管模式；

f) 集成电路失效。在此情况下，要对工具可能的危险状况进行评定，以保证安全性不依赖于这一元件的正常功能。认为所有可能的输出信号是在集成电路内故障条件下输出的。如果它显示某个特殊输出信号不会发生，则相关故障不考虑。

半导体闸流管和晶闸管之类的元件不经受故障条件f)。

对包封元件和类似元件，如果该电路不能用其他方法评定，则施加故障条件f)。

注：微处理器是集成电路的示例。

如果正温度系数电阻(PTC's)在制造商声明的规定范围内使用，则它们不被短路。

另外，通过连接低功率点和被测起始电源极将每个低功率电路短路。

为模拟故障条件，工具按第12章规定的条件运行，但电压为额定电压或额定电压范围内最不利的电压。

当任一故障条件被模拟时，试验持续时间为：

——当故障不能被用户识别时，例如温度改变，按12.4的规定；

——如果故障能被用户识别时，例如电动机停转，按18.8的规定；

——对连续接在电源的电路，例如旁路电路，应达到稳定。

对上述每种情况，如果发生工具内部断电则试验终止。

18.10.3 在18.10.2规定的所有故障下，如果工具的安全性取决于符合GB 9364.3的小型熔断体的动作，则将小型熔断体更换为电流表后重复进行试验。如果测得的电流：

——不大于2.1倍的熔断体额定电流，不认为电路有足够的保护，并且试验在熔断体短路情况下进行；

——至少为2.75倍的熔断体额定电流，认为电路有足够的保护；

——为2.1倍到2.75倍的熔断体额定电流，将熔断体断路进行试验，试验持续周期为：

- 对快速动作熔断体，为相应的周期或30 s，取较短者；
- 对延时动作熔断体，为相应的周期或2 min，取较短者。

如有疑问，在确定电流时必须考虑熔断体的最大阻抗。

其他熔断体按18.2被认为是有意设置的薄弱零件。

注：判断熔断体是否起到保护器件的作用是基于IEC 60127-3规定的熔断特性，它给出了计算熔断体最大阻抗的必要信息。

18.10.4 另外，电子器件被短路进行18.10.1～18.10.3试验后，工具以额定电压或额定电压范围的平均值操作1 min。

随后，断开电子器件重复试验。

对于内装有限速装置的工具存在电子器件不能工作的情况，如限速装置在试验期间动作了，认为工具已进行了试验。

18.10.5 装有电子器件的工具应设计得即使该电子器件出现故障，也不应引起危险。

通过在电子器件短路的情况下，工具以等于额定电压或电压范围平均值的电压空载运行1 min来检验。

再在电子器件开路的情况下重复此项试验。

经过18.10.1～18.10.4试验，工具不应呈现由于着火造成的损坏，以及会影响到安全和电击防护的机械损坏而造成的损坏。任何流经保护电阻的电流不应大于9.1规定的限值。

对装有一旦电子器件失效时用以限速的器件的工具，如果试验时该限速器件动作，即认为已进行了试验。

18.11 在正常使用中可能要电动机改变旋转方向时，则电动机改变转向用的开关或其他装置应能经受在运转情况下电动机转向改变时产生的应力。

通过下述试验来检验：

工具以额定电压或额定电压范围上限值空载运行，而改变转向装置处于使转子朝一个方向全速旋转的位置上。

然后，改变转向装置的旋转方向，转换期间不在中间“断开”位置停歇。

此操作程序进行25次。

试验后，开关不应出现电气或机械故障。

19 机械危险

19.1 只要适合于工具的使用及工作方式，工具的运动零件和其他危险零件就应安置或包封得在正常使用时能提供足以防止人身伤害的保护。

保护性的外壳、盖板、护罩和类似物应具有足够机械强度，以满足其规定的用途，并且不借助工具就不能拆下。

使用和调整护罩应不会产生其他危险，例如减小或阻挡了操作者的视野，传递热量等，或其他可预料得到的危险。

所有的作业部件，包括作为工具一部分的专用部件或备件，应固定得不可能在正常使用期间由于移动、松开、脱离工具的正常约束而引起危险。

注1：这样的危险可能由振动、反向运动或电气制动引起。

通过观察、第20章试验以及用IEC 61032:1997的B试验探棒进行试验来检验。试验指应不可能触及危险的运动件。该试验不对去除了集尘装置后的集尘口进行，因为其按19.3进行试验。

19.2 在正常使用中很可能触及的易触及零件应无锐边、毛刺、溢边等。

通过观察来检验。

19.3 在拆去集尘装置后，如有的话，应不可能触及危险运动零件。

通过用与IEC 61032:1997的B试验探棒相同尺寸，但用无关节试验探棒以不大于5 N的力探测来检验。

19.4 工具应有足够的握持面以保证操作使用时的安全的握持。

通过观察来检验。

19.5 如有必要，工具应设计和构造成允许进行对刀具与工件是否相接触的进行目测检查。

通过观察来检验。

19.6 对所有相关第二部分要求工具标出额定空载转速速度的工具，主轴在额定电压或额定电压上限的空载转速速度应不超过额定空载转速速度的110%。

通过工具空载运行5 min后测量主轴转速速度来检验。

20 机械强度

20.1 工具应具有足够的机械强度，应构造得使其能承受正常使用中预计会出现的粗率操作。

通过20.2、20.3和20.4中规定的试验来检验。

试验后，工具应紧接着在带电零件和易触及零件之间进行附录D规定的电气强度试验，且不应呈现可能有损于符合本标准的损伤，特别是带电零件不应成为可触及的，如第9章规定。

表面涂(镀)层的损伤、不会减小爬电距离或电气间隙到28.1规定值以下的小坑、或不致影响防电击保护或防潮保护的细屑均忽略不计。

本标准要求的工具的机械安全性应不会受到损害。

肉眼看不出的裂缝和纤维增强模制件等的表面裂纹不予考虑。

如果装饰性罩盖具有内衬，而此内衬在拆下装饰性罩盖后能承受此试验，则装饰性罩盖的破裂可忽略不计。

20.2 用GB/T 2423.55—2006的第5章规定的弹簧驱动的冲击试验器对工具施加冲击。

将弹簧调节到使锤头能以表3所示的能量冲击。

表3 冲击能量

N·m

被试部分	冲击能量/J
电刷盖	0.5±0.05
其他部分	1.0±0.05

对外壳上每个可能的薄弱处施加冲击。

如有必要，对护罩、盖板、手柄、操作杆、操作钮等也施加冲击。

20.3 空条

20.4 刷握的易触及的电刷盖应有足够的机械强度。

通过观察来检验；如有怀疑，则通过取下并放回电刷10次来检验，拧电刷盖时施加的扭矩如表5所示。

表4 试验扭矩

试验用螺钉旋具刀头宽度 mm	扭矩/ N·m
2.8及以下	0.4
大于2.8至3.0	0.5
大于3.0至4.1	0.6
大于4.1至4.7	0.9
大于4.7至5.3	1.0
大于5.3至6.0	1.25

试验后,刷握不应呈现有损于其继续使用的损伤,螺纹(如有)不应损坏,电刷盖不应开裂。

试验用螺钉旋具刀头宽度必须尽可能大,但不得超出电刷盖上的凹槽长度。然而,若螺纹直径小于凹槽长度,则刀头宽度不得大于该直径。不得猛然施加扭矩。

20.5 可能切割到暗线或自身软线的所有工具,其手柄和握持面,按说明书规定,应有足够的机械强度以便在握持面与输出轴之间提供绝缘。

通过以下试验检验。

按工具制造商的选择,可以用一个单独试样,在每个手柄和每个推荐的握持面各经受一次冲击,该冲击为从1 m高跌落到混凝土表面,紧接着用1 250 V交流进行附录D.2的电气强度试验,施加在覆盖有金属箔的握持面与工具输出轴之间。

手柄和握持面不应有不符合本标准要求的破损。表面损伤、小饰件或小零件的损坏可忽略不计。

21 结构

21.1 能够调节以适用于不同电压或不同转速的工具,如果整定点的意外变动会导致危险,则应构造得使整定点不可能发生意外变动。

通过观察和手试来检验。

21.2 工具应构造得使控制器的整定点不可能发生意外变动。

通过手试来检验。

21.3 不借助于工具应不可能拆卸那些保证所需防水等级的零件。

通过手试来检验。

21.4 如果手柄、操作钮及类似物用于指示开关或类似组件位置,则应不可能将它们安置在可能导致危险的错误位置上。

通过观察和手试来检验。

21.5 更换软电缆或软线时,如需要移动兼作外接导线接线端子的开关,则内部布线应不会受到过度应力。在开关重新就位后以及工具重新装配前,应能证实其内部布线是否正确就位。

通过观察和手试来检验。

21.6 木、棉、丝、普通纸和类似的纤维或吸水性材料,如果未经浸渍,不应用作绝缘。

如果材料纤维间的空隙基本上填满了合适的绝缘物质,即认为该绝缘材料是浸渍过的。

通过观察来检验。

21.7 不得依靠传动带提供所需的绝缘等级。

如果工具内装有一根能防止不适当更换的、特殊设计的传动带,则该要求不适用。

通过观察来检验。

21.8 Ⅱ类工具的绝缘隔层、Ⅱ类工具中用作附加绝缘或加强绝缘的零件,并且它们在维修后重新装配时可能遗漏的零件应:

——固定得不严重破坏就不能拆下，或

——设计成重新安放时不可能放在不正确的位置上，如果遗漏了，工具就不能运行或明显不完整。

通过观察和手试来检验。

维修包括更换组件，如电源线、开关。

只要隔层固定得只有将其破坏或割开才能拆下，本条要求即满足。

允许用铆钉固定，只要在更换电刷、电容器、开关、不可拆卸的软电缆或软线和类似物时，不必拆除这些铆钉。

仅在粘接点的机械强度达到隔层机械强度时，才允许用粘接来固定。

适当的绝缘内衬或金属外壳上适当的绝缘涂层认为是绝缘隔层，只要涂层不能轻易刮除。

对于Ⅱ类工具，套在绝缘内接导线(不是外接软电缆或软线的芯线)上的套管，如只有当将其破坏或当切开才能取下的或在其两头夹住的，则认为是适当的绝缘隔层。

不认为金属外壳内壁上的普通清漆、浸渍黄腊布、软树脂胶合纸和类似物是绝缘隔层。

21.9 工具内，软电缆或软线的护层(外包层)只在不承受过度机械应力或热应力处才能用作附加绝缘。

通过观察来检验。

21.10 附加绝缘中任何宽度大于 0.3 mm 的装配间隙，应不与基本绝缘中这类间隙重合；加强绝缘中这类间隙也不应形成至带电零件的直通道。

通过观察和测量来检验。

21.11 Ⅰ类工具应构造得在任何导线、螺钉、螺母、垫圈、弹簧和类似零件一旦松动或从其位置上脱落时，也不可能使易触及金属带电。

Ⅱ类工具或Ⅱ类结构应构造得在任何这类零件一旦松动或从其位置上脱落时，也不可能使得在附加绝缘或加强绝缘上的爬电距离或电气间隙减小到 28.1 规定值的 50%以下。

除全绝缘型的Ⅱ类工具外，Ⅱ类工具或 Ⅱ类绝缘结构应在易触及金属零件与电动机零件及其他带电零件之间设置绝缘隔层。

对Ⅰ类工具，通过设置隔层或充分地固定零件，以及通过提供足够大的爬电距离和电气间隙来满足本条要求。

不认为两个独立的零件会同时松动或脱落。就电气联接件而言，不认为弹簧垫圈足以防止零件松动。

如果导线不是在靠近接线端子或导线接头处的固定，而仅依赖于接线端子连接或焊锡，则认为导线是可能从端子中或锡焊连接处脱开的。

只要接线端子螺钉松动时短的硬导线仍留在原位，则短的实芯线就不认为是易于从端子中脱出的。
通过观察、测量和手试来检验。

21.12 附加绝缘和加强绝缘应设计成或保护得不可能由于污物沉积或因工具内部零件磨损产生的粉尘受到损害，致使爬电距离或电气间隙减小到 28.1 规定值以下。

非致密烧结的陶瓷材料和类似材料以及单一的玻璃粉均不应用作附加绝缘或加强绝缘。

用天然橡胶或合成橡胶制成的用作附加绝缘的零件应耐老化，或者它的尺寸和放置使得即使在该零件出现裂痕的情况下也不会使爬电距离减小到 28.1 规定值以下。

埋有发热导体的绝缘材料只用作基本绝缘，不应用作加强绝缘。

通过观察和测量来检验；对于橡胶还通过下述试验来检验：

橡胶零件在温度(100±2)℃下放置 70 h 进行老化，试验后，被试件不应呈现肉眼可见的裂纹。

注：对非橡胶材料有怀疑时，可进行专门的试验。

21.13 工具的结构通常不应使内部布线、绕组、换向器、滑环等类似零件以及一般绝缘与油脂或其他类似物质相接触。

如果结构上需要接触油、脂或类似物质(例如在齿轮等中)，油、脂或类似物质应具有足够的绝缘性能而不致有损于符合本标准，并且不应对绝缘产生不利影响。

通过观察和进行本标准的试验来检验。

21.14 不借助于工具应不可能接触电刷。

螺纹型电刷盖应设计成：拧紧时两个表面压紧在一起。

对用锁定件将电刷限制在适当位置上的刷握，如果锁定件松动会造成易触及金属零件带电，则该锁定件应设计成不依赖电刷弹簧的张力来锁定。

从工具外部易触及的螺纹型电刷盖应由绝缘材料制成，或用有足够电气和机械强度的绝缘材料覆盖；电刷盖不应凸出于周围的工具表面。

通过观察、手试来检验，绝缘材料性能由下列检验来判定：

——对从工具外部易触及的螺纹型电刷盖，进行20.2和20.4的试验；

——对Ⅰ类工具和Ⅲ类工具，进行对附加绝缘规定的试验；

——对Ⅱ类工具，进行对加强绝缘规定的试验。

21.15 带液源的工具应保护用户免于在正常使用条件和液源系统故障下因水而增加的电击风险。

带液源的工具应或者是：

——Ⅲ类结构；或是

——Ⅰ类或Ⅱ类结构，提供剩余电流动作保护器并符合14.4、14.5和14.6要求的；或是

——Ⅰ类或Ⅱ类结构，设计成与隔离变压器一起使用并符合14.4和14.5要求。

通过观察来检验。

21.16 对具有隔离箱的工具，不借助工具就能进入箱体，且正常使用时有可能被清理的，工具的电气连接应设置得能经受清理时的拉拔。

通过观察和手试来检验。

21.17 开关以及非自动复位控制器的复位按钮应设置得不大可能发生意外动作。

通过观察以及以下试验检验。

工具与电源连接，工具以任何可能的方位放置并从水平表面上拖过。

开关应不会发生意外动作。

21.18 工具应对电动机安装一个电源开关。该开关的操动件应显眼和可触及。

通过观察来检验。

21.18.1 除了提供软轴的工具外，工具都应提供有使用者无需松开握持工具就能关断工具的电源开关。当瞬动开关有一个单独动作将其锁定在“接通”位置时，应无需松开握持工具就能用单一操动动作自动解除锁定。对配有一个以上能被锁定的开关的工具，这些开关应能用同样操动动作解除锁定。

21.18.2 从操作位置关断工具时，开关应便于操动，应无合理预见的危险。

电源中断后在电压恢复时，工具的恢复运行应不会引起危险。附加要求在第二部分中规定。

通过观察来检验。

21.19 工具应设计成：在维修中，从外部更换的那些螺钉，如用更长的螺钉替换，其防电击保护应不受影响。

通过不施加明显的力插入更长的螺钉，施加表8的扭矩来检验，带电零件与易触及金属零件之间的爬电距离和电气间隙应不减小到28.1规定值以下。

21.20 如果工具标有IP代码的首位数字，则应满足GB 4208—2008的相应要求。

通过相应试验来检验。

21.21 工具应设计成：在正常使用中触及插头的插销时，不能有电容器放电引起的电击危险。

通过下述试验来检验，试验进行10次。额定电容量不大于0.1 μF的电容器不认为会引起电击危险。

工具以额定电压运行。

然后将工具的开关(如有的话)拨到“断开”位置,拔下插头,切断工具电源。

切断电源后的 1 s 时,按 IEC 60950-1 用具有由至少 95 MΩ 并联输入电容 20 pF±5 pF 组成的输入阻抗的仪表测量插头插销间的电压。

该电压值应不超过 34 V。

21.22 提供防止电击、防水或防止触及运动零件所需防护等级的不可拆卸零件应牢固地固定,并应能承受正常使用中出现的机械应力。

用来固定这类零件的快速扣紧装置应有明显的锁定位置。在维修期间可能要拆下的零件上使用的快速扣紧装置,其紧固性能应不会劣化。

通过下述试验来检验。

试验进行前,先将维修期间可能要拆下的零件拆、装 10 次。

维修包括更换电源线。

工具处于室温中,但当检验可能受温度影响时,试验还要在工具按第 12 章规定条件运行后立即进行。

对可能是可拆卸的所有零件,不论他们是否用螺钉、铆钉或类似零件紧固,都要试验。

对罩盖或零件上那些可能薄弱的部位,以最不利的方向施力 10 s,力不得猛然施加。施加的力如下:

——推力为 50 N;

——拉力:

a) 如果零件的形状不能使指尖轻易滑脱的为 50 N;

b) 如果零件突出的握持部位在拆卸方向上小于 10 mm,则为 30 N。

推力是用尺寸与 IEC 61032:1997 的 B 型试验探棒相同的刚性试验指施加。

拉力则是用吸杯之类的适当器件来施加,使试验结果不受影响。

在进行 a)或 b)项拉力试验时,用 10 N 的力,将图 2 所示试验指甲插入任何缝隙或接缝中。然后以 10 N 力将此试验指甲沿边滑动,试验指甲不要扭转,也不作杠杆使用。

如果零件的形状不可能施加轴向拉力,则不施加拉力,但以 10 N 拉力把图 2 所示试验指甲插入任何缝隙或接缝中,然后用拉环以 30 N 力沿拆卸的方向拉 10 s。

如果罩盖或零件有可能受到扭转力的情况,则在施加拉力或推力的同时施加如下规定的扭矩:

——主体尺寸不大于 50 mm 的为 2 N·m;

——主体尺寸大于 50 mm 的为 4 N·m

当用拉环拉动试验指甲时,此扭矩也要施加。

如果零件握持部位的突出部位小于 10 mm,上述扭矩减小到规定值的 50%。

零件不应变成可拆卸的,应仍保持在锁定位置。

21.23 如果手柄、操作钮、握持件、操作杆等松动会引起危险,则它们应牢固地固定,在正常使用中不致松动。

通过观察、手试和施加轴向力以试图取下手柄、操作钮、握持件、操作杆来检验,施加 30 N 的推力或拉力,持续 1 min。

21.24 捆扎软线用的扣箍和类似器件应光滑倒圆。

通过观察来检验。

21.25 腐蚀可能导致危险的载流件和其他零件,在正常使用条件下应能耐腐蚀。

通过在第 30 章的试验来检验,有关零件不应出现锈迹。就本要求而言,认为不锈钢和类似的耐腐蚀合金以及有镀层的钢是符合要求的。

腐蚀原因的例子有材料不匹配和发热影响。

21.26 非Ⅱ类工具,若有依赖安全特低电压来提供所需防电击保护程度的零件,应设计成:以安全特低电压运行的零件与其他带电零件之间的绝缘应符合双重绝缘或加强绝缘的要求。

通过对双重绝缘或加强绝缘规定的试验来检验。

21.27 由保护阻抗隔开的零件应用双重绝缘或加强绝缘隔开。

通过为双重绝缘或加强绝缘规定的试验来检验。

21.28 操作钮、手柄、操作杆的轴应不带电，除非拆去操作钮、手柄、操作杆类似物时，它们的轴是不易触及的。

通过观察以及借助于工具拆下操作钮、手柄、操作杆等后，按9.3规定用试验指来检验。

21.29 对于非Ⅲ类结构，一旦绝缘损伤时，正常使用中握持或操动的手柄、操作杆和操作钮应不带电。

如果这些手柄、操作杆和操作钮由金属制成，而且在基本绝缘一旦损坏时，其轴或紧固件又可能带电者，则它们应由绝缘材料充分覆盖，或者用附加绝缘将它们的易触及部分与轴或紧固件隔开。

对于Ⅰ类结构工具，该要求不适用于手柄、操作杆和操作钮，但那些电气元件上的手柄、操作杆和操作钮除外，这些电气元件已可靠地连接到接地端子或接地连接件，或与用接地金属零件隔开的带电零件连接。

该覆盖材料或绝缘材料应符合附录D.2以1 250 V的电气强度试验。

通过观察，如有必要，还要通过为绝缘规定的试验来检验。

21.30 对于易于切割到暗线或/和自身软线的工具，因此，其手柄和握持面应当用绝缘材料构成，如果是金属，应用绝缘材料充分地覆盖，或者它们的易触及零件用绝缘隔层与因输出轴带电而可能会带电的易触及金属零件隔开。

应提供一个绝缘的棍状辅助手柄，在握持面上方有一高度不小于12 mm的凸缘，凸缘是在握持区和因输出轴带电而可能会带电的易触及金属零件之间。

通过观察和20.5试验检验。

21.31 对于Ⅱ类工具，电容器不应与易触及金属零件连接，而且如果电容器外壳是金属的，则外壳应由附加绝缘与易触及金属零件隔开。

本要求不适用于符合9.2和21.34规定的保护阻抗要求的电容器。

通过观察以及进行对附加绝缘规定的试验来检验。

21.32 电容器不应接在热断路器的触头之间。

通过观察来检验。

21.33 灯座应只用来联接灯泡。

通过观察来检验。

21.34 保护阻抗应至少由两个分立元件构成，其阻抗在工具的寿命期内应无显著变化。如果其中任何一个元件短路或开路，不应超过9.2中的规定值。

符合GB 8898—2001中14.1的电阻器和符合GB 8898—2001中14.2的电容器均认为符合本要求。

通过观察和测量来检验。

21.35 进风口处不应让引起危险的异物进入。

通过以下试验来检验。

将一直径6 mm的钢球借助自重塞入(不是风扇近旁的)进风口，钢球应不可能进入。

22 内部布线

22.1 布线槽应光滑，无锐棱。

导线应予保护，不致触及那些可能损伤导线绝缘层的毛刺、飞边等。

金属零件上供绝缘导线穿过的孔，除非第二部分中另有要求，应装有衬套，或者该孔应光滑倒圆。半径1.5 mm认为是良好的倒圆。

应有效地防止内部布线与运动件接触。

通过观察来检验。

22.2 工具的内部布线和不同部分间的电气联接件应予充分保护或包封。

通过观察来检验。

22.3 内部布线应是刚性的,或固定得或绝缘得在正常使用中爬电距离和电气间隙不可能减少到28.1规定值以下。其绝缘,如有,在正常使用中应不可能受损。

通过观察、测量以及手试来检验。

对于绝缘的内部布线,要检查其绝缘是否在电气上与GB 5023.5或GB 5013.4的软线绝缘相当,或符合下述电气强度试验。

在导线与包在绝缘上的金属箔之间施加2 000 V电压,历时15 min,不应击穿。

当套管用作内部布线的附加绝缘时,应由可靠的措施将套管保持在其应有位置上。如果只有靠破坏或割开套管才能取下套管,或者套管是在两头夹紧的,则认为该套管由可靠措施固定了。

通过观察和手试来检验。

22.4 由绿/黄组合色作为标记的导线不应接到非接地端子上。

通过观察来检验。

22.5 铝导线不应用于内部布线。电动机绕组不认为是内部布线。

通过观察检验。

22.6 除非夹紧装置设计成不存在由于焊接冷变形而引起接触不良的危险,绞合导体承受接触压力处不应用铅锡焊料来固结。

如果采用弹性接线端子,就允许用铅锡焊料固结绞合导体;仅固紧夹紧螺钉认为是不够的。

绞合导体顶端焊结在一起是允许的。

通过观察来检验。

22.7 工具在正常使用中或用户维护时可能发生相对位移的不同零件,不应导致电气联接件和包括提供接地连续性在内的内部布线的过应力。软金属套管应不损坏里面的导线绝缘。松卷弹簧圈不应用于保护内部布线。如果因本标准目的而使用相邻圈并紧的盘绕弹簧圈,则应在导线绝缘外附有足够的绝缘衬套。

注:具有足够绝缘的衬套示例是符合GB 5023.5或GB 5013.4的软线。

通过观察和以下试验检验。

正常使用中发生弯曲的工具以正常使用位置放置,并施加额定电压。

可移动零件前后移动,使导线以结构允许的最大角度弯曲。弯曲次数为30次/分钟:

——正常使用中导线被弯曲的为10 000次;

——用户维护时导线被弯曲的为100次。

向前或向后弯一次为一次弯曲。

工具不应有本标准含义的损坏,并且它还能继续使用。尤其是绕组及它的连接应承受D.2电气强度试验,试验电压为1 000 V,且仅施加在带电零件与易触及零件之间。

23 组件

23.1 组件应符合相应国家标准和/或IEC标准规定的安全要求,只要合理。

如果组件标有其运行特性,则它们在工具中使用的条件应符合这些标志,但有特殊规定者例外。

符合有关组件的国家和IEC标准,未必保证符合本标准的要求。

除非另有规定,本标准第28章的要求适用工具组件的带电零件和易触及零件之间的爬电距离和电气间隙。

除非组件预先经过试验,并且表明符合相关国家和IEC标准的循环次数要求,否则组件应经受

23.1.1～23.1.11 试验。

没有被单独试验过，也未认定符合相关国家和 IEC 标准的组件，没有标识或没有按其标识使用的组件，均应在工具所出现的实际情况进行试验，被试样品的数量按相关的标准要求。

对于自动控制器，标识包括 GB 14536.1—2008 的第 7 章规定的文件和声明。

没有相关标准的组件，不规定附加的试验。

23.1.1 电动机副绕组中的电容器应标有其额定电压和额定电容量。

通过观察来检验。

23.1.2 抑制无线电干扰的固定电容器应符合 GB/T 14472 的规定。

通过观察来检验。

23.1.3 类似于 E10 灯座的小型灯座应符合对 E10 灯座的要求；它们不必安得上一个符合 IEC 60061-1 的 7004-22 号标准页现行版的 E10 灯头的灯泡。

通过观察来检验。

23.1.4 隔离变压器和安全隔离变压器应符合 GB 19212.1—2008、GB 19212.5—2006 和 GB 19212.7—2006 的规定。

通过观察来检验。

23.1.5 用于非 IPX0 工具的工具耦合器应符合 GB 11918—2001、GB 11919—2001 的规定。而用于 IPX0 工具的工具耦合器应符合 GB 17465 的规定。

采用未经国家或 IEC 加以标准化的工具耦合器时，制造商应在使用说明书中告知用户只能通过制造商规定的相应联接器联接工具。

通过观察来检验。

23.1.6 不符合 GB 14536.1—2008 的自动控制器应按第一部分进行试验，另外，还应按 GB 14536.1—2008 的 11.3.5～11.3.8 和第 17 章进行试验。控制器可以和工具分开，单独试验。

按 GB 14536.1—2008 进行的试验，在工具上出现的条件下进行。

进行 GB 14536.1—2008 的第 17 章试验时，所采用的循环数为：

—— 对温度自动调节器为 10 000 个操作循环；

—— 对限温器为 1 000 个操作循环；

—— 对自动复位热断路器为 300 个操作循环；

—— 对手动复位的非自动复位热断路器为 10 个操作循环。

符合 GB 14536.1—2008 要求的，并按其标志使用的自动控制器被认为是满足本标准要求的（“标志”一词包括了 GB 14536.1—2008 的第 17 章中规定的文件和说明）。

对第 12 章试验期间动作的自动控制器，只要它们短路时，工具仍能满足本标准要求，就不进行 GB 14536.1—2008 的第 17 章试验。

在第 12 章的表 1 的注 b 中列出了有关温度自动调节器和限温器试验的特殊的例外情况。

23.1.7 必须符合其他标准的组件，通常按有关标准单独进行试验如下：

如果组件有标志并按该标志使用，则按该标志进行试验，试样数符合有关标准的要求。

特别是第 12 章的表 1 中未提到的组件要作为工具的一部分进行试验。

23.1.8 如果有关组件没有国家标准或 IEC 标准，或组件没有标志或不按其标志使用，则该组件在工具的条件下试验。试样数量通常为类似试验规范要求的数量。

23.1.9 对于与电动机绕组串联的电容器，检验如下：工具以 1.1 倍额定电压和最小负载条件运行时，电容器两端的电压不应超过 1.1 倍电容器额定电压。

23.1.10 开关应符合 GB 15092.1—2003 的适用要求，如下 23.1.10.1～23.1.10.6 的规定。

除非另有说明，所有 23.1.10.1～23.1.10.5 引用 GB 15092.1—2003 的章条和表。

通过观察和以下规定的试验来检验。

开关或者可以装在工具里进行试验，或者单独进行试验。要求的负载或者可以通过加载到工具上获得，或者用从模拟实际负载电路获得。

如果工具额定频率高于 50 Hz 或 60 Hz，试验可以用 50 Hz 或 60 Hz 进行。

23.1.10.1 附装开关的开关标志应符合 8.1.1 和表 3 第 1 项的规定。

通过观察检验。

23.1.10.2 开关机构应符合第 13 章的相应要求。

通过第 13 章规定的试验来检验。试验可在一个单独试样上进行。

23.1.10.3 开关应有足够的电气强度。

在单独按本标准 14.4 或着连同工具时按 14.3 进行在 48 h 潮湿处理后，紧接着通过附录 D15.3 电气强度试验来检验。

对于机械开关，仅跨在完全断开和微小断开的触头之间进行(GB 15092.1—2003 表 12 的第 6 和第 7 行适用的)试验。

对于电子开关，在机械通断器件与半导体通断器件串联的电子开关上，仅跨在完全断开和微小断开的触头之间进行(表 12 的第 6 和第 7 行适用的)试验。

对电子开关，跨在保护阻抗和用元件互连的极性之间不进行试验。

23.1.10.4 工具的电源开关属于 7.1.2.2 分类。试验用接通电流为 6×I-M，功率因数为 0.8±0.05，以及断开电流为 I-M，功率因数≥0.9，I-M 电流为工具额定电流。

电磁驱动工具的电源开关属于 7.1.2.8 分类。试验用接通电流为 6×I-I，功率因数为 0.6±0.05，以及断开电流为 I-I，功率因数为 0.6±0.05，I-I 电流为工具额定电流。

电源开关以外的开关，诸如正反转开关或调速开关，当通电时可能将被转换的，按上述试验，但只进行 100 次循环操作。

除了电源开关，不带电气负载操作的开关，以及仅借助工具才能操作的开关，或被互锁而不能在电气负载下操作的开关，不经受 17.2.4.4 试验。

也不对 7.1.2.6 分类的 20 mA 负载开关进行 17.2.4.4 的试验。

完成上述试验后，开关应符合 17.2.5 的功能合格(TE1)，发热合格(TE2)和绝缘合格(TE3)。

23.1.10.5 工具的电源开关应有足够的分断能力。

通过 17.2.4.9 的堵转试验(TC9)来检验。如果用附装在工具内的开关进行试验，则电流 6×I-M 可以用工具的堵转电流替代。

完成上述试验后，开关应符合 17.2.5 的功能合格(TE1)，发热合格(TE2)和绝缘合格(TE3)。

23.1.11 如果性能级别能够避免意外连续操作或避免符合 ISO 13849-1:2004 要求的意外起动的，则允许采用无机械式触头分离的电子电源开关。

对由第二部分涉及的工具，根据 ISO 13849-1:2004 要求所需要的性能级别(PL_r)，由相应第二部分规定。对由第二部分未涉及的其他工具，可按 ISO 13849-1:2004 的附录 A 估算这些参数。

如果所要求的性能级别(PL_r)是“a”，则按 ISO 13849-1:2004 的第 6 章，电子开关应至少对应分类“b”。对 PL_r=“b”，“c”，“d”或“e”，被采用的分类应按 ISO 13849-1:2004 的 A.3 中的图 A.2。

通过确认来检查。

注：采用 ISO 13849-2:2003 是一个有效方法。

具有电子电源开关的工具要经受 GB 4343.2—1999 对工具进行抗扰度试验。试验在额定电压下，开关设定在“断开”位置或旁路模式。试验期间工具不应起动。

23.2 工具不应装有：

——串在软线中的开关或自动控制器，但 RCD 是允许的；

——一旦工具出现故障，能使固定布线中的保护电器动作的器件；

——能够靠锡焊复位的热断路器。

通过观察来检验。

23.3 过载保护器应为非自动复位型的。

可关断工具且能在 2 s 内恢复工具运行的电子调速装置和负载调节器不认为是过载保护装置。

通过观察来检验。

23.4 用于特低电压电路中的插头、插座以及用作电热元件接线端子的器件不应与 GB 2099 系列标准中列出的插头、插座以及符合 GB 17465 标准图表的连接器和工具进线座通用。

通过观察来检验。

23.5 与电网连接，而且其基本绝缘对工具额定电压而言是不够的电动机，应符合附录 B 的要求。

通过附录 B 的试验来检验。

24 电源联接和外接软线

24.1 工具应设置下列一种电源联接装置：

——对额定电压和额定频率符合市电的工具，配有插头的电源线；

——对额定电压和额定频率不符合市电的工具，不配插头的电源线；

——至少具有工具要求的防水等级的工具进线座，并且有防止意外断开的锁定装置；

——一根不超过 0.5 m 长、装有一个进线连接器（电缆耦合器）及其配对插头的电源线。该适配连接器应具有不低于对工具要求的防水等级。

通过观察以及对锁定装置用 24.14 的拉力试验来检验。

24.2 电源线应以下述联接方法之一安装到工具上：

——X 型联接；

——Y 型联接；

——Z 型联接，仅用于更换型工具（当第二部分允许时）。

具有 X 型联接和 Y 型联接的电源线可以是普通软线，也可以是专用线，并只由制造商或其维修部提供，专用线也可能包含有工具的一部分。

通过观察，如有必要，还应通过手试来检验。

24.3 插头不应接上多于一根的软线。

通过观察来检验。

24.4 电源线应不轻于：

——普通橡胶护层软线（GB 5013.4 中的 60245 IEC 53）；

——普通聚氯乙烯护层软线（GB 5023.5 中的 60227 IEC 53）。

聚氯乙烯绝缘的软线不应用于其外部金属零件在第 12 章试验期间温升超过 75 K 的工具。

通过观察和测量来检验。

如果装有插头，额定电流不大于 16 A 的单相工具的电源线应装有符合 GB 2099.1、GB 1002—1996 或 GB/T 11918—2001、GB/T 11919—2001 的插头。

如果装有符合 GB 11919—2001 的插头，则适用的标准活页如下：

——Ⅰ类工具见标准活页 2-Ⅰ；

——Ⅱ类工具见标准活页 2；

——Ⅲ类工具见标准活页 2-Ⅰ。

插头体应由橡胶、聚氯乙烯或机械强度不低于上述材料的材料制成或覆盖。

如果装有插头，额定电流不大于 16 A 的三相工具的电源线应装有符合 GB 2099.1、GB 1003—1999 或 GB/T 11918—2001、GB/T 11919—2001 的插头。

如果装有符合 GB/T 11919—2001 的插头，则适用的标准活页如下：

——Ⅰ类工具见标准活页 2-I

——Ⅱ类工具见标准活页 2；

——Ⅲ类工具见标准活页 2-I。

插头体应由橡胶、聚氯乙烯或机械强度不低于上述材料的材料制成或覆盖。

额定电流大于 16 A 但不大于 63 A 的单相工具和额定电流不大于 63 A 的多相工具的电源线线芯应装有符合 GB/T 11919:2001 的插头，所适用的标准活页如下：

——Ⅰ类工具为标准活页 2-Ⅲ(视电流而定)；

——Ⅱ类工具为标准活页 2

——Ⅲ类工具见标准活页 2-Ⅲ。

Ⅱ类工具中，标准活页 2 的二极插头、器具进线座和电缆耦合器的连接器及其配对插头是允许的。

24.5 电源线的标称截面积应不小于表 5 所示。

表 5 电源线的最小截面积

工具额定电流/A	标称截面积/mm^2
不大于 6	0.75
大于 6 至 10	1
大于 10 至 16	1.5
大于 16 至 25	2.5
大于 25 至 32	4
大于 32 至 40	6
大于 40 至 63	10

通过测量来检验。

24.6 Ⅰ类工具的电源线应有一根绿/黄组合色芯线。该芯线应接至工具内部接地端子和插头的接地插销上。

通过观察来检验。

24.7 在电源线的导线受到接触压力的部位，除非夹紧装置设计成不存在因焊锡冷变形而引起接触不良的危险，该部位的导线不应用焊锡加以固结。

通过观察来检验。

此要求可通过采用弹性端子得到满足。仅拧紧夹紧螺钉认为是不够的。

24.8 对于所有各种联接型式，将电源线与外壳或外壳的一部分模压在一起应不影响软线的绝缘层。

通过观察来检验。

24.9 进线孔应设置衬套，或者其结构应使电源线的护层能进入孔内而无损伤危险。

通过观察和手试来检验。

24.10 进线孔衬套应：

——其形状能防止损伤电源线；

——可靠固定；

——不借助于工具就不能拆下。

通过观察和手试来检验。

24.11 空条

24.12 空条

24.13 带有在操作时被弯曲的电缆线的工具应防止在工具进线孔处过度弯曲。

护套应以牢固的方式被固定，并应设计成：其伸出工具进线孔的距离至少是随工具一起提供的电缆或软线外径的5倍。

通过观察、测量以及下述试验来检验。

设计成带电源线的工具装上软线护套，软电缆或软线比该软线护套长出约100 mm。

把工具夹持成：在电缆或软线伸出护套处，当电缆或软线不受应力时，护套的轴线与水平成45°角向上伸出。

然后，把一个质量为10 D^2 g的重物缚在电缆或软线的悬空端。D为与工具一起提供的软电缆外径，以mm为单位。

如果软线或护套对温度敏感的话，则试验要在(23±2)℃的温度下进行。

在重物一经缚上后，软电缆或软线在任何一点上的曲率均不得小于1.5 D。

24.14 装有电源线的工具应有软线固定装置，使导线在端子处不受张力(包括扭力)，并保护导线的绝缘层免受磨损。

应不可能将软线推入工具内达到可能会损伤软线或工具内部零件的程度。

通过观察、手试以及下述试验来检验。

在经受表6所示拉力时，在距离软线固定装置大约20 mm距离或其他合适的地方给软线被标上一个标记。然后以最不利的方向用规定力拉软线，但不应猛然施加，每次历时1 s。试验进行25次。

紧接着，除自动卷线盘上的软线外，软线应在尽可能靠近工具的地方承受一个扭矩，该扭矩由表6规定，历时1 min。

表6 拉力和扭矩值

工具质量/kg	拉力/N	扭矩/N·m
不大于1	30	0.1
大于1至4	60	0.25
大于4	100	0.35

试验期间，软线不应损伤，并且在端子处看不到明显的拉伸现象。再施加拉力，软线纵向位移不得大于2 mm。

24.15 软线固定装置应安置得只有借助于工具才可触及，或设计成只有借助于工具才能接上软线。

通过观察来检验。

24.16 对X型联接而言，软线固定装置应设计成或设置得：

——易于更换软线；

——如何消除张力和防止扭转是明显的；

——能适用于可能要连接的不同型式的软线，除非工具设计成只能装上一种软线；

——如果软线固定装置的夹紧螺钉是易触及的，或至少不是由附加绝缘将其与易触及金属零件隔开的，软线就不能触及到这些夹紧螺钉。

——软线不是由直接压在软线上的金属螺钉夹紧的；

——软线固定装置的零件中至少有一个牢牢地固定在工具上，除非它是专门制备软线的一部分；

——在更换软线时必须拧动的螺钉(如有的话)不能用来固定任何别的部件，除非当该螺钉被漏装或被误装时，它们会导致工具不能运行或明显不完整，或除非更换软线期间，不借助于工具就不能把靠这些螺钉固定的零件拆下；

——在采用迷宫形式的情况下，应不可能绕过这些迷宫而经不起24.14的试验；

——密封压盖不应用作电源线的软线固定装置；

——对Ⅰ类工具而言，软线固定装置应由绝缘材料制成，或具有绝缘衬垫；否则，软线上的绝缘故障可能会使易触及金属零件带电；

——对Ⅱ类工具而言，软线固定装置应由绝缘材料制成，如果由金属材料制成，则应由符合附加绝缘要求的绝缘将其与易触及金属零件隔开。

对X联接，如果软线固定装置有一个或多个夹紧件，加到这些夹紧件上的压力是通过一个或多个、与牢牢固定在工具上的螺柱旋合的螺母施加的，那么，即使这些夹紧件能从螺柱上取下，仍然认为软线固定装置有一个零件牢牢地固定在工具上。

但是，如果加在夹紧件上的压力是通过一个或多个螺钉施加的，该螺钉或用单独的螺母与之旋合，或与工具整体上的部分螺纹旋合的，则不认为软线固定装置有一个零件牢牢固定在工具上，除非夹紧件自身中的一个被固定在工具上，或者工具表面由绝缘材料制成，并且其形状明显表明该表面是一个夹紧件（见图1）。

通过观察以及在下述条件下进行24.14的试验来检验。

应先用具有25.2规定的最小截面积、允许的最轻型软线进行试验；再用具有规定的最大截面积的、邻近的一档较重型软线进行试验，除非工具设计成只能与一种型式软线连接。

使用专门制备软线的工具，按交货时的软线进行试验。

将导线引入接线端子；如有接线端子螺钉，则将该螺钉拧到刚好能防止导线轻易改变它们的位置。软线固定装置按正常方式使用，如有夹紧螺钉，则该螺钉用等于27.1规定值的2/3扭矩拧紧。

直接压在软线上的绝缘材料螺钉用表8的Ⅰ栏规定值的2/3扭矩拧紧，取螺钉头上的凹槽长度作为螺钉标称直径。

24.17 对Y型和Z型联接，软线固定装置应是足够可靠。

通过24.14试验检验，使用交货时的软线进行试验。

24.18 对X型联接，诸如将软线打一个结或用绳绑住线端之类的制造方式都是不允许的。

通过观察检验。

24.19 电源线的绝缘导线应由符合基本绝缘要求的绝缘（对Ⅰ类工具）和符合附加绝缘要求的绝缘（对Ⅱ类工具）将其与易触及零件隔开。此绝缘应由下述绝缘组成：

——固定在软线固定装置上的一层单独的绝缘衬垫；或

——固定在软线上的套管或护套；或

——带护层软线的护层（对Ⅰ类工具而言）。

通过观察来检验。

24.20 内部供安放电源电缆或软线的空间，或对X型联接，作为工具一部分的空间：

——应设计成如有罩盖，则在装上罩盖前，允许检查导线是否正确连接和就位；

——应设计成如有罩盖，则能装上罩盖而不损伤电源导线或其绝缘层；

——应设计成如果软线没有装上不大可能从导线上脱落的导线接头，那么导线剥去绝缘的一端一旦从接线端子中脱出，也应不可能碰到易触及金属零件。

通过观察来检验，对X型联接还通过用25.2中规定的最大截面积电缆或软线进行接线试验来检验以及经受下述附加试验来检验。

凡在离端子30 mm及以内不将导线另行夹住的柱型接线端子，以及用螺钉夹紧的其他接线端子，应将夹紧螺钉或螺母依次松开。不将导线从其位置上取下，用一个2 N的力靠近端子、螺钉处以任何方向施加到导线上。导线剥去绝缘的一端不应与易触及金属零件以及其他与易触及金属零件联接的金属零件接触。

对柱式接线端子，如果在距离端子30 mm及以内处将导线另行夹住，则导线剥去绝缘端不得接触易触及金属零件的要求认为是满足了。

24.21 器具进线座应：

——设置或包封得在插拔连接器时，带电零件是不易触及的；

——安置得能顺利地把连接器插入；

——安置得在把连接器插入后，当工具以正常使用的任何状态放置在平面上时，工具应不被连接器支撑。

通过观察来检验。非 GB 17465 标准的器具接线座，就第一个要求而言，还应通过用 IEC 61032：1997 的 B 型探棒来检验。

装有符合 GB 17465 的器具进线座工具，被认为是符合第一个要求的。

24.22 电源线不应碰到工具尖角或锐边。

通过观察来检验。

24.23 互连软线需符合电源线的要求，除非：

——软线的截面根据第 12 章试验期间导线承载的最大电流确定，而不是按工具额定电流确定；

——导线的绝缘应能足以承受它的工作电压；

用观察测量和测量来检验。

24.24 如果互连软线断开会影响符合本标准，则它们应是不借助工具不可拆卸的。

通过观察测量来检验。

25 外接导线的接线端子

25.1 工具应提供连接外接导线的端子或等效件。该端子应只能借助工具触及。X 型联接的工具，除联接专门制备的软线外，在用螺钉、螺母或等效件进行联接处，应设置接线端子。符合 IEC 60998-2-1 规定的螺纹型端子、符合 GB 13140.3 规定的无螺纹端子以及符合 IEC 60999-1：1999 的夹紧单元认为是等效器件。

螺钉、螺母不应用来固定任何其他部件，除非如果互连软线设置得在接电源线时互连软线不大可能移位，则这些螺钉、螺母也可用来夹紧互连软线。

通过观察和手试来检验。

X 型联接的工具可以采用焊锡联接件来联接外接导线，只要此导线放置或固定得不仅仅依赖焊接保持在其应有位置上；或者具有隔层，使导线万一在焊接点脱开时，也不可能使带电零件与其他金属零件间的爬电距离和电气间隙减小到 28.1 规定值的 50％以下。

对于 Y 型和 Z 型联接，可以采用锡焊、熔接、压接及类似联接件来连接外接导线。而且，对于Ⅱ类工具，导线应放置或固定得不仅仅依赖锡焊、压接或熔接将导线维持在其应有位置上；或者应具有隔层，使导线万一从锡焊点或熔接点脱开或从压接处滑脱时，也不可能使带电零件与其他金属零件间的爬电距离和电气间隙减小到 28.1 规定值的 50％以下。

不认为两个独立无关的紧固件会同时脱落。

如果锡焊的导线不在其靠近导线接头处用与焊接无关的方式夹持，则认为不是足够固定的；但是，若在锡焊前，导线是“钩住”的，只要穿过导线的孔不过大，通常就认为是把电源线的导线（箔线除外）维持在应有位置上的适当措施。

装在工具内的组件（如开关）的接线端子可以用作外接导线的接线端子。

用其他方式连接到接线端子或导线接头的导线，不认为是足够固定的，除非在靠近接线端子或导线接头处另有附加的固定措施；对绞合导线，此附加固定措施要将导线绝缘层和导体两者都夹住。

通过观察和测量来检验。

25.2 X 型联接的接线端子，除了那些连接专门制备软线者外，应能连接表 7 所示标称截面积的导线；除非工具设计成只能连接一种型式的软线，在这种情况下，接线端子应适用于连接这种软线。

表 7 导线标称截面积

工具额定电流/ A	软电缆和软线标称截面积/ mm^2
不大于 6	0.75,1
大于 6 至 10	1,1.5
大于 10 至 16	1.5,2.5
大于 16 至 25	2.5,4
大于 25 至 32	4,6
大于 32 至 40	6,10
大于 40 至 63	10,16

通过观察、测量以及装接规定的最小、最大截面积的电缆或软线来检验。

接电源线的接线端子应适合其用途。

通过观察以及对联接施加 5 N 的拉力来检验。

试验后,联接件不应呈现可能会违反第一部分的损伤。

25.3 X 型联接的工具其接线端子应固定得在拧紧或松开夹紧装置时,接线端子不松动,内部布线不受到应力,爬电距离和电气间隙不会减小到 28.1 规定值以下。

通过观察,以及用适当的螺丝刀或旋具旋紧和旋松螺钉和螺母 5 次来检验,但试验时施加的扭矩等于表 8 扭矩规定值的 2/3。

可以通过采用两个螺钉固定,或用一个螺钉固定在没有明显间隙的凹槽中,或用其他合适的方式来防止接线端子松动。

如果在接上电源电缆后,以及在将开关或类似器件重新安放在其定位凹槽内后,通过观察能够确定工具重新装配后,这些组件和电源电缆均处于正确位置,则对接线端子固定的要求并不排除采用设在定位凹槽内的开关或类似器件上的措施。

仅覆盖密封胶而无别的锁定措施,认为是不充分的。但自硬性树脂可用来锁定在正常使用中不受扭矩的接线端子。

25.4 对 X 型联接的工具,接线端子应设计成:以足够的接触压力将导线夹紧在金属表面之间,而且不损伤导线。

通过在 25.3 的试验后观察接线端子和导线来检验。

25.5 对 X 型联接的工具,除采用专门制备软线者外,接线端子不应为了获得正确联接而要求导线的专门制备;而且应设计或放置得在拧紧夹紧螺钉或螺母时,导线不可能滑出。

通过在 25.3 的试验后观察接线端子和导线来检验。

术语“导线的专门制备”包括绞合导线的锡焊、电缆接线片的使用、接线环的形成等等,但不包括导线在插入接线端子前的整形或为加强导线端部而对绞合导线的捻绞。

如果导线呈现深的或明显的凹痕,即认为导线受到损伤。

25.6 柱式端子应构造或设置得能看得到插入孔内的导线端,或者导线线端超出螺纹孔的距离至少等于螺钉标称直径的一半但至少为 2.5 mm。

通过观察和测量来检验。

25.7 对 X 型联接,打开工具后应能清晰地识别和触及接线端子。全部接线端子应设置在一个罩盖后面或外壳一部分的后面。

通过观察来检验。

25.8 X 型联接的工具的接线端子部件应设置或遮掩得当接线时,一旦绞合线芯线中有一根散漏在外,在带电零件与易触及金属零件之间也不存在意外连接的危险；对Ⅱ类工具，在带电零件与仅用附加绝缘将易触及金属零件隔开的金属零件之间也不存在意外连接的危险。

通过下述试验来检验：

将具有24.5规定标称截面积的软线端剥去8 mm长的绝缘层。

留出绞合线中的一根芯线，而将其余的芯线都完全插入接线端子并夹紧。

在不向后撕裂绝缘层的情况下，朝每个可能的方向弯曲留出的那根芯线，但不得绕过隔层作急剧的弯折。

接至带电接线端子的导线中留出的那根芯线不应触及任何易触及金属零件或与易触及金属零件相联接的金属零件；对Ⅱ类工具而言，还不应触及任何仅由附加绝缘与易触及零件隔开的金属零件。接至接地端子的导线中留出的那根线芯不应触及任何带电零件。

26 接地装置

26.1 Ⅰ类工具的那些在绝缘一旦损伤时可能带电的易触及零件，应永久性地和可靠地连接到工具内的接地端子或接地导线接头上，或接到工具进线座的接地插销上。

印制电路板的印制导线不应用来提供保护接地电路的连续性。

接地端子和接地插销不应与中性线端子呈电气联接。

Ⅱ类工具和Ⅲ类工具不得有接地装置。

如果易触及金属零件与带电零件之间被接到接地端子或导线接头或接地插销的金属零件所遮掩，就本条要求而言，则不认为这样的易触及金属零件在绝缘一旦失效时可能带电。

由双重绝缘或加强绝缘与带电零件隔开的易触及零件，认为即使绝缘损伤也不大可能带电。

在经受不起第20章试验的装饰性罩盖下面的金属零件认为是易触及零件。

通过观察来检验。

26.2 接地端子的夹紧机构应充分予以锁定，以防意外松动，并且不借助于工具应不可能将其松开。符合第25章的相应要求的螺钉夹紧的端子和符合GB 13140.3的规定无螺纹端子被认为满足本章要求。

对专门制备软线，符合IEC 60760:1989要求的端子被认为满足本章要求。

通过观察、手试，对无螺纹端子还进行GB 13140.3规定的试验来检验。

26.3 如果可拆卸部件上有接地联接，则将此部件安放就位时，接地联接应先于载流联接形成；而当取下此部件时，载流联接应在接地联接断开之前分开。

对带电源线的工具，接线端子的安排或软线固定装置与端子间的导线长度应使得软线从软线固定装置上滑出时，载流连接导线先于接地导线绷紧。

通过观察和手试来检验。

26.4 用来联接外接导线的接地端子的零件，不应有由于与接地铜导线接触或与其他金属接触而产生腐蚀的危险。

一旦绝缘损伤就可能传导电流的零件，除金属机身或外壳零件外，应由有镀层的或有足够耐腐蚀性能的无镀层的金属制成。如果这样的零件由钢制成，则在其主要部位应具有厚度至少为5 μm的电镀层。

仅用来提供或传递接触压力的、由有镀层或无镀层的金属制成的零件应有足够的防锈保护。

绝缘损坏可能传导电流的零件以及仅用来提供或传递接触压力的零件举例见图3。

如果接地端子本体是铝或铝合金机身或外壳的一部分，则应采取措施避免由于铜与铝或铝合金接触而引起腐蚀的危险。

含铜量至少58%的铜合金零件（对冷加工零件）、含铜量至少50%的铜合金零件（对其他零件）以及含铬量至少13%的不锈钢零件，均被认为具有足够的防腐蚀性能。

接受过诸如铬酸盐置换镀覆之类处理的零件，通常不认为具有足够的抗腐蚀保护，但可用来提供或传递接触压力。

钢零件的主要部位特指那些传导电流的部位。在评定这样的部位时，必须考虑与零件形状有关的镀层厚度。如有疑问，按GB/T 4956—2003或GB/T 6462的规定测定镀层厚度。

通过观察、测量、手试以及30.1的试验来检验。

26.5 在接地端子或接地插销和与其联接的金属零件之间的联接应是低电阻的。

通过下述试验来检验。

在接地端子或接地插销与各易触及金属零件之间依次通以由空载电压不超过12 V(直流或交流)的电源供电的、等于1.5倍工具额定电流或25 A(择两者中值大者)的电流。

测出在工具的接地端子或工具进线座的接地插销与易触及金属零件之间的电压降，由电流及该电压降计算出电阻。

电阻不得大于0.1 Ω。

如难以确定，则将试验一直进行到稳定状态。

测量电阻时，不包含软线电阻。

注意，要使测量探头与被测金属零件之间的接触电阻不影响试验结果。

27 螺钉与连接件

27.1 凡因其失效而可能有损于符合本标准的紧固件和电气联接件应能经受正常使用中产生的机械应力。

上述螺钉不应用诸如锌、铝之类软的或易于蠕变的金属制成。

这样的螺钉如用绝缘材料制成，则其标称直径应至少为3 mm，并且不应用于任何电气联接。

传递电气接触压力的螺钉应旋入金属中。

如果螺钉被替换成金属螺钉会有损于附加绝缘或加强绝缘，则该螺钉不应由绝缘材料制成。

更换X型联接电源线时或进行用户保养时可能拆下的螺钉，如果被金属螺钉置换会损害基本绝缘，则不应由绝缘材料制成。

注：接地联接件是电气连接件的一种示例。

通过观察以及下述试验来检验。

如果被试螺钉和螺母：

——用于电气联接；

——用于提供接地连续性；

——在下述条件易于拧紧的

- 用户维修时；
- 更换具有X型联接的电源线时；
- 按8.12.2a)要求的信息安装/拆卸时。

将螺钉或螺母拧紧和松开：

——10次：对与绝缘材料啮合的螺钉；

——5次：对螺母和其他螺钉。

与绝缘材料啮合的螺钉，每次都要完全旋出再重新拧入。

对接线端子螺钉、螺母进行试验时，在端子中放入25.2中规定的最大截面积的软电缆或软线。在每次固定前要重新放置软电缆或软线。

通过合适的试验用螺钉旋具、扳手或内六角扳手，施加表8所示的扭矩进行试验。表中相应栏目为：

第Ⅰ栏适用于无头金属螺钉(如果拧紧时螺钉并不伸出孔外)。

第Ⅱ栏适用于其他金属螺钉和螺母：

——对绝缘材料螺钉：

- 具有对边尺寸大于螺纹外径的六角头；或
- 具有圆柱头和内六角座，内六角座的对角尺寸大于螺纹外径；或
- 具有一字槽或十字槽螺钉头，槽长大于1.5倍螺纹外径

第Ⅲ栏适用于绝缘材料制成的其他螺钉，每次松开螺钉或螺母，导线要移动一下。

表8 螺钉、螺母试验扭矩

螺纹标称直径/mm	扭矩/N·m		
	Ⅰ	Ⅱ	Ⅲ
不大于2.8	0.2	0.4	0.4
大于2.8至3.0	0.25	0.5	0.5
大于3.0至3.2	0.3	0.6	0.5
大于3.2至3.6	0.4	0.8	0.6
大于3.6至4.1	0.7	1.2	0.6
大于4.1至4.7	0.8	1.8	0.9
大于4.7至5.3	0.8	2.0	1.0
大于5.3	—	2.5	1.25

试验期间，不应出现影响紧固件或电气联接件继续使用的损伤。

试验用螺钉旋具刀头的形状，应与被试螺钉头相配。不应猛然拧紧螺钉与螺母。

27.2 电气联接件应设计成接触压力不是通过易收缩或易变形的绝缘材料来传递的，除非金属零件有足够的弹性来补偿绝缘材料任何可能的收缩或变形。陶瓷材料是不易收缩变形的。

通过观察来检验。

27.3 自攻螺钉(金属薄板螺钉)不应用于载流件的联接，除非用这些螺钉夹紧的载流件彼此直接连接，并具有适当的锁定措施。

自切螺钉不应用于载流件的电气联接，除非螺钉能切制出完整的标准机制螺纹。然而，这类螺钉如果有可能被使用者或安装者拧动，则不应采用，除非螺纹是挤压成形的。

自切螺钉和自攻螺钉可用来提供接地连续性，只要在正常使用中不必弄乱联接，并且每一联接至少用了两个螺钉。

通过观察来检验。

27.4 在工具的不同零件之间构成机械联接的螺钉，如果也作为电气联接件，则应予锁紧以防松动。

如果接地电路中用至少两个螺钉作联接，或提供了另一条备用的接地电路，则该要求不适用于该接地电路的螺钉。

弹簧垫圈及类似零件可提供良好的锁紧。加热即软的密封胶仅对正常使用中不受到扭矩的螺钉联接件提供良好的锁定。

如果在正常使用中用作电气联接件的铆钉承受扭矩，则这些铆钉应锁紧以防松动。一个非圆柱形的铆钉杆或一个适当的切口即可满足。

本要求并不意味着为了提供接地连续性，铆钉必须多于一个。

通过观察和手试来检验。

28 爬电距离、电气间隙和绝缘穿通距离

28.1 爬电距离和电气间隙不应小于表9所示值（以 mm 为单位）。表中规定值不适用于电机绕组间的交叉处。

如果在绕组与电容器联接点和仅用基本绝缘与带电零件隔开的金属零件之间产生谐振电压，则爬电距离和电气间隙应不小于对应由谐振而增大的电压所规定的值，在加强绝缘的情况下，此值增加 4 mm。

通过测量来检验。

对装有器具进线座的工具，在插入相应的连接器的条件下进行测量；对X型联接的工具，分别在接上25.2规定的最大截面积电源线的条件下和不接电源线的条件下进行测量；其他工具则按交货状态进行测量。

对装有传动带的工具，在传动带处于其应有位置上，并且将改变传动带张力的器件调节到调节范围内最不利位置的条件下进行测量；还应在拆下传动带的条件下进行测量。

运动零件置于最不利位置；螺母和非圆形头部螺钉假设拧到最不利的位置上。

接线端子与易触及金属零件之间的电气间隙还要在螺钉或螺母尽可能旋松的条件下进行测量，但此时电气间隙应不小于表9规定值的50%。

穿过绝缘材料的外部零件上槽缝或开口的距离要测量到与易触及表面接触的金属箔；用IEC 61032:1997的B型探棒将该金属箔推入拐角各处，但不压入开口内。

如有必要，测量时对裸导线（电热元件的裸导体除外）上的任一点、温度自动调节器和类似器件的无绝缘层的细管道上的任一点以及金属壳体的外部施加一个力，以尽量减小爬电距离和电气间隙。

表9 最小爬电距离和电气间隙

单位为毫米

被测距离 mm	Ⅲ类工具		其他工具					
			工作电压 U $U \leqslant 130$ V		工作电压 U 130 V$<U\leqslant$250 V		工作电压 U 250 V$<U\leqslant$480 V	
	爬电距离	电气间隙	爬电距离	电气间隙	爬电距离	电气间隙	爬电距离	电气间隙
不同极性的带电零件之间[a]								
——防止污物沉积的	1.0	1.0	1.0	1.0	2.0	2.0	2.0	2.0
——无防止污物沉积的	2.0	1.5	2.0	1.5	3.0	2.5	4.0	3.0
——涂过清漆或瓷漆的绕组	1.0	1.0	1.5	1.5	2.0	2.0	3.0	3.0
——防潮或防污物沉积的正温度系数(PTC)电阻器及其连接导线[b]	—	—	1.0	1.0	1.0	1.0	—	—
基本绝缘两边的带电零件与其他金属零件之间：								
——防止污物沉积的[b]								
● 陶瓷、纯云母及类似材料的	1.0	1.0	1.0	1.0	2.5[c]	2.5[c]	—	—
● 其他材料的	1.5	1.0	1.5	1.0	3.0	2.5[c]	—	—
——无防止污物沉积的	2.0	1.5	2.0	1.5	4.0	3.0	—	—
——带电零件为涂清漆或瓷漆的绕组	1.0	1.0	1.5	1.5	2.0	2.0	—	—
——管状铠装型电热元件端部	—	—	1.0	1.0	1.0[c]	1.0[d]	—	—

表 9（续） 单位为毫米

被测距离 mm	Ⅲ类工具		其他工具					
			工作电压 U $U \leqslant 130$ V		工作电压 U 130 V$<U\leqslant$250 V		工作电压 U 250 V$<U\leqslant$480 V	
	爬电距离	电气间隙	爬电距离	电气间隙	爬电距离	电气间隙	爬电距离	电气间隙
加强绝缘两边的带电零件与其他金属零件之间：								
——带电零件为涂清漆或瓷漆的绕组	—	—	5.0	5.0	6.0	6.0	—	—
——其他带电零件	—	—	8.0	5.0	8.0	8.0	—	—
由附加绝缘隔开的金属零件之间	—	—	2.5	2.5	4.0	4.0	—	—

[a] 规定的电气间隙不适用于温控器、过载保护器、微隙开关及类似电器触头间的气隙，也不适用于这些电器中载流件之间随触头运动而变化的气隙。

[b] 通常，只要工具内部本身不产生粉尘，那么具有合适防尘外壳的工具内部就认为是防止污物沉积的，并不要气密。

[c] 如果零件是刚性的，并由模制件定位；或者设计成不可能由于零件变形或移动而减小距离，则此规定值可减至2.0。

[d] 如果是防止污物沉积的。

[e] 如果陶瓷、纯云母和类似材料上有防止污物沉积保护。

通过 IEC 61032:1997 的 B 型探棒施加力，其数值为：

——2 N：对裸导体以及控温器和类似器件的无绝缘层金属细管道；

——30 N：对外壳。

爬电距离和电气间隙的测量路径见附录 A。

如果有隔层介于其间，而且处于两个零件未粘结在一起的状态，则爬电距离要穿过接缝测量。

如果有隔层介于其间，电气间隙要跨过隔层测量；如果隔层处于两个零件配合面未粘结在一起的状态，则电气间隙还要穿过接缝测量。

在确定爬电距离和电气间隙时，要考虑金属外壳或罩盖的绝缘衬垫的影响。

供工具固定到支架上用的构件认为是易触及的。

对于印制电路板的导电图形，除在电路板边缘者外，表内所列的不同极性零件之间的值可以减小，只要电压梯度的峰值不超过：

——150 V/mm，最小距离为 0.2 mm(防污物沉积的)；

——100 V/mm，最小距离为 0.5 mm(无防污物沉积的)

如按上述限值得到的数值大于表列数值时，则采用表列数值。

对于峰值电压超过 50 V 的，只有按附录 G 测得的印制电路板耐电痕化指数(PTI)大于 175 时，减小的爬电距离才适用。

当这些距离依次短路时，只要工具符合第 18 章的要求，则这些距离可进一步减小。

如果光电耦合器的各绝缘都是充分封住的，而且各层材料之间都排除了空气，则光电耦合器内部的爬电距离和电气间隙都不测量。

对于仅由基本绝缘隔开的不同极性带电零件，如果其间爬电距离和电气间隙依次短路时，仍能满足

第 18 章要求，则允许爬电距离和电气间隙小于表内规定值。

28.2 工作电压不大于 130 V 的金属零件之间的绝缘穿通距离，对由附加绝缘隔开的不大于 1.0 mm，对由加强绝缘隔开的不大于 1.5 mm。对于加强绝缘用在绕组和易触及金属之间的，绝缘穿通距离不大于 1.0 mm。

对于工作电压大于 130 V、不大于 250 V 者，金属零件之间的绝缘穿通距离，对由附加绝缘隔开的应不小于 1.0mm，对由加强绝缘隔开的应不小于 2.0 mm。

在下述情况下本要求不适用：施加的绝缘成薄片状（云母及类似的鳞片状材料除外），而且：

——对附加绝缘而言，至少由两层构成，其中任何一层能经受对附加绝缘规定的电气强度试验；

——对加强绝缘而言，至少由三层构成，其中任何紧贴一起的两层能经受对加强绝缘规定的电气强度试验。

试验电压施加在该相应的一层或两层绝缘的两个外表面之间。

通过观察和测量来检验。

此外，如果附加绝缘或加强绝缘是不易触及的，而且满足下列条件之一，则该要求也不适用：

在温度保持在比第 12 章或 28.2.1 试验时测得的温度中较高者高 50 K 的烘箱内，处理 7 d(168 h)后，绝缘能经受附录 D 的电气强度试验，该试验在烘箱内温度条件下和接近室温条件下都要进行。

本要求并不意味着所规定的距离必须只穿过固体绝缘层的距离，而可以由固体绝缘层厚度加上一层或多层空气层厚度构成。

通过观察和测量来检验。

对光电耦合器，要在比第 12 章和第 18 章试验时测得的光电耦合器最高温升高出 50 K 的温度中进行处理，同时光电耦合器在这些试验期间所出现的最严酷条件下运行。

对于具有在基本绝缘和附加绝缘之间没有金属的双重绝缘零件的工具，按这两种绝缘间有一层金属箔进行测量。

通过观察和测量来检验。

28.2.1 工具以额定电压运行，转子处于堵转位置历时 30 s。按 28.2 的该试验要求绝缘上的温度应取自 30 s 末的值。

应将 18.1 规定的容易被用户不借助工具就能触及的所有熔断体、热断路器、过载保护器和类似器件短路。

如果工具具有一个以上电动机，试验应对每个电动机分别进行。

29 耐热性、阻燃性和耐电痕化

29.1 以下材料应有足够的耐热变形能力，如果热变形会导致工具不符合本标准要求的：

——非金属材料的外部零件；

——支撑带电零件（包括连接件）的绝缘材料零件；

——提供附加绝缘和加强绝缘的热塑性零件；

该要求不适用于：

——陶瓷材料；

以下电动机的绝缘材料：轴绝缘、端板、槽楔、换向器；

通过相关零件经受 IEC 60695-10-2:2003 的球压试验来检验。

被试零件表面水平放置，并用直径为 5 mm 钢球以 20 N 的力压在该表面上，被试零件厚度至少为 2.5 mm。

试验开始前，零件先在温度为(15～35)℃，相对湿度为45%～75%之间的大气中存放24 h。

把零件支撑得使其上表面呈水平，而试验器的球形部分以20 N的力压到此表面上。被试零件厚度至少应为2.5 mm。

可用两段或多段零件达到所需厚度。

试验在烘箱内进行，箱内温度为(40±2)℃再加上第12章试验中测得的最高温升，但至少应为：

——对外部零件，(75±2)℃；

——对支撑带电零件的零件，(125±2)℃。

但是，对于提供附加绝缘或加强绝缘的热塑性零件，温度为(25±2)℃再加上第12章试验中测得的最高温升，但至少应为：

——对外部零件，(75±2)℃；

——对支撑带电零件的零件，(125±2)℃。

只要试验是由非自动复位保护装置的动作而终止的，而且该保护装置必须拆除盖子或使用工具才能复位，则12.4温升不作考虑。

29.2 非金属材料应具有足够的耐燃和防火焰蔓延的能力。

本要求不适用于：

——距起弧的零件例如换向器、未包封的开关触头和类似零件13.0 mm以上的内部零件；

——支撑或距非起弧、未经绝缘的带电零件例如汇流排、连接带、端子、漆包线和类似零件1.0 mm以上的内部零件；

——绝缘线；

——印制线路板的基材；

——可能造成可忽略的燃油起火的齿轮、凸轮、皮带、轴承、风扇、装饰件、把手；

——体积不大于2 cm^3 且任一尺寸大于3 cm的零件；

——陶瓷材料；

——以下电动机的绝缘材料：轴绝缘、端板、槽楔、换向器。

通过下述之一条文来检查：

——非金属材料零件经受IEC 60695-2-11：2000的灼热丝试验，温度550 ℃；

——根据IEC 60695-2-10材料至少按HB40分类，只要试样不厚于相应零件；

——根据IEC 60695-2-13材料至少具有575 ℃的燃点温度，只要试样不厚于相应零件。

不能进行上述灼热丝试验的零件，例如由软的或发泡的材料，应满足ISO 9772：2001对HBF材料分类规定的要求，只有试样不厚于相应零件。

29.3 可能出现电痕路径的绝缘材料，考虑到其工作条件的严酷等级，应具有足够的耐电痕化性。

电痕化可以出现在：

——不同极性的带电零件之间；

——带电零件与接地的金属零件之间；

——跨接换向器和电刷盖的绝缘材料上。

除非相应第二部分特别指出，所有工具均被认为是正常工作制。

对于在严酷或特别严酷工作条件下使用的绝缘材料零件，通常以附录G提到的耐电痕化试验来检验。

对于在正常工作条件下使用的绝缘材料零件以及陶瓷材料零件，不进行漏电痕化试验。

对于在严酷工作条件下使用的绝缘材料零件，试验电压为175 V。如果试样经不起试验，而且除着火危险外，不存在其他危险，则其周围零件要经受附录F提到的针焰试验。

对于在特别严酷条件下使用的绝缘材料零件，试验电压为250 V。如果试样经不起此试验，但经得起175 V试验电压的试验，而且除着火危险外，不存在其他危险，则其周围零件要经受附录F提到的针焰试验。

针焰试验要在距离任何可能产生电痕路径处50 mm范围以内的所有非金属材料上进行，除非这些零件是由分离的隔层或壳体把电痕路径遮隔开了，对于后者这种情况，隔层或壳体要接受针焰试验。

30 防锈

30.1 凡因锈蚀而可能使工具不符合第一部分的黑色金属零件，应具有足够的防锈保护。

通过下述试验来检验。

将被试零件浸入三氯乙烷中10 min，除去零件上的全部油脂。

然后将零件浸入温度为(20±5)℃的10%氯化铵水溶液中，历时10 min。

不经干燥，只甩去所有液滴，将零件放入空气温度为(20±5)℃、湿度饱和的箱中，历时10 min。

零件在温度(100±5)℃的烘箱中干燥10 min后，其表面不应呈现锈迹。

使用试验规定的液体时，必须采取适当措施以防吸入蒸汽。

锐边上的锈迹和可以擦除的淡黄色膜斑忽略不计。

对小螺旋弹簧和类似零件以及受磨损的零件，一层油脂即可提供充分的防锈保护，只有在对油脂膜的有效性有怀疑时，这些零件才接受试验，而且在不预先去除油脂的条件下进行试验。

31 辐射、毒性和类似危险

31.1 工具不应发射有害的射线，也不应产生毒性或类似危险。

通过试验来检验。

注：需要时，在第二部分中规定试验规范。

31.2 如果工具装由指示切割线或类似用途的激光器，根据IEC 60825-1，它应属Ⅱ类或以下分类。

通过观察来检验。

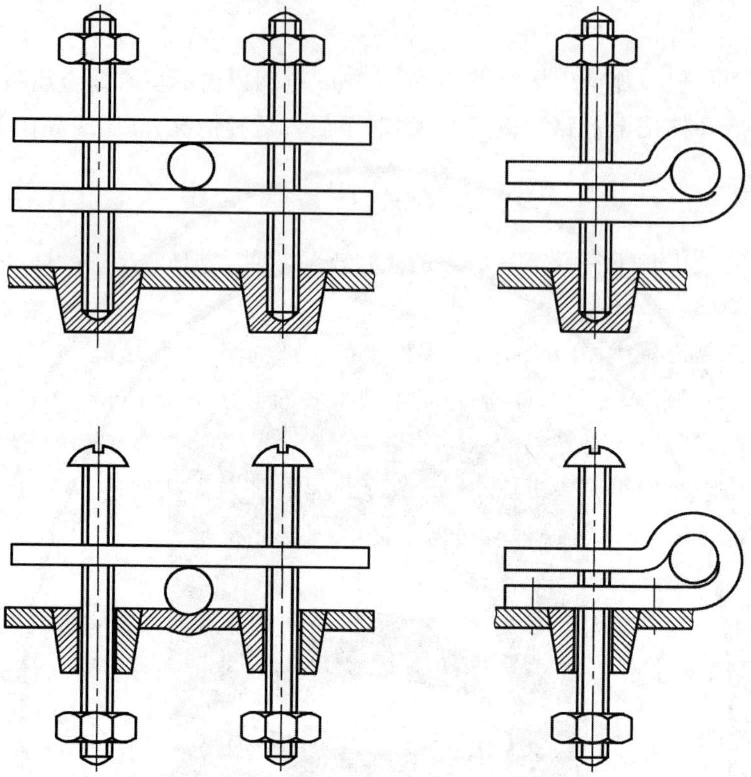

工具的绝缘材料零件，其形状显然是软线夹紧件的一部分

夹紧件之一固定在工具上

允许的结构

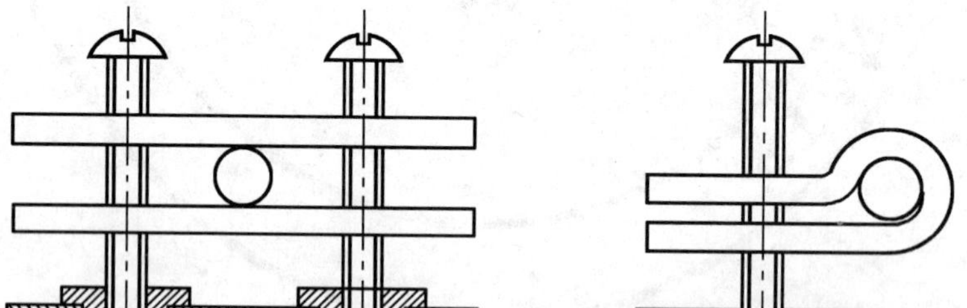

穿过工具的螺纹孔螺钉（或穿过工具上有间隙的孔，并用螺母紧固的螺钉）是不允许的。

不允许的结构

图 1　软线固定装置图例

单位为毫米

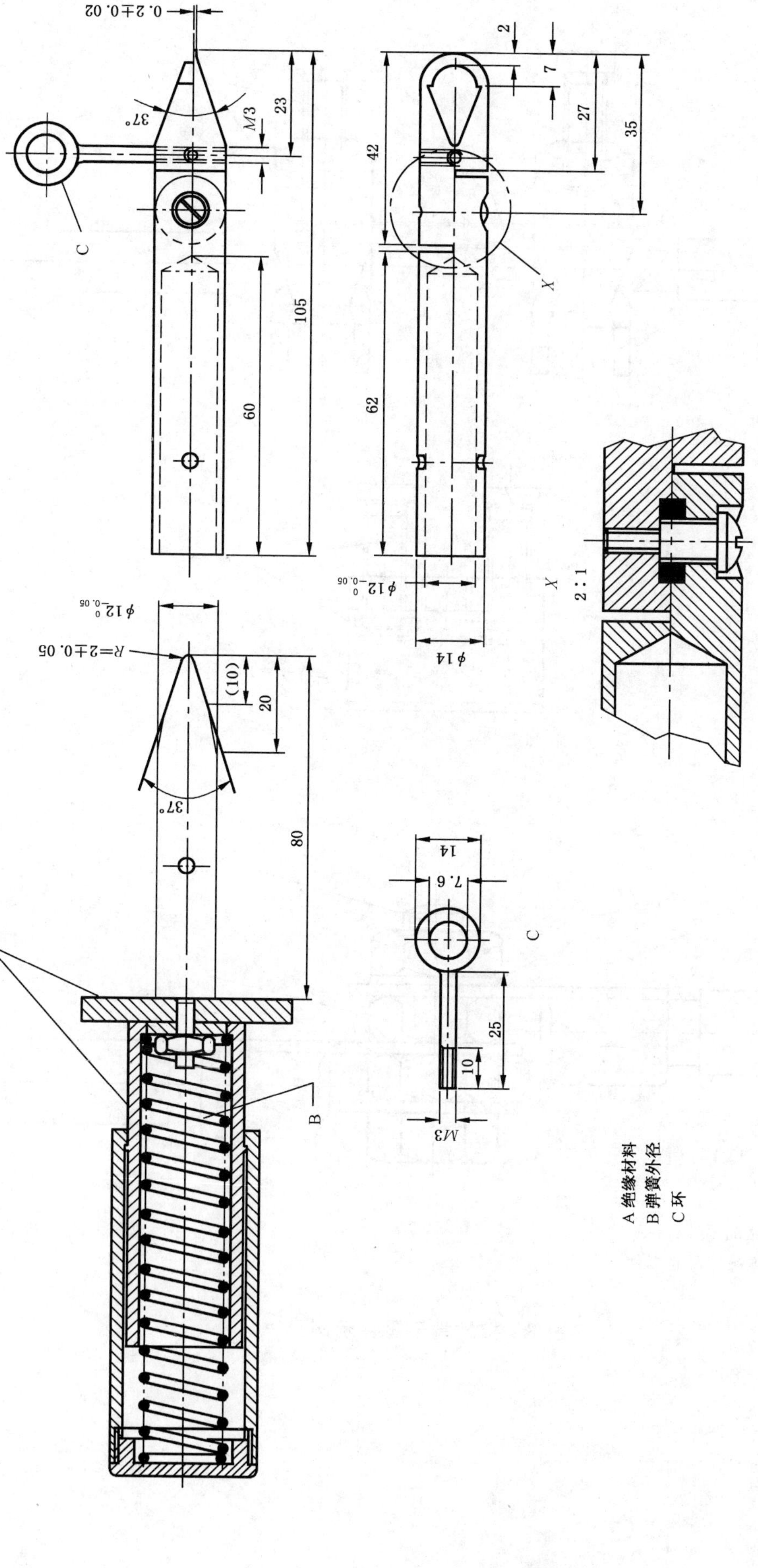

图 2 试验指甲

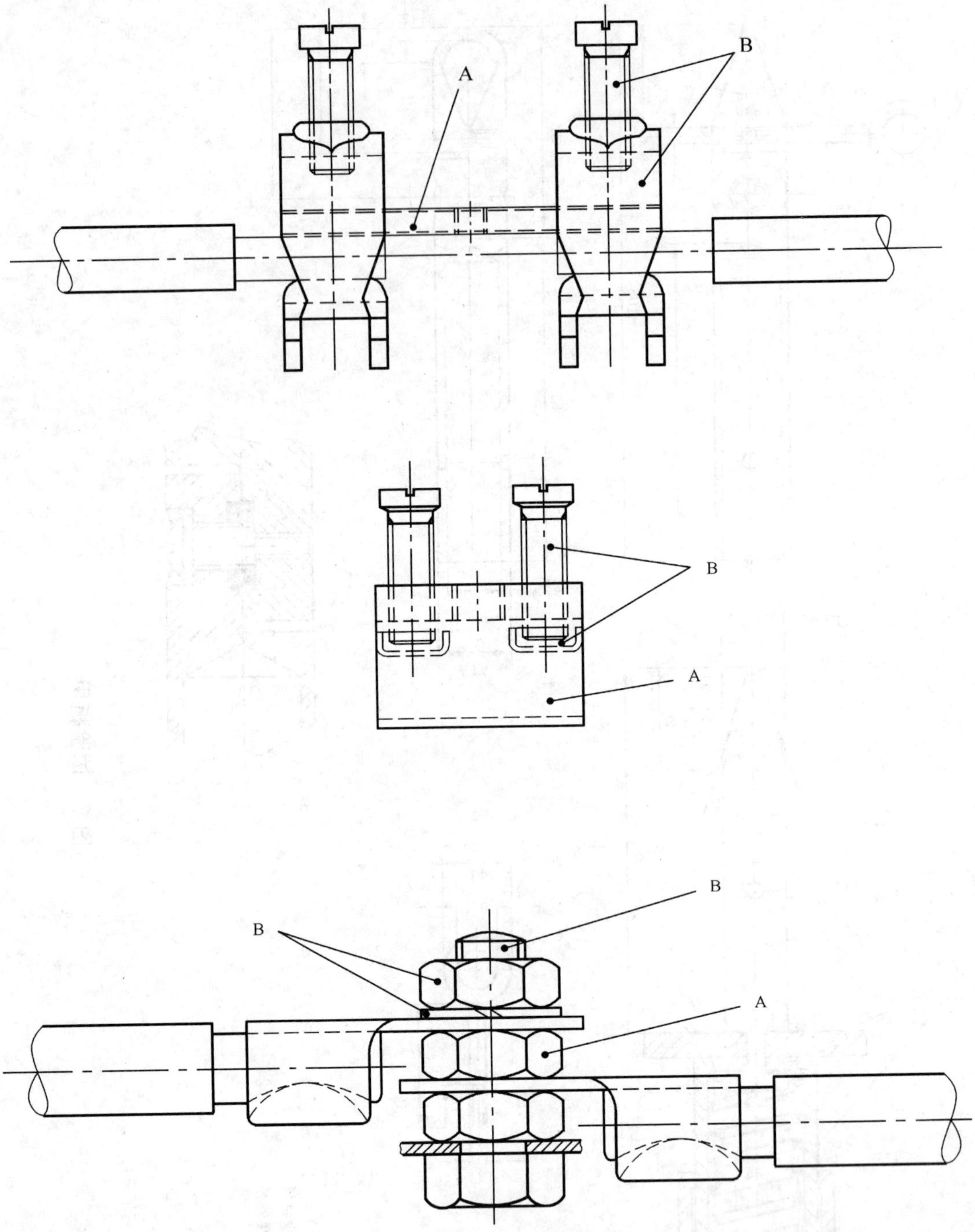

A——提供接地通路的零件；

B——提供或传递接触压力的零件。

图 3 接地端子零件示例

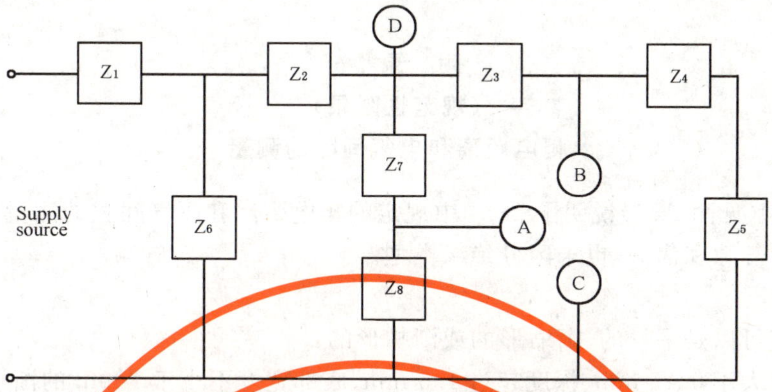

A 和 B 为离输送到外部负载最大功率不大于 15 W 的电源的最近点。这些是低功率点。

D 为离输送到外部负载最大功率大于 15 W 的电源的最远点。

A 和 B 点分别与 C 点短路。

只要适用，将 18.10.2 中规定的 a)～f)故障条件分别施加到 Z_1，Z_2，Z_3，Z_6 和 Z_7。

图 4 具有低功率点电路的示例

1——轴触头；

2——换向器触头；

3——绝缘台；

4——转子；

L1，L2——测量泄漏电流的电压源；

L3，L4——转子负载电流的电压源(可变的)；

M——泄漏电流表图 C.3 回路。

图 5 Ⅱ类电枢的过载试验

附　录　A
（规范性附录）
爬电距离和电气间隙的测量

示例 1 至示例 10(见图 A.1)说明了 28.1 中规定的爬电距离和电气间隙的测量方法。

这些示例未区分气隙和沟槽，也未区分绝缘类型。

作如下假定：

——沟槽的侧壁可以是平行的、渐缩形的或渐扩形的；

——对最小宽度大于 0.25 mm、深度超过 1.5 mm、底部宽度不小于 1 mm 的渐扩形侧壁的沟槽，按气隙考虑，爬电路径不跨过该气隙(示例 8)；

——对角度小于 80°的拐角，假想其被一条移动到最不利位置上的、1 mm(无污物状态时为 0.25 mm)宽的绝缘连线所跨接(示例 3)；

——对距离不小于 1 mm(无污物状态时为 0.25 mm)的横跨渐缩形沟槽顶部，不存在跨越气隙的爬电距离(示例 2)；

——有相对运动的零件之间的爬电距离和电气间隙，在将其置于最不利的静态位置时测量；

——任何宽度小于 1 mm 的气隙(无污物状态时为 0.25 mm)在计算总电气间隙时忽略不计。

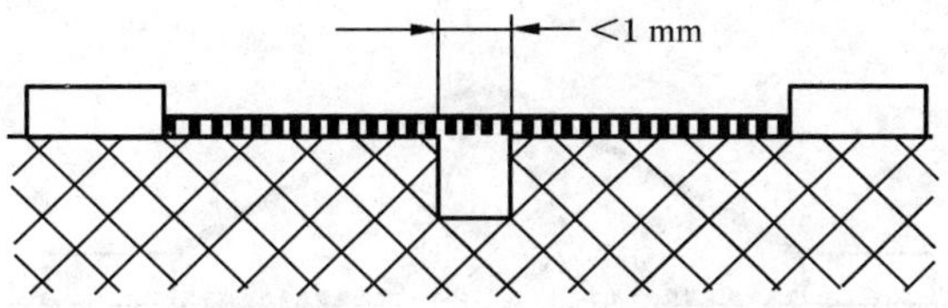

条件:所考虑的路径包含一个宽度小于 1 mm、深度任意而侧壁平行或渐缩的沟槽。

规则:爬电距离和电气间隙直接跨接沟槽测量。

示例 1

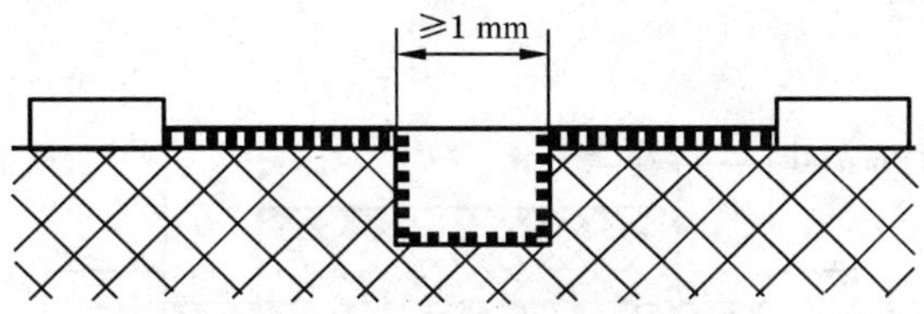

条件:所考虑的路径包含一个宽度不小于 1 mm、深度任意而侧壁平行或渐缩的沟槽。

规则:电气间隙为“视线”距离;爬电距离沿沟槽轮廓。

示例 2

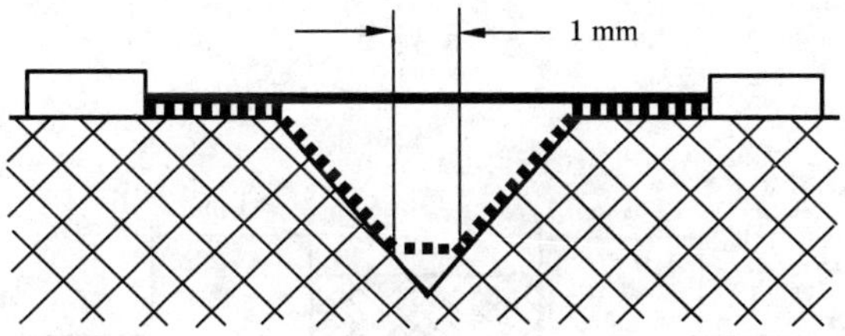

条件:所考虑的路径包含一个内角小于 80°、宽度大于 1 mm 的 V 形槽。

规则:电气间隙为“视线”距离;爬电距离沿沟槽轮廓,但底部为 1 mm 长的连线所“短路”(对无污物状态为 0.25 mm)。

示例 3

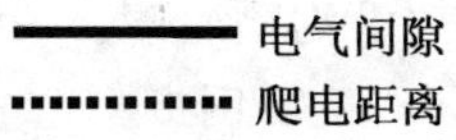

图 A.1a 平行边和 V 形沟槽的爬电距离和电气间隙

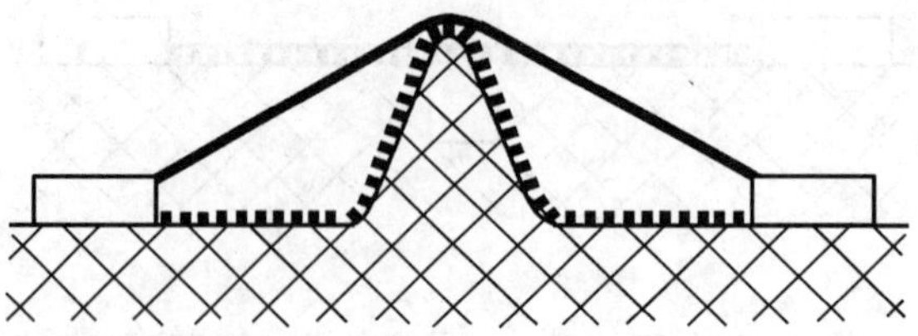

条件:所考虑的路径包含一条筋。

规则:电气间隙是跨越筋顶的最短直线路径;爬电距离沿筋的轮廓。

示例 4

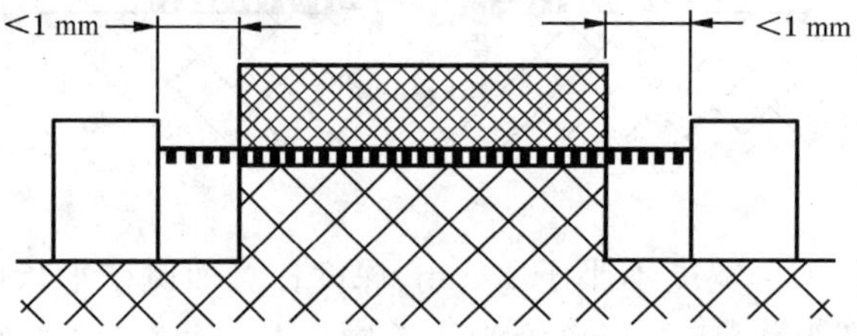

条件:所考虑的路径包含一条未粘接的接缝,两侧沿沟槽宽度各小于 1 mm(无污物状态 0.25 mm)

规则:爬电距离和电气间隙均为图示“视线”距离。

示例 5

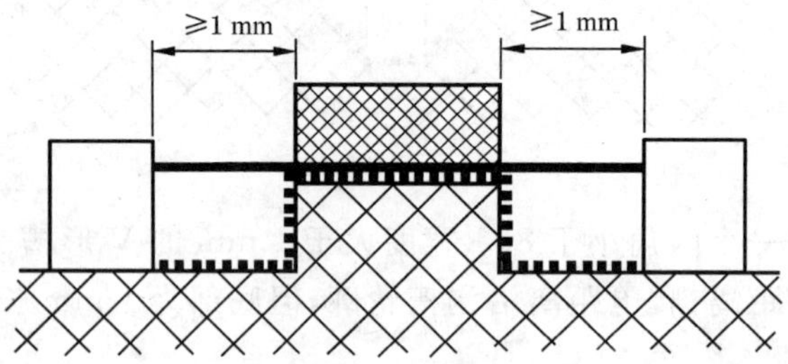

条件:所考虑的路径包含一条未粘接的接缝,两侧沟槽宽度均不小于 1 mm。

规则:电气间隙是“视线”距离;爬电距离沿沟槽轮廓。

示例 6

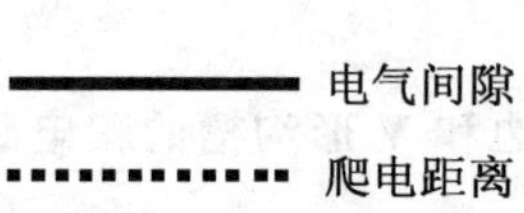

图 A.1b 筋和未粘接接缝沟槽的电气间隙和爬电距离

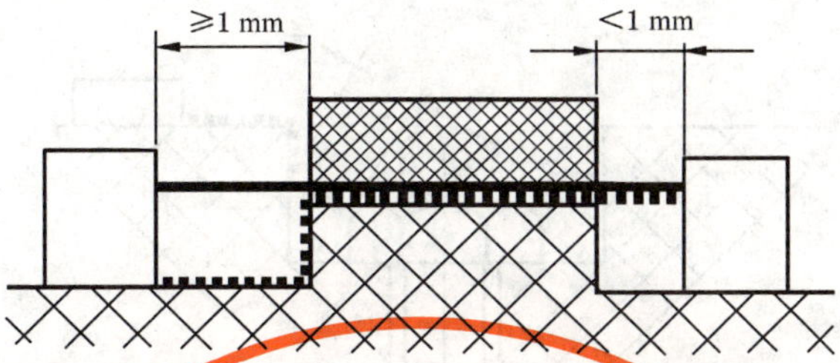

条件:所考虑的路径包含一条未粘接的接缝;一侧沟槽宽度小于 1 mm,另一侧沟槽宽度不小于 1 mm。

规则:电气间隙和爬电距离如图所示。

示例 7

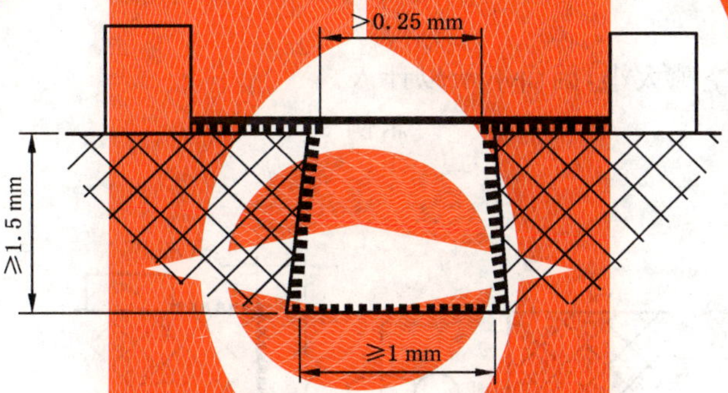

条件:所考虑的路径包含一个侧壁渐扩形的沟槽,其深度不小于 1.5 mm,最窄处宽度大于 0.25 mm,底部宽度不小于 1 mm。

规则:电气间隙为"视线"距离;爬电距离沿沟槽轮廓。

如果内角均小于 80°,示例 3 也适用于内角。

示例 8

图 A.1c 未粘接接缝和侧壁渐扩形沟槽的电气间隙和爬电距离

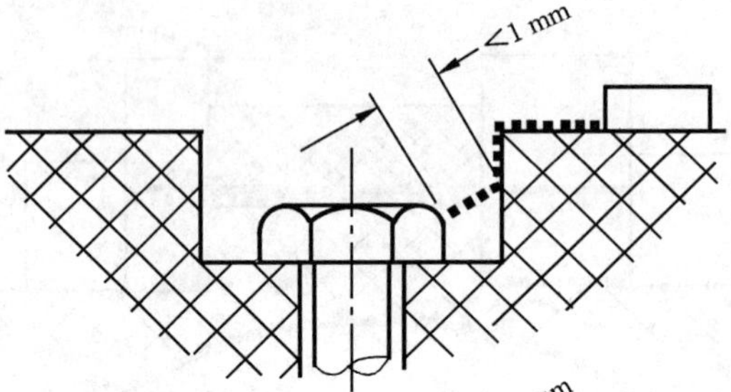

a

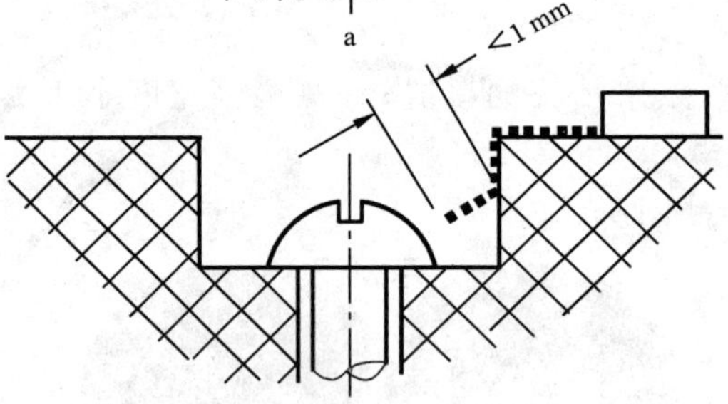

b

螺钉头与凹座壁间的空隙太小，因而不予以计入。

示例 9

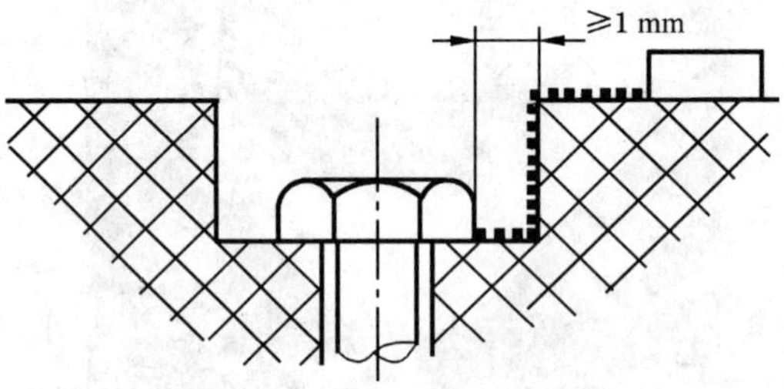

a

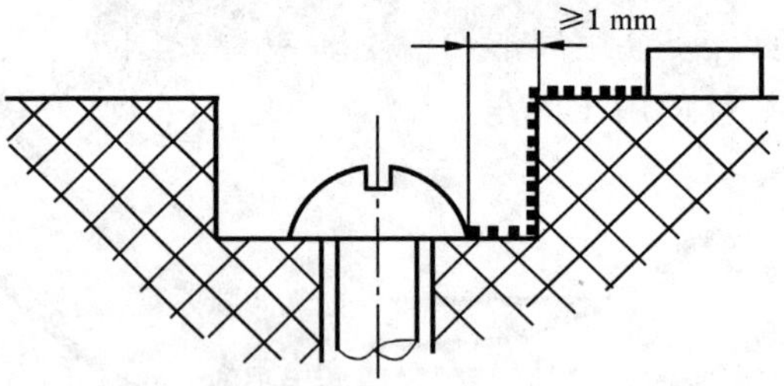

b

螺钉头与凹座壁间的空隙有足够宽度，因而予以计入。

示例 10

——— 电气间隙

▪▪▪▪▪▪▪▪▪▪ 爬电距离

图 A.1d　凹槽壁与螺钉间的爬电距离和电气间隙

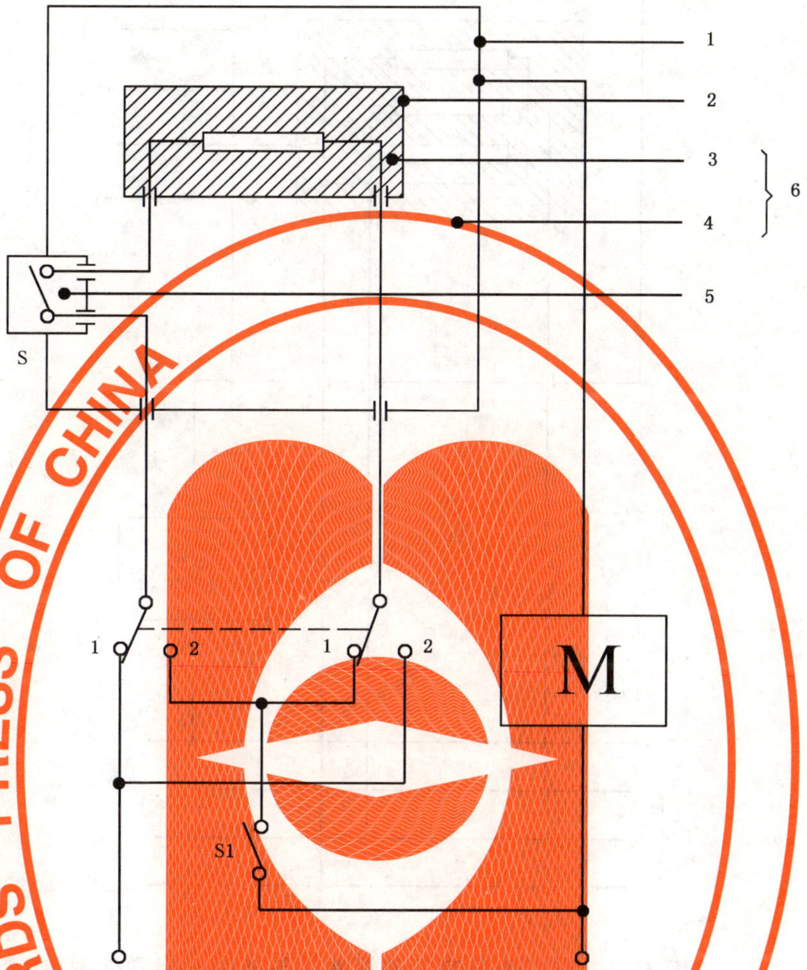

图 C.3　所示泄漏电流表的电路；
S——试验时产品的电源开关；
1——易触及零件；
2——不易触及的金属零件；
3——基本绝缘；
4——附加绝缘；
5——加强绝缘；
6——双重绝缘。

图 C.1　单相联接的工具和适用于单相供电的三相工具在工作温度下泄漏电流测量联接图

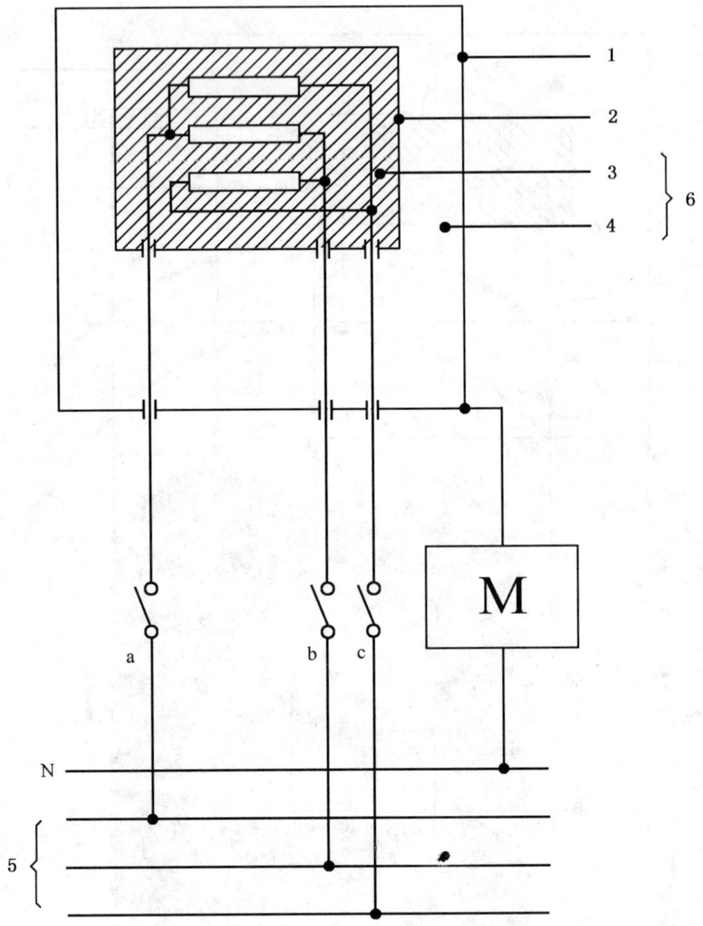

图 C.2 在工作温度下测量泄漏电流的三相联接图

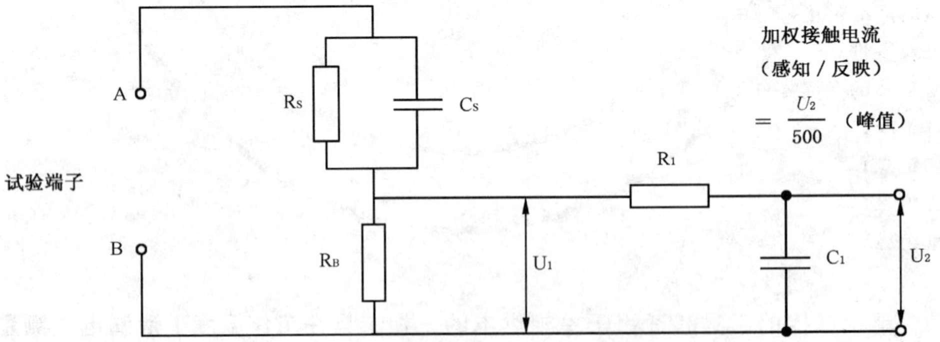

图 C.3 测量泄漏电流的电路图

附 录 D
（规范性附录）
电 气 强 度

D.1 一般要求

试验前先将保护阻抗从带电零件上脱开。

不接至电源，对工具进行试验。Ⅲ类工具或具有Ⅲ类结构的工具不进行试验。

电气强度试验通过附录D.2试验来检验。

对具有加强绝缘和双重绝缘的Ⅱ类结构，务必注意施加到加强绝缘上的电压不会使基本绝缘或附加绝缘受到过电压。

可以分别或合并对基本绝缘和附加绝缘进行试验。合并试验时，试验电压应按加强绝缘规定值。

如果在合并试验期间基本绝缘或者附加绝缘会受到过应力，则每种绝缘单独试验。不能合并进行试验的元件绝缘应单独试验。

对装有电热元件的工具，GB 4706.1—2005规定的试验电压只适用于电热元件，而不适用于工具的其他零部件。

对于符合附录B的电动机，电动机带电零件和它金属零件之间的绝缘不经受该试验。

D.2 电气强度试验

绝缘经受实际正弦波、频率为50 Hz或60 Hz的电压，历时1 min。试验电压值和施加部位见表D.1所示，除非另有规定。

在绝缘材料的易触及部分覆盖金属箔。

表 D.1 试验电压

绝　　缘	试验电压/V	
	工具额定电压和工作电压	工作电压(U)
	≤480 V	>480 V
基本绝缘	1 250	2.0 U + 1 000
附加绝缘	2 500	2 500
加强绝缘	3 750	2.0 U + 3 500

为区分容抗电流和不可接受的性能，可用一个1.414倍于规定交流电压的直流电压代替。

开始时，施加不超过规定电压值的一半，然后在5 s内快速升至全值。

试验期间不应发生闪络或击穿。

试验用的高压电源在输出电压调节到相应的试验电压后，应能够为输出端子间提供200 mA的短路电流。对任何小于100 mA的电流，过流脱扣器不动作。

注意，施加的试验电压有效值在±3%以内。

注意，金属箔放置得不会在绝缘边缘出现闪络。

试验绝缘覆盖层时，可用一只能产生5 kPa(0.5 N/cm^2)压力的砂袋将金属箔压在绝缘上。试验可局限于绝缘可能较薄弱的部位，例如在绝缘下面有金属锐边的部位。

附　录　E
空

附 录 F
（规范性附录）
针 焰 试 验

针焰试验按IEC 60695-11-5:2004进行。

就本标准而言，下列对IEC 60695-11-5:2004各章、条的修改适用。

5 试验设备的说明

5.4 规定的铺垫

第一段改换为：

如果燃烧着的或灼热的颗粒可能会从试样落到下面，则试验时，将一块厚约10 cm的白松木板覆以单层绢纸，置于离试样受试验火焰作用的部位下方200 mm±5 mm处。如果工具以整机进行试验，则工具以其正常使用位置放在覆有单层绢纸的松木板上。

7 严酷等级

试验火焰的作用时间为30 s。

9 试验程序

9.3的条文改换为：

9.3 试验样本数

试验在一个试样上进行。如果试样经不起试验，则在其他两个试样上进行复试，这两个试样都应经得起试验。

11 试验结果的评定

增加：

当使用一层绢纸时，绢纸不应着火或白松木不应被烤焦。白松木板稍有变色，忽略不计。

附　录　G
（规范性附录）
耐电痕化试验

按 GB 4207—2003 进行耐电痕化试验。

就本标准而言，下列对 GB 4207—2003 各章、条的修改适用。

5　试样

注 2 后的第 2 段不适用。

7　试验装置

采用 7.3 描述的试验溶液 A。

8　基本试验程序

参照 8.2，电压被调到相应的 175 V 或 250 V。

9　腐蚀确定

该章不使用。

10　耐电痕化指数（*PTI*）的确定

试样数为 5。

11　相比电痕化指数（*CTI*）确定

该章不适用。

附 录 H

空

附 录 I

空

附　录　J
（资料性附录）
第 29 章试验的选择与顺序

耐热性与阻燃性

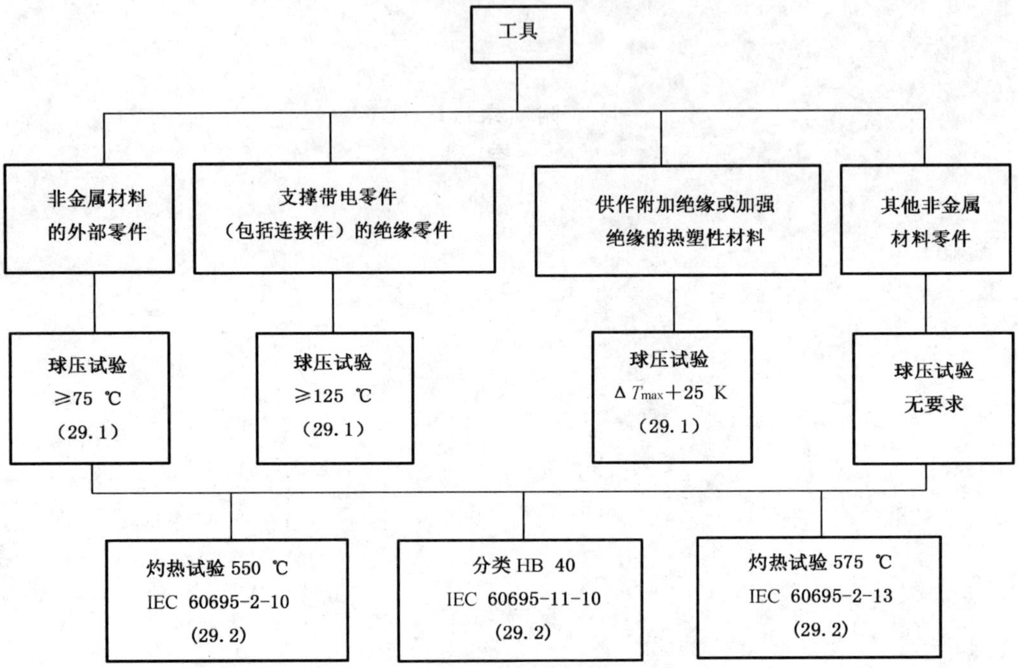

耐漏痕迹性

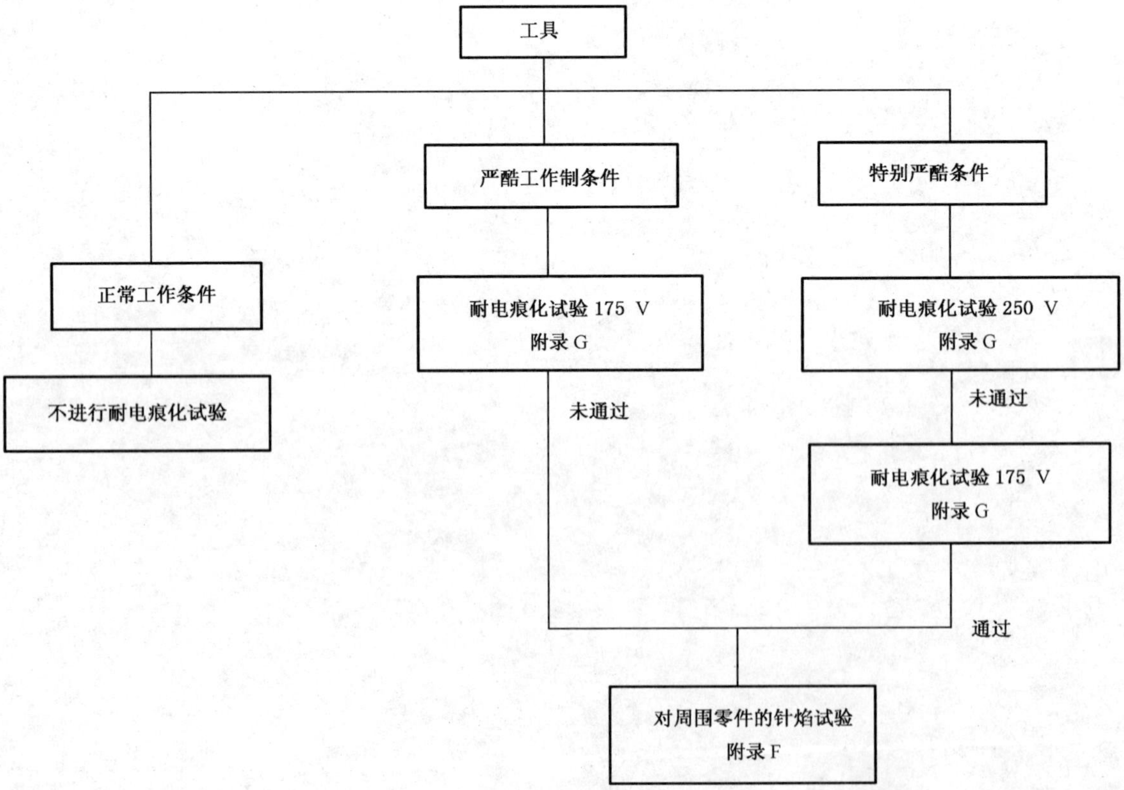

附　录　K

空

附　录　L

空

附　录　M

空

附 录 N
（资料性附录）
例行试验的规则

N.1 概述

本附录规定的试验是在考虑了安全性后，用来揭示不可接受的材料和制造的变化。这些产品的试验不会影响工具性能和可靠性，并且制造商应在每台工具上进行。

一般而言，必须根据制造商的经验进行更多的试验，例如型式试验和抽样试验的重复性试验，以保证每台工具与经受了本标准试验的样品一致。

制造商可以采用更适合其生产体系的试验程序，并且可以在生产过程中的适当阶段进行试验，只要工具经受试验所反映的工具安全水平至少与本附录规定的试验的工具安全水平相同。

N.2 正常操作试验

检查安全运行，如电气测量、检查功能器件（如开关和手动操作控制器）以及电动机旋转方向。

N.3 电气强度试验

工具的绝缘应通过以下试验检验。

波形为实际正弦波，频率为 50 Hz 或 60 Hz，如表 N.1 所示电压值直接施加在带电零件与下述零件之间，历时 3 s：

a) 因绝缘损坏或不正确装配可能成为带电的易触及零件；

b) 不可触及的金属零件。

a)项试验在装配好的工具上进行；b)项试验或者在完全装配好的，或者在流水线上的工具上进行。

a)项试验可对所有工具上进行，b)项试验仅在Ⅱ类工具上进行。

用于试验的高压变压器应设计成当输出电压已调节到适当的试验电压，输出端被短路时，输出电流至少为 200 mA。

当输出电流大于 5 mA 时，过电流继电器应跳闸。

应注意：施加的试验电压应在有效值的±3%内，且测量装置或其他读数器反映变压器的输出电压。

应注意：如果工具含有直流元件而不能使用上述的试验，在此情况下，需要用直流进行试验。

直流电源的内阻应使短路电流至少为 200 mA。

试验期间不发生闪络和击穿。

表 N.1 电气强度试验用试验电压

试验电压的施加	试验电压/V		
	Ⅲ类工具	Ⅱ类工具	Ⅰ类工具
跨接基本绝缘	400	1 000	1 000
跨接附加绝缘或加强绝缘	—	2 500	—

N.4 接地连续性试验

对Ⅰ类工具而言，至少 10 A 的电流从接地端子或接地依次与每个因安全因素需接地的易触及金属零件间通过，电流由空载电压不大于12 V的交流电源提供。

测量插头的接地插销或接地连续性导体的外部末端或器具进线座的接地插销与易触及金属零件之间的电压降，并且用电流和该电压降计算出电阻。

任何情况下，电阻不应大于0.3 Ω。该值适用于长度不大于5 m的电缆。在电缆长度大于5 m的情况下，每增加5 m，阻值增加0.12 Ω。

应注意试验时，测量探棒尖与金属零件之间的接触电阻不能影响试验结果。

参 考 文 献

GB 4343.1—2003 电磁兼容 家用电器、电动工具和类似器具的要求 第一部分:发射(CISPR14:2000,IDT)

GB 4343.2—1999 电磁兼容 家用电器、电动工具和类似器具的要求 第2部分:抗扰度——产品类标准(idt CISPR14-2:1997)

GB 4706.18—2005 家用和类似用途电器的安全 电池充电器的特殊(IEC 60335-2-29:2002,IDT)

GB 4706.41—2005 家用和类似用途电器的安全 便携式电热工具及其类似器具的特殊要求(IEC 60335-2-45-2002,IDT)

GB 11020—2005 固体非金属材料暴露在火焰源时的燃烧性试验方法清单(IEC 60707:1999,IDT)

GB 17625.1—2003 电磁兼容 限值 谐波电流发射限值(设备每相输入≤16 A)(idt IEC 61000-3-2:2001)

GB 17625.2—2007 电磁兼容 限值 对每相额定电流≤16 A和无条件连接的设备在公用低压供电系统中产生的电压变化、电压波动和闪烁的限制(idt IEC 61000-3-3:2005)

ICS 25.140.20
K 64

中华人民共和国国家标准

GB 13960.2—2008
代替 GB 13960.2—1996

可移式电动工具的安全 第二部分:圆锯的专用要求

Safety of transportable motor operated electric tools—
Part 2:Particular requirements for circular saws

2008-09-19 发布 2009-06-01 实施

中华人民共和国国家质量监督检验检疫总局
中国国家标准化管理委员会 发布

前言

本部分的全部技术内容为强制性的。

本部分为GB 13960《可移式电动工具的安全》系列标准的第二部分中圆锯的专用要求。本系列标准的组成如下：

GB 13960.1《可移式电动工具的安全　第一部分：通用要求》

GB 13960.2《可移式电动工具的安全　第二部分：圆锯的专用要求》

GB 13960.3《可移式电动工具的安全　第二部分：摇臂锯的专用要求》

GB 13960.4《可移式电动工具的安全　第二部分：平刨和厚度刨的专用要求》

GB 13960.5《可移式电动工具的安全　第二部分：台式砂轮机的专用要求》

GB 13960.6《可移式电动工具的安全　第二部分：带锯的专用要求》

GB 13960.7《可移式电动工具的安全　第二部分：带水源金刚石钻的专用要求》

GB 13960.8《可移式电动工具的安全　第二部分：带水源金刚石锯的专用要求》

GB 13960.9《可移式电动工具的安全　第二部分：斜切割机的专用要求》

GB 13960.10《可移式电动工具的安全　第二部分：单轴立式木铣的专用要求》

GB 13960.11《可移式电动工具的安全　第二部分：型材切割机的专用要求》

GB 13960.12《可移式电动工具的安全　第二部分：高压清洗机的专用要求》

GB 13960.13《可移式电动工具的安全　第二部分：斜切割台锯的专用要求》

本部分代替GB 13960.2—1996，并与GB 13960.1—2008一起使用。

本部分对GB 13960.2—1996的主要技术修改有：

——本部分由于第一部分修订而引起的章条结构变化；

——原7.13内容改为8.12.2 b)，并参考GB 13960.9—2004做了部分增加；

——增加了19.1.101.4；

——根据IEC 61029-2-1的第1号修改件(2001)，21.18的检验条款修改为：

通过用直径(100±1)mm球体施加在开关上来检验。工具应不可能被球体起动。

本部分中写明“适用”的，表示GB 13960.1—2008中的相应条文适用；本部分中写明“改换”的，则应以本部分中的条文为准；本部分写明“修改”的，表示GB 13960.1相应条文中的相关内容应以本部分修改后的内容为准，而该条文中其他内容仍适用；本部分写明“增加”的，表示除了符合GB 13960.1—2008的相应条文外，还应符合本部分中所增加的条文。

本部分由中国电器工业协会提出。

本部分由全国电动工具标准化技术委员会(SAC/TC 68)归口并负责解释。

本部分负责起草单位：上海电动工具研究所。

本部分主要起草人：刘江、李邦协。

本部分所代替标准的历次版本发布情况为：

——GB 13960.2—1996。

可移式电动工具的安全 第二部分：圆锯的专用要求

1 范围

除以下条文外，GB 13960.1—2008 的这一章适用。

修改：

第一段改换为：

本部分适用于以直径不大于 260 mm 的锯片锯割木材和类似材料的可移式圆锯(定义见 3.101)。

2 规范性引用文件

GB 13960.1—2008 的这一章适用。

3 术语和定义

除以下条文外，GB 13960.1—2008 的这一章适用。

3.101

圆锯　circular saw

用伸出工作台槽缝的旋转的开齿锯片来锯割木材和类似材料的工具，该工作台支承工件，并将工件定位，而工件是用手或推棒对着锯片进给的，电动机和锯片的传动装置置于工作台面以下。

4 一般要求

GB 13960.1—2008 的这一章适用。

5 试验一般要求

GB 13960.1—2008 的这一章适用。

6 空章

7 分类

GB 13960.1—2008 的这一章适用。

8 标志和说明书

除以下条文外，GB 13960.1—2008 的这一章适用。

8.1　增加：

圆锯应标有：

——额定锯片直径，mm；

——额定空载转速，r/min；

——最大可锯割深度，mm；

——锯片的旋转方向标记。

锯片的旋转标识应标明在可调节护罩上。

对可改变成不同空载转速的圆锯，应将变速方法和由此而得的空载转速详细地标明在调节装置近旁，可通过示意图等方法实现。

8.6 增加：

锯片的旋转方向应以更换锯片时可见的凸出或凹入的箭头，或其他清晰耐久的方法在输出轴附近的固定部件上标出。

8.12.2 b）增加：

——不要使用损坏或变形的锯片；

——如果护罩不在其应有位置上，不得使用圆锯；

——更换磨损了的工作台嵌衬；

——能够锯割的材料规格；

——不得用圆锯锯割未推荐的材料；

——锯割时，圆锯要装上集尘装置；

——只许使用制造厂推荐的锯片；

——根据被锯割的材料选择锯片；

——要使用推棒把工件推过锯片；

——使用并正确调整分料刀；

——使用和正确调整锯片上的护罩；

——开槽时要当心。

注：可用简图来表示操作方式。

9 防止触及带电零件的保护

GB 13960.1—2008 的这一章适用。

10 起动

GB 13960.1—2008 的这一章适用。

11 输入功率和电流

GB 13960.1—2008 的这一章适用。

12 发热

GB 13960.1—2008 的这一章适用。

13 空章

GB 13960.1—2008 的这一章适用。

14 防潮性

GB 13960.1—2008 的这一章适用。

15 空章

GB 13960.1—2008 的这一章适用。

16 变压器及其相关电路的过载保护

GB 13960.1—2008 的这一章适用。

17 耐久性

GB 13960.1—2008 的这一章适用。

18 不正常操作

除以下条文外,GB 13960.1—2008 的这一章适用。

18.1 增加：

注 101：认为圆锯是一种其运动部件容易被卡住的工具。

19 机械危险

除以下条文外,GB 13960.1—2008 的这一章适用。

19.1 增加：

圆锯应装有一个适当的防护系统,此系统须借助工具才能拆卸。

防护系统须符合 19.1.101～19.1.107 的要求。

注 101：允许用其他措施来达到所需的机械安全程度,只要这些措施与规定的防护系统等效并同样可靠。

19.1.101 锯台上方的防护

19.1.101.1 圆锯应在锯台的上方有一个防护罩,罩住锯片的齿冠和锋面,它可以是一个可调节护罩或自动式护罩或固定式防护罩,也可以是这几种防护罩的组合。

19.1.101.2 任何锯割深度和锯片倾斜角度下,此防护罩应至少能遮掩到锯片两侧的齿根下,在锯片锋面至少应遮掩到分料刀和工作台之间。

防护罩应用类似铝、木材、塑料等材料制成,以减小它一旦碰到锯片时对锯片的损害。

防护罩应设计和固定得尽可能地不会与锯片发生碰撞。

19.1.101.3 当防护罩是非透明材料制成时,就应在与锯片平面成一直线的方向上设置一个锯割线指示器。

19.1.101.4 若护罩不直接由分料刀支承,只要其支承件的厚度不大于分料刀的厚度,这种支承件就可以与分料刀列在一条直线上。

19.1.101.5 可调节护罩应不用工具即可进行调节,但应能锁定在任何必要的位置上,以达到所要求的保护作用。

19.1.106 自动式护罩应：

a) 在被锯割工件向锯片移动而接触到防护罩时能自动打开。

b) 自动保持与正在锯割的工件的上表面接触,并能遮掩锯片的两侧至少到齿根以下,并且至少遮掩到工件上表面和分料刀之间。

c) 当工件移过防护罩后能自动回复到闭合位置。

19.1.102 锯台下方的防护

19.1.102.1 在任何锯割深度和锯片倾斜角度下,应不可能触及到工作台板下的运动部件。

19.1.102.2 防护罩应便于安全地除尘和排屑。

通过用 IEC 61032:1997 的 B 型探棒来检验是否符合 19.1.102.1 和 19.1.102.2 要求。

在护罩处于正常位置和闭合位置时,试验指应不能触及圆锯工作时运动的零件。

19.1.103 分料刀

19.1.103.1　圆锯应装有分料刀。

19.1.103.2　分料刀应刚性固定，与锯片处于同一平面内，并安装得能不受阻碍地穿过锯割槽。

当调节锯割深度时，分料刀相对锯片的位置应不会改变。

19.1.103.3　分料刀及其托架应设计成：对于能使锯割深度达到90%～100%额定锯割深度的各种锯片直径而言，分料刀能调节到符合下列条件：

a)　在所调整的锯割深度上，在锯台上方，分料刀与锯片齿圈间的径向距离处不超过5 mm。

b)　分料刀顶部低于齿顶不应比5 mm更低，如图101所示。

19.1.103.4　分料刀厚度不应大于锯缝宽度，也不应比锯片本体薄。

分料刀硬度应为43 HRC±5 HRC。

通过观察和测量来检验是否符合19.1.103.1～19.1.103.4要求。

19.1.104　锯台

19.1.104.1　支承工件的工作台应符合图102。

通过测量来检验。

注：对于能绕主轴转动的圆锯，“*b*”值宜等于“*a*”值。

19.1.104.2　为锯片而留的锯台槽隙在可用范围内宜尽量小（见图103），并且在穿过台面的锯片周围区域，应有一个可替换的用塑料、木材或铝等软性材料制成的嵌衬。

通过观察和测量来检验。

19.1.105　平行导向装置

19.1.105.1　圆锯应带有一个平行导向装置。

如果锯片台面是可倾斜的，则导向装置应在锯片的两侧都可使用。平行导向装置的导向表面的最小高度应为50 mm或最大锯割深度两者中较小的一个。

19.1.105.2　平行导向装置应从锯片台面前沿延伸到锯片中心。

通过观察和测量来检验。

19.1.106　法兰盘

锯片夹紧法兰盘的直径应至少为锯片直径的0.2倍。

19.1.107　出屑口

出屑口的结构应该是这样的，即排出的碎屑将不会限制操作者的视线和不会造成伤害。

19.3　修改：

沿着进给方向在锯台的前缘施加一个300 N的推力，在此条件下，锯台应不会倾覆。

施加100 N推力，锯台应不会移动。

20　机械强度

GB 13960.1—2008的这一章适用。

21　结构

除以下条文外，GB 13960.1—2008的这一章适用。

21.18　修改：

电源开关或控制器的操动，不应受工作台的调节或工件的影响，接触此开关或控制器不应受工作台的调节或工件的限制。

通过用直径(100±1)mm球体施加在开关上来检验。工具应不可能被球体起动。

21.20　增加：

电压在失电恢复以后，圆锯不应自动起动。

21.107 圆锯应具有与之制成一体的木屑、粉尘和碎屑吸附装置，或应有能安装外加的木屑、粉尘和碎屑吸附装置的部件。

22 内部布线

GB 13960.1—2008 的这一章适用。

23 组件

GB 13960.1—2008 的这一章适用。

24 电源联接和外接软线

GB 13960.1—2008 的这一章适用。

25 外接导线的接线端子

GB 13960.1—2008 的这一章适用。

26 接地装置

GB 13960.1—2008 的这一章适用。

27 螺钉与联接件

GB 13960.1—2008 的这一章适用。

28 爬电距离、电气间隙和绝缘穿通距离

GB 13960.1—2008 的这一章适用。

29 耐热性、耐燃性和耐电痕化

GB 13960.1—2008 的这一章适用。

30 防锈

GB 13960.1—2008 的这一章适用。

31 辐射、毒性和类似危险

GB 13960.1—2008 的这一章不适用。

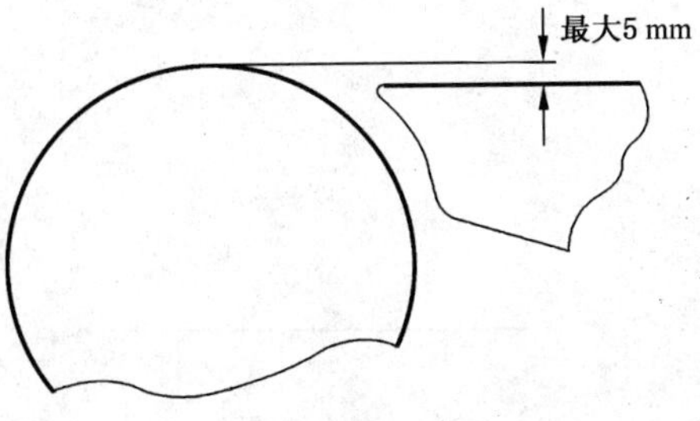

图 101 分料刀的位置

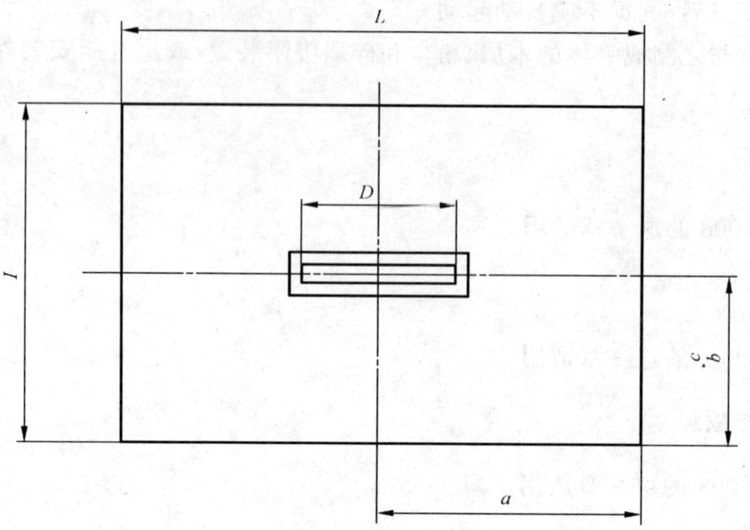

单位为毫米

锯台尺寸	锯片最大直径(*D*)		
	D≤100[a]	100<*D*≤200	>200
L≥	300	500	5*D*/2
l≥	200	335	400
a≥	150	250	5*D*/2
b≥	75	110	5*D*/2
[a] 最大锯割深度为 15 mm。			

图 102 锯台尺寸

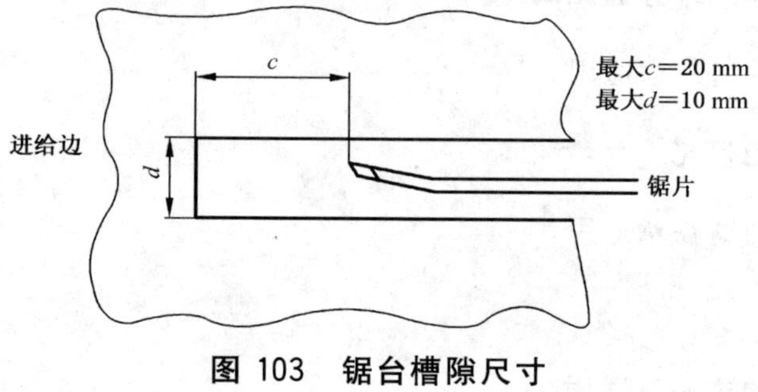

图 103 锯台槽隙尺寸

附 录

GB 13960.1 的各附录均适用。

ICS 25.140.20
K 64

中华人民共和国国家标准

GB 13960.5—2008
代替 GB 13960.5—1996

可移式电动工具的安全
第二部分：台式砂轮机的专用要求

**Safety of transportable motor-operated electric tools—
Part 2：Particular requirements for bench grinders**

2008-09-19 发布　　2009-06-01 实施

中华人民共和国国家质量监督检验检疫总局
中国国家标准化管理委员会　发布

前　言

本部分的全部技术内容为强制性的。

本部分为 GB 13960《可移式电动工具的安全》系列标准的第二部分中台式砂轮机的专用要求。本系列标准的组成如下：

GB 13960.1《可移式电动工具的安全　第一部分：通用要求》

GB 13960.2《可移式电动工具的安全　第二部分：圆锯的专用要求》

GB 13960.3《可移式电动工具的安全　第二部分：摇臂锯的专用要求》

GB 13960.4《可移式电动工具的安全　第二部分：平刨和厚度刨的专用要求》

GB 13960.5《可移式电动工具的安全　第二部分：台式砂轮机的专用要求》

GB 13960.6《可移式电动工具的安全　第二部分：带锯的专用要求》

GB 13960.7《可移式电动工具的安全　第二部分：带水源金刚石钻的专用要求》

GB 13960.8《可移式电动工具的安全　第二部分：带水源金刚石锯的专用要求》

GB 13960.9《可移式电动工具的安全　第二部分：斜切割机的专用要求》

GB 13960.10《可移式电动工具的安全　第二部分：单轴立式木铣的专用要求》

GB 13960.11《可移式电动工具的安全　第二部分：型材切割机的专用要求》

GB 13960.12《可移式电动工具的安全　第二部分：高压清洗机的专用要求》

GB 13960.13《可移式电动工具的安全　第二部分：斜切割台锯的专用要求》

本部分代替 GB 13960.5—1996，并与 GB 13960.1—2008 一起使用。

本部分对 GB 13960.5—1996 的主要技术修改有：

——本部分由于第一部分修订而引起的章条结构变化；

——引入 IEC 61029-2-5 第 1 号修改件(2001)内容，即将“组合式台式砂轮机”纳入本部分范围；

——第 8 章标志和说明书，原 7.13 内容改为 8.12.2b)，引入了详细的安全警告；

——修改了第 19 章机械危险的法兰盘、主轴和护罩的要求；

——修改了第 20 章机械强度护罩试验要求；

——修改 21.18，增加开关不应受工件托架调节限制的试验方法。

本部分中写明“适用”的，表示 GB 13960.1—2008 中的相应条文适用；本部分中写明“改换”的，则应以本部分中的条文为准；本部分写明“修改”的，表示 GB 13960.1—2008 相应条文中的相关内容应以本部分修改后的内容为准，而该条文中其他内容仍适用；本部分写明“增加”的，表示除了符合 GB 13960.1—2008 的相应条文外，还应符合本部分中所增加的条文。

本部分由中国电器工业协会提出。

本部分由全国电动工具标准化技术委员会(SAC/TC 68)归口并负责解释。

本部分负责起草单位：上海电动工具研究所。

本部分主要起草人：刘江、李邦协。

本部分所代替标准的历次版本发布情况为：

——GB 13960.5—1996。

可移式电动工具的安全
第二部分:台式砂轮机的专用要求

1 范围

除以下条文外，GB 13960.1—2008 的这一章适用。

修改：

第一段改换为：

本部分适用于砂轮直径和刷轮直径不大于 200 mm、工作线速度不大于 50 m/s 的可移式砂轮机(定义见 3.101 和 3.112)的可移式台式砂轮机(如图 101)以及组合式台式砂轮机(如图 107)。

2 规范性引用文件

除以下条文外，GB 13960.1—2008 的这一章适用。

3 术语和定义

除以下条文外，GB 13960.1—2008 的这一章适用。

3.1 改换为：

砂轮护罩 guard for wheel

部分罩住砂轮的装置，其作用是防止使用者在正常使用时无意中触及砂轮，以及万一砂轮破裂时，在防护区域内防止砂轮碎片飞溅出来。

3.2 改换为：

附件 accessory

规定安装到台式砂轮机上，代替砂轮，由主轴带动的其他器件。

3.30 改换为：

正常负载 normal load

指台式砂轮机连续运行所达到的负载，在该负载下作用于主轴上的转矩为额定输入功率(以瓦为单位)时的转矩。

3.101

台式砂轮机 bench grinder

放置在适当的工场内并用手握持工件，由固定在该机器主轴上的一个或两个旋转的砂轮，磨削金属或类似材料的工具。

3.102

机器主轴 machine spindle

支承及带动砂轮、或砂轮和/或刷轮旋转的台式砂轮机或组合台式砂轮机的电动机主轴。

3.103

集尘口 nozzle for dust collection

能将台式砂轮机或组合台式砂轮机联接到集尘系统上的器件。

3.104

法兰盘组件 flange assembly

将砂轮夹紧到机器主轴上的器件。法兰盘可以是：

——中间凹陷的平形法兰盘；
——接合式法兰盘；
——毂形法兰盘。

3.105

平形法兰盘　straight-sided flange

包含一个固定在机器主轴上的内法兰盘和一个紧固用的(或可动的)外法兰盘的法兰盘组件。

3.106

接合式法兰盘　adaptor flange

是中心紧固的法兰盘组件。它包含一个固定在机器主轴上,并对砂轮中心定位的内法兰盘,和一个不依赖于机器主轴,使砂轮紧固到内法兰盘上的紧固用的(或可动的)法兰盘。

3.107

缓冲垫　blotter

放置在砂轮和法兰盘之间的柔软而可压缩的材料,其目的是使压力尽可能均匀地作用在砂轮上,同时减小夹在法兰盘间的砂轮滑动的危险。

3.108

砂轮内卡盘　wheel plate-holder

通常由金属制成的卡盘,用于支承和传动平形杯形砂轮、圆柱杯形砂轮或使用端面部分的砂轮。

3.109

工件托架　work rest

用于支承和保持工件加工的台面或装置。

3.110

工作线速度　working speed

砂轮或刷轮在工作时的线速度。

3.111

额定转速　rated speed

装上推荐的附件,在制造商标示的额定电压或额定电压范围上限所达到的最大转速。

3.112

组合台式砂轮机　combined bench grinder

放置在适当的工场内并用手握持工件,由固定在该机器主轴上的一个砂轮和刷轮,磨削金属或类似材料,或对金属或类似材料进行清理、抛光和去毛刺的工具。

4　一般要求

GB 13960.1—2008 的这一章适用。

5　试验一般要求

GB 13960.1—2008 的这一章适用。

6　空章

7　分类

GB 13960.1—2008 的这一章适用。

8　标志和说明书

除以下条文外,GB 13960.1—2008 的这一章适用。

8.1 增加：

工具还应标有：

——额定转速，r/min。对设计成在多种转速下运行的工具，对每个转速整定值应清晰地标有对应的额定转速；

——使用的砂轮最大直径，mm；

——对组合台式砂轮机，使用的砂轮或刷轮的最大直径，mm；

——对组合台式砂轮机/刷轮机，在刷轮夹装轴近旁的禁止在工具刷轮一侧使用砂轮的警告；

——砂轮的圆周线速度，m/s；

——标明旋转轴的转动方向。应用凸起或凹陷的箭头，或者以其他清晰而耐久的方法标记在工具上。

——对提供带螺纹的主轴的工具应标明轴螺纹尺寸；

——“**警告⚠！始终戴好护目镜**”或 ISO 7010:2003 的 M004 符号。

8.6 增加：

n ………………………………………………………………………………………………额定转速

8.12.1.101 **所有操作的使用说明书**

台式砂轮机和组合台式砂轮机的通用安全警告：

a) **阅读随机提供的所有安全警告、说明、图解和规定。**不了解以下所列所有说明将导致电击、着火和/或严重伤害。

b) **不推荐用于功能以外的砂磨、砂光、刷光、抛光或切断等操作。**电动工具不按指定的功能去操作，可能会发生危险和引起人身伤害。

注：只列出那些在第一句警告中未包含的那些操作。如果所有列出的操作都是推荐的，则可删除本警告，但所有随后的警告必须无一例外地列出。

c) **不使用工具制造商未推荐和专门设计的附件。**否则该附件可能被装到你的电动工具上，而它不能保证安全操作。

d) **附件的额定速度必须至少等于砂轮机标出的最大速度的110%。**附件以比其额定速度大的速度运转会发生爆裂和飞溅。

e) **砂轮、法兰盘、缓冲垫或任何其他附件的轴孔尺寸必须适合于安装到电动工具的主轴上。**带轴孔的、与电动工具安装件不配的附件将会失稳、过度振动并会引起失控。

f) **不要使用损坏的附件。在每次使用前要检查附件，例如砂轮是否有碎片和裂缝，缓冲垫是否有的裂缝、撕裂或过度磨损。**

g) **戴上防护用品。根据适用情况，使用面罩、安全护目镜或安全眼镜。适用时，戴上防尘面具、听力保护器、手套和能挡小磨料或工件碎片的工作围裙。**眼防护罩必须挡住各种操作产生的飞屑。防尘面具或口罩必须能过滤操作产生的颗粒。长期暴露在高强度噪声中会引起失聪。

h) **让旁观者与工作区域保持一安全距离。任何进入工作区域的人必须戴上防护用品。**工件或破损附件的碎片可能会飞出并引起紧靠着操作区域的旁观者的伤害。

i) **不要在易燃材料附近操作砂轮机。**火星可能会点燃这些材料。

8.12.2 b) 增加：

——戴上防护眼镜；

——不要使用损坏的或磨损的砂轮和刷轮；

——应经常调节火星护板，以便补偿砂轮的磨损，使护板和砂轮间的距离尽量小，在任何情况下调节幅度不大于 2 mm；

——逐渐地调节工件托架以补偿砂轮的磨损，使该工件托架和砂轮间的距离尽量小，在任何情况下调节幅度不大于 2 mm；

——如何联接集尘装置（如果有的话）；

——对装有平形法兰盘的台式砂轮机，推荐的法兰盘厚度 T 和孔的直径；

——对组合台式砂轮机，始终保持将刷轮安装在轴上以减小触及旋转轴的风险；

— 工件托架的磨损厚度极限值。

注：可用简图来表示操作方式。

9 防止触及带电零件的保护

GB 13960.1—2008 的这一章适用。

10 起动

GB 13960.1—2008 的这一章适用。

11 输入功率和电流

GB 13960.1—2008 的这一章适用。

12 发热

GB13960.1—2008 的这一章适用。

13 空章

GB13960.1—2008 的这一章适用。

14 防潮性

GB13960.1—2008 的这一章适用。

15 空章

GB 13960.1—2008 的这一章适用。

16 变压器及其相关电路的过载保护

GB 13960.1—2008 的这一章适用。

17 耐久性

GB 13960.1—2008 的这一章适用。

18 不正常操作

除以下条文外，GB 13960.1—2008 的这一章适用：

18.10 增加：

试验期间，主轴速度应不超过额定速度的 120%。

19 机械危险

除以下条文外，GB 13960.1—2008 的这一章适用。

19.1 增加：

台式砂轮机和组合台式砂轮机应装有一个可靠的防护系统，不借助工具就无法拆除它。

注：允许用其他措施来达到所需的机械安全程度。只要这些措施与规定的防护系统等效并同样可靠。

19.1.101 护罩

台式砂轮机应装有这样的护罩：砂轮只有如图102中所示的部分不被罩住，护罩应设计成具有抗砂轮意外破裂的机械强度。

护罩应罩住法兰盘及工具主轴的末端。

护罩应设计得不可能使用直径大于1.07倍所标最大直径的砂轮。

护罩应符合下列要求：

19.1.101.1 护罩的厚度

对于用抗拉强度大于200 N/mm^2 的钢和砂轮厚度小于0.15倍砂轮直径的情况，为平形砂轮和平形杯形砂轮所设计的护罩，其最小厚度应取以下值：

——对于工作线速度不大于35 m/s的情况，如果额定砂轮直径小于200 mm的，护罩圆周方向上的最小厚度应为2 mm；如果额定砂轮直径等于200 mm的，护罩圆周方向上的最小厚度应为2.5 mm。如果额定砂轮直径小于200 mm，护罩两面的最小厚度应为1.5 mm，如果额定砂轮直径等于200 mm，护罩两面的最小厚度应为2.5 mm；

——对于工作线速度大于35 m/s的情况，如果额定砂轮直径小于200 mm的，护罩圆周方向上的最小厚度应为2 mm；如果额定砂轮直径等于200 mm的，护罩圆周方向上的最小厚度应为4 mm，如果额定砂轮直径小于200 mm，护罩两侧面的最小厚度应为1.5 mm，如果额定砂轮直径等于200 mm，护罩两侧面的最小厚度应为4 mm。

这些尺寸考虑了承受振动所必需的强度，从而保证了工件托架、护目屏和火星护板的良好固定。

注：对于其他材料、砂轮尺寸，制造厂应通过以下试验来证明护罩的强度：

试验条件：

砂轮护罩试验应在与原设计所依据的使用和装配条件一致的条件在试样上进行。

试验样品宜优先选用工具本身，如果没有，则选用其电动机主轴与原工具相同的工具。

护罩必须配备它的附件(如果有的话)。

试样应处在运行状态，砂轮转速达到正常使用时的最高转速。

出于对试验危险性的考虑，试样必须安装在防护室里，并采取措施预防发生危险。

试样处在上述条件下，通过向撞击点射出飞弹，把旋转着的砂轮击碎，该撞击点位于护罩开口的角平分线上，并尽可能靠近法兰盘的地方，以便使砂轮完全破损。

射击条件：

——试样应装有这样的砂轮；它的结构与各项试验所用砂轮相同，安装条件也一样；

——朝已确定的撞击点射击。

对试验的射击条件(飞弹形状、距离、发射)就是保证砂轮完全破损的条件。

19.1.101.2 护罩的开口

19.1.101.2.1 在通过砂轮中心的水平面上方的护罩张角应不超过65°。

在该平面下，开口高度 H 应小于 $0.2D$(见图103)，但在任何情况下，总的张角应不超过90°。

19.1.101.2.2 对于装有平形杯形砂轮并且护罩端面开口是对称的台式砂轮机，在通过砂轮轴心的水平面上方的护罩开口高度应不大于 $0.4D$，过砂轮轴心的水平面之下的护罩开口高度 H 应不大于 $0.2D$(见图104b))。

19.1.101.2.3 圆周面上护罩的开口宽度应足以使用到砂轮完全磨损。

19.1.101.2.4　对于所有类型的砂轮，砂轮与护罩侧面的间隙都应尽可能小；但为了达到合适的集尘效果，应设计气流开口截面。

19.1.101.3　火星护板

装有平形砂轮的台式砂轮机和组合台式砂轮机应有火星护板以限制砂轮的火花和颗粒飞溅到砂轮护罩之外，还起到改善集尘效果的作用。

火星护板应安装在砂轮护罩上部沿砂轮圆周方向的地方。它应是装配到护罩上，将护罩整个宽度都遮住的器件。或者是护罩本身。

火星护板与砂轮间的间隙 E，根据砂轮的磨损情况，应可调节，最大可到 5 mm(见图 103)。

19.1.101.4　工件托架

台式砂轮机和组合台式砂轮机应装有工件托架，它通常是水平的。该要求不适用于组合台式砂轮机的刷轮侧。工件托架应是可调节的，以便当砂轮磨损时逐步地调节距离 F，最大可到 2 mm(见图 103 和图 104)。

工件托架应调节方便，并且其固定装置应能保证活动部分的稳定位置。

如果台式砂轮机和/或组合台式砂轮机的砂轮侧装有一个可倾斜的工件托架，则工件托架应只能往下倾斜，而不可能使工件托架往上翘起(见图 105)。

19.1.102　增加：

19.1.102.1　法兰盘

19.1.102.1.1　砂轮的法兰盘

表 101 列出了对应于砂轮直径且砂轮厚度不超过 0.15 倍砂轮直径的砂轮法兰盘的最小尺寸，该法兰盘用最小抗拉强度为 430 N/mm^2 钢或其他有足够强度的材料制成，或用最小抗拉强度为 500 N/mm^2 的粉末冶金材料制成。

表 101　砂轮的法兰盘尺寸(见图 108)　　单位为毫米

D	d_1	r	E	F	T
100	34	6	5	3.2	1.5
125	42	8	6	3.2	1.5
150	52	9	10	5	1.5
200	68[a]	12[a]	10[a]	5[a]	1.5[a]

[a] 这些值对用于标称直径 200 mm，厚度 30 mm 砂轮上的卡盘是肯定合适的。

不得使用铸铁法兰盘。

19.1.102.1.2　刷轮的法兰盘

表 102 列出了对应于刷轮直径的砂轮法兰盘的最小尺寸，该法兰盘用最小抗拉强度为 430 N/mm^2 钢或其他有足够强度的材料制成，或用最小抗拉强度为 500 N/mm^2 的粉末冶金材料制成。

表 102　刷轮的法兰盘尺寸(见图 108)　　单位为毫米

D	d_1	r	E	F	T
100	34	5	1.5	1.5	1.5
125	42	5	2	2	1.5
150	52	5	2.5	2.5	1.5
200	68	5	2.5	2.5	1.5

不得使用铸铁法兰盘。

19.1.102.2　**尺寸和材料**

工件托架的尺寸由制造厂确定。但工件托架应至少伸展到砂轮护罩的宽度。

不管在工件托架寿命期内磨损情况和必要的加工情况如何，工件托架的厚度应足以保证其能支承被加工工件而不变形。

工件托架应用钢、铸铁和轻型合金制成。

19.1.103　**护目屏**

19.1.103.1　**护目屏特性**

台式砂轮机和组合台式砂轮机应设计有护目屏，用来防止微粒溅向操作人员的眼和脸部。

护目屏应该是可调节的，并且它的尺寸应使操作者在正常磨削和抛光位置，包括在砂轮或刷轮上方的铅垂平面位置，只有通过护目屏才能看到砂轮或刷轮的工作部分。

调节护目屏的操作应不会改变台式砂轮机或组合台式砂轮机其他零件的调整。

护目屏应用具有一定抗冲击和耐磨性能的透明材料制成，推荐用有机玻璃和聚碳酸酯，也可用其他塑料材料。

19.1.103.2　**长方形或梯形护目屏上透明部分的最小尺寸**

对于安装平形杯形砂轮的台式砂轮机，护目屏上透明部分的最小尺寸与安装平形砂轮的台式砂轮机护目屏上的一样，只不过对台式砂轮机或组合台式砂轮机而言，平形砂轮的厚度应代之以平形杯形砂轮工作部分的宽度。

对所有台式砂轮机和组合台式砂轮机而言，护目屏应这样装配：屏的对称轴线与砂轮或刷轮工作部分的中心铅垂面重合(图 106)。

19.1.104　**组合台式砂轮机旋转轴末端的防护**

当未装上刷轮时，刷轮侧轴端应有防止意外触及的防护措施。

通过用第一部分中图 2 试验指探触来检验。

注：图 110 给出了符合本要求的一个可行方案。

19.2　增加：

应有把台式砂轮机和组合台式砂轮机固定在支座上的装置。

19.101　主轴应设计成能提供或有助于夹紧和驱动为工具设计的砂磨件。

主轴螺纹方向或等效的紧固装置的设计应能在砂磨时使所有夹紧装置、夹头或带螺纹孔的砂轮趋于固紧。

通过观察检验。

为限制由于砂轮不平衡引起的振动，置于砂磨件上的零件相对于主轴的真实回转中心的总偏心量不得大于 0.3 mm。

总偏心量会受到轴偏心量和主轴直径的尺寸公差、法兰盘孔径尺寸公差以及给砂磨件定位和导向的法兰盘零件直径公差的影响。

通过测量检验。

19.102　工具应设计得能防止在正常使用中超速

任何运行条件下工具速度应不超过额定速度的 110%。

通过观察和测量工具在运行 5 min 后的速度来检验。应装上产生最高速度的推荐的附件。

如果工具提供有限速控制器，则不必在工具上装附件作为负载来找到最高转速。

20　机械强度

GB 13960.1—2008 的这一章适用。

21 结构

除以下条文外，GB 13960.1—2008 的这一章适用。

21.18 修改：

通断开关的操动不应受工件托架调节的干扰，接触此开关不应受工件托架调节的限制。

通过用直径(100±1)mm 球体施加在开关上来检验。工具应不可能被球体起动。

22 内部布线

GB 13960.1—2008 的这一章适用。

23 组件

GB 13960.1—2008 的这一章适用。

24 电源联接和外接软线

GB 13960.1—2008 的这一章适用。

25 外接导线的接线端子

GB 13960.1—2008 的这一章适用。

26 接地装置

GB 13960.1—2008 的这一章适用。

27 螺钉与联接件

GB 13960.1—2008 的这一章适用。

28 爬电距离、电气间隙和绝缘穿通距离

GB 13960.1—2008 的这一章适用。

29 耐热性、耐燃性和耐电痕化

GB 13960.1—2008 的这一章适用。

30 防锈

GB 13960.1—2008 的这一章适用。

31 辐射、毒性和类似危险

GB 13960.1—2008 的这一章不适用。

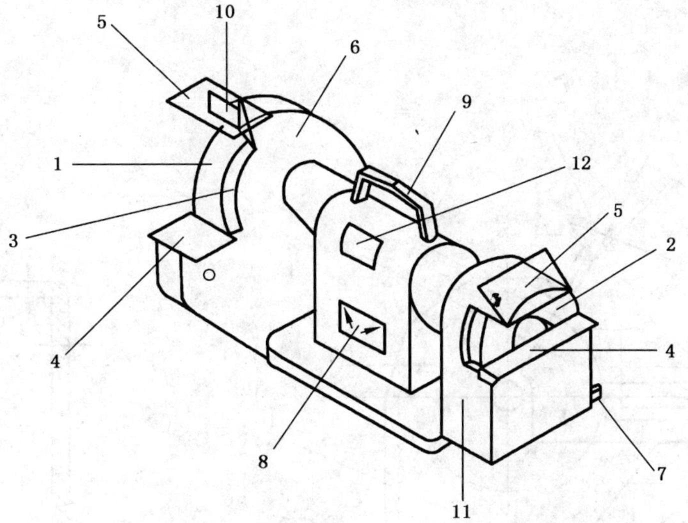

1——平形砂轮；
2——平形杯形砂轮；
3——法兰盘；
4——工件托架；
5——护目屏；
6——平行砂轮护罩；
7——集尘口；
8——开关装置；
9——手柄；
10——火星护板；
11——杯形砂轮护罩；
12——标牌。

图 101　台式砂轮机

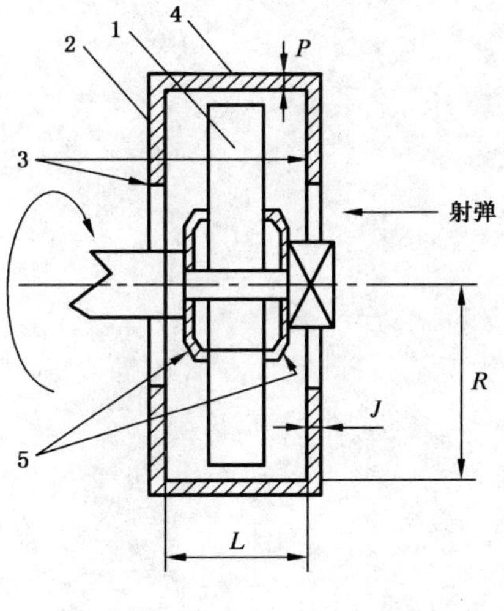

1——砂轮；
2——护罩；
3——护罩侧面；
4——护罩圆周面；
5——法兰盘；
P——护罩回周面厚度；
J——护罩侧面厚度；
L——护罩宽度；
R——护罩内半径。

图 102　示意图

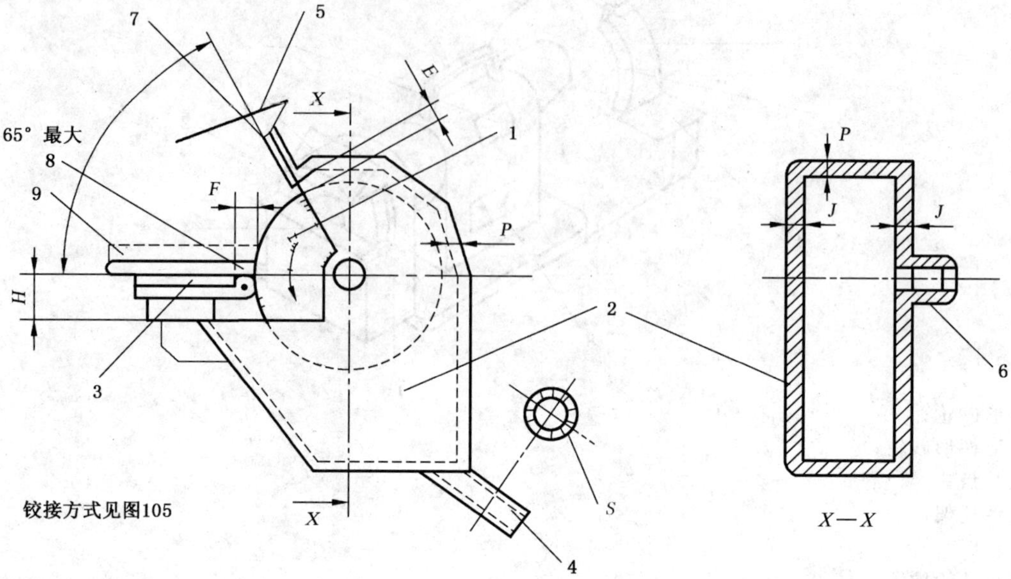

1——砂轮；
2——砂轮护罩；
3——工件托架；
4——集尘器；
5——护目屏；
6——主轴护罩；
7——火星护板；
8——砂轮的工作区域；
9——工件；
P——护罩圆周面厚度；
J——护罩侧面厚度；
S——集尘口内部截面；
D——砂轮的最大外径；
E——火星护板与砂轮的间隙；
F——工件托架与砂轮的间隙。

图 103　火星护板

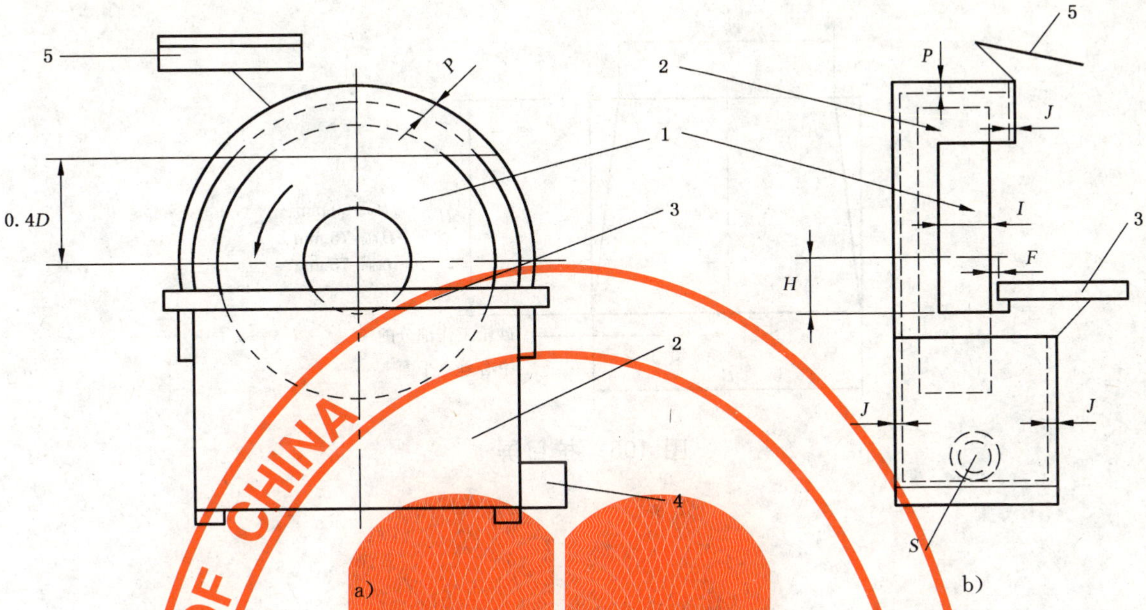

1——砂轮；
2——砂轮护罩；
3——工件托架；
4——集尘口；
5——护目屏；
P——护罩圆周面厚度；
J——护罩侧面厚度；
S——集尘口的内部截面；
D——砂轮的最大外径；
F——工件托架与砂轮的间隙；
I——砂轮厚度。

图 104　装有平形杯形砂轮的台式砂轮机

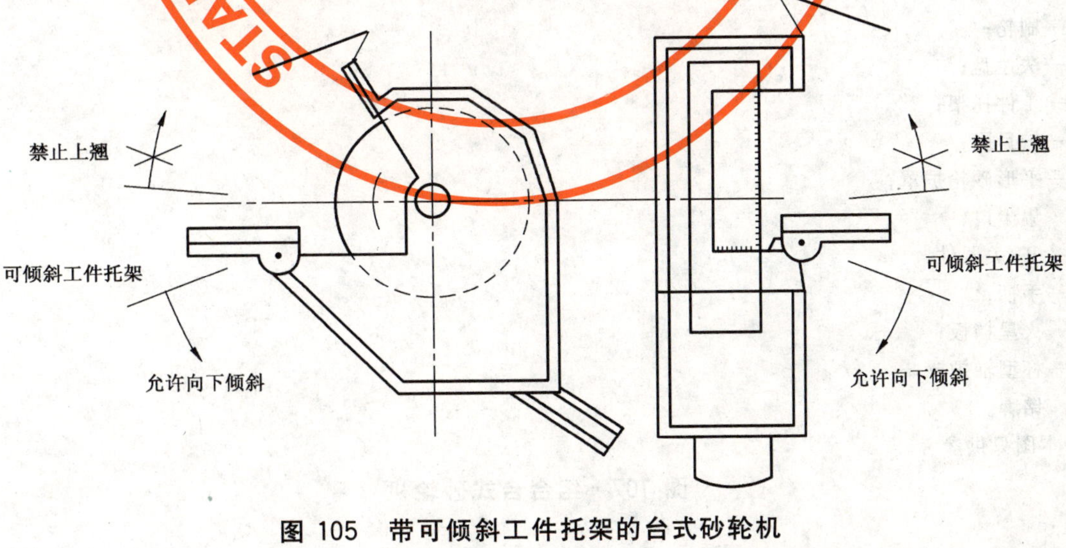

图 105　带可倾斜工件托架的台式砂轮机

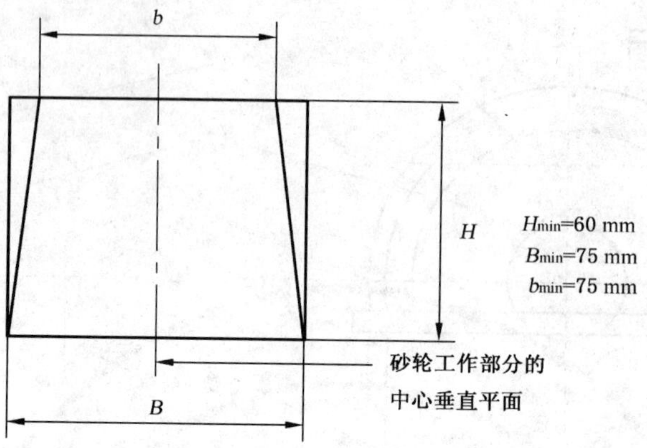

图 106　护目屏

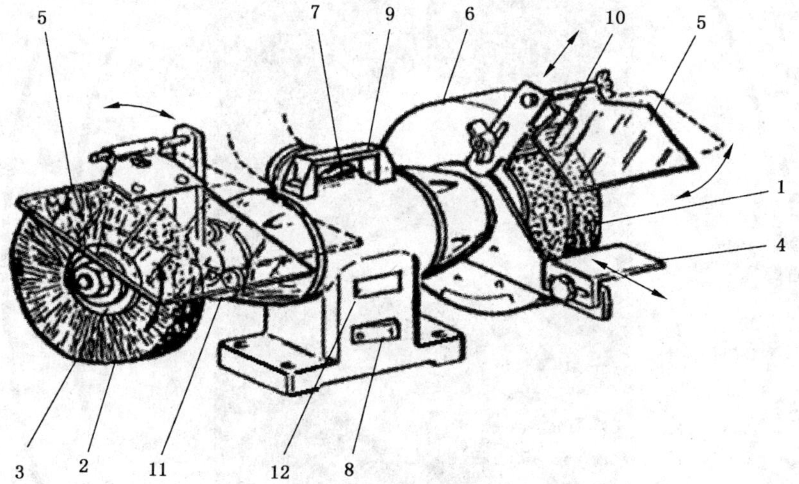

1——平形砂轮；
2——刷轮；
3——法兰盘；
4——工件托架；
5——护目屏；
6——平形砂轮护罩；
7——集尘口；
8——开/关器件；
9——手柄；
10——火星挡板；
11——杯型轴护罩；
12——铭牌。

注：本图只供参考。

图 107　组合台式砂轮机

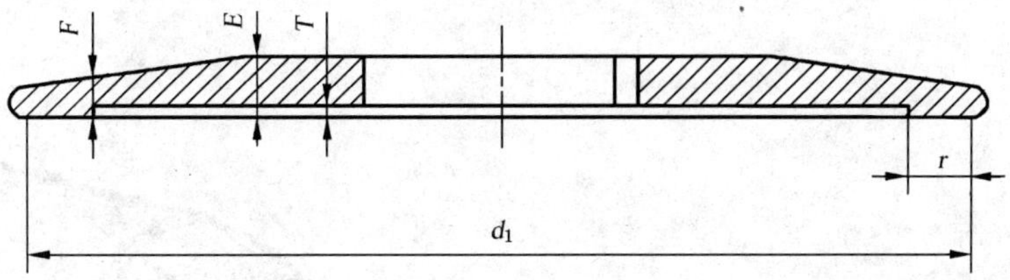

N——砂轮标称直径；

E——法兰盘扁平面的最小厚度；

d_1——法兰盘最小外径；

F——法兰盘斜面的最小厚度；

r——接触面最小宽度；

T——凹面最小深度。

图 108　砂轮的法兰盘尺寸

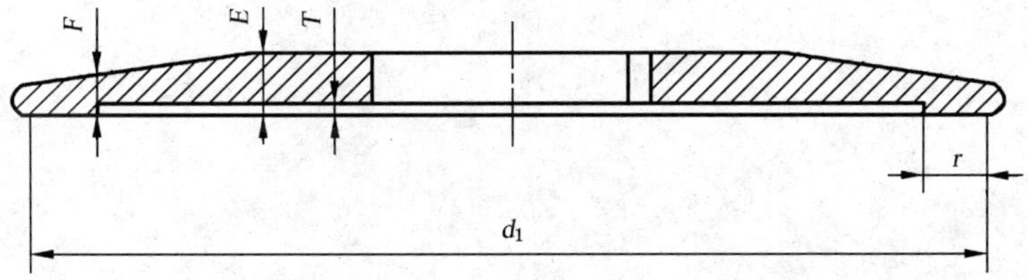

N——砂轮标称直径；

E——法兰盘扁平面的最小厚度；

d_1——法兰盘最小外径；

F——法兰盘斜面的最小厚度；

r——接触面最小宽度；

T——凹面最小深度。

图 109　刷轮的法兰盘尺寸

图 110　组合台式砂轮机旋转轴末端的防护

附 录

GB 13960.1—2008 的各附录均适用。

ICS 29.140.50
K 72

中华人民共和国国家标准

GB 13961—2008/IEC 60570:2003
代替 GB 13961—2003

灯具用电源导轨系统

Electrical supply track systems for luminaires

(IEC 60570:2003,IDT)

2008-07-31 发布　　2009-09-01 实施

中华人民共和国国家质量监督检验检疫总局
中国国家标准化管理委员会　发布

前　言

本标准的全部技术内容为强制性。

本标准等同采用 IEC 60570:2003《灯具用电源导轨系统》。

本标准代替 GB 13961—2003《灯具用电源导轨系统安全要求》,与 GB 13961—2003 的主要差异是,增加了混合的导轨系统(Ⅰ类和Ⅲ类)的定义及其试验方法。

本标准应与 GB 7000.1 一起使用。

本标准由中国轻工业联合会提出。

本标准由全国照明电器标准化技术委员会灯具标准化分技术委员会归口。

本标准起草单位:国家灯具质量监督检验中心、国家电光源质量监督检验中心(上海)、上海时代之光照明电器检测有限公司、广东省技术监督灯具产品质量监督检验站。

本标准主要起草人:刘尔立、施晓红、陈超中、於立成、彭振坚、黄骏。

本标准第 1 版于 1992 年发布,2003 年第一次修订,本版是第 2 次修订。

IEC 前言

1) IEC(国际电工委员会)是一个由各国电工委员会(IEC国际委员会)组成的世界性国际标准化组织。IEC的宗旨是促进有关在电器和电子领域内的所有标准化问题的国际合作。为此,IEC除组织其他活动外,还出版国际标准。国际标准委托给技术委员会制定。任何对所讨论的问题感兴趣的IEC国家委员会都可以参加制定工作。与IEC建立联系的国际组织、政府组织和非政府组织也可以参加这一制定工作。IEC按照与国际标准化组织(ISO)达成的协议规定与其保持密切的合作。
2) IEC关于技术问题的正式决议或协议,是由对该问题感兴趣的国际委员会的代表参加的技术委员会制定的,表达了国际上尽可能接近的一致意见。
3) 这些决议和协议以标准、技术报告或指南的形式出版,以推荐的方式供各国使用,在这个意义上已为各国委员会所接受。
4) 为了促进国际的统一,IEC国家委员会承担最大程度地采用IEC国际标准作为其国家标准或地区标准。如果IEC标准与相应的国家或地区标准之间有差异的话,应在后者清楚地指出。
5) IEC不提供表明其鉴定的标识程序,并不对任何声称符合某一标准的设备负责任。
6) 要注意这种可能性,即本标准的某些部分涉及到专利内容。IEC不负责验明这样的专利。

IEC 60570国际标准和修订件由IEC 34灯泡和相关产品的技术委员会的34D灯具分技术委员会制定的。

本第4版取消、代替1995年第3版和1994年第1版IEC 60570-2-1。

标准的文本以下列文件为基础:

最终国际标准草案	投票报告
34D/770/FDIS	34D/774/RVD

关于本标准表决的详情,可见上表中的表决报告。

本标准应与IEC 60598-1一起使用。

注:本标准中使用以下字体:

——要求:roman字体

——试验描述:*italic*字体

——注:小roman字体

委员会已经决定,到2005年为止,基础出版物和修订件的内容将保持不变。此后,标准将:

——再确认;

——取消;

——被修订版代替;

——修订。

灯具用电源导轨系统

1 范围

本标准适用于包括用二极或多极导体将灯具连接到电源的以下导轨系统：

——带接地装置(Ⅰ类)、每根导体额定电流不超过 16 A、而且极间(带电导体)额定电压不超过 440 V 的导轨系统，或者

——不提供接地(Ⅲ类)、每根导体的额定电流不超过 25 A、额定安全特低电压不超过 25 V 的导轨系统，或者

——上述两种导轨系统的组合，能连接到电网电源灯具(Ⅰ类或Ⅱ类)和 SELV 供电的灯具(Ⅲ类)，但有不同的通路(电源或 SELV)。

导轨系统可以提供灯具的机械支承。

本标准适用于设计成普通室内使用的导轨系统，导轨安装在、或嵌装在、或悬吊在墙上和天花板上。这些导轨系统不打算在经常会出现特殊条件的地方使用，如船舶、汽车等，也不打算在恶劣场所使用，例如可能会发生爆炸的危险场所。

2 引用标准

下列文件中的条款通过本标准的引用而成为本标准的条款。凡是注日期的引用文件，其随后所有的修改单(不包括勘误的内容)或修订版均不适用于本标准，然而，鼓励根据本标准达成协议的各方研究是否可使用这些文件的最新版本。凡是不注日期的引用文件，其最新版本适用于本标准。

GB 7000.1 灯具 第 1 部分：一般要求与试验(GB 7000.1—2007，IEC 60598-1:2003，IDT)

IEC 60417-2 设备用图形符号 第 2 部分：原始符号

IEC 61032 对人和设备的外壳防护 检验试具

3 术语和定义

在本标准中，GB 7000.1 中的术语和定义与下述术语和定义一起使用。

注：本标准下文中使用的术语灯具(见 GB 7000.1)也包含灯具导轨系统中的零件。

3.1

灯具导轨系统 luminaire track system

系统包括含有导体的导轨以及 3.2～3.14(见图 1)定义的部分或全部零件，导轨的长度和位置确定后，灯具在导轨的不同位置上与电源连接。

3.2

导轨 track

通常是导体在罩壳内的直线状组合件，提供灯具的机械支承和电气连接。

注：灯具可以用简单的方式(即不用工具)在导轨上定位或再定位。

3.3

导轨[1)]耦合器 track[1)] coupler

用于导轨间电气或机械连接的零件，但电气连接仅连接相同的区段通路(电源电压或 SELV)。

1) 在使用中，术语中的“导轨”两字有时不出现。

3.4

导轨[1)]电源连接器　track[1)] supply connector

用于将主电源电气连接到导轨的零件，但仅工作在一个通路。

注1：一个耦合器和一个导轨电源连接器的功能可以组合在一起。

注2：对于SELV部分，导轨电源连接器可以组合一个直接由电源电压部分供电的SELV转换器或安全隔离变压器。

3.5

灯具电源连接器　luminaire supply connector

用于将灯具电气连接到导轨的零件。该零件不提供灯具与导轨间的机械连接。

电气连接仅连接相同的区段通路(电源电压或SELV)。

3.6

导轨[1)]接合器　track[1)] adaptor

用于使灯具电气和机械连接到导轨的零件，但电气和机械连接仅连接相同的区段通路(电源电压或SELV)。

注：接合器里可含有开关或熔断丝。

3.7

导轨[1)]悬挂装置　track[1)] suspension device

用于将导轨系统机械连接到支承表面的零件。

3.8

灯具悬挂装置　luminaire suspension device

用于将灯具机械连接到导轨的零件。

3.9

端盖　end cover

固定在导轨末端，为末端处导体提供电气和机械保护的零件。

3.10

Ⅰ类导轨　class Ⅰ track

通常是导体在罩壳内的直线状组合件，在电源电压下工作，而且仅提供Ⅰ类和Ⅱ类灯具的机械支承和电气连接。

3.11

Ⅲ类导轨　class Ⅲ track

通常是导体在罩壳内的直线状组合件，在安全特低电压(SELV)的电源下工作，而且仅提供Ⅲ类灯具的机械支承和电气连接。

注：Ⅲ类SELV供电系统或SELV区段通路，可触及的载流部件不必有绝缘，因为它本身是安全的。

3.12

混合的导轨系统(Ⅰ类和Ⅲ类)　mixed supply track system(class Ⅰ and Ⅲ)

3.10和3.11规定的导轨的组合。

3.13

额定电流　rated current

由制造商确定的导轨或部件的电流。

3.14

导轨[1)]区段通路　track[1)] sector opening

提供接合器电气连接或灯具电源连接器到导轨导体的导轨通路。

4 分类

根据 GB 7000.1 第 2 章的规定，灯具用电源导轨系统应分类为Ⅰ类、Ⅲ类或有Ⅰ类和Ⅲ类混合的导轨系统。

导轨系统仅分类为正常条件下使用。

不提供接地装置的不可分开的灯具和(或)接合器组件，根据 GB 7000.1 第 2 章可分类为Ⅱ类。

单独的接合器不能分类为Ⅱ类，但可以与Ⅱ类灯具一起使用。

5 一般试验要求

5.1 本标准中的要求和试验不适用于已有单独国家标准或 IEC 国际标准的产品。

5.2 本标准的试验是型式试验。

5.3 描述的试验样品应进行所有相关试验。

为了节约试验时间并得以进行所有破坏性试验，制造商可以提交附加的样品或样品部件，它们与原样品的制造材料相同，并且可以得到在单独样品上试验时相同的试验结果。

5.3 除非另有规定，样品按交货状态和考虑按制造商说明书上的最不利使用条件进行试验，环境温度在 10 ℃～30 ℃之间。

Ⅰ类和Ⅲ类导轨的最少试验样品应包括下述部件，对于混合的导轨系统的最少试验样品应包括Ⅰ类和Ⅲ类部分：

a) 对于提供导轨段之间互相连接的导轨系统，至少要提供组装后总长不少于 2.4 m 的三段导轨，而且其中应包括根据制造商文字说明中规定的最长一段导轨。对于不提供互相连接的导轨系统，只要求一段最长的导轨；
b) 一个导轨电源连接器；
c) 一个端盖(如果需要的话)；
d) 每段供电导轨(如果适用的话)一个耦合器(最少 3 个)；
e) 每段供电导轨一个接合器(最少 3 个)；
f) 每段供电导轨(如果适用的话)一个灯具电源连接器(最少 3 个)；
g) 必要的悬挂装置和制造商安装说明书上规定的其他部件；
h) 从试验角度看，一个代表最不利组合的典型灯具，用于进行第 11 章的试验；
i) 附加一个Ⅲ类灯具试验样品，从同一制造商生产的Ⅰ类导轨的每种类型中选择一种型号导轨。

注：i)是进行Ⅲ类导轨系统 8.1.1 试验时需要的。

5.4 除非另有规定，试验按条款顺序进行。

6 标记

应用 GB 7000.1 第 3 章与下述 6.1～6.7 的要求。

6.1 导轨应标记额定电流(A)、额定电压(V)和Ⅲ类符号(如适用的话)。

混合的导轨系统应在电源电压和 SELV 部分分别标记额定电流(A)和额定电压(V)，SELV 部分也应标记Ⅲ类符号。

6.2 接合器只需标明其额定电流、额定电压、制造商名称或商标、型号以及Ⅲ类符号(如适用的话)。

装在灯具内部的接合器和灯具电源连接器，不要求另外在灯具的接合器和灯具电源连接器上标记。

如果接合器内有熔断丝的话，应在接合器的外壳上标记熔断丝的额定电流和型号。

6.3 耦合器和连接器只需标记制造商的名称或商标、型号以及Ⅲ类符号(如适用的话)。

灯具电源连接器不装在灯具内的，应另外标出额定电流和额定电压。

6.4 在导轨系统安装期间和安装完后，应看得见导轨系统额定电流和额定电压的标记。

注：国家接线规定可能要求接合器额定最大电流不能小于导轨系统的额定最大电流。

6.5 除了上述标记以外，如果保证适当使用和维护是必要的话，在灯具导轨系统上或所附的制造商说明书中还应包括下述内容：

a) 导轨系统每段导轨和灯具悬挂装置适宜的最大机械负载，包括灯具和附件的质(重)量，另外；应有警告：机械负载是指整个系统的全部负载。

b) 如果部件不适于连接感性负载，或者在感性负载下会降低额定值(如果适用的话)，应有警告；

c) 在正常工作条件下允许的导轨最高温度，70℃除外；

d) 警告：保证导轨系统和所连接的灯具之间电气、机械和热的相容性是用户的责任。

随接合器提供的安装说明书应声明接合器适用的导轨系统，并给出只限于使用规定的导轨系统的警告。

6.6 除了上述标记和信息，在随Ⅲ类和混合的导轨系统提供的制造商的使用说明书上应给出下述内容：

a) 警告：Ⅲ类系统和区段通路应只能连接到一个为Ⅲ类设备工作设计的安全特低电压(SELV)电源；

b) 如果联有一个安全隔离变压器，应有关于变压器端子正确连接方法的适当说明，以避免初级和次级接线端子的错接；

c) 警告：Ⅲ类灯具导轨系统和(或)区段通路和零件与Ⅰ类导轨系统是不相容的，且Ⅲ类灯具连接器和(或)接合器不应在其他制造商的导轨系统上使用；

d) 关于安全特低电压线路过载和短路保护方式的说明。

注：保护方式应符合 IEC 60364-7-715 的规定；

e) 变压器和导轨电源连接器之间电源电缆的最小截面积和最大长度。

6.7 Ⅲ类导轨系统和(或)区段通路的说明书应包含下面的警告：

警告：为了减少过热和火灾的风险，不要跨接导体

7 一般要求

导轨系统的设计和结构应使其在正常使用时具有可靠的性能，且对人或周围环境没有危险。

通常，进行所有规定的试验来检验其合格性。

Ⅰ类导轨系统的极间额定电压不超过 440 V，Ⅲ类的额定电压不超过 25 V。

Ⅰ类导轨系统的额定电流最大值应是 16 A，Ⅲ类最大值应是 25 A。对于组合的系统，每一区段通路的额定电流不超过Ⅰ类和Ⅲ类系统给出的值。

用目视检验其合格性。

8 结构

应用 GB 7000.1 第 4 章和下列 8.1～8.12 的规定。

8.1 Ⅰ类导轨零件的设计应使用户插入和拆卸时，零件的接地触点和导轨的载流部件之间没有意外触及的危险。

在导轨系统安装期间，这个要求不适用。

8.1.1 接合器、耦合器和电源连接器的结构应能有效防止其与同一制造商生产的其他类型的导轨系统和(或)区段通路的电气接触。

8.2 Ⅰ类接合器应含有机械连接到导轨的措施，使接合器和导轨的电气连接件没有承受接合器和(或)灯具的重量。

16.3 的规定也适用。

Ⅲ类接合器应含有机械连接到导轨的措施，使接合器和（或）灯具的质（重）量不会损害电气连接和安全。

8.2.1 当接合器内使用熔断丝时，熔断丝必须是高分断容量型的。

8.3 接合器的触点应该不能被移动，除非拆开接合器。而且，应不能以错误的位置更换接地插脚或触点，而且当这是系统结构方法的安全要求时，这条规定也适用于中性插脚或触点。

当灯具符合Ⅱ类要求，并提供与导轨系统连接的整体式接合器时，接合器可以有一个接地触点连接到导轨，对灯具仍然按Ⅱ类要求。

合格性由目视和15.1的电气强度试验来检验。

8.4 耦合器、导轨电源连接器和端盖应能机械地锁定在导轨上。耦合器、连接器和接合器应保证可靠的电气连接。

8.1～8.4的合格性由目视、手工检验以及适用的12.1的试验检验。

8.1.1的合格性由试图将接合器、耦合器和电源连接器插入不同导轨和（或）区段通路样品来检验其合格性。应没有任何电气接触。

8.5 应该用下列之一的方法机械地锁紧相邻的导轨段：

a） 借助于耦合器；

b） 仅用耦合器就能排列导轨的其他方法；

c） 用刚性固定的方式将一段导轨直接固定在支承表面时，当导轨端头延着长度方向拉开1 mm，以及导轨与支承面垂直拉开1 mm时，应有可靠的电气接触。

注：与支承表面垂直的间隙是考虑到表面不平度。

合格性通过对导轨在这个位置进行试验来检验。

8.6 机械悬挂应有足够的安全系数。GB 7000.1中4.14.1的试验应由下述对灯具导轨系统悬挂装置的试验代替。

合格性由以下试验检验：

对导轨和灯具的悬挂装置做试验时，包括接合器在内的灯具的悬挂装置按正常使用位置安装在导轨上，将5倍于制造商指定负载的重量加在悬挂装置上，最小50 N，历时1 h。试验应在导轨额定环境温度 t_a＋15 ℃下进行。

试验后，零件、导轨及其固定装置的变形不应达到有害于安全的程度，而且零件不应从导轨脱落。

下述弯曲试验是灯具悬挂装置的附加试验，试验时导轨安装在水平表面。

试验应在导轨额定环境温度 t_a＋15℃下进行。

然后对灯具悬挂装置施加2.5 Nm弯矩，分别在与导轨轴线平行的方向上施加1 min，与导轨轴线垂直的方向上施加1 min。

试验后，灯具悬挂装置及导轨系统其他部件的变形不应达到有害于安全的程度，而且悬挂装置不应松动。

注：设计在低温区域使用的导轨系统可能要求附加的试验。

8.7 导轨应有足够的机械强度

合格性由以下试验检验：

用具有IEC 61032图6所示末端的试验指对罩住带电部件的金属部件施加30 N的力。试验期间，金属部件和带电部件之间的爬电间隙和电气距离应不小于第9章的规定。

8.8 极性

如系统的正确工作需要必须维持正确极性的话，那么始终都应采用措施来保证正确的极性。

用目视检验其合格性。

8.9 机械和电气耐久性

零件应经得住正常使用时可能发生的机械应力、电应力和热应力，没有过度的磨损和其他有害的影响。

对接合器和灯具电源连接器，合格性通过下述试验来检验，“一次操作”是接合器的插入或拔出，或进行一次与实际使用时一样的速度的电气接触接通或中断。

a） 机械支承系统，操作100次来检验；

b） 与机械固定装置同时操作的电气触点，在导轨的同一位置操作100次来检验；

c） 操作与机械固定装置无关的电气触点，操作1 000次来检验。每操作100次后，触点应移动到导轨上一个新位置。这个试验只适用于接合器。

d） 对Ⅲ类导轨系统的灯具电源连接器或接合器，如设计成沿导轨轴线定位而不拆下的，那么灯具电源连接器或接合器应按GB 7000.1中4.14.3操作150次。

b)和c)的试验，在交流额定电压下有通以1.25倍零件额定电流的试验电流进行试验。负载功率因数约为0.6，标记不同额定电流的阻性负载，随后应在交流非感性电路上进行试验。对于Ⅲ类系统，功率因数为1.0。

注：对有两个额定值[见6.5的b)项]的，应采用较严酷的条件。

如果0.6功率因数负载使用空心电抗器，就对其并联一个使通过的电流大约为1%电抗器电流的电阻。可使用铁心电抗器，提供基本是正弦波的电流。接地线路没有电流。

试验后，样品应承受GB 7000.1中10.2的电气强度试验，但试验电压降低为1 500 V。安全特低电压(SELV)下工作的部件，试验电压降低为500 V。

样品应表明：

a） 无有碍于进一步使用的损坏；

b） 外壳或挡板无变形；

c） 电气或机械连接无松动。

此条的试验前后，接合器应装在导轨上，并且触点加载1.5倍接合器的额定电流。每个触点(包括接地触点)的电压降应不超过50 mV。

8.10 短路保护

8.10.1 对于Ⅰ类系统和(或)区段通路，用GB 7000.1中试验指D不能跨接导轨导体。

合格性由GB 7000.1中9.2.0的试验检验，使用试验指D施加表9.1所示的力。

8.10.2 SELV Ⅲ类导轨系统和(或)区段通路在输出电路部分应结合有防止不同极性的载流部件间意外短路的方法。

应采取适当的措施来避免未绝缘、可触及而且极性相反的SELV部件通过GB 7000.1中4.26.3规定的试验链意外短路对安全的损害。

注1：由未指定的SELV电源单独供电的Ⅲ类灯具应至少有一个绝缘导体。如果没有提供绝缘，灯具制造商应声明SELV电源的最大VA输出值，而且试验应按这个值进行。

注2：如果试验链不能自己悬挂在导轨上，该样品被认为符合该试验。

合格性由GB 7000.1中4.26.2的试验检验。

8.11 提供给进入导体的Ⅰ类导轨绝缘衬里通路的最大尺寸应为3.0 mm，而且导体应嵌入绝缘衬里至少1.7 mm。Ⅲ类接合器触点所有方向的最小尺寸应为3.5 mm，使其被挡在Ⅰ类导轨绝缘衬里的导体空隙外。

注：为阐明Ⅲ类接合器触点和Ⅰ类导轨的尺寸，测量位置见图2和图3。

8.12 为保证使用时的互换性和安全性，设计、制造与特殊导轨系统一起使用的接合器时应小心。

试验应在由试验机构保留的已认可的导轨样品上进行，或在制造商提供的已认可的导轨样品上进行。

导轨和接合器应符合本标准所有适用的部分。

合格性由目视和测量检验。

9 爬电距离和电气间隙

应用 GB 7000.1 第 11 章，但 9.1 和 9.2 作下述修正。

9.1 对于可重新接线的连接器和接合器，应在最大截面积的导体接入接线端子和不接入接线端子两种状态下进行测量。

对不可重新接线的连接器和接合器，在交货状态的样品上试验。

零件按正常使用接线和装配好且完成电气连接后，对其进行检验。

9.2 对于混合的电源系统，电源电压区段通路和 SELV 区段通路的爬电距离和电气间隙应符合最大工作电压下 GB 7000.1 表 11.1 的Ⅱ类结构的要求。

10 接线端子

应用 GB 7000.1 第 14 章和第 15 章，但安装在浮动触点上、使用时其运动不会危害正确操作的接线端子除外。

用目视检验其合格性。

11 外部和内部接线

应用 GB 7000.1 第 5 章，但作下述修正。

不可拆卸的软缆或软线应只能连接不能被其他导轨段延伸的导轨段。

电缆导体的截面积应与导轨部分的额定电流匹配。

用目视检验其合格性。

12 热耐久性和工作温度

灯具导轨系统应具有足够的热的耐久性，并且在正常使用时不应达到过高的温度。

合格性由 12.1～12.3 的试验检验。

12.1 安装好的导轨载流部件的设计应能防止因为通过的电流而产生过高的温度。

合格性由下述试验检验：

选择符合 GB 7000.1 中 0.4.2 规定、代表导轨设计使用的最恶劣情况的典型灯具以正常使用时最不利的位置安装在导轨上，并与导轨进行电气连接。导轨应进一步电气加载以通过等于其额定电流的总电流（包括灯具电流），直到达到热稳定或 1 h 以后，按时间较长的。

典型灯具安装在Ⅰ类和Ⅲ类的区段通路。

试验的环境温度应等于导轨的 t_a 或者 25 ℃（没有标记的话）。

应确定导轨所有部分的最高温度，得到的温度值不应超过制造商声称的正常工作条件下导轨的最高温度。

12.2 正常使用时，导轨系统的零件不应达到过高的温度。导轨以外的零件温度应符合 GB 7000.1 第 12 章的规定。

12.3 下述试验检验导轨的热耐久性：

12.3.1 按制造商安装说明书以正常使用安装的一段 1.2 m 长的导轨放在加热箱内 168 h，加热箱的温度应比制造商声明的正常工作时导轨最高温度高出 10 ℃，最低温度为 80 ℃，或导轨的 t_a 加上55 ℃，选温度较高者。

试验后，导轨不应有看得见的损坏，绝缘衬里发生皱缩的，导轨仍应符合第 8 章和 13.1（钢探针、试验指、试验链等）的规定，导轨应符合 15.1 的要求（绝缘电阻）。

12.3.2 对于Ⅲ类导轨，选择代表符合 GB 7000.1 中 0.4.2 规定、代表导轨设计使用的最恶劣情况的典型灯具以正常使用时最不利的位置安装在导轨上，并与导轨进行电气连接。对于电源电缆，应选择设计允许的在进线口使电缆锐弯的最不利位置。导轨应进一步电气加载，通过一个等于其额定电流的总电流(包括灯具电流)。

导轨系统工作温度是额定温度 t_a+20 ℃,并根据 GB 7000.1 的 12.3 试验。

除了要符合 GB 7000.1 中 12.3 的要求以外,导轨电源连接器和耦合器(如有的话)应加载通以 1.5 倍的导轨系统额定电流。连接器和(或)耦合器的每个触点间的电压降不应超过 22.5 mV。

13 防触电保护

应用 GB 7000.1 第 8 章及本标准 13.1～13.3 的规定,安全特低电压(SELV)电源供电的Ⅲ类导轨系统和(或)区段通路除外。

13.1 导轨除了要符合 GB 7000.1 中 8.2.5 的要求以外,还应使用 GB 7000.1 表 9.1 的探针 D 来检验。

合格性由给出的探针在每个可能的方向上试验检验,试验中探针应未触及带电部件。

13.2 接合器的设计应使接合器部分或完全接合并按正常使用接线时,带电部件不易被触及。

合格性用目视及标准试验指检验。试验指施加于每个可能的位置,如果必要的话施力 10 N,用一个电子指示器显示带电部件的触及情况。用手将可移动部件放在最不利位置。

13.3 用手应不能移动防止触及带电部件的导轨或零部件。固定这些部件的装置应与带电部件绝缘。对于接合器,本分条款的规定只在接合器装入导轨时才适用。如果这些部件是金属的,它们应不能触及任何带电部件。

合格性由目视和手动试验检验。

14 防潮

应用 GB 7000.1 第 9 章中 9.3 的规定。

15 绝缘电阻和电气强度

应用 GB 7000.1 第 10 章,并作下述 15.1 和 15.3 的修正。

15.1 根据 GB 7000.1 的 10.2.1 测得的绝缘电阻不应小于 100 MΩ 除以以米为单位的受试导轨的长度,试验在不同极性的带电部件之间、以及带电部件与外壳和(或)接地导体之间进行(代替 GB 7000.1 表 10.1 给出的值)。

15.2 GB 7000.1 的 10.3 不适用。

15.3 对于混合的导轨系统,电源电压部分和 SELV 部分之间的电气强度试验电压为 3 750 V。

16 接地规定

应用 GB 7000.1 第 7 章以及下述 16.1～16.4 的修正。

本章仅适用于Ⅰ类导轨系统和混合导轨系统中的电源电压区段通路。

16.1 GB 7000.1 中 7.2.3 的试验应在符合 5.3 规定的样品上进行。

合格性由以下试验检验:

试验应在至少 25 A 电流下进行,计算电阻不应超过 0.1 Ω。额定电流小于 6 A 的接合器和灯具电源连接器应按 GB 7000.1 中 7.2.3 试验。

被计算的电阻的电压降应在装有三段导轨的系统的任何两点间测量,特别要在导轨电源连接器和一个离电源最远处的接合器之间,例如覆盖至少 6 个接地线路的触点。

16.2 接地系统的所有部件应无由于部件与导轨接地导体、或接触的任何其他金属接触而发生腐蚀(包括氧化)的危险。

如果导轨的壳体是铝或铝合金制成的,应采取预防措施防止铜和铝或其合金之间接触引起腐蚀的危险。

16.3　Ⅰ类灯具带有提供连接器或类似连接装置的可拆卸部件的，接地连接应在载流触点接通前先接通，接地连接断开前，载流部件应先断开。

16.4　一个提供接地连续性的导体应延伸到导轨的整段。这个导体可以是导轨的机械结构部件，只有在断开电流供应的同时才能拆卸机械结构的这种部件。

注：国家接线规则可能不允许接地连续性导体成为导轨机械结构的一部分，在这种情况下应提供单独的导体。

16.2～16.4 的合格性应由目视和试验检验。

17　耐热、耐火和耐起痕

应用 GB 7000.1 第 13 章，其中 13.4 除外，其中 13.2.1 耐热作 17.1 和 17.2 的修正。

17.1　导轨试验

试验条件和要求与 GB 7000.1 中 13.2.1 规定的一样，不同的是要从试样的不同导轨段上取出 100 mm 长，矩形截面为宽 10 mm、厚度为具体的导轨内绝缘衬里的最小厚度的两件导轨绝缘材料样品。如果导轨绝缘衬里的尺寸不足以作为样品，而且试验样品不准备作机械加工时，应使用相同材料和工艺制成的试样。这些样品应按 12.3 的要求进行预处理。

试样在装置上就位并在加热箱放 1 h 后，两件导轨绝缘样品都应符合试验要求，加热箱的温度比制造商声称的正常工作状态下的导轨最高温度高 10 ℃，加热箱最低温度为 80 ℃，或导轨额定环境温度 t_a 加 55 ℃，选择温度较高者。

17.2　导轨零件试验

除了下述两种情况，试验条件和要求应与 GB 7000.1 中 13.2.1 相同。

a)　固定带电部件或载流部件就位的绝缘材料部件应在导轨额定环境温度 t_a＋25 ℃，最低为 125 ℃ 的温度下试验。

b)　提供防触电保护的绝缘材料部件应在导轨额定环境温度 t_a＋25 ℃，最低为 80 ℃的温度下试验。

注：

——17.2 的试验应该用实际产品的两个样品。当产品没有足够的尺寸时，生产厂应提供用相同材料和成型方法制造的试验样品以进行试验。这些试验样品应承受本标准要求的所有先前的试验。

——用任何普通的方法（包括很可能破坏该产品的表面）为一个小的形状复杂产品准备足够平的表面区域，会影响它的正常特性，这不是本试验的目的。

18　外部接线用的接线端子和连接件

对Ⅲ类导轨，应用 GB 7000.1 中 15.9.1 和 15.9.2，并作下述修正：

15.9.1.1 用下文代替第 1 段：

对所有形式的接线端子（或连接件），试验根据 15.9.1.3 的要求，用 10 个未绝缘的实心铜导体或制造商随导轨系统一起提供的导体进行。

15.9.1.3

在第 1 段的最后加上下述句子：

测量在每个接线端子和导轨导体之间以及每个连接件和导轨导体之间的电压降。

15.9.2.3

用下文代替：

随后，额定电流小于或等于 6 A 的接线端子（或连接件）进行不通电流的 25 周期老化试验，每个周期包括前段 30 min，温度为 T±5 ℃或 80 ℃±5 ℃，取两者较高值，然后冷却至 15 ℃～30 ℃之间的温度一段时间。

额定电流大于 6 A 的接线端子（或连接件）进行 100 周期的老化试验。

对于电源电缆，应以设计允许的在进线口使电缆锐弯的最不利位置。

注：温度 T 是 T 标记零件标记的最高额定温度，例如灯座。

15.9.2.4

用下文代替第1段的第1句话：

测量每个接线端子和导轨导体之间以及每个连接件和导轨导体之间的电压降。

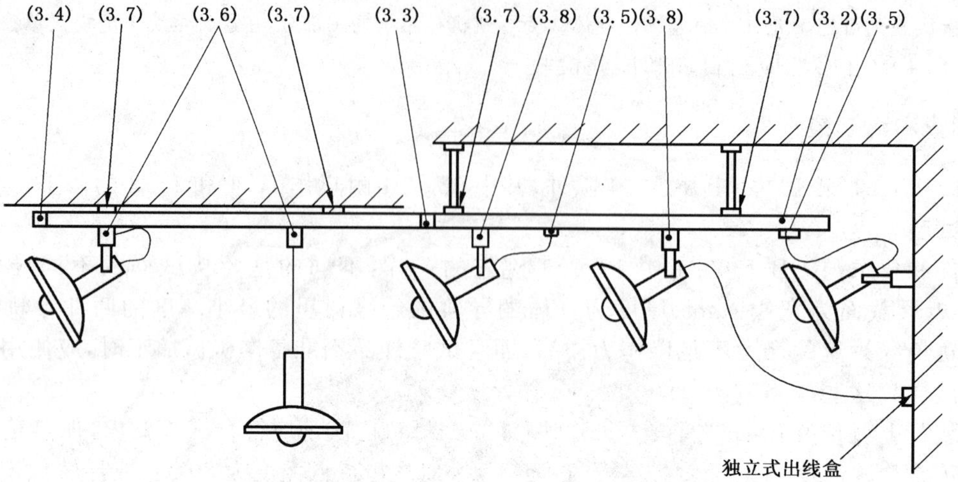

3.2　导轨；

3.3　耦合器；

3.4　导轨电源连接器——给导轨供电；

3.5　灯具电源连接器——仅从导轨供电；

3.6　接合器——与导轨机械和电气连接；

3.7　导轨悬挂装置(到天花板或到悬吊管)；

3.8　灯具悬挂装置——仅与导轨机械连接。

注：这个图仅作为指南，不规定设计特性。

图1　灯具导轨系统(定义)

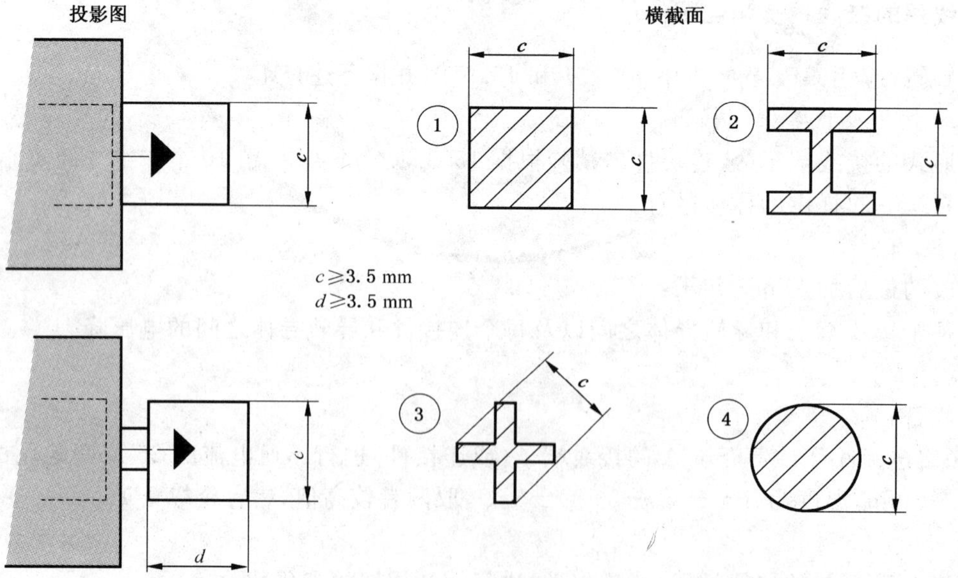

图2　典型Ⅲ类接合器触点的测量位置